Robert K. Müller

Handbuch der Modellstatik

Unter Mitarbeit von Eberhard Haas

Springer-Verlag Berlin · Heidelberg · New York 1971

Dr.-Ing. Robert K. Müller
apl. Professor und Leiter des Instituts für Modellstatik
der Universität Stuttgart

Dipl.-Ing. Eberhard Haas
Wissenschaftlicher Assistent am Institut für Modellstatik
der Universität Stuttgart

Mit 196 Abbildungen

ISBN-13: 978-3-642-80586-8   e-ISBN-13: 978-3-642-80585-1
DOI: 10.1007/ 978-3-642-80585-1

Vorwort

Zusammenfassende Darstellungen der analytischen Statik, der Elastizitätstheorie, der Plastizitätstheorie und der Festigkeitslehre gibt es seit langem. Jedoch fehlte es seither an einer geschlossenen Abhandlung der Modellstatik. In diesem Buch werden deshalb die in vielen Einzelbeschreibungen wiedergegebenen Methoden und Erkenntnisse sowie eigene in fünfzehnjähriger Tätigkeit auf diesem Gebiet gewonnene Erfahrungen zusammengefaßt.

Dem Handbuchcharakter entsprechend, enthalten die Hauptabschnitte in sich geschlossene Abhandlungen über einzelne theoretische oder technische Fragen der Modellstatik. Zahlreiche Verweise zeigen jedoch den Zusammenhang der Teilgebiete untereinander. Im einführenden Abschnitt A wird der Begriff der Modellstatik definiert und ihr Aufgabenbereich gegenüber der analytischen Statik abgegrenzt. Abschnitt B behandelt die Ähnlichkeitsmechanik, die als Grundlage des gesamten Modellversuchswesens die Übertragungsmaßstäbe bereitstellt und die notwendigen Erkenntnisse liefert, welchen physikalischen Bedingungen ein Modell genügen muß. An Hand der Begriffe der vollkommenen, der erweiterten und der angenäherten Ähnlichkeit wird gezeigt, welche Möglichkeiten die Modellstatik bietet und welche Grenzen ihr gesetzt sind. In besonderen Abschnitten sind die Modellgesetze für die wichtigsten Tragwerksarten und Sonderbeanspruchungen zusammengestellt. Im Abschnitt C werden die verschiedenen Werkstoffe für elastische Modelle besprochen, wobei wegen ihrer Bedeutung besonders auf Modelle aus Kunststoffen, ihr Verhalten und ihre Herstellung eingegangen wird. Abschnitt D dagegen befaßt sich mit Realmodellen, bei denen es nicht mehr genügt, nur das elastische Verhalten der Baustoffe zu berücksichtigen. Hier ist es vor allem der Mikrobeton, der im Vordergrund der Betrachtungen steht. Was an allgemeingültigen Hinweisen für den Aufbau, die Lagerung und die Belastung von Modellen gesagt werden kann, ist in Abschnitt E enthalten. In den Abschnitten F, G und H sind die wichtigsten Verfahren beschrieben, die heute zu Messungen an Modellen verwendet werden. So bringt Abschnitt F die mechanischen und elektrischen Verfahren zur Messung von geometrischen Größen wie Verschiebungen, Längenänderungen und Dehnungen sowie von Kräften. Abschnitt G ist der Spannungsoptik gewidmet, die ihrem Ursprung nach ein reines Modellmeßverfahren ist, während im Abschnitt H eine gestraffte

Übersicht über die Moirémethode wiedergegeben ist, die auf sehr vielseitige Weise für Messungen an Modellen eingesetzt werden kann. Gemäß der Absicht des Buches sind die Meßverfahren nur soweit ins einzelne gehend beschrieben, wie es notwendig ist, um einen vollständigen Überblick über ihre Verwendung in der Modellstatik zu geben. Obwohl in der Literatur über die meisten weit ausführlichere Darstellungen zu finden sind, wurde auf keines dieser Verfahren ganz verzichtet, damit der Leser sich über ihre Grundlagen und Arbeitsweise orientieren kann, ohne andere Literatur zu Rate ziehen zu müssen. Der Auftraggeber von Modelluntersuchungen oder der Prüfingenieur, der einem Modellversuch zustimmen oder ihn beurteilen soll, kann sich dadurch nicht nur über die Modelltechnik selbst, sondern auch über die angewandte Meßmethode informieren, um die grundlegenden Vorgänge übersehen zu können. Schließlich sind im Abschnitt I die zur Untersuchung bestimmter Tragwerkstypen geeigneten speziellen Modellmeßverfahren, die auf den vorstehend beschriebenen Geräten und Methoden aufbauen, zusammengestellt. Im letzten Abschnitt K ist das geschildert, was bei der Durchführung einer Modelluntersuchung in der Praxis von der Planung bis zur Kontrolle der Meßergebnisse zu beachten ist, ergänzt durch ein Versuchsbeispiel. Der letzte Teil ist der Fehlerrechnung und Fehlerbetrachtungen gewidmet.

So wie ein Modellversuch wegen der Vielfalt der notwendigen Teilarbeiten selten das Werk nur eines einzelnen ist, haben auch Mitarbeiter des Instituts für Modellstatik der Universität Stuttgart zum Gelingen dieses Buches beigetragen. Ihnen allen ist herzlich zu danken. Besonders aber Herrn Dipl.-Ing. E. HAAS, der nicht nur einzelne Teile selbständig bearbeitet hat, wie die mit der Messung von Wärmespannungen zusammenhängenden Fragen und die hierzu notwendigen Modellgesetze sowie den Abschnitt über die Moiréverfahren, sondern der auch beim Überarbeiten des Stoffes wertvolle Hilfe leistete und wesentlich zu der jetzt vorliegenden Form des Handbuches beigetragen hat. Herr Dipl.-Ing. A.-H. BURGGRABE hat die Abschnitte über Realmodelle und indirekte Modellmeßverfahren, Herr Dipl.-Ing. W. KISCHKAT den Abschnitt über Spannungsoptik und Herr Dipl.-Ing. H. P. STOEHREL die Teile über die Messung von Seilkräften und über Seilnetzmodelle vorbereitet. Herr Dipl.-Ing. D. GLÜCKLICH half bei der letzten Durchsicht des Textes und gab dabei viele Anregungen zu einer klaren und verständlichen Darstellung. Die Entwürfe zu den Bildern wurden von Frl. G. RICHTER gezeichnet. Frl. I. WILLE gab wertvolle Ratschläge bei der redaktionellen Arbeit und war unermüdlich beschäftigt mit Schreiben und Korrekturen bis zur endgültigen Fertigstellung des Manuskriptes.

Stuttgart, im Sommer 1971   **Robert K. Müller**

Inhaltsverzeichnis

A Einführung 1

   1 Zur Entwicklung modellstatischer Untersuchungsmethoden 1

   2 Definition und Aufgabe der Modellstatik 2

   3 Gegenüberstellung von analytischer und Modellstatik 3

      3.1 Aufgaben aus dem Gebiet der Elastizitätstheorie 5
      3.2 Aufgaben aus dem Gebiet des plastischen und des Bruchverhaltens 6
      3.3 Zur Wirtschaftlichkeit der baustatischen Untersuchungsmethoden 8

   Literatur 10

B Modellgesetze 11

   1 Einführung 11

   2 Allgemeine physikalische Ähnlichkeit 11
      2.1 Grundlagen 11
      2.2 Modellgesetze und ihre Herleitung 14

   3 Strenge Ähnlichkeit bei modellstatischen Untersuchungen 18

   4 Erweiterte und angenäherte Ähnlichkeit in der Modellstatik 19
      4.1 Erweiterte Ähnlichkeit 19
      4.2 Angenäherte Ähnlichkeit 22
         4.2.1 Angenäherte Ähnlichkeit durch Vernachlässigung von Einflüssen untergeordneter Bedeutung 22
         4.2.2 Ausführungstechnisch bedingte angenäherte Ähnlichkeit . . . 24
         4.2.3 Werkstoffbedingte angenäherte Ähnlichkeit 25
         4.2.4 Berücksichtigung der angenäherten Ähnlichkeit 25

   5 Grundlegende Modellgesetze der Elastizitätstheorie 26
      5.1 Maßstäbe bei strenger Ähnlichkeit 26
      5.2 Erweiterung der Ähnlichkeit durch Dehnungsübertreibung 33
      5.3 Erweiterung der Ähnlichkeit durch Vernachlässigung der Poissonschen Bedingung 36
         5.3.1 Fehler infolge ungleicher Querdehnzahlen 41
      5.4 Modellgesetze für Sonderfälle durch Erweiterung der Ähnlichkeit . . 44
         5.4.1 Stabwerke 49
            5.4.1.1 Gelenkfachwerke 49
            5.4.1.2 Rahmen 49
            5.4.1.3 Balken 50
         5.4.2 Seiltragwerke, Hängebrücken 52

5.4.3 Flächentragwerke 54
    5.4.3.1 Scheiben 54
    5.4.3.2 Platten 54
    5.4.3.3 Schalen 57
5.4.4 Bauteile mit räumlichem Spannungszustand 58
5.4.5 Berührprobleme und Stützensenkungen 58

6 Thermo-elastische Modellversuche 60

6.1 Grundgesetze der Wärmedehnung und -spannung 60

6.2 Maßstäbe bei strenger Ähnlichkeit 65
6.2.1 Strenge Ähnlichkeit bei gleichmäßiger Temperaturverteilung und bei stationärer Wärmeströmung 65
6.2.2 Strenge Ähnlichkeit bei instationärer Wärmeströmung 67
6.2.3 Zusammenstellung der Maßstabsgleichungen 68

6.3 Erweiterte und angenäherte Ähnlichkeit beim thermo-elastischen Modellversuch 71

7 Modellgesetze bei Berücksichtigung der Schwerkraft 81

8 Mehrstoff-Modellgesetz bei Verbundkonstruktionen 85

9 Große Formänderungen und nichtlineares Elastizitätsgesetz 87

10 Modellgesetze bei Stabilitätsproblemen 88

11 Modelluntersuchungen im plastischen Bereich und Bruchversuche . . . 91

Literatur 92

C Elastische Modelle 94

1 Einführung 94

2 Werkstoffe für elastische Modelle 95

2.1 Mineralische Werkstoffe 95
2.1.1 Gips 96
2.1.2 Zementstein 98

2.2 Metallische Werkstoffe 98

2.3 Kunststoffe 100

3 Kriechen der Kunststoffe 101

3.1 Elastisches, nachelastisches und plastisches Verhalten 101

3.2 Elimination des Kriechens 103
3.2.1 Methoden mit zeitunabhängiger Dehnung 103
3.2.2 Methoden mit zeitunabhängiger Spannung 106
    3.2.2.1 Kompensation des Zeiteinflusses durch periodische Belastung 106
    3.2.2.2 Elektrische Kompensation des Zeiteinflusses 107
    3.2.2.3 Elimination einer linearen Nullpunktsdrift 109

4 Verhalten einiger Kunststoffe bei periodischer Be- und Entlastung . . 111

   4.1 Abhängigkeit des E-Moduls von der Belastungszeit 112

   4.2 Entlastungszeit $\leq$ Belastungszeit 113

   4.3 Einfluß der Vorgeschichte und einer Vorlast 113

   4.4 E-Modul von Gießharzen nach dem Erstarren 115

5 Herstellen von Kunststoffmodellen 115

   5.1 Bearbeitung von Kunststoffen 115

   5.2 Kleben von Kunststoffen 118

   5.3 Gießen von Modellen 119

Literatur 123

D Realmodelle 125

1 Einführung 125

2 Maßstabsverhältnisse und Ähnlichkeit bei Realmodellen von Stahlbeton-Bauwerken 127

   2.1 Ähnlichkeit in den Werkstoffeigenschaften 127

   2.2 Verbundprobleme 131

3 Eigenschaften und Anwendungsbereich spezieller Modellwerkstoffe . . . 133

   3.1 Normalbeton 133

   3.2 Leichtbeton 137

   3.3 Zementmörtel ohne Zuschläge 139

   3.4 Kunststoffmörtel 140

   3.5 Gips 140

   3.6 Gips mit Zusätzen 143

      3.6.1 Kieselgur-Gips 143

      3.6.2 Gips mit Blähschiefer 144

      3.6.3 Gips hoher Dichte 145

   3.7 Bewehrung 145

      3.7.1 Schlaffe Bewehrung 145

      3.7.2 Vorspannbewehrung 148

4 Schwinden und Kriechen 148

5 Maßstabskorrekturen 149

6 Dehnungsmessungen an Modellen aus Mikrobeton 153

7 Herstellung von Realmodellen 154

   7.1 Beton 155

   7.2 Bewehrung 156

   7.3 Schalung 156

Literatur 157

E Lagerung und Belastung der Modelle 158

  1 Modelltisch und Auflager 158

  2 Belastung durch äußere Lasten 163

  3 Belastung durch Eigengewicht 169
    3.1 Dünne Bauteile 169
    3.2 Massive Bauwerke 170

  4 Wärmebeanspruchung 173

  Literatur 177

F Geräte und Meßelemente zur Bestimmung mechanischer und geometrischer Größen 178

  1 Einführung 178
    1.1 Messung der Beanspruchung und von Kräften 178
    1.2 Vergleich mechanischer und elektrischer Meßgeräte 181

  2 Allgemeine Eigenschaften von Meßgeräten 183

  3 Verschiebungs- und Durchbiegungsmessung 184
    3.1 Mechanische Geräte 184
      3.1.1 Meßuhren 184
      3.1.2 Fühlhebel 184
      3.1.3 Torsionsfühlhebel 184
    3.2 Optische Meßmethoden 185
    3.3 Elektrische Wegmesser 185
      3.3.1 Potentiometergeber 185
      3.3.2 Induktive Geber 186
      3.3.3 Kapazitive Geber 188
      3.3.4 Wegmessung mit DMS 189

  4 Dehnungsmessung 190
    4.1 Einführung 190
    4.2 Mechanische Dehnungsmeßgeräte 195
      4.2.1 Grundprinzip der mechanischen Dehnungsmessung 195
      4.2.2 Extensometer 196
        4.2.2.1 Huggenberger-Extensometer 196
        4.2.2.2 CEJ-Extensometer 197
      4.2.3 Setzdehnungsmesser 198
      4.2.4 Saitendehnungsmesser nach SCHÄFER-MAIHAK 201
      4.2.5 Andere mechanische Meßverfahren 205
    4.3 Mechanisch-optische Dehnungsmeßgeräte 205
    4.4 Elektrische Dehnungsmessung 206
      4.4.1 Induktive Extensometer 206
      4.4.2 Dehnmeßstreifen (DMS) 206

4.4.2.1 Grundlagen 206
4.4.2.2 Eigenschaften der DMS 211
4.4.2.3 Meßschaltungen 220
4.4.2.4 Messung von Wärmespannungen mit DMS 228
4.4.2.5 Meßverstärker 229
4.4.2.6 Vielstellenmeßtechnik 235
4.4.2.7 Anzeige- und Registriergeräte 240

4.5 Reißlackverfahren 245
4.5.1 Grundlagen 245
4.5.2 Die verschiedenen Reißlacke 249
4.5.3 Sichtbarmachen der Risse 251

5 Kraftmeßgeräte 252
5.1 Messung von Auflagerkräften 252
5.2 Messung von Seilkräften 255
5.2.1 Einführung 255
5.2.2 Ringkraftgeber 256
5.2.3 Verfahren ohne Zerschneiden des Drahtes 257
5.2.3.1 Mechanische Auslenkung 257
5.2.3.2 Differenzkraftgeber 259
5.2.3.3 Frequenzmessung 260
5.2.3.4 Dehnungswiderstandseffekt 261
5.2.4 Andere Meßprinzipien 261

6 Eichung von Meßgeräten und Ermittlung von Werkstoff-Kennwerten .. 263
6.1 Eichung von Wegmeßgeräten 263
6.2 Eichung von Dehnungsmeßgeräten 264
6.3 Eichung von Kraftmeßgeräten 267
6.4 Ermittlung von Werkstoffkennwerten 268

Literatur 270

G Spannungsoptische Verfahren 273

1 Ebene Spannungsoptik 273
1.1 Beziehung zwischen Gangunterschied und Hauptspannungen ... 275
1.2 Spannungsoptische Apparatur 276
1.3 Isochromaten 278
1.4 Isoklinen 279
1.5 Modellmaterial 279
1.6 Schubspannungsdifferenzverfahren 281
1.6.1 Ermittlung der Spannungen 281
1.6.2 Kritik des Verfahrens 284
1.7 Standardmethode der ebenen Spannungsoptik 284
1.7.1 Messen der Isochromatenordnung mit der Tardy-Kompensation 286

1.7.2 Messen des Isoklinenwinkels und Zuordnen der Hauptspannungen zu den gemessenen Richtungen 287

1.7.3 Messen der Dickenänderung mit dem Lateralextensometer . . 288

    1.7.3.1 Konstruktion des Lateralextensometers 288

    1.7.3.2 Ansetzen des Lateralextensometers und Messen der Dickenänderung 289

1.7.4 Ermittlung der Konstanten S und K 291

    1.7.4.1 Kalibrierversuch 291

    1.7.4.2 Selbstkalibrierung 292

1.7.5 Beeinflussung der Meßergebnisse 293

    1.7.5.1 Kriechen des Modellmaterials 293

    1.7.5.2 Einfluß von Temperaturänderungen 294

    1.7.5.3 Störungen des ebenen Spannungszustandes 294

    1.7.5.4 Abhängigkeit der Isochromatenordnung vom Durchstrahlungswinkel 295

1.7.6 Ermittlung der Spannungen aus den Meßwerten 295

1.7.7 Kontrolle der Messungen 297

1.7.8 Umrechnung auf die Hauptausführung 298

1.7.9 Kritik des Verfahrens 298

2 Räumliche Spannungsoptik 299

2.1 Einführung 299

2.2 Erstarrungsverfahren 300

    2.2.1 Durchführung 300

    2.2.2 Auswertung 301

        2.2.2.1 Allgemeiner Schnitt 301

        2.2.2.2 Spezielle Schnitte 305

        2.2.2.3 Schubspannungsdifferenzverfahren 308

    2.2.3 Genauigkeit 309

2.3 Streulichtverfahren 310

2.4 Spannungsoptische Untersuchung von Platten und Schalen 311

    2.4.1 Platten 311

        2.4.1.1 Zweischichtverfahren 312

        2.4.1.2 Reflexionsverfahren 315

        2.4.1.3 Anbohrverfahren nach R. HILTSCHER 315

    2.4.2 Schalen 317

3 Oberflächenspannungsoptik 318

3.1 Einführung 318

3.2 Messen der Isoklinen und Isochromaten mit dem Reflexionspolariskop 319

3.3 Auswertung der Messungen 320

    3.3.1 Verstärkungseffekt der Oberflächenschicht 320

    3.3.2 Ableitung der Hauptspannungen des Bauteils aus der Isochromatenordnung der Folie 322

3.4 Untersuchung von Wärmespannungen mit dem Oberflächenschichtverfahren 324

3.5 Verfahren der photoelastischen Streifenschicht 326

4 Photoplastizität 329

4.1 Eigenschaften des Modellmaterials 329
4.2 Verfahren von E. Mönch 330
4.3 Verfahren von R. Hiltscher 332

Literatur 333

H Die modellstatischen Moiréverfahren 336

1 Einführung 336

2 Anwendung des Moiréeffektes 340

2.1 Messung von Dickenänderungen 340
2.1.1 Interferometrische Isopachenverfahren 340
2.1.2 Schattenverfahren 344

2.2 Neigungs- und Krümmungsmessung 345
2.2.1 Prinzip des Ligtenbergschen Verfahrens 345
2.2.2 Versuchstechnik 347
2.2.3 Auswertungsverfahren 349
2.2.3.1 Graphische Verfahren 349
2.2.3.2 Rechnerische und optische Auswertungsverfahren . . 351

2.3 Durchbiegungsmessungen 355
2.3.1 Schattenverfahren zur Durchbiegungsmessung 355
2.3.2 Projektionsverfahren 357

2.4 Messung von ebenen Verschiebungen und Dehnungen 358
2.4.1 Zusammenhang zwischen Moirébild und Oberflächendehnung 358
2.4.2 Auswertung 359

3 Methoden zur Vervielfachung und Verschärfung der Moirélinien 363

3.1 Vorgabe von Dehnung und Drehung 364
3.2 Schlierenvorrichtung 366

4 Herstellung und Aufbringung von Gittern 367

5 Leistungsfähigkeit des Moiréverfahrens 368

Literatur 369

I Untersuchungsmethoden für die verschiedenen Tragsysteme . . . 371

1 Stabwerke 371

1.1 Einführung 371

1.2 Grundlagen der indirekten Modellmeßverfahren 372
1.2.1 Einflußlinien für Kräfte 372
1.2.2 Einflußlinien für Verformungen 375

1.3 Anforderungen an das Modellmaterial 376

1.4 Anforderungen an die Meßinstrumente 376

1.5 Verfahren 377
    1.5.1 Verfahren von GOTTSCHALK 378
    1.5.2 Verfahren von CHR. RIECKHOFF 379
    1.5.3 Beggssches Verfahren 380
    1.5.4 Momentenverformungsgeber 382
    1.5.5 Momentenanzeigegerät 383

2 Seiltragwerke 385

2.1 Hängebrücken 385
    2.1.1 Grundsätzliches zu Hängebrückenmodellen 385
    2.1.2 Das vereinfachte Hängebrückenmodell 386
    2.1.3 Meßmethoden 387

2.2 Vorgespannte Seilnetze 389
    2.2.1 Definition und Beispiele 389
    2.2.2 Trag- und Formänderungsverhalten vorgespannter Seilnetze 389
    2.2.3 Modellversuch 390
        2.2.3.1 Aufgabenstellung 390
        2.2.3.2 Entwurfsmodell 391
        2.2.3.3 Bauelemente und Material des Meßmodells 391
        2.2.3.4 Aufbau und Belastung des Meßmodells 393
        2.2.3.5 Messungen 394

3 Flächentragwerke 395

3.1 Scheiben 395

3.2 Platten 397
    3.2.1 Einführung 397
    3.2.2 Meßverfahren 401
        3.2.2.1 Messung der Durchbiegung 402
        3.2.2.2 Neigungsmessungen 402
        3.2.2.3 Krümmungsmessungen 403
        3.2.2.4 Ermittlung der Biege- und Drillmomente aus der Ober-
                flächendehnung 411
        3.2.2.5 Spannungsoptische Messungen an Platten 421
    3.2.3 Ermittlung von Einflußflächen für Biegemomente und Auf-
        lagerkräfte 422
    3.2.4 Ermittlung von Querkräften 429
    3.2.5 Technische Einzelheiten bei der Versuchsdurchführung . . . 429

3.3 Schalen 433

4 Massive Modellkörper mit dreiachsigen Spannungszuständen 434

Literatur 436

K Durchführung und Auswertung von Modellversuchen 439

1 Durchführung von Modellversuchen 439

1.1 Meßverfahren und Zahl der Meßstellen 439

1.2 Ziele des Modellversuchs 441

1.3 Unterlagen für den Modellversuch und den Prüfingenieur 442

1.4 Realmodell oder elastisches Modell 442

1.5 Planung des Versuchsablaufs 444

1.6 Vorbereitung der Messungen und Anreißen der Meßpunkte 444

1.7 Anbringen von DMS 445

1.8 Aufbau des Modells 446

1.9 Vorläufige Kontrolle der Meßwerte 447

1.10 Auswertung der Meßergebnisse 448

1.11 Bestimmung der Werkstoffbeiwerte 451

1.12 Kontrolle der Meßergebnisse 452

1.13 Versuchsbericht 454

1.14 Beispiel für die modellstatische Untersuchung eines ungewöhnlichen
Bauwerkes 455

2 Fehler bei Modellversuchen 459

2.1 Einführung 459

2.2 Fehlerarten 459

2.3 Systematische Fehler 461

2.4 Zufällige Fehler 463

2.5 Größe der Fehler bei Modellversuchen 468

2.6 Fehlerfortpflanzung 470

2.6.1 Beispiel zur Fehlerfortpflanzung 471

3 Anhang: Zusammenstellung der wichtigsten Formeln für den ein- und
zweiachsigen Spannungszustand 473

3.1 Einachsiger Spannungszustand und seine Verzerrungen 473

3.2 Zweiachsiger Spannungszustand 474

3.2.1 Spannungen in einem Schnitt unter dem Winkel φ 474
3.2.2 Hauptspannungen 475
3.2.3 Mohrscher Kreis 475
3.2.4 Hauptspannungstrajektorien 476

3.3 Zweiachsiger Verzerrungszustand 476

3.4 Zusammenhang zwischen Spannungen und Verzerrungen 477

3.5 Einachsiger Spannungszustand mit behinderter Querdehnung . . . 478

3.6 Auswertung von Rosettenmessungen 478

3.7 Fehlerfortpflanzung bei einfachen Funktionen 479

Literatur 480

Sachverzeichnis 481

A Einführung

1 Zur Entwicklung modellstatischer Untersuchungsmethoden

Da die Modellstatik in den letzten Jahrzehnten einen großen Aufschwung genommen hat, entsteht oft der Eindruck, sie sei eine Untersuchungsmethode neueren Ursprungs. Tatsächlich ist sie in ihrer einfachsten Form wahrscheinlich die älteste Methode der Baukonstruktion überhaupt. Vor 400 Jahren z. B. wurde von MICHELANGELO den Baumeistern seiner Zeit das Studium von Modellen empfohlen. Zum Teil noch erhalten sind die Modelle des berühmten Schweizer Zimmermanns JOHANN ULRICH GRUBENMANN (1709—1783), die dieser vor dem Bau seiner kühnen Holzbrücken und Dachstühle angefertigt hat (Bild A.1).

Bild A.1 Brückenmodell des Baumeisters JOHANN ULRICH GRUBENMANN (1709—1783)

Sie dienten zwar vor allem dazu, seinen Auftraggebern das geplante Bauwerk zu erläutern und die Fügetechnik der Balkenverbindungen zu studieren. Aber er benutzte sie auch, um das Verhalten des Bauwerkes bei Belastung zu beobachten, damit er eine dem Kraftfluß gemäße Konstruktion entwickeln konnte. Systematisch wurde die Modelltechnik jedoch erst im 20. Jahrhundert angewandt, nachdem hierzu durch die Ähnlichkeitsmechanik, die Meßtechnik und die Werkstoffkunde die Voraussetzungen geschaffen waren. Heute sind Modelluntersuchungen vor allem im Stahlbetonbau nicht mehr wegzudenken, denn die vielfältigen und reichen Möglichkeiten der Formgestaltung stellen den Konstrukteur im Massivbau häufig vor besonders schwierige Probleme, die mit Hilfe der Modellstatik relativ leicht und wirtschaftlich bewältigt werden können.

2 Definition und Aufgabe der Modellstatik

Die Modellstatik hat sich, angeregt durch die Entwicklung im Bauwesen, zu einer selbständigen Disziplin entwickelt, die mit allen verfügbaren Meßverfahren der experimentellen Spannungsanalyse, insbesondere aber mit Hilfe moderner elektrischer Meßgeräte arbeitet.

Während man unter Baustatik im üblichen Sprachgebrauch die rein rechnerische Anwendung der Elastizitäts-, Plastizitäts- und Festigkeitslehre auf Probleme der Bautechnik versteht (analytische Statik), ist die Modellstatik eine experimentelle Methode zur Lösung dieser Probleme, d. h. zur Bestimmung des Spannungs- und Verformungszustandes und der Auflagerreaktionen eines *wirklichen* Tragwerks oder Bauteils unter gegebener Beanspruchung und Lagerung sowie seiner Grenztragfähigkeit und seines Bruchverhaltens. Mit dem Wort „wirklich" soll betont werden, daß die Modellstatik nicht wie die mathematische Elastizitätslehre, das Hauptgebiet der analytischen Statik, auf die Untersuchung ideal-elastischer Körper aus homogenen isotropen Werkstoffen mit lastunabhängigen E-Moduln beschränkt ist, sondern den tatsächlichen natürlichen Gegebenheiten hinsichtlich Form und Werkstoff Rechnung tragen kann.

Als beispielhafte Situationen, in denen der Einsatz der Modellstatik als Alternative oder Ergänzung zu mathematisch analytischen Methoden sinnvoll oder geradezu notwendig ist, seien die folgenden genannt:

1. Modellversuch und analytische Behandlung wirken zusammen. Im Versuch werden Kenngrößen bestimmt (z. B. die Lage von Momentennullpunkten), die den rechnerischen Lösungsweg, der an sich bekannt ist, wesentlich abkürzen.

2. Die analytische Lösung ist zwar vorhanden, beruht jedoch auf Voraussetzungen, z. B. hinsichtlich der Werkstoffeigenschaften, die in Wirklichkeit nicht erfüllt sind. Oder es werden Vernachlässigungen von Nebeneinflüssen vorgenommen, um eine analytische Lösung entweder überhaupt zu ermöglichen oder um sie wirtschaftlich anwenden zu können. Der streng ähnliche Modellversuch umfaßt alle Werkstoffeigenschaften und Nebeneinflüsse und dient somit zur Kontrolle bzw. Beurteilung der Brauchbarkeit einer analytischen Lösung.

3. Die theoretischen Grundlagen des Problems sind zwar erforscht, aber es liegt keine geschlossene Lösung vor (z. B. kompliziert gelagerte, belastete oder umrandete Flächentragwerke), und etwa vorhandene Näherungslösungen scheitern am erforderlichen zeitlichen oder wirtschaftlichen Aufwand.

4. Die funktionalen Zusammenhänge zwischen den Bestimmungsgrößen sind nicht oder nur unzureichend bekannt. Der Modellversuch gestattet bei Einhaltung strenger physikalischer Ähnlichkeit trotzdem eine Aussage über das Verhalten des Bauwerks sowie über den Einfluß noch unbekannter Parameter. Dies ist vorwiegend dann der Fall, wenn das Gebiet der Elastizitätstheorie verlassen wird.

Um die genannten Punkte etwas deutlicher zu beleuchten, sollen Modellstatik und analytische Statik hinsichtlich Leistungsfähigkeit auf verschiedenen Anwendungsgebieten nebeneinandergestellt werden.

3 Gegenüberstellung von analytischer und Modellstatik

Modellstatik und analytische Statik haben beide dasselbe Ziel, nämlich dem Konstrukteur das Tragverhalten und die Beanspruchung geplanter Bauwerke aufzuzeigen, um ihm ein wirtschaftliches Bauen zu ermöglichen. Beide benutzen hierzu Modelle, aber die analytische Statik untersucht ein Gedankenmodell, das auf mehr oder weniger großen Idealisierungen der Wirklichkeit und von ihr abweichenden Annahmen beruht, während die Modellstatik ein reales physikalisches Modell beobachtet, das im Idealfall in allen seinen Teilen dem wirklichen Bauwerk maßstäblich entspricht. Hier kann man einwenden, daß auch die analytische Statik im Idealfall durch ein Gedankenmodell die Wirklichkeit exakt beschreiben kann. Dies ist durchaus richtig, nur darf man nicht vergessen, wie rasch der Aufwand an mathematischen Methoden und numerischer Rechenarbeit steigt, wenn man das tatsächliche Verhalten des Werkstoffes und alle Randbedingungen eines Bauwerkes in einer Berechnung erfassen will. Auch bei Verwendung der größten seither gebauten Rechenautomaten sind hier der analytischen Statik vorläufig gewisse Grenzen gesetzt. Ganz abgesehen hiervon spielt die Frage der Wirtschaftlichkeit im Denken des Ingenieurs eine bedeutende Rolle. Die Benutzung solch großer Rechenautomaten erfordert nämlich erhebliche Investitionen an Geräten und vorbereitender Programmierarbeit.

Wie es sich meistens bei Definitionsversuchen herausstellt, so sind auch hinsichtlich der Methoden der analytischen (Gedankenmodell-) Statik und der physikalischen Modellstatik strenge Abgrenzungen nicht möglich. Allein schon die Erweiterung der Ähnlichkeit (s. Abschn. B-4.1) zeigt, wie mit Hilfe der als bekannt vorauszusetzenden mathematischen Zusammenhänge ein Modell entwickelt wird, das sich vom wirklichen physikalischen Modell schon wesentlich (z. B. in der gesamten Geometrie) unterscheiden kann. Noch einen Schritt weiter geht die Analogietechnik, die Modelle benutzt, bei denen nur noch der mathematische Formalismus, aber nicht einmal mehr das Wesen des physikalischen Vorgangs mit der Hauptausführung übereinstimmt. So können elektrostatische Potentialfelder zur Bestimmung von Spannungszuständen in geometrisch ähnlichen Scheiben herangezogen werden [A.1]. Diese Art der Analogietechnik wird in großem Ausmaß auf dem Gebiet der Dynamik eingesetzt auf Grund weitgehender Analogien zwischen zeitabhängigen mechanischen und elektrischen Vorgängen. Der nächste Schritt führt zur Simulation der zu untersuchenden Vorgänge mit Hilfe des Analogrechners, auch bereits mit Hilfe des Digitalrechners, so daß sich hier ein unmittelbarer Übergang zum numerischen Rechnen und somit zur analytischen Behandlung aufzeigen läßt. Bei statischen Problemen wird die Analogietechnik jedoch relativ selten angewandt, so daß sie nicht besprochen wird.

Es ist also das Ziel der Modellstatik, aus dem an Modellen gewonnenen Beobachtungsmaterial das Verhalten wirklicher Bauwerke vorauszusagen. Darüber hinaus versucht man, am Modell zu erkennen, warum ein gewähltes Tragsystem sich gerade so und nicht anders verhält. Wegen der Anschaulichkeit, die dem Experimentieren mit Modellen natürlicherweise anhaftet, ist es leicht, das Tragverhalten eines Bauwerkes zu erfassen, und man erkennt das Zusammenwirken der einzelnen Teile. Die analytische Statik kann kaum etwas Ähnliches bieten, da vor der Aufstellung eines Ansatzes zur mathematischen Lösung ein statisches System gewählt werden muß. In den meisten Fällen bedeutet dies eine Zerlegung in einfache, der Rechnung zugängliche Teile. Dies ist bei komplizierten Bauwerken nur möglich, wenn man sich in ihr Tragverhalten hineindenken kann, wenn also die hierfür notwendige Erfahrung bereits vor Beginn der Rechnung vorhanden ist. In der Modellstatik ist eine solche Erfahrung vor Beginn der Untersuchung nicht notwendig. Zur Planung eines Modellversuchs müssen lediglich die vorläufigen Abmessungen des Bauwerkes und seine Belastung bekannt sein. Der Modellstatiker trifft die für den vorliegenden Fall zulässigen Vereinfachungen und wählt ein geeignetes Meßverfahren aus, um das Ziel mit einem möglichst geringen Aufwand zu erreichen. Die Meßstellen und das Meßprogramm wird er auf Grund seiner Erfahrung zusammen mit dem Auftraggeber festlegen. Dann ermittelt er im allgemeinen die Spannungsverteilung oder die Schnittkräfte am Modell und rechnet sie auf das Bauwerk und dessen Belastung um. Der Auftraggeber führt dann lediglich die Bemessung durch und ändert gegebenenfalls die Abmessungen des Bauwerkes, damit die ermittelten Kräfte mit der notwendigen Sicherheit aufgenommen und übertragen werden können.

3.1 Aufgaben aus dem Gebiet der Elastizitätstheorie

Die Grundlagen der klassischen Elastizitätstheorie wurden bereits zu Beginn des 19. Jahrhunderts geschaffen. Die hierauf beruhenden rechnerischen Methoden stellen den umfassendsten Teil der analytischen Statik dar, auch wenn sie an gewisse idealisierende Voraussetzungen gebunden sind, etwa an ein streng lineares elastisches Verhalten oder an die Annahmen der Kirchhoffschen Plattentheorie. Hier werden die Grenzen der analytischen Statik sichtbar. Die Notwendigkeit einer experimentellen Untersuchung ergibt sich oft aus der Tatsache, daß die Elastizitätslehre nur dann eine geschlossene Lösung der gestellten Aufgabe liefert, wenn der zu untersuchende Körper einfach berandet und gestützt ist und auch die Belastung gewissen einschränkenden Bedingungen genügt. Als Beispiel seien die Platten genannt, bei denen es in manchen Fällen möglich ist, das Randwertproblem geschlossen zu lösen. In vielen anderen Fällen kann es wenigstens näherungsweise gelöst werden. Solange die Berandung der Platten gerade ist und eine gleichmäßige linienförmige Stützung vorliegt, sind die Lösungen der Plattengleichung heute schon weitgehend tabelliert. Aber alle numerischen Methoden führen nur mit erheblichem Aufwand zum Ziel, wenn die Ränder der Platte krummlinig sind und sie nur an einzelnen Punkten gestützt ist. In solchen Fällen kann dann die Modellstatik helfen, die Beanspruchung der Platte auf einfachere Weise zu ermitteln.

Die Randbedingungen sind modellstatisch mit meist relativ einfachen Mitteln zu verwirklichen; ähnliches gilt für Probleme der Einleitung konzentrierter Lasten in Flächentragwerke, die wegen der vereinfachenden Annahmen der Theorie auf analytischem Weg nicht zu erfassen sind. Große Schwierigkeiten bereitet auch die Lösung sogenannter Zusammenhangprobleme, bei denen das Zusammenwirken verschiedener Bauteile, wie z. B. von Schale und Randglied, erfaßt werden muß. Geschlossene analytische Lösungen lassen sich nur in wenigen einfachen Fällen finden; meistens ist man gezwungen, numerische Näherungsmethoden zu verwenden, die nur nach langwieriger Zahlenrechnung genügend genaue Ergebnisse liefern. Hier brachte der Einsatz elektronischer Rechenautomaten große Fortschritte. In der kurzen Zeit seit ihrem Eindringen in die Baustatik wurden bereits für viele Probleme fertige Rechenprogramme entwickelt, die in manchen Fällen allen anderen Methoden, auch der Modellstatik, in bezug auf Schnelligkeit und Wirtschaftlichkeit weit überlegen sind, so daß man heute schon von einer „Computerstatik" sprechen kann. Sie stellt keine grundsätzlich neue Methode dar, obwohl sie den Anstoß gab, neue mathematische Schreibweisen in die analytische Statik einzuführen. Sie gestattet lediglich, bekannte Verfahren auf komplizierte Systeme anzuwenden, die sonst wegen des erheblichen Zeitaufwandes einer numerischen Lösung nicht allgemein zugänglich waren. Die heute im Vordergrund des Interesses stehenden Elementmethoden (z. B. [A.2]) erlauben zwar, das Tragverhalten eines Bauteiles sehr umfassend zu beschreiben und die oben angedeuteten Schwierigkeiten klassischer Theorien zu umgehen, jedoch entstehen dabei leicht Gleichungssysteme von einem solchen Ausmaß, daß die zur Zeit größten und schnellsten Elektronenrechner eingesetzt werden müssen, um eine Lösung zu erhalten. Hier wirft die Anwendung der analytischen Statik die Frage der Wirtschaftlichkeit auf, die in der Arbeit des Ingenieurs eine maßgebliche Rolle spielen muß und den Ausschlag zugunsten einer modellstatischen Untersuchung geben kann.

Die Eigenschaften der hierbei verwendeten *elastischen* Modelle stimmen mit den Voraussetzungen des mathematischen Gedankenmodells der klassischen Elastizitätstheorie überein. Sie leisten damit nicht mehr und nicht weniger als die Elastizitätstheorie und stellen nur ein idealisiertes Abbild der Wirklichkeit dar. Ihr Vorteil besteht darin, daß sie es gestatten, relativ einfach auch dort eine Lösung zu finden, wo die Elastizitätstheorie nur noch mit großem Aufwand anwendbar ist. Sie werden deshalb auch dazu benutzt, um den Einfluß der Form auf die Spannungsverteilung zu studieren. Beim elastischen Modell entstehen keinerlei Störungen durch Inhomogenitäten oder einen nichtlinearen Zusammenhang zwischen Spannungen und Dehnungen. Über die zur Herstellung elastischer Modelle geeigneten Werkstoffe wird im Abschn. C ausführlich berichtet. Die an Hand elastischer Modelle untersuchten Tragwerke sind in der Regel Flächentragwerke (Schalen, Platten, Scheiben) entweder in reiner Form oder im Zusammenwirken mit stabartigen Bauteilen (Stützen, Randgliedern). Für Fragen der reinen Stabstatik werden kaum noch elastische Modelle untersucht, es sei denn, um die analytische Behandlung abzukürzen (Bestimmung von Momentennullpunkten).

3.2 Aufgaben aus dem Gebiet des plastischen und des Bruchverhaltens

Eine Aussage über die tatsächliche Standsicherheit eines Bauwerks ist mit den Mitteln der Elastizitätstheorie nicht möglich, da die Baustoffe in der Nähe ihrer Bruchlast überhaupt nicht mehr die in ihr getroffenen Voraussetzungen erfüllen. Um dennoch die Standsicherheit nachweisen zu können, wird nach der Berechnung der Schnittgrößen am idealisierten elastischen Tragwerk eine Bemessung ausgeführt. Hierbei wird das wirkliche Verhalten der Werkstoffe in vereinfachter Weise berücksichtigt und ein Spannungsnachweis vorgenommen. Die berechneten Spannungen dürfen die sog. zulässigen Spannungen nicht überschreiten, die so festgelegt sind, daß eine ausreichende Sicherheit des Bauwerkes vorhanden ist. Die Traglastverfahren wurden etwa seit 1930 entwickelt. Ausgangspunkt der Berechnung sind hierbei Theorien über das Bruchverhalten der Werkstoffe, die es ermöglichen, für die ungünstigste im Betrieb auftretende relative Lastverteilung die Bruchlast zu ermitteln; diese stimmt mit der Wirklichkeit in dem Maße überein, wie es gelingt, das tatsächliche Bruchverhalten der Werkstoffe mathematisch zu erfassen. Es kann nicht ausgeschlossen werden, daß auch auf dem Gebiet der Plastizitäts- und Traglasttheorie der Einsatz großer Elektronenrechner eines Tages zu einem starken Vordringen der analytischen Statik führt.

Die modellstatischen Untersuchungen, die dem Traglastverfahren der analytischen Statik entsprechend das Bruchverhalten eines Tragwerks zum Gegenstand haben, werden an sog. *Realmodellen* durchgeführt. Sie sind dem Traglastverfahren überlegen, da keinerlei von der Wirklichkeit abweichende Annahmen über das Verhalten der Werkstoffe getroffen werden müssen. Solche Versuche haben jedoch zur Voraussetzung, daß die Baustoffe von Modell und Bauwerk die gleiche oder eine affine σ-ε-Linie besitzen, wie später (Abschn. D-2.1) noch gezeigt wird. Das Einhalten dieser Bedingung ist besonders bei Stahlbetontragwerken nicht immer einfach, weshalb der Aufwand bei solchen Modelluntersuchungen meist sehr viel größer ist als bei der Untersuchung elastischer Modelle.

In Deutschland sind noch kaum Untersuchungen an Realmodellen ausgeführt worden. Vielleicht scheut man den Aufwand hierfür, weil besonders im Stahlbetonbau der Einführung der Traglastverfahren mit Zurückhaltung begegnet wird. Im Ausland dagegen stehen Untersuchungen an Realmodellen im Vordergrund. In England z. B. werden sie in der Modellstatik beinahe ausschließlich verwendet; elastische Kunststoffmodelle dienen fast nur für Vorversuche. Bekannt sind auch die großen modellstatischen Laboratorien in Bergamo und Lissabon, die sich zwar vorwiegend mit Messungen an Talsperren befassen [A.3], daneben aber auch Realmodelle von Brücken, Hochbauten und Schalen untersuchen. In Zukunft wird sich wahrscheinlich überall das Schwergewicht modellstatischer Untersuchungen mehr und mehr auf die Realmodelle verlagern, so wie in der Baustatik Spannungsumlagerungen infolge plastischer Deformationen und das Bruchverhalten an Interesse gewinnen, denn die Lösung dieser Fragen wird auch für die Computerstatik, wenn vielleicht nicht mit grundsätzlichen Schwierigkeiten, so doch immer mit großem Aufwand verbunden sein.

3.3 Zur Wirtschaftlichkeit der baustatischen Untersuchungsmethoden

Für die Entscheidung, mit welcher Methode ein gegebenes baustatisches Problem angegangen werden soll, ist oft weniger die Frage ausschlaggebend, welches Verfahren die größtmögliche Übereinstimmung der Lösung mit der Wirklichkeit erwarten läßt, sondern die Frage, welcher zeitliche und finanzielle Aufwand erforderlich ist, um eine Lösung von vertretbarer Abweichung zu erhalten. Einer Veröffentlichung in der „Schweizerischen Bauzeitung" von H. Hossdorf [A.4] ist das in Bild A.2 dargestellte Diagramm entnommen. Es zeigt schematisch den Aufwand für die Ausführung der statischen Berechnung relativ zur Bausumme in Abhängigkeit vom Schwierigkeitsgrad für die übliche statische

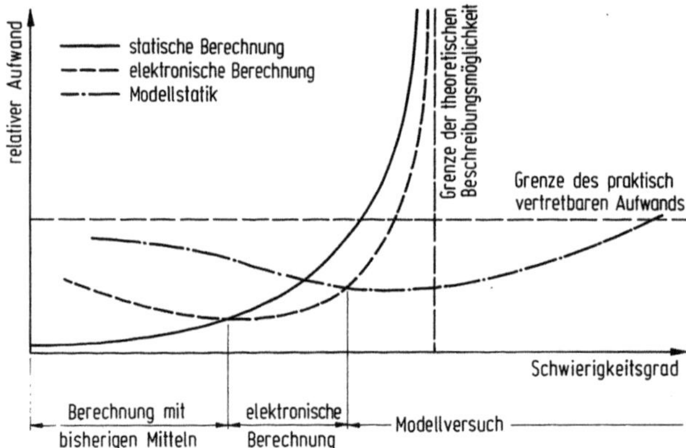

Bild A.2 Arbeitsaufwand der verschiedenen baustatischen Untersuchungsmethoden (nach [A.4])

Berechnung, für die Statik unter Verwendung elektronischer Rechenautomaten und für die Modellstatik. Die eingezeichneten Kurven stellen nur das Prinzipielle dar; es sind ihnen keine quantitativen Aussagen zu entnehmen. Wesentlich ist das Folgende: Die Aufwandkurve für die übliche statische Berechnung und die für das elektronische Rechnen streben einer gemeinsamen Asymptote zu, die durch die Grenze der theoretischen Beschreibbarkeit gegeben ist, während die Aufwandkurve für die Modellversuche, ohne mit zunehmendem Schwierigkeitsgrad wesentlich anzusteigen, diese Grenze ohne weiteres durchbricht. Wenn auch die gezeigten Kurven nur qualitativ zu verstehen sind, so dürfte hieraus doch ersichtlich sein, daß die Modellstatik neben den anderen Verfahren der Baustatik schon allein aus wirtschaftlichen Gründen immer ihre Berechtigung haben wird. Es wird immer wieder Probleme geben, wo es zunächst nur der Modellversuch ermöglicht, überhaupt eine Lösung zu finden, oder aber wo die Modellstatik die wirtschaftlichste Methode darstellt, auch wenn sich die Schwerpunkte ihrer Anwendung verlagern, wie dies in der Vergangenheit schon mehrfach geschehen ist.

So spielten beispielsweise zwischen den beiden Weltkriegen neben der Spannungsoptik die sogenannten indirekten Modellmeßverfahren eine große Rolle zur experimentellen Ermittlung der Einflußlinien von Stabwerken jeder Art. Diese Methoden haben heute nur noch historischen und didaktischen Wert. Einflußlinien von Stabwerken erhält man jetzt schneller und genauer mit Hilfe elektronischer Berechnungen, wofür in fast allen baustatischen Rechenzentren fertige Programme vorliegen. Ein weiteres Beispiel ist die Ermittlung von Einflußflächen schiefwinkliger Platten. 1956 wurde eine der ersten größeren schiefwinkligen Brücken nach dem Kriege in Deutschland bei Bacharach gebaut [A.5]. Ihre Konstruktion geht auf eine modellstatische Untersuchung zurück, denn die Berechnung schiefer Platten war zur damaligen Zeit noch Gegenstand wissenschaftlicher Arbeiten. Deshalb war die Untersuchung solcher Platten bis etwa 1960 eines der Hauptarbeitsgebiete der Modellstatik, wogegen heute einfach gelagerte schiefe Platten konstanter Dicke auf elektronischen Rechenautomaten gerechnet werden können, falls man nicht ihre Einflußlinien einer der beiden Sammlungen von Tafeln entnimmt, die im Buchhandel erhältlich sind. Die eine, 1961 erschienen, wurde an Hand von zahlreichen systematischen Modellversuchen von RÜSCH und HERGENRÖDER in München [A. 6] aufgestellt, während die Werte der anderen von BALAŠ und HANUŠKA in Preßburg [A.7] elektronisch berechnet und 1964 veröffentlicht wurden.

Abschließend sei nochmals betont, daß keine Gegensätze zwischen den verschiedenen baustatischen Untersuchungsmethoden bestehen. Die Modellstatik kann kein Ersatz für theoretische Überlegungen sein; sie benötigt die Ergebnisse theoretischer Untersuchungen, um ihre Einzelergebnisse einer allgemeinen Deutung zugänglich zu machen, ebenso wie die analytische Statik an Hand der Versuchsergebnisse an Modellen die Gültigkeit ihrer Annahmen überprüfen kann. Diese Wechselbeziehungen zwischen Experiment und Theorie sind es eigentlich, die neben dem großen Vorteil unmittelbarer Anschaulichkeit einen Modellversuch anregend gestalten. Nachdem unter Beachtung theoretischer Überlegungen das Modell und das Versuchsprogramm geplant sind, geben die Interpretation und Diskussion der Meßergebnisse immer wieder neue interessante Einblicke in das Verhalten komplexer Bauwerke. Die dazwischenliegende Arbeit der Modellherstellung und des Messens ist eigentlich der weniger interessante Teil der Modellstatik, obwohl auch die Lösung der hierbei auftretenden konstruktiven und meßtechnischen Probleme eine reizvolle Aufgabe darstellt.

Literatur

A.1 Reissmann, Chr., Kietzer, K.: Beispiele für die Anwendung des elektrischen Potentialgleichnisses zur Bestimmung des ebenen Spannungszustandes. Bautechnik 41 (1964) 155—160 u. 227—229.

A.2 Knothe, K.: Plattenberechnung nach dem Kraftgrößenverfahren. Stahlbau 36 (1967) 202—214 u. 245—254.

A.3 Serafim, J. L., Azevedo, M. C.: Methods in Use at the L. N. E. C. for the Stress Analysis in Models of Dams. Ministério das Obras Públicas, Laboratório Nacional de Engenharia Civil. Technical Paper No. 201, Lissabon 1963.

A.4 Hossdorf, H.: Modellversuchstechnik des entwerfenden Bauingenieurs. Schweiz. Bauztg. 81 (1963) 283.

A.5 Franz, G.: Die Brücke für die Umgehungsstraße Bacharach über die Eisenbahngleise der linken Rheinuferbahn. Bauingenieur 29 (1954) 182—190.

A.6 Rüsch, H., Hergenröder, A.: Einflußfelder der Momente schiefwinkliger Platten. Materialprüfungsamt für das Bauwesen der T. H. München 1961.

A.7 Balaš, J., Hanuška, A.: Influence Surfaces of Skew Plates. Preßburg: Vydavateilstvo Slovenskej Akademie Vied. 1964.

B Modellgesetze

1 Einführung

Die Modellstatik hat die Aufgabe, die an einem geometrisch ähnlichen, meist verkleinerten Modell eines Tragwerkes ähnlich nachgeahmte Beanspruchung durch Messung zahlenmäßig zu ermitteln. Das am Modell gewonnene Zahlenergebnis muß unter Beachtung der geltenden Ähnlichkeitsmaßstäbe auf das wirkliche Bauwerk, die sog. Hauptausführung, übertragen werden, denn es ist letzten Endes Zweck einer Modelluntersuchung, vom Verhalten des Modells auf das des Bauwerks zu schließen. Entsprechend der Verknüpfung physikalischer Größen durch die Grundgesetze der Physik bestehen auch Zusammenhänge zwischen den Ähnlichkeitsmaßstäben auf Grund der Modell- oder Ähnlichkeitsgesetze. Mit ihrer Herleitung befaßt sich die Ähnlichkeitsmechanik. Sie beruht auf dem sog. allgemeinen Ähnlichkeitsprinzip der Physik, das allen physikalischen Betrachtungen der klassischen Physik zugrunde liegt (s. M. WEBER [B.1]). Es gilt für alle Vorgänge, bei denen das Kausalitätsprinzip herrscht, was nichts anderes heißt, als daß die statistische Betrachtung atomphysikalischer Einzelvorgänge ausgeschlossen ist. Die Ähnlichkeitsmechanik kann folglich ganz allgemein auf alle Vorgänge der Natur angewandt werden, bei denen die Stetigkeit gewahrt bleibt und der Quantenbegriff noch keine Rolle spielt. Im Hinblick auf die Modellstatik bedeutet dies außerdem: Die Werkstoffstruktur sowie Kristall- und Molekülgrößen dürfen gegenüber den Abmessungen des Modells nicht ins Gewicht fallen. Dies ist die einzige Grenze, die einem Modellversuch von den physikalischen Grundlagen her gesetzt ist.

2 Allgemeine physikalische Ähnlichkeit

2.1 Grundlagen

Das allgemeine Ähnlichkeitsprinzip der Physik lautet in einer Formulierung nach M. WEBER ([B.1] S. 276):

Die meßbaren physikalischen Geschehnisse sind von der Art, daß sie in einem geometrisch ähnlich vergrößerten oder verkleinerten

System unter der Wirkung gleicher physikalischer Ursachen „physikalisch ähnlich" ablaufen. Dies soll heißen: Die Vorgänge in den Vergleichssystemen sollen nicht nur den gleichen analytischen Ansatz haben, sondern auch durch die gleiche mathematische Funktion, also durch das gleiche Gesetz, zwischen reinen Zahlen beschrieben werden.

In einer physikalischen Gleichung ist die Erfahrung über einen bestimmten Naturvorgang in mathematischer Form zusammengefaßt. Sie besagt, daß zwischen den in der Gleichung auftretenden physikalischen Größen eine Wechselwirkung besteht. Diese spielt sich unabhängig von Größe und Gestalt des Systems oder Mediums qualitativ immer in der gleichen Weise ab, lediglich die Zahlenwerte der in der Gleichung enthaltenen Maßgrößen werden von System zu System verschieden sein. Das eine solche Wechselwirkung kennzeichnende und von speziellen Zahlenwerten unabhängige physikalische Gesetz läßt sich aus den Ansatzgleichungen, die zunächst als „Maßgrößenbeziehung" vorliegen, dadurch herausarbeiten, daß man diese dimensionsfrei darstellt. Als Erfahrungssätze der klassischen Physik verknüpfen sie die Maßgrößen durchweg in Form von Potenzprodukten. Solche Maßgrößen sind entweder die fünf frei gewählten, unabhängigen Grundgrößen, auf denen sich ein System der Maßeinheiten aller physikalischen Größen aufbauen läßt (z. B. Länge l, Kraft P, Zeit t, Temperatur ϑ und Elektrizitätsmenge Q), oder die aus diesen zusammengesetzten Definitionsgrößen, die durch reine Festsetzung ohne Benutzung der Erfahrung mit Hilfe von Definitionsgleichungen eingeführt werden (z. B. das Moment $M = P \cdot l$). Ihre Maßeinheiten ergeben sich als Potenzprodukte der Grundeinheiten und heißen deshalb Ableiteinheiten. Außer den Grundgrößen und den Ableitgrößen treten in den physikalischen Gleichungen Stoffbeiwerte auf, die zur Kennzeichnung der Eigenschaften der Stoffe dienen und aus der Erfahrung gewonnen sind (z. B. der E-Modul zur Kennzeichnung der Elastizität, der durch Messung bestimmt werden muß). Auch die Maßeinheiten dieser Größen sind Potenzprodukte der Grundeinheiten.

Findet derselbe Vorgang einmal in einem System M (Modell) und dann in einem System H (Hauptausführung) statt, so haben die fünf Grundgrößen in jedem System andere Zahlenwerte, da angenommen wird, daß die beiden Systeme verschiedene Größen haben. Die Grundgrößen des ersteren seien

$$l_M,\ P_M,\ t_M,\ \vartheta_M,\ Q_M,$$

diejenigen des zweiten

$$l_H,\ P_H,\ t_H,\ \vartheta_H,\ Q_H.$$

Bildet man nun die Verhältnisse sich entsprechender Größen aus den beiden Systemen und bezeichnet sie durch den Fußzeiger V,

$$l_V = \frac{l_M}{l_H}, \quad P_V = \frac{P_M}{P_H}, \quad t_V = \frac{t_M}{t_H}, \quad \vartheta_V = \frac{\vartheta_M}{\vartheta_H}, \quad Q_V = \frac{Q_M}{Q_H}, \qquad \text{(B.1)}$$

so besitzt jede dieser fünf dimensionslosen Verhältniszahlen einen eigenen Zahlenwert, der sich von dem der anderen unterscheidet. Wenn aber jeder der einzelnen Werte während des Verlaufes des physikalischen Vorganges im System M und H konstant bleibt, d. h. unabhängig von Zeit und Ort ist, dann sagt man, die beiden Vorgänge in M und H seien vollkommen ähnlich. Die fünf Verhältniszahlen nennt man dann Ähnlichkeits- oder Übertragungsverhältnisse oder kurz Maßstäbe.

Da auch sämtliche abgeleiteten Größen des Problems mit Hilfe der gewählten Grundmaßeinheiten gemessen werden, so sind bei Erfüllung jener fünf Bedingungen für die Grundgrößen auch einander entsprechende abgeleitete Größen von H und M ähnlich. Es gilt die Übertragungsregel für abgeleitete Größen:

Das Ähnlichkeitsverhältnis zweier entsprechender abgeleiteter Maßgrößen in M und H wird aus den Grundmaßstäben in der gleichen Weise gebildet wie die Maßeinheit der betreffenden Größe aus den Grundeinheiten.

Diese Regel läßt sich noch erweitern, was später für die Umformung der Modellgesetze sehr wichtig ist:

Bei physikalischer Ähnlichkeit läßt sich das Ähnlichkeitsverhältnis für zwei entsprechende Größen ersetzen durch das Verhältnis beliebiger anderer Größen, wenn die neuen Größen auf die gleichen Maßeinheiten führen wie die ersetzten.

Nach zahlenmäßiger Festlegung der Ähnlichkeitsverhältnisse für die fünf Grundgrößen kann somit aus dem Meßergebnis für eine beliebige Definitionsgröße am Modell die entsprechende Größe der sich physikalisch ähnlich verhaltenden Hauptausführung nach Zahl und Maß angegeben werden.

Die Bezeichnung der Ähnlichkeitsmaßstäbe erfolgt mit Hilfe des Index V („Verhältnis") in der von W. Feucht [B.2] vorgeschlagenen Weise. Es werden jeweils die Modellgrößen auf die Hauptausführung bezogen. Für den Längenmaßstab gilt z. B.

$$l_V = \frac{l_M}{l_H}. \qquad \text{(B.2)}$$

Bei dieser Bezeichnung wird manchmal als Nachteil empfunden, daß mit dem gleichen Buchstaben, der üblicherweise Abkürzung einer dimensionsbehafteten Größe ist, durch Anhängen des Zeigers V ein dimensionsloses Verhältnis bezeichnet wird. Gegenüber dem sonst üblichen Vorgehen, die Übertragungsverhältnisse mit griechischen Buchstaben zu bezeichnen, bietet die obengenannte Art den großen Vorteil, daß man sofort weiß, welche Maßgröße das angegebene Übertragungsverhältnis betrifft. Die Darstellungen werden einfacher und übersichtlicher, da keine neuen Buchstaben in die Rechnung eingeführt werden müssen. Daneben findet man rein formal die Übertragungsverhältnisse für Ableitgrößen in einfacher Weise, indem man ihre Definitionsgleichungen anschreibt und an die Bezeichnungen der Grundgrößen den Index V anhängt. Für das Moment lautet z. B. die Definitionsgleichung

$$M = P \cdot l. \tag{B.3}$$

Den Maßstab für das Moment erhält man aus

$$M_V = P_V \cdot l_V. \tag{B.4}$$

In gleicher Weise kann man aus der Ansatzgleichung eines Problems — sofern diese in der Form eines einfachen Produktes vorliegt — die Maßstabsgleichung des Modellgesetzes gewinnen, wobei man noch den Vorteil hat, daß man aus dem Modellgesetz sofort die ursprüngliche Beziehung erkennt.

2.2 Modellgesetze und ihre Herleitung

Soll ein physikalischer Vorgang in verschieden großen Systemen ähnlich ablaufen, so können — wie oben gezeigt — für alle den Vorgang beeinflussenden Größen Ähnlichkeitsverhältnisse festgelegt werden. Diese sind jedoch nicht unabhängig voneinander, d. h., man darf nicht alle beliebig wählen. Ihre gegenseitige Abhängigkeit ist Inhalt der sog. Modellgesetze und wird aus dem funktionalen Zusammenhang zwischen den beteiligten Größen gefunden. Dieser ist meist unbekannt und muß zur Ableitung der Modellgesetze aus der physikalischen Ansatzgleichung herausgeschält werden. Bild B.1 veranschaulicht die Zusammenhänge schematisch. Zugrunde gelegt ist eine baustatische Beziehung $Y = f(X)$ zwischen einer äußeren Beanspruchung X und einer Zustandsgröße Y (z. B. Verformung, Auflagerkraft o. ä.), die bei der Tragwerks-Hauptausführung H unbekannt ist und am Modelltragwerk M untersucht werden soll. Die Beziehungen zwischen H und M werden durch die Maßstäbe hergestellt. Inwieweit diese Maßstäbe frei gewählt werden können oder voneinander abhängen, wird durch die Modellgesetze ausgesagt. Insbesondere geben sie Auskunft über den Maßstab Y_V, der die Beziehung zwischen dem Versuchsergebnis Y_M und der gesuchten H-Größe Y_H

herstellt. Die Modellgesetze selbst wiederum sind herzuleiten aus den
für das vorliegende Problem maßgebenden bekannten physikalischen
Ansatzgleichungen, die auch der unbekannten Beziehung $Y = f(X)$
zugrunde liegen. Das allgemeine Ähnlichkeitsprinzip, auf dem der
Gesamtvorgang basiert, besagt, daß die unbekannte Funktion f für M
und H identisch ist. Die Gleichungen $Y_M = f(X_M)$ und $Y_H = f(X_H)$
unterscheiden sich nur dadurch, daß für M und H verschiedene Zahlenwerte für die Maßgrößen Y und X einzusetzen sind.

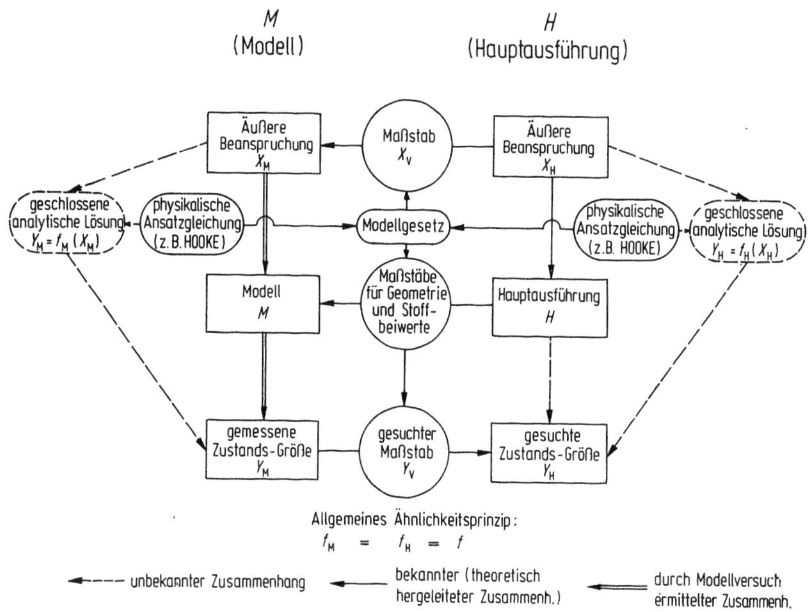

Bild B.1 Beispiel zum allgemeinen Ähnlichkeitsprinzip

Ursprünglich ist die physikalische Ansatzgleichung eine Beziehung
in Form einer Summe von Potenzprodukten aus dimensionsbehafteten
„Maßgrößen". Alle Glieder einer solchen Gleichung müssen nach Fou-
riers Satz von der Homogenität aller Gleichungen der Physik gleiche
Dimensionen haben (s. J. FOURIER [B.3]). An einem einfachen Beispiel
aus der Modellstatik wird in Bild B.2 der nun folgende Gedankengang
dargestellt. Dividiert man die Maßgrößenbeziehung durch eines ihrer
Glieder, so entsteht eine Gleichung mit neuen, dimensionsfreien Gliedern.
Diese Gleichung gilt dann allgemein für den betrachteten Vorgang, un-
abhängig von der Größe der Maßzahlen, die den gerade betrachteten
Fall kennzeichnen. Die einzelnen jetzt dimensionslosen Terme der
Gleichung heißen Kenngrößen; die Gleichung selbst heißt Kenngrößen-

beziehung. Sie kann durch Potenzieren oder Koppeln von Kenngrößen in andere Formen gebracht werden, ohne daß sich der Sinn ihrer Aussage ändert. Dies ist eine Folge aus der erweiterten Übertragungsregel (s. Abschn. B-2.1).

Die Ähnlichkeitsmechanik beruht auf folgender Erkenntnis: Die Kenngrößen von physikalisch ähnlichen Vorgängen — wie in Modell und Hauptausführung — haben den gleichen Zahlenwert. Ihr Verhältnis

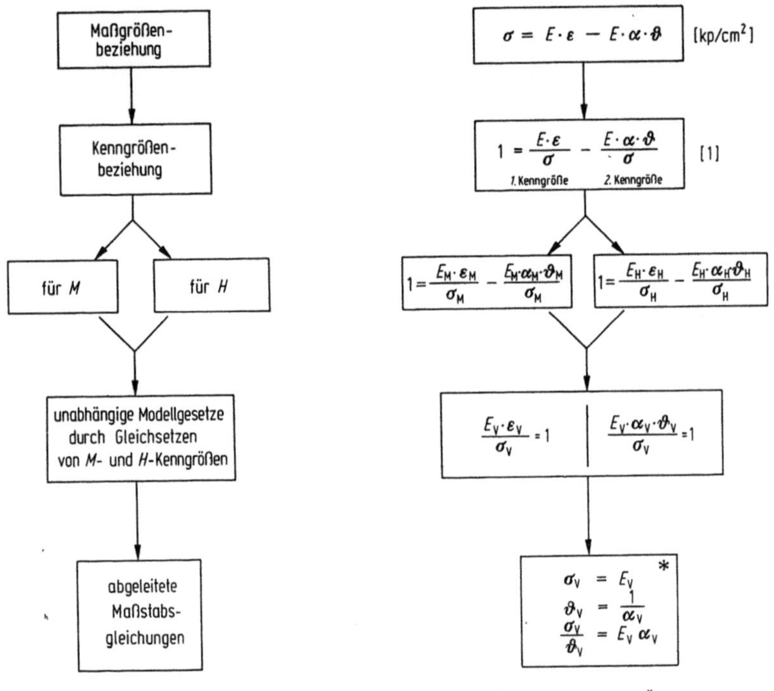

Bild B.2 Herleitung der Modellgesetze für den Zusammenhang von einachsiger Spannung, Dehnung und Temperatur

$K_V = K_M/K_H$ hat somit den Wert $K_V = 1$. Da jede Kenngröße mit einem solchen Ausdruck ein Modellgesetz liefert, ist die Anzahl der Kenngrößen gleich der Anzahl der Modellgesetze. Sie sind ein vollständiges System der zu beachtenden voneinander unabhängigen Beziehungen zwischen den einzelnen Maßstäben von Maßgrößen und Stoffbeiwerten. Die Anzahl der Modellgesetze und die der am Vorgang beteiligten Maßgrößen und Stoffwerte ist maßgebend für die Freiheiten, die bei der Wahl der Maßstäbe und der Werkstoffe gegeben sind.

Für die Herleitung der Modellgesetze gibt es verschiedene Möglichkeiten (s. a. M. WEBER [B.1], S. 292), ohne daß die erwähnten Kennzahlen ausdrücklich in Erscheinung treten:

a) Nach dem allgemeinen Ähnlichkeitsprinzip gilt für den betrachteten Vorgang in M und H dieselbe Ansatzgleichung (z. B. Plattengleichung $\Delta \Delta w = p/D$). Es läßt sich also die Ansatzgleichung für M mit den M-Größen und für H mit den H-Größen anschreiben. Für alle beteiligten Größen muß es — wiederum nach dem allgemeinen Ähnlichkeitsprinzip — feste Maßstäbe geben (w_V, p_V, D_V). In der Ansatzgleichung für H lassen sich nun durch Einarbeiten der Maßstäbe die H-Größen durch M-Größen anschreiben. Beide jetzt in Modellgrößen angeschriebenen Gleichungen können nur dann identisch sein, wenn die Quotienten entsprechender Glieder denselben Zahlenwert haben. Aus dieser Bedingung ergeben sich die Ähnlichkeitsgesetze. Dieses Verfahren hat CAUCHY zum erstenmal 1829 in einem Vortrag vor der Pariser Akademie verwendet. Er gilt damit als der Begründer der Ähnlichkeitsmechanik (s. z. B. ROUTH [B.4]). Diese Methode wird in Abschn. B-5 zur Ableitung der grundlegenden Modellgesetze der Elastizitätstheorie gewählt.

b) Kennt man die Differentialgleichung oder das Einzelerfahrungsgesetz des vorliegenden Problems nicht, dann kann man das Modellgesetz aus dem Vergleich der Stoffwertquotienten mittels der Übertragungsregel finden. Der Quotient von je zwei bei dem Vorgang beteiligten Stoffwerten liefert ein Modellgesetz, indem man die Quotienten von M und H ins Verhältnis setzt und die Ähnlichkeitsmaßstäbe einführt.

c) Ebenso kann man einen den Vorgang kennzeichnenden Stoffwert mit Hilfe von Bezugsgrößen dimensionsfrei machen. Hierfür liefert die Dimensionsanalyse (s. N. BEAUJOINT [B.5]) einfache Regeln, um aus den Bezugsgrößen ein Produkt aufzubauen, das die gleiche Dimension hat wie der in Frage stehende Stoffwert oder die sog. Leitgröße. Dies wird in dem von BUCKINGHAM entwickelten Π-Theorem angewandt (s. P. W. BRIDGMAN [B.6]); es gestattet bei komplizierten physikalischen Zusammenhängen, wie z. B. in der Thermodynamik, aus den am Vorgang beteiligten, in einer Matrix zusammengefaßten Größen das vollständige System der Modellgesetze auf elegante Weise herzuleiten. Diese Methode wird trotz ihrer sonst großen Bedeutung hier nicht behandelt, da ihre Anwendung auf elastizitätstheoretische Probleme, wo nur zwei Stoffbeiwerte auftreten, zu aufwendig ist.

d) Zwei weitere Verfahren zur Herleitung der Modellgesetze bestehen im Vergleich der den Vorgang kennzeichnenden Kräfte oder Energien. Ersteres wird besonders in der Dynamik, letzteres in der Wärmelehre angewandt. Der Energieansatz hat den Vorteil, daß sämtliche, den betreffenden Vorgang maßgeblich beeinflussenden Einzelursachen additiv nebeneinander in einer einzigen Gleichung, der Gleichung der Gesamtenergie, auftreten und daß jedes einzelne Energieglied seinen besonderen Stoffwert besitzt.

3 Strenge Ähnlichkeit
bei modellstatischen Untersuchungen

Die vorstehend geschilderten Grundlagen der Ähnlichkeit gelten in voller Allgemeinheit für das gesamte Gebiet der klassischen Physik. Im folgenden soll die Anwendung der Ähnlichkeitsgesetze auf Probleme der Baustatik behandelt werden. Als physikalische Grundgrößen treten hierbei auf:

Länge l, Kraft P, Zeit t und Temperatur ϑ.

Da es sich um „statische" Probleme handelt, erscheint das Erwähnen von t zunächst unlogisch. Nun gibt es aber auch im Bereich der Bau„Statik" zeitabhängige Vorgänge wie Kriechen, Schwinden und instationäre Wärmeströmung, auch wenn sie in der Regel quasistatisch verlaufen, d. h. so langsam, daß Beschleunigungswirkungen wie das Auftreten von Massenkräften nicht berücksichtigt zu werden brauchen.

Neben den genannten Grundgrößen sind die Stoffbeiwerte von großer Wichtigkeit. Sie treten zwangsläufig bei der Verknüpfung der Grundgrößen in den physikalischen Ansatzgleichungen auf. Genannt seien die für die Modellstatik wichtigsten Beiwerte:

E, μ, γ	verknüpfen	l und P (s. Abschn. B-5.1)
α	verknüpft	l und ϑ (s. Abschn. B-5.1)
λ, k, c	verknüpfen	l, ϑ und t (s. Abschn. B-6.1)

Es wird vorausgesetzt, daß die Stoffbeiwerte unabhängig sind von den am Vorgang beteiligten Grundgrößen (insbesondere der Zeit), was auch beinhaltet, daß Baustoff und Modellwerkstoff als homogen und isotrop zu betrachten sind.

Vollkommene Ähnlichkeit verlangt, daß für alle beteiligten Maßgrößen je ein einheitlicher orts-, richtungs- und zeitunabhängiger Maßstab vorliegt, und zwar sowohl für die Grundgrößen (l_V, P_V, t_V und ϑ_V) als auch für die abgeleiteten Maßgrößen (z. B. σ_V, ε_V) und die mit c_i bezeichneten Stoffbeiwerte (c_{iV}). Diese Maßstäbe können nun nicht alle unabhängig voneinander frei gewählt werden, sondern sie sind durch Modellgesetze verknüpft. Sie ergeben sich aus den physikalischen Beziehungen zwischen den Maßgrößen und Stoffbeiwerten. So werden Spannungsverteilungen infolge äußerer Belastung p und Temperatur im allgemeinen ausreichend beschrieben durch

eine Differentialgleichung für $\sigma = \sigma(c_i, x, y, z, \vartheta)$ $\qquad$ (B.5)

$\qquad$ mit den Randbedingungen $\sigma_{\mathrm{Rand}} = \sigma_0 = p(\bar{x}, \bar{y}, \bar{z})$ und $\qquad$ (B.6)

eine Differentialgleichung für $\vartheta = \vartheta(x, y, z, t)$ $\qquad$ (B.7)

$\qquad$ mit den Randbedingungen $\vartheta_{\mathrm{Rand}} = \vartheta_0(\bar{x}, \bar{y}, \bar{z}, t)$. $\qquad$ (B.8)

Mit $\bar{x}, \bar{y}, \bar{z}$ seien die Rand- bzw. Oberflächenpunkte bezeichnet.

Bei strenger physikalischer Ähnlichkeit ist es noch nicht einmal notwendig, die Differentialgleichung selbst zu formulieren, sondern die Maßstäbe ergeben sich bereits aus den in ihr enthaltenen grundlegenden Ansatzgleichungen. So folgt die erste der genannten Differentialgleichungen aus den Gleichgewichtsbedingungen, den geometrischen Gleichungen und (bei Problemen der Elastizitätstheorie) dem Hookeschen Gesetz. Die Ableitung der Maßstäbe hieraus wird ausführlich in Abschn. B-5.1 vorgenommen. Insbesondere die Ableitung der Hookeschen Modellgesetze soll als Beispiel für die in Abschn. B-2.2 angegebene erste Möglichkeit dienen. Maßstabsgleichungen, die sich aus der Differentialgleichung (B.7) für die Temperaturverteilung ergeben, werden in Abschn. B-6 gesondert behandelt. Bei strenger Ähnlichkeit sind ohne weiteres auch Modelluntersuchungen von Stabilitätsproblemen und bei großen elastischen Verformungen möglich. Wird der Bereich der linearen Elastizität verlassen oder treten bereits plastische Verformungen auf, so muß das Hookesche Gesetz durch eine andere Spannungs-Dehnungs-Funktion $\sigma(\varepsilon)$ ersetzt werden. Außer bei Werkstoffgleichheit ist strenge Ähnlichkeit dann nur möglich, wenn die Funktionen $\sigma_M(\varepsilon_M)$ und $\sigma_H(\varepsilon_H)$ zueinander affin sind.

4 Erweiterte und angenäherte Ähnlichkeit in der Modellstatik

4.1 Erweiterte Ähnlichkeit

Um einen bestimmten Vorgang in einem Modell in seinem natürlichen Ablauf nachzuahmen, muß man nicht immer vollkommene physikalische Ähnlichkeit zwischen M und H herstellen. Es ist nur notwendig, daß die Lösungsgleichung des Problems, die dann in geschlossener mathematischer Fassung vorliegen muß, für die Vorgänge in M und H auf das gleiche Zahlengesetz und die gleichen Kenngrößen führt. Für Größen gleicher Dimension können dabei — im Gegensatz zur vollkommenen Ähnlichkeit — unterschiedliche Maßstäbe verwendet werden. Auf diese

Weise ist es möglich, die Ähnlichkeit auf die gerade interessierenden Größen zu beschränken und den Modellversuch wie bei der analytischen Behandlung des Problems zu idealisieren. Da die Zahl der zu beachtenden Modellgesetze verringert wird, werden Modellherstellung und Versuchsdurchführung oft wesentlich vereinfacht bzw. erst mit vertretbarem Aufwand durchführbar. Dies wird dadurch erkauft, daß die für erweiterte Ähnlichkeit aufgestellten Modellgesetze ganz auf die Frage nach speziellen physikalischen Größen abgestimmt sind (z. B. die Durchbiegung f eines Balkens). Auf der anderen Seite ist die mit Hilfe der erweiterten Ähnlichkeit erhaltene Lösung eines speziellen Problems übertragbar auf eine große Anzahl von Fällen, bei denen lediglich das für die gezielte Fragestellung entscheidende Modellgesetz erfüllt ist, jedoch bezüglich anderer Größen keine Ähnlichkeit vorliegt (z. B. Balken verschiedener Querschnittsform aber mit gleichem Trägheitsmoment bei der Frage nach der Durchbiegung f). Hierin liegt der Sinn der von H. WEBER [B.7] gebrauchten Bezeichnung „erweiterte Ähnlichkeit mit verringerter Zahl der Ähnlichkeitsbedingungen".

Zur Veranschaulichung diene das bereits erwähnte Beispiel aus der elementaren Statik: Die Durchbiegung eines Balkens an einem Modell soll der einer Hauptausführung geometrisch ähnlich sein. Aus der technischen Biegelehre folgt für die maximale Durchbiegung eines frei aufliegenden Balkens unter einer Gleichstreckenlast bei Vernachlässigung der Schubverformung:

$$f = \frac{5}{384} \cdot p \cdot \frac{l^4}{EI}. \tag{B.9}$$

Die Division der für M und H angeschriebenen Gleichungen ergibt

$$f_V = p_V \cdot \frac{l_V^4}{E_V I_V}. \tag{B.10}$$

Da die Durchbiegung geometrisch ähnlich sein soll, ist $f_V = l_V$, und man erhält als Maßstabsgleichung

$$\frac{p_V l_V^3}{E_V I_V} = 1. \tag{B.11}$$

Sie enthält die Aussage, daß die Kenngröße des Problems bei der geforderten geometrischen Ähnlichkeit der Biegelinien

$$K_f = \frac{p\, l^3}{EI} \tag{B.12}$$

für M und H den gleichen Zahlenwert haben muß. Bei vollkommener Ähnlichkeit wäre mit der Wahl von l_V auch I_V festgelegt, da dann

$$I_V = l_V^4 \tag{B.13}$$

sein muß. Da im vorliegenden Fall jedoch der analytische Zusammenhang zwischen den einzelnen Größen bekannt ist, kann I_V unabhängig von l_V gewählt werden, wenn nur die Maßstabsgleichung erfüllt ist. Der Maßstab für die Höhe oder die Breite des Balkens kann also vom Längenmaßstab abweichen. Man kann sogar noch weiter gehen und für den Balken im Modell eine andere Querschnittsform wählen als in der Hauptausführung; trotzdem ist die Biegelinie zu derjenigen der Hauptausführung geometrisch ähnlich. Darüber hinaus gilt der Modellversuch für eine ganze Schar von Balken mit verschiedenen Querschnittsformen, sofern nur ihre Kennzahl K_f mit der des Modellversuchs übereinstimmt.

Bei einem Balken mit Rechteckquerschnitt können die Maßstäbe E_V, l_V, b_V und h_V frei gewählt werden, womit sich dann für Belastung, Spannung und Dehnung folgende Maßstäbe ergeben, wenn die Biegelinie geometrisch ähnlich sein soll (vgl. hierzu Abschn. B-5.2):

$$p_V = \frac{E_V \, b_V \, h_V^3}{l_V^3}, \tag{B.14}$$

$$\sigma_V = \frac{h_V}{l_V} \cdot E_V, \tag{B.15}$$

$$\varepsilon_V = \frac{h_V}{l_V}. \tag{B.16}$$

Die Erweiterung der strengen Ähnlichkeit besteht in diesem Beispiel darin, daß für Größen gleicher Dimension wie Länge, Breite und Höhe verschiedene Maßstäbe gewählt werden können; dies hat aber zur Folge, daß dann der Maßstab der dimensionslosen Größe ε nicht mehr 1 ist.

Im allgemeinen kann man die erweiterte Ähnlichkeit, die auf der Anwendung vereinfachter Gleichungen beruht, in den Fällen benutzen, in denen auch die analytischen Näherungslösungen ausreichen. Handelt es sich in dem betrachteten Beispiel um sehr schmale, schlanke Balken mit Rechteckquerschnitt, deren Durchbiegung klein ist, dann wird der Fehler, der durch den Schubspannungseinfluß bei erweiterter Ähnlichkeit entsteht, mit den üblichen Meßmethoden kaum nachweisbar sein. Solange die vereinfachten Ansätze der technischen Biegelehre, die in diesem Falle zur Erweiterung der Ähnlichkeit benutzt wurden, sowohl für die Hauptausführung als auch für das Modell Gültigkeit haben, wird der Fehler vernachlässigbar klein bleiben. Bei einem Modellversuch, der für technische Zwecke, z. B. als Ersatz für eine statische Berechnung, durchgeführt wird, ist keine höhere Genauigkeit bei der Erfassung der Haupteinflüsse notwendig, als sie bei der Anwendung der unter vereinfachenden Annahmen aufgestellten elementaren Lösungsgleichungen erzielt wird. Die Anwendbarkeit der erweiterten Ähnlich-

keit sollte jedoch von Fall zu Fall überprüft werden, da die vernachlässigten Nebeneinflüsse im Modell unähnlich zum Bauwerk sind und
unter Umständen in unbekanntem Maße groß werden können.

Da bei erweiterter Ähnlichkeit für Größen gleicher Dimension verschiedene Maßstäbe bestehen können, darf man in den Kenngrößen
einzelne Maßgrößen nicht mehr durch beliebige dimensionsgleiche Kombinationen anderer Maßgrößen ersetzen. Bei vollkommener Ähnlichkeit
war gemäß der Übertragungsregel z. B. die Größe $E \cdot I$ innerhalb einer
Kenngröße ohne weiteres durch die Größe $P \cdot l^2$ ersetzbar. Es leuchtet
ein, daß dies nicht zulässig ist, wenn $I_V \neq l_V^4$ ist.

Durch Benutzung elementarer Näherungsgleichungen zur Erweiterung der Ähnlichkeit wird man bestrebt sein, möglichst viele Maßstäbe
frei wählen zu können. Bei vollkommener Ähnlichkeit ist ihre Zahl
auf zwei beschränkt, entsprechend der Zahl der bei Elastizitätsproblemen
vorliegenden Grundeinheiten der Kraft und der Länge. Je mehr freie
Maßstäbe vorhanden sind, desto größer ist die Freiheit bei der Modellherstellung, was von großem Einfluß auf die Wirtschaftlichkeit einer
Modelluntersuchung sein kann. Man beschränkt also die Untersuchung
auf die Größen, deren Einfluß auf das zu lösende Problem vorherrschend
ist, und stellt nur für sie unter Benutzung entsprechend vereinfachter
Ansatzgleichungen die Modellgesetze auf. Man hat lediglich darauf zu
achten, daß die benutzten Näherungslösungen sowohl für M als auch für
H Gültigkeit besitzen.

4.2 Angenäherte Ähnlichkeit

Selbst wenn man Maßstabsgleichungen für vollkommene Ähnlichkeit
anwendet, liegt in der Praxis oft nur eine angenäherte Ähnlichkeit vor,
die durch Ungenauigkeiten bei der Modellherstellung, durch Inhomogenitäten des Materials, durch Änderung des E-Moduls infolge Temperatureinwirkung und ähnliche Einflüsse hervorgerufen wird. Weiterhin ist
mit einer Erweiterung der Ähnlichkeit hinsichtlich einer bestimmten
Maßgröße in der Regel eine Vernachlässigung von Nebeneinflüssen auf
diese Größe verbunden, so daß auch deren Ähnlichkeit mit der entsprechenden H-Größe nur eine angenäherte ist.

4.2.1 Angenäherte Ähnlichkeit durch Vernachlässigung
von Einflüssen untergeordneter Bedeutung

Hier ist die angenäherte Ähnlichkeit eine Begleiterscheinung der erweiterten Ähnlichkeit. Daher ist eine klare begriffliche Abgrenzung erforderlich. In dem in Abschn. B-4.1 erläuterten Beispiel wurde die zur

Ableitung der Ähnlichkeitsbedingungen benutzte Gleichung (B.9) für die maximale Durchbiegung des Balkens mit Gleichstreckenlast mit der üblichen Vernachlässigung der Schubspannungen und des Einflusses der Querdehnung aufgestellt. Sie gibt also die Durchbiegung des Balkens nicht exakt wieder, und daher können die mit ihrer Hilfe abgeleiteten Maßstäbe auch nur eine angenäherte Ähnlichkeit garantieren.

Bei vollkommener Ähnlichkeit erhält man die Kenngrößen aus der dimensionslosen Darstellung aller Stoffwerte, die den Vorgang beeinflussen, ohne Kenntnis der analytischen Gleichungen des Problems. Dadurch ist der Einfluß irgendwelcher Vernachlässigungen, die eventuell in den Gleichungen enthalten sind, ausgeschaltet. Wird im obigen Beispiel für das Balkenmodell vollkommene Ähnlichkeit gefordert, so stehen die durch Schub- und Biegespannungen hervorgerufenen Anteile f_S und f_B an der gesamten Durchbiegung bei M und H im gleichen Verhältnis. Es ist

$$f = f_S + f_B \tag{B.17}$$

und

$$\left(\frac{f_B}{f_S}\right) M = \left(\frac{f_B}{f_S}\right) H. \tag{B.18}$$

Die an M gemessene Durchbiegung liefert, übertragen auf H, für diese den richtigen Wert, ohne daß überhaupt der Schubspannungseinfluß im einzelnen bekannt ist. Bei erweiterter Ähnlichkeit wird der Schubspannungseinfluß bei M in einem anderen Verhältnis stehen als bei H, so daß die an M gemessene Durchbiegung nicht mehr den richtigen Wert für H ergibt. Selbstverständlich weist auch das Modell eine Schubverformung auf, nur ist der Schubanteil von f nicht im gleichen Maßstab auf H übertragbar wie der Biegeanteil, da das angewendete Modellgesetz im Zuge der Erweiterung der Ähnlichkeit nur für den Biegeanteil von f eine strenge Ähnlichkeit garantiert.

Als weiteres Beispiel sei noch erwähnt, daß bei Modelluntersuchungen an Platten Maßstabsgleichungen verwendet werden, denen die Kirchhoffsche Plattentheorie zugrunde liegt. In Wirklichkeit ist ein reiner Biegespannungszustand nur dann vorhanden, wenn die Mittelebene unverzerrt bleibt, was aber in den meisten Fällen auch bei kleinen Durchbiegungen nicht streng zutrifft. Allgemein gilt: Wird bei der Erweiterung der Ähnlichkeit ein analytisches Gesetz verwendet, das nicht alle Parameter enthält, die den Betrag der gesuchten Maßgröße mitbestimmen, so ist die an M gemessene Größe derjenigen von H nur angenähert ähnlich. Solange die dadurch bedingten Fehler, die man wegen ihrer Abhängigkeit von den Maßstäben als *Maßstabsfehler* bezeichnet, klein bleiben, ist dieses Verfahren zumal in Anbetracht der in den beiden folgenden Abschnitten genannten möglichen Ungenauigkeiten durchaus zulässig.

4.2.2 Ausführungstechnisch bedingte angenäherte Ähnlichkeit

Infolge der geometrischen Verkleinerung ist es nicht immer möglich, sämtliche Einzelheiten, z. B. Niet- und Schweißverbindungen, im Modell nachzubilden. An derartigen Stellen kann die Spannungsverteilung in M wesentlich von der in H abweichen. Allerdings gilt dies auch für Berechnungen, die mit Hilfe der Elastizitätstheorie durchgeführt werden. Auch dort werden örtliche Abweichungen vom wirklichen Spannungszustand, die durch Verbindungsmittel oder die anderen obengenannten Einflüsse entstehen, nicht erfaßt. Durch konstruktive Maßnahmen, die man aus Erfahrung kennt, wird sichergestellt, daß entstehende Spannungsspitzen dem Bauteil nicht schaden. Sie interessieren deshalb weder bei einer statischen Berechnung noch bei einem Modellversuch; bei beiden kommt es in erster Linie auf den Integraleffekt und nicht auf die örtlichen Spannungsspitzen an. Es ist jedoch selbstverständlich, daß der Konstrukteur, der bei seinem Entwurf die Ergebnisse einer Berechnung oder eines Modellversuchs verwendet, wissen muß, wo er im Bauwerk mit örtlichen Abweichungen vom integralen Spannungsverlauf rechnen muß und mit welchen Maßnahmen er ihnen begegnet.

Etwas ganz anderes stellen demgegenüber Modellversuche dar, bei denen man gerade die Größe örtlicher Spannungsspitzen, die vielleicht durch Verbindungsmittel oder irgendwelche konstruktiven Maßnahmen in einem Bauteil entstehen, ermitteln oder abschätzen will. Hier ist der Modellmaßstab so zu wählen, daß man die den interessierenden Spannungsverlauf verursachenden Teile im Modell genügend genau herstellen kann. Dabei ergibt sich oft die Notwendigkeit, nur den betreffenden Teil des Bauwerks (z. B. die Nietverbindung) gesondert als Modell herzustellen. Man muß dann die Wirkung der übrigen Teile der Konstruktion durch Anbringen entsprechender integraler Größen an dem zu untersuchenden Teil ersetzen. Auf diese Weise kann man örtliche Spannungsspitzen unter wirklichkeitsnahen Bedingungen studieren und sie durch geeignete Korrekturen der baulichen Durchbildung reduzieren oder vermeiden. Solche Studien sind in einer theoretischen Untersuchung bei noch so großem mathematischem Aufwand kaum möglich. Vor allem bleibt der Modellversuch in allen seinen Phasen anschaulich und übersichtlich, was man von einer analytischen Berechnung oft nicht sagen kann. Der Einfluß der geometrischen Formgebung läßt sich bei einer gut geplanten Modelluntersuchung unschwer durch schrittweises Verändern des Modells feststellen, wodurch dem Konstrukteur oft sehr wertvolle Hinweise gegeben werden können.

4.2.3 Werkstoffbedingte angenäherte Ähnlichkeit

Dieser Fall der angenäherten Ähnlichkeit tritt in der Modellstatik weitaus am häufigsten auf. In den seltensten Fällen steht ein Werkstoff zur Verfügung, der alle zur Wahrung strenger Ähnlichkeit erforderlichen Eigenschaften aufweist. Insbesondere die in Abschn. B-5.1 hergeleitete Poissonsche Bedingung $\mu_V = 1$ kann in der Regel nicht erfüllt werden. Bei $\mu_V \neq 1$ ist nur in besonderen Fällen strenge Ähnlichkeit zu erreichen, so daß im Normalfall nur angenäherte Ähnlichkeit vorliegt. Die hieraus resultierenden Fehler werden in Abschn. B-5.3.1 noch eingehend besprochen.

4.2.4 Berücksichtigung der angenäherten Ähnlichkeit

Um den Einfluß der nur angenäherten Ähnlichkeit des Modells auf die wirkliche Hauptausführung abschätzen zu können, überträgt man die am Modell gewonnenen Versuchsergebnisse zunächst gedanklich auf eine idealisierte Hauptausführung. Diese entspricht in ihren hauptsächlichen Abmessungen der wirklichen Hauptausführung und besitzt auch den gleichen E-Modul wie diese, ist aber in allen Details dem untersuchten Modell vollkommen ähnlich, d. h., alle Vereinfachungen, die am Modell gegenüber dem wirklichen Bauwerk getroffen wurden, sind auch bei der idealisierten Hauptausführung vorhanden. Deshalb lassen sich die am Modell gefundenen Meßergebnisse exakt auf sie übertragen, denn zwischen beiden besteht *vollkommene* physikalische Ähnlichkeit. Anschließend wird in Gedanken der Übergang von der idealisierten zur wirklichen Hauptausführung vollzogen. Dabei stellt man dann z. B. fest, an welchen Stellen die Spannungen so groß sind, daß das Material der wirklichen Hauptausführung zu fließen beginnt, und versucht abzuschätzen, wie sich der Spannungszustand bei der durch das örtliche Fließen bedingten Umlagerung ändert. Diese Schätzung wird in vielen Fällen nur näherungsweise möglich sein und erfordert viel praktische Erfahrung. Oder aber man stellt fest, ob die an der idealisierten Hauptausführung auftretenden Verformungen noch im Gültigkeitsbereich der zum Aufstellen der erweiterten Ähnlichkeit verwendeten Näherungsgleichungen liegen. Auch hier hat man dann zu überlegen, welche Nebeneinflüsse bei der wirklichen Hauptausführung eventuell auftreten können und ob sie zulässig sind.

Diese Überlegungen sind dem Ingenieur im Grunde vertraut, nur werden sie meist mehr oder weniger unbewußt angewandt oder nicht so deutlich ausgesprochen, denn jede Berechnung in der elementaren Statik oder in der Elastizitätstheorie wird an einer idealisierten Hauptausführung durchgeführt, die in ähnlicher Weise wie in der Modellstatik verein-

facht ist. So gilt es z. B. als selbstverständlich, daß man im Stahlbetonbau die Schnittgrößen an einer idealisierten Hauptausführung berechnet,
die aus einem ideal elastischen, homogenen und isotropen Werkstoff besteht. Die wirkliche Hauptausführung unterscheidet sich hiervon beträchtlich. Nicht nur, daß hier ein Verbundquerschnitt vorliegt, bei dem
Zug- und Druckspannungen von verschiedenen Werkstoffen aufgenom-
men werden, sondern Stahlbeton hat auch keine lineare σ-ε-Linie und
ist im gerissenen Zustand weder homogen noch isotrop. Trotzdem voll-
zieht man unbedenklich den Übergang von idealer zu wirklicher Hauptausführung und hat die dabei zu beachtenden Sicherheiten in die Be-
messungsverfahren aufgenommen.

5 Grundlegende Modellgesetze der Elastizitätstheorie

Im folgenden Abschnitt sollen Spannungs- und Verformungszustände
behandelt werden, denen ein vollkommen elastisches Verhalten des
Materials zugrunde liegt. Es wird dabei von einer linearen Abhängigkeit
zwischen Spannungen und Verformungen ausgegangen. Eigengewicht
und Temperatur werden nur am Rande berücksichtigt, sofern sie in
den Ansatzgleichungen (B.21) und (B.30) bis (B.32) auftreten; ausführlich werden ihre Einflüsse in den Abschn. B-6 und B-7 behandelt. Unberücksichtigt bleiben zeitabhängige Vorgänge wie Kriechen und Schwinden, elastische Nachwirkungen sowie allgemein dynamische Vorgänge.
Für die Stoffbeiwerte gelten die in Abschn. B-3 gemachten Voraussetzungen; es soll sich somit um einen homogenen und isotropen Werkstoff
handeln. Der Modellversuch wird demzufolge mit elastischen Modellen
(s. a. Abschn. C) ausgeführt.

5.1 Maßstäbe bei strenger Ähnlichkeit

In diesem Fall lassen sich die Maßstäbe für eine gesuchte dreiachsige
Spannungsverteilung

$$\sigma = \sigma(c_i, x, y, z, \vartheta) \tag{B.19}$$

in Abhängigkeit von den Randbedingungen

$$\sigma_{\text{Rand}} = p(\bar{x}, \bar{y}, \bar{z}) \tag{B.20}$$

bereits aus den Gleichgewichtsbedingungen, den geometrischen Gleichungen und dem Hookeschen Gesetz herleiten (vgl. Abschn. B-3). Es
werden karthesische Koordinaten x, y, z vorausgesetzt. $\bar{x}$, $\bar{y}$, $\bar{z}$ seien die

Koordinaten der Oberflächen- bzw. Randpunkte. Die erste der drei *Gleichgewichtsbedingungen* lautet, für H angeschrieben,

$$\frac{\partial \sigma_{xH}}{\partial x_H} + \frac{\partial \tau_{yxH}}{\partial y_H} + \frac{\partial \tau_{zxH}}{\partial z_H} = \gamma_H, \tag{B.21}$$

mit $\gamma \left[\dfrac{\mathrm{kp}}{\mathrm{m}^3}\right]$ = spezifisches Gewicht, und für M

$$\frac{\partial \sigma_{xM}}{\partial x_M} + \frac{\partial \tau_{yxM}}{\partial y_M} + \frac{\partial \tau_{zxM}}{\partial z_M} = \gamma_M. \tag{B.22}$$

Mit Hilfe der richtungsunabhängigen Maßstäbe $\sigma_V = \tau_V$, l_V und γ_V lassen sich in (B.22) die M-Größen durch H-Größen ausdrücken.

$$\frac{\sigma_V}{\gamma_V \cdot l_V} \left(\frac{\partial \sigma_{xH}}{\partial x_H} + \frac{\partial \tau_{yxH}}{\partial y_H} + \frac{\partial \tau_{zxH}}{\partial z_H} \right) = \gamma_H. \tag{B.23}$$

Ein Vergleich von (B.23) mit (B.21) zeigt, daß für orts- und richtungsunabhängige Maßstäbe σ_V, γ_V, l_V die Beziehung

$$\frac{\sigma_V}{\gamma_V\, l_V} = 1 \tag{B.24}$$

sein muß. Bei Verwendung des Grundmaßstabes $P_V = \sigma_V \cdot l_V^2$, der sich mit der Übertragungsregel herleiten läßt, erhält man hieraus

$$\frac{P_V}{l_V^3} = \gamma_V. \tag{B.25}$$

Die erste der 6 *geometrischen Gleichungen* lautet

$$\varepsilon_{xH} = \frac{\partial u_H}{\partial x_H} \tag{B.26}$$

bzw.

$$\varepsilon_{xM} = \frac{\partial u_M}{\partial x_M}, \tag{B.27}$$

wobei u [cm] die Verschiebung eines Punktes in x-Richtung ist. Da alle Längen den gleichen Maßstab haben ($u_V = x_V = l_V$), folgt

$$\varepsilon_{xH} = \frac{1}{\varepsilon_V} \frac{\partial u_H}{\partial x_H} \tag{B.28}$$

und damit durch Vergleich mit (B.26)

$$\varepsilon_V = 1. \tag{B.29}$$

ε ist als dimensionslose Größe bei strenger Ähnlichkeit in M und H gleich.

Die übrigen 2 Gleichgewichts- und 5 geometrischen Gleichungen ergeben dieselben Beziehungen (B.25) und (B.29).

Die 6 *Hookeschen Gleichungen* lauten:

$$\sigma_x = \frac{E}{(1 + \mu)(1 - 2\mu)} \left[(1 - \mu)\,\varepsilon_x + \mu(\varepsilon_y + \varepsilon_z) - (1 + \mu)\,\alpha\vartheta\right] \tag{B.30}$$

$$\sigma_y = \frac{E}{(1 + \mu)(1 - 2\mu)} \left[(1 - \mu)\,\varepsilon_y + \mu(\varepsilon_z + \varepsilon_x) - (1 + \mu)\,\alpha\vartheta\right] \tag{B.31}$$

$$\sigma_z = \frac{E}{(1 + \mu)(1 - 2\mu)} \left[(1 - \mu)\,\varepsilon_z + \mu(\varepsilon_x + \varepsilon_y) - (1 + \mu)\,\alpha\vartheta\right] \tag{B.32}$$

$$\tau_{xy} = \frac{E}{2(1 + \mu)}\,\varepsilon_{xy} \tag{B.33}$$

$$\tau_{yz} = \frac{E}{2(1 + \mu)}\,\varepsilon_{yz} \tag{B.34}$$

$$\tau_{xz} = \frac{E}{2(1 + \mu)}\,\varepsilon_{zx} \tag{B.35}$$

mit E [kp/cm²] = E-Modul, μ [1] = Querdehnzahl, α [1/°C] = linearer Temperaturausdehnungskoeffizient. ε_{xy} bezeichnet die Gleitung. Zur Ableitung der Maßstäbe wird nur eine dieser Gleichungen benötigt. Mit den Abkürzungen

$$A_H = \frac{E_H \cdot (1 - \mu_H)}{(1 + \mu_H)(1 - 2\mu_H)}, \tag{B.36}$$

$$B_H = \frac{E_H \cdot \mu_H}{(1 + \mu_H)(1 - 2\mu_H)}, \tag{B.37}$$

$$C_H = \frac{E_H}{1 - 2\mu_H} \cdot \alpha_H \tag{B.38}$$

lautet z. B. Gl. (B.30) für H

$$\sigma_{xH} = A_H \varepsilon_{xH} + B_H(\varepsilon_{yH} + \varepsilon_{zH}) - C_H \vartheta_H \tag{B.39}$$

und dementsprechend für M

$$\sigma_{xM} = A_M \varepsilon_{xM} + B_M(\varepsilon_{yM} + \varepsilon_{zM}) - C_M \vartheta_M. \tag{B.40}$$

Die geforderte strenge Ähnlichkeit gilt zugleich für den Spannungszustand

$$\sigma_{xV} = \sigma_{yV} = \sigma_{zV} = \sigma_V \tag{B.41}$$

und für den Verformungszustand

$$\varepsilon_{xV} = \varepsilon_{yV} = \varepsilon_{zV} = \varepsilon_V, \tag{B.42}$$

so daß mit den weiteren Maßstäben ϑ_V und

$$A_V = A_M/A_H, \quad B_V = B_M/B_H, \quad C_V = C_M/C_H \tag{B.43}$$

die Beziehung (B.40) umgeschrieben lautet:

$$\sigma_{xH} = \frac{A_V \varepsilon_V}{\sigma_V} [A_H \varepsilon_{xH}] + \frac{B_V \varepsilon_V}{\sigma_V} [B_H (\varepsilon_{yH} + \varepsilon_{zH})] + \frac{C_V}{\sigma_V} \vartheta_V [C_H \vartheta_H]. \tag{B.44}$$

Der Vergleich von (B.44) mit (B.39) zeigt, daß hier drei Modellgesetze erfüllt sein müssen, nämlich

$$\frac{A_V \varepsilon_V}{\sigma_V} = 1, \tag{B.45}$$

$$\frac{B_V \varepsilon_V}{\sigma_V} = 1, \tag{B.46}$$

$$\frac{C_V}{\sigma_V} \vartheta_V = 1, \tag{B.47}$$

damit die Größen ε_{xH}, $(\varepsilon_{yH} + \varepsilon_{zH})$ und ϑ_H voneinander unabhängige Werte annehmen können. $A_V \varepsilon_V/\sigma_V$, $B_V \varepsilon_V/\sigma_V$ und $C_V \vartheta_V/\sigma_V$ sind die Maßstäbe der im Hookeschen Gesetz enthaltenen dimensionslosen Kenngrößen.

Gl. (B.45) ergibt durch Einsetzen

$$\frac{E_V \varepsilon_V}{\sigma_V} \cdot \frac{(1 - \mu_M)}{(1 + \mu_M)(1 - 2\mu_M)} \cdot \frac{(1 + \mu_H)(1 - 2\mu_H)}{(1 - \mu_H)} = 1, \tag{B.48}$$

dementsprechend folgt aus (B.46)

$$\frac{E_V \varepsilon_V}{\sigma_V} \cdot \frac{\mu_M}{(1 + \mu_M)(1 - 2\mu_M)} \cdot \frac{(1 + \mu_H)(1 - 2\mu_H)}{\mu_H} = 1. \tag{B.49}$$

Der Vergleich von (B.48) und (B.49) liefert unmittelbar

$$\frac{1 - \mu_M}{1 - \mu_H} = \frac{\mu_M}{\mu_H}, \tag{B.50}$$

was nur gelten kann, wenn

$$\mu_M = \mu_H \quad \text{oder} \quad \frac{\mu_M}{\mu_H} = \mu_V = 1 \tag{B.51}$$

ist. Dies ist die sog. Poissonsche Bedingung. Sie muß erfüllt sein, damit ein einheitlicher richtungsunabhängiger Spannungsmaßstab σ_V mit einem ebensolchen Dehnungsmaßstab ε_V verträglich ist. Gl. (B.51) ergibt sich ebenfalls aus der Definition der Querdehnzahl

$$\mu = - \frac{\varepsilon_{\text{quer}}}{\varepsilon_{\text{normal}}} \tag{B.52}$$

im einachsigen Spannungszustand, woraus bei richtungsunabhängigem Dehnungsmaßstab

$$\frac{\varepsilon_{\text{quer}M}}{\varepsilon_{\text{quer}H}} = \frac{\varepsilon_{\text{normal}M}}{\varepsilon_{\text{normal}H}} = \varepsilon_V \tag{B.53}$$

die Beziehung $\mu_V = \varepsilon_V/\varepsilon_V = 1$ folgt.

Als weiteres Modellgesetz ergibt sich mit $\varepsilon_V = 1$ und $\mu_V = 1$ aus (B.48) bzw. (B.49)

$$\frac{E_V}{\sigma_V} = 1 \tag{B.54}$$

oder mit $\sigma_V = P_V/l_V^2$

$$\frac{P_V}{l_V^2} = E_V \tag{B.55}$$

das sog. Hookesche Ähnlichkeitsgesetz. $\dfrac{P_V}{l_V^2 \cdot E_V}$ ist das Verhältnis der sog. Hookeschen Kenngrößen

$$H_0 = \frac{P}{l^2 \cdot E} \tag{B.56}$$

von M und H.

Aus (B.47) erhält man die dritte Beziehung

$$\frac{E_V \alpha_V \vartheta_V}{\sigma_V} \frac{(1 - 2\mu_H)}{(1 - 2\mu_M)} = \frac{E_V \alpha_V}{\sigma_V} \vartheta_V = 1 \tag{B.57}$$

oder mit (B.54)

$$\vartheta_V = \frac{1}{\alpha_V}. \tag{B.58}$$

Werden die Modellgesetze (B.25), (B.29), (B.51), (B.54) und (B.58) eingehalten, so gilt für die gesuchte Spannungsverteilung (B.19) im Innern der Hauptausführung

$$\sigma_H(c_{iH}, x_H, y_H, z_H, \vartheta_H) = \sigma_V \cdot \sigma_M(c_{iM}, x_M, y_M, z_M, \vartheta_M) \tag{B.59}$$

Die zugehörige Randbedingung (B.20) ergibt

$$\sigma_V = p_V, \qquad (B.60)$$

was besagt, daß die im Modell gemessenen inneren Spannungen den gleichen Maßstab aufweisen, in dem die äußeren Lasten aufgebracht werden.

Sieht man zunächst von Schwerkraft- und Temperatureinflüssen ab, so müssen bei Versuchen mit elastischen Modellen unter Einhaltung vollkommener Ähnlichkeit folgende Bedingungen erfüllt sein:

1. Für alle Modellabmessungen ist ein einheitlicher Längenmaßstab l_V einzuhalten.

2. Für alle für die Untersuchung wesentlichen Kräfte ist der einheitliche Kräftemaßstab P_V einzuhalten.

3. l_V und P_V sind durch E_V verknüpft. Sie müssen folgender Maßstabsgleichung genügen:

$$\frac{P_V}{l_V^2} = E_V. \qquad (B.61)$$

Hiermit ist auch $\sigma_V = E_V$, d. h., der Spannungsmaßstab ist durch die E-Moduli von M und H festgelegt.

4. $\varepsilon_V = 1$. Auch im verformten Zustand besteht strenge geometrische Ähnlichkeit zwischen M und H. Die Bedingung ist von selbst erfüllt, wenn die unter 3. genannte eingehalten wird.

5. $\mu_V = 1$. Dies ist gleichbedeutend mit dem Vorhandensein eines einheitlichen richtungsunabhängigen Dehnungsmaßstabes ε_V [s. Gl. (B.42)].

Kennt man die Werkstoffkonstanten nicht genau, so ist vollkommene Ähnlichkeit am einfachsten durch Werkstoffgleichheit von M und H zu erzielen, wodurch auch $\mu_V = 1$ von selbst erfüllt wird, was sonst nicht immer ohne weiteres möglich ist. Die Maßstabsgleichung ist dann

$$P_V = l_V^2. \qquad (B.62)$$

Da im Bauwesen bei der üblichen Beanspruchung der wichtigsten Baustoffe Stahl und Beton die Dehnungen im Gebrauchszustand an den interessierenden Stellen meist in der Größe von $\varepsilon = 100 \cdot 10^{-6}$ bis $600 \cdot 10^{-6}$ liegen, sind diese mit den Mitteln der modernen Meßtechnik ohne weiteres zu erfassen, so daß dem Einhalten der Verformungsähnlichkeit $\varepsilon_V = 1$ im allgemeinen nichts im Wege steht. Eine Ausnahme bildet das spannungsoptische Verfahren, bei dem zur Erzielung eines ausreichenden Meßeffektes meist größere Dehnungen erforderlich sind. Mit zunehmender Verkleinerung des Modells nehmen die Kräfte im Quadrat ab, wodurch eine untere Grenze der Verkleinerung durch die Möglich-

Tabelle B.1 *Strenge Ähnlichkeit beim statisch-elastischen Modellversuch*

| Werkstoff | Hauptausführung | Stahl | | | | Beton | | | | l_M für $l_H = 100\,\text{m}$ |
	Modell	Kunstharz	Alu	Gips	Stahl	Kunstharz	Alu	Gips	Beton	
$\sigma_V = E_V$		$1:60$	$1:3$	$1:21$	$1:1$	$1:10$	$1:0,5$	$1:3,5$	$1:1$	
$P_V = E_V \cdot l_V^2$	$l_V = 1:10$	$1:6000$	$1:300$	$1:2100$	$1:100$	$1:10000$	$1:50$	$1:350$	$1:100$	10 m
	$l_V = 1:50$	$1:150000$	$1:7500$	$1:52500$	$1:2500$	$1:250000$	$1:1250$	$1:8750$	$1:2500$	2 m
	$l_V = 1:100$	$1:600000$	$1:30000$	$1:210000$	$1:10000$	$1:1000000$	$1:5000$	$1:35000$	$1:10000$	1 m
P_M in kp für $P_H = 60$ Mp (SLW)	$l_V = 1:10$	10	200	28,6	600	6	1200	172	600	10 m
	$l_V = 1:50$	0,4	8	1,15	24	0,24	48	6,86	24	2 m
	$l_V = 1:100$	0,1	2	0,29	6	0,06	12	1,72	6	1 m

Stoffbeiwerte s. Tab. B.2

keiten der Kraftmessung gegeben ist. Meist ist auch die am Modell ausführbare minimale Wand- oder Plattendicke für die Maßstabswahl entscheidend. Der Maßstab der Spannungen ist nur von der Wahl des Werkstoffes abhängig, jedoch nicht von l_V. In Tab. B.1 sind für Modelle aus verschiedenen gebräuchlichen Modellwerkstoffen die Maßstäbe für Spannungen und Kräfte bei strenger statischer Ähnlichkeit in bezug auf Hauptausführungen aus Stahl und Beton angegeben. Für die E-Moduli wurden die in Tab. B.2 angegebenen mittleren Werte zugrunde gelegt.

Tabelle B.2 *Mittlere Stoffbeiwerte der Werkstoffe, die in den Tab. B.1, B.5, B.6, B.7 angegeben sind*

Werkstoff	E [kp/cm²]	ϱ [g/cm³]	μ [1]	α [1/°C]	λ [kcal/mh°C]	c [kcal/kg°C]
Beton	350000	2,2	0,16	$\sim 12 \cdot 10^{-6*})$	1,3	0,295
Stahl	2100000	7,85	0,30	$12 \cdot 10^{-6}$	16	0,114
Alu (AlCuMg)	700000	2,8	0,33	$8 \cdot 10^{-6}$	137	0,212
Gips	100000	1,1	0,22	$\sim 14 \cdot 10^{-6*})$	0,44	0,26
Araldit B	36000	1,25	0,36	$65 \cdot 10^{-6}$	0,18	0,28
Plexiglas	30000	1,18	0,36	$80 \cdot 10^{-6}$	0,16	0,350
Glas	720000	2,5	0,22	$12 \cdot 10^{-6}$	1,0	0,183

*) Werte stark vom Wasser-Zement- bzw. Wasser-Gips-Verhältnis abhängig.

Tab. B.1 soll einen anschaulichen Überblick über den werkstoffbedingten Zusammenhang zwischen l_V und P_V geben, um bei der Planung eines streng ähnlichen Modellversuchs die Auswahl von Maßstab und Modellwerkstoff zu erleichtern. Deshalb sind für drei typische Maßstäbe l_V die Längen des Modells für eine Hauptausführung von 100 m Länge angegeben und die bei dem jeweiligen Maßstab erforderliche Kraft zur Darstellung eines 60-t-Fahrzeugs (SLW). Nicht alle gewählten Werkstoffkombinationen erfüllen die Poissonsche Ähnlichkeitsbedingung gleicher Querdehnzahlen für M und H. Es sind deshalb die Einschränkungen hinsichtlich der erweiterten und angenäherten Ähnlichkeit zu beachten (s. Abschn. B-5.3). $\mu_V = 1$ ist lediglich bei Werkstoffgleichheit erfüllt. Ungefähr gleiche Querdehnzahlen haben die Kombinationen Stahl/Aluminium und Beton/Gips.

5.2 Erweiterung der Ähnlichkeit durch Dehnungsübertreibung

Weicht man von der strengen Ähnlichkeit der Verformungen ab und erzeugt am Modell Dehnungen, die größer sind als an der Hauptausführung, so spricht man von Dehnungsübertreibung. Sie wird meist aus meßtechnischen Gründen erforderlich, um die zu messenden Verformungen oder Dehnungen mit vertretbarem technischem Aufwand noch genügend genau erfassen zu können. Das wichtigste Beispiel ist das spannungsoptische Erstarrungsverfahren (s. Abschn. G-2.2), da man hier ohne Dehnungsübertreibung mit den heute verwendeten Modellwerkstoffen keinen genügend großen Meßeffekt erzielt. Sie kann da angewandt werden, wo die Dehnungen noch so klein bleiben, daß sie keine wesentlichen Querschnittsänderungen hervorrufen, und die Gesamtwirkung der Dehnungen keine Gestaltsänderung bewirkt, die eventuell große Verschiebungen von Kraftangriffspunkten zur Folge hat. Mit anderen Worten: Dehnungsübertreibung ist in gewissem Maße bei jedem statisch-elastischen Modellversuch möglich, solange an M und H die Voraussetzungen der Theorie 1. Ordnung eingehalten werden. Das bedeutet, daß die Verformungen der elastischen Gebilde so klein sind, daß man die Gleichgewichtsbedingungen am unverzerrten Element aufstellen kann, ohne einen wesentlichen Fehler zu begehen. Es herrscht dann Proportionalität zwischen äußeren Lasten und Verformungen, so daß es im Grunde gleichgültig ist, bei welchen Lasten man die Verformungen mißt, denn sie können leicht mit Hilfe linearer Beziehungen auf andere Lasten umgerechnet werden. Durch Messungen am Modell bei verschiedenen Laststufen ist es einfach, die Zulässigkeit der Dehnungsübertreibung nachzuprüfen. Man stellt fest, ob Linearität zwischen Last und Verformung besteht. Zu starke Dehnungsübertreibung ruft nämlich störende Nebeneinflüsse hervor, die sich durch Abweichungen von der Linearität bemerkbar machen.

Die Herleitung der Maßstabsgleichungen bei Dehnungsübertreibung erfolgt entsprechend der in Abschn. B-5.1 durchgeführten. Aus den dortigen Gleichungen (B.43) bis (B.49) folgt mit $\varepsilon_V \neq 1$ an Stelle von (B.54) und (B.55).

$$\frac{E_V \varepsilon_V}{\sigma_V} = 1 \qquad (B.63)$$

oder

$$\frac{P_V}{l_V^2} = E_V \varepsilon_V. \qquad (B.64)$$

Für die Dehnungen und Kräfte gelten somit die Maßstäbe

$$\varepsilon_V = \frac{P_V}{E_V l_V^2}, \quad P_V = \varepsilon_V \cdot E_V \cdot l_V^2. \qquad (B.65)$$

An Stelle von (B.58) erhält man aus (B.57) und (B.63)

$$\frac{\alpha_V \vartheta_V}{\varepsilon_V} = 1. \qquad (B.66)$$

Die Verschiebungen u haben wegen $\varepsilon_V \neq 1$ einen eigenen Maßstab, der von dem der Längen verschieden ist:

$$u_V = \frac{P_V}{E_V l_V} = \varepsilon_V \cdot l_V. \tag{B.67}$$

Gegenüber den Bedingungen bei vollkommener Ähnlichkeit ist jetzt auch bei festliegenden Maßstäben für Länge und E-Moduli noch der Maßstab der Kräfte nach Maßgabe von ε_V frei wählbar.

Der Dehnungsübertreibung sind meistens schon vom Modellmaterial her Grenzen gesetzt. So sind bei einigen Aluminiumlegierungen sowie bei Kunstharzmodellen im elastischen Bereich des Materials noch Dehnungen von $3\,000 \cdot 10^{-6}$ bis $4\,000 \cdot 10^{-6}$ zulässig. Bei Bauwerken aus Stahl sind die Dehnungen infolge der Gebrauchslasten kleiner als $1\,000 \cdot 10^{-6}$ und bei Stahlbetontragwerken etwa $400 \cdot 10^{-6}$. Hieraus ergeben sich Maßstäbe für die Dehnungen von $\varepsilon_V = 4$ bis $\varepsilon_V = 10$. Diese Werte können auch im allgemeinen angewendet werden, ohne daß im Modell unzulässig große Abweichungen gegenüber der Wirklichkeit entstehen. Die in Tab. B.1 mitgeteilten Werte für Modellversuche mit vollkommener Ähnlichkeit sind bei Erweiterung der Ähnlichkeit durch Dehnungsübertreibung mit dem Faktor ε_V zu multiplizieren und ergeben dann einen Überblick über die bei verschiedenen Modellwerkstoffen möglichen Maßstäbe der Spannungen und Kräfte.

Ist der bei Belastung entstehende Spannungszustand von den Formänderungen abhängig, wie z. B. bei Durchlaufträgern mit Stützensenkungen oder bei der Berührung zweier gewölbter Körper, dann sind die vorgegebenen Verformungen (Stützensenkungen, Deformation der Berührflächen) im Maßstab

$$u_V = \frac{P_V}{l_V E_V} = l_V \cdot \varepsilon_V \tag{B.68}$$

anzubringen. Wegen des hieraus folgenden Maßstabes der Krümmungsradien bei Berührproblemen s. Abschn. B-5.4.5.

Bei der praktischen Untersuchung von Stabilitätsproblemen ist Dehnungsübertreibung nicht zulässig, da hierbei gerade der nichtlineare Zusammenhang zwischen äußeren Lasten und Verformungen eine wesentliche Rolle spielt, was den grundlegenden Voraussetzungen der Dehnungsübertreibung widerspricht (s. Abschn. B-10).

Die Dehnungsübertreibung als mögliche Erweiterung der Ähnlichkeit beruht auf der Proportionalität zwischen Last und Verformung. Diese Proportionalität ist in Wirklichkeit nicht vollkommen vorhanden, und zwar um so weniger, je größer die bezogenen Formänderungen sind. Haben M und H die gleichen Dehnungen, dann sind bei beiden auch die Abweichungen von der Proportionalität gleich, und man begeht keinen

Fehler, wenn die am Modell gemessenen Werte auf die Hauptausführung übertragen werden. Bei Dehnungsübertreibung sind jedoch die Abweichungen verschieden groß, und die Erweiterung der Ähnlichkeit führt dazu, daß nur noch eine angenäherte Ähnlichkeit vorliegt.

Beachtet man die oben angegebenen Grenzen für die Dehnungsübertreibung, so sind auch die Fehler infolge der zwangsläufig vorliegenden näherungsweisen Ähnlichkeit im allgemeinen zu vernachlässigen. Solange die trotz Dehnungsübertreibung immer noch kleinen Verformungen proportional zur Belastung sind, werden auch die Störungen infolge der vernachlässigten Nebeneinflüsse klein bleiben. Muß man mit Formänderungen arbeiten, die im Vergleich zu den Modellabmessungen nicht mehr klein sind, dann benutzt man ein Modell, das eine entgegengerichtete Anfangsverformung hat, die dem Betrage nach gleich der sich bei Belastung einstellenden Verformung ist. Die störenden Nebeneinflüsse 2. Ordnung heben sich dabei gegenseitig auf (s. W. SCHUMANN [B. 8], S. 24). Man belastet z. B. das Modell mit $-P/2$ vor und mißt den Nullzustand. Hierauf wird die eigentliche Belastung $+P$ aufgebracht, so daß die resultierende Last $+P/2$ ist, und der Belastungszustand gemessen. Die Differenz der bei Null- und Belastungszustand erhaltenen Meßwerte ist die gesuchte Größe infolge der Last $+P$. Bei Dehnungsmessungen ist dies leicht durchzuführen, sofern die Vorlast $-P/2$ einfach aufzubringen ist. Beim spannungsoptischen Erstarrungsverfahren muß der vorverformte Zustand spannungsfrei sein. Das Modell muß so hergestellt werden, daß es im unbelasteten Zustand die gleiche Gestalt hat, wie sie das im erhitzten Zustand mit $-P/2$ vorbelastete Modell annehmen würde (s. Abschn. G-2.2). Die Modellherstellung ist deshalb sehr schwierig, und es wird meist ohne Vorverformung gearbeitet, obwohl dies gerade hier wegen der notwendigerweise großen Verformungen erforderlich wäre. Auch bei der modellstatischen Untersuchung von Stabwerken im sog. „indirekten Verfahren" wird mit großen Verschiebungen gearbeitet, so daß das Anbringen von Vorverformungen zweckmäßig ist (s. Abschn. I-1.3).

5.3 Erweiterung der Ähnlichkeit
durch Vernachlässigung der Poissonschen Bedingung

Die zur Erreichung eines einheitlichen Dehnungs- und Verschiebungsmaßstabes, auch bei Erweiterung der Ähnlichkeit mit $\varepsilon_V \neq 1$, zu erfüllende Poissonsche Bedingung $\mu_V = 1$ ist von allen Maßstabsbedingungen die am schwersten einzuhaltende, es sei denn im Falle der Werkstoffgleichheit von M und H. Diese ist bei Stahlbauwerken wegen der schwierigen Bearbeitung des Materials und wegen seines hohen E-Moduls unzweckmäßig, bei Stahlbeton-Bauwerken nur bei großen Modellmaßstäben möglich, wobei wegen der Inhomogenität und des schlechten elastischen Verhaltens von Beton und Mörtel noch andere Nachteile entstehen. Es ist deshalb sehr wichtig zu prüfen, in welchen Fällen eine Erweiterung der Ähnlichkeit für $\mu_V \neq 1$ möglich ist.

Da μ bei der Verknüpfung von Spannungen mit Dehnungen nach dem Hookeschen Gesetz [Abschn. B-5.1, Gl. (B.30) bis (B.32)] eine maßgebliche Rolle spielt, ist es normalerweise nicht möglich, bei $\mu_V \neq 1$ sowohl einen einheitlichen Spannungs- als auch Dehnungsmaßstab zu erreichen. Auch der einachsige Spannungszustand $\sigma_x \neq 0$, $\sigma_y = \sigma_z = 0$ stellt keine Ausnahme dar, denn es ist (bei gegebenem Spannungsmaßstab $\sigma_{xV} = \sigma_V$)

$$\varepsilon_x = \frac{\sigma_x}{E}, \quad \text{also} \quad \varepsilon_{xV} = \frac{\sigma_V}{E_V} \tag{B.69}$$

$$\varepsilon_y = \varepsilon_z = -\mu\,\frac{\sigma_x}{E}, \quad \text{also} \quad \varepsilon_{yV} = \varepsilon_{zV} = \mu_V\,\frac{\sigma_V}{E_V} \neq \varepsilon_{xV}. \tag{B.70}$$

Entsprechendes gilt für den einachsigen Verformungszustand $\varepsilon_x \neq 0$, $\varepsilon_y = \varepsilon_z = 0$ (bei gegebenem Verformungsmaßstab $\varepsilon_{xV} = \varepsilon_V$):

$$\sigma_x = \frac{(1-\mu)E}{(1+\mu)(1-2\mu)}\,\varepsilon_x, \quad \text{also} \quad \sigma_{xV} = \frac{(1-\mu)_V E_V}{(1+\mu)(1-2\mu)_V}\,\varepsilon_V \tag{B.71}$$

$$\sigma_y = \sigma_z = \frac{\mu E}{(1+\mu)(1-2\mu)}\,\varepsilon_x, \quad \text{also} \quad \sigma_{yV} = \sigma_{zV} = \frac{\mu_V E_V}{(1+\mu)_V(1-2\mu)_V} \cdot$$
$$\cdot\,\varepsilon_V \neq \sigma_{xV}. \tag{B.72}$$

Immerhin ist hierbei $\sigma_{yV} = \sigma_{zV}$.

Auch für den zwei- und dreiachsigen Spannungs- oder Verformungszustand läßt sich bei $\mu_V \neq 1$ für bestimmte Sonderfälle die Zahl der in x-, y- und z-Richtung unterschiedlichen Maßstäbe verringern [B.2]. Dies setzt natürlich eine genauere Kenntnis des im Versuch zu erwartenden elastischen Zustands voraus.

Im Grunde ist aber bei modellstatischen Versuchen die Fragestellung eine etwas andere: Nicht der Zusammenhang von σ und ε soll in erster Linie nachgebildet werden, sondern der Zusammenhang zwischen Spannungen und äußeren Beanspruchungen (z. B. Flächenlasten p). Auch wenn die Spannungen am Modell aus Dehnungsmessungen ermittelt werden sollen, kann man auf einen einheitlichen Dehnungsmaßstab verzichten, sofern nur ein *einheitlicher Spannungsmaßstab* vorliegt. Der Übergang von gemessenen Modelldehnungen zu Modellspannungen erfolgt mit Hilfe von μ_M und E_M rechnerisch oder automatisch, wenn beispielsweise die Meßanlage durch entsprechende Schaltung sofort die σ-Werte ausgibt. Hierbei ist es belanglos, ob $\mu_M = \mu_H$ oder $\mu_M \neq \mu_H$ ist.

Der Vorgang kann folgendermaßen dargestellt werden:

$$p_M \xrightarrow{\mu_M, E_M} \varepsilon_M \xrightarrow[\text{Hooke}]{\mu_M, E_M} \sigma_M \xrightarrow{\sigma_V} \sigma_H$$

gemessen   berechnet   berechnet
oder durch
autom. Auswertg.

Um in einem solchen Fall den richtungsunabhängigen Spannungsmaßstab σ_V ermitteln zu können, muß der Ansatz für den funktionellen Zusammenhang zwischen p und σ bekannt sein, jedoch nicht in Form einer geschlossenen Lösung $\sigma = f(p, x, y, z)$, weil dann im allgemeinen kein Modellversuch notwendig ist.

In manchen einfacheren Fällen ist

$$\sigma = \bar{f}(p, x, y, z) = p \cdot f(x, y, z), \tag{B.73}$$

wobei p wieder stellvertretend die gesamte äußere Belastung darstellen soll und $f(x, y, z)$ eine reine Ortsfunktion ist. In einem solchen Fall spricht man von einem μ-freien Spannungszustand. Der Verformungszustand ist immer entsprechend dem Hookeschen Gesetz durch μ mit p und σ verknüpft. Die Schreibweise $\bar{f}(p, x, y, z) = p \cdot f(x, y, z)$ besagt, daß es sich hierbei um strenge Proportionalität zwischen σ und p handelt, d. h. um Theorie 1. Ordnung, wie sie bei kleinen Verformungen zutrifft. Der Spannungsmaßstab läßt sich dann leicht angeben:

$$\sigma_V = p_V \cdot f(x, y, z)_V = p_V \left(= \frac{P_V}{l_V^2} \right). \tag{B.74}$$

$[f(x, y, z)]_V = 1$ ist das Kennzeichen der vorausgesetzten ortsunabhängigen Spannungsähnlichkeit.

In Sonderfällen, bei denen der Spannungszustand von μ abhängig ist, läßt sich jedoch schreiben

$$\sigma = \bar{f}(\mu, p, x, y, z) = c(\mu) \cdot p \cdot f(x, y, z). \tag{B.75}$$

Der Spannungszustand ist dann zwar nicht mehr μ-frei, aber der Ausdruck $c(\mu)$ ist bekannt, z. B. $c(\mu) = \mu/(1 - \mu)$, und kann als μ-Einflußfunktion aus f herausgezogen werden. Auch dann ist der Spannungsmaßstab richtungsunabhängig und bekannt:

$$\sigma_V = \frac{c(\mu_M)}{c(\mu_H)} \cdot p_V \cdot [f(x, y, z)]_V = c_V \cdot p_V. \tag{B.76}$$

Bei räumlichen Problemen liegt jedoch meist der Normalfall

$$\sigma = \bar{f}(\mu, p, x, y, z) = p \cdot \bar{\bar{f}}(\mu, x, y, z) \tag{B.77}$$

vor, wobei μ in der unbekannten Funktion $\bar{\bar{f}}$ enthalten ist. Wegen $\mu_M \neq \mu_H$ ist auch

$$\left[\bar{\bar{f}}\,(\mu, x, y, z)\right]_V \neq 1, \tag{B.78}$$

so daß der Spannungsmaßstab

$$\sigma_V = p_V \cdot \left[\bar{\bar{f}}\,(\mu, x, y, z)\right]_V \tag{B.79}$$

unbekannt ist. In diesem Fall muß man sich mit einer Spannungsumrechnung nach (B.74) begnügen, d. h., man kennt nur die Spannungen, die in einer gedachten Hauptausführung mit $\mu_H = \mu_M$ vorliegen würden. Man erhält folglich für die wirkliche Hauptausführung nur angenähert richtige Werte σ_H. Der Fehler infolge $\mu_V \neq 1$ muß dann in geeigneter Weise abgeschätzt werden (s. z. B. Abschn. B-5.3.1).

Entsprechend dem durch Gl. (B.75) beschriebenen Fall können auch Verformungszustände mit bekanntem μ-Einfluß auftreten. So liegt beispielsweise bei Platten, die in bestimmter Weise gelagert sind, eine geometrisch streng ähnliche Durchbiegungsfläche $w(x, y, z)$ vor, während der Spannungs- und damit der Momentenmaßstab auf unbekannte Weise von μ abhängen:

$$w = \bar{f}\,(\mu, E, p, x, y, z) = c\,(\mu, E) \cdot p \cdot f\,(x, y, z). \tag{B.80}$$

Da es sich um eine Beziehung zwischen Kräften und Verformungen handelt, muß naturgemäß auch E im Vorfaktor auftreten. Der Durchbiegungsmaßstab ist dann

$$w_V = \frac{c\,(\mu_M, E_M)}{c\,(\mu_H, E_H)} \cdot p_V \cdot \left[f\,(x, y, z)\right]_V = c_V \cdot p_V. \tag{B.81}$$

c_V enthält im genannten Beispiel das Verhältnis der Plattensteifigkeiten, in denen ja E und μ auftreten. Der Versuchs- und Auswertevorgang kann dann wie folgt dargestellt werden:

$$p_M \xrightarrow{\mu_M,\, E_M} w_M \xrightarrow{\quad w_V \quad} w_H \xrightarrow[\text{Hooke}]{\mu_H,\, E_H} \sigma_H$$
$$\qquad\quad \text{gemessen} \qquad\quad \text{berechnet} \qquad\quad \text{berechnet}$$

Er liefert auch im Falle $\mu_M \neq \mu_H$ ein im strengen Sinne richtiges Ergebnis. An Stelle der Durchbiegungen w können natürlich auch Krümmungen bzw. die diesen proportionalen Oberflächendehnungen gemessen werden.

Im folgenden soll noch näher auf die Verhältnisse bei Scheiben- und Plattenversuchen eingegangen werden. Das Kennzeichen der μ-unabhängigen Scheibenspannungszustände ist das Fehlen von μ in derjenigen Airyschen Spannungsfunktion, die die Randbedingungen des zu lösenden Problems erfüllt. Werden beispielsweise am Rand einer einfach zusammenhängenden Scheibe keine Verformungen, sondern nur Spannungen vorgegeben, so ist die Lösungsfunktion völlig frei von Werkstoffkonstanten, d. h., sie enthält weder μ noch E. Treten bei einer einfach zusammenhängenden Scheibe Behinderungen der Dehnungen in der Scheibenebene auf (z. B. infolge statisch unbestimmter Lagerung) oder werden Formänderungen (z. B. Stützensenkungen) vorgegeben oder handelt es sich um eine mehrfach zusammenhängende Scheibe mit beliebigen Randbedingungen, so ist der Spannungszustand E-abhängig.

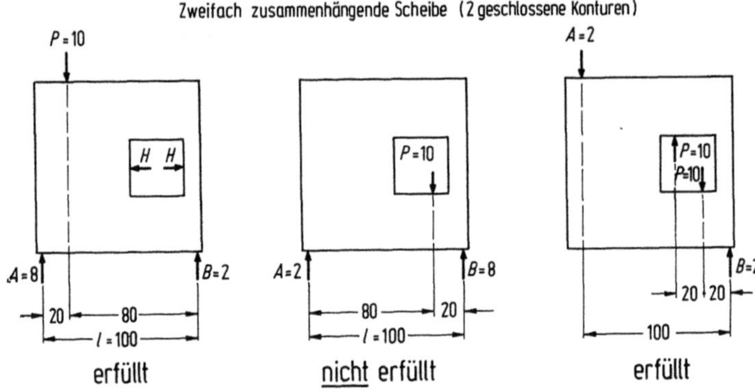

Bild B.3 Michellsche Bedingung

Auch thermoelastische Scheibenspannungszustände sind durchweg E-abhängig. Eine μ-Abhängigkeit des Spannungszustandes liegt dann vor, wenn am Rand oder im Innern der Scheibe die Querdehnung behindert ist. Dies ist der Fall, wenn Kräfte an einem inneren Punkt der Scheibe angreifen (z. B. das Eigengewicht der Scheibe) oder wenn bei mehrfach zusammenhängenden Scheiben die sog. Michellsche Bedingung (s. J. H. MICHELL [B.9]) nicht erfüllt ist; diese besagt, daß der Spannungszustand μ-unabhängig ist, wenn die innerhalb jeder im Scheibeninneren verlaufenden geschlossenen Kontur angreifenden Kräfte untereinander im Gleichgewicht stehen und höchstens ein resultierendes Moment ergeben. In der Praxis handelt es sich dabei meist um Belastungen, die innerhalb von Öffnungen in mehrfach zusammenhängenden Scheiben angreifen (s. Bild B.3).

Unabhängig von μ sind ebenfalls alle Scheibenspannungszustände, die infolge von Zwängungen bei stationären oder quasistatischen instationären Wärmeströmungen auftreten, sofern keine Querdehnungsbehinderung und damit auch keine Verletzung der Michellschen Bedingung durch die Art der Lagerung der Scheibe vorliegt (s. a. Abschn. B-6.3 und Bild B.8).

Bei Platten ist im allgemeinen die Spannungsverteilung von der Querdehnzahl abhängig. Nur in wenigen einfachen Fällen, nämlich dann, wenn in den Randbedingungen des Problems μ nicht vorkommt, kann der Einfluß unterschiedlicher Querdehnzahlen bei M und H durch Umrechnung der am Modell gefundenen Meßwerte erfaßt werden. Bei dieser sog. μ-freien Lagerung (s. E. R. BERGER [B.10]) handelt es sich um frei aufliegende gerade Ränder (Naviersche Randbedingungen) und um volleingespannte gerade oder gekrümmte Ränder [s. Abschn. B-6.3, Gl. (B.191) und (B.192)]. Da diese einfachen Fälle meist auch einer analytischen Lösung zugänglich sind, sind für sie modellstatische Untersuchungen von geringerer Bedeutung. Die oft untersuchten Brückenmodelle sind dagegen als Platten mit zweiseitig freien Rändern nicht μ-frei gelagert und lassen daher keine Erweiterung der Ähnlichkeit auf $\mu_V \neq 1$ zu.

5.3.1 Fehler infolge ungleicher Querdehnzahlen

In denjenigen Fällen, in denen eine Erweiterung der Ähnlichkeit auf $\mu_V \neq 1$ nicht möglich ist, entsprechend den Beziehungen (B.77) und (B.79), kann nur eine angenäherte Ähnlichkeit der Spannungsverteilung erreicht werden. Für den hierdurch entstehenden Fehler können keine allgemeinverbindlichen Angaben gemacht werden, denn er ist viel zu sehr vom vorliegenden Problem abhängig. Sind jedoch die analytischen Gleichungen des Problems bekannt, so lassen sich μ-Einflußfunktionen (s. W. FEUCHT [B.2], S. 433) aufstellen, mit deren Hilfe man auch den Unterschied der Querdehnzahlen bei der Umrechnung auf die Hauptausführung berücksichtigen kann. Auch schon dann, wenn die theoretische Lösung für einen hinreichend ähnlich gelagerten Fall bekannt ist, wird eine Abschätzung des μ-Einflusses möglich. FÖPPL und NEUBER ([B.11], S. 87) haben für mehrfach zusammenhängende Scheiben eine obere Grenze des Fehlers berechnet, der entsteht, wenn man bei Verletzung der Michellschen Bedingung Meßergebnisse von einem Modell auf eine Hauptausführung mit anderer Querdehnzahl überträgt. Danach ist diese Grenze gleich dem Unterschied der Querdehnzahl von M und H:

$$F_{\max} = (\mu_H - \mu_M) \cdot 100\%.$$

Hiermit ist es nach Tab. B.3 möglich, diesen Fehler für die verschiedenen Werkstoffkombinationen anzugeben. In den meisten Fällen wird der Fehler besonders an den höchstbeanspruchten Stellen (s. E. MÖNCH [B.12]) unterhalb der angegebenen Grenze liegen. Wie die Tabelle zeigt, können bei geeigneter Werkstoffwahl die bei Untersuchun-

Tabelle B.3 *Fehler infolge ungleicher Querdehnzahlen*

| Werkstoff | Hauptausführung | Stahl $\mu = 0,3$ | | | | Beton $\mu = 0,16$ | | | |
| | | Kunstharz | | Alu | Gips | Kunstharz | | Alu | Gips |
	Modell	$T = 20°C$	$T = 140°C$			$T = 20°C$	$T = 140°C$		
	μ_M μ_V	0,38 1 : 0,8	0,5 1 : 0,6	0,33 1 : 0,9	0,22 1 : 1,5	0,38 1 : 0,4	0,5 1 : 0,3	0,33 1 : 0,5	0,22 1 : 0,7
Fehler bei mehrfach zusammen-hängenden Scheiben		8%	20%	3%	8%	22%	34%	17%	6%
Fehler bei quadr. Platte mit Gleichlast	σ_B $1 + \mu$	6%	15%	2%	7%	19%	29%	15%	5%
	σ_N $\dfrac{1}{1 - \mu}$	13%	40%	4%	11%	35%	67%	25%	7%
	f $1 - \mu^2$	6%	18%	2%	5%	12%	23%	9%	2%

gen für technische Zwecke entstehenden Fehler in Kauf genommen
werden, denn der Aufwand bei Berücksichtigung des μ-Einflusses steht
meist in keinem Verhältnis zum Gewinn an Genauigkeit. Die größten
Fehler entstehen bei den zur spannungsoptischen Untersuchung von
ebenen Problemen geeigneten Kunststoffen und der Übertragung des
Ergebnisses auf eine Hauptausführung aus Beton. Aber gerade bei Beton bestehen hinsichtlich des elastischen Verhaltens auch gegenüber
allen anderen Modellwerkstoffen beträchtliche Unterschiede, so daß
es beim Einfluß der Querdehnzahl nicht auf übertriebene Genauigkeit
ankommt.

Für Platten spielt der μ-Einfluß eine noch größere Rolle und ist
auch schwieriger abzuschätzen als bei Scheiben, so daß man hier mehr
darauf zu achten hat, daß die Querdehnzahl des Modellwerkstoffes
nicht allzusehr von der der Hauptausführung abweicht. Nach FÖPPL
[B. 13] ergibt sich näherungsweise für den Biegepfeil einer gleichmäßig
belasteten, allseitig frei aufliegenden Quadratplatte mit der Seitenlänge
$2 \cdot a$

$$f = K \cdot \frac{1 - \mu^2}{E\,h^3}\, a^4 p. \tag{B.82}$$

Die Einflußfunktion von μ lautet für dieses Problem $1 - \mu^2$. Nach
den von FÖPPL abgeleiteten Formeln ist sie für die Biegespannung
$1 + \mu$ und für die bei großen Durchbiegungen auftretenden Normalspannungen $1/(1 - \mu)$. Für diese drei noch recht einfachen μ-Einfluß-
funktionen sind die entsprechenden Fehler in Tab. B.3 angegeben.
Sie sind am größten für die Normalspannungen und können mehr als
doppelt so groß werden wie die Fehler der Biegespannungen. Hieraus
wird klar, was bereits in Abschn. B-4.1 über das unterschiedliche An-
wachsen störender Nebeneinflüsse gesagt wurde. Wenn die Ähnlichkeit
hinsichtlich der Verformungen erweitert wird und wenn außerdem angenäherte Ähnlichkeit in bezug auf die Querdehnzahlen vorliegt, dann
werden die Normalspannungen nicht nur durch übertriebene Verformungen unähnlich zur Hauptausführung, sondern sie weichen auch
wegen der unterschiedlichen Querdehnung beträchtlich mehr von den
wirklichen Spannungen der Hauptausführung ab als die Biegespannungen.

Räumliche Spannungsprobleme sind in den für den praktischen Modellversuch interessierenden Fällen stets von μ abhängig. Deshalb besteht hier bei $\mu_V \neq 1$ immer nur angenäherte Ähnlichkeit. Da für diese
Probleme auch kaum analytische Lösungen vorliegen, ist eine Fehlerabschätzung sehr schwierig. Eine wirkliche dreidimensionale Spannungsanalyse ist nur mit dem spannungsoptischen Erstarrungsverfahren möglich; die hierfür geeigneten Kunstharze haben im gummielastischen

Zustand bei ca. 140 °C eine Querdehnzahl von fast 0,5, weshalb die Unterschiede gegenüber den Werkstoffen der Hauptausführung bei diesen Untersuchungen am größten sind. Man sollte deshalb die mit diesem Verfahren ermittelten Ergebnisse nur mit besonderer Vorsicht auf die Hauptausführung übertragen. Man kann jedoch annehmen, daß der Einfluß der unterschiedlichen Querdehnzahlen auf die größte der drei Hauptspannungen an den Stellen hoher Beanspruchung am geringsten ist. Diese von den ebenen Problemen her bekannte Tatsache (s. Abschn. B-5.4.3.2) wurde durch theoretische Untersuchungen bewiesen und läßt sich auf räumliche Spannungszustände übertragen.

5.4 Modellgesetze für Sonderfälle durch Erweiterung der Ähnlichkeit

Im folgenden werden die erweiterten Maßstabsgleichungen für die wichtigsten Sonderfälle kurz erläutert und in Tab. B.4 zusammengestellt. Als freie Maßstäbe können zwar alle im Versuch vorkommenden Größen gewählt werden, jedoch ist es zweckmäßig, von den in Tab. B.4 angegebenen Größen auszugehen, die die Systemabmessung (l), die Querschnittsbeschaffenheit (F, I, b, d oder h), die Belastung bzw. Schnittkräfte (P) und die Materialeigenschaften (E und μ) charakterisieren. Ist Dehnungsgleichheit $\varepsilon_V = 1$ erforderlich, so sind auch diese Maßstäbe nicht mehr alle unabhängig voneinander frei wählbar. Meist ist es zweckmäßig, Systemabmessung, Querschnittsbeschaffenheit und Materialeigenschaft frei festzulegen, so daß für $\varepsilon_V = 1$ der Kräftemaßstab P_V zum gebundenen Maßstab wird. Die betreffende Maßstabsgleichung für P_V ist dann in Spalte 3 der Tab. B.4 angegeben.

Tabelle B.4 *Maßstabsgleichungen bei erweiterter Ähnlichkeit für Sonderfälle*

1	2	3	4	5
System	*Maßstäbe*		Abweichung gegenüber strenger Ähnlichkeit	Einschränkende Bedingungen
	frei	gebunden bzw. abgeleitet		
1. Gelenkfachwerk				
1.1 statisch bestimmt zur Ermittlung der Stabkräfte	l_V F_V P_V E_V μ_V		$\varepsilon_V \neq 1$ $\mu_V \neq 1$ $F_{iV} \neq F_{kV}$ $\neq l_V^2$ $E_{iV} \neq E_{kV}$	

Tabelle B.4 *(Fortsetzung)*

1	2		3	4	5
System	*Maßstäbe*			Abweichung gegenüber strenger Ähnlichkeit	Einschränkende Bedingungen
	frei	gebunden bzw. abgeleitet			
1.2 statisch bestimmt zur Ermittlung der Normalspannungen u. Verschiebungen, statisch unbestimmt zur Ermittlung der Stabkräfte Th. 1. Ordng.	l_V F_V P_V E_V μ_V		$\varepsilon_V = \dfrac{P_V}{F_V E_V}$ $u_V = \varepsilon_V \cdot l_V$ $\sigma_V = \dfrac{P_V}{F_V}$	$\varepsilon_V \neq 1$ $\mu_V \neq 1$ $F_V \neq l_V^2$ $u_V \neq l_V$ $\sigma_V \neq E_V$	
1.3 wie 1.2, jedoch Th. 2. Ordng.	l_V F_V E_V μ_V		$P_V = E_V \cdot F_V$ $\varepsilon_V = 1$ $u_V = l_V$ $\sigma_V = E_V$	$\mu_V \neq 1$ $F_V \neq l_V^2$	
2. *Rahmen, Balken*					
2.1 Beliebige, geom. unähnliche Querschnitte Reine Biegung	l_V I_V W_{oV} W_{uV} P_V E_V μ_V		$\varepsilon_{oV} = \dfrac{P_V l_V}{E_V W_{oV}}$ $\varepsilon_{uV} = \dfrac{P_V l_V}{E_V W_{uV}}$ $f_V = \dfrac{P_V l_V^3}{E_V I_V}$ $\sigma_{oV} = \dfrac{P_V l_V}{W_{oV}}$ $\sigma_{uV} = \dfrac{P_V l_V}{W_{uV}}$ $M_V = P_V l_V$ $p_V = P_V/l_V$	$\varepsilon_V \neq 1$ $\mu_V \neq 1$ $I_V \neq h_V^4$ $W_V \neq h_V^3$ $F_V \neq h_V^2$ $h_V \neq l_V$ $f_V \neq l_V$ $\sigma_V \neq E_V$	W_{oV}, W_{uV} können stabweise unterschiedlich sein
2.2 Beliebige, geom. ähnliche Querschnitte Reine Biegung	l_V h_V P_V E_V μ_V		$\varepsilon_V = \dfrac{P_V l_V}{E_V h_V^3}$ $I_V = h_V^4$ $W_V = h_V^3$ $F_V = h_V^2$ $s_V = \dfrac{P_V l_V^3}{E_V h_V^4}$ $\sigma_V = \dfrac{P_V l_V}{h_V^3}$ $M_V = P_V l_V$ $p_V = P_V/l_V$	$\varepsilon_V \neq 1$ $\mu_V \neq 1$ $h_V \neq l_V$ $f_V \neq l_V$ $\sigma_V \neq E_V$	h_V für alle Stäbe gleich

Tabelle B.4 *(Fortsetzung)*

1	2	3	4	5
System	*Maßstäbe*		Abweichung gegenüber strenger Ähnlichkeit	Einschränkende Bedingungen
	frei	gebunden bzw. abgeleitet		
2.3 Rechteckquerschnitt Biegung und Längskraft Th. 1. Ordnung	l_V b_V P_V E_V μ_V	$\varepsilon_V = \dfrac{P_V}{l_V\,b_V\,E_V}$ $h_V = l_V$ $f_V = \dfrac{P_V}{E_V\,b_V}$ $\sigma_V = \dfrac{P_V}{b_V\,l_V}$ $M_V = P_V \cdot l_V$ $p_V = P_V/l_V$	$\varepsilon_V \neq 1$ $\mu_V \neq 1$ $b_V \neq l_V$ $F_V \neq l_V^2$ $f_V \neq l_V$ $\sigma_V \neq E_V$	
2.4 Rechteckquerschnitt Biegung und Längskraft Th. 2. Ordnung	l_V b_V E_V μ_V	$\varepsilon_V = 1$ $P_V = b_V\,l_V\,E_V$ $h_V = l_V$ $f_V = l_V$ $\sigma_V = E_V$ $M_V = P_V\,l_V$ $p_V = P_V/l_V$	$\mu_V \neq 1$ $b_V \neq l_V$ $F_V \neq l_V^2$	$l/h \geq 10$
3. *Seilwerke* Th. 2. Ordnung	l_V F_V E_V' μ_V	$\varepsilon_V = 1$ $P_V = E_V'\,F_V$ $w_V = l_V$ $\sigma_V = E_V'$	$\mu_V \neq 1$ $F_V \neq l_V^2$	
4. *Seilwerke mit biegesteifen Elementen, Hängebrücken* Th. 2. Ordnung	l_V $F_{S,V}$ $E_{S,V}'$ $E_{B,V}$ μ_V	$\varepsilon_{S,V} = 1$ $P_V = E_{S,V}'\,F_{S,V}$ $I_{B,V} = \dfrac{P_V\,l_V^2}{E_{B,V}}$ $\varepsilon_{B,V} = \dfrac{h_{B,V}}{l_V}$ $h_{B,V}^4 = I_{B,V}$ $W_{B,V} = h_{B,V}^3$ $F_{B,V} = h_{B,V}^2$ $u_V = l_V$ $\sigma_{S,V} = E_{S,V}'$ $\sigma_{B.V} = \dfrac{h_{B,V}}{l_V}\,E_{B.V}$	$\mu_V \neq 1$ $F_{S,V} \neq l_V^2$ $h_{B,V} \neq l_V$ $\sigma_{B,V} \neq E_{B,V}$	biegesteife Elemente: Vernachlässigg. der Normal-Kraftverformung; bei geometr. unähnlichen Querschnitten σ und ε infolge Biegung analog 2.1

Tabelle B.4 *(Fortsetzung)*

1	2	3	4	5
System	Maßstäbe		Abweichung gegenüber strenger Ähnlichkeit	Einschränkende Bedingungen
	frei	gebunden bzw. abgeleitet		
5. Scheiben	l_V h_V P_V E_V μ_V	$\varepsilon_V = \dfrac{P_V}{l_V\,h_V\,E_V}$ $u_V = \dfrac{P_V}{h_V\,E_V}$ $\sigma_V = \dfrac{P_V}{h_V\,l_V}$	$\varepsilon_V \neq 1$ $\mu_V \neq 1$ $h_V \neq l_V$ $u_V \neq l_V$ $\sigma_V \neq E_V$	bei μ-abhängigen Spannungszuständen: $\mu_V \overset{!}{=} 1$
6. Platten Reine Biegung	l_V h_V P_V E_V	$\mu_V = 1$ $\varepsilon_V = \dfrac{P_V}{h_V^2\,E_V}$ $w_V = \dfrac{P_V\,l_V^2}{E_V\,h_V^3}$ $\sigma_V = \dfrac{P_V}{h_V^2}$ $M_V = P_V \cdot l_V$ $m_V = P_V$ $c_V = \dfrac{l_V^2}{E_V\,h_V^3}$	$\varepsilon_V \neq 1$ $h_V \neq l_V$ $w_V \neq l_V$ $\sigma_V \neq E_V$	$w < \dfrac{h}{4}$ $h \ll l,\,b$ $\mu_V \neq 1$ nur bei μ-freier Lagerung
7.1 Platten Biegung u. Längskraft Schalen Bauteile mit räumlichen Spannungszuständen Th. 1. Ordnung	l_V P_V E_V	$\mu_V = 1$ $\varepsilon_V = \dfrac{P_V}{l_V^2\,E_V}$ $b_V = h_V = l_V$ $w_V = \dfrac{P_V}{E_V\,l_V}$ $\sigma_V = \dfrac{P_V}{l_V^2}$ $M_V = P_V \cdot l_V$ $m_V = P_V$ $c_V = \dfrac{\varepsilon_V}{E_V\,l_V}$	$\varepsilon_V \neq 1$ $w_V \neq l_V$ $\sigma_V \neq E_V$	$w < \dfrac{h}{4}$ $h \ll l,\,b$

Tabelle B.4 *(Fortsetzung)*

1	2	3	4	5
Systeme	*Maßstäbe*		Abweichung gegenüber strenger Ähnlichkeit	Einschränkende Bedingungen
	frei	gebunden bzw. abgeleitet		
7.2 wie 7.1, jedoch Th. 2. Ordnung *Stabilitätsversuche*	l_V E_V	$\varepsilon_V = 1$ $P_V = l_V^2\,E_V$ $\mu_V = 1$ $b_V = h_V = l_V$ $w_V = l_V$ $\sigma_V = E_V$ $M_V = P_V \cdot l_V$ $m_V = P_V$ $c_V = \dfrac{1}{E_V l_V}$	keine Erweiterung der Ähnlichkeit	

Bezeichnungen

b	Breite (Balken)	B	Index: biegesteifes Tragelement
c	Federkonstante	E	Elastizitätsmodul
f	Durchbiegung (Balken, Stäbe)	E'	ideeller Elastizitätsmodul (Seile)
h	Trägerhöhe (Balken), Dicke (Flächentragwerke)	F	Fläche
		I	Flächenträgheitsmoment
l	Länge	M	Moment
m	bezogenes Schnittmoment	P	Kraft, Einzellast
o	Index: oberhalb der Schwerlinie	S	Index: Seil
p	Streckenlast (Balken), Flächenlast (Platten, Schalen)	V	Index zur Bezeichnung des Maßstabs
		W	Widerstandsmoment
u	Verschiebung	ε	Dehnung
u	Index: unter der Schwerlinie	μ	Querdehnzahl
w	Durchbiegung (Flächentragwerke)	σ	Spannung

Der Längenmaßstab ist durch die Größe des Modells festgelegt. Diese ist nach oben durch wirtschaftliche Gesichtspunkte und nach unten meist durch die kleinste am Modell noch zu verwirklichende Abmessung, bei Platten und Schalen oft die Dicke, begrenzt. Sie muß eine Herstellung des Modells mit genügender Genauigkeit und ausreichender mechanischer Festigkeit ermöglichen. Durch den gewählten Werkstoff sind die Maßstäbe des E-Moduls und der Querdehnzahl gegeben. Falls der Maßstab der Kräfte frei ist, wird er im allgemeinen durch meßtechnische Gesichtspunkte und durch die vom Modellmaterial in seinem elastischen Bereich ertragbaren Spannungen gegeben sein. μ_V ist in der Tabelle nur dann als freier Maßstab aufgeführt, wenn die Ähnlichkeit tatsächlich für ungleiche Querdehnzahlen erweitert werden kann. Soweit es möglich ist, wird für die anderen Fälle die Größenordnung der Fehler infolge nur näherungsweiser Ähnlichkeit bei $\mu_V \neq 1$ mitgeteilt.

5.4.1 Stabwerke

Gelenkfachwerke und Rahmenträger spielen heute in der Modellstatik kaum mehr eine Rolle, da man ihre Schnittkräfte auf elektronischen Rechenmaschinen schnell und sicher berechnen kann. Der Vollständigkeit halber wird jedoch kurz auch auf die bei Stabwerken möglichen Vereinfachungen eingegangen, und die Modellgesetze werden zusammengestellt.

5.4.1.1 Gelenkfachwerke

Bei statisch bestimmten Gelenkfachwerkmodellen zur Ermittlung der Stabkräfte brauchen lediglich die Längen geometrisch ähnlich zur Hauptausführung zu sein. Die Querschnittsform der Stäbe ist beliebig. Es braucht kein für alle Stäbe einheitlicher Flächenmaßstab eingehalten zu werden (F_{iV}). Dasselbe gilt für den Maßstab des E-Moduls (E_{iV}). Trotzdem ist P_V für alle Stäbe gleich und entspricht dem Belastungsmaßstab. Sollen auch die Spannungen ermittelt werden, die in den Fachwerkstäben der Hauptausführung auftreten, so empfiehlt sich ein für alle Stäbe einheitlicher Flächenmaßstab, damit ein einheitlicher Spannungsmaßstab vorliegt. Handelt es sich um ein statisch unbestimmtes Gelenkfachwerk, oder soll bei einem statisch bestimmten Fachwerk der Modellversuch eine geometrisch ähnliche Verformungsfigur liefern, dann müssen die Dehnsteifigkeiten $E \cdot F$ der Modellstäbe untereinander im gleichen Verhältnis stehen wie bei der Hauptausführung, d. h., E_V und F_V sind zwar beliebig, müssen aber für alle Stäbe gleich sein. Die Maßstabsgleichungen sind in Tab. B.4 zusammengestellt.

5.4.1.2 Rahmen

Bei Rahmentragwerken mit biegesteifen Knoten setzt man im allgemeinen vereinfachend voraus, daß der Verformungszustand nur von den Biegemomenten und nicht von den Querkräften und Normalkräften abhängt. Deshalb brauchen die Querschnitte der einzelnen Stäbe im Modell nicht geometrisch ähnlich ausgeführt zu werden. Ihre Biegesteifigkeit $E \cdot I$ muß an jeder Stelle in einem festen Maßstabsverhältnis zur Hauptausführung stehen. Die Größe der Querschnittsflächen ist dann für das elastische Verhalten unwesentlich. Die Maßstäbe der Trägheitsmomente und Längen können unabhängig voneinander und beliebig gewählt werden. Solange Proportionalität zwischen den Momenten und äußeren Lasten besteht, ist Dehnungsübertreibung möglich, und es gelten die Maßstabsgleichungen nach Tab. B.4.

Bei der Ermittlung von ε und σ ist der Maßstab W_V des Widerstandsmoments maßgebend. W_V kann für die Einzelstäbe verschieden sein, während I_V generell festgelegt sein muß, da es den Gesamtverformungsund Schnittmomentenzustand bestimmt. Sollen Rahmen untersucht werden, bei denen äußere Verformungen (z. B. Stützensenkungen) vorgegeben sind, dann sind diese im Maßstab f_V der Durchbiegungen anzubringen, der bei Dehnungsübertreibung von dem der Längen verschieden ist.

5.4.1.3 Balken

Für Balken gelten dieselben Maßstabsgleichungen wie für biegesteife Rahmen. Für Rechteckquerschnitte wird $I_V = b_V \cdot h_V^3$ auf die Grundmaßstäbe b_V und h_V zurückgeführt, die unabhängig voneinander verändert werden können.

Für Balken mit Längskraft gilt

$$\sigma = \frac{M}{W} + \frac{N}{F}. \tag{B.83}$$

Dividiert man durch E, wird die Gleichung dimensionslos:

$$\frac{\sigma}{E} = \frac{M}{WE} + \frac{N}{EF}. \tag{B.84}$$

Jedes Glied der Gleichung ist eine Kenngröße, die für M und H gleich sein muß, was zu den beiden Maßstabsgleichungen

$$\frac{M_V}{W_V E_V} = \varepsilon_V \tag{B.85}$$

und

$$\frac{N_V}{E_V F_V} = \varepsilon_V \tag{B.86}$$

führt. Da $M_V = P_V \cdot l_V$ ist und $N_V = P_V$ sein muß, damit die Ähnlichkeit widerspruchsfrei erfüllt werden kann, führt dies zu der Forderung

$$l_V = \frac{W_V}{F_V} = h_V. \tag{B.87}$$

Bei einem Balken mit Längskraft darf also die Höhe nicht mehr unabhängig vom Längenmaßstab gewählt werden. Nur noch die Breite ist unabhängig und beliebig.

Werden die Formänderungen so groß, daß die Voraussetzungen der Theorie 1. Ordnung nicht mehr erfüllt sind, dann gilt für den Balken mit Längskraft folgende Differentialgleichung

$$E I \frac{d^4 w}{d x^4} = p + N \frac{d^2 w}{d x^2}. \tag{B.88}$$

Sie wird dimensionslos, indem man durch p dividiert:

$$1 = \frac{E I}{p} \frac{d^4 w}{d x^4} - \frac{N}{p} \frac{d^2 w}{d x^2}. \tag{B.89}$$

Die beiden Kenngrößen der Gleichung ergeben die beiden Maßstabsgleichungen

$$\frac{E_V I_V}{p_V} \cdot \frac{w_V}{l_V^4} = 1, \tag{B.90}$$

$$\frac{N_V}{p_V} \frac{w_V}{l_V^2} = 1, \tag{B.91}$$

in denen die Differentiale mit Hilfe der Übertragungsregel durch endliche Größen ersetzt wurden. Aus ihnen folgen die Maßstäbe der Längskraft und der Gleichstreckenlast

$$N_V = \frac{E_V I_V}{l_V^2}, \tag{B.92}$$

und da $N_V = p_V \cdot l_V$ sein muß, folgt

$$p_V = \frac{E_V I_V}{l_V^3} \tag{B.93}$$

und

$$w_V = l_V. \tag{B.94}$$

Die Gleichungen gelten allgemein für strenge Ähnlichkeit mit $\varepsilon_V = 1$ mit der einzigen Erweiterung, daß für die Breite des Querschnitts ein vom Längenmaßstab unabhängiger Maßstab benutzt werden darf. Bei einem Rechteckquerschnitt bedeutet dies, daß

$$I_V = b_V l_V^3 \tag{B.95}$$

ist. Die Maßstabsgleichungen lauten dann

$$N_V = E_V b_V l_V \tag{B.96}$$

und

$$p_V = E_V b_V, \tag{B.97}$$

womit sich alle anderen in Tab. B.4 aufgeführten Maßstäbe ergeben. Bei den vorstehenden Betrachtungen der Ähnlichkeitsgesetze von Rahmen und Balken blieb der Einfluß der Querkraft auf die Biegelinie unberücksichtigt. Ist das Modellgesetz $\mu_V = 1$ erfüllt, dann muß bei affin ähnlichen Querschnitten von H und M auch bei Theorie 1. Ordnung $h_V = l_V$ sein, wenn der Einfluß der Schubspannungen auf die Biegelinie in M und H der gleiche sein soll, wie aus der strengeren Biegetheorie folgt (s. H. WEBER [B.7]). Bei einem Verhältnis $l/h \geq 10$ wird der Maßstabsfehler bei Vernachlässigung des Schubeinflusses kleiner als 3% bleiben. Bei kleinerem Verhältnis l/h nimmt er umgekehrt mit dem Quadrat dieses Verhältnisses zu.

Wenn in den Balken keine Öffnungen vorhanden sind, so kann auch μ_V beliebig gewählt werden; andernfalls müssen die bei den Scheiben über den Einfluß ungleicher Querdehnzahlen gemachten Ausführungen beachtet werden.

5.4.2 Seiltragwerke, Hängebrücken

Tragwerkselemente, die lediglich auf Zug beansprucht werden, weisen gegenüber biegebeanspruchten Teilen meist wesentlich geringere Querschnittsabmessungen auf, so daß sich Längenänderungen (Dehnungen) ergeben, die eine Behandlung nach Theorie 2. Ordnung erforderlich machen. Es besteht kein linearer Zusammenhang mehr zwischen den angreifenden Lasten und den Schnittgrößen bzw. Verformungen. Bei der modellmäßigen Untersuchung solcher Tragwerke muß daher strenge Verformungsähnlichkeit zwischen M und H vorliegen; Dehnungsübertreibung als Erweiterung der Ähnlichkeit ist unzulässig.

Seiltragwerke gewinnen in letzter Zeit besonders im Hallenbau, wo es um eine leichte Überspannung weiter Räume geht, zunehmend an Bedeutung. Ihre Berechnung erfordert noch einen erheblichen mathematischen Aufwand, zumal infolge großer Verformungen das Superpositionsprinzip nicht mehr gilt (Theorie 2. Ordnung), so daß weitgehend modellstatische Untersuchungen vorgenommen werden. Eine der wichtigsten Forderungen hinsichtlich der Modellseile bzw. -drähte ist die der Affinität zwischen den σ-ε-Linien des M- und H-Materials. Die in der Hauptausführung verwendeten Kabel bzw. gesponnenen Seile weisen keine streng lineare Last-Dehnungs-Linie auf, was bei der Wahl des Modelldrahtes beachtet werden muß. Dehnungsgleichheit $\varepsilon_V = 1$ fordert

$$P_V = E'_{S,V} \cdot F_{S,V}, \tag{B.98}$$

wobei $E'_{S,H}$ der ideelle E-Modul des H-Seiles ist, der aus der Beziehung

$$\sigma_H \cdot F_H = P_H = \varepsilon_H \cdot E'_H F_H \tag{B.99}$$

ermittelt wird. $E'_{S,M}$ kann auch dann, wenn es sich im Modell um einfache Drähte handelt, nicht ohne weiteres gleich dem E-Modul des Drahtmaterials gesetzt werden, da bei dünnen Drähten das Last-Dehnungs-Verhalten vom Drahtdurchmesser abhängt. $E'_{S,M}$ muß durch Vorversuche bestimmt werden.

Eine Erweiterung der Ähnlichkeit ist nur dahingehend zulässig, daß $F_{S,V} \neq l_V^2$ gewählt werden kann; der Ausdruck $E'_S F_S$ kann als Seilbeiwert aufgefaßt werden. Bei einfachen Seilversuchen (z. B. Seil mit gleichmäßiger Querbelastung) läßt sich die Ähnlichkeit erweitern (s. H. WEBER [B.7]) z. B. hinsichtlich der Seildurchbiegung. Da hierzu aber der analytische Zusammenhang zwischen Belastung und der gesuchten Größe bekannt sein muß, sind diese Fälle für die Modellstatik von geringerem Interesse.

Enthält das Seiltragwerk neben den Seilen noch biegesteife Elemente, beispielsweise Randträger oder aussteifende Rahmenkonstruktionen, so gelten für diese im Falle strenger Ähnlichkeit die Maßstabsgleichungen (B.51), (B.54) und (B.55). Meist genügt es, wenn ohne Berücksichtigung der Schubverformung und der Längsdehnung infolge Normalkraft nur geometrische Ähnlichkeit hinsichtlich der Biegeverformung erreicht wird. Es kann dann $I_{B,V} \neq l_V^4$ und $F_{B,V} \neq l_V^2$ vorliegen, solange nur die Beziehung

$$P_V = E_{B,V} \cdot I_{B,V}/l_V^2 \qquad (\text{B.}100)$$

erfüllt ist (vgl. Abschn. B-4.1). Da für die Seile zugleich (B.98) gilt und da P_V für das gesamte Tragwerk einheitlich sein muß, sind die E-Moduli und Querschnittswerte der Seile und Biegeträger entsprechend der Forderung

$$E'_{S,V}, F_{S,V} = \frac{E_{B,V} I_{B,V}}{l_V^2} \qquad (\text{B.}101)$$

aufeinander abzustimmen. In Tab. B.4 wurde, als eine der Möglichkeiten, neben P_V die Größe $I_{B,V}$ als abhängiger Maßstab eingetragen, während dann $E'_{S,V}$, $F_{S,V}$ und $E_{B,V}$ frei gewählt werden können.

Liegt eine zweiachsige Biegebeanspruchung der Träger vor, so muß (B.100) für die beiden Hauptträgheitsmomente des Querschnitts gelten. Die Querschnitte der Biegeträger müssen nicht geometrisch ähnlich sein; es gilt dann das für diesen Fall in Abschn. B-5.4.1.2 Gesagte. Für die Dehnungen der einzelnen Fasern des Biegeträgers ist dann zwar $\varepsilon_V \neq 1$, jedoch gilt für die Biegelinie und damit für den Gesamtverformungszustand des Seiltragwerks strenge Ähnlichkeit.

Hängebrücken stellen Mischkonstruktionen dar, die sowohl ausgesprochen biegebeanspruchte (Fahrbahnträger) als auch rein zugbeanspruchte Teile (Hänger, Seile) aufweisen. Es muß daher strenge Ähnlichkeit hinsichtlich der Durchbiegungen und der Zugdehnungen gewährleistet sein, so daß die gleichen Maßstabsbeziehungen wie bei den Seiltragwerken mit biegesteifen Tragelementen vorliegen. Für Hänger und Seile muß (B.98), für den Fahrbahnträger (B.100) erfüllt sein, und zwar bei horizontaler Belastung auch hinsichtlich der Biegesteifigkeit um die vertikale Achse. Die Pylone müssen im Modell so ausgebildet werden, daß die Bewegungen u der Pylonspitzen (Kabelsattel) im Maßstab $u_V = l_V$ erfolgen. Handelt es sich nicht um gelenkig gelagerte, sondern um eingespannte biegebeanspruchte Pylone, so muß die Beziehung (B.100) erfüllt sein. Sind zudem die Normalkraftverformungen der Pylone nicht vernachlässigbar, so ist zusätzlich noch Dehnungsgleichheit $\varepsilon_V = 1$ in Achsrichtung erforderlich. Dies ist im allgemeinen nur durch strenge geometrische Querschnittsähnlichkeit zu erreichen; für Rechteckquerschnitte genügt die Einhaltung der in Tab. B.4 unter Punkt 2.4 angegebenen Maßstäbe.

5.4.3 Flächentragwerke

5.4.3.1 Scheiben

Bei dünnen Scheiben ist der Spannungszustand unabhängig von ihrer Dicke, so daß bei Modelluntersuchungen der Maßstab für die Scheibendicke unabhängig vom Längenmaßstab gewählt werden darf. Es gilt im übrigen dasselbe, was für Balken mit Längskraft und kleinen Verformungen gesagt wurde. Bei Scheiben sind im allgemeinen auch bei Dehnungsübertreibung die Voraussetzungen der Theorie 1. Ordnung erfüllt, so daß für die Größe der Belastung des Modells die für den betreffenden Werkstoff im elastischen Bereich zulässigen Spannungen maßgebend sind.

Die Umrechnung der am Modell ermittelten Spannungen mit einem einzigen festen Übertragungsverhältnis σ_V liefert bei $\mu_V \neq 1$ nur dann die richtigen Spannungen der Hauptausführung, wenn ein μ-unabhängiger Spannungszustand vorliegt (s. Abschn. B-5.3). Im anderen Fall entstehen Fehler, die bei den üblichen spannungsoptischen Modellversuchen unterhalb von 8 bis 10% liegen (s. Abschn. B-5.3.1).

5.4.3.2 Platten

Bleiben die Durchbiegungen von Platten klein gegenüber ihrer Dicke, die wiederum klein sein muß gegen die Länge und Breite der Mittelfläche (Kirchhoffsche Voraussetzungen der linearen Plattentheorie), so treten nur Biegespannungen auf, und man kann den Maßstab für die Plattendicke h unabhängig vom Längenmaßstab wählen. Entstehen infolge

äußerer Kräfte oder großer Durchbiegungen neben den Biege- auch noch
Normalspannungen, so muß $h_V = l_V$ sein, da die Biegespannungen vom
Quadrat der Plattendicke abhängen und die Normalspannungen sich nur
linear mit der Dicke ändern. Solange die Durchbiegungen klein sind, kann
die Ähnlichkeit nur noch in bezug auf die Dehnungen erweitert werden.
Bei großen Durchbiegungen müssen die Bedingungen der strengen Ähnlichkeit eingehalten werden.

Läßt man $\mu_V \neq 1$ zu, so wird in allen für Modelluntersuchungen
interessanten Fällen im Modell eine von der Hauptausführung abweichende Momentenverteilung entstehen (s. Abschn. B-5.3). Bei μ-freier
Lagerung sind die Durchbiegungen ähnlich, und die Schnittmomente
können mit Hilfe der folgenden Gleichungen auf die Hauptausführung
mit μ_H umgerechnet werden:

$$m_{xH} = \frac{1}{P_V} \left(\frac{1 - \mu_H \mu_M}{1 - \mu_M^2} \, m_{xM} - \frac{\mu_M - \mu_H}{1 - \mu_M^2} \, m_{yM} \right)$$

$$m_{yH} = \frac{1}{P_V} \left(\frac{1 - \mu_H \mu_M}{1 - \mu_M^2} \, m_{yM} - \frac{\mu_M - \mu_H}{1 - \mu_M^2} \, m_{xM} \right)$$

$$m_{xyH} = \frac{1}{P_V} \frac{1 - \mu_H}{1 - \mu_M} \, m_{xyM}.$$

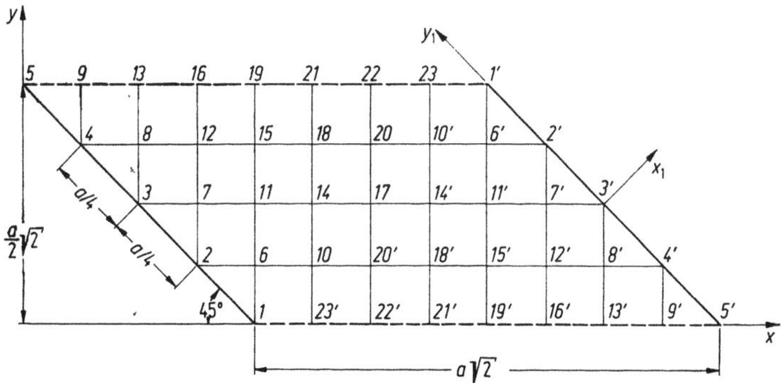

Bild B.4 Schiefe Platte: Koordinaten und Punktbezeichnungen

Die Durchbiegung der Hauptausführung ergibt sich aus

$$w_H = \frac{E_V h_V^3}{P_V l_V^2} \frac{1 - \mu_H^2}{1 - \mu_M^2} \, w_M.$$

Ist die Lagerung nicht μ-frei, so können die Formeln für eine näherungsweise Umrechnung benutzt werden, wenn $\mu_M - \mu_H$ nicht zu groß ist.

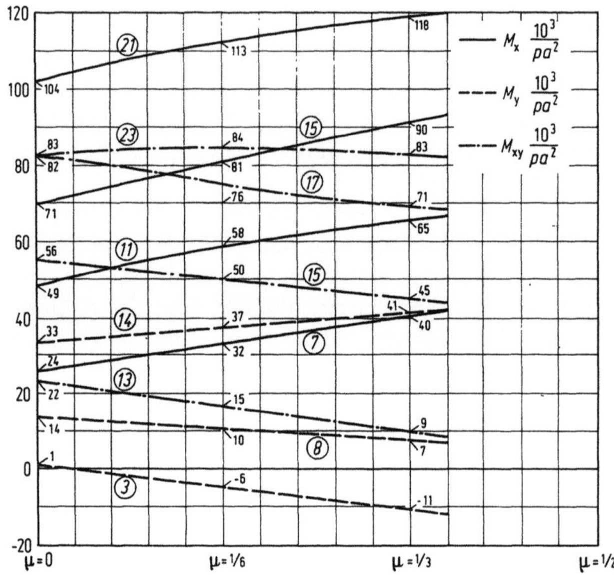

Bild B.5 Schiefe Platte: Abhängigkeit der Momente von μ für gleichmäßige Belastung, eingekreiste Zahlen = Punktnummern lt. Bild B.4, (nach [B.14])

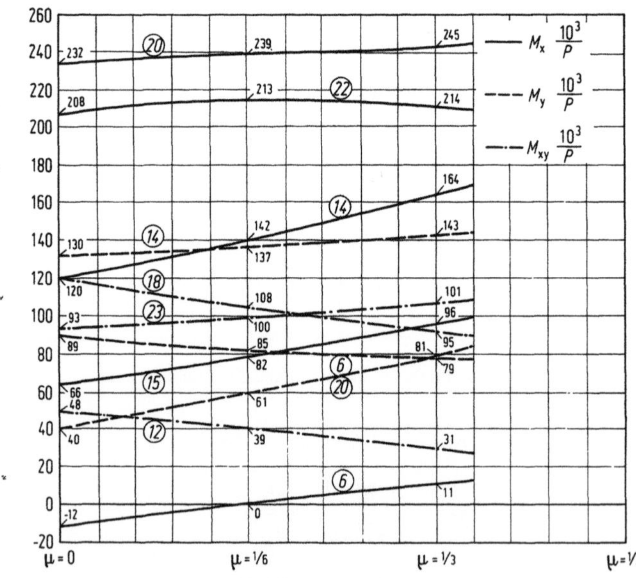

Bild B.6 Schiefe Platte: Abhängigkeit der Momente von μ für Einzellast in Punkt 17, eingekreiste Zahlen = Punktnummern lt. Bild B.4, (nach [B.14])

BALAŠ und HANUŠKA haben in einer ausführlichen theoretischen Untersuchung [B.14] gezeigt, daß bei einer 45° schiefen Platte, die an zwei Seiten frei drehbar gelagert ist (s. Bild B.4), die Momente in der Haupttragrichtung mit zunehmender Querdehnzahl größer werden (s. Bild B.5 und B.6). Bei Messungen an Modellen, deren Querdehnzahl größer als die der Hauptausführung ist, liegen diese für die Tragfähigkeit maßgebenden Momente auf der sicheren Seite. Die Momente in Haupttragrichtung unterscheiden sich für $\mu = 0$ und $\mu = 1/3$ nur um 12% an den Stellen größter Biegebeanspruchung. In Punkten, an denen kleinere Biege- und Drillmomente auftreten, kann der Einfluß der Querdehnzahl 20 bis 50% des an der Stelle berechneten größten Momentes betragen.

Bei Platten auf elastischen Stützen findet man die Modellgesetze aus der Bedingung, daß die Maßstäbe für die elastische Nachgiebigkeit der Stützen Δl_V und der Durchbiegung w_V der Platten gleich sein müssen. Wählt man zweckmäßigerweise für die elastischen Stützen ein E_{StV} und F_{StV}, so läßt sich aus dieser Bedingung l_{StV} berechnen:

$$\frac{l_{StV}}{E_{StV}\, F_{StV}} = \frac{l_V^2}{E_V\, h_V^3}. \tag{B.102}$$

Man kann auch $\Delta l/P$ zur Federzahl C des elastischen Lagers zusammenfassen und erhält die Maßstabsgleichung

$$C_V = \frac{l_V^2}{E_V\, h_V^2}. \tag{B.103}$$

5.4.3.3 Schalen

Da der Spannungszustand in Schalen sich im allgemeinen aus Biege- und Normalspannungen zusammensetzt, ist eine Erweiterung der Ähnlichkeit in bezug auf die geometrischen Abmessungen nicht möglich. Solange die Formänderungen klein bleiben, kann mit Dehnungsübertreibung gearbeitet werden. Es gelten dann die gleichen Maßstabsgleichungen wie für Platten mit Biegung und Längskraft.

Der Einfluß ungleicher Querdehnzahlen läßt sich sehr schwer abschätzen und ist nur durch vergleichende experimentelle oder theoretische Untersuchungen möglich (s. W. TEEPE [B.15]). Für das kreiszylindrische Rohr mit einer radialen Ringlast, dessen Spannungsverteilung theoretisch berechnet werden kann, wird von GAYMANN [B.16] der Einfluß der Querdehnzahl auf die Biegemomente angegeben. Für $\mu = 0{,}3$ wird das größte Moment in Richtung der Rohrachse um 5%

kleiner als bei $\mu = 0,5$. Die Umfangskräfte und die Durchbiegungen klingen bei $\mu = 0,3$ im Gegensatz zur Lösung bei $\mu = 0,5$ etwas schneller ab. Für ein Rohr mit zwei gegenüberliegenden Einzellasten waren die maximalen Spannungen bei $\mu = 0,5$ in Umfangsrichtung um ca. 10% und in Achsrichtung um ca. 17% größer als bei $\mu = 0,3$, wie sich aus einer Fehlerabschätzung ergab, die an Hand der Ergebnisse eines Modellversuchs durchgeführt wurde.

5.4.4 Bauteile mit räumlichem Spannungszustand

Bei der modellstatischen Untersuchung allgemeiner räumlicher Spannungszustände ist bis auf Dehnungsübertreibung keine Erweiterung der Ähnlichkeit möglich. Es gelten die für Schalen und Platten mit Biegung und Längskraft angegebenen Maßstabsgleichungen, solange durch die Verformungen die Geometrie des untersuchten Bauteils nicht wesentlich verändert wird (Theorie 1. Ordnung). Ist dies der Fall, dann müssen die Bedingungen für strenge Ähnlichkeit eingehalten werden, die in Tab. B.4 für Platten mit Biegung und Längskraft bei großen Verformungen (Theorie 2. Ordnung) zusammengestellt sind.

Der Einfluß unterschiedlicher Querdehnzahlen kann nur abgeschätzt werden (s. Abschn. B-5.3.1). Allgemeine Angaben sind in der Literatur seither nicht enthalten.

5.4.5 Berührprobleme und Stützensenkungen

Berühren sich zwei gewölbte Körper, so ist die Größe der Berührstelle abhängig von der Größe der hier zu übertragenden Kräfte. Es liegt trotz der Gültigkeit des Hookeschen Gesetzes ein nichtlinearer Zusammenhang zwischen Kraft und Verformungen vor, denn die Ausdehnung des Kraftübertragungsbereichs ist von den Verformungen abhängig. Soll bei einem Modellversuch, dessen Spannungszustand in der Umgebung einer Berührstelle wesentlich ist, mit Dehnungsübertreibung gearbeitet werden, so müssen die gegenseitigen Abstände der gewölbten Flächen in der Nähe der Berührstelle im Maßstab der Verformungen hergestellt werden. Es ist hier also keine geometrische Ähnlichkeit zwischen M und H vorhanden. Dies wird im allgemeinen den Spannungszustand nicht beeinträchtigen, da der Bereich, in dem Berührung stattfindet, nur klein ist. Nach E. Mönch [B.12] ist gemäß Bild B.7 der Zusammenhang von u mit einem der beiden Hauptkrümmungsradien R und einer zugehörigen Ortskoordinate x

$$u = R - \sqrt{R^2 - x^2}. \tag{B.104}$$

Da x meist klein sein wird gegenüber R, erhält man durch Reihenentwicklung

$$u = \frac{1}{2}\,\frac{x^2}{R}.$$ (B.105)

Hieraus ergibt sich die Maßstabsgleichung für die Hauptkrümmungsradien

$$R_V = \frac{l_V^2}{u_V},$$ (B.106)

wobei mit u_V der Maßstab der Vertikalverschiebung bezeichnet ist.

Etwas Ähnliches gilt, wenn der Einfluß vorgegebener Formänderungen untersucht werden soll, wie z. B. der Einfluß von Stützensenkungen bei statisch unbestimmten Bauwerken. Die Auflager werden dabei im

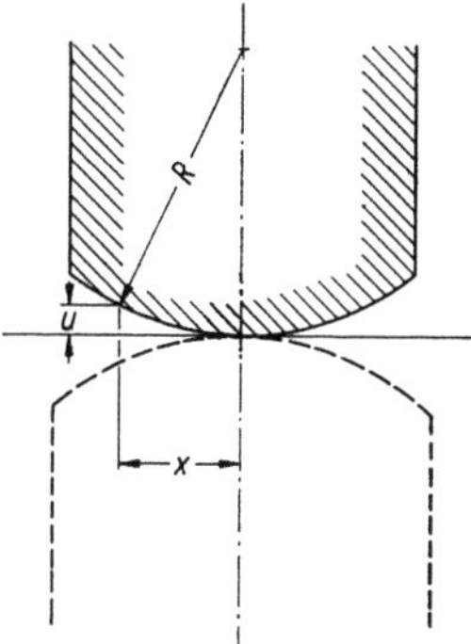

Bild B.7 Druck einer Walze auf eine ebene oder gewölbte Fläche

unbelasteten Zustand um den Betrag der Stützensenkung tiefer angebracht, so daß eine Lücke zwischen Auflager und Modell besteht, die sich erst bei Belastung schließt. Die Stützensenkungen sind dabei im Maßstab der Verformungen $u_V = l_V \cdot \varepsilon_V$ anzubringen. Soll der Einfluß elastischer Lager am Modell nachgebildet werden, dann gilt ganz allgemein für die Federzahlen $C = u/P$ der Lager die Maßstabsgleichung

$$C_V = \frac{\varepsilon_V}{E_V\,l_V}.$$ (B.107)

Dabei ist es nicht notwendig, daß das elastische Lager aus dem gleichen Werkstoff wie das Modell hergestellt wird; man kann geeignete Federelemente benutzen, deren Federzahl durch obige Maßstabsgleichung gegeben ist. Gut geeignet sind die in Bild E.3 gezeigten Rahmen, deren Federzahl leicht verändert werden kann.

6 Thermo-elastische Modellversuche

6.1 Grundgesetze der Wärmedehnung und -spannung

In der Thermodynamik werden komplizierte Vorgänge wie Wärmeaustausch und Wärmeübergang schon lange an Hand von Modellen untersucht. Ebenso kann man in der Modellstatik außer der Temperaturverteilung auch die Wärmedehnungen und Wärmespannungen von Bauwerken an Modellen ermitteln. Kann sich ein Baukörper bei einer Temperaturänderung nicht unbehindert verformen, so entstehen Zwängungsspannungen, deren Kenntnis für den Konstrukteur unter Umständen von großer Wichtigkeit ist, denn diese sog. Wärmespannungen erreichen manchmal die Größenordnung der zulässigen Spannungen.

Im allgemeinen dreidimensionalen Spannungs- bzw. Verformungszustand sind für einen bestimmten Punkt mit den Koordinaten x, y, z die Dehnungen ε_x, ε_y und ε_z mit den Spannungen σ_x, σ_y und σ_z sowie der Temperatur ϑ durch die erweiterten Hookeschen Gleichungen verbunden:

$$\frac{\partial u}{\partial x} = \varepsilon_x = \frac{1}{E}\left[\sigma_x - \mu(\sigma_y + \sigma_z)\right] + \alpha\vartheta \qquad (B.108)$$

$$\frac{\partial v}{\partial y} = \varepsilon_y = \frac{1}{E}\left[\sigma_y - \mu(\sigma_z + \sigma_x)\right] + \alpha\vartheta \qquad (B.109)$$

$$\frac{\partial w}{\partial z} = \varepsilon_z = \frac{1}{E}\left[\sigma_z - \mu(\sigma_x + \sigma_y)\right] + \alpha\vartheta \qquad (B.110)$$

α [1/°C] ist der lineare Wärmeausdehnungskoeffizient.

Im Modellversuch werden in der Regel Dehnungen ε gemessen. Es gilt dann, aus diesen gemessenen Dehnungen die gesuchte Materialbeanspruchung, d. h., die Spannungen zu ermitteln, die in einem Tragwerk durch Temperatureinwirkung verursacht werden. Die Auflösung von (B.108), (B.109) und (B.110) nach σ ergibt

$$\sigma_x = \frac{E}{(1+\mu)\,(1-2\mu)}\left[(1-\mu)\,\varepsilon_x + \mu(\varepsilon_y + \varepsilon_z) - (1+\mu)\,\alpha\vartheta\right]$$
$$(B.111)$$

$$\sigma_y = \frac{E}{(1+\mu)\,(1-2\mu)}\left[(1-\mu)\,\varepsilon_y + \mu(\varepsilon_x + \varepsilon_z) - (1+\mu)\,\alpha\vartheta\right]$$
$$(B.112)$$

$$\sigma_z = \frac{E}{(1+\mu)\,(1-2\mu)}\left[(1-\mu)\,\varepsilon_z + \mu(\varepsilon_x + \varepsilon_y) - (1+\mu)\,\alpha\vartheta\right]$$
$$(B.113)$$

Die Gl. (B.108) bis (B.113) zeigen, daß infolge Wärmeeinwirkung $(\alpha\vartheta)$ spannungslose Verformungszustände $(\sigma = 0,\ \varepsilon \neq 0)$ und verformungsfreie Spannungszustände $(\varepsilon = 0,\ \sigma \neq 0)$ auftreten können. Dies ist bedingt durch die Art der Lagerung des Bauteils sowie durch die vorhandene Temperaturverteilung. So ist ein beliebig geformter homogener räumlicher Körper völlig spannungsfrei, wenn eine lineare stationäre Temperaturverteilung

$$\vartheta(x, y, z) = \vartheta_0 + ax + by + cz \qquad (B.114)$$

vorliegt und der Körper so gelagert ist, daß die Temperaturverformungen vollkommen ungehindert vor sich gehen können.

Bei Körpern, deren Ausdehnung in z-Richtung verhindert, aber in der x-y-Ebene frei möglich ist (ebener Verformungszustand), treten keine Spannungen σ_x und σ_y auf, wenn bei einer von z unabhängigen Temperaturverteilung $\vartheta = \vartheta(x, y)$ an Stelle von (B.114) die Bedingung erfüllt ist, daß für jeden Teilbereich der x-y-Ebene die gesamte pro Zeiteinheit einströmende Wärmemenge Q gleich ist der ausströmenden:

$$\oint Q(s)\, ds = 0. \qquad (B.115)$$

(Das Kurvenintegral erstreckt sich über den Umfang des Teilbereichs.) Da dies auch für Kurven gilt, die Hohlräume umschließen, müssen solche Hohlräume frei von Wärmequellen sein.

Kann sich ein Körper bei Erwärmung nicht frei ausdehnen, etwa infolge statisch unbestimmter Lagerung oder bei Scheiben infolge teilweiser Querdehnungsbehinderung oder bei Verletzung der Bedingung (B.114), so werden innere oder äußere Zwängungen hervorgerufen, und es ergeben sich die in (B.108) bis (B.110) auftretenden Spannungen σ.

Die Beziehungen (B.108) bis (B.110) zeigen, daß sich die gemessenen ε aus einem Wärmedehnungsanteil

$$\varepsilon^{\vartheta}_{x,y,z} = \alpha\vartheta \qquad (B.116)$$

und einem elastischen durch die Zwängungsspannungen bedingten Anteil

$$\varepsilon^{el}_x = \frac{1}{E}\left[\sigma_x - \mu(\sigma_y + \sigma_z)\right] \qquad (B.117)$$

$$\varepsilon^{el}_y = \frac{1}{E}\left[\sigma_y - \mu(\sigma_x + \sigma_z)\right] \qquad (B.118)$$

$$\varepsilon^{el}_z = \frac{1}{E}\left[\sigma_z - \mu(\sigma_x + \sigma_y)\right] \qquad (B.119)$$

zusammensetzen:

$$\varepsilon = \varepsilon^{el} + \varepsilon^{\vartheta}. \tag{B.120}$$

Es wäre also falsch, die gemessenen ε wie elastische Dehnungen ε^{el} zu behandeln und damit unmittelbar nach dem nur die elastischen Vorgänge beschreibenden Hookeschen Gesetz

$$\sigma_x = \frac{E}{(1 + \mu)\,(1 - 2\,\mu)}\,[(1 - \mu)\,\varepsilon_x^{el} + \mu\,(\varepsilon_y^{el} + \varepsilon_z^{el})] \tag{B.121}$$

$$\sigma_y = \frac{E}{(1 + \mu)\,(1 - 2\,\mu)}\,[(1 - \mu)\,\varepsilon_y^{el} + \mu\,(\varepsilon_x^{el} + \varepsilon_z^{el})] \tag{B.122}$$

$$\sigma_z = \frac{E}{(1 + \mu)\,(1 - 2\,\mu)}\,[(1 - \mu)\,\varepsilon_z^{el} + \mu\,(\varepsilon_x^{el} + \varepsilon_y^{el})] \tag{B.123}$$

die Spannungen zu berechnen. Der in (B.111) bis (B.113) noch unbekannte Anteil $(1 + \mu)\,\alpha\vartheta$ könnte durch Temperaturmessung ermittelt werden, wenn α bekannt ist. Statt dessen ist es weit einfacher, den reinen Wärmedehnungsanteil ε^{ϑ} zu messen, indem man, wenn möglich, in einem zweiten Versuch die äußeren Dehnungsbehinderungen vollständig beseitigt. Es dürfen jedoch keine inneren Dehnungsbehinderungen vorliegen, d. h., die Bedingungen (B.114) bzw. (B.115) müssen erfüllt sein. Mit ε^{ϑ} und dem im ersten Versuch mit Dehnungsbehinderung gemessenen ε wird ε^{el} nach Gl. (B.120)

$$\varepsilon^{el} = \varepsilon - \varepsilon^{\vartheta} \tag{B.124}$$

ermittelt. Die Gl. (B.121) bis (B.123) liefern dann direkt die gesuchten Spannungen.

Die einfachste Art der Wärmebeanspruchung besteht darin, daß das Tragwerk von einer örtlich konstanten Ausgangstemperatur auf eine wiederum örtlich konstante Endtemperatur $\vartheta\,(x, y, z) = $ const. gebracht wird, wobei die Lagerungsbedingungen unverändert bleiben. Man spricht von „gleichmäßiger" Erwärmung bzw. Abkühlung. Die Temperatur des Tragwerks stimmt im Endzustand wieder mit der neuen Umgebungstemperatur überein, und es findet keine Wärmeströmung statt. Ist das Tragwerk statisch unbestimmt gelagert, so treten an den Auflagern Zwängungskräfte und -momente auf. Die dadurch im Tragwerk verursachten Spannungen und Schnittgrößen sind auf rechnerischem Weg mit dem gleichen Schwierigkeitsgrad zu ermitteln wie die durch jede andere äußere statische Belastung verursachten. Daher wird man für diese Art von Wärmebeanspruchung nur bei solchen Tragwerken einen Modellversuch durchführen, bei denen auch für statische Lastfälle eine Modelluntersuchung erforderlich wäre.

Im allgemeinen Fall jedoch ist die Temperatur sowohl örtlich als auch zeitlich veränderlich. Die Schwierigkeiten bei der Ermittlung von Wärmespannungen auf rechnerischem Wege liegen dann weniger im Übergang vom Temperatur- zum Spannungszustand, sondern in der Bestimmung des Temperaturzustandes selbst. Wie bereits in Abschn. B-3 ausgeführt wurde, ist diese Orts- und Zeitabhängigkeit aus einer weiteren Differentialgleichung (B.7) mit zugehörigen Randbedingungen (B.8) zu bestimmen, die nur in einfachen Fällen eine geschlossene Lösung zuläßt. Folglich ist hier der Modellversuch von großer Wichtigkeit.

Ist die Temperatur nicht an allen Punkten des Körpers gleich, so liegt ein Temperaturgefälle innerhalb des Körpers vor, das eine Wärmeströmung bewirkt. Hierbei sind die folgenden Fälle zu unterscheiden:

a) Befindet sich im Bauwerk eine Wärmequelle mit veränderlicher Ergiebigkeit (z. B. Abbindewärme bei Massenbetonbauten) oder ist die Wärmezufuhr zum Bauwerk zeitlich nicht konstant, dann stellt sich keine zeitlich konstante Temperaturverteilung ein. Der Temperaturzustand ist nicht nur vom Ort, sondern auch von der Zeit abhängig. Die Wärmeströmung wird als instationär bezeichnet. Die Differentialgleichung, die dann die Orts- und Zeitabhängigkeit der Temperatur in allen von Wärmequellen freien Bereichen des Körpers beschreibt, lautet nach der Theorie der Wärme:

$$\frac{\partial \vartheta}{\partial t} = \frac{\lambda}{c\varrho}\, \Delta \vartheta. \tag{B.125}$$

Hierin ist ϱ [g/cm³] die Dichte, c [cal/(g · °C)] die spezifische Wärmemenge und λ [cal/(cm · sec · °C)] die Wärmeleitfähigkeit des Werkstoffes. Sind diese Stoffwerte im Bauwerk Funktionen des Ortes, so ist im Modell eine ähnliche Verteilung erforderlich. Δ ist der auf ϑ anzuwendende Laplacesche Differentialoperator:

$$\Delta = \frac{\partial^2}{\partial x^2} + \frac{\partial^2}{\partial y^2} + \frac{\partial^2}{\partial z^2}. \tag{B.126}$$

Den Stoffwertquotienten faßt man gewöhnlich zur Temperaturleitzahl

$$a = \frac{\lambda}{c\varrho}\left[\frac{\text{cm}^2}{\text{sec}}\right] \tag{B.127}$$

zusammen.

Da bei instationärer Wärmeleitung ein zeitlich veränderliches Spannungsfeld vorliegt, handelt es sich grundsätzlich nicht mehr um ein statisches, sondern um ein dynamisches Problem. Bei sich sehr rasch ändernden Temperaturfeldern (Thermoschocks) muß daher beim Aufstellen der Gleichgewichtsbedingungen am Volumelement die Massenkraft berücksichtigt werden:

$$\frac{\partial \sigma_x}{\partial x} + \frac{\partial \tau_{xy}}{\partial y} + \frac{\partial \tau_{xz}}{\partial z} = \varrho \, \frac{\partial^2 u}{\partial t^2} \tag{B.128}$$

$$\frac{\partial \sigma_y}{\partial y} + \frac{\partial \tau_{xy}}{\partial x} + \frac{\partial \tau_{yz}}{\partial z} = \varrho \, \frac{\partial^2 v}{\partial t^2} \tag{B.129}$$

$$\frac{\partial \sigma_z}{\partial z} + \frac{\partial \tau_{xz}}{\partial x} + \frac{\partial \tau_{yz}}{\partial y} = \varrho \, \frac{\partial^2 w}{\partial t^2} \tag{B.130}$$

$\varrho \; [(\mathrm{p} \cdot \sec^2)/\mathrm{cm}]$ ist die Dichte des Materials, u, v und w sind die Verschiebungen des betrachteten Punktes in x-, y- und z-Richtung.

Abgesehen von Ausnahmefällen gehen jedoch die Temperaturänderungen so langsam vor sich, daß der veränderliche Spannungszustand ohne Berücksichtigung der Massenkraft als eine zeitliche Aufeinanderfolge von statischen Gleichgewichtszuständen angesehen werden kann. Hierzu gehören die in der Baustatik vorkommenden instationären Vorgänge (Abbindewärme, intensive zeitlich veränderliche Sonneneinstrahlung, Schweißvorgänge). Die Behandlung dieser Vorgänge erfolgt also „quasistatisch", die rechten Seiten der obigen Gleichungen werden zu Null.

b) Ist die an örtlich begrenzten Stellen des Bauwerkes stattfindende Wärmezufuhr und -abfuhr zeitlich konstant, so wird sich nach einer gewissen Übergangszeit eine stationäre Wärmeströmung einstellen, d. h., die Temperatur des Bauwerks ist zwar von Ort zu Ort verschieden, jedoch zeitlich nicht mehr veränderlich:

$$\frac{\partial \vartheta}{\partial t} = 0, \tag{B.131}$$

$$\varDelta \vartheta = 0. \tag{B.132}$$

Besonders zu berücksichtigen ist noch die Frage der Wärmeabgabe an der Oberfläche. Bestehen zwischen dem Körper und seiner Umgebung Temperaturunterschiede, so sind seine Oberflächen bei fehlender Isolation als flächenhafte Wärmequellen oder -senken zu betrachten, durch die stetig Wärme zu- oder abfließt. Während sich im Innern des Körpers infolge Wärmeleitung senkrecht zu einer Fläche F das Temperaturgefälle

$$\frac{\partial \vartheta}{ds} = \frac{1}{\lambda} \, \frac{Q}{F} \tag{B.133}$$

ergibt (Q [cal/sec] ist die die Fläche F pro Zeiteinheit durchströmende Wärmemenge), liegt beim Wärmeübergang an einer Oberfläche F von einem festen zu einem gasförmigen oder flüssigen Körper infolge verwickelter Vorgänge in der Grenzschicht ein Temperatursprung

$$\vartheta_U = \frac{1}{k}\,\frac{Q}{F} \qquad (B.134)$$

vor (k [cal/(cm² · sec · °C)] ist die Wärmeübergangszahl). Das Verhältnis zwischen dem Temperaturunterschied ϑ_I längs einer Wegstrecke l im Innern des Körpers bei konstantem Temperaturgefälle

$$\vartheta_I = \frac{1}{\lambda}\,\frac{Q}{F}\cdot l \qquad (B.135)$$

und dem Temperatursprung ϑ_U an der freien Oberfläche ist die sog. Nusseltsche Kenngröße

$$Nu = \frac{\vartheta_I}{\vartheta_U} = \frac{kl}{\lambda}. \qquad (B.136)$$

Als dimensionslose Größe verknüpft sie Wärmeübergangszahl k und Wärmeleitfähigkeit λ. Sie spielt bei der Herleitung der Modellmaßstäbe eine wichtige Rolle (s. Abschn. B-6.2.1).

Ebene Wärmeleitungsprobleme in räumlichen Baukörpern, bei denen die Temperatur in z-Richtung konstant ist und die Wärmeströmung nur in der x-y-Ebene stattfindet, lassen sich im Modell an Scheiben nachbilden, die an den Rändern aufgeheizt bzw. gekühlt werden, an deren Oberflächen jedoch kein Temperaturaustausch mit der Umgebung erfolgt. Dies läßt sich durch entsprechende Isolation der Oberflächen erreichen, während an den Rändern eine definierte Temperaturverteilung erzeugt wird. Die Wärmeübergangszahl k spielt nun keine Rolle mehr, wodurch sich bei dieser Art von Modellversuchen eine Vereinfachung der Modellgesetze ergibt.

6.2 Maßstäbe bei strenger Ähnlichkeit

6.2.1 Strenge Ähnlichkeit bei gleichmäßiger Temperaturverteilung und bei stationärer Wärmeströmung

Bereits in Abschn. B-5.1 wurden die Maßstäbe hergeleitet, die sich bei strenger physikalischer Ähnlichkeit aus den durch die Temperatur beeinflußten Beziehungen (B.108) bis (B.110) bzw. (B.111) bis (B.113) zwischen Spannungen und Dehnungen, dem erweiterten Hookeschen

Gesetz, ergeben. Mit $\varepsilon_V = 1$ und $\mu_V = 1$ war

$$\sigma_V = E_V, \tag{B.137}$$

$$\vartheta_V = \frac{1}{\alpha_V}. \tag{B.138}$$

Durch die Wahl des Modellwerkstoffes sind die Stoffwertmaßstäbe E_V und α_V festgelegt. l_V kann unabhängig von σ_V gewählt werden. Für ein Modell, das aus dem gleichen Werkstoff wie die Hauptausführung besteht ($\alpha_V = 1$), folgt, daß es denselben Temperaturdifferenzen wie diese auszusetzen ist. Im einfachsten Fall „gleichmäßiger" Erwärmung oder Abkühlung $\vartheta\,(x, y, z) = $ const. wird durch die Maßstabsgleichungen (B.137) und (B.138) strenge Ähnlichkeit gewährleistet.

Im Falle stationärer Wärmeleitung muß im Modellversuch zunächst die Temperaturverteilung $\vartheta = \vartheta(x, y, z)$ selbst nachgebildet werden. Wird an den Oberflächen oder Rändern des Modells für die Einhaltung der den Hauptausführungstemperaturen entsprechenden Werte $\vartheta_{0M} = \vartheta_V \cdot \vartheta_{0H}$ gesorgt, so weist die sich im Innern des Modells einstellende Temperaturverteilung den gleichen Maßstab ϑ_V auf. Sie wird durch die Differentialgleichungen (B.131) und (B.132) festgelegt. Diese ergeben jedoch keine weiteren Modellgesetze, da sie keine Stoffbeiwerte enthalten. Der Temperaturmaßstab ist also lediglich durch α_V bestimmt. Stationäre Wärmeleitung ist — falls nicht innere Wärmequellen und -senken gleicher Ergiebigkeit vorliegen — immer mit Wärmeabgabe und -aufnahme an der Oberfläche des Körpers verbunden, normalerweise durch Wärmeaustausch mit dem umgebenden Medium. Dabei ist zu berücksichtigen, daß bei streng ähnlichen Vorgängen auch das Verhältnis der Temperaturgefälle in jedem Bereich unverändert bleiben muß [B.18]. Das Temperaturgefälle wiederum ist gekennzeichnet durch die oben eingeführte Nusseltsche Kenngröße, die folglich für M und H gleich sein muß. Man erhält als zusätzliche Maßstabsgleichung

$$Nu_V = \frac{k_V\,l_V}{\lambda_V} = 1 \tag{B.139}$$

oder

$$l_V = \frac{\lambda_V}{k_V}. \tag{B.140}$$

Diese zusätzliche Maßstabsgleichung entfällt im Sonderfall ebener stationärer Wärmeströmung (s. Abschn. B-6.1) in Platten oder Scheiben, deren Oberflächen wärmeisoliert sind und denen eine genau definierte Randtemperatur vorgegeben wird.

6.2.2 Strenge Ähnlichkeit bei instationärer Wärmeströmung

Die Modellmaßstäbe bei instationärer Wärmeströmung sind aus den erweiterten Hookeschen Gleichungen (B.108) bis (B.110) bzw. (B.111) bis (B.113) und der Differentialgleichung (B.125) zu entnehmen. Bei nicht quasistatisch verlaufenden Vorgängen muß noch (B.128) bis (B.130) berücksichtigt werden. Die aus (B.108) bis (B.110) bzw. (B.111) bis (B.113) folgenden Maßstabsgleichungen (B.137) und (B.138) bleiben gültig, ebenso die im Falle der Wärmeabgabe an der Oberfläche geltende Gl. (B.140).

Die Differentialgleichung (B.125) liefert eine weitere Maßstabsgleichung, wobei es die Übertragungsregel gestattet, die Maßstäbe der Differentiale durch Maßstäbe endlicher Größen zu ersetzen:

$$\left(\frac{\partial \vartheta}{\partial t}\right)_H = \frac{\lambda_H}{c_H \cdot \varrho_H}\left[\left(\frac{\partial^2 \vartheta}{\partial x^2}\right)_H + \left(\frac{\partial^2 \vartheta}{\partial y^2}\right)_H + \left(\frac{\partial^2 \vartheta}{\partial z^2}\right)_H\right] \qquad \text{(B.141)}$$

$$\frac{\vartheta_V}{t_V}\left(\frac{\partial \vartheta}{\partial t}\right)_H = \frac{\lambda_V}{c_V \cdot \varrho_V} \cdot \frac{\vartheta_V}{l_V^2} \cdot \frac{\lambda_H}{c_H \varrho_H}\left[\left(\frac{\partial^2 \vartheta}{\partial x^2}\right)_H + \left(\frac{\partial^2 \vartheta}{\partial y^2}\right)_H + \left(\frac{\partial^2 \vartheta}{\partial z^2}\right)_H\right]. \qquad \text{(B.142)}$$

Aus der Identität von Gl. (B.141) und (B.142) folgt

$$\frac{\vartheta_V}{t_V} = \frac{\lambda_V}{c_V \varrho_V}\frac{\vartheta_V}{l_V^2} \qquad \text{(B.143)}$$

und daraus mit (B.127)

$$\frac{l_V^2}{t_V} = a_V. \qquad \text{(B.144)}$$

Hieraus ist ersichtlich, daß bei Werkstoffgleichheit ($a_V = 1$) wegen $t_V = l_V^2$ sich in einem verkleinerten Modell die Wärmeänderungen schneller abspielen als in der Hauptausführung.

Läuft der Vorgang nicht mehr quasistatisch, sondern dynamisch ab, so ergibt (B.128)

$$\left(\frac{\partial \sigma_x}{\partial x}\right)_H + \left(\frac{\partial \tau_{xy}}{\partial y}\right)_H + \left(\frac{\partial \tau_{xz}}{\partial z}\right)_H = \varrho_H\left(\frac{\partial^2 u}{\partial t^2}\right)_H \qquad \text{(B.145)}$$

$$\frac{\sigma_V}{l_V}\left[\left(\frac{\partial \sigma_x}{\partial x}\right)_H + \left(\frac{\partial \tau_{xy}}{\partial y}\right)_H + \left(\frac{\partial \tau_{xz}}{\partial z}\right)_H\right] = \varrho_V \cdot \frac{l_V}{t_V^2} \cdot \varrho_H\left(\frac{\partial^2 u}{\partial t^2}\right)_H \qquad \text{(B.146)}$$

$$\frac{l_V^2 \varrho_V}{t_V^2 \sigma_V} = 1 \qquad \text{(B.147)}$$

oder

$$\sigma_V \cdot \frac{t_V^2}{l_V^2} = \varrho_V. \tag{B.148}$$

Da auch in (B.144) ϱ_V enthalten ist, kann es in (B.148) eliminiert werden, und es folgt bei Berücksichtigung von $\sigma_V = E_V$:

$$t_V = \frac{\lambda_V}{c_V E_V}. \tag{B.149}$$

6.2.3 Zusammenstellung der Maßstabsgleichungen

Die beim thermo-elastischen Modellversuch unter der Voraussetzung strenger physikalischer Ähnlichkeit einzuhaltenden Maßstäbe sind für die verschiedenen Wärmeleitungsvorgänge in Tab. B.5 angegeben, auch für den Fall, daß M und H aus dem gleichen Werkstoff bestehen.

Die Maßstäbe σ_V und ϑ_V (Zeile 1 und 2) sind immer einzuhalten und unabhängig von l_V. Das Maßstabsgesetz für l_V, das die Wärmeleitzahl λ und die Wärmeübergangszahl k enthält (Zeile 3), entfällt als Bedingung für die strenge physikalische Ähnlichkeit bei ebenen Wärmeleitungsproblemen, z. B. bei Scheiben mit wärmeisolierten Oberflächen und Rändern mit definierter Temperaturverteilung. In allen nichtebenen Wärmeleitungsfällen sind mit diesem Gesetz alle Maßstäbe festgelegt. Wird es vernachlässigt, so ist die Ähnlichkeit eine nur angenäherte. Allerdings könnte durch Wahl des umgebenden Stoffes oder einer geeigneten Oberflächenbehandlung k_V variiert werden, um auch bei strenger Ähnlichkeit noch eine gewisse Freiheit in der Wahl von l_V zu erreichen (vgl. Abschn. E-4). Liegt instationäre dynamische nichtebene Wärmeleitung vor, so ist bei ungleichem Werkstoff kein Modellversuch möglich, da die Modellgesetze Zeile 3, 4 und 5 nicht zugleich erfüllbar sind, es sei denn, daß

$$(\varrho_V/E_V) \cdot (k_V \cdot a_V/\lambda_V)^2 = 1$$

ist. Dies ist jedoch bei den verfügbaren Modellwerkstoffen nicht der Fall. Liegt Werkstoffgleichheit vor, so ist bei instationärer Wärmeleitung außer im quasistatischen ebenen Fall ein Versuch nur im Maßstab 1:1, d. h. nicht eigentlich als Modellversuch, durchführbar.

In Tab. B.6 oben sind für häufig verwendete Werkstoffkombinationen die Maßstäbe σ_V und ϑ_V angegeben. Weiterhin gibt Tab. B.6 im Fall der quasistatischen instationären Wärmeleitung für drei gebräuchliche Längenmaßstäbe l_V den Zeitmaßstab t_V wieder.

Tabelle B.5 *Thermo-elastischer Modellversuch. Maßstäbe bei strenger physikalischer Ähnlichkeit. In den angegebenen Fällen sind die jeweils mit ✕ bezeichneten Maßstäbe einzuhalten*

	Maßstäbe bei verschiedenen Werkstoffen	A. Gleich-mäßige Erwärmung	B. Stationäre Wärmeleitung		C. Instationäre Wärmeleitung a. quasistatisch		b. dynamisch		Maßstäbe bei gleichen Werkstoffen
			eben	nicht eben	eben	nicht eben	eben	nicht eben	
1	$\sigma_V = E_V$	✕	✕	✕	✕	✕	✕	✕	$\sigma_V = 1$
2	$\vartheta_V = \dfrac{1}{\alpha_V}$	✕	✕	✕	✕	✕	✕	✕	$\vartheta_V = 1$
3	$l_V = \dfrac{\lambda_V}{k_V}$			✕		✕		✕	$l_V = 1$
4	$\dfrac{l_V^2}{t_V} = \dfrac{\lambda_V}{c_V \varrho_V} = a_V$				✕	✕	✕	✕	$l_V^2 = t_V$
5	$t_V = \dfrac{\lambda_V}{c_V E_V} = \dfrac{a_V \varrho_V}{E_V}$						✕	✕	$t_V = 1$

Für die Zeilen 4 und 5 unter A und B: kein Zeitmaßstab erforderlich

Im Falle verschiedener Werkstoffe frei wählbare Maßstäbe:

A	B eben	B nicht eben	C.a eben	C.a nicht eben	C.b eben	C.b nicht eben
l_V	l_V	alle Maßstäbe festgelegt	l_V oder t_V	alle Maßstäbe festgelegt	alle Maßstäbe festgelegt	Kein Modellversuch möglich

Bei Werkstoffgleichheit frei wählbare Maßstäbe:

A	B eben	B nicht eben	C.a eben	C.a nicht eben – C.b nicht eben
l_V	l_V	alle Maßstäbe festgelegt	l_V oder t_V	Kein Modellversuch möglich

Tabelle B.6 *Strenge Ähnlichkeit beim thermo-elastischen Modellversuch*

Werkstoff	Hauptausführung / Modell	Stahl				Beton			
		Kunst-harz	Alu	Gips	Stahl	Kunst-harz	Alu	Gips	Beton
Für jeden thermo-elastischen Modellversuch mit $\varepsilon_V = 1$	Spannungsmaßstab $\sigma_V = E_V$	1 : 60	1 : 3	1 : 21	1 : 1	1 : 10	1 : 0,5	1 : 3,5	1 : 1
	Temperaturmaßstab $\vartheta_V = 1/\alpha_V$	1 : 6	1 : 0,7	1 : 1,2	1 : 1	1 : 6	1 : 0,7	1 : 1,2	1 : 1
Wärmeleitung — stationär — eben	Längen-maßstab l_V	beliebig				beliebig			
Wärmeleitung — stationär — nicht eben	$= \dfrac{\lambda_V}{k_V}$				—				—
Wärmeleitung — instationär quasistatisch — eben	Zeitmaßstab $t_V = l_V^2/a_V$ für $l_V = 1 : 10$	1 : 2,5	1 : 1260	1 : 9	1 : 100	1 : 23	1 : 12000	1 : 75	1 : 100
	$l_V = 1 : 50$	1 : 62,5	1 : 31400	1 : 225	1 : 2500	1 : 575	1 : 300000	1 : 1875	1 : 2500
	$l_V = 1 : 100$	1 : 250	1 : 126000	1 : 900	1 : 10000	1 : 2300	1 : 1200000	1 : 75000	1 : 10000
Wärmeleitung — instationär quasistatisch — nicht eben	$l_V = \dfrac{\lambda_V}{k_V}$				—				—

Stoffbeiwerte s. Tab. B.2

6.3 Erweiterte und angenäherte Ähnlichkeit
beim thermo-elastischen Modellversuch

Die beiden wichtigsten Gründe, von der strengen Ähnlichkeit abzu-gehen, bestehen darin, daß einerseits die Forderung $\varepsilon_V = 1$ aus ver-suchstechnischen Gründen nicht eingehalten werden kann, wie z. B. bei spannungsoptischen Versuchen, und daß andererseits die Poissonsche Bedingung $\mu_V = 1$ die Auswahl geeigneter Modellwerkstoffe sehr er-schweren würde. Es ist daher zu prüfen, inwiefern sich eine Erweiterung der Ähnlichkeit mit $\varepsilon_V \neq 1$ und $\mu_V \neq 1$ beim thermo-elastischen Modellversuch erreichen läßt [B.19]. Da der Modellversuch daraufhin angelegt ist, Spannungen am Modell zu messen und auf die Hauptaus-führung zu übertragen, ist es das Ziel der vorgesehenen Erweiterung, einen einheitlichen richtungsunabhängigen Spannungsmaßstab beizu-behalten [Gl. (B.41)]. Bei allen anderen Maßgrößen wird dagegen, so-weit es erforderlich ist, auf einheitliche Maßstäbe oder überhaupt auf maßstäbliche Ähnlichkeit verzichtet.

Soll zunächst außer einem einheitlichen Spannungsmaßstab auch ein einheitlicher Verformungsmaßstab, d. h. geometrische Ähnlichkeit in den Verformungen [Gl. (B.42)], vorliegen, so folgt aus den Gl. (B.48) und (B.49), daß dieser nur bei $\mu_V = 1$ zu erreichen ist. Die aus dem erweiterten Hookeschen Gesetz folgenden Maßstäbe lauten dann (vgl. Abschn. B-5.1):

$$\mu_V = 1 \qquad \frac{\sigma_V}{\varepsilon_V} = E_V \qquad \frac{\vartheta_V}{\varepsilon_V} = \frac{1}{\alpha_V}$$

oder nach Elimination von ε_V, das ja im allgemeinen nicht interessiert:

$$\mu_V = 1 \qquad \frac{\sigma_V}{\vartheta_V} = \alpha_V E_V.$$

Die anderen Maßstäbe (B.140), (B.144) und (B.149) werden von dieser Erweiterung nicht berührt.

Der wichtigere Fall liegt jedoch bei $\mu_V \neq 1$ vor. Um hierbei die Möglichkeit einer Erweiterung der Ähnlichkeit hinsichtlich der Span-nungsmessung zu beurteilen, muß zuvor bekannt sein, inwieweit bei dem durchzuführenden thermo-elastischen Modellversuch die Spannungen von μ beeinflußt werden. Es soll zunächst stationäre Wärmeleitung vor-liegen. Die Gl. (B.111) bis (B.113) zeigen, daß bei $\mu_V \neq 1$ auch bei Ver-zicht auf den einheitlichen Verformungsmaßstab $\varepsilon_{xV} = \varepsilon_{yV} = \varepsilon_{zV}$ kein einheitlicher Spannungsmaßstab existieren kann, da die Vorfaktoren gleicher ε-Komponenten μ in verschiedener Weise enthalten [z. B. ε_x in (B.111) und (B.112)]. Nun läßt sich jedoch der Zusammenhang zwischen Spannungen, Temperatur und thermo-elastischen Verformungen in vereinfachter Weise darstellen, wenn das sog. thermo-elastische Potential Φ eingeführt wird [B.20], das wie folgt definiert ist:

$$u = \frac{\partial \Phi}{\partial x} \qquad v = \frac{\partial \Phi}{\partial y} \qquad w = \frac{\partial \Phi}{\partial z}. \tag{B.150}$$

u, v, w sind die Verschiebungen in x-, y- und z-Richtung.

An die Stelle der Gl. (B.111) bis (B.113) treten dann (wie in [B.20] hergeleitet) die Gl.

$$\bar{\sigma}_x = -\frac{E}{1+\mu}\left(\frac{\partial^2 \Phi}{\partial y^2} + \frac{\partial^2 \Phi}{\partial z^2}\right) \tag{B.151}$$

$$\bar{\sigma}_y = -\frac{E}{1+\mu}\left(\frac{\partial^2 \Phi}{\partial z^2} + \frac{\partial^2 \Phi}{\partial x^2}\right) \tag{B.152}$$

$$\bar{\sigma}_z = -\frac{E}{1+\mu}\left(\frac{\partial^2 \Phi}{\partial x^2} + \frac{\partial^2 \Phi}{\partial y^2}\right) \tag{B.153}$$

zusammen mit der Temperaturabhängigkeit

$$\Delta \Phi = \frac{1+\mu}{1-\mu}\,\alpha\,\vartheta. \tag{B.154}$$

Hiermit lassen sich sogleich die Maßstäbe

$$\bar{\sigma}_V = \frac{E_V}{(1+\mu)_V}\frac{\Phi_V}{l_V^2} \tag{B.155}$$

und

$$\frac{\Phi_V}{l_V^2} = \frac{(1+\mu)_V}{(1-\mu)_V}\,\alpha_V\vartheta_V \tag{B.156}$$

herleiten, und nach Elimination von Φ_V/l_V^2 folgt:

$$\bar{\sigma}_V = \frac{E_V}{(1-\mu)_V}\,\alpha_V\vartheta_V. \tag{B.157}$$

Nun sind die $\bar{\sigma}_{x,y,z}$ jedoch noch keine vollständige Lösung des thermo-elastischen Spannungszustandes:

Das in (B.154) als Lösung von (B.131) und (B.132) enthaltene Temperaturfeld und somit die aus (B.154) folgende Potentialfunktion sind lediglich festgelegt durch die Verteilung der Temperaturquellen oder durch vorgegebene Temperaturverläufe (z. B. Flächen oder Linien gleicher Temperatur) im Raum. Folglich sind auch die $\bar{\sigma}$ in (B.151) bis (B.153) lediglich diejenigen Spannungen, die in einem den gesamten Raum vollständig ausfüllenden homogenen Körper auf Grund des gegebenen Temperaturverlaufs entstehen. Der Maßstab (B.157) gilt also zunächst nur für diese Spannungen. Nun wird der zu untersuchende Körper aus dem Gesamtraum „herausgeschnitten". Er weist freie Oberflächen auf, und wenn man zunächst von Lagerungsbedingungen absieht, müssen diese Oberflächen bei reiner Temperaturbeanspruchung frei von Spannungen sein, die senkrecht zu ihnen gerichtet sind. Dies wird rechnerisch dadurch erreicht, daß dem $\bar{\sigma}$-Zustand ein rein elastischer Spannungszustand $\bar{\bar{\sigma}}$ überlagert wird, der durch die Bedingung

$$\bar{\bar{\sigma}}_{\text{Oberfläche}} = -\,\bar{\sigma}_{\text{Oberfläche}} \tag{B.158}$$

und die sog. „Beltramischen Gleichungen"

$$\Delta\bar{\bar{\sigma}}_x + \frac{1}{1+\mu}\,\frac{\partial^2\left(\bar{\bar{\sigma}}_x + \bar{\bar{\sigma}}_y + \bar{\bar{\sigma}}_z\right)}{\partial x^2} = 0 \tag{B.159}$$

$$\Delta\bar{\bar{\sigma}}_y + \frac{1}{1+\mu}\,\frac{\partial^2\left(\bar{\bar{\sigma}}_x + \bar{\bar{\sigma}}_y + \bar{\bar{\sigma}}_z\right)}{\partial y^2} = 0 \tag{B.160}$$

$$\Delta\bar{\bar{\sigma}}_z + \frac{1}{1+\mu}\,\frac{\partial^2\left(\bar{\bar{\sigma}}_x + \bar{\bar{\sigma}}_y + \bar{\bar{\sigma}}_z\right)}{\partial z^2} = 0 \tag{B.161}$$

festgelegt ist. Im System (B.159) bis (B.161), das noch durch drei Gleichungen für die Schubspannungen zu ergänzen ist, sind die Hookeschen Gleichungen, die geometrischen Verzerrungsgleichungen und die Gleichgewichtsbedingungen enthalten. Auf Grund der Randbedingung (B.158) haben die $\bar{\bar{\sigma}}$ zunächst den Vorfaktor $[E/(1-\mu)]\cdot\alpha\vartheta_0$, mit $\vartheta = \vartheta_0\cdot f(x, y, z)$ entsprechend (B.157), jedoch ergeben die Differentialgleichungen (B.159) bis (B.161) unmittelbar die Maßstabsgleichung

$$\frac{\bar{\bar{\sigma}}_V}{l_V^2} = \frac{1}{(1+\mu)_V}\cdot\frac{\bar{\bar{\sigma}}_V}{l_V^2}. \tag{B.162}$$

Das heißt, die Voraussetzung eines einheitlichen Spannungsmaßstabes läßt im allgemeinen Fall nur $\mu_V = 1$ zu, eine Erweiterung der Ähnlichkeit hinsichtlich $\mu_V \neq 1$ ist nur in Ausnahmefällen möglich.

Als erster wichtiger Sonderfall sei zunächst der ebene Verzerrungszustand betrachtet. Er ist durch $\varepsilon_z = 0$ gekennzeichnet und kann in prismatischen Körpern vorliegen, die so gelagert (eingespannt) sind, daß in Richtung der z-Achse keine Dehnungen auftreten können. An den Beziehungen (B.150) bis (B.154) ändert sich nichts, abgesehen davon, daß jetzt

$$w = \frac{\partial \Phi}{\partial z} = 0 \qquad (\text{B.163})$$

und

$$\frac{\partial^2 \Phi}{\partial z^2} = 0 \qquad (\text{B.164})$$

ist, so daß sich auch hier der Maßstab

$$\sigma_V = \frac{E}{(1 - \mu)_V} \, \alpha_V \vartheta_V \qquad (\text{B.165})$$

ergibt. Die $\bar{\sigma}$ sind jetzt diejenigen Wärmespannungen, die in einer sich über die gesamte Vollebene erstreckenden, querdehnungsbehinderten Scheibe auf Grund der vorhandenen Temperaturverteilung vorliegen. Wird hieraus wieder die zu untersuchende Teilscheibe herausgeschnitten, so muß bei freien Rändern wieder ein elastischer Spannungszustand $\bar{\bar{\sigma}}$ mit

$$\bar{\bar{\sigma}}_{\text{Rand}} = - \bar{\sigma}_{\text{Rand}} \qquad (\text{B.166})$$

überlagert werden, damit die Oberflächen in x- und y-Richtung spannungsfrei sind. An die Stelle der Gl. (B.159) bis (B.161) treten beim ebenen Verzerrungszustand die einfacheren Beziehungen

$$\Delta \bar{\bar{\sigma}}_x + \Delta \bar{\bar{\sigma}}_y = 0 \qquad (\text{B.167})$$

$$\bar{\bar{\sigma}}_z = \mu (\bar{\bar{\sigma}}_x + \bar{\bar{\sigma}}_y). \qquad (\text{B.168})$$

Sieht man zunächst von σ_z ab, das von geringerem Interesse ist, so stellt (B.167) im Gegensatz zu (B.159) und (B.160) keine Forderung mehr hinsichtlich μ_V. Wegen (B.166) enthalten also auch die $\bar{\bar{\sigma}}_x$ und $\bar{\bar{\sigma}}_y$ den Vorfaktor $[E/(1 - \mu)] \cdot \alpha\vartheta_0$, so daß bei unbehinderter Ausdehnung in der Scheibenebene für die endgültigen σ_x und σ_y gilt:

$$\sigma_V = (\bar{\sigma} + \bar{\bar{\sigma}})_V = \bar{\sigma}_V = \bar{\bar{\sigma}}_V = \frac{E_V}{(1 - \mu)_V} \, \alpha_V \vartheta_V. \qquad (\text{B.169})$$

Für σ_z gilt dieser Maßstab nicht, da infolge (B.168) eine weitere μ-Abhängigkeit vorliegt.

Ein anderer wichtiger Sonderfall ist der ebene Spannungszustand, der durch $\sigma_z = 0$ gekennzeichnet ist und bei Scheibenproblemen vorliegt. An die Stelle von (B.151) bis (B.153) tritt

$$\bar{\sigma}_x = -\frac{E}{1+\mu}\frac{\partial^2 \Phi}{\partial y^2} \qquad (B.170)$$

$$\bar{\sigma}_y = -\frac{E}{1+\mu}\frac{\partial^2 \Phi}{\partial x^2} \qquad (B.171)$$

und für das thermo-elastische Potential gilt nach [B.20] jetzt

$$\Delta\Phi = (1+\mu)\alpha\vartheta, \qquad (B.172)$$

so daß sich die Maßstäbe

$$\bar{\sigma}_V = \frac{E_V}{(1+\mu)_V}\frac{\Phi_V}{l_V^2} \qquad (B.173)$$

$$\frac{\Phi_V}{l_V^2} = (1+\mu)_V\,\alpha_V\vartheta_V \qquad (B.174)$$

und schließlich

$$\bar{\sigma}_V = E_V\alpha_V\vartheta_V \qquad (B.175)$$

an Stelle von (B.165) ergeben. An die Stelle der Gl. (B.159) bis (B.161) treten beim ebenen Spannungszustand die einfacheren Gleichungen

$$\Delta\bar{\bar{\sigma}}_x + \Delta\bar{\bar{\sigma}}_y = 0, \qquad \bar{\bar{\sigma}}_z = 0, \qquad (B.176)$$

und es zeigt sich somit, daß die thermo-elastischen Scheibenspannungen, sofern sie überhaupt auftreten, μ-unabhängig sind. Dies gilt auch für die Zwängungsspannungen, die aus einer äußeren statisch unbestimmten Lagerung herrühren, es sei denn, daß diese Lagerung die Michellsche Bedingung verletzt (s. Bild B.8).

Als letzter Sonderfall sei die stationäre Wärmeströmung in Platten behandelt. Grundsätzlich handelt es sich um einen dreiachsigen Spannungs- und Verformungszustand, bei dem im allgemeinen $\mu_V \neq 1$ unzulässig ist. Die Besonderheit der Platten, bei denen angenommen wird, daß die Voraussetzung der Kirchhoffschen Theorie erfüllt sei, besteht darin, daß σ_z unberücksichtigt bleibt und die übrigen Spannungen bzw. die Momente mit Hilfe einer einzigen geometrischen Größe, der Durchbiegung w, ausgedrückt werden können.

Setzt man voraus, daß die Temperatur $\vartheta\,(x, y, z)$ in der Plattenmittelebene überall den Wert 0 habe und über die Plattendicke d linear verlaufe,

$$\vartheta\,(x, y, z) = z\vartheta'\,(x, y), \tag{B.177}$$

$$\vartheta' = \frac{\partial}{\partial_z}\,\vartheta\,(x, y, z), \tag{B.178}$$

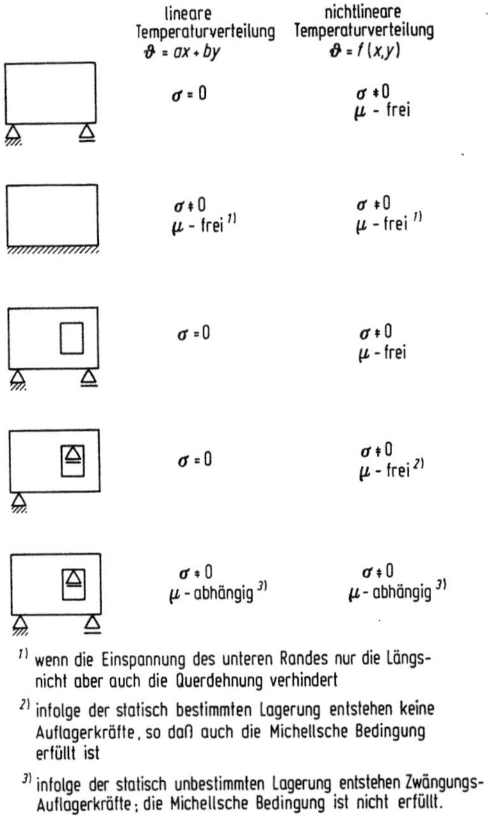

Bild B.8 Beispiele ebener Scheibenspannungszustände bei stationären Wärmeströmungen $\Delta\vartheta\,(x, y) = 0$

ferner daß $\vartheta'_0 = (T_1 - T_2)/d$ der durch d dividierte Unterschied zwischen den Umgebungstemperaturen T_1 und T_2 außerhalb der Plattenoberflächen ist, so gilt nach [B.20] für das Temperaturgefälle ϑ' die Differentialgleichung

$$\Delta\vartheta' - c\,(\vartheta' - \vartheta'_0) = 0. \tag{B.179}$$

Hierin ist $c = 6\,k/(\lambda \cdot d)$ mit der Wärmeübergangszahl k [cal/(cm^2 · · sec · °C)] und der Wärmeleitfähigkeit λ [cal/(cm · sec · °C)].

Aus (B.179) folgt unmittelbar

$$\frac{\vartheta'_V}{l^2_V} = \frac{k_V}{\lambda_V d_V}\,\vartheta'_V . \tag{B.180}$$

Hier entspricht

$$\frac{k_V l^2_V}{\lambda_V d_V} = 1 \tag{B.181}$$

dem Verhältnis der Nusseltschen Kenngrößen [s. Gl. (B.136)], wobei im Zuge der Erweiterung der Ähnlichkeit

$$d_V = \frac{k_V}{\lambda_V}\, l^2_V , \tag{B.182}$$

d. h. $d_V \neq l_V$, gewählt werden kann. ϑ' hat dann den Maßstab

$$\vartheta'_V = \left(\frac{\partial \vartheta}{\partial z}\right)_V = \frac{\vartheta_V}{d_V}. \tag{B.183}$$

Durch (B.179) wird die Temperaturverteilung $\vartheta = z \cdot \vartheta'(x, y)$ festgelegt. Den Zusammenhang zwischen $\vartheta'(x, y)$ und der Plattendurchbiegung $\overline{w}(x, y)$ beschreibt nach [B.20] die Differentialgleichung

$$\Delta[\Delta \overline{w} + \alpha(1 + \mu)\,\vartheta'] = 0, \tag{B.184}$$

die die Maßstabsgleichung

$$\frac{\overline{w}_V}{l^2_V} = \alpha_V (1 + \mu)_V\,\vartheta'_V \tag{B.185}$$

oder

$$\overline{w}_V = \alpha_V (1 + \mu)_V\,\vartheta'_V l^2_V \tag{B.186}$$

ergibt.

In (B.184) ist jedoch noch nichts über die Form und die Randbedingungen der vorliegenden Platte ausgesagt; die $\overline{w}$ als partikuläre Lösung von (B.184) sind lediglich Durchbiegungen einer unendlich ausgedehnten Platte infolge der Temperaturverteilung $\vartheta(x, y, z)$, die die vorgegebenen Werte w_{Rand} an den Rändern im allgemeinen noch nicht annehmen. Es ist daher dem $\overline{w}$-Zustand ein weiterer zu überlagern, der der Plattengleichung für die rein elastischen Durchbiegungen $\overline{\overline{w}}$

$$\Delta\,\Delta \overline{\overline{w}} = 0 \tag{B.187}$$

mit den folgenden Randbedingungen genügt, wobei $s = s(x, y)$ ist:

$$\overline{\overline{w}}_{\text{Rand}} = -\overline{w}_{\text{Rand}} + w_{\text{Rand}} \tag{B.188}$$

$$\left(\frac{\partial \overline{\overline{w}}}{\partial s}\right)_{\text{Rand}} = \frac{\partial}{\partial s}\left(-\overline{w}_{\text{Rand}} + w_{\text{Rand}}\right) \tag{B.189}$$

$$\left(\frac{\partial^2 \overline{\overline{w}}}{\partial s^2}\right)_{\text{Rand}} = \frac{\partial^2}{\partial s^2}\left(-\overline{w}_{\text{Rand}} + w_{\text{Rand}}\right). \tag{B.190}$$

Ist nun z. B. neben $w_{\text{Rand}} = 0$ auch für jede beliebige Richtung s

$$\frac{\partial w_{\text{Rand}}}{\partial s} = 0 \tag{B.191}$$

oder

$$\frac{\partial^2 w_{\text{Rand}}}{\partial s^2} = 0, \tag{B.192}$$

wie es bei einer Platte mit völlig eingespannten oder mit geradlinigen momentenfreien Rändern der Fall ist, so ist $\overline{\overline{w}}$ wegen (B.188) bis (B.190) und (B.184) und damit auch $w = \overline{w} + \overline{\overline{w}}$ mit dem Vorfaktor $(1 + \mu)$ behaftet, und es gilt

$$w_V = (\overline{w} + \overline{\overline{w}})_V = \alpha_V (1 + \mu)_V \, \vartheta'_V \, l_V^2. \tag{B.193}$$

Das heißt, man erhält eine zu derjenigen der Hauptausführung geometrisch ähnliche Durchbiegungsfläche des Modells, auch wenn $\mu_V \neq 1$ und damit $(1 + \mu)_V \neq 1$ ist.

Mit w sind auch die Verzerrungen ε von M und H einander geometrisch ähnlich, denn es gilt

$$\varepsilon_x = -z\,\frac{\partial^2 w}{\partial x^2}, \tag{B.194}$$

$$\varepsilon_y = -z\,\frac{\partial^2 w}{\partial y^2}, \tag{B.195}$$

$$\varepsilon_{xy} = \gamma = -z\,\frac{\partial^2 w}{\partial x\,\partial y}, \tag{B.196}$$

und hieraus ergibt sich auch die weitere Maßstabsgleichung ($\varepsilon_V \neq 1$ und $d_V \neq l_V$ zugelassen):

$$\varepsilon_V = d_V\,\frac{w_V}{l_V^2}. \tag{B.197}$$

Diese Beziehungen sind von Wichtigkeit, da im allgemeinen an Platten Dehnungen der Oberflächen und keine Durchbiegungen gemessen werden. Zwischen den w bzw. ε und den Plattenmomenten bestehen die Beziehungen ($w = \overline{w} + \overline{\overline{w}}$)

$$m_x = -\frac{E\,d^3}{12\,(1-\mu^2)}\left[\frac{\partial^2 w}{\partial x^2} + \mu\,\frac{\partial^2 w}{\partial y^2} + \alpha\,(1+\mu)\,\vartheta'\right]$$

$$= \frac{E\,d^2}{6\,(1-\mu^2)}\left[\varepsilon_x + \mu\,\varepsilon_y - \frac{\alpha\,(1+\mu)\,\vartheta'}{2/d}\right] \qquad \text{(B.198)}$$

$$m_y = -\frac{E\,d^3}{12\,(1-\mu^2)}\left[\frac{\partial^2 w}{\partial y^2} + \mu\,\frac{\partial^2 w}{\partial x^2} + \alpha\,(1+\mu)\,\vartheta'\right]$$

$$= \frac{E\,d^2}{6\,(1-\mu^2)}\left[\varepsilon_y + \mu\,\varepsilon_x - \frac{\alpha\,(1+\mu)\,\vartheta'}{2/d}\right] \qquad \text{(B.199)}$$

$$m_{xy} = -\frac{E\,d^3}{12\,(1-\mu^2)}\,(1-\mu)\,\frac{\partial^2 w}{\partial x\,\partial y}$$

$$= \frac{E\,d^2}{6\,(1-\mu^2)}\,(1-\mu)\,\varepsilon_{xy}\,\frac{d}{2}\,\vartheta. \qquad \text{(B.200)}$$

Bei $\mu_V \neq 1$ ist also kein einheitlicher Momentenmaßstab m_V zu erwarten. Dagegen ist es möglich — wenn die Voraussetzungen (B.191) oder (B.192) gegeben sind —, die ε am Modell zu messen, mit (B.186) und (B.197) in ε_H-Werte umzurechnen und mit Hilfe von μ_H, E_H, α_H die H-Momente zu ermitteln, wobei natürlich $\vartheta'_H(x, y)$ bekannt sein muß. Ist dies nicht der Fall, so läßt sich die Messung von ϑ'_M umgehen, indem man einen ähnlichen Weg, wie in Abschn. B-6.1 dargestellt, einschlägt. Aus den Beziehungen

$$-\frac{d}{2}\cdot\frac{\partial^2 w}{\partial x^2} = \varepsilon_x = \frac{6}{E\,d^2}\,[m_x - \mu\,m_y] + \alpha\vartheta'\,\frac{d}{2} \qquad \text{(B.201)}$$

$$-\frac{d}{2}\cdot\frac{\partial^2 w}{\partial y^2} = \varepsilon_y = \frac{6}{E\,d^2}\,[m_y - \mu\,m_x] + \alpha\vartheta'\,\frac{d}{2} \qquad \text{(B.202)}$$

ist ersichtlich, daß sich ε aus einem thermischen Anteil ε^ϑ und einem elastischen ε^{el} zusammensetzt, wobei

$$-\frac{d}{2}\,\frac{\partial^2 w^\vartheta}{\partial x^2} = -\frac{d}{2}\,\frac{\partial^2 w^\vartheta}{\partial y^2} = \varepsilon^\vartheta = \alpha\vartheta'\cdot\frac{d}{2} \qquad \text{(B.203)}$$

ist. Liegt nun eine lineare Temperaturverteilung vor,

$$\vartheta(x, y, z) = z \cdot \vartheta'(x, y) = \vartheta_0 + ax + by + cz, \qquad (B.204)$$

was ersichtlich nur bei

$$\vartheta'(x, y) = c = \text{const.}, \qquad (B.205)$$

$$\vartheta = c \cdot z, \qquad (B.206)$$

d. h. bei über x und y konstanten Oberflächentemperaturen ϑ_1 und ϑ_2, möglich ist, so läßt sich durch Beseitigung aller äußeren Zwängungen ein spannungsloser Zustand erreichen und ε^ϑ messen. Mit dem aus (B.203) gewonnenen Maßstab

$$\varepsilon_V^\vartheta = \alpha_V \vartheta_V' d_V \qquad (B.207)$$

folgt ε_H^ϑ, während ε_H durch Messungen von ε_M am der Wirklichkeit entsprechend gelagerten Modell und anschließender Umrechnung mit (B.193) und (B.197) bestimmt wird. Mit den Werten

$$\varepsilon_H^{el} = \varepsilon_H - \varepsilon_H^\vartheta \qquad (B.208)$$

werden dann die Momente

$$m_{xH} = -\left[\frac{E\,d^3}{12(1 - \mu^2)}\right]_H \left(\frac{\partial^2 w_H^{el}}{\partial x^2} + \mu_H \frac{\partial^2 w_H^{el}}{\partial y^2}\right)$$

$$= \left[\frac{E\,d^2}{6(1 - \mu^2)}\right]_H (\varepsilon_{xH}^{el} + \mu_H \varepsilon_{yH}^{el}) \qquad (B.209)$$

$$m_{yH} = -\left[\frac{E\,d^3}{12(1 - \mu^2)}\right]_H \left[\frac{\partial^2 w_H^{el}}{\partial y^2} + \mu_H \frac{\partial^2 w_H^{el}}{\partial x^2}\right)$$

$$= \left[\frac{E\,d^2}{6(1 - \mu^2)}\right]_H (\varepsilon_{yH}^{el} + \mu_H \varepsilon_{xH}^{el}) \qquad (B.210)$$

$$m_{xyH} = -\left[\frac{E\,d^3}{12(1 - \mu^2)}\right]_H (1 - \mu)_H \frac{\partial^2 w_H^{el}}{\partial x\,\partial y} = \left[\frac{E\,d^2}{6(1 - \mu^2)}\right]_H (1 - \mu)\,\varepsilon_{xyH}^{el}$$

$$(B.211)$$

errechnet.

Es sei nochmals betont, daß dieses Vorgehen nur in Sonderfällen möglich ist, wenn die Voraussetzungen (B.191) oder (B.192) erfüllt sind.

Sind die Lagerungsbedingungen (B.191) und (B.192) nicht gegeben, so wird $\bar{\bar{w}}(x, y)$ und damit $w(x, y)$ auf unübersichtliche Weise von μ abhängig, und es läßt sich, da die Lösungsfunktion ja unbekannt ist, bei $\mu_V \neq 1$ kein Maßstab für w angeben. Die Durchbiegungsfläche des Modells ist dann der der Hauptausführung nicht mehr geometrisch ähnlich, und ein Modellversuch mit $\mu_V \neq 1$ wird notwendigerweise mit Fehlern behaftete Ergebnisse liefern.

Liegt keine stationäre Wärmeströmung, sondern eine quasistatische oder dynamische instationäre vor, so wird eine Erweiterung der Ähnlichkeit hinsichtlich $\varepsilon_V \neq 1$ und $\mu_V \neq 1$ auf weitere Schwierigkeiten stoßen. Die Ableitungen für den stationären Fall sind dann entsprechend dem vorliegenden speziellen Problem zu überprüfen.

Bei jedem thermo-elastischen Modellversuch wird zwangsläufig bei angestrebter strenger physikalischer oder erweiterter Ähnlichkeit infolge technischer Schwierigkeiten beim Erzeugen der Wärmeströmungen und maßstäblichen Nachbilden der Ergiebigkeit und der räumlichen Ausdehnung der Wärmequellen im Modell sowie der meist vernachlässigten Wärmeabgabe an der Tragwerksoberfläche nur eine angenäherte Ähnlichkeit erreicht. Über die Größe der dadurch entstehenden Fehler können keine Angaben gemacht werden; einerseits existieren für die meisten Fälle keine theoretischen Lösungen, zum anderen wurden bis jetzt kaum thermo-elastische Modellversuche durchgeführt. Zu einer Beurteilung der Fehlergröße und damit der Brauchbarkeit der Ergebnisse kann man nur dadurch gelangen, daß man untersucht, wie sich Änderungen derjenigen Parameter, die für die Abweichungen von der strengen Ähnlichkeit verantwortlich sind, auf das Meßergebnis auswirken.

7 Modellgesetze bei Berücksichtigung der Schwerkraft

Sollen in einem Modellversuch Spannungen und Verformungen untersucht werden, die an einem elastischen Tragwerk durch dessen Eigengewicht hervorgerufen werden, so gelten die in den Abschn. B-5.1 bzw. B-5.2 hergeleiteten Modellgesetze, insbesondere die aus den Gleichgewichtsbedingungen folgende Beziehung (B.24) in Abschn. B-5.1.

$$\frac{\sigma_V}{\gamma_V \, l_V} = 1 \qquad\qquad (\text{B.}212)$$

Zusammen mit dem auch für $\varepsilon_V \neq 1$ gültigen Hookeschen Modellgesetz (s. Abschn. B-5.1)

$$\frac{E_V \varepsilon_V}{\sigma_V} = 1 \qquad\qquad (\text{B.}213)$$

ergibt sich

$$\frac{l_V}{\varepsilon_V} = \frac{E_V}{\gamma_V},$$

(B.214)

das sog. *Cauchysche Modellgesetz.*

Der Stoffwertquotient E/γ ist als eine einzige Stoffkonstante aufzufassen, denn E-Modul und Artgewicht sind beide durch die Wahl des Werkstoffes festgelegt. Bei Dehnungsgleichheit $\varepsilon_V = 1$ dürfen M und H nicht mehr aus dem gleichen Material bestehen, denn $(E/\gamma)_V = 1$ ergibt auch $l_V = 1$. Unter diesen Bedingungen kann man nicht mehr von einem Modellversuch im engeren Sinn sprechen. Für $(E/\gamma)_V = 1$ (was an sich noch keine Werkstoffgleichheit bedeutet!) und $\varepsilon_V = 1$ muß das Eigengewicht im Modell durch Zusatzlasten ΔP ergänzt werden, damit $l_V < 1$ gewählt werden kann.

Setzt man für das Artgewicht einen Maßstab

$$\gamma_V^* = \frac{\gamma_M + \Delta\gamma_M}{\gamma_H} = \frac{\gamma_M + \dfrac{\Delta P}{V_M}}{\gamma_H} = \gamma_V + \frac{\Delta P}{V_M \gamma_H}$$

(B.215)

so an, daß $l_V = E_V/\gamma_V < 1$ ist, so wird

$$\gamma_V^* = \frac{E_V}{l_V} = \gamma_V + \frac{\Delta P}{V_M \gamma_H}$$

(B.216)

und

$$\Delta P = \left(\frac{E_V}{l_V} - \gamma_V\right) V_M \cdot \gamma_H = \left(\frac{E_V}{l_V \gamma_V} - 1\right) V_M \gamma_M = \left(\frac{1}{l_V} - 1\right) V_M \gamma_M.$$

(B.217)

Ist $G_M = V_M \cdot \gamma_M$ das Gesamtgewicht des Modells, dann beträgt die gesamte am Modell anzubringende Zusatzlast:

$$\Delta P = \left(\frac{1}{l_V} - 1\right) G_M.$$

(B.218)

Soll auch im Falle $E_V/\gamma_V \neq 1$ der Längenmaßstab $l_V < 1$ unabhängig von E_V/γ_V festgelegt werden können, so wird

$$\Delta P = \left(\frac{E_V}{l_V \gamma_V} - 1\right) G_M.$$

(B.219)

Verzichtet man noch auf die Dehnungsgleichheit $\varepsilon_V = 1$, so gilt für die Zusatzlasten

$$\Delta P = \left(\frac{E_V}{\gamma_V}\frac{\varepsilon_V}{l_V} - 1\right) G_M,$$

(B.220)

worin die Größe

$$\frac{E_V}{\gamma_V}\,\frac{\varepsilon_V}{l_V}$$

als „Gewichtsübertreibungsmaßstab" bezeichnet wird.

Für $(E/\gamma)_V = 1$, insbesondere bei Werkstoffgleichheit, und für $\varepsilon_V = 1$ besagt Gl. (B.218), daß bei einem Modellmaßstab $l_V = 1/10$ das neunfache Eigengewicht des Modells als Zusatzlast angebracht werden muß. Wird jedoch das Modell einer Hauptausführung aus Stahl nicht ebenfalls aus Stahl, sondern aus Kunstharz hergestellt, so gilt z. B. für Plexiglas $E_V/\gamma_V = 1/10$. Gl. (B.219) ergibt, daß keine Zusatzlast erforderlich ist, wenn $l_V = 1/10$ gewählt wird; dagegen muß bei einem gewählten $l_V = 1/50$ auf das Modell eine Zusatzlast aufgebracht werden, die gleich dem Vierfachen seines Eigengewichtes ist. Je kleiner der Modellmaßstab ist, um so größer muß die Zusatzlast sein. Durch Abstimmung von l_V und $(E/\gamma)_V$ gemäß $l_V = E_V/\gamma_V$ sollten nach Möglichkeit Zusatzlasten zur Erhöhung des Eigengewichtes vermieden werden, da durch die Zusatzlasten immer nur punktweise $\varepsilon_V = 1$ erzielt wird und deshalb je nach der Verteilungsgüte der Zusatzlasten die vollkommene Ähnlichkeit nur näherungsweise realisiert werden kann.

Um diese Zusammenhänge anschaulich darzustellen, sind in Tab. B.7 für dieselben Werkstoffe, die auch in Tab. B.1 für M und H gegenübergestellt sind, die bei strenger Ähnlichkeit möglichen Modellmaßstäbe angegeben, wenn keine Zusatzlasten an M angebracht werden. Für drei andere in der Modellstatik oft benutzte Längenmaßstäbe sind die dann an M anzubringenden gesamten Zusatzlasten bezogen auf das Modellgewicht zusammengestellt.

Die in Tab. B.7 für strenge Ähnlichkeit angegebenen Zusatzlasten sind bei Dehnungsübertreibung mit dem Faktor

$$\frac{\varepsilon_V - \dfrac{\gamma_V}{E_V}\,l_V}{1 - \dfrac{\gamma_V}{E_V}\,l_V}$$

zu multiplizieren.

Die Zusatzlasten spielen in der Praxis des Modellversuchs keine sehr große Rolle. Meist werden in der Modellstatik Eigengewichtsprobleme dadurch behandelt, daß das gesamte Eigengewicht als Ersatzlast wie jede andere äußere Last in deren Maßstab auf das Modell aufgebracht wird. Der Grund hierfür ist darin zu suchen, daß in der Regel immer nur Änderungen des Spannungszustandes ermittelt werden. Die dazu erforderliche Be- und Entlastung des Modells läßt sich jedoch beim

6*

Tabelle B.7 *Berücksichtigung des Eigengewichtes bei strenger Verformungsähnlichkeit $\varepsilon_V = 1$*

Werkstoff	Haupt-ausführung Modell	Stahl				Beton				
		Kunst-harz	Alu	Gips	Stahl	Kunst-harz	Alu	Gips	Beton	
$\sigma_V = E_V$		1 : 60	1 : 3	1 : 21	1 : 1	1 : 10	2 : 1	1 : 3,5	1 : 1	
γ_V		1 : 6,5	1 : 2,8	1 : 7,1	1 : 1	1 : 1,8	1 : 0,8	1 : 2	1 : 1	
$l_V = (E/\gamma)_V$		1 : 9,2	1 : 1,1	1 : 3	1 : 1	1 : 33	1 : 2	1 : 1,8	1 : 1	
l_M für $l_H = 100$ m		10,9 m	93 m	34 m	100 m	3 m	50 m	57 m	100 m	
Zusatzlast $\Delta P/G_M$	$l_V = 1 : 10$	0,09	8,35	2,33	9	keine Zu-satzlast, da $\varepsilon_V = 3,3$	4	4,7	9	
	$l_V = 1 : 50$	4,43	45,7	15,7	49	0,52	24	27,6	49	
	$l_V = 1 : 100$	9,87	92,4	32,3	99	2,03	49	56,2	99	

Stoffkonstanten s. Tab. B.2

$$\frac{\Delta P}{G_M} = \frac{E_V}{\gamma_V}\frac{\varepsilon_V}{l_V} - 1$$

Eigengewichtslastfall nicht vornehmen (s. Abschn. E-3). Die strenge Verformungsähnlichkeit $\varepsilon_V = 1$ verlangt, daß am Modell Dehnungen infolge Eigengewicht in derselben Größe gemessen werden müssen, wie sie in der Hauptausführung auftreten. Bei Stahlbauten beträgt das Eigengewicht etwa ein Drittel der gesamten zulässigen Last, bei Betonbauten etwa zwei Drittel, so daß man im allgemeinen mit Eigengewichtsdehnungen von $\varepsilon = 130 \cdot 10^{-6}$ bis $\varepsilon = 300 \cdot 10^{-6}$ zu rechnen hat, die meßtechnisch noch gut zu erfassen sind. Bei der Untersuchung von Eigengewichtsproblemen bei Hauptausführungen aus mehreren Werkstoffen von unterschiedlichem Artgewicht ist das Mehrstoff-Modellgesetz analog Abschn. B-8 anzuwenden.

In der praktischen Modelluntersuchung hat der Ersatz des Eigengewichts durch äußere Lasten zwecks Dehnungsübertreibung zur Folge, daß nur noch eine angenäherte Ähnlichkeit vorliegt, da die im Detail unähnliche Belastung auch eine im Detail unähnliche Spannungsverteilung bewirkt. Nur in besonders günstigen Fällen läßt sich punktweise strenge Ähnlichkeit erzielen, weshalb nach Möglichkeit diese Punkte zur Messung herangezogen werden sollten. Bei Platten konstanter Dicke ist das Eigengewicht eine Gleichflächenlast, die oft am Modell durch das Anbringen vieler gleicher Einzellasten dargestellt wird. Sie werden so angeordnet, daß sie im Schwerpunkt ihres Einzugsgebietes angreifen. Dieses ist die Fläche, die, mit der Gleichflächenlast multipliziert, die ersatzweise in ihrem Schwerpunkt angreifende Einzellast ergibt. Die Abschätzung der hierdurch entstehenden Fehler wird in Abschn. E-2 im einzelnen behandelt.

8 Mehrstoff-Modellgesetz bei Verbundkonstruktionen

Bestehen die zu untersuchenden Tragwerke aus mehreren Stoffen mit verschiedenen E-Moduli, dann muß für M und H

$$E_{1M} : E_{2M} : E_{3M} \ldots\ldots = E_{1H} : E_{2H} : E_{3H} \ldots\ldots \qquad (B.221)$$

sein. Dies ist leicht einzusehen, wenn man bedenkt, daß beiderseits der Grenzflächen zwischen den einzelnen Werkstoffen die dazu parallelen Dehnungen gleich sein und überall den gleichen Maßstab ε_V haben müssen. Dimensionslose Verhältnisse sind auch als Folge des allgemeinen Ähnlichkeitsprinzips der Physik für M und H gleich, so daß bei Bauwerken aus verschiedenen Werkstoffen mit unterschiedlichen Artgewichten auch gelten muß

$$\gamma_{1M} : \gamma_{2M} : \gamma_{3M} : \ldots = \gamma_{1H} : \gamma_{2H} : \gamma_{3H} : \ldots, \qquad (B.222)$$

falls der Einfluß von Trägheitskräften oder der Schwerkraft berücksichtigt werden soll.

Das Mehrstoff-Modellgesetz muß bei Modellen von Verbundkonstruktionen angewandt werden. Ihre tragenden Bauteile bestehen aus mehreren Werkstoffen, die längs ihrer Berührflächen kontinuierlich und kraftschlüssig verbunden sind. Um Verbundquerschnitte handelt es sich beispielsweise bei Stahlbeton- und Spannbetonbauteilen, bei geschichteten und durch Klebefugen verbundenen Bauteilen (s. M. KUFNER [B.21]).

Beschränkt man sich auf Querschnitte, die aus nur zwei Werkstoffen bestehen, und bezeichnet die ihnen jeweils zugehörigen Größen mit den Indizes 1 und 2, so ergibt sich als Maßstabsgleichung

$$\frac{F_{1V} \cdot E_{1V}}{F_{2V} \cdot E_{2V}} = \frac{\varepsilon_{2V}}{\varepsilon_{1V}}, \tag{B.223}$$

was bei strenger Ähnlichkeit besagt, daß

$$\left(\frac{E_1}{E_2}\right)_V = 1, \qquad \left(\frac{F_1}{F_2}\right)_V = 1 \quad \text{und} \quad \left(\frac{\varepsilon_1}{\varepsilon_2}\right)_V = 1 \tag{B.224}$$

sein müssen, wozu noch $(P_1/P_2)_V = 1$ gehört. In einigen Fällen kann man die Ähnlichkeit erweitern, was im Hinblick auf die Auswahl geeigneter Modellbaustoffe wichtig ist, denn nicht immer läßt sich das geforderte Verhältnis der E-Moduli im Modell ohne weiteres verwirklichen. Als Beispiel hierfür werden die Maßstabsgleichungen für die erweiterte Ähnlichkeit für den idealisierten Stahlbetonquerschnitt angegeben (s. R. HILTSCHER und R. K. MÜLLER [B.22]). Mit den üblichen Bezeichnungen ergibt sich nach Bild B.9 für den gerissenen rechteckigen Stahlbetonquerschnitt

$$n \cdot v = \frac{2}{\left(2\,\dfrac{m}{n} + 1\right)^2 - 1} = c_1, \tag{B.225}$$

$$\frac{m}{n} = \frac{1}{2}\left(1 + \frac{2}{n \cdot v} - 1\right) = c_2, \tag{B.226}$$

$$m \cdot v = c_1 \cdot c_2 = c_3. \tag{B.227}$$

An Hand der Gleichgewichtsbedingungen läßt sich zeigen, daß erweiterte Ähnlichkeit zwischen M und H besteht, wenn nicht mehr die einzelnen dimensionslosen Größen $n = E_e/E_b$, $m = \sigma_e/\sigma_b$ und $v = F_e/F_b$ für M und H gleich sind, sondern ihre hier angeführten Kombinationen

$$c_{1M} = c_{1H}; \quad c_{2M} = c_{2H}; \quad c_{3M} = c_{3H}. \tag{B.228}$$

Die Konstanten $c_{1,2,3}$ sind die Kenngrößen des bewehrten und gerissenen Balkens. Eine von ihnen ist frei wählbar, die anderen lassen sich dann berechnen, da sie untereinander durch die Gleichgewichtsbedingungen verknüpft sind.

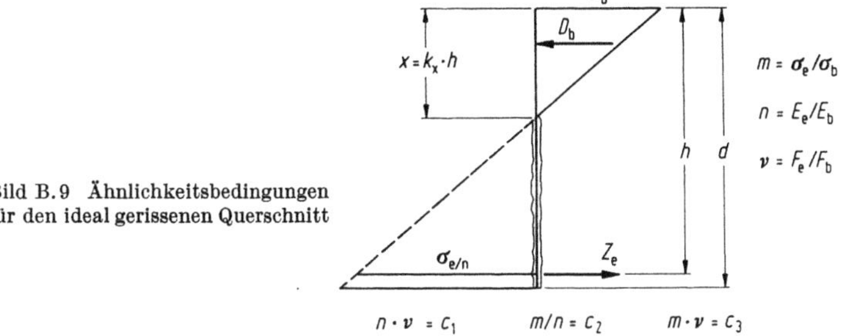

Bild B.9 Ähnlichkeitsbedingungen für den ideal gerissenen Querschnitt

Für Modellversuche ist die erste Kombination $n \cdot \nu = c_1$ besonders wichtig. Sie bedeutet: Im Modell kann die Bewehrung durch eine statisch und elastisch äquivalente Bewehrung ersetzt werden, indem man dafür sorgt, daß die Zugkraft Z_e und die Dehnung ε_e in der Ersatzbewehrung gleich bleiben. Man kann also F_e und E_e im Modell variieren, wobei sich lediglich die Spannung σ_e, nicht aber die Dehnungsverteilung der Bewehrung ändert. Die geometrische Ähnlichkeit wird durch die notwendige Abweichung des Bewehrungsgrades ν im Modell praktisch nicht beeinträchtigt.

Es sei ausdrücklich darauf hingewiesen, daß diese Modellgesetze nur für einen idealisierten Stahlbetonquerschnitt unter der Voraussetzung vollkommener Haftung zwischen Beton und Bewehrung gelten (s. R. K. Müller [B.23]). Diese ist jedoch beim wirklichen Stahlbetonbalken in Rißnähe nicht vorhanden, so daß deshalb die im Modellversuch ermittelten Ergebnisse sich nicht zahlenmäßig auf einen wirklichen Balken übertragen lassen, dessen Verhalten bekanntlich weitgehend von der Güte des Verbundes zwischen Stahl und Beton bestimmt wird (s. a. Abschn. D-2.2).

9 Große Formänderungen und nichtlineares Elastizitätsgesetz

Die Ansatzgleichungen der Elastizitätstheorie gelten gewöhnlich nur für kleine Verformungen und Dehnungen. Es läßt sich jedoch zeigen (s. W. Feucht [B.2], S. 420), daß die aus dem Hookeschen Ähnlichkeitsgesetz folgenden Maßstabsgleichungen auch für bezogene Makrover-

formungen bzw. Lageveränderungen verwendet werden können. Ist
z. B. die Durchbiegung w einer dünnen Platte sehr groß, dann entspricht

$$(w/l)_V = \varepsilon_V, \tag{B.229}$$

wobei $w/l \gg \varepsilon$ sein darf.

Auch die Dehnung ε kann große Werte annehmen, so daß die Deh-
nungsglieder höherer Ordnung beim Aufstellen der Differentialgleichung
nicht mehr vernachlässigt werden dürfen und die Gleichgewichtsbedingungen für den endgültigen nach der Verformung bestehenden Zustand
angesetzt werden müssen (sog. Spannungstheorie 2. Ordnung). Auch hier
gilt $\varepsilon_V = 1$.

Muß man an Stelle des Hookeschen Gesetzes wegen der großen Dehnungen ein allgemeineres elastisches Ähnlichkeitsgesetz

$$\sigma = \varepsilon^n \cdot E \tag{B.230}$$

verwenden, dann ist bei strenger dreiachsiger, geometrischer Ähnlichkeit, die auch

$$\varepsilon_V^n = 1 \tag{B.231}$$

fordert, und dimensionsmäßig richtigen Ansatzgleichungen, mit denen
auch $\mu_V = 1$ verbunden ist, immer

$$\sigma_V = E_V. \tag{B.232}$$

Es gibt keine andere Kombinationsmöglichkeit der Kräfte, Längen,
Verschiebungen und Spannungen als die Maßstabsgleichungen, die aus
der Hookeschen Kenngröße

$$Ho = \frac{P}{l^2 E} \tag{B.233}$$

hervorgehen.

10 Modellgesetze bei Stabilitätsproblemen

Bei der Untersuchung der Stabilität von Tragwerken wurden Modellversuche meist nur zur Überprüfung von theoretisch gewonnenen Aussagen oder von Näherungslösungen durchgeführt; als Beispiele seien
die von GABER, CHWALLA und KOLLBRUNNER an Dreigelenk-, Zwei-
gelenk- und eingespannten Bögen (s. [B.24], S. 180) vorgenommenen
Untersuchungen genannt. Es handelt sich daher nicht um „Modell"-
Versuche im strengen Sinn, da schon eine geschlossene Aussage, z. B. eine
Formel für die kritische Last, vorliegt, in die die Abmessungen und Stoff-

beiwerte des Versuchskörpers direkt eingesetzt werden. Dann wird das theoretische Ergebnis mit dem des Versuchs verglichen. Der Versuch dient infolgedessen nicht dazu, durch den Schluß vom Verhalten des Modells auf das der Hauptausführung mit Hilfe von Modellmaßstäben einen unbekannten analytischen Zusammenhang zu umgehen, sondern dieser liegt als Hypothese bereits vor und soll lediglich überprüft werden. Die Forderung nach Ähnlichkeit zwischen M und H wird bereits allein durch die Voraussetzung erfüllt, daß die theoretische Aussage, falls sie zutrifft, unabhängig hinsichtlich Größe und Werkstoff des Versuchskörpers gilt oder, anders ausgedrückt, daß in der Lösung keine wesentlichen vom Maßstab abhängigen Nebeneinflüsse unberücksichtigt blieben.

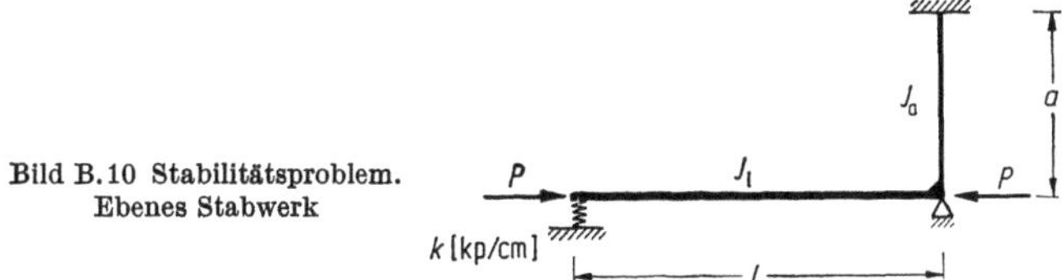

Bild B.10 Stabilitätsproblem. Ebenes Stabwerk

Es sollen zunächst ebene Stabwerke betrachtet werden, deren Verformungen bis zum Auftreten der Verzweigungslast im elastischen Bereich liegen und die keinen Einfluß auf die Verzweigungslast selbst haben (Literaturangaben, auch bzgl. des Knickens im plastischen Bereich s. [B.24]). Bild B.10 zeigt ein einfaches Beispiel der genannten Art. Bei analytischer Behandlung ergibt sich in diesen Fällen eine transzendente Gleichung für die Knicklast P_K, die iterativ oder graphisch zu lösen ist. Es zeigt sich, daß hier beim Modellversuch die Ähnlichkeit erweitert werden kann, indem man den Maßstab I_V der Trägheitsmomente unabhängig vom Längenmaßstab l_V wählt: $I_V \neq l_V^4$. Dies bedeutet, daß Dehnungsübertreibung $\varepsilon_V \neq 1$ in Richtung der Stabachse vorliegt. Für die Knicklast P_K ergibt sich der Maßstab

$$P_{KV} = E_V \cdot \frac{I_V}{l_V^2}. \tag{B.234}$$

Bei räumlichen Stabwerken geht auch die Torsionssteifigkeit in die Maßstabsgleichung ein. Federkonstanten haben den ihrer Dimension entsprechenden Maßstab; beispielsweise gilt für die Translationsfeder

$$K_V = \frac{P_V}{l_V} = E_V \cdot \frac{I_V}{l_V^3}. \tag{B.235}$$

Bei strenger Ähnlichkeit ($I_V = l_V^4$) tritt an Stelle von (B.234) die Beziehung

$$P_{KV} = E_V \cdot l_V^2, \tag{B.236}$$

was dem allgemeinen Kräftemaßstab für $\varepsilon_V = 1$ entspricht (vgl. Abschn. B-5.1). Die gesonderte Wahl von I_V in (B.234) läßt es also bei vorgegebenen Modellstablängen zu, mit geringeren Modell-Knicklasten auszukommen als bei strenger Ähnlichkeit.

Nun weist diese Art von Stabilitätsversuchen eine grundsätzliche Problematik auf. Einerseits treten Knicklasten sehr selten im rein elastischen Bereich auf, meist spielen schon plastische Vorgänge eine Rolle. Hier müssen bei einem Modellversuch die für Realmodelle geltenden Maßstäbe beachtet werden, wodurch eine Erweiterung der Ähnlichkeit weitgehend ausgeschlossen wird (s. Abschn. D). Andererseits liegen in der Praxis und entsprechend beim Modellversuch nie genau zentrische Krafteinleitung und ideal gerade Stabachsen vor, wie sie die Theorie voraussetzt. Auch vor Erreichen der Verzweigungslast ergibt sich aus diesem Grunde eine von der Belastung P abhängige Auslenkung u.

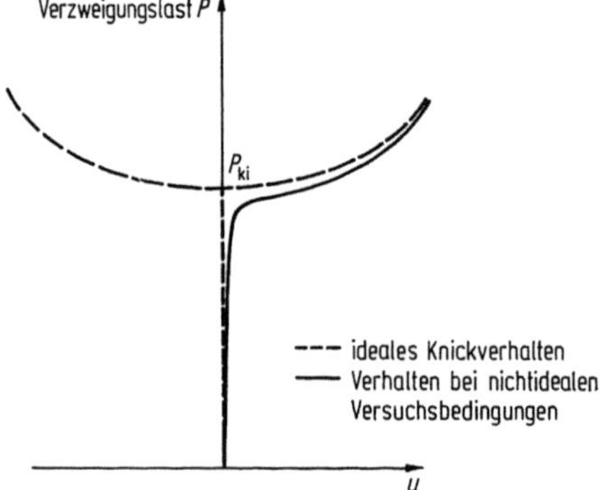

Bild B.11 Kraft-Verformungs-Kurven im elastischen Bereich

Bild B.11 zeigt, wie die Kurve $P(u)$ in der Nähe der Verzweigungslast P_K scharf abbiegt und in ihrem weiteren Verlauf in denjenigen Teil der theoretischen Verzweigungskurve übergeht, der die Gleichgewichtslagen oberhalb der Verzweigungslast (große Auslenkungen bei geringer Laststeigerung) darstellt. Da hierbei von Anfang an lastabhängige Verformungen und Auslenkungen eine Rolle spielen, muß im Modellversuch mit strenger Ähnlichkeit gearbeitet werden. Inwiefern die gewonnene Last-Verformungs-Kurve einen Schluß auf die Verzweigungslast und auf das Verhalten der Hauptausführung ermöglicht, ist jeweils für den vorliegenden Fall zu überlegen. Allgemeine Angaben können hier nicht gemacht werden.

Ähnliche Verhältnisse liegen beim Stabilitätsverhalten von Flächentragwerken vor (Untersuchungen flacher Kugelschalen s. [B.25], Literaturangaben bzgl. Platten- und Schalenbeulens s. [B.24]). Beispielsweise wurden an Kreiszylinderschalen umfangreiche Untersuchungen hinsichtlich des Beul- und Nachbeulverhaltens durchgeführt (s. [B.26] mit Literaturangaben). Die quantitativen Abweichungen der Versuchsergebnisse von den Rechenergebnissen waren hierbei dadurch bedingt, daß sich die Theorie notwendigerweise noch auf stark vereinfachende Annahmen stützt. Dagegen ergab sich gute qualitative Übereinstimmung. Wenn auch maßstäbliche Umrechnungen auf Hauptausführungen hier problematisch sind, tragen diese Modellversuche doch wesentlich zum Verständnis des Stabilitätsverhaltens bei und zeigen auf, in welcher Richtung weitere Forschungen sinnvoll und notwendig sind.

11 Modelluntersuchungen im plastischen Bereich und Bruchversuche

Seither wurde vorausgesetzt, daß die Formänderungen elastisch sind, d. h. nach Entlastung wieder vollkommen verschwinden. Dies ist bei vielen technischen Werkstoffen bekanntlich nach Überschreiten einer bestimmten Belastung nicht mehr der Fall. Oberhalb der Elastizitätsgrenze beginnen die plastischen Verformungen. Bei Stahl findet in vielen Fällen ein ausgesprochenes Fließen statt: Die Verformungen nehmen zu, ohne daß die Spannung über den an der Fließgrenze vorhandenen Wert ansteigt. Die von H. WEBER ([B.7], S. 19) angestellte ausführliche Betrachtung der Modellgesetze im Plastizitätsbereich soll hier nicht wiederholt werden. Zusammenfassend läßt sich sagen: Modellversuche im elastisch-plastischen Gebiet können nur dann durchgeführt werden, wenn die Bedingung einer affinen Ähnlichkeit der σ-ε-Diagramme von M und H erfüllt ist. Hierauf wird bei der Behandlung der Realmodelle, die bei Versuchen dieser Art verwendet werden, noch näher eingegangen (Abschn. D). Der Einfluß der Querdehnung muß auch bei nicht mehr rein elastischen Vorgängen durch die Forderung gleicher Querdehnzahlen bei M und H berücksichtigt werden. Dies läuft praktisch darauf hinaus, daß immer dann, wenn im Versuch die Fließgrenze überschritten oder die Bruchlast erreicht werden soll, für M der gleiche Werkstoff wie bei H verwendet werden muß.

Zwar wurden von verschiedenen Autoren (R. HILTSCHER [B.27], [B.28], E. MÖNCH [B.29], M. FROCHT [B.30]) Modellversuche beschrieben, bei denen das Fließen von Metallen mit Kunststoffen wie Zelluloid und Polystyrol nachgeahmt wurde, jedoch befinden sich diese Untersuchungen immer noch im Anfangsstadium (vgl. Abschn. G-4). Die Übertragung von solchen Modellmessungen auf eine Hauptausführung erfordert nämlich besondere Vorsicht, denn die Fließerscheinungen werden von vielen Nebenumständen beeinflußt, die sich nicht alle vollkommen ähnlich im

Modell nachahmen lassen. Bei Metallmodellen besteht oft sogar ein
Einfluß des Längenmaßstabs auf die Fließ- und Bruchspannung. So
haben beispielsweise kaltverformte Bereiche an dünnen Teilen meist
eine relativ größere Tiefenausdehnung als an dickeren (s. W. FEUCHT
[B.2], S. 468).

Bruchvorgänge sind durch Spannungen bedingt, die die Festigkeit
des Materials überschreiten. Hierbei werden infolgedessen Stoffbeiwerte
wie Druck- und Zugfestigkeit, Fließgrenze, Scherfestigkeit usw. eine
große Rolle spielen. Die sich ergebenden großen Verformungen liegen
nicht mehr im elastischen Bereich, und somit sind auch hier die Maß-
stabsgesetze für Realmodelle (affine σ-ε-Linien) zu beachten, auf die in
Abschn. D-2 ausführlicher eingegangen wird.

Literatur

B.1 WEBER, M.: Das allgemeine Ähnlichkeitsprinzip der Physik und sein Zusam-
    menhang mit der Dimensionslehre und der Modellwissenschaft. Jahrbuch der
    Schiffsbautechnischen Gesellschaft, Bd. 31 (1930) 274—354.
B.2 FEUCHT, W.: Einführung in die Modelltechnik. In: Handbuch der Spannungs-
    und Dehnungsmessung. Herausgeg. von K. FINK und CHR. ROHRBACH,
    Düsseldorf: VDI-Verlag 1958, 381—484.
B.3 FOURIER, J.: Théorie analytique de la chaleur 1807—1822. Deutsch Breslau
    1883. Zitiert nach M. WEBER [B.1].
B.4 ROUTH: Dynamik. Deutsch von Schepp, Bd. 1, Leipzig: Teubner 1898, 331.
    Zitiert nach M. WEBER [B.1].
B.5 BEAUJOINT, N.: Similitude et Théorie des Modèles. Colloque International sur
    les Modèles Reduits de Structures. Madrid, Juni 1959.
B.6 BRIDGMAN, P. W.: Theorie der physikalischen Dimensionen. Deutsche Aus-
    gabe herausgeg. von H. HOLL, Leipzig und Berlin: Teubner 1932.
B.7 WEBER, H.: Über Modellgesetze und Ähnlichkeitsbedingungen für vollkom-
    mene und erweiterte Ähnlichkeit bei statischen Elastizitätsproblemen. Disser-
    tation T. H. Berlin 1939.
B.8 SCHUMANN, W.: Über die experimentelle Bestimmung dreidimensionaler
    Spannungszustände. Publication du Laboratoire de Photoélasticité. E. P. E.,
    Zürich, Nr. 8.
B.9 MICHELL, J. H.: Proc. London math. Soc. 31 (1899) 100. Zitiert nach W.
    FEUCHT [B.2].
B.10 BERGER, E. R.: Ein Minimalprinzip zur Auflösung der Plattengleichung.
    Öst. Ing.-Arch. 1953, 39—49.
    Der Einfluß der Querdehnzahl bei Platten. Bauingenieur 29 (1954) 352.
B.11 FÖPPL, L., NEUBER, H.: Festigkeitslehre mittels Spannungsoptik, München
    und Berlin: Oldenbourg 1935.
B.12 MÖNCH, E.: Die Ähnlichkeits- und Modellgesetze bei spannungsoptischen
    Versuchen. Z. angew. Physik 1 (1949) 306—316.
B.13 FÖPPL, A., FÖPPL, L.: Drang und Zwang, Bd. I., 3. Aufl., München und Berlin:
    Leibniz 1941. Zitiert nach FÖPPL/MÖNCH: Praktische Spannungsoptik, Berlin/
    Göttingen/Heidelberg: Springer 1959.

B.14 BALAŠ, J., HANUŠKA, A.: Der Einfluß der Querdehnungszahl auf den Spannungszustand einer 45° schiefen Platte. Bauingenieur 36 (1961) 100—107.

B.15 TEEPE, W.: Beitrag zur spannungsoptischen Untersuchung von Schalen. Dissertation T. H. Karlsruhe 1959.

B.16 GAYMANN, TH.: Spannungsuntersuchungen an Schalen nach dem spannungsoptischen Einfrierverfahren. VDI-Forschungsheft 471, Düsseldorf: VDI-Verlag 1959.

B.17 HOSP, E.: Experimentelle Bestimmung von Wärmespannungen in Bauteilen auf spannungsoptischem Wege. Bautechnik 37 (1960) 405—418.

B.18 BETZ, A.: Ähnlichkeitsmechanik und Modelltechnik, in: Hütte, Bd. I, 28. Aufl., Berlin: Ernst & Sohn 1955, 750.

B.19 HAAS, E.: Modellstatische Untersuchung von Wärmespannungen. Aus den Arbeiten des Instituts für Modellstatik der Universität Stuttgart. Erscheint demnächst.

B.20 MELAN, E., PARKUS, H.: Wärmespannungen infolge stationärer Temperaturfelder, Wien: Springer 1953.

B.21 KUFNER, M.: Festigkeitsuntersuchungen an Verbundkonstruktionen mit Hilfe der Spannungsoptik. Internationales spannungsoptisches Symposium Berlin 1961. Berlin: Akademie-Verlag 1962.

B.22 HILTSCHER, R., MÜLLER, R. K.: Bemessung der Bewehrung von Stahlbetonkonstruktionen mit Hilfe des spannungsoptischen Modellversuches. Beton- und Stahlbetonbau 54 (1959) 263—271.

B.23 MÜLLER, R. K.: Ein Beitrag zur spannungsoptischen Untersuchung von Balkenmodellen. Dissertation T. H. Darmstadt 1960.

B.24 BÜRGERMEISTER, G., STEUP, H., KRETZSCHMAR, H.: Stabilitätstheorie, Teil II, Berlin: Akademie-Verlag 1963.

B.25 LOO/EVAN-IWANOWSKI: Experiments on Stability on Spherical Caps. Proc. ASCE, Vol. 90, EM 3, 1964. Auszug von H. WEISE in: Bauingenieur 40 (1965) 458.

B.26 THIELEMANN, W., ESSLINGER, M.: Beul- und Nachbeulverhalten isotroper Zylinder unter Außendruck. Stahlbau 36 (1967) 161—175.

B.27 HILTSCHER, R.: Spannungsoptische Untersuchung elasto-plastischer Spannungszustände. VDI-Z. 95 (1953) 771—781.

B.28 HILTSCHER, R.: Theorie und Anwendung der Spannungsoptik im elasto-plastischen Gebiet. VDI-Z. 97 (1955) 49—58.

B.29 MÖNCH, E.: Die Dispersion der Doppelbrechung als Maß für die Plastizität bei spannungsoptischen Versuchen. Forsch. Ing.-Wes. 20 (1955) 20—25.
Untersuchung einiger Kunststoffe auf ihre Eignung als photoplastisches Modellmaterial. Z. angew. Physik 11 (1959) 35—39.

B.30 FROCHT, M., THOMSON, R. A.: Studies in Photoplasticity. Proceedings of IUTAM Symposium, Warschau 1958.
Foundations for Three-dimensional Photoplasticity. Illinois Inst. of Technology. Report Nr. 12, 1960.

C Elastische Modelle

1 Einführung

In vielen Fällen genügt es, am Modell die Schnittkräfte oder die Spannungsverteilung unter denselben Voraussetzungen zu ermitteln, von denen auch die mathematische Elastizitätstheorie ausgeht (s. Abschn. A-3.1). Der Werkstoff, aus dem diese „elastischen Modelle" bestehen, muß dann homogen und isotrop sein und das Hookesche Gesetz erfüllen. Dies bedeutet, daß man nur in denjenigen Fällen von „elastischen Modellen" spricht, in denen neben dem allgemeinen elastischen Verhalten eine lineare Beziehung zwischen Dehnung und Verformung vorliegt, bzw. daß die Modelle nur in einem entsprechenden Belastungsbereich untersucht werden. Erfüllt der Werkstoff die genannten grundsätzlichen Forderungen, dann wird seine Wahl des weiteren von wirtschaftlichen Gesichtspunkten bestimmt; dies betrifft nicht nur den Preis, sondern auch eine einfache Bearbeitung und Verbindung der Teile. Außerdem soll der E-Modul des Werkstoffes so niedrig sein, daß die erforderliche Größe und Stärke der Belastungsvorrichtungen in vertretbaren Grenzen bleiben. Eine große Dehnbarkeit innerhalb des elastischen Bereiches ist notwendig, um gegebenenfalls durch Dehnungsübertreibung die Meßgenauigkeit zu erhöhen. In der Elastizitätstheorie ist der Übergang zur Spannungstheorie 2. Ordnung mit einer erheblichen Vergrößerung des mathematischen Aufwands verbunden; an einem Modell aus einem hinreichend dehnbaren Werkstoff sind jedoch ohne weiteres auch Untersuchungen des Einflusses großer Verformungen im elastischen Bereich möglich.

Bei allen Untersuchungen im Bereich der Spannungstheorie 1. Ordnung wird die Größe der Belastung nach meßtechnischen Gesichtspunkten gewählt. Sie muß nur in ihrer relativen Verteilung mit der Wirklichkeit übereinstimmen. Da hier das Superpositionsgesetz gilt, können die einzelnen Lastfälle getrennt untersucht und erst später bei der Auswertung überlagert werden. Hierdurch hat man bei der Versuchsdurchführung große Freiheiten und kann sie weitgehend nach praktischen und meßtechnischen Überlegungen gestalten. Setzt sich ein Lastfall aus mehreren Belastungen zusammen (Einzellasten und verteilte Belastungen), so ist es oft zweckmäßig, die einzelnen Komponenten getrennt zu untersuchen, wodurch die Kontrolle und die Übersicht über die Meßergebnisse erleichtert wird.

Die Entwicklung der Technik des elastischen Modellversuchs kann, abgesehen von der Werkstoff-Frage, in gewisser Weise als abgeschlossen gelten, soweit dies die Feststellung der Spannungsverteilung infolge äußerer Lasten anbelangt. Noch nicht befriedigend gelöst ist die Untersuchung von Wärmespannungen [C.1] und von Eigengewichtsspannungen [C.2] in Massenbetonbauwerken. Nicht feststellbar sind Eigenspannungszustände, da diese auf plastischen Verformungen beruhen. Elastische Modelle aus Kunststoff eignen sich darüber hinaus zur Untersuchung dreidimensionaler Spannungszustände im Innern von Bauteilen. Man arbeitet hierbei mit eingebetteten Dehnmeßstreifen oder mit dem spannungsoptischen Erstarrungsverfahren (s. Abschn. G-2.2).

Der Vorzug elastischer Modelle besteht darin, daß man an ihnen mit relativ wenig Aufwand die Randbedingungen wirklichkeitsgetreuer erfassen kann als mit analytischen Methoden. Will man aber in der Theorie einfach darstellbare Randbedingungen im Modellversuch nachahmen, wie z. B. eine gleichförmige Linienlagerung oder eine Volleinspannung, so stößt dies auf Schwierigkeiten und ist meist nur näherungsweise möglich. Entsprechendes gilt für Stabilitätsuntersuchungen an Modellen. Da sich die in der Theorie verwendeten ideellen Randbedingungen technisch nur schwer realisieren lassen, werden die an einem Modell gemessenen kritischen Lasten im allgemeinen unterhalb der berechneten liegen. Die Abweichungen der Bauwerke von den ideellen Randbedingungen, die im wesentlichen auf ungewollten, unvermeidbaren Außermittigkeiten der Stützkräfte beruhen, sind unbekannt und von Zufälligkeiten abhängig. Sie lassen sich deshalb nicht maßstäblich auf ein Modell übertragen, dessen Stützbedingungen wiederum von anderen Zufälligkeiten abhängig sind. Die an einem Modell gemessenen kritischen Lasten können deshalb nur mit besonderer Vorsicht unter Berücksichtigung aller Nebenumstände auf ein Bauwerk umgerechnet werden.

2 Werkstoffe für elastische Modelle

2.1 Mineralische Werkstoffe

Mineralische Werkstoffe werden zur Herstellung elastischer Modelle hauptsächlich deshalb verwendet, weil ihre Querdehnzahl weitgehend mit derjenigen des Betons übereinstimmt. Abgesehen von Glas, das wegen seiner schwierigen Bearbeitbarkeit nur für einfach berandete Plattenmodelle verwendbar ist, kommen im wesentlichen nur Gips und

Zementstein in Frage, die in trockenem Zustand die geforderte lineare Spannungs-Dehnungs-Linie aufweisen. Beide Werkstoffe bieten zudem die Möglichkeit, die Modelle — entsprechend einer Stahlbeton-Hauptausführung — zu bewehren. Zu Versuchen mit bewehrten Modellen ist jedoch grundsätzlich zu sagen, daß es sich nur dann um Untersuchungen von „elastischen Modellen" auf Grund der Homogenität, Isotropie und σ-ε-Linearität der beiden beteiligten Verbundstoffe handelt, wenn entweder der Zustand I (ungerissene Zugzone) vorliegt oder ein Zustand II, bei dem das Rißbild streng ähnlich ist und sich während des Versuchsverlaufs, abgesehen von der Rißbreite, nicht ändert. In beiden Fällen, denen ein begrenzter Belastungsspielraum entspricht, handelt es sich um ein eindeutig elastisches Verhalten des Tragwerks, das sich in analoger Weise auf Grund der Voraussetzungen der Elastizitätstheorie als Verbundtragwerk berechnen läßt. Im Zustand I sind jedoch Modellversuche für die Praxis relativ uninteressant. Dasselbe gilt für den Zustand II im rein elastischen Bereich; hier kommt noch hinzu, daß das bei der Erstbelastung entstehende Rißbild keineswegs dem der Hauptausführung immer ähnlich ist, da hier Werkstoffeigenschaften wie Zugfestigkeit und Verbundgüte bestimmend sind, die zwar nicht das elastische Verhalten während des Versuchs, wohl aber die Struktur bzw. das statische System des Tragwerks beeinflussen. Praktische Bedeutung haben Versuche mit bewehrten Modellen im Zustand II erst oberhalb der Proportionalitätsgrenze, wenn plastische Verformungen des Verbundtragwerks auftreten, oder als Traglastversuche. Inwieweit Gips oder Zementstein für solche Versuche geeignet ist, wird daher erst in Abschn. D (Realmodelle) behandelt. Im folgenden wird nur ihre Eignung für unbewehrte elastische Modelle besprochen.

2.1.1 Gips

Es soll zunächst auf die Materialeigenschaften von erhärtetem Gips in ausgetrocknetem Zustand eingegangen werden, soweit sie für elastische Modelle von besonderem Interesse sind. Auch Druck- und Zugfestigkeit werden behandelt, da von ihnen die zulässige Belastung abhängt. Der E-Modul von ausgetrocknetem Gips bewegt sich in der Größenordnung von 50 000 bis 120 000 kp/cm², beträgt also etwa 1/3 bis 1/4 desjenigen von Beton. Er kommt damit dem Wunsch nach einem niedrigen E-Modul für das Modellmaterial entgegen, wodurch der Aufwand in der Belastungsvorrichtung verringert wird. Der E-Modul ist nach vollkommener Austrocknung unabhängig vom Alter und kann durch Änderung des Wasser-Gips-Verhältnisses (w/g-Faktor) in gewissen Grenzen gewählt werden (Bild D.8). Wenn es auf gute Konstanz der Materialwerte ankommt, empfiehlt sich eine Konservierung nach erfolgter Austrocknung mit einem geeigneten Lack, um ein erneutes Eindringen von Feuchtigkeit und damit eine Änderung der Materialeigenschaften zu vermeiden.

Die Poissonsche Zahl ist weitgehend unabhängig von äußeren Faktoren und beträgt im Mittel $\mu = 0,16$ bis $0,20$ [C.3; C.4]. Sie entspricht also in ihrer Größe der Poissonschen Zahl des Stahlbetons. Hierin ist ein Hauptgrund für die Verwendung von Gips für elastische Modelle zu

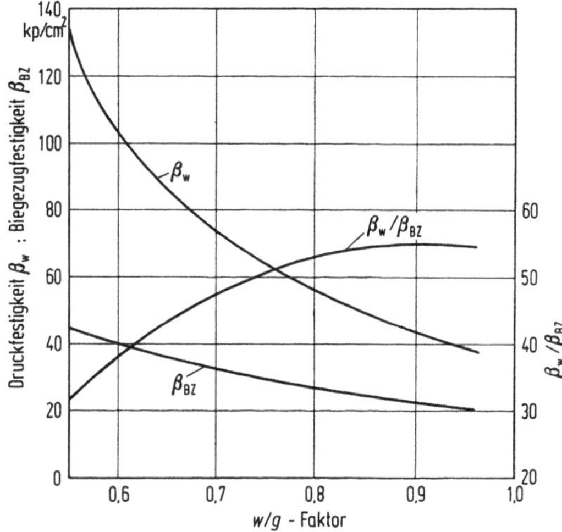

Bild C.1 Abhängigkeit der Druckfestigkeit und Biegezugfestigkeit von ausgetrocknetem Gips vom w/g-Faktor (nach [C.5])

sehen, und zwar insbesondere für Tragwerke, die μ-abhängigen Belastungszuständen unterworfen werden (z. B. Ermittlung von Einflußlinien an Fahrbahnplatten schiefwinkliger Brücken). Die Würfeldruckfestigkeit β_W ist in Abhängigkeit vom w/g-Faktor in weiten Grenzen wählbar. Bild C.1 zeigt an Stuckgips ermittelte Werte. Eine Abhängigkeit von der Zeit ist nach vollkommener Austrocknung und Schutz vor erneut eindringender Feuchtigkeit nicht vorhanden. Die Biegezugfestigkeit β_{Bz} zeigt eine geringere Abhängigkeit vom w/g-Faktor als die Würfeldruckfestigkeit, so daß das Verhältnis von Biegezug- zu Druckfestigkeit mit steigendem w/g-Faktor von 0,30 bis auf 0,60 zunimmt (Bild C.1).

Von den Vorteilen, die trockener Gips als Modellmaterial bietet, ist vor allem die kurze Abbindezeit hervorzuheben. Schon nach 10 Min. kann das Modell ausgeschalt werden. Allerdings sollte eine 24stündige Feuchtklimalagerung vorhergehen, bevor mit dem Trocknen begonnen

wird, wozu Temperaturen bis zu 40 °C zulässig sind. Die gute Bearbeitbarkeit erlaubt es, mit Gips auch feinste Details der Hauptausführung
genau nachzubilden. Bei sorgfältiger Herstellung läßt sich ein Modellmaterial von großer Homogenität und Isotropie erzielen. Gips zeigt keine
Schwinderscheinungen. Man kann den Modellmaßstab infolgedessen
kleiner wählen, ohne einen negativen Einfluß von Inhomogenitäten oder
zu großen Maßtoleranzen befürchten zu müssen. Auch nachträgliche
Änderungen am Modell können durch Bearbeitung wie Schleifen, Sägen,
Bohren usw. gut durchgeführt werden. Sollen z. B. bei der Untersuchung
einer massiven Gründung die E-Modulverhältnisse geändert werden, so
kann dies durch Bohrungen in dem betreffenden Modellkörper erfolgen,
wodurch der resultierende E-Modul abnimmt. Für die verschiedenen
Maßstäbe ($E_V = 1 : 2$, $1 : 3$, $1 : 4$, $1 : 5$ usw.) sind jeweils zutreffende
Lochraster entwickelt worden. Die Größe des E-Moduls wird dabei an
parallel durchbohrten Würfeln ermittelt [C.6].

Gips ist ein verhältnismäßig spröder Werkstoff, seine Bruchdehnung
ist mit 1,5‰ relativ klein, so daß man bei den Messungen mit kleinen
Dehnungen auskommen muß. An die Meßgenauigkeit sind daher hohe
Anforderungen zu stellen. Dehnungen und Durchbiegungen werden vorteilhafterweise mit elektrischen Gebern (DMS, induktive Wegaufnehmer)
ermittelt. Durch die Sprödigkeit des Werkstoffes versagt ein Gipsmodell
meist plötzlich und ohne Vorankündigung, so daß mit besonderer Vorsicht
und Sorgfalt gearbeitet werden muß (s. a. Abschn. D-3.5).

2.1.2 Zementstein

Auch Zementstein hat wie Gips im ausgetrockneten Zustand eine
gerade Spannungs-Dehnungs-Linie. Er findet aber bei elastischen Modellen kaum Verwendung, da die Vorteile von Gips sowohl in der Bearbeitbarkeit als auch in seinen modelltechnischen Eigenschaften überwiegen.
Hier sind als besondere Nachteile des Zementsteins seine lange Abbindezeit, die Abhängigkeit der Stoffbeiwerte von der Zeit und die auftretenden Schwind- und Kriecherscheinungen zu erwähnen.

2.2 Metallische Werkstoffe

Metallische Werkstoffe haben neben einem nahezu belastungsunabhängigen E-Modul im elastischen Bereich den großen Vorteil, daß sie im
Gegensatz zu den mineralischen Werkstoffen und besonders den Kunststoffen keinerlei Kriecherscheinungen aufweisen. Dazu kommt, daß ihre
Bearbeitung für eine gut ausgerüstete Werkstatt keine Probleme bringt;

es ist daher im folgenden nicht nötig, hierauf näher einzugehen. Muß ein Modell aus mehreren Einzelteilen zusammengesetzt werden, so ist zu beachten, daß beispielsweise mit Epoxyharz geklebte Fugen wegen des Kriechens und der abweichenden elastischen Eigenschaften des Klebstoffs immer zu Störungen im Verformungsverhalten des Modells führen. Exakte Verbindungen können nur durch Schweißen hergestellt werden.

Hinsichtlich der Querdehnzahl ergeben sich bei Hauptausführungen aus Beton die gleichen Probleme wie bei anderen Modellwerkstoffen, deren μ von dem des Betons wesentlich abweicht. Der E-Modul ist bei den Metallen vergleichsweise hoch. Um die gleichen Dehnungen zu erfahren, muß z. B. ein Stahlmodell 60mal so stark belastet werden wie ein geometrisch gleiches Kunststoffmodell. Daher wird man Metalle bevorzugt dann verwenden, wenn, wie etwa bei Platten, der Dickenmaßstab wesentlich kleiner als der Längenmaßstab gewählt werden kann, damit nur kleinere Lasten zur Erzeugung der erforderlichen Dehnung benötigt werden. Muß strenge geometrische Ähnlichkeit gewahrt werden und ist zudem Dehnungsübertreibung notwendig, so wird es sich nicht vermeiden lassen, hydraulische Belastungssysteme zu verwenden. Dagegen kommen Metalle als Werkstoff wieder in Frage, wenn Dehnungsgleichheit gefordert ist, da es sich dann meist um nur kleine Verformungen und entsprechend niedrige Lasten handelt.

Die üblicherweise verwendeten Metalle sind Aluminium und Stahl. Für spezielle Probleme kommen noch Legierungen wie Messing und Bronze in Frage, und zwar dann, wenn eine bestimmte Größe des E-Moduls gefordert wird (etwa in Mehrstoffsystemen), da man durch unterschiedliche Wahl des Mischungsverhältnisses den E-Modul variieren kann.

Aluminium wird bevorzugt bei Modellversuchen an Platten angewendet. Einerseits sind Aluminiumtafeln in großen Abmessungen, unterschiedlichen Dicken und vor allem sehr geringen Dickentoleranzen (1,2% gegenüber 5% bei Plexiglastafeln) im Handel erhältlich. Andererseits ist es schwierig, zusammengesetzte Modelle aus Aluminiumteilen herzustellen, da Kleben die oben genannten Nachteile hat und das Schweißen nur von Spezialwerkstätten ausgeführt werden kann. Bei der Herstellung beispielsweise eines Trägerrostmodells bietet, abgesehen vom fehlenden Kriechen, Aluminium keine Vorteile gegenüber Gips oder Kunststoff. Gegenüber Stahl hat Aluminium den Vorteil eines wesentlich niedrigeren E-Moduls, so daß auch für Modelle mit strenger geometrischer Ähnlichkeit (z. B. $l_V = d_V$) die üblichen Belastungsvorrichtungen ausreichen. Stahl ist zwar schwerer zu bearbeiten als Aluminium, ist aber sehr leicht zu schweißen und eignet sich deshalb sehr gut als Werkstoff für große zusammengesetzte Modelle. Im elastischen Verhalten bietet er gegenüber Aluminium jedoch keine Vorteile.

7*

2.3 Kunststoffe

Die meisten Untersuchungen im elastischen Bereich werden an Modellen aus Kunststoffen ausgeführt. Sie besitzen weitgehend die oben angeführten Eigenschaften der Homogenität, Isotropie und Linearität der σ-ε-Linie. Der Aufwand für die Modellherstellung ist vergleichsweise gering, denn es können verhältnismäßig kleine Modelle benutzt werden. Wegen des niedrigen E-Moduls kann man die Belastungen noch durch Anhängen leicht zu handhabender Gewichte erzeugen. Mit geringem Aufwand lassen sich Auflager verwirklichen, die im Vergleich zum Modell unverschieblich und steif sind. Bei Werkstoffgleichheit zwischen Modell und Hauptausführung müßten im Modell eines Stahlbetonbauwerkes bei sonst gleichen Verhältnissen etwa 10fach größere Kräfte als bei einem Kunststoffmodell angewendet werden. Besteht die Hauptausführung aus Stahl, dann sind bei Werkstoffgleichheit die Kräfte, die gleiche Verformungen erzeugen, etwa 60mal größer als bei einem Kunststoffmodell. Dies sind wohl entscheidende Gesichtspunkte für die Wahl von Kunststoffen zur Modellherstellung. Im Vergleich zu ihrem spezifischen Gewicht ist ihr E-Modul jedoch noch groß genug, damit das Eigengewicht bei Modellmaßstäben von etwa 1:50 keine meßbaren Verformungen des Modells erzeugt und die Eigengewichtsspannungen klein sind gegenüber den zu messenden Spannungen. Dies kann aber auch als Nachteil gewertet werden, wenn Eigengewichtsspannungen im Modell gemessen werden sollen. Jedoch haben die Kunststoffe diesen Nachteil mit fast allen anderen Modellwerkstoffen gemeinsam, so daß zur modellstatischen Ermittlung von Eigengewichtsspannungen andere Verfahren angewendet werden müssen (s. Abschn. E-3).

Der Hauptnachteil der Kunststoffe ist das zeitabhängige elastische Nachgeben bei mechanischer Beanspruchung, das sogenannte Kriechen, weil hierdurch die Proportionalität zwischen Belastung und Dehnung, wie sie bei elastischen Modellen verlangt wird, nicht ohne weiteres besteht. Jedoch gibt es verschiedene Verfahren, mit denen es möglich ist, den Zeiteinfluß auf Messungen an Kunststoffmodellen zu eliminieren (s. Abschn. C-3). Alle Stoffkonstanten, insbesondere der E-Modul, sind stark von der Temperatur abhängig. Dies macht es erforderlich, die Raumtemperatur während der Messungen möglichst konstant zu halten, wozu unter Umständen eine Klimaanlage benötigt wird. Außerdem haben Kunststoffe einen großen linearen Wärmeausdehnungskoeffizienten. Kleine Temperaturänderungen während der Messungen können deshalb die Meßergebnisse verfälschen. Im allgemeinen ist aber die Wärmeträgheit der Modelle so groß, daß ein Schutz vor Luftzug durch einen Kasten aus Kunststoffolien eine ausreichende Temperaturkonstanz an der Oberfläche gewährleistet, wenn der Versuchsraum über längere Zeit seine

Temperatur nicht wesentlich ändert. Solche Schutzmaßnahmen sind jedoch nicht nötig, wenn die in C-3.2.2.3 beschriebene Methode angewendet wird. Das geringe Wärmeleitvermögen der Kunstharze macht sich bei Messungen mit DMS unangenehm bemerkbar, da die entstehende Stromwärme nur schlecht abgeführt wird und die Meßstelle sich stark erwärmt. Bis zum Eintreten des stationären Zustandes entsteht infolge der Wärmedehnung eine Nullpunktswanderung. Außerdem nimmt durch die Erwärmung an der Meßstelle der E-Modul ab, wodurch eine Inhomogenität im Material entsteht (s. S. 213, [F.27)]. Ein weiterer Nachteil ist die große Querdehnzahl der Kunststoffe, die zwischen 0,36 und 0,40 liegt. Hierdurch läßt sich die Forderung des Poissonschen Modellgesetzes nach gleichen Querdehnzahlen bei Modell und Bauwerk nicht erfüllen. Am größten ist die Abweichung gegenüber Beton, der eine Querdehnzahl von 0,15 bis 0,20 hat. Die hierdurch entstehenden Fehler können nur in wenigen Fällen eliminiert werden; man nimmt sie wegen der vielen anderen Vorteile von Kunststoffmodellen meistens in Kauf. Manchmal ist eine Fehlerabschätzung aus theoretischen Untersuchungen bekannt, so daß man den Einfluß der unterschiedlichen Querdehnzahlen berücksichtigen kann (s. Abschn. B-5.3.1). Glasfaserverstärktes Polyester (GFK) hat eine Querdehnzahl von 0,15. Jedoch ist seine Anwendung seither auf Einzelfälle beschränkt geblieben, wohl wegen der Schwierigkeit, ein ausreichend isotropes Material herzustellen.

Da für elastische Modelle vorwiegend Kunststoffe benutzt werden, befassen sich die folgenden Teile des Abschn. C ausschließlich mit den Eigenschaften und der Verarbeitung der Kunststoffe.

3 Kriechen der Kunststoffe

3.1 Elastisches, nachelastisches und plastisches Verhalten

In einem festen elastischen Körper wird durch eine äußere Beanspruchung eine innere Gegenspannung hervorgerufen, die durch eine elastische Verschiebung der Moleküle aus ihrer Gleichgewichtslage entsteht. Verschwindet die äußere Beanspruchung, so bewirkt auch nach sehr langer Belastungszeit die Gegenspannung ein Zurückfedern der entstandenen Verformung. Auch in einem plastischen Körper ist im ersten Augenblick nach der Belastung die Gegenspannung σ_0 vorhanden. Sie wird aber bei konstant gehaltener Verformung mit der Zeit t ständig kleiner. Diese Relaxation der Spannung erfolgt exponentiell:

$$\sigma = \sigma_0 e^{-t/t_R}. \tag{C.1}$$

t_R ist die Zeit, in der die Spannung auf den e-ten Teil zurückgegangen ist; sie heißt Relaxationszeit und dient zur Kennzeichnung des Vorganges bei verschiedenen Stoffen.

Der Abbau der inneren Spannungen entsteht durch einen Platzwechsel der Moleküle, der nicht reversibel ist, da er gegen den energieverzehrenden Reibungswiderstand ihrer Umgebung stattfindet. Dieser ist der Viskosität proportional und von der Temperatur abhängig. Bleibt die äußere Beanspruchung konstant, muß entsprechend dem Zurückgehen der inneren molekularen Spannungen die Verformung zunehmen, damit die Gesamtheit der inneren Spannungen der äußeren Beanspruchung das Gleichgewicht hält. Dies wird in der einschlägigen Literatur [C.7] mit Fließen bezeichnet, während man in den Ingenieurwissenschaften bei diesem Vorgang von Kriechen spricht. Plastische Verformungen können auch entstehen, wenn einzelne Moleküle durch zufällig wirkende hohe thermische Energiestöße einen Platzwechsel ausführen. Theoretisch gibt es deshalb eine Fließgrenze nur beim absoluten Nullpunkt. Jedoch sind die Platzwechsel infolge thermischer Schwingungen bei festen Körpern so selten, daß man bei „schnellen" Untersuchungen für praktische Zwecke eine Fließgrenze definieren kann.

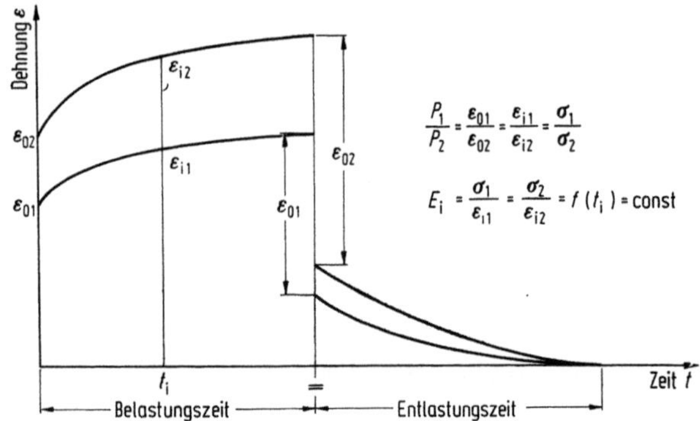

$$\frac{P_1}{P_2} = \frac{\varepsilon_{01}}{\varepsilon_{02}} = \frac{\varepsilon_{i1}}{\varepsilon_{i2}} = \frac{\sigma_1}{\sigma_2}$$

$$E_i = \frac{\sigma_1}{\varepsilon_{i1}} = \frac{\sigma_2}{\varepsilon_{i2}} = f(t_i) = \text{const}$$

Bild C.2 Dehnung von Kunststoffen bei konstanter Belastung (schematisch)

Bei der Beanspruchung von Kunststoffen durch äußere Kräfte entsteht wie bei allen festen Körpern eine momentane elastische Verformung ε_0. Bei gleichbleibender Belastung nimmt jedoch anschließend die Verformung mit der Zeit zu, was im landläufigen Sprachgebrauch Kriechen genannt wird (Bild C.2). Bei kurzzeitiger Belastung ist die mit der Zeit zunehmende Verformung elastisch, wenn man damit auch solche Verformungen bezeichnet, die nach der Entlastung erst allmählich, aber wieder vollkommen zurückgehen. In der Literatur (z. B. [C.7]) findet man hierfür häufig den Ausdruck „elastische Nachwirkung". Bei langen

Belastungszeiten kann in der zweiten Phase der Verformung zu einem gewissen Grade ein plastischer Anteil enthalten sein, der durch Platzwechsel einzelner Moleküle infolge zufälliger hoher thermischer Energiestöße entsteht.

Hochmolekulare Substanzen, wie die in der Modellstatik verwendeten Kunststoffe, besitzen unterhalb einer für den Stoff charakteristischen Temperatur, der sogenannten Einfriertemperatur, eine so hohe Viskosität, daß Platzwechselvorgänge nur sehr selten vorkommen. Dieser Zustand wird als Glaszustand bezeichnet. Fließerscheinungen sind in ihm nur in sehr langen Zeiträumen zu beobachten. Bei höherer Temperatur allerdings wird es im Laufe der Zeit öfter vorkommen, daß einzelne Moleküle genügend thermische Energie erhalten, um Platzwechsel ausführen zu können. Es sind dann bereits innerhalb kürzerer Zeiten plastische Verformungen meßbar. Entlastet man Kunststoffe, die während nicht zu langer Zeiten bei Zimmertemperatur mechanisch beansprucht waren, so federt das Material sofort um den gleichen Betrag ε_0 zurück, der auch bei der Belastung als augenblickliche Verformung entstand. Anschließend findet die elastische Nachwirkung statt, und das Material kriecht in seinen Anfangszustand zurück.

Für die Modellstatik ist wichtig, daß das Kriechen der verwendeten Kunststoffe spannungsproportional ist. Das heißt: Zu jedem Zeitpunkt nach der Belastung sind die Dehnungen und Verformungen den Spannungen oder den wirkenden äußeren Kräften proportional (Bild C.2). Der E-Modul als Quotient von σ und ε ist zwar zeitabhängig, jedoch immer gleich bei Messungen, die zur gleichen Zeit nach dem Aufbringen der Last vorgenommen werden. Diese schon lange bekannte Eigenschaft der Kunststoffe und das nach kurzen Belastungszeiten vollkommene Zurückkriechen ermöglichen es überhaupt, Kunststoffe trotz ihrer zeitabhängigen Verformungen in der Modellstatik für exakte Messungen zu verwenden, denn es ergeben sich hieraus mehrere Möglichkeiten, den Zeiteinfluß auf die Messungen der Verformungen mechanisch beanspruchter Kunststoffe auszuschalten.

3.2 Elimination des Kriechens

3.2.1 Die Methoden mit zeitunabhängiger Dehnung

Leitet man an Stelle einer zeitlich konstanten Belastung in ein Modell aus Kunststoff eine zeitlich konstante Verschiebung ein, so ergibt sich ein Verformungszustand, der unverändert bleibt, obwohl die zu seiner Erzeugung erforderliche Kraft mit dem E-Modul abnimmt. Braucht man, wie bei den meisten Messungen, bei denen quantitative Größen gefragt

sind, sowohl die Durchbiegung als auch die Kraftgröße, so bezieht man
die gesamte Messung am besten auf einen E-Modul zur Zeit t. Dies kann
z. B. erreicht werden, indem man im Zeitpunkt t die weitere Verschiebung aller Lastangriffspunkte blockiert, d. h. beispielsweise eine zunächst frei hängende Last bei steigender Durchbiegung an einem An-
schlag aufsetzen läßt, wodurch die Bedingung der konstanten Verformung erfüllt ist und die Dehnungsmessung an allen Stellen ohne
Rücksicht auf den weitergehenden Abbau der Spannungen erfolgen kann.
Der im Zeitpunkt des Anschlagens vorhandene E-Modul, auf den sich die
folgende Dehnungsmessung bezieht, muß an einem statisch leicht erfaßbaren Hilfssystem aus dem gleichen Material nach gleicher Belastungs-
dauer bestimmt werden.

Wird nun die Gesamtbelastung $P(t)$ und damit die zeitlich konstante
Verschiebung über das direkt mit dem Modell verbundene Hilfssystem
eingeleitet, so spricht man von einer Spring-Balance (Federwaage). Sie
stellt ein mit dem Modell gekoppeltes Eichinstrument dar, das außer
den elastischen auch die zeitabhängigen Verformungen in der gleichen
Weise mitmacht wie das Modell. Ihre Anwendung ist natürlich nur dann
möglich, wenn die Gesamtbelastung in statisch bestimmter Form über
die Spring-Balance eingeleitet werden kann, was jedoch in der Regel
der Fall ist. Bild C.3a zeigt die Wirkungsweise an einem einfachen
Beispiel.

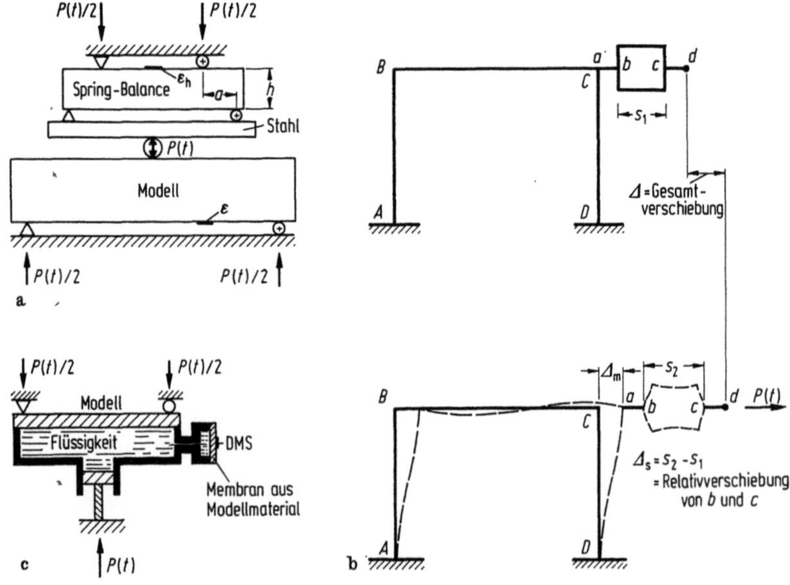

Bild C. 3 Spring-Balance
a) für Einzellast (nach [C. 8]); b) für Einzellast (nach [C. 9]); c) für Gleichflächenlast (nach [C. 10])

Für die Hilfskonstruktion gilt:

$$\varepsilon_h = \frac{P(t)}{E(t)} \cdot D = \text{const.} \qquad (C.2)$$

D ist ein fester Zahlenwert (im gezeichneten Beispiel ist $D = 3a/bh^2$), der sich aus Rechnung oder Eichversuch ergibt.

Für das Modell gilt:

$$\varepsilon = \frac{\sigma(t)}{E(t)}. \qquad (C.3)$$

Im Zustand zeitlich konstanter Verformung werden ε_h und ε gemessen, und man erhält

$$\frac{\sigma(t)}{P(t)} = \frac{\varepsilon}{\varepsilon_h} \cdot D = \text{const.} \qquad (C.4)$$

Aus dieser Beziehung, die ohne Kenntnis der eingeleiteten Verschiebung und der zugehörigen zeitlich veränderlichen Kraft $P(t)$ ermittelt wird, erhält man zu jeder beliebigen Kraft unmittelbar die an der Meßstelle hervorgerufene Spannung. Diese Methode wurde 1938 von E. O. SCHMIDT vorgeschlagen und in der ebenen Spannungsoptik benutzt [C. 8].

Ein anderer Typ der Spring-Balance ist der in Bild C.3b dargestellte Mechanismus (M. HETÉNYI [C.9]): In Richtung der Kraft $P(t)$ wird über den aus Modellmaterial bestehenden Mechanismus $a\,b\,c\,d$ eine zeitlich konstante Verschiebung $\varDelta$ in das Gesamtsystem eingeleitet. Diese setzt sich zusammen aus der Verschiebung $\varDelta_m$ des Modellsystems und der Verschiebung $\varDelta_s$ der Spring-Balance. Für die auf die Einheitslast bezogene Spannung an einem beliebigen Punkt des Modelltragwerks erhält man die Beziehung

$$\frac{\sigma(t)}{P(t)} = \frac{\varepsilon}{\varDelta_s} \cdot K_s. \qquad (C.5)$$

Hierin ist ε die an dem betreffenden Punkt des Modells gemessene zeitlich konstante Dehnung und K_s eine bekannte bzw. rechnerisch zu ermittelnde Konstante, die nur von der Geometrie der Spring-Balance abhängt und die Beziehung zwischen Kraft und Verschiebung herstellt:

$$\varDelta_s = K_s \cdot \frac{P(t)}{E(t)}. \qquad (C.6)$$

Wie im Falle des Bildes C.3a wird auch hier der Zusammenhang zwischen den beiden zeitlich veränderlichen Größen $\sigma(t)$ und $P(t)$ durch das Verhältnis zweier gemessener, zeitlich konstanter geometrischer

Größen (ε am Modell, Δs an der Spring-Balance) ermittelt, wobei lediglich die Spring-Balance-Konstante K_s bekannt sein muß.

In letzter Zeit wurde die Methode der Spring-Balance von CARPENTER [C.10] wieder aufgegriffen, der als Hilfskonstruktion einen mit DMS beklebten Hohlzylinder aus dem Modellmaterial verwendet, den er als „Strain Cell" bezeichnet. Zur Erzeugung von Gleichflächenlasten wird vorgeschlagen [C.10], in das Modell eine konstante Verformung über ein hydraulisches System einzuleiten. Jedoch darf das Gewicht der Flüssigkeit keinen Einfluß auf das Modell ausüben, und die Flüssigkeit darf keine Energie aufnehmen, d. h., sie muß inkompressibel sein. Die Wandungen des hydraulischen Systems müssen im Vergleich zum Modell steif sein. Bei konstanter Deformation des Modells ist dann der Druck in der Flüssigkeit zeitabhängig. Als Hilfskonstruktion wird eine Membran benutzt, die aus dem gleichen Material wie das Modell besteht und demselben Druck wie dieses ausgesetzt wird (s. Bild C.3c). In vielen Fällen wird die praktische Durchführung des Verfahrens an der Schwierigkeit scheitern, gleichzeitig eine einwandfreie Dichtung zwischen Modell und hydraulischem System, das nicht deformierbar sein darf, zu erzielen und die vorgeschriebenen Randbedingungen zu erfüllen.

Zeitunabhängige Verformungen zur Ausschaltung des Kriechens von Kunstharzmodellen werden am vorteilhaftesten bei den indirekten Modellmeßverfahren angewendet (s. Abschn. I-1.3), bei denen in der Regel mit Einheitsverschiebungen und -verformungen gearbeitet wird. Daher liegt sowieso keine direkte Beziehung zwischen M- und H-Lasten vor, so daß es nicht von Nachteil ist, wenn die tatsächlich im Modell vorhandenen Kräfte und Spannungen unbekannt bleiben.

3.2.2 Die Methoden mit zeitunabhängiger Spannung

3.2.2.1 Kompensation des Zeiteinflusses durch periodische Belastung

Belastet man ein Modell mit einer gleichbleibenden Kraft, so sind die hervorgerufenen Spannungen zeitunabhängig, während die Dehnungen und Verformungen mit der Zeit größer werden. Die jetzt bei der Dehnungsmessung auftretenden Schwierigkeiten umgeht man, indem alle Meßwerte jeweils im gleichen Zeitabstand $\Delta t = t_1 - t_0$ nach dem Aufbringen der Last abgelesen werden ($t_0 = $ Zeitpunkt der Lastaufbringung, $t_1 = $ Meßzeitpunkt). Hierdurch hat der E-Modul immer denselben Wert $E(t_1)$. Er kann an einem Probebalken ermittelt werden, wobei man die gleichen Bedingungen wie bei den Messungen am Modell einhält. Der Vorteil dieses Vorgehens ist, daß man die gemessenen Dehnungen direkt in Spannungen umrechnen kann. Nachteilig ist der wesentlich größere Zeitaufwand, da beim Anstreben hoher Genauigkeit das Modell für jede

Messung be- und entlastet werden muß. Die Belastungsvorrichtungen müssen deshalb so konstruiert sein, daß das Be- und Entlasten ohne große Mühe vorgenommen werden kann. Ist die Zeitspanne Δt zwischen Lastaufbringung und Messung sehr kurz, muß sie genau eingehalten werden, da unmittelbar nach dem Belasten das Kriechen am größten ist. Bei längeren Zeitspannen Δt ist es so gering, daß man unter Umständen ohne sehr große Genauigkeitseinbuße mehrere Messungen pro Lastspiel durchführen kann. In der ebenen Spannungsoptik, in der das Kriechen erstmals berücksichtigt wurde, hat man Δt-Werte von 10 bis 15 Min. angewandt [C.11]. Nach einer so langen Zeitspanne ist die Zunahme der Dehnung bereits so gering, daß es auf das genaue Einhalten von Δt nicht ankommt. Außerdem werden meist alle Messungen an Hand von photographischen Aufnahmen ausgeführt, so daß man mit je einem Lastspiel für Messung und Eichversuch auskommen konnte. Bei Dehnungsmessungen an Kunststoffmodellen sind oft sehr viele Meßstellen vorhanden (mehrere hundert). Würde man nach dem Lastaufbringen bis zum Beginn der Messungen 15 Min. warten, so wären wegen der erforderlichen langen Ablesezeit die zeitlich weit auseinanderliegenden Messungen trotz relativ großem Δt nicht mehr miteinander vergleichbar. Man wendet deshalb heute in der Modellstatik fast allgemein die Methode der kurzzeitigen Be- und Entlastung nach dem Vorschlag von HILTSCHER [C.12] an. Wählt man als Belastungszeit 20 Sek., so ist auch bei mehreren Meßstellen und den entsprechend vielen Lastspielen der Zeitaufwand noch erträglich [C.13]. Es ist zweckmäßig, die Be- und Entlastung automatisch zu steuern, damit sowohl beim Eichversuch zur Bestimmung des E-Moduls als auch bei den eigentlichen Messungen die Zeiten genau eingehalten werden. Außerdem wird der Beobachter hierdurch entlastet und kann dem Ablesen der Meßwerte seine ganze Aufmerksamkeit widmen.

3.2.2.2 Elektrische Kompensation des Zeiteinflusses

Eine andere Methode, den Einfluß des Kriechens bei Messungen mit elektrischen DMS auszuschalten, wird von HOSSDORF [C.14] angewandt. Er mißt die Dehnungen nach der sogenannten Nullmethode, führt aber den Nullabgleich der Dehnmeßbrücke nach der Belastung des Modells nicht elektrisch mit einem Potentiometer aus, sondern durch Dehnung des Kompensations-DMS (s. Bild C.4). Dieser ist auf einen Balken geklebt, der aus dem gleichen Material wie das Modell besteht und mit Hilfe eines Schiebegewichtes mit einem bekannten Moment beansprucht wird. Das Schiebegewicht wird nach dem Belasten des Modells so lange verschoben, bis der Nullabgleich hergestellt ist. Man erreicht hierdurch, daß der Kompensations-DMS der gleichen Dehnung wie derjenige an der Meßstelle unterworfen wird. Durch das Kriechen des Kunstharzes nimmt nun die Dehnung in beiden DMS gleichsinnig und in gleichem Maße zu, was aber bekanntlich wegen der gewählten Anordnung der DMS in der Wheatestoneschen Brückenschaltung nicht angezeigt wird (s. S. 224). Auf diese Weise ist der Zeiteinfluß auf die Dehnungsanzeige ausgeschaltet, und die sich unmittelbar nach der Belastung ergebende

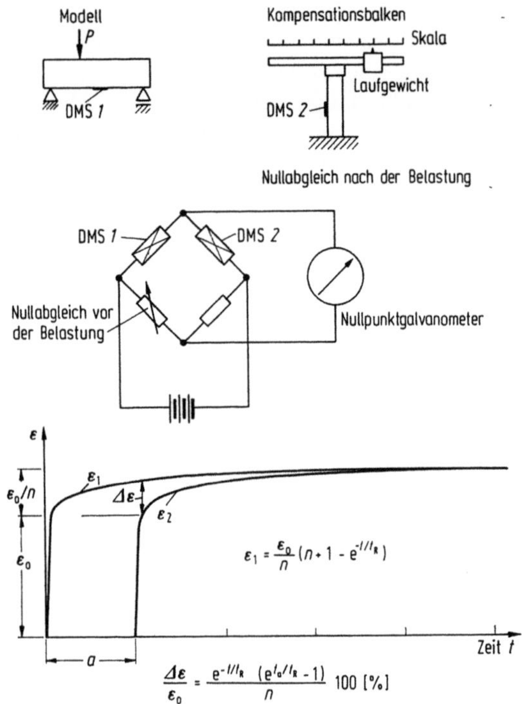

$$\varepsilon_1 = \frac{\varepsilon_0}{n}\left(n + 1 - e^{-t/t_R}\right)$$

$$\frac{\Delta\varepsilon}{\varepsilon_0} = \frac{e^{-t/t_R}\left(e^{t_0/t_R} - 1\right)}{n}\,100\ [\%]$$

Bild C.4 Elektrische Kompensation des Zeiteinflusses bei Dehnungsmessungen an Kunstharzen

Dehnung kann aus der Stellung des Laufgewichtes am Kompensationsbalken ermittelt werden. Das Verfahren funktioniert streng genommen nur dann einwandfrei, wenn Modell und Kompensationsbalken gleichzeitig belastet werden. Da dies jedoch in der Praxis nicht möglich ist, wird sich zwischen dem Beginn des Kriechens von Modell und Kompensationsbalken ein geringer Zeitunterschied ergeben (s. Bild C.4). Die Kriechkurven lassen sich näherungsweise als Exponentialfunktionen darstellen

$$\varepsilon = \frac{\varepsilon_0}{n}\left(n + 1 - e^{-t/t_R}\right). \tag{C.7}$$

Der Unterschied $\Delta\varepsilon$ zwischen den um die Zeitspanne t_a verschobenen Kurven

$$\frac{\Delta\varepsilon}{\varepsilon_0} = e^{-t/t_R} \frac{e^{t_a/t_R} - 1}{n} \cdot 100\% \tag{C.8}$$

wird mit zunehmender Zeit sehr schnell vernachlässigbar klein. Bezeichnet man mit f die Fehlergrenze in Prozent, dann ist die Zeit t^*, nach der $\Delta\varepsilon/\varepsilon_0 = f$ wird,

$$t^* = t_R \ln \frac{100\,(e^{t_a/t_R} - 1)}{f n}. \tag{C.9}$$

Aus einer Kriechkurve, die an einem Probestab aus Araldit E gemessen wurde, ergab sich, daß bereits 50 sec nach der Belastung des Modells der Unterschied zwischen den beiden Kriechkurven kleiner als 1% wird, wenn der zeitliche Abstand zwischen dem Beginn der Kurven $t_a = 15$ sec ist [C.13].

Man erhält also auch mit diesem Verfahren praktisch brauchbare Werte, die sich unmittelbar in Spannungen umrechnen lassen. Den hierzu notwendigen E-Modul ermittelt man auf die gleiche Weise an einem Probebalken, oder aber man berechnet die zu der Stellung des Laufgewichtes gehörende Spannung des Kompensationsbalkens und kann dann ohne Umweg über die Dehnungen sofort die Spannung an der Meßstelle angeben. Der Nachteil des Verfahrens liegt darin, daß man für jede Meßstelle erneut be- und entlasten muß, da sonst das Kriechverhalten von Modell und Kompensationsbalken nicht genügend genau übereinstimmt. Hierdurch und durch den von Hand vorzunehmenden Abgleich dürfte der Zeitaufwand größer sein als bei der unter C-3.2.1 beschriebenen Methode. Hinzu kommt, daß sich dieses Verfahren wegen des mechanischen Nullabgleichs am Kompensationsbalken nicht ohne weiteres mit handelsüblichen Geräten automatisieren läßt.

3.2.2.3 Elimination einer linearen Nullpunktsdrift

Sind bei periodischer Be- und Entlastung alle Bedingungen konstant, so daß sich der Anfangszustand des Modells und der Meßgeräte nach jedem Belastungsspiel wieder einstellt, dann bleibt der abgelesene Dehnungswert ε_u für die Unterlast gleich, der im allgemeinen nicht Null zu sein braucht. Die gesuchte Dehnung ergibt sich als Differenz zwischen den Dehnungen bei Ober- und Unterlast ε_0 und ε_u. Sie ist unabhängig von der Zeit. Da solche idealen Bedingungen nur sehr selten anzutreffen sind, wird sich sowohl ε_0 als auch ε_u mit der Zeit ändern. Zur Vereinfachung wird vorausgesetzt, daß entweder durch eine Temperaturdehnung des Modells oder durch eine Nullpunktsdrift der Meßgeräte ε_u mit der Zeit linear anwächst (s. Bild C.5). Das zu dem jeweils gemessenen ε_0 gehörige ε_{um} ist der Mittelwert der vor Belastung und nach Entlastung gemessenen ε_u. Die zu ermittelnde Dehnung ist dann die Differenz

$$\Delta\varepsilon_i = \varepsilon_{0i} - \varepsilon_{mi} = \varepsilon_{0i} - \frac{\varepsilon_{ui} + \varepsilon_{ui+1}}{2}. \tag{C.10}$$

Sie wird durch die lineare Nullpunktswanderung nicht beeinflußt. In der Praxis sind fast alle langsam vor sich gehenden Temperaturdehnungen und Nullpunktswanderungen während der Dauer einer Be- und Entlastung mit der Zeit näherungsweise linear veränderlich, wodurch ihr Einfluß auf das Meßergebnis in der geschilderten Weise fast vollkommen unterdrückt werden kann.

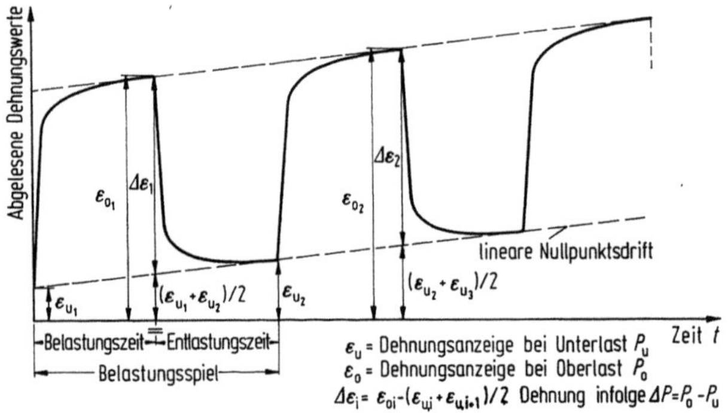

Bild C.5 Dehnungsverlauf bei periodischer Be- und Entlastung von Modellen aus Kunstharz

Führt man an einer Meßstelle eine Messung nur einmal aus, so kann keine Aussage über die Zuverlässigkeit der Beobachtung gemacht werden, da bekanntlich alle Meßwerte in einem gewissen Bereich um den wahren Wert streuen. Die Statistik lehrt, daß erst aus mindestens drei Messungen eine Aussage über die Größe des Streubereichs gewonnen werden kann. Es ist deshalb sinnvoll, an jeder Meßstelle die Messungen über drei bis vier Belastungszyklen auszudehnen und das Mittel aus den Dehnungswerten zu bilden. Hierdurch wird der Einfluß zufälliger Meßfehler stark herabgesetzt. Ist die Streuung von drei Werten größer als 1 bis 2%, so geht man sicherheitshalber auf vier bis fünf Belastungszyklen über.

Um den Einfluß des Kriechens auf Dehnungsmessungen zu eliminieren, genügt es, lediglich die Belastungszeit konstant zu halten. Die Entlastungszeit kann hierfür beliebig gewählt werden. Sie muß nur größer als die Belastungszeit sein, wie in C-4.2 noch gezeigt wird. Sollen aber lineare Nullpunktswanderungen, wie oben beschrieben, ausgeschaltet werden, dann müssen die Be- und Entlastungszeiten gleich sein. Damit sie genügend genau eingehalten werden, empfiehlt sich eine automatische Steuerung der Belastungsvorrichtung (s. Abschn. E-2).

4 Verhalten einiger Kunststoffe bei periodischer Be- und Entlastung

Für elastische Modelle werden die folgenden Kunststoffe in erster Linie verwendet:

Plexiglas, Fa. Röhm & Haas, Darmstadt

Araldit E (kalthärtend) + 10% Härter 938, Fa. Ciba, Basel

Araldit B (heißhärtend) + 30% Härter 901, Fa. Ciba, Basel

Lekutherm (heißhärtend) + 30% Härter P, Fa. Bayer, Leverkusen

In neuerer Zeit wird auch Trovidur (PVC), Fa. Dynamit AG., Troisdorf, benutzt, da es infolge seiner guten Schweißbarkeit die Modellherstellung erleichtert. Jedoch ist dabei zu beachten, daß der Werkstoff in der Schweißnaht nur etwa 65% des E-Moduls und der Festigkeit des Grundwerkstoffes erreicht. Kunststoffe auf der Basis von Polyäthylen, wie z. B. Tortulen, sind wenig geeignet. Zum einen kriechen sie sehr stark, und zum anderen lassen sie sich nur sehr schlecht kleben, wodurch eine einwandfreie Befestigung von DMS auf ihrer Oberfläche erschwert wird.

In [C.15] konnte gezeigt werden, daß die Spannungs-Dehnungs-Linien der genannten Kunststoffe bei periodischer Be- und Entlastung mindestens bis 8000 µD gerade sind, ein Bereich, der bei Modelluntersuchungen, die in Anlehnung an die sogenannte Spannungstheorie 1. Ordnung ausgeführt werden, bei weitem nicht ausgenutzt wird. Solche großen, vollkommen elastischen Dehnungen sind bei keinem anderen Werkstoff möglich. Deshalb sind sie auch für den elastischen Modellversuch besonders geeignet, wenn man den Einfluß großer Verformungen studieren will. Neben den Kunststoffen wurde ein Zweikomponentenkleber für Plexiglas (Akrifix 90) untersucht. Es zeigte sich, daß dieser Klebstoff nach einer Aushärtungszeit von ca. 14 Tagen oder nach einer Wärmebehandlung von 24 Std. bei 55 °C etwa den gleichen E-Modul besitzt wie gewöhnliches Plexiglas. Auch sein Kriechverhalten glich dem von Plexiglas. Damit ist also gewährleistet, daß Modelle, die mit diesem Klebstoff aus einzelnen Plexiglasteilen zusammengefügt werden, als monolithisch angesehen werden können.

4.1 Abhängigkeit des E-Moduls von der Belastungszeit

Der E-Modul ist bei periodischer Be- und Entlastung nur von der Belastungszeit (nicht etwa auch von der Größe der Spannung) abhängig. In Bild C.6 ist die Änderung des E-Moduls auf dessen jeweils für eine Belastungszeit von 20 sec gültigen Wert bezogen. Aus dieser Darstellung

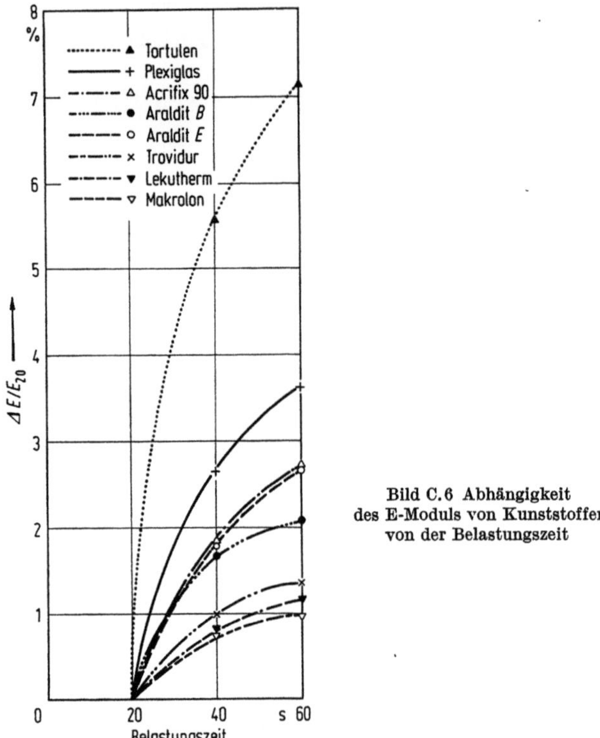

Bild C.6 Abhängigkeit des E-Moduls von Kunststoffen von der Belastungszeit

läßt sich ein Kriechmaß entnehmen, das die bezogene Änderung des E-Moduls angibt, wenn die Belastungszeit von 20 auf 60 sec vergrößert wird:

$$\frac{\Delta E}{E_{20}} = \frac{E_{20} - E_{60}}{E_{20}} \cdot 100\%. \tag{C.11}$$

Demnach kriecht von diesen Kunststoffen Tortulen mit 7,13% am stärksten, während bei Makrolon mit 0,96% die Zeitabhängigkeit des E-Moduls am kleinsten ist. Makrolon ist jedoch für die Zwecke der Modellstatik nicht brauchbar, da es nur unter hohem Druck härtet und im Handel lediglich dünne Tafeln erhältlich sind. Aus dem Kriechmaß eines Kunststoffes kann man sofort ersehen, ob man während eines Belastungszyklus eventuell mehrere Messungen vornehmen kann. Wird die erste Messung z. B. nach einer Belastungszeit von 20 sec ausgeführt, und man benötigt bis zum Ablesen der letzten Meßstelle 40 sec, dann ist der Unterschied zwischen beiden Messungen

$$\frac{\Delta\varepsilon}{\varepsilon_{20}} = \frac{\varepsilon_{20} - \varepsilon_{60}}{\varepsilon_{20}} = \frac{\Delta E}{E_{20}}. \qquad (C.12)$$

Kann man mit einer automatischen Meßanlage z. B. 50 Meßstellen in 40 sec abtasten, so nimmt bei einem Modell aus Araldit B zwischen der ersten und letzten Messung die Dehnung um 2% zu. Bei Untersuchungen, die für die praktische Bemessung eines Bauwerks ausgeführt werden, kann man diesen Fehler unter Umständen in Kauf nehmen (sogenannte „Messungen mit technischer Genauigkeit"), da der Zeitgewinn bei diesem Vorgehen wichtiger sein kann als eine übertriebene Genauigkeit.

4.2 Entlastungszeit ≤ Belastungszeit

Ist die Entlastungszeit kleiner als die Belastungszeit, dann ist das Zurückkriechen noch nicht beendet, wenn bereits die neue Belastung einsetzt. Es überlagern sich jetzt zwei gegenläufige Kriechvorgänge, so daß das Kriechen bei der neuen Belastung scheinbar kleiner ist [C.16]. Bei mehrmaliger Be- und Entlastung wird der sich dann einstellende effektive E-Modul größer. In Bild C.7 ist die Änderung des E-Moduls in Abhängigkeit von dem Verhältnis aus Entlastungs- zur Belastungszeit aufgetragen. Bei Plexiglas z. B. tritt eine Vergrößerung des E-Moduls von 3,4% gegenüber dem E-Modul bei Gleichheit von Be- und Entlastungszeit ein, wenn die Entlastungszeit nur 1/6 der Belastungszeit beträgt. Ist die Entlastungszeit größer als die Belastungszeit, dann ist keine Änderung des E-Moduls festzustellen.

4.3 Einfluß der Vorgeschichte und einer Vorlast

Bei Modellversuchen ist man oft gezwungen, das Modell vor Beginn der Messungen mehrmals längere Zeit zu belasten, um die Belastungsvorrichtung zu überprüfen und gegebenenfalls zu justieren. Diese Vorbelastungen haben keinen Einfluß auf die anschließenden Messungen mit periodischer Be- und Entlastung, auch wenn zwischen der Vorbelastung und den Messungen nur eine kurze Zeitspanne liegt. Um Belastungsvorrichtungen spielfrei zu halten oder Auflager zur Aufnahme von Zugkräften vorzuspannen, bringt man häufig am Modell eine konstante

Vorlast an, die dann eine mit der Zeit größer werdende Dehnung ε_u erzeugt. Vorlasten, die Dehnungen von 1000 bis 2000 µD entsprechen, sind praktisch ebenfalls ohne Einfluß auf die Messungen bei periodischer Be- und Entlastung. Kurze Zeit nach dem Aufbringen der Vorlast ist

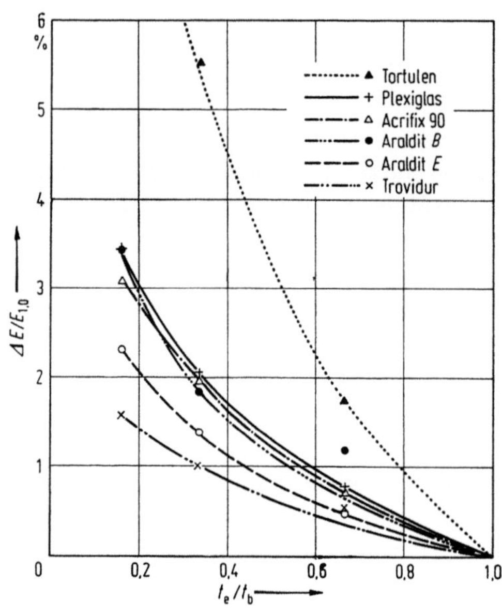

Bild C.7 Änderung des E-Moduls, wenn Entlastungszeit ≤ Belastungszeit

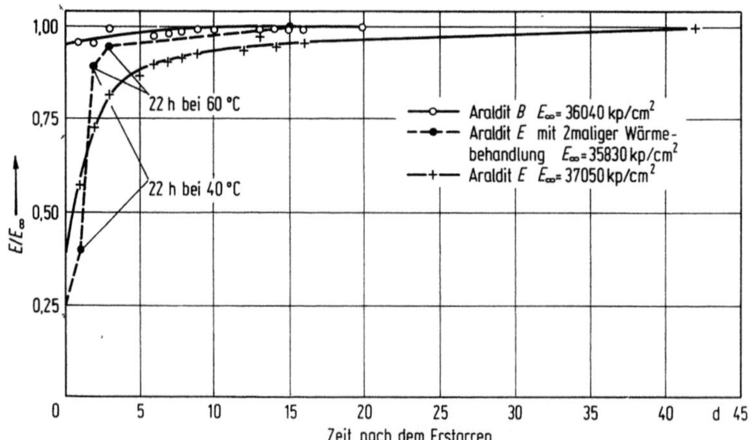

Bild C.8 Änderung des E-Moduls von Gießharzen nach dem Erstarren

die Zunahme der Dehnung ε_u während eines Belastungsspiels näherungsweise linear, so daß der Einfluß des durch die Vorlast erzeugten Kriechens durch die in C-3.2.2.3 geschilderte Differenzbildung ausgeschaltet wird.

4.4 E-Modul von Gießharzen nach dem Erstarren

Heißhärtende Gießharze, wie z. B. Araldit B, haben nach dem bei hohen Temperaturen vor sich gehenden Erstarren einen E-Modul, der im Laufe von 20 Tagen um ca. 5% größer wird. Bei kalthärtenden Gießharzen wie Araldit E nimmt der E-Modul jedoch in 42 Tagen um 41,3% zu; erst nach so langer Zeit ist das Aushärten des Kunstharzes so weit vorgeschritten, daß man während der Dauer eines Modellversuchs einen gleichbleibenden E-Modul voraussetzen kann (s. Bild C. 8). Durch eine Wärmebehandlung kann man auch bei kalthärtenden Gießharzen das Aushärten beschleunigen, so daß bereits nach wenigen Tagen der E-Modul seinen endgültigen Wert erreicht.

5 Herstellen von Kunststoffmodellen

Kunststoffe bieten bei der Anfertigung von baustatischen Modellen große wirtschaftliche Vorteile. Sie lassen sich mit geeigneten Werkzeugen und entsprechender Sorgfalt leicht bearbeiten und können mit lösungsmittelfreien Klebstoffen zu monolithischen Teilen verbunden werden. Von der Industrie wird ein Teil der Kunststoffe (insbesondere Polymethylmethacrylat, wie z. B. Plexiglas) in Tafeln, Blöcken, Stangen und Rohren geliefert, die als Halbfabrikate bei der Modellherstellung benutzt werden können. Andere (z. B. die Epoxyharze wie Araldit und Lekutherm) sind in monomerer Form als Gießharze erhältlich und können leicht in beliebige Formen gegossen werden. Es versteht sich von selbst, daß die Modelle mit der größtmöglichen Genauigkeit hergestellt werden müssen, denn die geometrische Ähnlichkeit spielt eine grundlegende Rolle bei jedem Modellversuch. Die Toleranzen der kleinsten, den Versuch maßgeblich beeinflussenden Abmessungen (meist die Dicke einer Platte oder Schale) sollen 10% keinesfalls überschreiten.

5.1 Bearbeitung von Kunststoffen

Die Bearbeitung von Kunststoffen auf Drehbänken oder Fräsmaschinen erfordert große Sorgfalt. Es ist besonders darauf zu achten, daß Drehstähle und Fräser neu und schnitthaltig sind und nicht auch zur

Metallbearbeitung benutzt werden. Der Keilwinkel der Drehstähle soll zwischen 80° und 84° liegen bei einem Freiwinkel von 6°. Im Gegensatz zum Metalldrehen soll mit einem negativen Spanwinkel (bis —4°) gearbeitet werden. Abgerundete Drehstähle verhindern ein Ausbrechen der Kanten. Bei einer Schnittgeschwindigkeit von 300 bis 400 m/min erzielt man mit einem Vorschub von 0,1 mm/Umdrehung gute Resultate. Schmieren ist dabei nicht notwendig. Wenn nötig, kann das Werkzeug mit einem Preßluftstrahl gekühlt werden. Um eine gute Oberfläche zu erzielen, sollten zuletzt nur sehr feine Späne weggenommen werden. Eine matte Drehfläche wird wieder durchsichtig, indem man sie mit feinem Wasserschleifpapier naß überschleift und anschließend mit Polierwachs und einer weichen Schwabbelscheibe bearbeitet. In Kunststoffe lassen sich auf der Drehbank Gewinde schneiden, wenn man reichlich schmiert und kein zu feines Gewinde wählt, das außerdem nicht zu spitz sein soll, damit das Material nicht ausbricht. Mit entsprechender Erfahrung ist es möglich, Teile auf 1/10 mm genau zu drehen. Beim Messen muß man beachten, daß wegen der großen Wärmeausdehnung schon durch die Erwärmung mit der Hand die Abmessungen verändert werden können.

Beim Fräsen geht man wie beim Bearbeiten von Holz und Leichtmetall vor. Es wird ebenfalls nicht geschmiert. Zum Bohren verwendet man die üblichen Spiralbohrer, die einen Spitzenwinkel von 50° bis 80° haben sollen, und spitzt die Bohrerseele auf $d/10$ aus. Schmieren ist unerläßlich. Bei Plexiglas bewährt sich Öl, wodurch die Bohrwand sauber und durchsichtig wird. Zum Sägen von Kunststoffplatten benutzt man auf der Kreissäge feingezahnte Widiasägeblätter, wie sie heute speziell für das Trennen von Kunststoffen angefertigt werden. Das Quellen und Klebrigwerden der Schnittflächen von Plexiglas wird durch Schmieren verhindert. Ein kleiner Vorschub verhütet das Ausbrechen der Kanten. Auf der Bandsäge wird ein gehärtetes Sägeblatt verwendet, das leicht geschränkt ist und auf 1″ Bandlänge 10 bis 14 Zähne besitzt. Die Schnittgeschwindigkeit wählt man je nach Materialstärke zwischen 600 und 1800 m/min.

Zum Schleifen von nur grob bearbeiteten Flächen verwendet man Ziehklingen oder Schleifpapier. Man beginnt zunächst mit einer Körnung von 60 bis 280. Bei Plexiglas muß man eine Erwärmung durch zu starkes und langes Andrücken unbedingt vermeiden, da dies starke Eigenspannungen erzeugt, die später beim Kleben viele feine Risse verursachen. Feinschleifen geschieht mit Naßschleifpapier mit einer Körnung bis 400 und reichlich Wasser. Die so vorbearbeiteten Flächen können leicht mit einer Schwabbelscheibe und Polierwachs durchsichtig und glänzend poliert werden. Auch hier muß man wieder darauf achten, daß sich die Flächen nicht zu sehr erwärmen. Kerben in Öffnungen und an Rändern sollte man an hochbeanspruchten Teilen ausrunden, um eine Zerstörung des Modells zu vermeiden, wenn nicht gerade diese Kerbspannungen Gegenstand der Untersuchung sind.

Plexiglas und Araldit können nach Erwärmen über ihren Erweichungspunkt hinaus leicht verformt werden. Dabei muß man jedoch bedenken, daß beide Stoffe thermoelastisch sind und bei einer späteren Erwärmung über ihre kritische Temperatur hinaus in ihre ursprüngliche Form zurückfedern. Bei Plexiglas tritt beim Erwärmen ein beträchtlicher Schwund ein, der durch entsprechende Vorversuche ermittelt und berücksichtigt werden muß. Die für diesen Werkstoff notwendige Erweichungstemperatur von 140 °C muß genau eingehalten werden, sonst wird der Schwund zu groß; bei stärkerer Erwärmung wird Plexiglas schnell unbrauchbar. Zur Modellherstellung benutzt man die bekannten Methoden des Blasens oder der Vakuumverformung; für die Herstellung von Modellen dünner Schalen biegt man Platten, die im Ofen erwärmt wurden, im plastischen Zustand über eine Form, die nach den in Abschn. C-5.3 angegebenen Verfahren hergestellt wurde. Zum Erwärmen legt man die Kunststoffplatten zwischen Aluminiumtafeln; sie verhindern das schnelle Auskühlen dünner Platten auf dem Weg vom Ofen zur Form. Diese sollte mit Infrarotstrahlern entsprechend vorgewärmt werden. Zum Biegen von Kanten erwärmt man die Teile über Heizstäben, wozu es besondere Vorrichtungen gibt, die ähnlich wie eine Abkantbank gebaut sind.

Beim Warmverformen von Kunststofftafeln werden trotz einer maßhaltigen Form die Modelle oft zu ungenau. Die Dickentoleranzen von im Handel erhältlichen Tafeln sind — besonders wenn ihre Dicke kleiner als 4 mm ist — meist zu groß. Man gleicht dies teilweise aus, indem man die Dicke an den Stellen, an denen später die Momente ermittelt werden sollen, genau mißt. Die Umrechnung der Dehnungen in Schnittgrößen erfolgt dann mit der tatsächlich vorhandenen Dicke. Jedoch wird auch die Spannungs- oder Momentenverteilung von Platten- und Schalenmodellen durch allzu große Unterschiede in der Dicke beeinflußt, so daß Abweichungen gegenüber der Hauptausführung entstehen. Man ist deshalb genötigt, sehr große Modelle zu bauen unter Verwendung dickerer Kunststofftafeln mit relativ kleineren Toleranzen oder dünnere Platten mit entsprechend hoher Genauigkeit selbst zu gießen (s. Abschn. C-5.3).

Anstatt die selbstgegossenen Platten warm zu verformen, kann man sie im noch plastischen Zustand auf eine Form auflegen und dort fertig aushärten lassen; dies aus der Oberflächenspannungsoptik [C.17] stammende Verfahren wurde von MAY, NIEMANN und ROTHERT [C.18] mit Erfolg angewendet. Die frisch gegossene Platte wird ausgeschalt, sobald das Gießharz eine gelatineartige Konsistenz angenommen hat, über die Form gezogen und dort festgehalten, bis es endgültig ausgehärtet ist. Auf diese Weise lassen sich Modelle großer Genauigkeit herstellen, wenn die Schalenfläche abwickelbar, d. h., wenn sie nur in einer Richtung gekrümmt ist. Aber auch bei doppelter Krümmung mit dem Betrage nach kleinem Krümmungsmaß lassen sich noch Toleranzen von $\pm$ 0,1 mm bei einer Schalendicke von 1 mm einhalten [C.18]. Bei großem Krümmungsmaß muß man durch das Ziehen des Kunststoffes bei diesen Verfahren eine Genauigkeitseinbuße hinnehmen. Dies läßt sich nur vermeiden, wenn die Modelle — wie in Abschn. C-5.3 beschrieben — in einer sehr genau angefertigten Form gegossen werden, wobei der Aufwand an Arbeitszeit und Material wesentlich ansteigt.

5.2 Kleben von Kunststoffen

Eine der besonderen Möglichkeiten, die nur die Verwendung von Kunststoffen bei der Herstellung baustatischer Modelle bietet, ist das Zusammenfügen einzelner Teile durch Kleben. Sorgfalt und äußerste Sauberkeit ermöglichen einwandfreie monolithische Verbindungen. Plexiglas und ähnliche Materialien werden mit geeigneten Polymerisationsklebern verbunden. Chloroform ist für Klebungen von Plexiglas nicht zu empfehlen, da es dieses anlöst und dadurch den E-Modul in der Nähe der Fuge herabsetzt. Aus dicken Teilen diffundiert es nur sehr langsam wieder vollständig heraus. Bei Gießharzen verwendet man das mit Härter versehene monomere Harz als Bindemittel. Die Klebestellen müssen sauber und absolut fettfrei sein. Dies ist besonders wichtig, und die zur Reinigung benutzten Lösungsmittel sollen deshalb wirklich frei von Fett sein. Für Aceton und Waschbenzin, das für technische Zwecke angeboten wird, trifft dies gewöhnlich nicht zu. Man sollte deshalb nur die im Fachhandel als garantiert rein verkauften Stoffe zur letzten gründlichen Reinigung verwenden. Auch Werkzeuge und zum Reinigen verwendete Lappen müssen frei von Fett sein. Gut geeignet sind Verbandwatte und eine Pinzette. Das Lösungsmittel wird aus der Flasche auf die Watte gegossen und nicht die Watte in das Lösungsmittel getaucht, um ein Verschmutzen des letzteren zu vermeiden. Plexiglas wird mit Reinbenzin oder Petroläther gereinigt, da diese es nicht anlösen. Bei Araldit kann man auch Tetrachlorkohlenstoff oder Aceton benutzen (letzteres jedoch nicht bei manchen kalthärtenden Sorten). Ein Aufrauhen der Klebeflächen ist im allgemeinen nicht nötig. Jedoch kann man die Klebestellen durch Schaben oder Schleifen mit fettfreien Werkzeugen reinigen. Staub und Späne entfernt man durch Blasen mit sauberer und ölfreier Luft oder durch Abwaschen mit Lösungsmitteln. Der Kleber muß blasenfrei aufgetragen werden. Dies gelingt am besten mit einer Injektionsspritze, wenn die Teile nicht stumpf verklebt werden, sondern die Fuge leicht angeschrägt ist (je nach Dicke 10° bis 15°). Hierdurch wird gewährleistet, daß genügend Kleber in die Naht eindringt.

An dieser Stelle sei auch darauf hingewiesen, daß sich spezielle Zwei-komponenten-Kunststoffkleber gut zum Verbinden von Metallen eignen, was sich beim Bau von Versuchsvorrichtungen manchmal mit besonderem Vorteil anwenden läßt. Die Festigkeit einer solchen Klebverbindung hängt noch weit mehr als beim Kleben von Kunststoffen von einer guten Haftgrundvorbereitung ab. Es sind zusätzliche mechanische Verfahren wie Sandstrahlen, Schmirgeln, Schleifen usw. anzuwenden. Die hierdurch entstehende Oberflächenrauhigkeit sollte jedoch nicht zu groß sein. Sie bewirkt durch Vergrößern der Oberfläche eine Verstärkung der Adhäsionskräfte. Sind jedoch die Riefen zu tief, so kann Luft eingeschlossen werden, wodurch die Oberfläche verkleinert und nicht mehr voll zur Bindung ausgenutzt wird. Die Haftung der Klebstoffe beruht auf Adhäsionskräften, die entstehen, wenn Fügeteil und Kleber sich innig berühren, und nicht etwa auf einer mechanischen Verzahnung des Klebers durch die Oberflächenrauhigkeit des Werkstückes. Deshalb ist die Vorbehandlung der Oberfläche von ausschlaggebender Bedeutung für die Festigkeit einer Klebung. Manche Kleber müssen zum Aushärten auf 100 °C bis 200 °C erwärmt werden. Mit zunehmender Temperatur ist die Aushärtezeit geringer und im allgemeinen die erzielte Festigkeit und besonders die Warmfestigkeit höher. Im Gegensatz zu den kalthärtenden Klebstoffen ist hier die Bindefestigkeit unmittelbar nach dem Aushärten vorhanden. Bei Metallklebverbindungen nimmt die Bindefestigkeit bei längerer Einwirkung von Feuchtigkeit ab; sie müssen dann entsprechend geschützt werden. Nicht jeder Werkstoff läßt sich mit allen Klebstoffen gleich gut verbinden. Man sollte deshalb die Hinweise der Hersteller, auch in jeder anderen Beziehung, unbedingt beachten [C.19].

5.3 Gießen von Modellen

Um Modelle aus Kunstharz zu gießen, benötigt man eine Form, deren Herstellung oft nicht ganz einfach ist. Wurde zunächst ein Positiv hergestellt, so kann man dieses gut eingeölt mit Gips oder Zementmörtel abformen. Die Form muß aus zwei Teilen bestehen, die so zu wählen sind, daß sie keine Hinterschneidungen enthalten, damit sie leicht vom Positiv oder später vom Gußstück zu lösen sind. Lassen sich Hinterschneidungen nicht vermeiden, so macht man die Form aus Silikonkautschuk, der wegen seiner Elastizität auch über Hinterschneidungen hinweg abgezogen werden kann. Er ist überhaupt ein ausgezeichnetes, wenn auch relativ teures Mittel zur Herstellung von Formen, die jedoch eine zusätzliche versteifende Umhüllung aus Gips oder Zement benötigen. Zur Erhöhung der Festigkeit sollten Gips- oder Zementformen grundsätzlich mit Maschendraht bewehrt werden. Sie müssen langsam und vollständig austrocknen, insbesondere wenn sie für heißhärtende Gießharze benutzt werden. In diesem Falle sind sie im Ofen über die Temperatur des Harzes hinaus zu erwärmen, wobei sie platzen würden, falls sie noch Wasser enthielten. Aus der Form austretender Wasserdampf würde auch durch Blasenbildung einen einwandfreien Guß verhindern.

Sollen Körper gegossen werden, die drehsymmetrisch sind oder deren Oberfläche durch Parallelverschiebung von Kurven entsteht, wie z. B. Kugelschalen oder Zylinderschalen, so kann eine Form auch ohne ein Positiv hergestellt werden. Man benutzt hierzu Schablonen, die entweder um eine Achse drehbar oder entlang von Geraden verschiebbar sind, und erzeugt mit ihrer Hilfe entsprechende Flächen aus Gips oder reinem Zementmörtel. Die roh vorgeformte Oberfläche wird dann durch Abziehen mit den Schablonen in die endgültige Gestalt gebracht. Andere

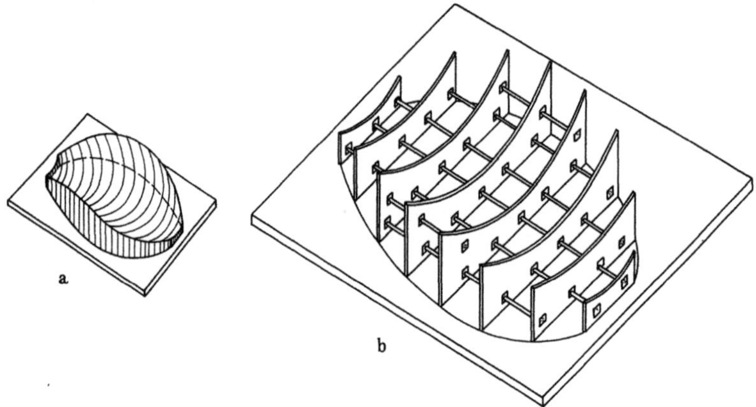

Bild C. 9 Schablonenkorb für komplizierte Gießformen a) Modellform; b) Schablone

Flächen lassen sich herstellen, indem man aus Blech oder Sperrholz Schablonen entsprechend anfertigt und auf einem Grundbrett aufbaut (s. Bild C.9). Die Zwischenräume werden mit einem leichten Füllstoff (Schaumstoff) ausgefüllt. Die letzte Schicht wird dann aus Gips oder Mörtel hergestellt und über die Kanten der Schablonen abgezogen. Neuerdings gibt es hierfür auch Kunststoff-Spachtelmassen, die sich abziehen lassen und die nach dem Erhärten wie weiches Holz bearbeitet werden können. Durch die Möglichkeit der Nachbearbeitung kann man damit in Verbindung mit einer genügend großen Zahl von Schablonen die kompliziertesten Flächen mit hoher Genauigkeit herstellen.

Zum Gießen eines Schalenmodells benötigt man jedoch noch eine zweite obere Schalung. Diese bekommt man — insbesondere bei Schalen mit veränderlicher Dicke — nur auf dem Umweg über ein sogenanntes Urmodell [C.20]. Es wird auf der mit Trennmittel versehenen unteren

Schalung aus Kunststoff-Spachtelmasse angefertigt, in die der Schalendicke entsprechende Blechschablonen eingedrückt werden. Nach dem Erhärten wird die Oberfläche des Urmodells spanabhebend bearbeitet, was durch die Schablonen leicht mit der erforderlichen Genauigkeit möglich ist. Kleine Poren werden sorgfältig mit Nitrospachtel geschlossen. Jetzt wird vom Urmodell, das auf der unteren Schalung liegt, eine Form aus Glasgewebe und Laminierharz hergestellt. Sie wird nach dem Erhärten mit Spanten aus Sperrholz versteift und dient beim Guß des eigentlichen Modells als obere Schalung.

Zum Gießen von Platten verwendet man als Form dicke Spiegelglasplatten, deren Abstand durch am Rand eingelegte geschliffene Stahlklötzchen überall gleich gehalten wird. Sie werden durch metallene Federklammern zusammengepreßt und durch einen umlaufenden Moosgummistreifen gedichtet. Zuvor werden sie sorgfältig mit einem Trennmittel behandelt, das überall gleichmäßig aufgetragen werden muß, um keine Abweichungen in der Dicke zu verursachen. Es soll ein leichtes Ablösen der Glasscheiben von der gegossenen Platte gewährleisten, was durch eigene Vorversuche zu überprüfen ist. Für kleinere Platten lassen sich als Gußform auch Plexiglasplatten verwenden, die den Vorteil bieten, daß an ihnen die meist gebrauchten kalthärtenden Epoxygießharze auch ohne Trennmittel nicht haften.

Das Aushärten der Gießharze wird durch Zufügen von sogenannten Härtern bewirkt. Das vom Hersteller angegebene Mischungsverhältnis ist genau einzuhalten. Jedes Zuviel oder Zuwenig an Härter verändert das entstehende Kunstharz in ungünstiger Weise. Die Epoxyharze verdienen vor allen anderen Gießharzen den Vorzug, da sie ohne Anwendung von Druck aushärten und dabei keinerlei gasförmige Produkte abscheiden. Auch bleibt das Schwinden beim Aushärten in vernünftigen Grenzen (etwa 2%). Das Gießen muß absolut blasenfrei erfolgen, was am einfachsten durch Druck im steigenden Guß erreicht wird (s. Bild C.10). Aber schon beim Mischen von Harz und Härter muß man das Einrühren von Luftblasen vermeiden. Durch nachträgliches Evakuieren oder Zentrifugieren lassen sich kleinere Luftblasen nicht mehr vollständig entfernen; es ist besser, sie nicht erst entstehen zu lassen. Hierzu hat sich ein Rührmotor mit Propeller und veränderlicher Drehzahl sehr gut bewährt. Man taucht den stillstehenden Propeller von oben in das Harz ein und gießt vorsichtig den Härter dazu. Jetzt wird das Rührwerk eingeschaltet und die Drehzahl langsam gesteigert, wodurch eine Strömung entsteht, wie in Bild C.11 schematisch angedeutet ist. In wenigen Minuten gelingt so eine vollständige Vermischung von Harz und Härter ohne Bildung von Luftblasen, falls die Drehzahl nicht zu hoch gewählt wird.

Die meisten Gießharze zeigen beim Aushärten eine exotherme Reaktion. Mischt man große Mengen von Harz und Härter, so kann die entstehende Wärme nicht schnell genug abfließen, und die Mischung erwärmt sich, wodurch wiederum die Reaktion beschleunigt wird. Das Aushärten erfolgt dann schlagartig unter starker Hitzeentwicklung, wobei die entstehenden Eigenspannungen den Gießling zerstören. Deshalb muß man größere Mengen Harz für einen Guß in kleinere Portionen unterteilen, die man erst nacheinander so mischt, wie man sie für den Guß benötigt.

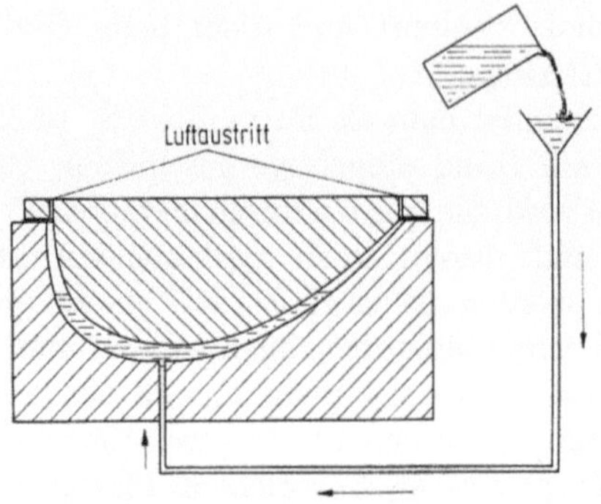

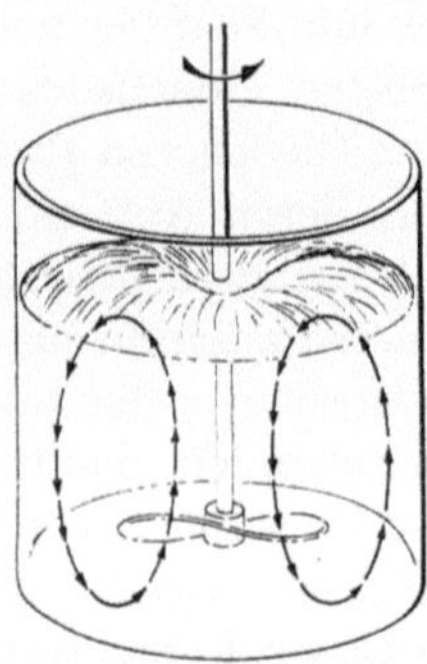

Bild C.10 Steigender Guß　　　　　Bild C.11 Blasenfreies Mischen
　　　　　　　　　　　　　　　　　　von Gießharz und Härter

Besteht das zu gießende Modell nur aus dünnen Teilen, so wird nach dem Gießen die Reaktionswärme schnell abgeleitet, und es ist keine Gefahr einer zu starken Erwärmung vorhanden. Bei dicken Teilen muß eine entsprechende Kühlung vorgesehen werden, oder man muß andere langsamer aushärtende Kombinationen von Harz und Härter auswählen. Vor dem Mischen muß dafür gesorgt werden, daß Harz und Härter wasserfrei sind, was durch getrenntes längeres Erwärmen erreicht werden kann. Aus der Luft aufgenommene Feuchtigkeit ist meist die Ursache von Schlieren in den Gußstücken.

Es wird oft zu wenig beachtet, daß die Formen größerer Teile genügend steif sein müssen, um durch den auftretenden hydrostatischen Druck des noch flüssigen Harzes nicht verformt zu werden. Auch der in entsprechenden Formteilen entstehende Auftrieb muß berücksichtigt und kompensiert werden. Modelle aus heißhärtenden Gießharzen werden in heißem Zustand ausgeschalt, sobald die Härtung soweit fortgeschritten ist, daß sich das Modell ohne Schalung nicht mehr verformt. Dann wird der Guß im Ofen ohne Schalung fertig ausgehärtet und langsam abgekühlt. Hierdurch erreicht man, daß das Modell beim Härten und Kühlen ungehindert schrumpfen kann und keine Risse entstehen. Wegen des großen Aufwandes beim Gießen und der Formherstellung und der infolge des Schwindens doch relativ geringen Maßhaltigkeit sollte man von Fall zu Fall überlegen, ob man das Modell nicht besser in einzelnen

Teilen bearbeitet und dann zusammenklebt. Unter Umständen ist es zweckmäßig, in einer relativ einfachen und ungenauen Form nur einen Rohling zu gießen, den man dann maschinell bearbeitet.

Literatur

C.1 ROCHA, M., DA SILVEIRA, A. F.: The Use of Models to Determine Temperature Stresses in Concrete Arch Dams. Ministério das Obras Públicas, Laboratorio Nacional de Engenharia Civil, Lisboa 1964, Technical Paper No. 230.

C.2 SERAFIM, J. L., DA COSTA, J. P.: Materials and Methods for the Study in Model of the Stresses Due to the Weight in Dams. Ministério das Obras Públicas, Laboratorio Nacional de Engenharia Civil, Lisboa 1960, Memória No. 154.

C.3 PREECE, B. W., DAVIES, J. D.: Models for Structural Concrete, London: C. R. Books Ltd. 1964.

C.4 RÜHLE, H.: Die Verwendung von Gipsmodellen für experimentelle Untersuchungen von doppelt gekrümmten Wellenschalenträgern und Kegelstumpfschalen und ihre Ergebnisse. Shell Research. Proc. of the Symposium on Shell Research. Delft 1961.

C.5 ALBRECHT, W.: Stuckgips und Putzgips. Fortschritte und Forschungen im Bauwesen. Reihe D (Berichte des Beirats für Bauforschung beim Bundesminister für Wohnungsbau), Heft 15.

C.6 AZEVEDO, M. C., ESTEVES FERREIRA, M. J.: Construction of Models of Concrete Dams for Elastic Tests. Ministério das Obras Públicas, Laboratorio Nacional Engenharia Civil. Lisboa 1964, Technical Paper No. 232.

C.7 HOUWINK, R.: Elastizität, Plastizität und Struktur der Materie, Dresden und Leipzig: Steinkopff 1957, 5ff.

C.8 NORRIS, CH. H.: Model Analysis of Structures. Proc. of the S.E.S.A., Vol. I, No. 2 (1944) 18—34.

C.9 HETÉNYI, M.: Handbook of Experimental Stress Analysis, 2. Aufl., New York: John Wiley & Sons, Inc. 1954.

C.10 CARPENTER, J. E.: Structural Model Testing. Compensation for the Time Effect in Plastics. J. of the PCA Research and Development Laboratories, Januar 1963, 47—61.

C.11 FROCHT, M. M.: Photoelasticity, Bd. I, New York: John Wiley & Sons, Inc. 1941, 365.

C.12 HILTSCHER, R.: Ein praktisches Lateralextensometer zur Bestimmung der Spannungssumme, Kungl. Tekniska Högskolans Handlingar Nr. 42, Stockholm 1950.

C.13 MÜLLER, R. K.: Ein Beitrag zur Dehnungsmessung an Kunstharzmodellen. Habilitationsschrift, Stuttgart 1964.

C.14 HOSSDORF, H.: Kompensation des Zeiteinflusses bei Messungen an Kunststoffen mit DMS. Vortrag am 21. 3. 1963 in Darmstadt.

C.15 MÜLLER, R. K.: Das Verhalten einiger Kunststoffe bei periodischer Be- und Entlastung. VDI-Ber. Nr. 102 (1966) 85—88.

C.16 LEADERMAN, H.: Creep, Elastic Hysteresis and Damping in Bakelite under Torsion. A.S.M.E. Transactions, Vol. 61 (1939), A-79—A-85 (J. Appl. Mech. 6, 1939).

C.17 McIVER, R. W.: Structural-test Applications Utilizing Large Continuous Photoelastic Coatings. Experimental Mechanics 5 (1965), 19 A—25 A (Januar) und 19 A—26 A (Februar).

C.18 May, B., Niemann, H.-J., Rothert, H.: Experimentelle Festigkeitsuntersuchungen an Tragwerkmodellen. Konstruktiver Ingenieurbau, Berichte, H. 2, 1968. Hrsg. von Prof. Dr.-Ing. W. Zerna, Bochum.

C.19 Baumann, H.: Leime und Kontaktkleber, Berlin/Heidelberg/New York: Springer 1967.

C.20 Ciba AG.: Araldit im Bau von Urmodellen. Anwendungsbeispiele für Araldit Nr. 28. Hrsg. von der Ciba AG., Basel 1964.

D Realmodelle

1 Einführung

Ein Modell, dessen Tragverhalten in *allen* Belastungsphasen — also von der Belastung Null bis zum Bruchzustand — dem der Hauptausführung ähnlich ist, nennt man Realmodell. Neben der Voraussetzung einer vollkommenen Ähnlichkeit hinsichtlich der Geometrie und der Kräfte bedingt dies für alle beteiligten Materialien die Erfüllung des Mehrstoff-Modellgesetzes bis hin zum Bruch für alle Stoffbeiwerte.

Die einzuhaltenden Bedingungen der strengen Ähnlichkeit (s. Abschn. B-5.1) zwingen in der Praxis meist dazu, das Modell aus dem gleichen Werkstoff herzustellen wie die Hauptausführung. Bei Realmodellen von Bauwerken aus Stahl oder Holz gibt es bei Werkstoffgleichheit prinzipiell keine Schwierigkeiten bei der Modelluntersuchung, wenn die Modellgröße so festgelegt wird, daß durch die Fügetechnik (Schweißen und Nieten bei Stahl; Nageln, Dübeln und Leimen bei Holz) an den für die Untersuchung entscheidenden Stellen keine Störung der Beanspruchung entsteht, die nicht auch bei der Hauptausführung vorhanden wäre. Wegen der Inhomogenität von Holz muß bei Holzmodellen die kleinste Abmessung immer noch groß sein gegenüber der Faserstruktur. Da auch bei gleicher Holzart die Festigkeit starken Schwankungen unterliegt und von vielen zufälligen Einflüssen abhängt, ist zu beachten, daß die Traglast von Modell und Hauptausführung von der statistischen Verteilung der Festigkeit beeinflußt wird, die nicht ähnlich nachgeahmt werden kann. Die Ergebnisse eines Modellversuches können deshalb nur mit entsprechender Vorsicht auf die Hauptausführung übertragen werden. Bei Metallmodellen kann die Beanspruchung mit den üblichen Mitteln der experimentellen Spannungsanalyse (vorwiegend elektrische Dehnmeßstreifen) gemessen werden. Bei Holzmodellen ist die Struktur des Werkstoffes zu beachten und durch entsprechend große Meßlängen dafür zu sorgen, daß die wegen der Inhomogenität örtlich unterschiedliche Beanspruchung ausgeglichen wird. Auf weitere Einzelheiten bei der Untersuchung von Realmodellen aus Metallen oder Holz braucht hier nicht eingegangen zu werden. Sie ergeben sich aus der sinnvollen Anwendung dessen, was über Modellversuche und Meßmethoden ganz allgemein oder über die Untersuchung von elastischen Modellen gesagt wurde.

Die meisten Probleme, die heute im Bauwesen nicht unmittelbar durch statische Berechnungen zu lösen sind und die daher zu ihrer Klärung Modellversuche verlangen, liegen im Bereich des Stahlbetons. Der Grund hierfür ist einmal in den fast unbegrenzten Gestaltungsmöglichkeiten dieses Baustoffs zu suchen, zum andern in seinem spezifischen Tragverhalten. Es ist bedingt durch die Tatsache, daß Beton eine hohe Festigkeit nur gegenüber Druckspannungen besitzt. Treten dagegen nennenswerte Zugspannungen auf, so reißt er; die Zugkraft wird von Stahleinlagen aufgenommen. Man sagt, der Stahlbeton geht bei Zugbeanspruchung vom Zustand I in den Zustand II über. Diese Vorgänge lassen sich bei geometrisch einfachen Querschnitten in mathematischer Form erfassen und behandeln. Sobald jedoch unsymmetrische, nicht geradlinig begrenzte oder auch über die Länge veränderliche Querschnitte vorliegen, wird eine analytische Behandlung schwierig bzw. eine geschlossene Lösung unmöglich. Reißt die Betonzugzone, so ändern sich die Steifigkeitswerte der einzelnen Bauteile und somit die statischen Eigenschaften des Gesamtsystems. Dies gilt besonders für statisch unbestimmte Konstruktionen. Es ist daher notwendig, von solchen Tragwerken Modelle herzustellen, die auf Grund der Struktur und der Eigenschaften der verwendeten Werkstoffe das komplizierte Verhalten des Stahlbetons sowohl im Zustand II als auch im plastischen Bereich und im Bruchzustand vollkommen ähnlich wiedergeben. Es ist das Nächstliegende, Realmodelle von Bauwerken aus Stahlbeton wiederum aus bewehrtem Beton oder Mörtel herzustellen. Allerdings treten hierbei zahlreiche Schwierigkeiten auf. Besonders hervorzuheben ist das komplizierte, nicht völlig ähnliche Verhalten der Modelle, das verursacht wird, wenn man die geometrische Ähnlichkeit auch für die Struktur und Zusammensetzung der Modellmaterialien fordert (Zuschlagskörnung, Durchmesser der Stahleinlagen).

Die Toleranzen in den Abmessungen sind größer als bei Kunststoffmodellen. Außerdem muß für die Bewehrung eine genügende Deckung vorhanden sein. Durch den größeren erforderlichen Maßstab und den höheren E-Modul des Modellbetons im Vergleich zu Kunststoff ist ein größerer Aufwand für die Belastungsvorrichtung notwendig. Schließlich entstehen durch das langsame Abbinden des Betons lange Wartezeiten.

Das erfolgreiche Arbeiten mit Mörtelmodellen verlangt nicht nur eine gute Ausrüstung zur Herstellung und Bearbeitung der Modelle, sondern auch ein Mindestmaß an Erfahrung, das nur während einer gewissen Einarbeitungszeit gewonnen werden kann. Wegen der großen Bedeutung, die Realmodellen von Stahlbeton-Tragwerken zukommt, befassen sich die folgenden Abschnitte mit der Technologie dieser Modelle.

2 Maßstabsverhältnisse und Ähnlichkeit
bei Realmodellen von Stahlbeton-Bauwerken

Die in Abschn. B erfolgten Ausführungen über Modellgesetze und Ähnlichkeit gelten selbstverständlich auch für Realmodelle und ihre Werkstoffe. Folgende Gesichtspunkte gewinnen hierbei jedoch an Bedeutung: Die Stoffwerte μ und E sind nicht mehr die allein entscheidenden Charakteristika des Modellwerkstoffes. Es treten weitere Stoffwerte auf, die durch die Wahl des Modellwerkstoffes festgelegt sind und die die Modellgesetze erfüllen müssen. Bei Bruchversuchen bestimmen sie weitgehend das Verhalten des Modells (z. B. Druckfestigkeit, Scherfestigkeit, Fließgrenze). Da die Werkstoffe für Realmodelle meist ebenfalls wie die der Hauptausführung ein Gemisch aus mineralischen Grundstoffen sind, entsteht die Frage, ob Werkstoffgleichheit für M und H, die das Problem hinsichtlich der Stoffwerte sehr vereinfacht, verträglich ist mit der Forderung, daß der geometrische Maßstab l_V auch auf die strukturelle Zusammensetzung, z. B. die Sieblinie, anzuwenden sei.

Realmodelle von Stahlbeton-Tragwerken sind bewehrte Modelle; auf sie sind die Mehrstoff-Modellgesetze anzuwenden (s. Abschn. B-8). Jedoch ist damit noch keine strenge Ähnlichkeit im Tragverhalten garantiert, da im Zustand II und im Bruchzustand neue, für das Zusammenwirken der Materialien (Beton/Bewehrung) maßgebende Parameter auftreten wie Verbundgüte und maximale Haftspannung.

2.1 Ähnlichkeit in den Werkstoffeigenschaften

Die Forderungen, die sich aus den Gesetzen für strenge Ähnlichkeit ergeben, lauten (vgl. Abschn. B-5.1):

$$\varepsilon_V = 1 \tag{D.1}$$

$$\mu_V = 1 \tag{D.2}$$

$$l_V \text{ ist für alle Richtungen gleich} \tag{D.3}$$

$$\alpha_V = \frac{1}{\vartheta_V}. \tag{D.4}$$

Hieraus folgen die abgeleiteten Maßstäbe

$$\sigma_V = E_V \tag{D.5}$$

$$P_V = E_V \cdot l_V^2 \tag{D.6}$$

$$\gamma_V = \frac{E_V}{l_V}. \tag{D.7}$$

Es ist zu fragen, inwieweit sich bei Realmodellen diese Forderungen erfüllen lassen. Aus den Bedingungen (D.2) und (D.5) folgt, daß das Modellmaterial homogen und isotrop sein sollte. Diese Forderung ist aber nur in den Fällen sinnvoll, in denen auch in der Hauptausführung Homogenität und Isotropie des Baustoffes vorliegt. Dies trifft hinsichtlich der Homogenität bei Beton von vornherein nicht zu, und eine Isotropie kann nur für den Betonkörper selbst, und zwar im Hinblick auf sein Gesamtverhalten, angenommen werden. Der Verbundbaustoff Stahlbeton zeigt von Natur aus anisotropes Verhalten, das bedeutet, die Maßstäbe müssen auf bestimmte Richtungen bezogen werden. Ist das anisotrope Verhalten jedes verwendeten Werkstoffes und jeder Stoffkombination in der Hauptausführung bekannt, so sollte die Wahl eines Modellwerkstoffes mit dem Ziel durchgeführt werden, für alle Richtungen den gleichen Umrechnungsmaßstab E_V, σ_V, μ_V usw. zu erhalten. Dies gilt für alle Beanspruchungsarten. Tritt z. B. dreiaxiale Beanspruchung des Materials auf, so sollten auch dreiaxiale Druckversuche zur Beurteilung der Festigkeitseigenschaften mit herangezogen werden [D.1]. Ist der E-Modul des Betons der Hauptausführung vom Dehnungszustand abhängig, so muß dies auch für den des Modellwerkstoffs in gleicher Weise zutreffen. Die σ-ε-Linien müssen affin zueinander sein.

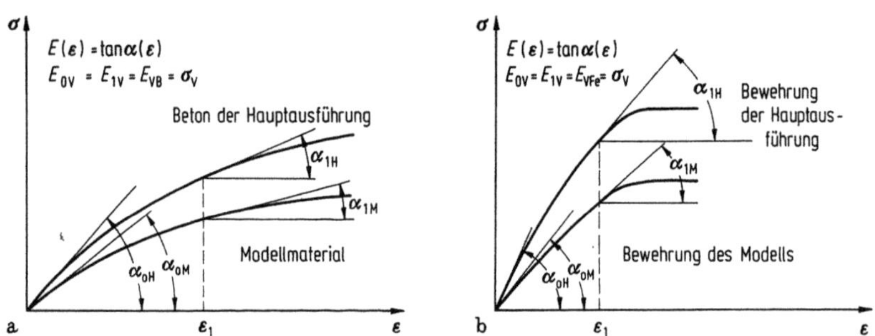

Bild D.1 Schematische Darstellung affiner Spannungs-Dehnungs-Linien
a) $\sigma(\varepsilon)$ für Beton und Modellmaterial
b) $\sigma(\varepsilon)$ für die Bewehrung in Modell und Hauptausführung

Auch der E-Modul der Bewehrung muß mit dem Spannungsmaßstab umgerechnet werden, d. h., E_V muß für Beton und Stahl den gleichen Wert haben. Bild D.1 zeigt dies im Prinzip an Hand möglicher σ-ε-Linien. Falls diese Bedingung nicht erfüllt werden kann, so muß bei z. B. gleichem E-Modul der Bewehrung die Stahlfläche entsprechend umgerechnet werden. Aus

$$\varepsilon_V = \frac{P_V}{F_V E_V} = 1 \tag{D.8}$$

folgt in diesem Falle $P_V = (F_V E_V)_B = (F_V E_V)_{Fe}$ und somit mit $F_{V,B} = l_V^2$ und $E_{V,Fe} = 1$

$$F_{V,\mathrm{Fe}} = l_V^2 E_{V,B}. \tag{D.9}$$

Diese Reduzierung der Stahlfläche darf natürlich nur so weit erfolgen, wie der Stahl im Proportionalitätsbereich belastet und der Verbund zwischen Beton und Stahl nicht gestört wird.

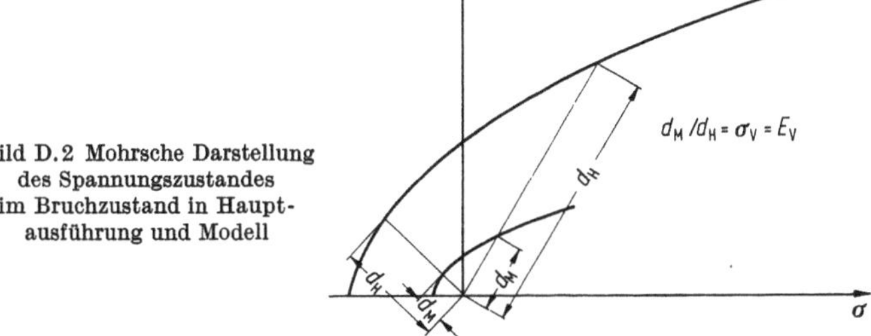

Bild D.2 Mohrsche Darstellung des Spannungszustandes im Bruchzustand in Hauptausführung und Modell

Da auch Bruchversuche modellmäßig durchgeführt werden sollen, müssen die Maßstäbe nicht nur für die Druckfestigkeit, sondern für den Gesamtspannungszustand im Werkstoff beim Versagen eingehalten werden. Die Einhüllenden der Bruchkreise im Mohrschen Diagramm von H und M (Bild D.2) müssen bezüglich ihrer Nullpunktsabstände affin sein, d. h., einander in H und M entsprechende Bruchzustände (Wertepaare σ, τ) müssen auf einer Geraden durch den Ursprung liegen und diese im Verhältnis

$$\frac{d_M}{d_H} = \frac{\sqrt{\sigma_M^2 + \tau_M^2}}{\sqrt{\sigma_H^2 + \tau_H^2}} = E_V \tag{D.10}$$

unterteilen, wobei

$$\frac{\sigma_M}{\sigma_H} = \frac{\tau_M}{\tau_H} = E_V \tag{D.11}$$

ist. In Dreiaxialversuchen wird geprüft, ob dies für die H- und M-Materialien zutrifft.

Für die geometrische Ähnlichkeit, die im Idealzustand im gesamten Belastungsbereich bis zum Bruch gefordert wird, ist auch die Ähnlichkeit im Rißbild zu jedem Belastungszeitpunkt Voraussetzung. Dies besagt, daß sowohl die Rißbreite als auch der Rißabstand mit Hilfe des Längenmaßstabs l_V auf die Hauptausführung umgerechnet werden können. Aus den vielen Arbeiten, die zur Untersuchung des Problems der Rißbreite bereits durchgeführt wurden, stellten sich für den Rißabstand a als Haupteinflußfaktoren bei reiner Biegung der Durchmesser der Stahleinlagen d und der Bewehrungsgrad ν heraus [D.2]. Bezieht man ν auf die gesamte Betonfläche, so ergibt sich die experimentell ermittelte Formel:

$$a = K \frac{d}{\nu} + K'. \tag{D.12}$$

Dabei ist K eine Größe, die von der Stahlsorte und der Güte des Betons abhängt. K' stellt eine Konstante dar, die den minimalen Abstand a angibt, wenn das Verhältnis d/ν gegen Null geht (kleiner werdender Durchmesser). Nach H. Rüsch [D.3] ist $K' = 0$. Borges gibt den geringsten Rißabstand für $d \to 0$ mit $K' = 5$ cm an [D.2].

Strenge geometrische Ähnlichkeit fordert $a_V = l_V$. Ist $d_V = l_V$, $\nu_V = 1$ und $K_V = 1$, dann muß $K'_V = l_V$ sein, denn dies ergibt mit $a_0 = K \cdot d/\nu$, $a_{0V} = d_V = l_V$, indem man die M-Größen mit den Maßstäben durch H-Größen ersetzt:

$$a_V = (a_0 + K')_V = \frac{a_{0V}\left(a_{0H} + \dfrac{K'_M}{a_{0V}}\right)}{a_{0H} + K'_H} = l_V \frac{a_{0H} + \dfrac{K'_H \cdot K'_V}{l_V}}{a_{0H} + K'_H} = l_V. \tag{D.13}$$

Für $K' = 0$ ist die Ähnlichkeitsforderung $a_V = l_V$ von vornherein erfüllt.

Für die Rißbreite b wird üblicherweise angenommen, daß sie sich aus der Integration der Stahldehnung ε über den Rißabstand a ergibt. Bei über a konstantem ε bedeutet dies: $b = a \cdot \varepsilon$. Mit $\varepsilon = \sigma/E$ ergibt sich:

$$b = a \frac{\sigma}{E}. \tag{D.14}$$

Diese Gleichung ist durch Versuche bestätigt, bei denen ein hoher Bewehrungsgrad vorlag. Bei geringen Bewehrungsgraden ergab sich die empirisch gefundene erweiterte Formel:

$$b = a \frac{\sigma}{E}\left(1 - \frac{K_0}{\nu \sigma}\right). \tag{D.15}$$

Dabei stellt ν wieder den Bewehrungsgrad bezogen auf den Gesamtquerschnitt dar, und K_0 ist eine Konstante, deren Wert sich experimentell zu etwa 4 kp/cm² ergibt, unabhängig von den verschiedenen Betonqualitäten und Stahlsorten. Auch hier fordert die strenge geometrische Ähnlichkeit $b_V = l_V$. Ist $\sigma_V = E_V = 1$ und $\nu_V = 1$, so wird diese Forderung erfüllt, sofern $a_V = l_V$ ist:

$$b_V = a_V \frac{\sigma_V}{E_V}\left(1 - \frac{K_0}{\nu \sigma}\right)_V = l_V\, 1 \left(\frac{\nu_M \sigma_M - K_0}{\nu_M \sigma_M - \nu_V \sigma_V K_0}\right) = l_V. \tag{D.16}$$

Insgesamt gesehen braucht also nur die Bedingung $K'_M = l_V K'_H$ erfüllt zu werden (falls $K' \neq 0$ ist). Dies ist aber der Fall, wenn auch die Betondeckung im Verhältnis der Maßstabszahl l_V umgerechnet wird (vollkommene geometrische Ähnlichkeit), da nach durchgeführten Versuchen [D.2] die Konstante K' weitgehend proportional zur Betondeckung ist.

Probleme hinsichtlich der Ähnlichkeit ergeben sich nicht zuletzt in bezug auf die Zusammensetzung des Modellwerkstoffes. Soll strenge Ähnlichkeit zwischen M und H durch Werkstoffgleichheit erreicht werden, so muß auch beim Modell ungeachtet der geometrischen Abmessungen der gleiche Beton verwendet werden. Auf der anderen Seite würde die Beachtung strenger geometrischer Ähnlichkeit bedeuten, daß auch die Korngröße der Zuschläge im Verhältnis l_V zu verändern ist. In beiden Fällen ist ein konsequentes Vorgehen nicht ohne Einschränkungen möglich. Auf die Gründe hierfür wird in Abschn. D-3.1 im einzelnen eingegangen.

2.2 Verbundprobleme

Als bezogene dimensionslose Größe wird man für den Bewehrungsgrad v in H und M den gleichen Wert fordern, um strenge Ähnlichkeit zu gewährleisten. Dies läßt sich auf verschiedene Weise erreichen, einmal durch Einlegen weniger Stäbe mit großem Durchmesser, zum anderen durch Einlegen vieler Stäbe kleineren Durchmessers. Diese Möglichkeiten sind jedoch nicht gleichwertig, da mit der Wahl der Durchmesser die Verbundeigenschaften zwischen Beton und Stahl beeinflußt werden.

Nimmt man zunächst einmal an, daß auch der Durchmesser der Stahleinlagen im Längenmaßstab l_V umgerechnet wird, wie es zum Erreichen einer vollkommenen Ähnlichkeit notwendig ist, so läßt sich der Spannungs- und Dehnungszustand im Modell nach den Gesetzen der Ähnlichkeit leicht berechnen. Benutzt man die Maßstabsverhältnisse und setzt Dehnungsgleichheit voraus, so gilt

$$\sigma_V = E_V, \tag{D.17}$$

$$P_V = E_V l_V^2 \tag{D.18}$$

und
$$\bar{\tau}_V = \frac{P_V}{u_V l_V} \tag{D.19}$$

für die Verbundspannung $\bar{\tau}$, die sich als rechnerischer Mittelwert aus der Haftspannung zwischen Beton und Stahl ergibt. u_V ist der Umfangsmaßstab der Bewehrung. Aus $u_V = l_V$ folgt:

$$\bar{\tau}_V = \frac{P_V}{l_V^2} = E_V = \sigma_V. \tag{D.20}$$

9*

Setzen wir $E_V = 1$ voraus, so ist auch die Verbundspannung $\bar{\tau}$ zwischen Beton und Stahl in M und H gleich. Hieraus und aus der Tatsache, daß mit $\varepsilon_V = 1$ in M und H der gleiche Dehnungszustand vorliegt, darf jedoch nicht auf ein für M und H identisches Rißbild geschlossen werden, was ja auch den Forderungen der strengen Ähnlichkeit hinsichtlich der Geometrie und des Tragverhaltens nicht entspräche. Die tatsächlich auftretende wirksame Haftspannung τ, die über den Rißabstand keineswegs konstant ist, hängt nämlich in der Verteilung von dem Durchmesser und der Oberflächenbeschaffenheit der Bewehrung und von der Betongüte ab. Hinzu kommt, daß die Geometrie über das Verhältnis von Stabumfang zu Stabquerschnitt in die Betrachtung mit einbezogen werden muß. Dieser Quotient $\eta = \sum U / \sum F = (2 r \pi)/(r^2 \pi) = 2/r$ wird auch als Umfangsprozentsatz [D.3] bezeichnet. Er ist neben den eigentlichen oben erwähnten Materialeigenschaften ein Hauptparameter für die Verbundgüte. Diese Tatsache wird im Massivbau allgemein genutzt, wenn man zur Verringerung von Verankerungslängen an Stelle weniger großer Durchmesser mehrere kleine einlegt.

Eine Maßstabsbetrachtung ergibt für den Faktor η

$$\eta_V = \frac{2/r_M}{2/r_H} = \frac{r_H}{r_M} = \frac{1}{l_V}. \tag{D.21}$$

Die Verbundgüte nimmt somit auch bei gleichem Material mit kleiner werdendem Bewehrungsdurchmesser zu. Die zur Bildung eines Risses erforderliche Zugkraft wird auf einer entsprechend kürzeren Strecke eingeleitet, und der Rißabstand nimmt ebenso wie die Rißbreite b im gleichen Maße ab, so daß sich als Modellmaßstab anschreiben läßt:

$$a_V = \frac{1}{\eta_V} = l_V. \tag{D.22}$$

Diese Überlegungen sind durch viele Versuche bestätigt worden [D.2; D.4; D.5]. Sie lassen erwarten, daß zumindest für $l_V > 1/8$ die Biegetragfähigkeit von einfachen Balken vom Maßstab weitgehend unabhängig ist (s. Abschn. D-5). Für die Schubtragfähigkeit gilt diese Behauptung nicht, sie nimmt vielmehr mit kleiner werdendem Maßstab, also steigender Verbundgüte, zu.

Werden Modellversuche zur Bestimmung der Schubtragfähigkeit durchgeführt, so ist bei der Übertragung der Ergebnisse auf die Hauptausführung Vorsicht geboten, da die erhaltenen Werte hier nicht erreicht werden. Dies gilt besonders für die Untersuchung kleinerer Modelle. N. S. Bhal [D.6] untersuchte dieses Problem. Dabei wurden einfache Balken von der Größe $h \times l = 0{,}30 \times 1{,}80$ bis $1{,}20 \times 7{,}20$ m durch eine

Einzellast in Balkenmitte so belastet, daß das Schublastverhältnis $M/(q \cdot h)$ den ungünstigsten Wert von 3,0 hatte. Es ergab sich, daß bei festem h/l durch eine maßstäbliche Veränderung der Verbundgüte nur bei kleinen Maßstäben (Balkenhöhe bis $h = 0,60$ m) eine Verbesserung der Schubtragfähigkeit erreicht wird. Bei Balken mit größerem h kann die Schubtragfähigkeit durch Verbesserung des Verbundes nicht mehr gesteigert werden. Der Grund hierfür liegt in der Tatsache, daß durch den eingelegten Stahl geringeren Durchmessers nur der Rißabstand und damit auch die Rißbreite in Höhe der Bewehrung verringert wird, nicht aber in Höhe der Nullinie, wo er für die Schubtragfähigkeit von entscheidender Bedeutung ist.

Um Einflüsse dieser Art möglichst weitgehend auszuschalten, arbeitet man bei Schubproblemen vorteilhafterweise mit konstanter Verbundgüte, läßt also den Durchmesser der Stahleinlagen unabhängig vom Maßstab konstant. Man weicht von der vollkommenen Ähnlichkeit ab [D.5].

3 Eigenschaften und Anwendungsbereich spezieller Modellwerkstoffe

Als Werkstoffe für Realmodelle von Betonhauptausführungen kommen in erster Linie aus Mineralien zusammengesetzte Stoffe in Frage, die Gips, Zement, Kalk und verschiedene Zuschläge enthalten. Ihre Eigenschaften sind sehr verschieden. Das wichtigste gemeinsame Merkmal jedoch ist die nahezu gleiche niedrige Querdehnzahl μ, die bei 0,20 liegt. Sie sind daher besonders geeignet für die modellstatische Untersuchung von Beton- und Stahlbetonbauwerken. Der E-Modul schwankt zwischen 60000 kp/cm² für Gips und 350000 kp/cm² für Mörtel. Die Verarbeitbarkeit aller Stoffe ist gut.

3.1 Normalbeton

Wird bei der Herstellung des Modells strenge Ähnlichkeit durch Werkstoffgleichheit angestrebt, so muß hinsichtlich der Zusammensetzung im Modell der gleiche Beton wie bei der Hauptausführung verwendet werden. Dem sind jedoch aus verschiedenen Gründen Grenzen gesetzt.

Zum ersten wird das Einbringen und Verdichten des Betons Schwierigkeiten bereiten, sobald man mit den kleinsten Modellabmessungen in die Größenordnung der zwei- bis dreifachen Ausdehnung des Größtkorns kommt. Zum zweiten hat auch die Meßtechnik einen Einfluß auf die Begrenzung der Korngröße, da die auftretenden Dehnungen nur als Mittelwerte über hinreichend lange Meßstrecken gewonnen werden können. Hierauf wird in Abschn. F-4.1 näher eingegangen. Zum dritten haben bei allen Betonkörpern die Randschichten eine geringere Festigkeit als der Kern. Diese Tatsache wird als Randzoneneffekt bezeichnet [D.7]. Sie beruht in erster Linie auf einer Anhäufung von Zementschlempe in den äußeren Zonen. Durch die glatte Schalung nämlich wird die normale gleichmäßige und nach den Wahrscheinlichkeitsgesetzen erfolgende Verteilung der Zuschläge gestört. Die großen Körner werden nach innen gedrängt, und der frei werdende Raum füllt sich mit wasserreicher Zementschlempe aus, die Festigkeit der betreffenden Schichten nimmt ab. Die Stärke dieser Randzone beträgt etwa zwei Drittel des Größtkorn-Durchmessers, was der mittleren Verschiebung sämtlicher Körner entspricht. Bei 30 mm Größtkorn betrüge also die geschwächte Randzone ca. 20 mm. Bei großen Baukörpern machen sich diese Erscheinungen kaum bemerkbar, doch ist es einleuchtend, daß ihr Einfluß mit abnehmender Modellgröße wesentlich steigt, da der Anteil der geschwächten Zone am Gesamtquerschnitt zunimmt. Zudem liegen diese Randzonen gerade im Bereich der maximalen Beanspruchung, wenn es sich, wie in den meisten Fällen, um Biegebeanspruchung handelt. Der nachteilige Einfluß des Randzoneneffektes kann verringert werden durch Wahl einer kleineren Zuschlagkörnung, durch hohe Betongüte oder durch Naßlagerung. Bei gewissen Beanspruchungsarten, wie z. B. Zug oder Druck, werden die Rohabmessungen des Modells so gewählt, daß man nachträglich die Randzonen entfernen kann; erst dann liegt die endgültige Form des Modells vor.

Anstatt die strenge Ähnlichkeit durch Werkstoffgleichheit anzustreben, kann man versuchen, sie durch Ausdehnung der geometrischen Ähnlichkeit auch auf die Struktur des Werkstoffes zu erreichen. Man rechnet die Sieblinie im Maßstab l_V um und erhält auf diese Weise einen sogenannten Mikrobeton. Hiermit sind allerdings ebenfalls Schwierigkeiten verbunden, da bei kleiner werdendem Maßstab der Einfluß des Feinstkorns zunimmt, wodurch Nachteile wie starkes Kriechen und Schwinden auftreten. Es wurden daher spezielle Mörtel entwickelt, auf die weiter unten im einzelnen eingegangen wird. Außerdem ist zum Erreichen gleicher Verarbeitbarkeit mehr Wasser, also ein höherer w/z-Faktor, notwendig. Dies wiederum bedingt einen Abfall der Festigkeitswerte. Die Zugabe von Betonverflüssigern erscheint wegen des hohen Luftporengehaltes ebenfalls nicht geeignet [D.8]. Am vorteilhaftesten ist hier ein Aufbau des Zuschlags nach der Fullerparabel. Danach beträgt der prozentuale Anteil A eines Korndurchmessers d am Gesamtzuschlag

$$A = 100 \left(\frac{d}{D}\right)^{1/2} \% .\qquad\qquad (D.23)$$

D ist der Größtkorndurchmesser der Mischung.

Bei den kleineren Korngruppen kommt man durch die Umrechnung in Bereiche, die mit dem Korn des Bindemittels (Zement) übereinstimmen. Auf diese Weise verschiebt sich die Sieblinie in Richtung auf die Feinstkornbestandteile. Zur Abschwächung dieses Einflusses sollte man den Zement als Kornanteil mit in die Sieblinie hineinnehmen. Der Zuschlagstoff braucht daher entsprechend weniger Feinstbestandteile (0 bis 0,02 mm) aufzuweisen; der Mörtel hat einen geringeren Wasserbedarf, und man erreicht auf diese Weise dichteste Lagerung und hohe Festigkeit bei guter Verarbeitbarkeit. Da man nun einerseits aus technischen Gründen nicht das gleiche Material in M und H verwenden kann, auf der anderen Seite aber das Umrechnen der Sieblinie im Verhältnis des Längenmaßstabes ebenso Schwierigkeiten bereitet, muß im Hinblick auf die Zusammensetzung des Materials sowohl auf Werkstoffgleichheit als auch auf strenge geometrische Ähnlichkeit verzichtet werden. Ziel bei der Wahl des Modellmaterials ist es, die nach den Modellgesetzen erforderlichen Materialkennwerte zu erreichen. Dabei spielen die physikalische Zusammensetzung und sonstige Eigenschaften eine untergeordnete Rolle, wenn nur eine brauchbare Verarbeitbarkeit gewährleistet ist. Bei kleiner werdendem Maßstab werden die Zuschläge in den Bereich des Sandes kommen. Da man dann keine Sieblinie mehr einhalten kann, begnügt man sich mit einer einheitlichen Korngröße oder einem Gemisch von wenigen Korngrößen. Man spricht bei einem Modellbeton, der durch Umrechnen der wesentlichen Teile einer Sieblinie entsteht und dessen Größtkorn kleiner oder gleich 3 mm ist, von Mikrobeton, im anderen Falle, also bei Vorhandensein nur einzelner Körnungen, von Modellmörtel. Bei 3 mm Größtkorn entspricht ein solcher Mikrobeton einem Längenmaßstab von 1:10. In gleichem Maße, wie die Feinstbestandteile zunehmen, wird der Zement an Einfluß gewinnen, d. h., eine Änderung in den Zementeigenschaften wird sich in verstärktem Maße in den Eigenschaften des fertigen Betons bzw. Mörtels bemerkbar machen. Daher sollte stets auf Verwendung von absolut gleichen Bindemitteln geachtet werden (gleicher Hersteller, gleiche Lieferung bei zu vergleichenden Versuchsmodellen).

Beton hat die unangenehme Eigenschaft zu schwinden und unter Last zu kriechen. Diese Tatsache muß auch bei Modellversuchen beachtet werden. Sie tritt um so stärker in Erscheinung, je feiner die Kornzusammensetzung des Mikrobetons ist. Beide Vorgänge wirken sich besonders nachteilig dahingehend aus, daß die Randzone geschwächt (Schwindspannungen) und die Güte des Verbunds zwischen Beton und Stahl vermindert wird. Im einzelnen soll auf die Erscheinungen des Schwindens und Kriechens noch in Abschn. D-4 eingegangen werden.

Die Verarbeitbarkeit eines Mörtels hängt einmal von dem Wasser-Zement-Faktor, zum anderen vom Verhältnis Zuschlag/Zement ab, beides

Faktoren, die auch unmittelbar auf die Eigenschaften des Betons wie
Festigkeit, Schwinden und Kriechen einwirken. Es gilt daher, stets unter
Berücksichtigung aller Auswirkungen das für den Einzelfall optimale

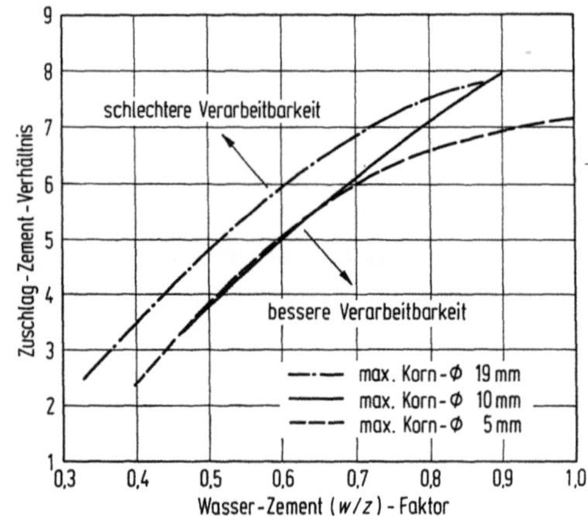

Bild D. 3 Abhängigkeit des Zuschlag-Zement-Verhältnisses vom Wasser-Zement-Verhältnis
für Mörtel bei mittlerer Verarbeitbarkeit (nach [C. 3])

Mischungsverhältnis zu wählen. Bild D.3 zeigt für verschiedene Korngrößen die Abhängigkeit des Zuschlag-Zement-Verhältnisses vom
Wasser-Zement-Verhältnis w/z bei Voraussetzung einer etwa gleichbleibenden Verarbeitbarkeit. Sie kann als Anhalt bei entsprechenden

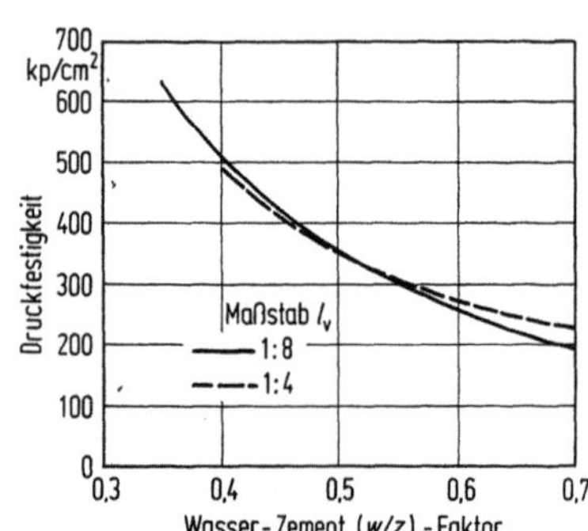

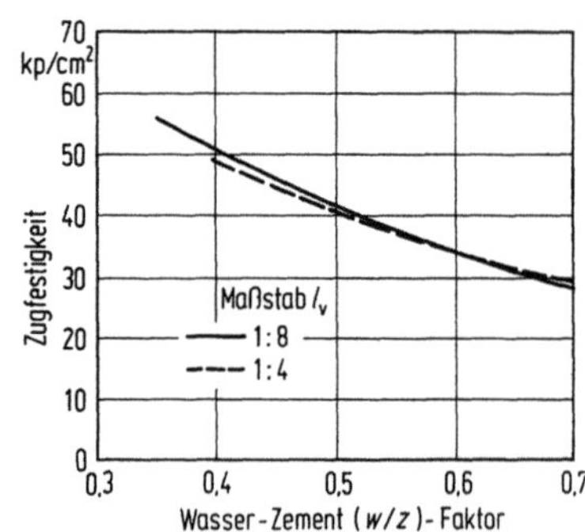

Bild D. 4 Abhängigkeit der Zylinderdruck-   Bild D. 5 Abhängigkeit der Zugfestigkeit von
festigkeit von Mörtel vom   Mörtel vom Wasser-Zement-Verhältnis
Wasser-Zement-Verhältnis (nach [C. 3])   (nach [C. 3])

Entwürfen dienen. Der Einfluß des w/z-Faktors auf die Druck- bzw.
Zugfestigkeit ist aus den Bildern D.4 und D.5 zu ersehen. Die Sieb-
linien wurden aus einem Beton für die Hauptausführung mit dem maximalen Korn von 25 mm errechnet.

Da das spezifische Gewicht des Mikrobetons mit dem des Betons der Hauptausführung weitgehend übereinstimmt, wird Mikrobeton in erster Linie für die Untersuchung statischer Probleme mit ruhender oder sehr langsam beweglicher Last verwendet. Für dynamische Untersuchungen müßte die Dichte des Modellbetons größer sein, um im Einklang mit den Forderungen der Ähnlichkeit richtige Ergebnisse zu liefern (s. Abschn. D-3.6.3). Durch Verwendung schwerer Zuschläge hat man die Möglichkeit, dynamische Untersuchungen in begrenztem Umfang (Maßstab nicht zu klein!) durchzuführen.

Da der Mikrobeton durch seine Zuschläge eine körnige Struktur aufweist, lassen sich bei kleinerem Maßstab Details nur sehr schwer nachbilden. Aus diesem Grund ist der Maßstab nach unten begrenzt. Wünscht man, ihn weiter zu verkleinern, und kann man die Zuschlagskörnung nicht weiter verringern, so ist unter Umständen ein Arbeiten mit reinem Zementstein erforderlich. Ebenso lassen sich Änderungen am Modell bei Mikrobeton nur schlecht durchführen.

Mikrobeton eignet sich ebenfalls für die Modelluntersuchung von massiven Betonbauwerken wie Dämmen und Staumauern. Hier handelt es sich meist um Messung der Wärmespannungen, die beim Abbinden der großen Betonmassen auftreten und wegen komplizierter Randbedingungen analytisch schwer erfaßbar sind. Es ist zu beachten, daß Mikrobeton einen niedrigen Wärmeausdehnungskoeffizienten α besitzt, so daß auf Grund der Maßstabsforderung

$$\alpha_V \cdot \vartheta_V = \varepsilon_V = 1 \tag{D.24}$$

am Modell mit etwa gleichen Temperaturen wie in der Hauptausführung gearbeitet werden muß (s. Abschn. B-6.2). Besonders bei mehrfach wiederholter Temperaturbeanspruchung ist dies mit erheblichem Zeitaufwand verbunden.

3.2 Leichtbeton

Von verschiedenen Seiten wurden auch Modellbetone mit Leichtzuschlägen entwickelt, die vorteilhafte Eigenschaften zeigen. So wird in [D.1] ein aus Bimsstein verschiedener Körnung, Zement und kleineren Beimengungen, wie z. B. pulverisiertem Kalkstein, aufgebauter Modellbeton erwähnt. Der Vorteil dieses Modellmaterials liegt darin, daß durch die Wahl einer entsprechenden Zusammensetzung der Maßstab des E-Moduls und damit der Spannungsmaßstab $(E_V = \sigma_V)$ in weiten Grenzen bis 1 : 20 variiert werden kann, d. h. $1 > E_V > 0{,}05$. Je größer die Körnung der Zuschläge ist, desto kleiner wird der E-Modul. Die Poissonsche Zahl liegt im gewünschten Bereich: $\mu = 0{,}18$ bis $0{,}20$. Der mög-

liche niedrige E-Modul erfordert einen geringeren Aufwand hinsichtlich
der Belastungsvorrichtung; durch die Variationsmöglichkeit des Spannungsmaßstabes ergeben sich vielseitige Anwendungsmöglichkeiten im
Modellbau. Die σ-ε-Linie ist schwach gekrümmt, also nicht linear, eine
Tatsache, die den Bimsbeton wiederum besonders geeignet macht für
Untersuchungen im Bereich des Stahlbetonbaues, vor allem auch, wenn
es sich um Traglastuntersuchungen handelt.

Hervorzuheben ist noch die beim Bimsbeton gegebene Möglichkeit,
den E-Modul und damit den Spannungsmaßstab nachträglich für Teile
des Tragwerks oder für die ganze Konstruktion durch Injektion von
Zementleim zu ändern. Dieses Verhalten kann z. B. bei Veränderung
von Auflagerbedingungen und von Einspannungen oder bei der Schaffung
eines geänderten Tragsystems durch Veränderung der Steifigkeits-
verhältnisse angewandt werden. Als Nachteil bei Bimsbeton ist der
schlechte Verbund zwischen Stahl und Beton hervorzuheben, soweit es
sich um Mischungen mit geringem E-Modul handelt. Aus diesem Grunde
gilt der obige Bereich für den Spannungsmaßstab in erster Linie für unbewehrte Modelle. Bei bewehrten Modellen wird man höhere Werte des

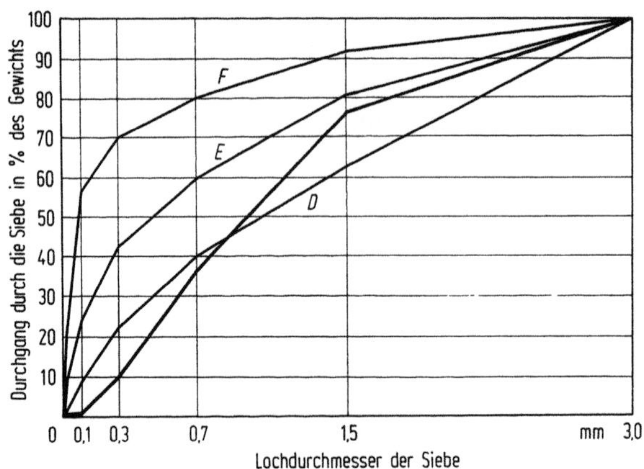

Bild D.6 Sieblinie des Zuschlagmaterials für Blähschiefer-Mikrobeton (nach [D.9])

E-Moduls (feinere Körnung) vorziehen, so daß hier die Grenzen gelten:
$1 > E_V > 0{,}5$. Aber gerade bei dem Gebrauch von feineren Körnungen
machen sich wiederum nachteilige Wirkungen wie Schwinden und Kriechen stärker bemerkbar. Sie sollten genauer verfolgt bzw. durch Gegen-
maßnahmen, z. B. durch Naßlagerung oder auch durch Überziehen des
Modells mit einem porenschließenden Lack, verhindert werden. Die Verarbeitbarkeit des Bimsbetons ist in der Regel gut. Er fließt auch in
engere Formen ein, so daß Sondermaßnahmen wie Zugabe von Ver-

flüssigern nicht erforderlich sind. Der Anwendungsbereich des Bimsbetons deckt sich im wesentlichen mit dem des Normalbetons.

Als Zuschlag für Mikrobeton ist auch Blähschiefer in der Körnung 0—3 geeignet, dessen Sieblinie im Bild D.6 dargestellt ist. Die feinen Körnungen wurden hierbei etwas vermindert. Bei diesem speziell für Modelle entwickelten Blähschiefer-Mikrobeton [D.9] kann der E-Modul

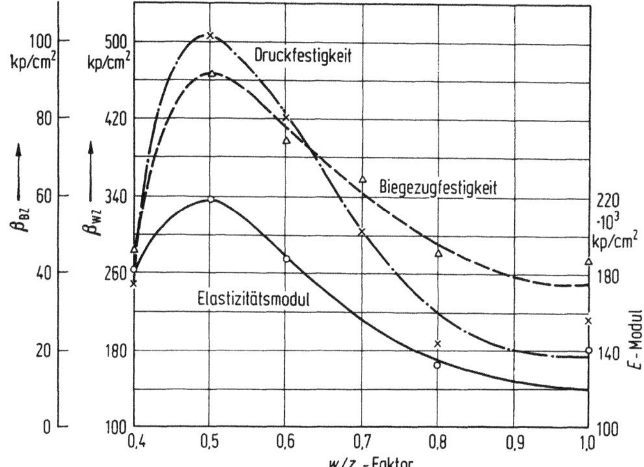

Bild D.7 Abhängigkeit verschiedener Materialwerte
vom Wasser-Zement-Verhältnis für Blähschiefer-Mikrobeton, 28-Tage-Werte (nach [D.9])

zwischen 100 000—220 000 kp/cm² gewählt werden. Bild D.7 zeigt eine Zusammenstellung der wichtigsten Materialwerte in Abhängigkeit vom w/z-Faktor. Bei einer guten Verarbeitbarkeit zeigt dieses Modellmaterial im Gegensatz zum Bimsbeton gute Verbundeigenschaften mit dem Bewehrungsstahl.

3.3 Zementmörtel ohne Zuschläge

Reiner Zementmörtel ohne jeglichen Zuschlag hat den Vorteil sehr feiner Körnung und daher guter Homogenität. Er läßt sich leicht in jede Form verarbeiten, da das Korn keine untere Grenze für die Ausmaße der Einzelteile setzt. Im abgebundenen, aber noch feuchten Zustand verhält sich dieser Mörtel wie Beton, d. h., er zeigt eine gekrümmte σ-ε-Linie. Im trockenen Zustand dagegen ist die σ-ε-Linie im gesamten Bereich eine Gerade [D.10]; der Zementstein erreicht zwar hohe Festigkeit, wird aber spröde. Die Modelle müssen in diesem Zustand daher vorsichtig behandelt werden. Naturgemäß werden sich auch hier wieder Schwinderscheinungen infolge des sehr kleinen Korns nachteilig bemerkbar machen. Sie sollten genau verfolgt und durch Maßnahmen, wie sie unter Abschn. D-3.2 genannt sind, weitgehend vermieden werden. Zementmörtel hat nur eine geringe Bedeutung in der Modellstatik, da er in seinen spezifischen Eigenschaften von Gips übertroffen wird.

3.4 Kunststoffmörtel

Von verschiedener Seite [D.11] wurden zur Herstellung von bewehrten Modellen auch Mörtel verwendet, bei denen Kunststoffe als Bindemittel dienten. Als Zuschläge kommen in erster Linie feinkörnige Sande mit verschiedenem Kornaufbau in Frage. Der Vorteil dieser Modelle liegt in der schnelleren Abbindezeit und der kleineren Streuung der Werkstoffeigenschaften gegenüber Zement. Dem reinen Kunststoff haben sie die Möglichkeit voraus, daß sie auch im Zustand II, also mit gerissener Zugzone, untersucht werden können. Hierzu muß aber die Zugfestigkeit der benutzten Kunststoffe herabgesetzt werden. Bei Epoxyharzen kann man dies durch verminderte Zugabe von Härter erzielen. Das Harz härtet deswegen nicht völlig aus, und sein E-Modul ebenso wie seine Zugfestigkeit nehmen mit der Zeit zu, was sehr nachteilig ist und beachtet werden muß. Gegenüber dem Zementmörtel oder -beton zeigen Kunststoffmörtel außerdem noch folgende Nachteile:

starkes Kriechen unter Last,

hohe Querdehnzahl, $\mu \approx 0{,}28$,

hohe Zugfestigkeit (keine Risseähnlichkeit möglich),

anderes Verbundverhalten als Stahlbeton.

Wenn man versucht, das tatsächliche Tragverhalten einer Stahlbetonkonstruktion nachzubilden, so sollten Materialien mit Zement als Bindemittel vorgezogen werden.

3.5 Gips

Bei Gips muß der ausgetrocknete vom feuchten Zustand unterschieden werden, da für beide verschiedene Stoffbeiwerte auftreten (Bild D.8, D.9, C.1). Der ausgetrocknete Zustand mit seiner geraden σ-ε-Linie ist in Abschn. C-2.1.1 behandelt. Im feuchten Zustand hat Gips die für Realmodelle geforderte gekrümmte σ-ε-Linie (Bild D.10). Neben den in Abschn. C-2.1.1 erwähnten Vor- und Nachteilen muß hier allerdings noch sein Verbundverhalten beachtet werden. Der Vorteil der gebogenen σ-ε-Linie kann nur genutzt werden, wenn die Herstellung von bewehrten Modellen mit einer Belastung über den Zustand II hinaus bis hin zum Bruch möglich ist (Traglastversuche). Wie eingehende Untersuchungen

[D. 9] zeigten, ist der Verbund zwischen Gips und den Bewehrungsstäben kleinen Durchmessers (bis 4 mm ⌀), wie sie gerade für Modellversuche benötigt werden, so gering, daß Versuche mit gerissener Zugzone nicht

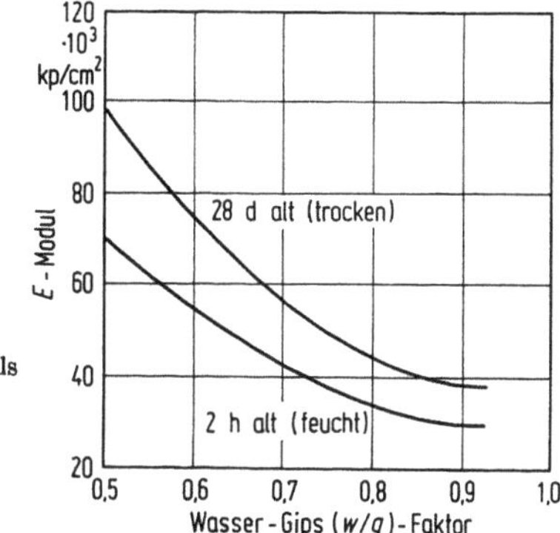

Bild D.8 Abhängigkeit des E-Moduls vom Wasser-Gips-Verhältnis (nach [C.3])

möglich sind. Dies gilt auch für trockenen Gips, so daß Überlegungen, eventuell mit gerader σ-ε-Linie zu arbeiten, ebenfalls nicht sinnvoll erscheinen.

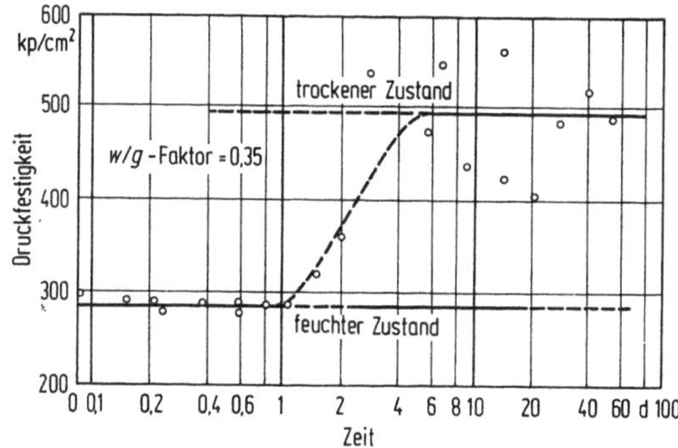

Bild D.9 Druckfestigkeit von Gips in Abhängigkeit von der Zeit (nach [C.3])

Das Verwenden von Gips erfordert einige Erfahrung. Es soll hier kurz erwähnt werden, was in jedem Fall beachtet werden muß. Beim Einrühren des Gipspulvers — der Gips wird stets ins Wasser gegeben, nicht umgekehrt — wird auch ein beträchtlicher Anteil von Luft mit untergerührt. Es ist ratsam, diese Luft durch Absaugen wieder zu entfernen, um einen homogenen Modellwerkstoff zu erhalten, dessen Festigkeitswerte weniger streuen. Im gleichen Sinne wirkt sich auch ein genau festgelegter gleichbleibender Herstellungsvorgang aus. Fertigungstechnisch bringt das Evakuieren insofern Nachteile, als die zusätzlich benötigte Zeit für das Einbringen des Gipses in die Form verlorengeht. Denn trotz Abbindeverzögerer bindet der Gips innerhalb von 15 Min. so weit ab, daß er nicht mehr gleichmäßig genug in die Form fließt. Deshalb ist es unter Umständen besser, die eingerührte Luft in der Mischung zu belassen, aber durch Verwendung elektrischer Rührgeräte dafür zu sorgen, daß sie möglichst fein verteilt wird. So entsteht trotz der Luftporen ein homogenes Material mit verringertem E-Modul. Die Form sollte stets gut geölt sein. Ein mechanisches Rütteln ist nur notwendig, wenn der w/g-Faktor 0,3 oder weniger beträgt. Die Abbindebedingungen richten

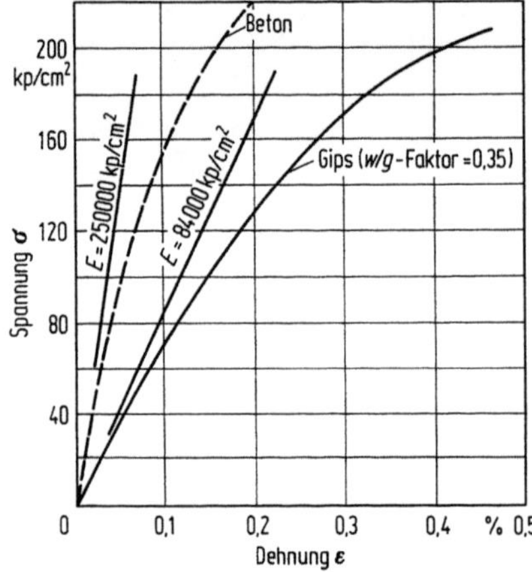

Bild D.10 σ-ε-Linie für Gips in feuchtem Zustand (18 h nach Fertigung) (nach [C.3])

sich nach dem Verwendungszweck. Wird Linearität im elastischen Verhalten gewünscht, so läßt man das Modell offen in trockener Atmosphäre abbinden. Vollständig ausgetrocknete Modelle sollten mit einem Überzugslack (z. B. Schellack) versehen werden, um erneutes Eindringen von Feuchtigkeit bei Änderung der Umweltbedingungen zu verhindern. Wird dagegen keine Linearität im elastischen Verhalten des Modells gewünscht, dann sollte man das Modell entweder naß unter Wasser lagern oder schon in feuchtem Zustand konservieren.

Soll an einem einzigen Modell untersucht werden, wie sich die Hauptausführung bei unterschiedlichen elastischen Eigenschaften verhält, wie z. B. bei Gründungsproblemen, so hat man bei Gipsmodellen die Möglichkeit, die Elastizität durch Einbohren von Löchern zu verändern (s. Abschn. C-2.1.1). Wegen der großen Sprödigkeit des Gipses sind Dehnungsmessungen und die hierauf basierende Spannungsermittlung schwierig. Die geringen Dehnungswerte erfordern sehr genaue Messungen. Zusammenfassend muß gesagt werden, daß reiner Gips von seinen Materialeigenschaften her für Realmodelle von Stahlbeton-Tragwerken kein geeignetes Material ist, gleich, ob er im trockenen oder feuchten Zustand verwendet wird.

3.6 Gips mit Zusätzen

3.6.1 Kieselgur-Gips

Als Beimischung zu Gips hat sich in erster Linie Diatomeenerde (Kieselgur) bewährt, eine Meeresablagerung der Tertiär-Zeit, die in erster Linie aus Siliziumoxyd mit einigen Verunreinigungen wie Aluminiumoxyd besteht, Sie geht während des Abbindeprozesses keine chemische Bindung mit dem Gips ein. Zur Abhängigkeit der Materialwerte vom w/g-Faktor tritt hier noch eine Abhängigkeit vom Verhältnis Diatomeenerde zu Gips (d/g-Faktor) hinzu. Den Einfluß auf den E-Modul und die Druckfestigkeit zeigen die Bilder D.11 und D.12, womit

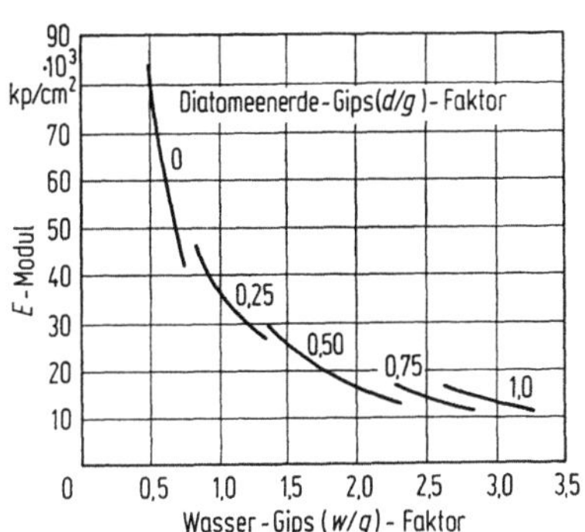

Bild D.11 Abhängigkeit des E-Moduls von w/g- und d/g-Faktor (nach [C.3])

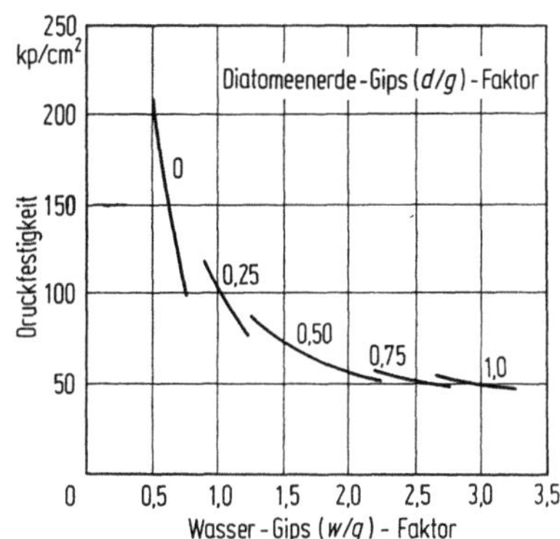

Bild D.12 Abhängigkeit der Druckfestigkeit vom w/g- und d/g-Faktor (nach [C.3])

auch gleichzeitig in Abhängigkeit vom w/g-Faktor die Grenzen angegeben sind, in denen die einzelnen Mischungsverhältnisse sinnvoll angewandt werden [C.3]. Die besonderen Vorteile des Materials sollen kurz erwähnt werden;

Durch Wahl verschiedener Anteile von Diatomeenerde lassen sich, wie die Bilder D.11 und D.12 zeigen, sowohl der E-Modul als auch die Festigkeit in weiten Grenzen festlegen. Die Folge ist eine vielseitige Verwendbarkeit des Materials. Der E-Modul selbst nimmt wie beim Beton mit zunehmender Belastung ab, so daß sich die erwünschte gekrümmte σ-ε-Linie ergibt. Der Kieselgur-Gips ist damit geeignet für Modellversuche im elastischen Bereich und auch bei Belastung bis zum Bruch. Die Poissonsche Zahl liegt bei 0,22 bis 0,25, ist also nur wenig größer als diejenige des Betons. Die Druckfestigkeit ist, wie Bild D.12 zeigt, in sehr weiten Grenzen veränderlich. Von besonderem Vorteil ist es hierbei noch, daß durch zwei Faktoren (w/g- und d/g-Faktor) die Verarbeitbarkeit wählbar ist, ohne daß dadurch, wie bei reinem Gips, die Festigkeitseigenschaften beeinflußt werden. Die Biegezugfestigkeit ist allerdings auch beim Kieselgur-Gips zu hoch.

3.6.2 Gips mit Blähschiefer

Analog zum Blähschiefer-Mikrobeton wurde in der schon erwähnten Versuchsreihe [D.9] auch ein Gipsmörtel entwickelt, bei dem Blähschiefer (Körnung 0—3) als Zuschlagmaterial verwendet wurde. Er

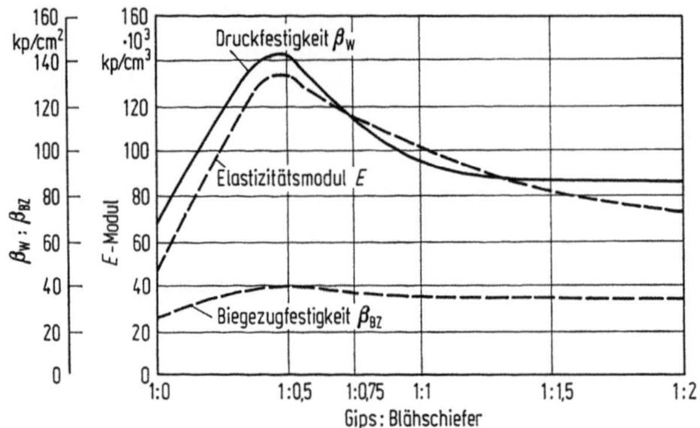

Bild D.13 Abhängigkeit der Materialwerte für Gips mit Blähschiefer vom Mischungsverhältnis Gips : Blähschiefer im trockenen Zustand (nach [D.9])

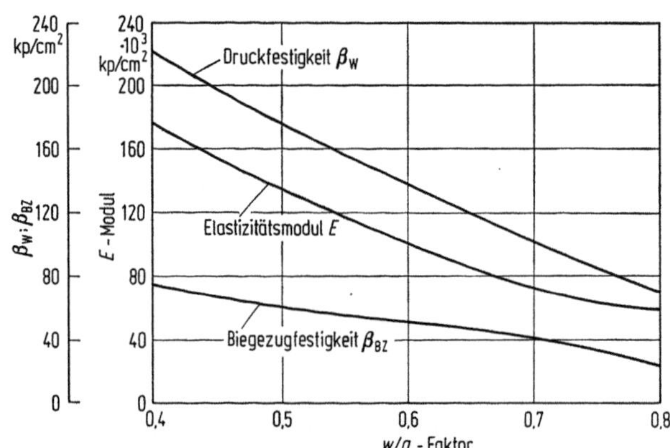

Bild D.14 Abhängigkeit der Materialwerte für Gips mit Blähschiefer vom Wasser-Gips-Verhältnis im trockenen Zustand (nach [D.9]) Verhältnis: Blähschiefer : Gips = 0,66 : 1

ist sehr gut den Anforderungen der Ähnlichkeitsgesetze anzugleichen und erfüllt auch die Forderung nach einer gekrümmten σ-ε-Linie. Die Bilder D.13 und D.14 zeigen die wichtigsten Materialwerte in Abhängigkeit vom Zuschlag-Bindemittel-Verhältnis und vom w/g-Faktor.

Gravierende Nachteile sind auch hier wiederum die zu hohe Biegezugfestigkeit ($0,35 \cdot \beta_W$ bis $0,4 \cdot \beta_W$) und das äußerst schlechte Verbundverhalten. Nennenswerte Verbundspannungen können praktisch nur durch mindestens 0,5 mm tiefe umlaufende Rillen oder gleichwertige Profilierungen am Bewehrungsstab erreicht werden, so daß das fehlende Haftvermögen durch die sich bildenden Konsolen und die dabei geweckten Scherspannungen ersetzt wird. Es ist einleuchtend, daß dieses Verfahren nur bei größeren Durchmessern (ab 3 mm) durchführbar ist. Es ermöglicht außerdem keine gleichmäßige Kraftübertragung zwischen Bewehrung und Modellmörtel, wie es bei normalem Haftverbund vorausgesetzt werden muß.

3.6.3 Gips hoher Dichte

Für Untersuchungen von Eigengewichts- und Schwingungsproblemen wird ein Modellmaterial mit einem hohen spezifischen Gewicht benötigt. Dies erreicht man in gewissen Grenzen, indem Zuschläge hoher Dichte verwendet werden, beispielsweise Baryt (Schwerspat), der etwa das doppelte spezifische Gewicht von Gips hat. Man wird also die Kieselgur ganz oder teilweise durch Barytpulver ersetzen und hat so die Möglichkeit, durch Änderung der Anteile von Wasser, Gips, Kieselgur und Baryt die arbeitstechnischen und mechanischen Eigenschaften des Modellmaterials in weiten Grenzen je nach Verwendungszweck festzulegen.

Bei der Herstellung wird stets das Zusatzmaterial, also Kieselgur bzw. Baryt, zuerst in das Wasser eingerührt, dann der Gips. Die Mischzeit beträgt insgesamt ca. 15 Min.

3.7 Bewehrung

3.7.1 Schlaffe Bewehrung

Die Modellbewehrung muß so gewählt werden, daß die Modellgesetze hinsichtlich des E-Moduls (σ-ε-Linie) und der Verbundgüte erfüllt sind (Mehrstoff-Modellgesetz, s. Abschn. B-8). Das Material sollte eine genau definierte Streckgrenze haben. Das Verformungsverhalten dünner Stahldrähte zeigt in handelsüblichem Zustand keine ausgeprägte Fließgrenze. Es entspricht somit dem von hochfesten kaltgereckten Stählen. Ist eine Fließgrenze erforderlich, z. B. bei einer Hauptausführung mit Stahl I, so erreicht man dies durch Wärmebehandlung; die Drähte werden bei ca. 600 °C eine Stunde lang geglüht. Auf diese Weise lassen sich die σ-ε-Linien weitgehend an die Erfordernisse des Modells angleichen (Bild D. 15).

Die Verbundeigenschaften der verwendeten Modellmaterialien bilden
ein Hauptproblem beim Arbeiten mit bewehrten Modellen. Glatte Stahlstäbe ergeben im allgemeinen zu geringe Verbundfestigkeiten, wobei
unter Verbundfestigkeit diejenige Haftspannung τ zu verstehen ist, die
zur Lösung des Verbundes führt (s. Abschn. D-2.2). Zur Erhöhung der
Verbundfestigkeit wird in erster Linie eine Profilierung der Drähte durch
Einbringen von Kerben, Einschneiden von Gewinden oder auch Ver-
drillung von Drähten mit rundem oder quadratischem Querschnitt [D.12;
D.13] empfohlen. Untersuchungen [D.9] haben gezeigt, daß diese Maßnahmen bei Durchmessern $\geq$ 3 mm erfolgreich angewendet werden
können, wenn die Kerblänge etwa das 4- bis 6fache der Kerbtiefe beträgt.

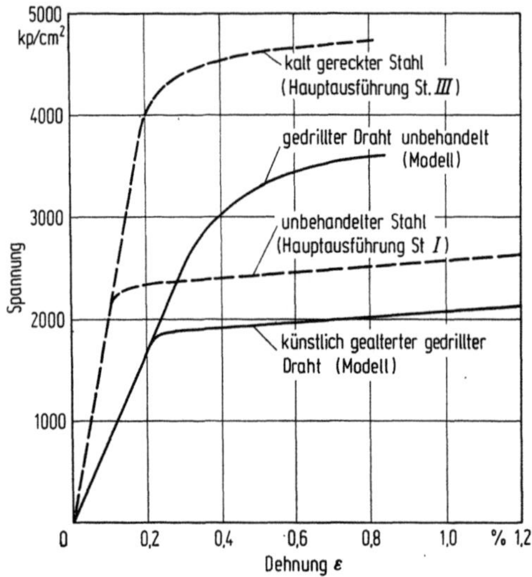

Bild D.15 σ-ε-Linien von Bewehrungsstählen für Modell und Hauptausführung (nach [C.3])

Als günstige Kerbtiefe hat sich 0,5 mm ergeben. Bei kürzeren Kerben
wie auch aufgeschnittenen Gewinden verringern sich bei kleinen Durchmessern die Verbundfestigkeiten gegenüber dem unbehandelten Material. Hier kann sich die reine Haftfestigkeit nicht voll ausbilden, denn die
Gewölbekräfte setzen zu steil an und kommen deshalb nicht zur Wirkung
(s. Bild D.16). Wegen der kleinen Abmessungen dringt in die Kerbe nur
Zementschlempe ein, und die Schubbeanspruchung in den Grenzflächen
der Kerben übersteigt die Scherfestigkeit des Zementsteines. Wie weiter
nachgewiesen wurde, kann der Verbund auch bei kleinen Durchmessern
in einfacher Weise durch Feuer- oder galvanisches Verzinken der Bewehrungsdrähte wesentlich verbessert werden. Dies ist auf eine chemische
Einwirkung des Zements auf die Zinkschicht zurückzuführen, wodurch

zusätzliche Adhäsionskräfte aktiviert werden. Sie bewirken eine Zunahme der Verbundfestigkeit auf das 2- bis 3fache gegenüber den unverzinkten Drähten [D.9; D.14].

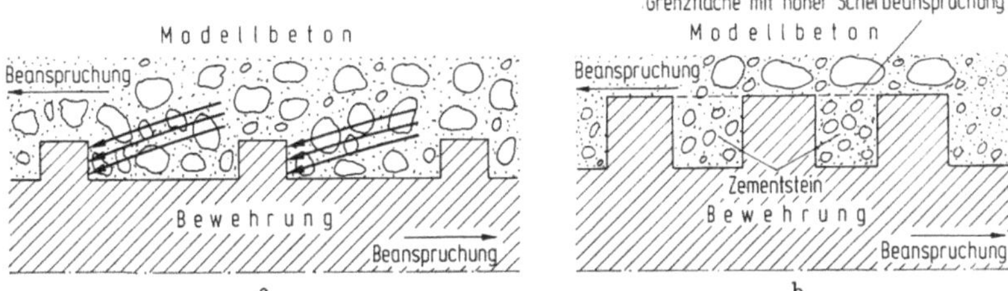

Bild D.16 Schematische Darstellung der Beanspruchung von Modellbewehrung mit Profilierung
a) lange Kerben (Stützwirkung möglich)   b) kurze Kerben (keine Stützwirkung möglich)

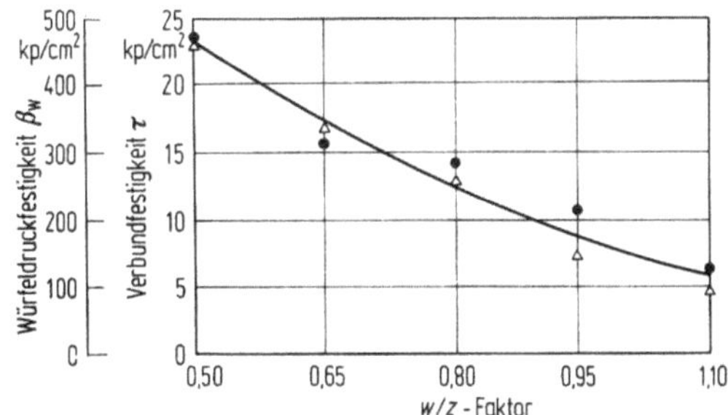

Bild D.17 Abhängigkeit von Verbund- und Würfeldruckfestigkeit vom w/z-Faktor (nach [D.9])
● Verbundfestigkeit τ △ Würfeldruckfestigkeit β_w

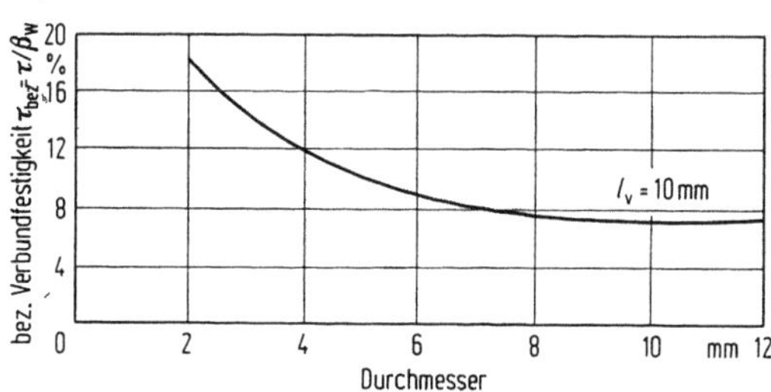

Bild D.18 Abhängigkeit der bezogenen Verbundfestigkeit vom Durchmesser (nach [D.9])

Die Verbundfestigkeit steht in einer unmittelbaren Beziehung zur Druckfestigkeit des Betons, so daß die gleichen Faktoren wie w/z-Faktor, Zementgehalt, Zementgüte usw. in gleicher Weise erhöhend oder erniedrigend wirken. Bild D.17 zeigt in Absolutwerten aufgetragene Versuchsergebnisse [$\tau = f(w/z)$]. Außerdem ist die Verbundfestigkeit vom Durchmesser abhängig. Sie nimmt mit kleiner werdendem Durchmesser zu (Bild D.18). Die hier aufgezeichneten Werte beziehen sich auf eine sehr kurze Verbundlänge von 10 mm. Die Ausziehversuche wurden in Anlehnung an die in [D.15] geschilderten Versuche ausgeführt. Um den Einfluß der Würfeldruckfestigkeit auszuschalten, sind die Werte in % der Festigkeit aufgetragen. Ist in der Hauptausführung die Verbundfestigkeit nicht für das Versagen maßgebend, so braucht im Modellversuch nur eine Mindestverbundfestigkeit gewährleistet zu sein; die tatsächlich vorhandene, über diesem Mindestwert liegende Größe ist dann für die Ähnlichkeit der Bruchlasten von untergeordneter Bedeutung.

3.7.2 Vorspannbewehrung

Bei der Vorspannbewehrung kommt es in erster Linie auf gute Affinität der σ-ε-Linie des Metalls zu der des Spannstahls an. Bewährt haben sich bisher Phosphor-Bronze-Draht, der 15 Min. bei 300°C heiß behandelt und anschließend abgeschreckt wird, und hochzugfester Stahldraht, der bei 360°C für 1 Std. heiß behandelt und ebenfalls abgeschreckt wird [C.3]. Der Bronzedraht zeigt kein Nachlassen der Spannung, während bei Stahldraht ein geringes Nachlassen auftritt, das sich aber nur bei langer Versuchsdauer nachteilig bemerkbar macht (1,4% nach 24 Std.). Dies kann jedoch in der Auswertung rechnerisch berücksichtigt werden. Bei Versuchen mit vorgespannten Platten [D.8] ließ man die zum Vorspannen notwendigen Drähte gesondert herstellen. Es handelte sich dabei um ausgesprochenen Vorspannstahl St 180/200 mit $\beta_{0,2} = 20\,800$ kp/cm² und $\beta_z = 22\,100$ kp/cm² mit einem Durchmesser von 1,5 mm.

4 Schwinden und Kriechen

Schwinden ist ein Sammelbegriff für alle Längenänderungen infolge Sedimentation des Frischbetons, Schrumpfen durch chemische Bindung des Wassers und Wasserverdunstung bzw. Austrocknung bei Alterung. Mit Kriechen werden alle Erscheinungen bezeichnet, die ebenfalls eine Verkürzung zur Folge haben, und zwar unter der Einwirkung von Last. Es könnte wünschenswert erscheinen, auch diese Vorgänge auf das Modell zu übertragen. Das Schwinden und Kriechen benötigt aber bei der Hauptausführung bis zum weitgehenden Abklingen Zeiten, die in der Größenordnung von ein bis zwei Jahren liegen. Auch wenn man diese Vorgänge am Modell beschleunigen würde, so wären doch noch Zeiten erforderlich, die einen derartigen Versuch unwirtschaftlich werden lassen. Man wird daher versuchen, das Schwinden und Kriechen im Modellversuch möglichst weitgehend auszuschalten und Auswirkungen dieser Vorgänge auf die Hauptausführung auf rechnerischem Wege zu berücksichtigen oder abzuschätzen. Der ideale Modellwerkstoff wäre somit ein Beton, Mörtel o. ä., der weder schwindet noch kriecht. Diese Forderung erfüllt keiner der benutzten Werkstoffe im strengen Sinne, doch ist durch bestimmte Herstellungs- und Verarbeitungsmethoden eine Beeinflussung dieser Eigenschaften möglich, wenn das Folgende beachtet wird.

Ein hoher Anteil an Feinstkorn erhöht den für das irreversible submikroskopische Kriechen verantwortlichen Anteil an Gelporen und somit das Kriechmaß. Man sollte also keine Zuschläge mit einem großen Anteil an Korn $< 0{,}09$ mm verwenden. Mit kleiner werdendem Korn nimmt der Ungleichförmigkeitsgrad ab. Das bedingt eine Zunahme des Porenraums. Auch hieraus folgt verstärktes Kriechen und die Forderung eines nicht zu kleinen Kornaufbaus. Durch Verwendung einer hohen Zementgüte wird die Auslösespannung für das Auftreten von Zugrissen erhöht, so daß Schäden durch Schwindrisse, wenn überhaupt, erst später entstehen. Ein hoher w/z-Faktor vergrößert ebenfalls den Porenraum. Zur Verminderung der Schwind- und Kriecherscheinungen ist also ein niedriger w/z-Faktor erwünscht. Hier wird man einen Kompromiß hinsichtlich der Verarbeitbarkeit schließen müssen, die einen hohen w/z-Faktor zur Erreichung einer guten Konsistenz fordert. Konstante Umweltbedingungen, insbesondere gleiche relative Luftfeuchtigkeit und Temperatur, wirken vorteilhaft auf ein niedriges Schwind- und Kriechmaß. Zur Vermeidung von Schwind- und Kriechvorgängen empfiehlt es sich, das Modell zu konservieren. Dabei wird die gesamte Konstruktion mit einem wasser- und dampfundurchlässigen Lack überzogen, der den Ausgleich des Feuchtigkeitsgehaltes zwischen Modellkörper und Umwelt verhindert.

5 Maßstabskorrekturen

Der Idealfall bei Modelluntersuchungen liegt vor, wenn man die im Versuch erhaltenen Ergebnisse unter Beachtung der eingeführten Maßstabsverhältnisse rein rechnerisch auf die Hauptausführung übertragen kann. Voraussetzung hierfür ist die Erfüllung der Ähnlichkeitsbedingungen, wie sie in Abschn. D-2 beschrieben wurden. Dies ist jedoch aus zwei Gründen nicht möglich: Zum einen treten ungewollte Abweichungen infolge wechselnder Materialkennwerte auf (z. B. Betonqualität, Durchmesser der Stahleinlagen), zum anderen ist das Zusammenwirken der einzelnen Werkstoffe noch von Parametern bestimmt, die mit den Grundmaßstäben nicht erfaßt werden können (z. B. Oberflächenbeschaffenheit der Zuschläge und Bewehrung, Kerbwirkungen im Mikrobereich). Deshalb müssen Korrekturfaktoren eingeführt werden.

Die Abweichungen infolge wechselnder Materialkennwerte machen sich mit kleiner werdendem Maßstab zunehmend nachteilig bemerkbar und müssen deshalb während des Versuchs genau überwacht werden. Sie werden rechnerisch durch den Korrekturfaktor k_1 berücksichtigt, der das Verhältnis des tatsächlich vorliegenden Maßstabs der zu bestimmenden Größe (z. B. $\overline{M}_V$) zu demjenigen angibt, der entsprechend dem gewählten geometrischen Längenmaßstab vorliegen müßte (z. B. M_V). Für das folgende Beispiel einer Bruchmomentenmessung bei Versagen des Stahls würde das wie folgt aussehen:

$$M_H = P_H \cdot z_H = \beta_{zH} \cdot \frac{\pi}{4}\, d_H^2 \cdot z_H \tag{D.25}$$

$$M_M = P_M \cdot z_M = \beta_{zM} \cdot \frac{\pi}{4}\, d_M^2 \cdot z_M \tag{D.26}$$

$$M_V = \beta_{zV} \cdot d_V^2 \cdot l_V \overset{!}{=} \sigma_V l_V^3 \tag{D.27}$$

mit β_z = Stahlzugfestigkeit

$\quad d$ = Bewehrungsdurchmesser

$\quad z$ = innerer Hebelarm.

Sind nun $\bar{\beta}_{zV}$ und $\bar{d}_V$ von den geforderten Werten σ_V und l_V abweichende Maßstäbe, so ist

$$\bar{\beta}_{zV} \cdot k_{11} \cdot \bar{d}_V^2 \cdot k_{12}^2 \cdot l_V = \overline{M}_V \cdot k_1 \overset{!}{=} \sigma_V l_V^3 = M_V, \tag{D.28}$$

worin $k_1 = k_{11} \cdot k_{12}^2$ definiert ist als

$$k_1 = \frac{M_V}{\overline{M}_V} = \frac{\sigma_V l_V^3}{\bar{\beta}_{zV}\, \bar{d}_V^2\, l_V} = \frac{\sigma_V l_V^2}{\bar{\beta}_{zV}\, d_V^2}. \tag{D.29}$$

Beim verwendeten Modell mit $l_V = 1 : 4$ und Werkstoffgleichheit zwischen M und H seien folgende Abweichungen im Durchmesser d der Stahleinlagen und deren Zugfestigkeit β_z vorhanden:

$$\bar{d}_V = \frac{d_M}{d_H} = \frac{5{,}6}{19{,}1} \neq l_V = \frac{1}{4} \tag{D.30}$$

$$\bar{\beta}_{zV} = \frac{\beta_{zM}}{\beta_{zH}} = \frac{56{,}7}{53{,}2} \neq \sigma_V = 1. \tag{D.31}$$

Daraus folgt für k_1:

$$k_1 = \frac{1}{16} \cdot \frac{53{,}2}{56{,}7} \cdot \frac{19{,}1^2}{5{,}6^2} = 0{,}684. \tag{D.32}$$

Das am Modell gemessene Bruchmoment sei $M_M = 990$ kpm; somit ist

$$M_H = 0{,}684 \cdot 990 \cdot 64 = 0{,}684 \cdot 63\,400 = 43\,300 \text{ kpm}. \qquad \text{(D.33)}$$

Die Anpassung der Modellgesetze an das tatsächliche Verhalten des Verbundwerkstoffes geschieht durch die Faktoren k. Mit ihnen werden die auf die Hauptausführung umgerechneten Werte in die wahren Werte der Hauptausführung überführt. Diese Korrekturfaktoren sind — und das erschwert die Auswertung derartiger Versuche — keine konstanten Größen, sondern vielmehr Funktionen verschiedener Parameter. Sie sind spezifisch für die jeweils gefragte Größe (Bruchlast, Bruchmoment, Rißlast usw.) und abhängig von der Form des Modells, dem Maßstab l_V, dem Bewehrungsgrad ν, der Betongüte β_{w28} usw., z. B.

$$k_{P,\text{Bruch}} = P_{H,\text{Bruch}} \cdot \frac{P_{V,\text{Bruch}}}{P_{M,\text{Bruch}}} = f(\text{Form}, l_V\, \nu, \beta_{w28} \ldots). \qquad \text{(D.34)}$$

Um sie zu bestimmen, wird man in mehreren Versuchsreihen jeweils eine der unabhängigen Variablen bei Konstanthalten aller anderen variieren. So erhält man für die wahre Bruchlast $P_{H,\text{Bruch}}$ bei fest gegebener Konstruktionsform und Belastungsart eine Abhängigkeit des Wertes $k_{P,\text{Bruch}}$ nur von l_V, und es ist

$$k_{P,\text{Bruch}} = k_{P,\text{Bruch}} \cdot \frac{P_{M,\text{Bruch}}}{P_{V,\text{Bruch}}} = f(l_V) \cdot \frac{P_{M,\text{Bruch}}}{P_{V,\text{Bruch}}}. \qquad \text{(D.35)}$$

$f(l_V)$ muß durch Versuche ermittelt werden. Solche Versuche sind allerdings noch nicht sehr zahlreich und beschränken sich auf die Untersuchung einfacher Systeme wie statisch bestimmt gelagerte Balken auf zwei Stützen. Aus den vorliegenden Arbeiten [D.2; D.4; D.5] lassen sich aber Tendenzen erkennen, die hier kurz wiedergegeben werden sollen.

Bis zum Maßstabsverhältnis $l_V = 1 : 4$ besteht im allgemeinen kein merklicher Einfluß, d. h., daß k den Wert 1 hat. Nimmt l_V weiterhin ab, so sind die im Versuch erhaltenen Ergebnisse zu günstig, d. h., k wird kleiner als 1. Bild D.19 zeigt das bezogene Bruchmoment $m_u = M_u/ (\beta_z \cdot F_e \cdot d)$ in Abhängigkeit vom Maßstab l_V nach Versuchen, die mit einfachen Balken verschiedener Größe durchgeführt wurden [D.4]. Als dimensionslose Größe müßte m_u unabhängig vom Maßstab l_V sein. In Bild D.20 sind in Abhängigkeit von l_V im Versuch ermittelte und mit den vorliegenden Maßstäben auf die Hauptausführung umgerechnete Bruchmomente M_{exp} auf ein für die Hauptausführung rechnerisch ermitteltes Bruchmoment M_r bezogen. Es zeigt sich, daß bei einem Maßstab von $l_V = 1 : 24$ die Versuchsergebnisse nahezu unabhängig vom Bewehrungsgrad ν um etwa 30% zu groß sind. Diese Kurven sind Beispiele für mög-

liche Verhältnisse. Sie beziehen sich ausschließlich auf Versuche mit
einfachen statisch bestimmten Stahlbetonbalken und hier wiederum nur
auf die Größe des maximal aufnehmbaren Bruchmomentes M_u.

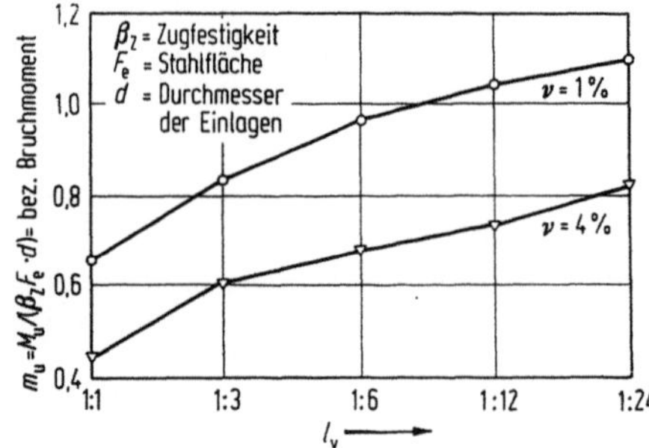

Bild D.19 Abhängigkeit des bezogenen Bruchmomentes vom Maßstab (nach [D.4])

Betrachten wir an Stelle des Biegebruchmomentes das Schubbruchmoment, so zeigt sich auch hier auf Grund der in [D.5] und [D.6]
erwähnten Versuche an einfachen Balken ein merklicher Maßstabs-
einfluß. Ähnliches gilt für die Schubrißlast (Last beim Auftreten des

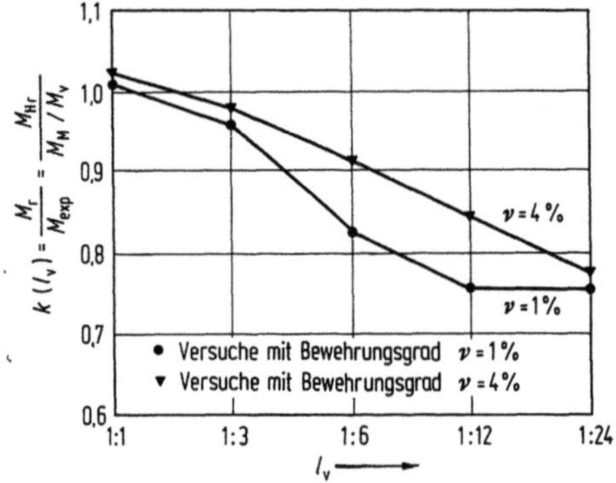

Bild D.20 Abhängigkeit der Versuchsergebnisse vom Maßstab (nach [D.4])

ersten Schubrisses in Höhe der Nullinie), deren Abhängigkeit von der
Balkenhöhe in Bild D.21 dargestellt ist. Die Verbundgüte wurde
konstant gehalten. Auf ihre Bedeutung bei Schubproblemen wurde bereits in Abschn. D-2.2 hingewiesen. Die Schubbruchlast (Last bei Versagen des Balkens) verhält sich bei Balken ohne Bügelbewehrung etwa
wie die Schubrißlast, sie ist dagegen bei Balken mit Bügelbewehrung
weitgehend unabhängig vom Maßstab. Hieraus ist zu ersehen, daß Maß-
stabseinflüsse nur bezüglich einer ganz speziell betrachteten Größe angegeben werden können.

Ziel einer weiteren Forschung wird es sein, durch systematische Untersuchungen Funktionen für k zu ermitteln, die für einen möglichst großen

Bereich von Systemen Gültigkeit haben, oder die Versuchstechnik so einzurichten, daß $k(l_V)$ dem Wert 1,0 zustrebt. Dies würde die Zuverlässigkeit von Modelluntersuchungen von Stahlbetonbauwerken wesent-

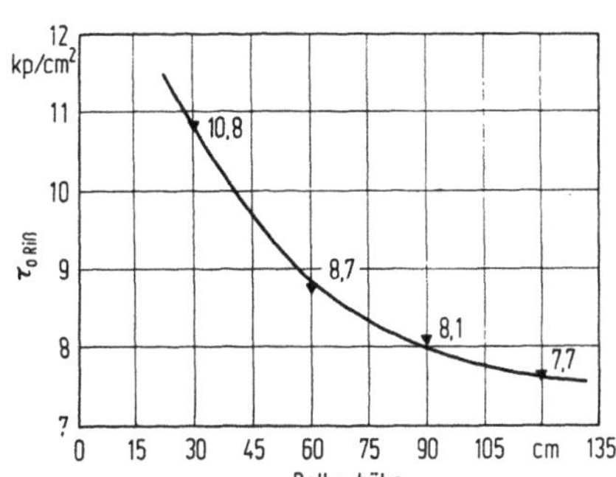

Bild D. 21 Abhängigkeit der Schubrißspannung von der Balkenhöhe Bewehrungsgrad $\nu = 1,28$ const. Verbundgüte (gleiche $\varnothing$)

lich erhöhen und zugleich den Aufwand vermindern, da sich zeitraubende Parallelversuche zur Ermittlung von Korrekturgrößen, die nur jeweils für die betreffende Versuchsserie gelten, erübrigen würden.

6 Dehnungsmessungen an Modellen aus Mikrobeton

Bei Dehnungsmessungen an Modellen aus Mikrobeton sind bei der Wahl der Meßlänge die in Abschn. F-4.1 genannten Gesichtspunkte zu beachten. Im Bereich größerer Meßlängen von 2 cm aufwärts haben sich Setzdehnungsmesser (vgl. Abschn. F-4.2.3) bewährt [D.16]. Bei größeren Modellen können sie auch für Messungen an einbetonierten Stahleinlagen verwandt werden. In den Beton werden kleine Hülsen eingesetzt, die bis zum eingelegten Stahl führen. Sie legen von diesem eine Stelle frei, an der zur Markierung der Meßlänge eine kegelförmige Bohrung angebracht wird. Wegen der Zeitersparnis bei der Messung wird man auch bei Mikrobeton vorwiegend DMS verwenden (s. Abschn. F-4.4.2). Zur Vermeidung von Mißerfolgen sind folgende Hinweise zu beachten: Die Meßstelle wird mit Schmirgelleinen glatt geschmirgelt, mit Aceton oder Trichloräthylen entfettet und anschließend mit einem Kunstharzzement (20% Kunstharz und 80% Feinsand) dünn und gleichmäßig bestrichen. Hierdurch sollen vor allem eventuell noch vorhandene Poren verschlossen werden. Nach Aushärten dieser Masse wird noch einmal mit einem feinen Schmirgelleinen glattgeschliffen. Neuerdings werden auch fertige Klebe- und Bestreichmassen für die Befestigung von DMS auf Beton angeboten.

Zweckmäßig wird der DMS auf der Rückseite entlang der Längskante mit einem Klebeband versehen, so daß nur noch das Meßgitter in der Mitte sichtbar bleibt. Mit einem Kunstharzkleber bestrichen, kann er mit den Streifen leicht an der vorgesehenen Stelle befestigt werden. Durch Anpressen mittels rollender Bewegungen werden Luftblasen unter dem DMS ausgedrückt und für gleichmäßige Verteilung des Klebers gesorgt. Nach dessen Aushärten werden die Anschlüsse wie gewohnt angebracht. Für Versuche in Laboratorien unter normalen Bedingungen erübrigt sich ein Schutz gegen Feuchtigkeit. Besteht die Möglichkeit, daß Wasser mit dem DMS in Berührung kommt (Versuche im Freien und Betonfeuchtigkeit), empfiehlt es sich, eine Messingfolie zwischen DMS und Beton zu kleben. Außerdem muß ein Wachsüberzug oder ein anderer Feuchtigkeitsschutz angebracht werden. Der Isolationswiderstand der DMS ist öfter zu überprüfen. Ist er kleiner als 10 MΩ, so sind keine einwandfreien Messungen mehr zu erwarten.

Soll die Dehnung von schlaffer Bewehrung bei größeren Modellen bestimmt werden, so wird zunächst durch Anfeilen eine kleine ebene Fläche auf dem Stahlstab geschaffen, bei geripptem Stahl am besten auf der Längsrippe. Als DMS werden vorteilhafterweise schmale, lange Streifen verwendet (Meßgitter 2×25 mm). Nachdem die Meßstelle glattgeschliffen und gesäubert ist, wird der DMS aufgeklebt. Ist der Kleber ausgehärtet, sollte der DMS auf seinen Isolationswiderstand geprüft werden, um defekte Streifen sofort zu ersetzen. Dann werden die Zuleitungen angeschlossen und ebenfalls mit Kleber am Stab befestigt, so daß ein Losreißen der Lötstelle durch ungewollte Beanspruchung der Drähte verhindert wird. Die gesamte Meßstelle wird dann mit einer Aluminiumfolie abgedeckt und durch einen angegossenen Wachs- oder Kunststoffblock gegen eindringendes Wasser geschützt. Nach nochmaliger Prüfung der elektrischen Eigenschaften ist der DMS meßbereit.

Die Anbringung von DMS auf Litzenkabel einer Vorspannbewehrung entsprechend großen Durchmessers erfolgt in ähnlicher Weise, nur daß sich hier die Arbeit auf eine Litze des Kabels beschränkt. Der DMS muß sich dabei der verwundenen Form der Litze anpassen und gut angeklebt werden. Auch hier werden möglichst schmale, lange Streifen verwendet. Die endgültige Dichtung gegen Wassereintritt erfolgt durch mehrfaches Bestreichen mit heißem Wachs oder Siegellack.

7 Herstellung von Realmodellen

Bei der Verwendung von Holz, Stahl, Aluminium und anderen Metallen bedarf die Herstellung entsprechender Modelle kaum spezieller Hinweise. Es ist mit der üblichen Sorgfalt, die Voraussetzung für die ordentliche Durchführung eines jeden Modellversuchs ist, zu arbeiten. Bei der Herstellung von Modellen aus Mörtel oder Mikrobeton sind jedoch einige Punkte besonders zu beachten.

7.1 Beton

Je inhomogener sich ein Stoff im physikalisch-chemischen Bereich aufbaut, desto größer ist die Abhängigkeit seiner Materialwerte von äußeren Einflußfaktoren wie Zusammensetzung, Herstellungsvorgang, Lagerungsbedingungen, Alter usw. Mit dem hieraus erwachsenden Vorteil, gewünschte Materialwerte aus einem großen Spektrum auswählen zu können, ist gleichzeitig der Nachteil größerer Streuungen der Werte verbunden.

Um nachteilige Einflüsse auf die Versuchsergebnisse möglichst zu verringern, sind alle Bedingungen bei der Herstellung konstant zu halten. Als vorteilhaft erweist sich das Arbeiten in einem klimatisierten Raum mit konstanter Temperatur und Luftfeuchtigkeit. Alle verwendeten Materialien sollten im gleichen Raum gelagert werden. Die für eine Mischung benötigten Mengenverhältnisse der Stoffe müssen durch Wiegen exakt eingehalten werden. Der Mischvorgang wird immer in gleicher Reihenfolge und mit gleichem Zeitabstand vorgenommen. Es empfiehlt sich, nicht von Hand zu mischen, sondern eine hierzu geeignete Mischmaschine zu verwenden. Für kleinere Mengen, wie sie bei Modellen oft vorkommen, sind im Bäckereigewerbe gebräuchliche Rühr- und Knetmaschinen geeignet. Ein Mischvorgang würde z. B. in der folgenden erprobten Weise ablaufen, die der neuen DIN 1164 angeglichen ist:

1. Einfüllen des Wassers in den Mischbehälter.

2. Zugabe des Zementes und 30 sec Mischen bei langsamer Geschwindigkeit (140 U/min).

3. In den folgenden 30 sec langsame Zugabe des Zuschlags (Sand) bei ständigem Weiterrühren.

4. Umschalten auf höhere Geschwindigkeit (280 U/min) und weiteres Mischen für 60 sec.

5. Anschließend sofortiges Verarbeiten der Mischung. Ein Mischvorgang nimmt also 2 min in Anspruch.

Auch beim Einbringen der Mischung in die Schalung sollte man jedes Mal in der gleichen Weise vorgehen. Es erfolgt zweckmäßig in dünnen Lagen, die möglichst schon beim Einfüllen verdichtet werden. Bei kleineren Modellen wird dies auf einem Rütteltisch vorgenommen. Die Zeit des Rüttelns sowie die zugehörige Amplitude und Frequenz, die eine gute Verdichtung ergeben, sind vom Material abhängig und müssen experimentell ermittelt werden. Bei größeren Modellen verdichtet man mit kleinen Rüttelflaschen, eventuell auch mit Rüttlern von außen. Es darf nicht zu stark gerüttelt werden, da sonst Entmischungsgefahr besteht.

Die Lagerung des frisch gegossenen Modells erfolgt zunächst 24 Std. in 100% Luftfeuchtigkeit bei 20 °C (Feuchtkasten oder Nebelraum, notfalls Überdecken mit feuchten Säcken und Kunststoff-Folie). Danach wird es bis zum Prüftermin entweder weiter feucht oder nur sieben Tage feucht und dann in Normklima (20 °C, 65% Luftfeuchte) gelagert. Das Messen geschieht stets nach genau festgelegten Zeiträumen. Parallel zum Versuchsobjekt sollten stets Prüfkörper wie Prismen, Würfel usw. unter gleichen Bedingungen hergestellt, gelagert und geprüft werden. Auch das Prüfen sollte unter stets gleichen Bedingungen erfolgen. Zu achten ist hier besonders auf konstante Temperatur, Feuchtigkeit und gleiche Belastungsgeschwindigkeit. Unter genauer Beachtung all dieser Faktoren lassen sich die Streuungen der Materialwerte innerhalb von 5 bis 6%, bezogen auf ihren Mittelwert, halten. Die Streuungen der Versuchswerte für ein Modell sind jedoch weiterhin abhängig von Versuchsaufbau, Lagerungsbedingungen, System u. a.

7.2 Bewehrung

Die Herstellung der Bewehrungskörbe bzw. -netze erfordert besonders bei kleineren Maßstäben einen erheblichen Aufwand an Sorgfalt und Genauigkeit. Das Zusammenfügen von Hauptbewehrung und Verteilern bzw. Bügeln verlangt oftmals die Geschicklichkeit eines Feinmechanikers. Als Verbindungsmittel haben sich in erster Linie das Löten und Punktschweißen bewährt, wobei dem Schweißen sowohl dem Zeitaufwand als auch der Qualität der Verbindung nach der Vorzug zu geben ist. Voraussetzung hierfür ist allerdings, daß sowohl der Schweißstrom als auch die Zeit am Gerät eingestellt werden können, da jedes Material und jede Durchmesserkombination andere Werte verlangen. Vor dem Einbau in die Schalung sollte die Bewehrung gut gereinigt und entfettet werden.

7.3 Schalung

Die Schalung wird üblicherweise aus gehobeltem Holz erstellt, das vor dem Betonieren vorteilhafterweise mit Spachtelmasse abgezogen und geglättet, zumindest aber eingefettet wird, um ein besseres Lösen beim Ausschalen zu gewährleisten. Sehr maßhaltige Schalungen lassen sich aus Plexiglas herstellen. Dies dürfte aber nur für kleinere Modelle und Prüfkörper wirtschaftlich sein.

Literatur

D.1 FUMAGALLI, E.: The use of models of reinforced concrete of structures. Magazin of Concrete Research, Nr. 12 (1960) H. 35.

D.2 BORGES, J. F., ARGA, J., LIMA, E.: Crack and deformation similitude in reinforced concrete. Laboratório Nacional de Engenharia Civil, Lissabon 1961, Memoria Nr. 162.

D.3 RÜSCH, H., REHM, G.: Notes on crack spacing in members subjected to bending. Rilem-Symposium, Stockholm 1957, Vol. II 525.

D.4 PAPARONI, M., BAEZ, J.: Efecto de Escala en Modelos de Vigas de Concreto armado. IMME Nr. 10—11, April—Sept. 1965, Caracas 1966.

D.5 LEONHARDT, F., WALTHER, R.: Beiträge zur Behandlung der Schubprobleme im Stahlbetonbau. Beton- und Stahlbetonbau 56 (1961) 277—290; 57 (1962) 32—44, 54—64, 141—149, 161—173, 184—188.

D.6 BHAL, N. S.: Über den Einfluß der Balkenhöhe auf die Schubtragfähigkeit von einfeldrigen Stahlbetonbalken mit und ohne Schubbewehrung. Schriftenreihe des Otto-Graf-Instituts an der Universität Stuttgart, H. 35, Stuttgart 1968.

D.7 STÖCKL, S.: Das unterschiedliche Verformungsverhalten der Rand- und Kernzonen von Beton. Materialprüfungsamt für das Bauwesen der T. H. München 1965.

D.8 PETER, J.: Bericht über Vorversuche zur Herstellung dünner Schalen aus bewehrtem Mikrobeton. Lehrstuhl für Massivbau der Universität Stuttgart 1965.

D.9 BURGGRABE, A.-H.: Untersuchungen über die Anwendbarkeit von Realmodellen kleineren Maßstabs für die modellstatische Behandlung von Stahlbetonkonstruktionen unter besonderer Berücksichtigung des Maßstabseinflusses. Bericht des Instituts für Modellstatik der Universität Stuttgart. Erscheint demnächst.

D.10 RUETZ, W.: Das Kriechen des Zementsteins im Beton und seine Beeinflussung durch gleichzeitiges Schwinden. Materialprüfungsamt für das Bauwesen der T. H. München 1965, Bericht Nr. 62.

D.11 NICOLAU, E.: Modelele in Cercetarea rezistentei Constructiilord in Beton armat. Dissertation Bukarest 1967.

D.12 BROCK, G.: Direct models as an aid to reinforced concrete design. Engineering 187 (1959) 468—470.

D.13 HAWIS, H. G., SABNIS, G. M., WHITE, R. N.: Small Scale Direct Models of Reinforced and Prestressed Concrete Structures. Report No. 326. Department of Structural Engineering, Cornell University Ithaca, N. Y., Sept. 1966.

D.14 VAN EIJNSBERGEN, J. F. H.: Feuerverzinkter Armierungsstahl und seine Vorteile. Schrift Nr. 552. Hrsg. v. Zinkberatung, Düsseldorf.

D.15 REHM, G.: Über die Grundlagen des Verbundes zwischen Stahl und Beton. DAfSt. Heft 138. Berlin: Wilhelm Ernst & Sohn 1961.

D.16 WEIL, G.: Spannungsermittlung an Beton durch Dehnungsmessungen. VDI-Z. 99 (1957) 1781—1820.

E Lagerung und Belastung der Modelle

1 Modelltisch und Auflager

Damit definierte Verhältnisse vorliegen, müssen baustatische Modelle
auf einen möglichst starren und unverschieblichen Untergrund oder
ein entsprechendes Gestell aufgebaut werden, denn die Verformungen
der Auflager dürfen die Messungen am Modell nicht merkbar stören. Für
große Realmodelle aus Mikrobeton ist die Verwendung eines sog. Spann-
bodens in einer großen Halle empfehlenswert, wie er heute in fast jedem
Ingenieurlaboratorium für Großversuche vorhanden ist. Er besteht aus
einer dicken, kräftig bewehrten, meist vorgespannten Stahlbetonplatte,
in die in einem regelmäßigen Raster Stahlbolzen mit Innengewinde ein-
gelassen sind. Sie dienen zum Festschrauben der Auflager und Belastungsrahmen und müssen deshalb auch entsprechend große Zugkräfte aufnehmen können. Besonders vorteilhaft ist es, wenn die Halle unterkellert
ist. Man kann dann die Belastungsvorrichtungen, die sich gegen die
Platte von unten abstützen, hier unterbringen und die Kräfte über Zug-
und Druckstangen durch Löcher im Spannboden in das Modell einleiten.
Das Modell ist so für die Messungen besser zugänglich, und man spart das
Aufbauen schwerer Belastungsrahmen, die man andernfalls als Widerlager für die hydraulischen Druckzylinder benötigen würde. Es erübrigt
sich, hier auf weitere Einzelheiten einzugehen. Die Herstellung und Untersuchung sehr großer Modelle ist sowieso nur in einem Ingenieurlaboratorium möglich, so daß man sich den dort vorhandenen Möglichkeiten
und Einrichtungen anpassen muß.

Die folgenden allgemeinen Angaben betreffen deshalb mehr kleinere
Realmodelle und vor allem Belastungsvorrichtungen für Kunststoffmodelle. Für erstere kann man sich im modellstatischen Laboratorium
eine Stahlbetonplatte herstellen, die auf niedrigen Stahlstützen ruht
und in ähnlicher Weise wie ein Spannboden mit Löchern und Zugankern
versehen ist. Für Kunststoffmodelle genügt wegen der meist sehr viel
kleineren Lasten ein Modelltisch. Er besteht aus einer 60 bis 80 mm dicken
Platte aus kunstharzverleimtem Schichtholz, die auf einem Stahlrahmen
aus kräftigen U-Profilen mit Stützen ruht. Dort, wo es notwendig ist,
werden in die Platte von Fall zu Fall Löcher gebohrt. Stört ein Loch von
einem vorhergehenden Versuch, so wird es einfach mit Gießharz verschlossen. Universell anwendbar ist auch ein Unterbau aus Stahlträgern.

Zwei oder je nach den Erfordernissen mehrere Kastenträger werden quer über zwei Stahlrahmen gelegt, die in einem durch die Größe des Modells gegebenen Abstand parallel nebeneinander aufgestellt werden (s. Bild E.1). Ihre Oberseiten sollten möglichst eben geschliffen sein; ebenso müssen die Kastenträger parallele und ebene Flächen besitzen. I-Profile

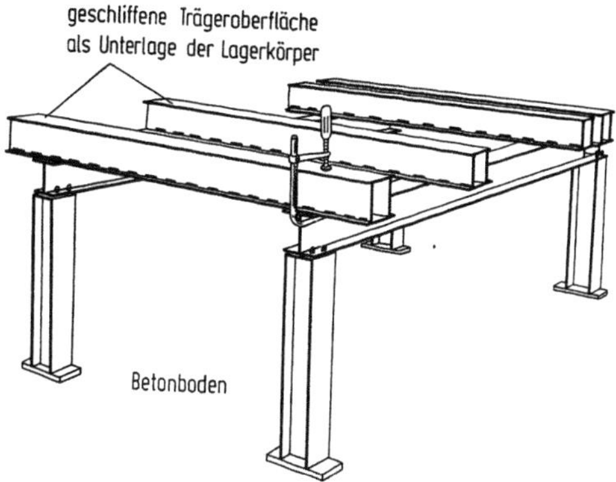

Bild E.1 Variabler Modelltisch aus Stahlträgern

sind als Querträger nicht geeignet, da ihre Flansche sich bei einer ausmittigen Belastung verdrehen und so zu große Senkungen der Modellauflager verursachen. Auf die Träger werden die Stützen des Modells oder die Lagerkörper aufgesetzt. Letztere sind entweder mit Stahlkugeln als bewegliche oder mit Spitzen als feste Lager aufgebaut (ein Beispiel zeigt

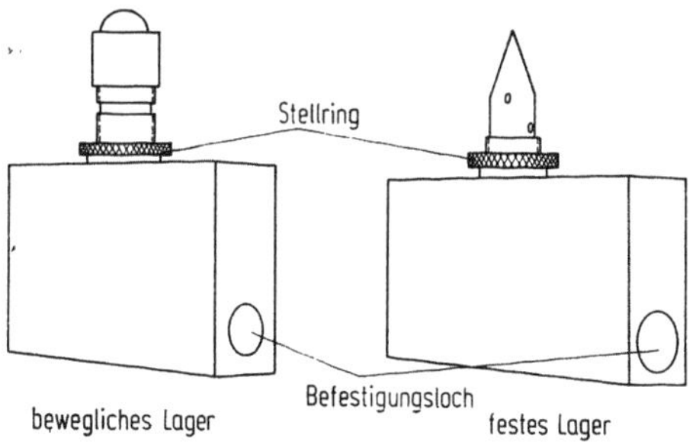

Bild E.2 Auflager für Plattenmodelle

Bild E.2). Ein nur in einer Richtung bewegliches Lager erhält man, indem ein Plättchen mit einer keilförmigen Nut unter die Kugel gelegt wird. An das Modell werden gehärtete Stahlplättchen angeklebt, damit sich die Kugeln nicht eindrücken und die Kraft entsprechend der Wirklichkeit verteilt wird. Die Spitzen der festen Lager ruhen in kegelförmigen

Vertiefungen, die jedoch noch ein allseitiges Kippen zulassen müssen. Alle Lagerkörper sind in der Höhe verstellbar, damit ein gleichmäßiges Aufliegen erzielt werden kann. Linienlager werden zweckmäßigerweise in viele einzelne Lager aufgelöst, da sich nur so eine überall gleichmäßige Auflagerung herstellen läßt. Dies kann man bei Platten einfach durch Klopfen kontrollieren. Solange ein klirrender Ton zu hören ist, liegt das Modell nicht überall gleichmäßig auf. Die manchmal empfohlene Lagerung auf Winkelschienen und Rundstäben gewährleistet keine gleichmäßige Untersützung. Trotz sorgfältigster Bearbeitung des Modells und der Schienen sowie zusätzlicher Vorbelastung der Lager kann eine Ungleichmäßigkeit vorhanden sein, die meist erst an Hand der Versuchsergebnisse bemerkt wird.

Ist bei elastischer Lagerung von Platten die Nachgiebigkeit N, die sich aus der Federzahl C der Stütze, dem E-Modul E, der Dicke d und der Spannweite l der Platte errechnet,

$$N = C\,\frac{E\,d^3}{l^2} \geq 0{,}1\,, \qquad\qquad (\text{E.}1)$$

so kann nach H. Weise [E. 1] das Linienlager einer zweiseitig gelagerten schiefen Platte durch 7 bis 9 Einzellager ersetzt werden, ohne daß hierdurch die Verteilung der Stützkräfte und Momente in unzulässiger Weise beeinflußt wird. An Stelle einer starren linienförmigen Auflagerung sind entsprechend mehr Einzellager vorzusehen. Zu berücksichtigen ist, daß die Ergebnisse des Modellversuchs zu günstig werden, wenn statt der elastischen Lagerung der Hauptausführung eine starre am Modell vorgenommen wird. Um elastische Lager nachzubilden, kann man die in Bild E.3 gezeigten Halbrahmen verwenden. Ihre Federzahl wird durch Ändern der Ausmittigkeit des Kraftangriffspunktes eingestellt.

Das Abheben der Modelle von den Auflagern muß durch entsprechende Vorspannung verhindert werden. Eine Möglichkeit durch Verwendung von Gewichten zeigt Bild E.3 im Prinzip. Die Randvorlast muß bei starrer Lagerung sehr viel größer sein als bei elastischen Lagern, jedoch kann sich dann trotz aller Vorsicht eine kleine Randeinspannung bemerkbar machen.

Volleinspannung einer Platte oder eines anderen Bauteiles gelingt nur, indem man das sorgfältig bearbeitete Teil zwischen zwei dicke, an der Einspannstelle eben geschliffene Stahlplatten einspannt. Das erforderliche starke und gleichmäßige Zusammenpressen der beiden Platten geschieht durch hochfeste Stahlschrauben, die entlang der Einspannlinie so dicht wie möglich nebeneinander durch Bohrungen der Stahlplatten und des Modells gesteckt werden. Zum Spannen der Schrauben benutzt man einen Drehmomenten-Schraubenschlüssel, da nur so eine gleichmäßige Einspannung längs einer Linie gewährleistet wird. Soll das Einspannmoment gemessen werden, so ist darauf zu achten, daß durch die Bohrungen im Modell nicht der Spannungsverlauf an der Einspannstelle gestört wird. An einem sehr langen Plattenstreifen aus 4 mm dickem Duraluminium stimmte die gemessene Verteilung des Einspannmomentes einer am freien Rand angreifenden Einzellast bis auf 10%

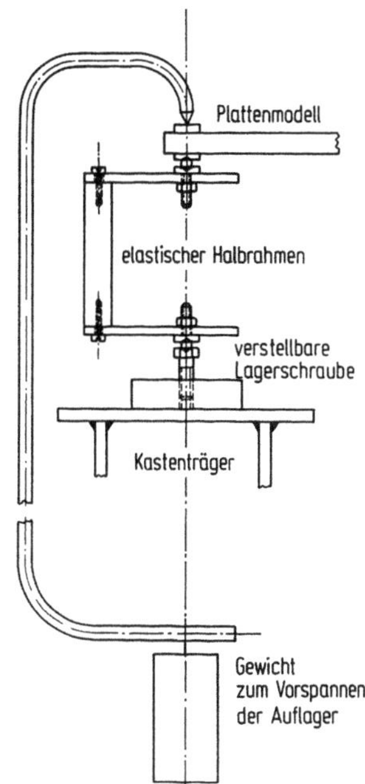

Bild E. 3 Nachbildung elastischer Auflager von Platten und Vorspannung der Auflager

mit der für diesen Fall von TIMOSHENKO [E.2] am unendlich langen Plattenstreifen theoretisch gefundenen Momentenverteilung überein (s. Bild E. 4). Die Abweichung trat im Einspannbereich bei der Einzellast auf; links und rechts davon ergab sich praktisch kein Unterschied zwischen Messung und Theorie. Man kann also auf die oben geschilderte

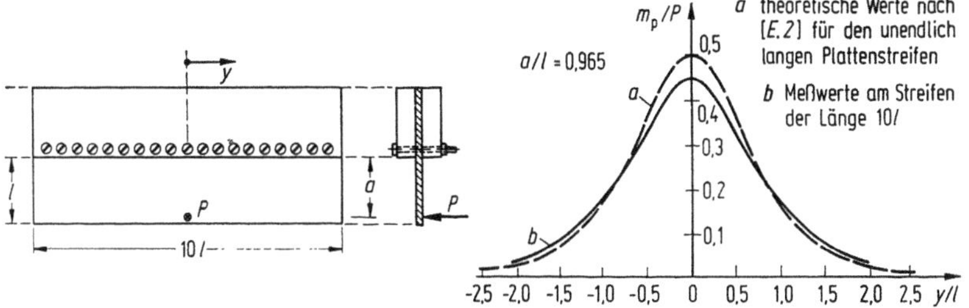

Bild E. 4 Verlauf des Einspannmoments an einem auskragenden langen Plattenstreifen

11 Müller, Modellstatik

Weise gegenüber der theoretischen Berechnung eine Volleinspannung von 90% erzielen.

Bei elastischen Modellen ist es meist nicht ganz einfach, die Randbedingungen zu erfüllen, da diese mit den nur gedachten Bedingungen der Theorie übereinstimmen sollen. Bei den Realmodellen besteht diese Schwierigkeit nicht, da hier keine idealen Annahmen zu verwirklichen sind, sondern tatsächlich vorliegende Bedingungen nachzuahmen sind.

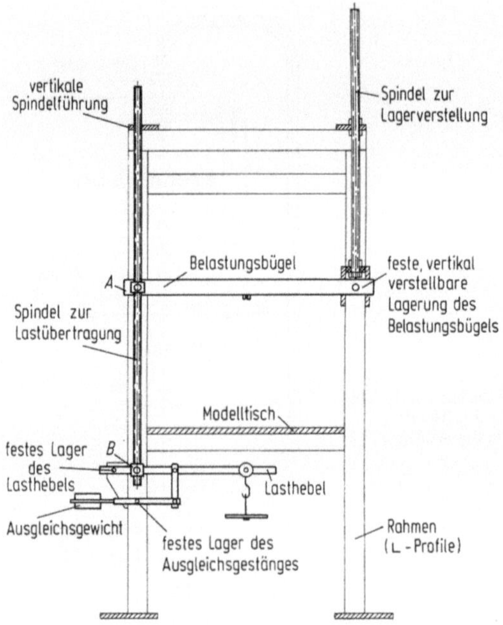

A,B vertikal frei bewegliche Gelenkverbindung von Lastübertragungsspindel und Belastungsbügel bzw. Lasthebel

Bild E. 5 Prinzipskizze eines Belastungsrahmens
(die Umrisse der während der Lastaufbringung beweglichen Teile sind hervorgehoben) (s. a. Bild G. 3)

Geometrische Ähnlichkeit und Ähnlichkeit im Werkstoffverhalten gewährleisten, daß im Modell die wirklichen Randbedingungen erfüllt sind. In der Wirklichkeit gibt es z. B. keine Volleinspannung, im Modell wird der Einspannungsgrad bei vollkommener Ähnlichkeit derselbe sein wie in der Hauptausführung. Jedoch bereitet bei den Realmodellen die ähnliche Darstellung der Nachgiebigkeit und der Elastizität des Untergrunds oft Schwierigkeiten. Diese Probleme treten besonders bei Modellen von Bogenstaumauern auf, deren Spannungsverlauf stark von den Randbedingungen beeinflußt wird.

Manche Modelle, besonders bei spannungsoptischen Untersuchungen an Scheiben, baut man besser in einem Belastungsrahmen auf (s. Bild

E. 5). Er besteht aus zwei dicht gegenüber angeordneten Rahmen aus Winkelprofilen, die in regelmäßigen Abständen mit Löchern versehen sind. Querträger zur Lagerung der Modelle und Vorrichtungen zur Belastung können so in fast jeder beliebigen Höhe angeschraubt werden. Zwischen den Rahmen ist eine durch Spindeln in der Höhe verstellbare Belastungsvorrichtung angebracht, die nach Art einer Dezimalwaage mit 10facher Übersetzung arbeitet.

Die zum Aufbau und zur Belastung notwendigen Zubehörteile, wie die schon erwähnten Lager, Unterlegklötze, Rollen, Zugstangen, Verbindungsteile, Laschen, Hebel mit Kugellagern usw. und Gewichte in entsprechender Abstufung, sollten nach der Art eines Baukastensystems immer in der gleichen Art hergestellt werden. So bekommt man im Laufe der Zeit eine Ausrüstung, die immer wieder verwendbar ist, und spart hierdurch viel Werkstattarbeit, Zeit und Geld. Es versteht sich von selbst, daß man bei der Planung eines Modellversuchs für Lager und Belastung so weit als möglich die vorhandenen Teile und Vorrichtungen berücksichtigt.

2 Belastung durch äußere Lasten

Die zur Belastung von Realmodellen erforderlichen Kräfte sind so groß, daß man sie im allgemeinen nur hydraulisch erzeugen kann. Dies ermöglicht auch die bei Bruchversuchen notwendige langsame und kontinuierliche Steigerung der Last. Hydraulische Belastungsanlagen mit einzelnen Druckzylindern werden in den Ingenieurlaboratorien fast allgemein benutzt. Für Zwecke der Modellstatik braucht man Druckzylinder mit entsprechend kleineren Kräften, die unter Umständen gesondert angefertigt werden müssen. Die Messung kleiner Kräfte auf hydraulischem Wege mit Feder- oder Pendelmanometer ist meist zu ungenau. Besser ist es, elektrische Kraftmeßdosen zwischen Modell und Druckzylinder einzubauen, wodurch auch eine einfache Registrierung des Kräfteverlaufs zusammen mit den Dehnungen möglich wird.

Bei Kunststoffmodellen kommt man im allgemeinen mit einer Belastung durch Gewichte aus. Sie haben den Vorteil, mit großer Genauigkeit gewogen werden zu können, und gewährleisten eine gleichbleibende Kraft, wenn nicht durch zu große Reibung in der Belastungsvorrichtung Störungen verursacht werden. Gewichte kann man leicht mit Hilfe von Preßluftzylindern von der Belastungsvorrichtung abheben und dies durch elektronische Zeitschalter über Magnetventile selbsttätig steuern, um die in Abschn. C-3.2.2.3 beschriebene periodische Be- und Entlastung durchführen zu können (s. Bild E. 6). Ist die Anzahl der Gewichte groß, so bedient man sich am besten einer Hebebühne, die entweder mit

Preßluftzylindern oder mechanisch durch Exzenterscheiben bewegt wird. Die Bewegung der Preßluftzylinder kann durch besondere Geschwindigkeitsregulierventile in einem gewissen Bereich eingestellt werden, so daß ein stoßartiges Belasten vermieden wird.

Die Belastung eines Modells durch Einzellasten bietet keinerlei Schwierigkeiten. Entweder wird ein Bügel mit einem Gewicht benutzt, der ähnlich wie bei der Vorspannung der Auflager um das Modell herumgreift, oder man klebt an die Unterseite des Modells einen Haken, an den das Gewicht angehängt wird. Dies ist eine bei Plattenmodellen aus Glas bewährte Methode. Bei anderen Werkstoffen kann man auch ein dünnes Loch durch das Modell bohren und hier mit Draht oder Schnur das Gewicht befestigen. Ein Loch von z. B. 1,5 mm Durchmesser stört bei einer 5 mm dicken Platte den Momentenverlauf kaum.

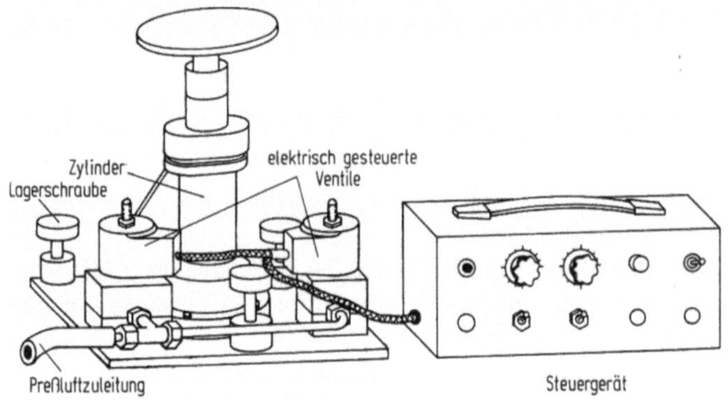

Bild E.6 Preßluftzylinder mit Steuergerät

Streckenlasten, wie sie meist bei Scheibenuntersuchungen aufgebracht werden müssen, lassen sich durch eine gleichmäßige Verteilung von Einzellasten herstellen. Die Bilder E.7 und E.8 zeigen Lastverteiler für Zug- und Druck-Gleichstreckenlasten. Lastverteiler für Dreiecksdruckbelastung können durch entsprechende Änderung der Verhältnisse der Hebelarme gewonnen werden, wobei die erzeugende Einzellast im Drittelspunkt angreift.

Die modellmäßige Nachbildung einer Gleichflächenlast ist dagegen wesentlich schwieriger, wenn man sich nicht damit begnügen will, sie durch viele kleine Einzellasten zu ersetzen. Um den hierdurch entstehenden Fehler abschätzen zu können, sei zunächst ein Plattenstreifen betrachtet, der in n Teilstücke aufgeteilt ist. In der Mitte jedes Teilstückes greife die zugehörige Ersatz-Einzellast $P = (p \cdot l)/n$ an. Bei geradzahligem n liegt keine Einzellast in Streifenmitte. Man erhält hier als Schnittmoment den Wert $M_0 = pl^2/8$, der dem Moment infolge einer Gleichstreckenlast entspricht, wie man aus dem Momentenseileck ersehen kann. Ist n ungerade, so ergibt sich für das Moment unter der in Feldmitte befindlichen Einzellast der Wert

$$M_m = \frac{p\,l^2}{8}\left(1 + \frac{1}{n^2}\right),\qquad\text{(E.2)}$$

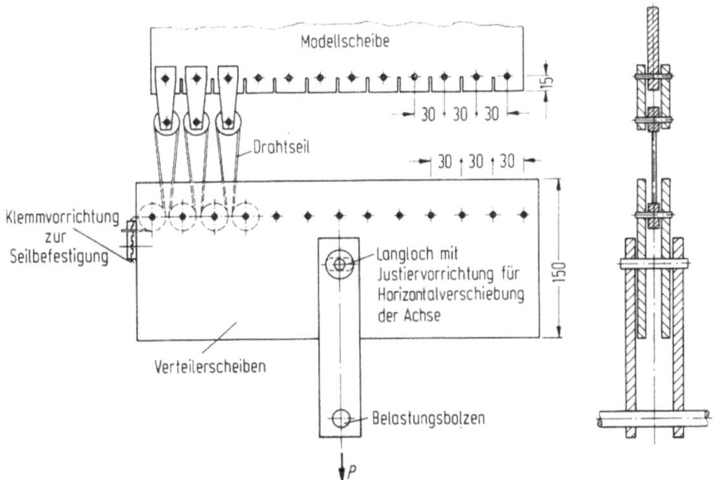

Bild E.7 Belastungsvorrichtung für gleichmäßig verteilte Zugkräfte

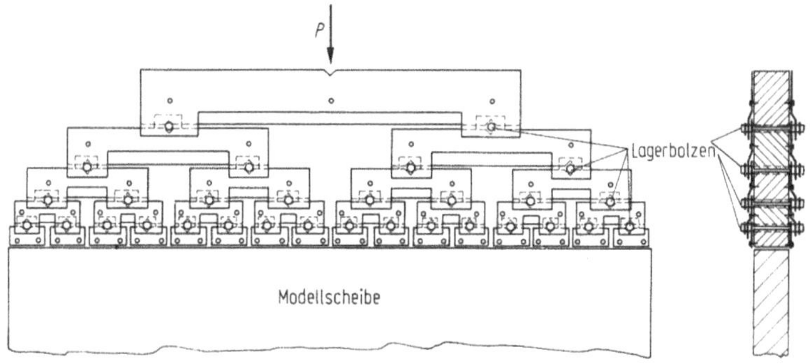

Bild E.8 Belastungsvorrichtung für gleichmäßig verteilte Druckkräfte

der also von n selbst abhängt. Als Differenz zum Moment $M_0 = (p\,l^2/8)$ der Gleichstreckenlast ergibt sich

$$\Delta M = M_m - \frac{p\,l^2}{8} = \frac{p\,l^2}{8}\cdot\frac{1}{n^2}.\qquad\text{(E.3)}$$

Auf Bild E.9 ist das Verhältnis $\Delta M / M_0$ in Abhängigkeit von der ungeraden Lastanzahl dargestellt. Es zeigt sich, daß der Fehler für $n = 7$ nur etwa 2% beträgt. Da in Wirklichkeit die Momentenlinie eines Plattenstreifens, die proportional der Krümmung ist, sich auch unter Einzellasten nicht unstetig ändert, gleichen sich die Fehler aus und sind zu vernachlässigen, wenn man die Gleichstreckenlast durch etwa 8 bis 10 gleiche Einzellasten ersetzt.

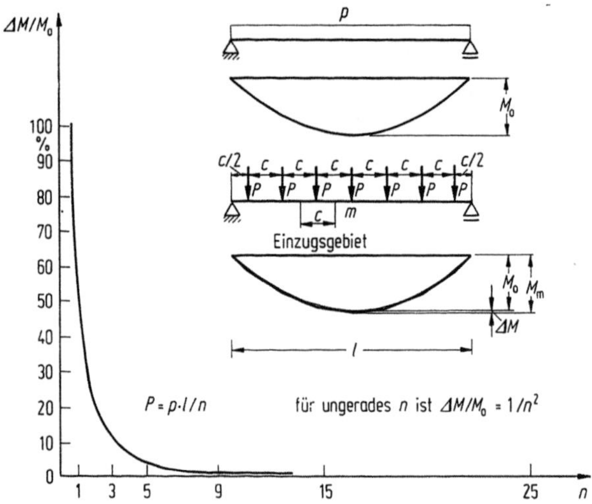

Bild E.9 Plattenstreifen mit n gleichen Einzellasten als Ersatz für eine Gleichstreckenlast

K. H. HEHN [E.3] hat an einer quadratischen Platte mehrere Messungen durchgeführt, wobei die Gleichflächenlast jeweils in eine verschieden große Anzahl von gleichen Einzellasten aufgeteilt war. Aus dem Vergleich mit den von OLSEN-REINITZHUBER [E.4] errechneten theoretischen Werten für Gleichlast zeigt sich, daß es genügt, ähnlich wie beim Plattenstreifen die Gleichlast durch eine geringe Anzahl von Einzellasten zu ersetzen, um den Momentenverlauf genügend genau dem für Gleichflächenlast anzugleichen. Mißt man jeweils nur in der Mitte zwischen vier Lastpunkten, so genügt bereits ein Verhältnis von Lastabstand zu Stützweite von 1:4. Jedoch weichen hierbei die Messungen in der Nähe der Lasten stark von dem Wert für Gleichflächenlast ab. Deshalb ist es manchmal angebracht, in der Umgebung der Meßstelle ein dichteres Raster für die Einzellasten zu benutzen, während man sich an entfernten Teilen mit einem weiteren Raster und entsprechend größeren Einzellasten begnügen kann.

Die für die Nachbildung von Gleichflächenlasten bei Plattenmodellen ausreichenden relativ groben Lastraster ergeben bei Schalenmodellen unter Umständen erhebliche Störungen im Verlauf der Biegespannungen, wie in [E.11] am Modell einer Tonnenschale nachgewiesen wurde. Die dort mitgeteilten Ergebnisse sowie auch eigene Erfahrungen an Modellen anderer Schalenformen zeigen, daß die Membranspannungen von der Größe des Lastrasters kaum beeinflußt werden. Vor allem die in der Richtung der Lastabtragung zu den Auflagern hinwirkenden sind unempfindlich gegen eine nur grobe Aufteilung der Flächenlast. Die den Normalkräften überlagerten Biegemomente jedoch können nur bei sehr engem Lastraster einigermaßen genau in ihrer Größe und ihrem Verlauf erfaßt werden. Die zu erwartenden Abweichungen hängen von der vorliegenden Schalenform ab. Es ist deshalb bei jeder Messung an Schalenmodellen eingehend zu überprüfen, inwieweit eine Vereinfachung der Flächenlast für den beabsichtigten Zweck der Untersuchung zulässig ist.

Den Fehler, den man macht, indem man die Gleichflächenlast durch Einzellasten ersetzt, kann man in der Größenordnung auch modellstatisch abschätzen. Man führt den Modellversuch erst mit einer geringen und dann mit einer größeren Zahl von Einzellasten aus. Der Unterschied zwischen den wirklichen Werten bei Gleichflächenlasten und den Meßwerten bei der größeren Anzahl gleicher Lasten ist sicher kleiner als der Unterschied der Messungen bei kleinerer und größerer Lastanzahl. Dies geht z. B. deutlich aus den von K. H. Hehn [E.3] mitgeteilten Meßwerten hervor, die an einer zweiseitig gelagerten quadratischen Platte gewonnen wurden. Gewiß ist diese Fehlerabschätzung sehr aufwendig; aber bei Modellversuchen, die im Rahmen wissenschaftlicher Arbeiten durchgeführt werden, ist eine solche Abschätzung, die man vielleicht in Form von Vorversuchen durchführen kann, angebracht. Meist gibt es keine andere Möglichkeit, die Größenordnung des Fehlers zuverlässig anzugeben.

Eine wirklich gleichmäßig verteilte Belastung erzeugt man mit Hilfe eines Druckkissens oder hydraulisch. Eine hydraulische Belastungsvorrichtung, die eine periodische Be- und Entlastung von Kunststoffmodellen erlaubt, ist in Bild E.10 schematisch dargestellt. Eine pneumatische Belastung direkt mit Preßluft ist bei schneller periodischer Be- und Entlastung nicht möglich, da die große Luftmenge aus dem Kunststoffsack nur sehr langsam entweichen würde. Das Luftvolumen in der Flasche und den dünnen Rohrleitungen ist wesentlich kleiner und paßt sich schneller dem jeweiligen Druck an. Die gewünschte Vorlast kann durch Heben und Senken der Flasche leicht eingestellt werden. Einen geringeren Aufwand erfordert die Benutzung eines Druckkissens (Bild E.11). Das Be- und Entlasten erfolgt durch Aufsetzen eines Gewichts, das mittels Seilen und Rollen pneumatisch gehoben wird. Als Vorlast dient das Gewicht des auf dem Luftsack liegenden Brettes. Mit der Vorrichtung kann ebenfalls periodisch be- und entlastet werden, weil nur eine geringe Menge Luft vom Luftsack in das Manometergefäß gepreßt werden muß. Man wird deshalb auch dafür sorgen, daß bei der Entlastung über dem Wasserspiegel in der Flasche möglichst wenig Luft verbleibt.

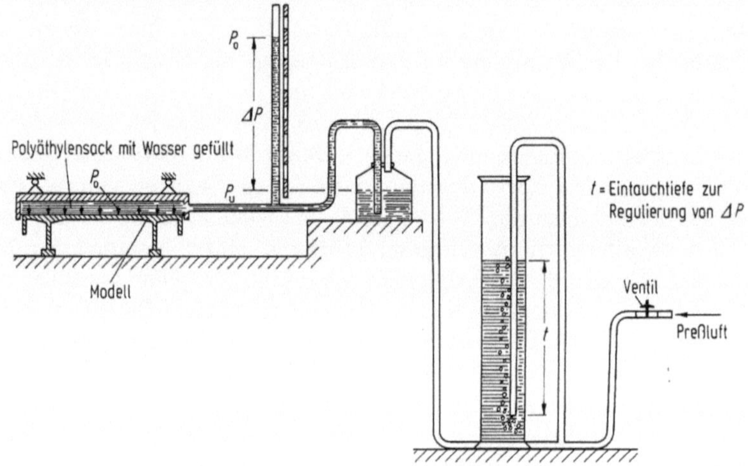

Bild E.10 Hydraulische Belastungsvorrichtung zur Erzeugung einer gleichmäßig verteilten Flächenlast

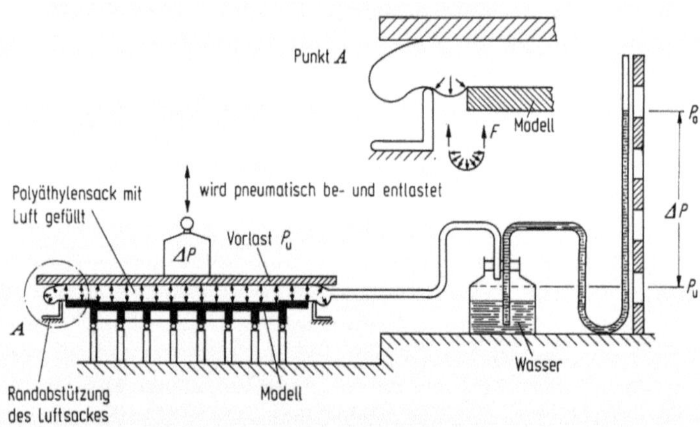

Bild E.11 Pneumatische Erzeugung einer gleichmäßig verteilten Flächenlast

Nachteilig ist bei beiden Methoden der am Rand überstehende Kunststoffsack. Vermeidet man ein Überstehen, dann reicht die Flächenlast nicht bis zum Rande des Modells. Der unter Druck stehende Kunststoffsack ist am Rand immer rund und läßt sich niemals so genau herstellen und auflegen, daß er bis zur Kante des Modells satt anliegt. Besser ist es, wenn er übersteht und sich auf einer Hilfskonstruktion abstützt. Jedoch wölbt er sich etwas in den Spalt zwischen Modell und Abstützung. Hierdurch wirkt zusätzlich auf den Rand des Modells eine Kraft F ein, deren Größe sich mit der Gleichung

$$F = p \cdot 2r \qquad (E.4)$$

abschätzen läßt. Hierbei ist $2r$ die Breite des Spaltes und p der Druck im Luftsack. Ist der Spalt aus irgendwelchen Gründen groß, dann kann man den Fehler, der hierdurch entsteht, ermitteln, wenn die Einflußlinie für eine am Rande wandernde Einzellast für den jeweiligen Meßpunkt vorhanden ist. Der bei einem überstehenden Druckkissen entstehende Fehler ist reproduzierbar und läßt sich, falls notwendig, berücksichtigen. Liegt das Kissen am Modell jedoch rundum nicht vollständig auf, dann ändert sich der Fehler, da die Kunststoffolie sich bei wiederholter Belastung mehr oder weniger dehnt.

3 Belastung durch Eigengewicht

3.1 Dünne Bauteile

Die Dehnungen aus dem Eigengewicht dünner Bauteile (z. B. Platten und Schalen) kann man durch Aufbringen einer Flächenlast oder entsprechender Einzellasten ermitteln. Bei elastischen Modellen im Bereich der Spannungstheorie 1. Ordnung kann dieser Lastfall zusammen mit anderen (z. B. Schnee) mit derselben Belastung erfaßt werden. Man berechnet die Eigengewichtsspannungen wie auch die Spannungen für die anderen Lastfälle aus den für gleichmäßige Belastung erhaltenen Meßergebnissen durch Superposition. Bei Realmodellen oder im Bereich der Spannungstheorie 2. Ordnung müssen alle Lastfälle und somit auch das Eigengewicht durch maßstäblich angebrachte äußere Kräfte ersetzt werden, da das Superpositionsgesetz nicht gilt. Es sind dabei die in Abschn. E-2 genannten Gesichtspunkte für Gleichflächenlasten zu berücksichtigen. Ist das Eigengewicht keine Gleichflächenlast, geht man ähnlich vor und legt entweder gleiche Grundrißflächen als Einzugsgebiete zugrunde, die dann entsprechend der Gewichtsverteilung im Schwerpunkt mit unterschiedlichen Einzellasten belastet werden, oder man wählt unterschiedliche Grundrißflächen, die man so bemißt, daß sich als Belastung gleiche Lasten ergeben. Ähnliches gilt für die Eigengewichtsbelastung von räumlichen Massivkonstruktionen (z. B. Staudämme). Als Richtlinien für die Aufteilung des Eigengewichts in Einzellasten können die für Plattenstreifen und Platten geltenden Gesichtspunkte in entsprechend abgewandelter Form dienen.

3.2 Massive Bauwerke

Bei massiven Bauwerken erhält man meist nur sehr angenäherte Ergebnisse, wenn man das Eigengewicht am Modell durch äußere Kräfte ersetzt. In solchen Fällen oder bei Schwingungsuntersuchungen, wenn Trägheitskräfte zusammen mit dem Eigengewicht eine Rolle spielen, muß man andere Maßnahmen ergreifen, um die Spannungen infolge Eigengewicht ermitteln zu können. Die Dichte des Modellmaterials ergibt sich aus dem Maßstab

$$\varrho_V = \frac{\gamma_V}{g_V}. \tag{E.5}$$

Mit

$$\gamma_V = \frac{G_V}{V_V} = \frac{\sigma_V}{l_V} \tag{E.6}$$

folgt hieraus

$$\varrho_V = \frac{\sigma_V}{l_V} \frac{1}{g_V}. \tag{E.7}$$

Da jedoch im allgemeinen M und H derselben Beschleunigung ausgesetzt sind, ergibt sich

$$\varrho_V = \gamma_V = \frac{\sigma_V}{l_V}. \tag{E.8}$$

Dies bedeutet, daß z. B. bei einem Längenmaßstab von $1:100$ und einem Spannungsmaßstab von $1:10$ ein Dichtemaßstab $\varrho_V = 10:1$ vorliegen müßte.

In einem Modell aus einem Werkstoff so hoher Dichte sind zwar Spannungen infolge Eigengewicht vorhanden, die zu denen der Hauptausführung im Verhältnis σ_V stehen. Sie können jedoch nicht gemessen werden, da man im allgemeinen nur die Änderung des Spannungszustandes aus der Änderung der zugehörigen Dehnungen ermitteln kann, nicht aber einen bestehenden unveränderlichen Spannungszustand. Um die Ähnlichkeitsbedingung für die Dichte des Modellmaterials einhalten zu können, muß man die wirkenden Massenkräfte nicht nur künstlich erhöhen, sondern auch dafür sorgen, daß sie verändert und damit die von ihnen erzeugten Spannungen gemessen werden können. Hierfür gibt es verschiedene Möglichkeiten:

1. Man mißt die Dehnungen am Modell, einmal wenn es aufrecht steht und ein zweites Mal in der umgekehrten Lage (s. Bild E.12). Damit hat das Modell gegenüber der Hauptausführung bei gleichem Werkstoff

scheinbar die doppelte Dichte. Voraussetzung für dieses Verfahren ist eine hohe Zugfestigkeit, damit ohne Versagen eine Spannungsumkehrung erfolgen kann. Erwünscht sind weiterhin ein niedriger E-Modul, um ausreichend große Verformungen zu erhalten. Da der erzielte Effekt nur klein ist und außerdem Schwierigkeiten wegen der Zugfestigkeit der geeigneten Materialien auftreten, wird dieses Verfahren kaum angewandt.

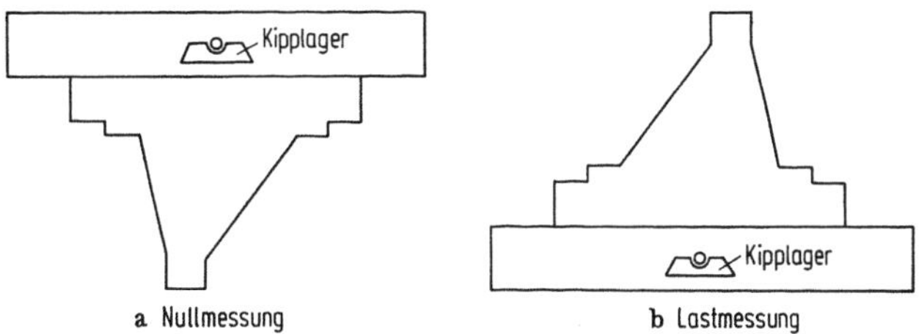

Bild E.12 Ermittlung von Eigengewichtsspannungen mit Hilfe der Kippmethode (schematisch)

2. Man taucht das Modell in eine Flüssigkeit hoher Dichte, so daß der entstehende Auftrieb als Belastung wirkt. Das Modell muß in umgekehrter Lage eingetaucht werden, damit die Kräfte in der richtigen Richtung wirken. Diese Methode ist für statische und dynamische Untersuchungen in gleicher Weise zu verwenden. Aber auch hier sind die Verformungen nur gering, weshalb das Verfahren bisher nur in Einzelfällen angewandt wurde.

3. Benötigt man die Eigengewichtsspannungen nur in einem Schnitt, der dicht über dem Fundament des Bauwerkes liegt, so kann man durch schrittweises Abschneiden des Modells von oben nach unten die Eigengewichtsspannungen ermitteln. Das Gewicht des eben abgeschnittenen Teiles wird durch äußere Kräfte ersetzt, die in der Schwerachse ihres Einzugvolumens an dem restlichen Modell angreifen. Für jede Stufe werden die Spannungen ermittelt und durch Überlagerung der gesamte Einfluß des Eigengewichtes festgestellt. Da diese Methode die Superposition benutzt, ist sie auf elastische Modelle im Bereich der Theorie 1. Ordnung beschränkt. Jedoch liegen wohl bei keinem Bauwerk dieser Art die Verformungen infolge Eigengewicht bereits im Bereich der Theorie 2. Ordnung oder im plastischen Bereich. Ein Vorteil ist, daß man ohne weiteres die Eigengewichtsspannungen für verschiedene Bauzustände angeben kann, wenn man das Abschneiden entsprechend den vorgesehenen Baustufen vornimmt.

4. Eine erhöhte Massenkraft läßt sich durch Aufbau des gesamten Modellversuchs auf einer Zentrifuge erzeugen. Durch Drehung der Zentrifuge tritt dann eine radial wirkende Zentrifugalbeschleunigung b_z auf, die zusammen mit der Erdbeschleunigung g die resultierende Beschleuni-

gung b ergibt. Das Modell muß dabei jeweils senkrecht zur Richtung der resultierenden Massenkräfte gelagert sein. Man erreicht dies, indem man es auf einer an der Zentrifuge schwenkbar aufgehängten Plattform aufbaut. Der Radius der Zentrifuge sollte nicht zu klein gewählt werden, da sich sonst ein zu starker Spannungsgradient innerhalb des Modells bemerkbar macht. Durch diese Forderung ergibt sich ein recht großer Aufwand, zumal sich eine zusätzliche Belastung (statische Lasten oder Schwingungserreger bei dynamischen Versuchen) durch das Rotieren des Versuchsaufbaues schwierig gestaltet. Trotzdem wird das Verfahren zur Untersuchung von Eigengewichtsspannungen angewendet.

Die Größe der resultierenden Massenkraft kann geregelt werden durch Änderung entweder der Umlaufgeschwindigkeit (lineare gleichsinnige Abhängigkeit) oder des Drehradius (quadratische gleichsinnige Abhängigkeit). Da M und H verschiedenen Beschleunigungen ausgesetzt sind, gilt für den Maßstab der Dichte:

$$\varrho_V = \frac{\sigma_V}{l_V} \cdot \frac{1}{b_V}. \qquad (E.9)$$

Für das obenangegebene Beispiel war $\sigma_V/l_V = 10$. Soll der Modellwerkstoff die gleiche Dichte haben wie das Material der Hauptausführung, so ist $\varrho_V = 1$, und somit wird $b_V = 10$. Aus

$$b_{zM}^2 = b_M^2 - g^2 = b_V^2 \cdot g^2 - g^2 = g^2(b_V^2 - 1) = 99\,g^2 \qquad (E.10)$$

und

$$b_{zM} = (2\pi f)^2 \cdot r \qquad (E.11)$$

folgt:

$$r \cdot f^2 = \frac{1}{4\pi^2} \cdot \sqrt{99} \cdot g = 2{,}48 \text{ m/sec}^2. \qquad (E.12)$$

Wählt man beispielsweise den Radius zu $r = 2{,}5$ m, so erhält man hieraus die Umlauffrequenz zu

$$f = 0{,}996 \approx 1 \text{ sec}^{-1}.$$

Soll also unter den genannten Bedingungen die 10fache Erdbeschleunigung wirken, so muß sich die Zentrifuge einmal pro Sekunde drehen.

5. Für Schwergewichtsstaumauern hat man schon Modelle aus Gelatine hergestellt und spannungsoptisch untersucht. Bei verhältnismäßig kleinen Maßstäben entsteht in der Gelatine durch ihr Eigengewicht ein genügend großer spannungsoptischer Effekt, der es außerdem gestattet,

den vorhandenen Spannungszustand zu messen (s. [E.5]), wenn das Modell bei der Herstellung spannungsfrei war. Dasselbe ist mit dem spannungsoptischen Erstarrungsverfahren möglich, nur benötigt man hier schon wesentlich größere Modelle, oder man muß den Einfriervorgang auf einer Zentrifuge vornehmen (s. Abschn. E-3.2 unter 4.).

4 Wärmebeanspruchung

Die Beanspruchung eines Bauwerkes durch Zwängungskräfte infolge Erwärmung kann in manchen Fällen bei der Bemessung eine entscheidende Rolle spielen, beispielsweise bei Staumauern (Vermeidung von Rissen infolge der Temperaturunterschiede zwischen Wasser- und Luftseite oder infolge der Abbindewärme des Massenbetons), bei Behältern für heiße Füllungen oder bei Bauwerken mit großen freien, der Sonneneinstrahlung ausgesetzten Oberflächen (Sichtbetonbauten, Brükken). Auch bei Montagezuständen von Stahlgroßbauten können wechselnde Temperaturbedingungen von großer Bedeutung sein. Die rechnerische Ermittlung der Wärmespannungen muß dabei oft von sehr groben Annahmen für die zeitliche und räumliche Oberflächenverteilung der Temperatur ausgehen, zumal auch die Wärmeleitungsvorgänge bei ungleichmäßiger Erwärmung keiner einfachen Rechnung zugänglich sind. Das Hauptproblem bei thermoelastischen Modellversuchen besteht deshalb darin, für eine genau definierte maßstäbliche Wärmezufuhr bzw. -ableitung zu sorgen. Aus dieser ergeben sich dann auf Grund des allgemeinen physikalischen Ähnlichkeitsprinzips eine maßstäbliche Verteilung der Temperatur im Innern und auf der Oberfläche des Modells sowie die hieraus resultierenden Wärmespannungen.

Die Wärmeaufnahme bzw. -abgabe eines Bauwerks kann in verschiedener Form vor sich gehen:

1. durch Strahlung (Sonneneinstrahlung, Wärmeabstrahlung),

2. durch Wärmeübergang durch direkten Kontakt mit dem umgebenden Stoff (Luft, Wasser, heiße Füllung),

3. durch chemische Reaktion im Innern (Abbindewärme des Betons).

Im Normalfall wirken die beiden ersten Ursachen zusammen, und zwar derart, daß es sich im Baukörper selbst um ein instationäres quasistatisches Wärmeleitungsproblem handelt (vgl. Abschn. B-6.1). In Abhängigkeit von der Zeit wird an jeder Oberfläche Wärme aufgenommen bzw. abgegeben.

Im Modellversuch ist eine streng ähnliche Nachahmung dieser Vorgänge mit großen Schwierigkeiten verbunden. Einerseits muß der in der Natur unregelmäßige zeitliche Verlauf idealisiert werden (regelmäßiger

Tages- bzw. Jahresrhythmus), oder man beschränkt sich auf die oft ausreichende Untersuchung stationärer Fälle für die extremen Temperaturbedingungen. Andererseits sind nicht nur die thermischen Eigenschaften des Modellmaterials, sondern auch die der umgebenden zur Kühlung oder Aufheizung benutzten Stoffe für den Zeit- und Temperaturmaßstab entscheidend (z. B. Wärmeübergangszahl, Strahlungsabsorptionskonstante), so daß eine gewisse Freiheit bei der Wahl der Maßstäbe nur durch vereinfachte Versuchsbedingungen erreicht werden kann.

Oft genügt es, auf die Wärmeleitung ganz zu verzichten und die Zwängungsspannungen nur im Zustand örtlich und zeitlich konstanter, extrem erniedrigter oder erhöhter Temperatur zu ermitteln. Zumindest bei kleineren Modellen erfordert dies keinen großen versuchstechnischen Aufwand; das das Modell umgebende Medium muß auf die erforderliche konstant zu haltende Temperatur gebracht und Konvektionsströmungen müssen nach Möglichkeit vermieden werden. Falls mit Dehnungsübertreibung gearbeitet werden kann, läßt sich der Temperaturmaßstab zweckentsprechend frei wählen [s. Gl. (B.61) u. (B.64)], da die Zwängungsspannungen von der Temperatur linear abhängig sind.

Möglicherweise kann man auf den Thermoversuch ganz verzichten und den Lastfall „konstante Temperatur" durch den Lastfall „Stützenverschiebung" ersetzen. Das bedeutet, daß an Stelle einer Erwärmung des Modells eine Abkühlung der Erdscheibe erfolgt, die wiederum durch eine Verschiebung aller ursprünglich unverschieblichen Auflager in Richtung auf einen gemeinsamen Fixpunkt um das $\alpha \cdot \vartheta$-fache ihrer Abstände d_i von diesem Punkt ersetzt wird. Als Fixpunkt wird zweckmäßigerweise eines der Auflager selbst gewählt. Der sich dann am Tragwerk einstellende Spannungszustand entspricht demjenigen, der auftritt, wenn die Verschiebungen der Lagerpunkte bei gedachter allseitig unbehinderter Wärmeausdehnung des Modells durch die Zwängungs-Auflagerkraftgrößen wieder rückgängig gemacht würden, wie es dem Verlauf einer statisch unbestimmten Rechnung entspräche. Sind die Auflager ursprünglich nicht starr, sondern bereits elastisch verschieblich oder verdrehbar, so müssen die Auflagerpunktverschiebungen $\alpha \cdot \vartheta \cdot d_i$ zwischen dem Modell und den federnd gelagerten Auflagerkörpern angebracht werden. Grundvoraussetzung für die Anwendung dieser Ersatzmethoden ist es, daß die Spannungsverteilung im Tragwerk mit den Auflagerverschiebungen linear zusammenhängt (Theorie 1. Ordnung), was beispielsweise bei flachen Schalen oder bei Hängebrücken (s. Abschn. I-2.1) nicht mehr zutrifft.

Im Modellversuch werden bei bautechnischen Untersuchungen Temperaturen nur bis etwa 80 °C benötigt, sofern es sich um die Nachahmung natürlicher Gegebenheiten handelt, wie es sich aus dem ungünstigsten Wert $\alpha_V = 1$ (s. Tab. B.6) ergibt. Es sollte bei Modellen mit ungleichmäßiger Temperaturverteilung immer versucht werden, die örtlichen oder zeitlichen Temperaturdifferenzen so festzulegen, daß die durchschnittliche Temperatur des Gesamtsystems mit der umgebenden Raumtemperatur übereinstimmt, falls der Versuchsaufbau nicht vollständig von der Umgebung isoliert werden kann. Weiterhin ist bei der Festlegung der Temperaturdifferenzen am Modell zu beachten, daß sie möglichst groß sein müssen, um einen gut meßbaren mechanischen Effekt hervorzurufen. Andererseits sollten sie aber nicht so groß sein, daß sich die elastischen Eigenschaften (E-Modul) des Modellmaterials verändern. Bei Metallen ist das elastische Verhalten weitgehend temperaturunabhängig, ebenso bei gealtertem Mikrobeton. Dagegen treten bei Gips durch Umlagerung bzw. Abgabe von Wasser Strukturänderungen auf, so daß er für thermoelastische Versuche ungeeignet ist. Ebenso sind die elastischen Eigenschaften von Kunststoffen temperaturabhängig [E.6; E.7].

Zur Aufheizung wurden seither in der Regel Flüssigkeitsbäder verwendet. Als Heizflüssigkeit eignet sich Transformatorenöl sehr gut, da es sehr gute Isolationseigenschaften hat, genügend hoch erhitzbar ist und an der freien Oberfläche weniger gut die Wärme abgibt als Wasser, das neben den entsprechenden Nachteilen auch für Kunststoffmodelle wegen deren irreversibler Feuchtigkeitsaufnahme nicht in Frage kommt. Die Aufheizung des Ölbads muß so erfolgen, daß unbeabsichtigte Temperaturdifferenzen an der Modelloberfläche infolge der Konvektionsströmung des Öls vermieden werden. Bei den in [E.8] beschriebenen Untersuchungen von Staumauermodellen wurde deshalb das Ölbad durch ein gegenläufig mit Heißwasser beschicktes und der Form des Modells angepaßtes Röhrensystem erwärmt, wobei noch Vorrichtungen zur ständigen Durchmischung des Öls eingebaut wurden. Durch Änderung der Wassertemperatur läßt sich der zeitliche Temperaturwechsel im erforderlichen Rhythmus steuern. Er erfolgt um so weniger träge, je geringer das Volumen des Ölbads und je größer die Oberfläche des Röhrensystems ist. Kühlung kann auf entsprechende Weise oder auch durch Anströmen des Modells mit kalter Luft erfolgen.

Die Temperaturmessung an der Modelloberfläche, für die sich am besten Thermoelemente eignen, dient zur Kontrolle der Wärmeverteilung; die mit Flüssigkeitsthermometern leicht zu messende Temperatur der Heizflüssigkeit kann nicht ohne weiteres mit derjenigen der Modelloberfläche gleichgesetzt werden, da bei ungleichmäßiger Temperaturverteilung (stationäre oder instationäre Wärmeströmung) an der Oberfläche immer ein Temperatursprung vorliegt, der durch die Wärmeübergangszahl k und die an der betreffenden Stelle herrschende Wärmestromdichte Q/F bestimmt wird (s. Abschn. B-6.1).

Im Falle stationärer oder instationärer Wärmeleitung liegen in der Regel zwei an das Modell angrenzende Stoffe vor, nämlich die Heizflüssigkeit und die umgebende Luft, der ein Teil der Oberfläche ausgesetzt ist. Dies ist beispielsweise bei einseitig beheizten Staudammodellen der Fall. Es gibt dann zwei Wärmeübergangszahlen k_1 und k_2, und entsprechend dem Mehrstoffmodellgesetz ist nur dann ein einheitlicher Längenmaßstab (s. Tab. B.5) möglich, wenn $k_{1V} = k_{2V}$ ist.

Die Versuchstechnik hinsichtlich der Strahlungsheizung befindet sich noch am Anfang ihrer Entwicklung [E.9]. Als Strahler eignen sich Infrarot-Hellstrahler, die in einem evakuierten Quarzglasrohr einen Wolframdraht enthalten, der elektrisch zum Glühen gebracht wird. Aus mehreren parallel geschalteten Strahlen mit Typenleistungen von 0,5 bis 3 kW können Aggregate mit einer Gesamtleistung bis ca. 100 kW zusammengesetzt werden, wobei sich die einzelnen Elemente getrennt durch Thermoelemente auf bestimmte Temperatursollwerte an den entsprechenden Stellen der Modelloberfläche einregeln lassen. Eine andere Möglichkeit, bestimmte Temperaturfelder zu erzeugen, besteht darin, über dem Modell einen intensitätsgesteuerten Strahler hinundherzubewegen.

Die Messung der thermoelastischen Dehnungen, aus denen die gesuchten Wärmespannungen ermittelt werden, erfolgt üblicherweise mit DMS. Sie wird in Abschn. F-4.4.2.4 behandelt. Wärmespannungen in Scheiben können mit Hilfe der Spannungsoptik bestimmt werden [B.17], denn der optische Effekt ist proportional der Hauptdehnungsdifferenz $\varepsilon_1 - \varepsilon_2$. Bei unbehinderter Wärmedehnung ist die Differenz der Hauptdehnungen Null; der rein thermische Anteil ε hat für alle Richtungen den gleichen Betrag. Daher werden auf spannungsoptischem Wege nur die die gesuchten Spannungen verursachenden Zwängungsdehnungen angezeigt.

Abschließend sei noch eine Methode erwähnt, bei der die Beanspruchung im Falle stationärer Wärmeleitung ersetzt wird durch eine rechnerische Überlagerung experimentell ermittelter Spannungszustände, die von „Einheits-Temperaturzuständen" erzeugt werden [E.10]. Das Modell wird aus einem Material hergestellt, das sich für Untersuchungen nach dem Erstarrungsverfahren der Spannungsoptik (s. Abschn. G-2.2) eignet. Einzelne Elemente oder Oberflächenteile des Modells werden, bevor sie durch Kleben eingefügt werden, in erhitztem Zustand mechanisch beansprucht, und der erzeugte Spannungszustand wird durch Abkühlen unter Belastung eingefroren. Nach dem Einbau wird das gesamte Modell einer gleichmäßigen Wärmebehandlung ausgesetzt, die die „eingefrorenen" Dehnungen bzw. Stauchungen an der betreffenden Stelle wieder auslöst. Hierdurch wird ein Spannungsfeld erzeugt, das auch dann vorliegen würde, wenn an der Einbaustelle ein streng begrenzter Bereich abweichender Temperatur vorhanden wäre. Aus derart hergestellten „Einheitszuständen" kann durch Variation des Ortes und der Größe des Einbaubereichs ein vorgegebener ungleichmäßiger Temperaturzustand durch Überlagerung nachgeahmt werden. Das Verfahren wurde bisher zur Untersuchung von Scheiben (Segmente von Staumauermodellen) mit einachsig vorgedehnten Randelementen oder von massiven Baukörpern mit zweiachsig vorgedehnten Oberflächenelementen eingesetzt.

Literatur

E.1 WEISE, H.: Ein modellstatischer Beitrag zur Untersuchung punktförmig gestützter schiefwinkliger Platten unter besonderer Berücksichtigung der elastischen Auflagernachgiebigkeit. Dissertation T. H. Darmstadt 1963.

E.2 TIMOSHENKO, S. P., WOINOWSKY-KRIEGER, S.: Theory of Plates and Shells, 2. Aufl., New York: Mc Graw-Hill Book Company 1959.

E.3 HEHN, K. H.: Modellstatische Untersuchung dünner Platten unter besonderer Berücksichtigung ihrer Rand- und Stützbedingungen. Dissertation T. H. Karlsruhe 1962.

E.4 OLSEN, H., REINITZHUBER, F.: Die zweiseitig gelagerte Platte, 1. Bd., 3. Aufl., Berlin: W. Ernst & Sohn 1959.

E.5 FÖPPL, L., MÖNCH, E.: Praktische Spannungsoptik, Berlin/Göttingen/Heidelberg: Springer 1959.

E.6 LAWTON, B.: Use of Plastic Models to Evaluate Thermal Strains in Dieselengine Pistons. Journal of Strain Analysis 3 (Juli 1968) Nr. 3, 176.

E.7 KNAPPE, W.: Thermische Eigenschaften von Kunststoffen. VDI-Z. 111 (1969) 746.

E.8 ROCHA, M., SERAFIM, J. L., DA CRUZ, A., COBEIRA, A.: Determination of Thermal Stresses in Arch Dams by Means of Models. Technical Paper Nr. 206 des Laboratorio Nacional de Engenharia Civil, Lissabon 1963.

E.9 ESCHENAUER, H., SCHNELL, W.: Theoretische und experimentelle Spannungsanalyse thermisch belasteter Bauteile. Bericht zum 4. Internationalen Kongreß über Experimentelle Spannungsanalyse, Cambridge 1970.

E.10 KHESIN, G. L., STRELCHUK, N. A., SHVEY, E. M., SAVOSTYANOV, V. N.: Thermoelastic Stress Research by the Method of „Unfreezing" Free Thermal Strains. Bericht zum 4. Internationalen Kongreß über Experimentelle Spannungsanalyse, Cambridge 1970.

E.11 NIEMANN, H.-J., ROTHERT, H.: Fehlerquellen bei der Bemessung von Tragwerken aufgrund von Modellversuchen. Beton- und Stahlbetonbau 64 (1969) 136—142.

F Geräte und Meßelemente zur Bestimmung mechanischer und geometrischer Größen

1 Einführung

Eine strenge Systematisierung der in der Modellstatik verwendeten Geräte und Meßelemente läßt sich nicht ohne Schwierigkeiten durchführen; viele Geräte und Verfahren ließen sich nach verschiedenen Gesichtspunkten an mehreren Stellen gleichzeitig in die Gliederung einfügen, und es bleibt meist eine subjektive Entscheidung, welchem man den Vorzug gibt. Die Hauptunterteilung in dieser Darstellung erfolgt entsprechend den verschiedenen zu messenden statischen Größen. Obwohl die letztlich interessierenden Kräfte, Momente und Spannungen fast ausnahmslos indirekt ermittelt werden durch Messung rein geometrischer Größen (z. B. Dehnungen), sollen hier neben den Verschiebungs-, Durchbiegungs- und Dehnungsmeßgeräten auch Kraftmeßgeräte und -verfahren behandelt werden im Hinblick auf ihre praktische Anwendung in der Modellstatik. Die Geräte zur Neigungs- und Krümmungsmessung werden in diesem Abschnitt nicht besprochen. Einerseits stellen sie meist nur eine spezielle Ausführung von Verschiebungsmeßgeräten dar, andererseits werden sie fast ausschließlich bei Messungen an einer bestimmten Tragwerksform, nämlich an Platten, eingesetzt, so daß sie zweckmäßigerweise im Abschn. I-3.2 mitbehandelt werden. Eine weitere Unterteilung der Geräte wurde auf Grund der unterschiedlichen physikalischen Meßprinzipien (mechanisch, elektrisch, optisch) vorgenommen. Auch sie ist nicht streng durchführbar, da oft die Messung auf einem Zusammenwirken von zwei oder allen drei Prinzipien beruht und der eigentliche Meßvorgang schwer vom Anzeigevorgang zu trennen ist.

1.1 Messung der Beanspruchung und von Kräften

Meist ist es das Ziel der Messungen an baustatischen Modellen, die örtliche Verteilung der Beanspruchung von Bauteilen oder Bauwerken zu ermitteln, um hieraus Schlüsse über ihre Tragfähigkeit zu ziehen. Unter der Beanspruchung an einer bestimmten Stelle eines Körpers versteht man dabei die dort durch die Flächeneinheit geleitete Kraft, die sog. Spannung σ. Ihre direkte Messung ist im allgemeinen nicht möglich. Um sie feststellen zu können, macht man sich folgende physikalische Tatsache zunutze. Wird ein Stab, ohne daß er zu Bruch geht, gedrückt oder gezogen, so muß aus Gleichgewichtsgründen (actio = reactio) in ihm eine Gegenkraft entstehen. Sie wird durch Änderung der Molekülabstände hervorgerufen, wodurch das Gleichgewicht zwischen anziehenden und abstoßenden Kräften der Moleküle untereinander gestört wird, was insgesamt zu einer resultierenden Kraft führt. Es kann deshalb keine Kraft von einem festen Körper aufgenommen, weitergeleitet und wieder abgegeben werden, ohne daß eine Verformung entsteht. Da sehr viele Werkstoffe bei nicht zu großer Beanspruchung einen linearen Zusammenhang zwischen dieser und der Verformung zeigen, kann man letztere zur Messung der Beanspruchung benutzen. D. h., die mechanische Beanspruchung eines Körpers kann im allgemeinen nur aus den im Körper entstehenden Verzerrungen durch Messung der Dehnung ermittelt werden.

Das hier geschilderte Grundprinzip ist unter der Voraussetzung konstanter Temperatur allgemeingültig. Allerdings müssen die auftretende Verformung (Längenänderung) und die diese verursachende Kraft nicht in ihrer Richtung übereinstimmen. So darf bei einem Druckstab von der Dehnung senkrecht zu seiner Achse nicht auf eine in dieser Richtung wirkende Zugkraft geschlossen werden. Wird andererseits diese Querdehnung durch äußere Kräfte verhindert oder rückgängig gemacht, so liegt eine senkrecht zur Stabachse wirkende Druckkraft ohne feststellbare gleichgerichtete Verformung vor. Jedoch bewirkt diese Druckkraft eine Abminderung der Stauchung des in Längsrichtung gedrückten Stabes. Es ist ein zweiachsiger Spannungszustand entstanden, der mit Hilfe des Hookeschen Gesetzes Gl. (K.29) ermittelt werden kann (s. Abschn. K-3.5). Eine Ausnahme vom wechselseitigen Zusammenhang zwischen Beanspruchung und Verformung tritt dagegen auf, wenn ein Körper seine Temperatur gleichmäßig ändert und sich frei verformen kann. Wird dagegen seine Wärmedehnung vollständig verhindert, so herrscht eine Beanspruchung ohne Verformung. Werden z. B. bei einer Kreisscheibe die Wärmedehnungen durch radial wirkende Randkräfte rückgängig gemacht, so können in ihren Deckflächen keine Dehnungen beobachtet werden, obwohl u. U. eine sehr große Beanspruchung vorliegt. Falls nicht gerade diese durch Erwärmung erzeugten Zwängungsspannungen Ziel der Untersuchung sind (s. Abschn. F-4.4.2.4), sollten Dehnungsmessungen an Modellen zum Zweck der Beanspruchungsermittlung nur bei konstanter Umgebungstemperatur vorgenommen werden. Es sei denn, das gewählte Meßverfahren gestattet, die unerwünschten Wärmedehnungen auszuschalten (s. z. B. Abschn. F-4.2.3, C-3.2.2.3, S. 217).

Auch das direkte Messen von Kräften ist nicht möglich; eine Kraft kann nur an ihren Wirkungen festgestellt werden, wozu die oben ge-

schilderte Verformung fester Körper unter mechanischer Beanspruchung
gehört. Kraftmeßgeräte enthalten deshalb meist mehr oder weniger
steife Körper wie z. B. Federn oder Zugstäbe, deren in geeigneter Weise
angezeigte Verformung als Maß der Kraft dient. Eine zweite Möglichkeit
ist der Vergleich der zu messenden Kraft mit der im Schwerefeld der Erde
auf bekannte Massen ausgeübten Kraft mit Hilfe einer Waage (s. Abschn. F-5.1 und F-6.3). In den folgenden Teilen des Abschn. F wird auf
die zur Beanspruchungs- und Kraftmessung notwendigen Verschiebungs-
und Dehnungsmeßgeräte besonders ausführlich eingegangen.

Bei Beanspruchungsmessungen an Modellen beschränkt man sich
fast immer auf die Ermittlung der Spannungen in der Oberfläche der
Körper, was durch Feststellen der hier herrschenden Verzerrungen bzw.
durch Messen der Dehnungen der Randfasern leicht zu bewerkstelligen
ist. Die meisten Bauwerke bestehen aus flächenhaften Gebilden wie
Scheiben, in denen ein zweiachsiger Spannungszustand herrscht, oder
Balken, Platten und Schalen mit einem quasi ebenen Spannungszustand.
Bei ihnen können die Beanspruchungen aus den Randfaserdehnungen
über die gesamte Dicke bestimmt werden. Aber auch in einem dreidimensionalen Körper genügt es meist, die Spannungen in seiner Oberfläche zu
ermitteln. Der Verlauf im Innern des Körpers ist von untergeordnetem
Interesse, denn die für die Bruchsicherheit allein interessierenden maximalen Spannungen treten im allgemeinen in der Oberfläche auf (s. Abschn. I-4).

In einer kräftefreien Oberfläche eines beanspruchten Körpers herrscht
ein zweiachsiger Spannungszustand. Er läßt sich in jedem Punkt eindeutig beschreiben durch die Größe der beiden Hauptspannungen σ_1 und
σ_2 und ihre Richtung φ^* oder durch die Spannungen σ_x, σ_y und τ_{xy}.
Mit Hilfe der Gl. (K.20) und (K.21) kann man die eine Angabe in die
andere umrechnen. Die vollständige Bestimmung eines ebenen Spannungszustandes wird erleichtert, wenn bereits die Richtungen der Hauptspannungen bekannt sind. Aus zwei Dehnungsmessungen, die man an
einem Punkt in diesen Richtungen vornimmt, lassen sich die Hauptspannungen mit dem Hookeschen Gesetz für den zweiachsigen Spannungszustand gemäß Gl. (K.28) berechnen. Die Hauptspannungsrichtungen kann man entweder mit Reißlack (Abschn. F-4.5) oder dem spannungsoptischen Oberflächenschichtverfahren (Abschn. G-3) feststellen.
Dies ist nicht notwendig entlang von Symmetrieachsen, die der Körper
und die einwirkenden Kräfte gemeinsam haben. Hier kennt man von
vornherein die Hauptspannungsrichtung, da die eine der Hauptspannungen senkrecht zu dieser Achse steht.

Meist sind aber die Richtungen der Hauptspannungen unbekannt.
Man muß dann die Dehnungen an einem Punkt in drei beliebigen aber
verschiedenen Richtungen messen, um den vollständigen Spannungs-

zustand zu erhalten. Dies nennt man eine Rosettenmessung wegen der meist regelmäßigen Anordnung der drei Dehnungsmeßgeräte. Aus den Meßwerten lassen sich mit Hilfe der Beziehungen für den ebenen Verzerrungszustand die Hauptdehnungen und damit auch wieder die Hauptspannungen und ihre Richtungen berechnen. Obwohl die drei Richtungen der Dehnungsmessungen beliebig sind, hat man in der Praxis zwei Arten von sog. Dehnungsrosetten eingeführt, da deren Auswertung besonders einfach ist. Bei der gleichwinkligen oder Delta-Rosette schließen die drei Richtungen untereinander gleiche Winkel von 120° ein. Manchmal bilden sie auch die Seiten eines gleichwinkligen Dreiecks (s. Bild K.14). Bei der rechtwinkligen oder 45°-Rosette stehen zwei der Richtungen senkrecht aufeinander und die dritte ist um 45° dazu verdreht. Die Formeln für die Auswertung von Rosettenmessungen sind im Abschn. K-3.6 des Anhangs angegeben. Hier sind auch alle anderen für die Auswertung ebener Spannungs- und Verformungszustände wichtigen Gleichungen zusammengestellt.

1.2 Vergleich mechanischer und elektrischer Meßgeräte

In der Modellstatik werden bevorzugt die elektrischen Meßgeräte und Meßverfahren angewendet. Die rein mechanisch arbeitenden Meßgeräte sind meist billiger in der Anschaffung, jedoch bei der Handhabung sehr empfindlich gegen Stoß und Schlag, wenn ihre Anzeigeempfindlichkeit und -genauigkeit denen der elektrischen Geräte nahekommen soll. Außerdem müssen mechanische Meßgeräte am Ort der Messung abgelesen werden, was oft sehr unbequem ist. Mechanische Geräte bieten jedoch den großen Vorteil, daß Fehler in der Meßanordnung oder ein Versagen des Gerätes meist leicht erkannt werden können. Die Geräte sind schnell meßbereit und erfordern sehr wenig Wartung. Geräte mit geringerer Anzeigeempfindlichkeit, wie z. B. Setzdehnungsmesser, sind überdies auch bei rauhem Versuchsbetrieb einsatzfähig. Neben dem Nachteil der höheren Anschaffungskosten besitzen die elektrischen Verfahren gegenüber den mechanischen weitreichende Vorteile. Ihr Auflösungsvermögen und ihre Empfindlichkeit sind durch Verwendung der elektrischen Verstärkertechnik sehr viel größer, und die Meßbereiche elektrischer Aufnehmer lassen sich innerhalb weiter Grenzen durch Umschalten am Meßverstärker in einfacher Weise verändern. Bei mechanischen Meßgeräten bedingt die Änderung des Meßbereiches meistens das Auswechseln des gesamten Gerätes.

Eine elektrische Meßeinrichtung besteht aus einem Meßgrößenumformer, auch kurz als Aufnehmer oder Geber bezeichnet, der mit dem Meßobjekt verbunden ist und die zu messende mechanische Größe in ein elektrisches Signal umwandelt [F.1]. Dieses wird in einem Meßverstärker

soweit verstärkt, daß es in geeigneter Weise angezeigt oder registriert
werden kann (Bild F.1). Da grundsätzlich eine Trennung zwischen Aufnehmer, Verstärker und Anzeigegerät möglich ist, können die Meßwerte
von der Meßstelle entfernt angezeigt und abgelesen werden, so daß auch
an unzugänglichen Stellen leicht und sicher gemessen werden kann, wenn
der Aufnehmer einmal befestigt ist. Bei den meisten elektrischen Meßverfahren können mehrere Aufnehmer nacheinander an denselben Meßverstärker angeschlossen werden. Geeignete Meßstellenumschalter ermöglichen es, eine große Anzahl von Meßstellen schnell nacheinander
abzulesen. Die Registrierung der Meßwerte in analoger oder digitaler

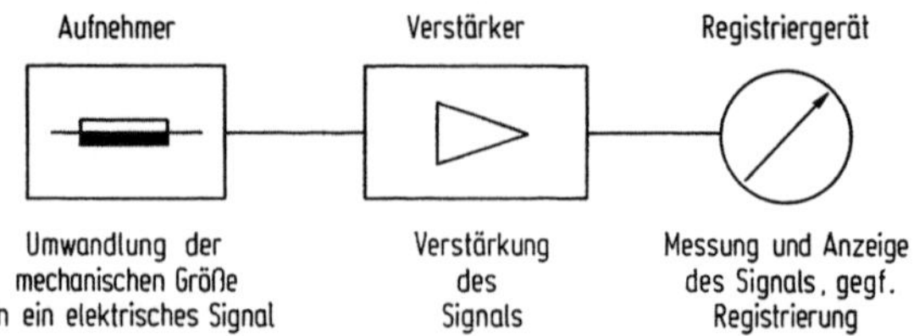

Bild F.1 Grundsätzlicher Aufbau einer elektrischen Meßkette

Form ist ein weiterer Vorzug der elektrischen Verfahren, weil hierdurch
die Ablesefehler verringert werden und sich während der Messung das
Schreiben eines Meßprotokolls erübrigt. Die elektrischen Aufnehmer sind
im allgemeinen sehr klein und, wie z. B. der DMS, fast masselos. Man
kann deshalb solche Geber auch noch bei stark verkleinerten Modellen
an vielen Stellen leicht anbringen, ohne daß sie sich gegenseitig stören.
Da es sich bei elektrischen Messungen meistens um sog. passive Aufnehmer handelt, denen die zur Erzeugung des Meßsignals erforderliche
Energie von außen zugeführt wird, ist ihre Rückwirkung auf das Meßobjekt sehr klein. Dies ist wieder bei Messungen an kleinen Modellen, bei
denen die Beanspruchung an sehr dünnen Materialteilen ermittelt werden
muß, besonders wichtig.

Elektrische Verfahren haben den Nachteil, daß Störungen in der
meist umfangreichen Meßanlage (Aufnehmer, Meßleitungen, Meßverstärker, Anzeigegerät) oft nicht sofort zu erkennen sind. Es werden infolge
dieser Störungen Meßwerte vorgetäuscht, die falsch oder gar nicht vorhanden sind. Um dies zu vermeiden, erfordert der Umgang mit den
elektrischen Geräten eingehendere Kenntnisse der physikalischen Grundlagen sowohl der Meßgrößenumformer als auch der nachgeschalteten
Geräte. Die vorstehende, allgemein gehaltene Aufzählung der wesentlichen Vorzüge der elektrischen Verfahren, die in der Modellstatik zur
Messung der Verformung und Beanspruchung verwendet werden, läßt er

kennen, daß die in den letzten Jahrzehnten auf dem Gebiet der Modellstatik erzielten Fortschritte nicht ohne die Entwicklung leistungsfähiger elektrischer Meßverfahren möglich gewesen wären.

2 Allgemeine Eigenschaften von Meßgeräten

Die bei einer Auswahl und Beurteilung von Meßgeräten maßgeblichen Merkmale sind die Meßempfindlichkeit, der Anzeigebereich und die Genauigkeit, d. h. die Fehlergrenzen. Unter Empfindlichkeit versteht man das Verhältnis $\Delta A / \Delta M$ einer am Meßgerät beobachteten Änderung seiner Anzeige zu der sie verursachenden Änderung der Meßgröße (s. DIN 1319). Eine große Empfindlichkeit ist nicht immer gleichbedeutend mit hoher Genauigkeit. Es kann durchaus sein, daß man durch Vergrößern des Übersetzungsverhältnisses zwar eine bessere Empfindlichkeit erzielt, was aber z. B. durch die bei mechanischen Geräten hierfür notwendigen zusätzlichen Hebel oder anderen Bauelemente die Reibung und das Lagerspiel vermehrt und die Genauigkeit ungünstig beeinflußt.

Von der Empfindlichkeit zu unterscheiden ist der Ansprechwert. Man versteht darunter die kleinste, gerade noch erkennbare Ausschlagsänderung bei einer entsprechend kleinen Änderung der Meßgröße [F.2]. Sie hängt weitgehend von der Größe der Skala und der Beschaffenheit der Skalenteilung ab. Eine eindeutige Definition des Begriffes Ansprechwert ist schwierig. Er sollte deshalb vermieden werden.

Der Anzeigebereich ist der Bereich der Meßgröße, den man unter Ausnutzung der vollen Ableseskala ohne Veränderung des Gerätes messen kann. Bereich und Empfindlichkeit stehen meistens in umgekehrtem Verhältnis zueinander. Eine große Empfindlichkeit ist mit einem kleinen Anzeigebereich verbunden. Man muß deshalb bei der Auswahl geeigneter Meßgeräte oft einen Kompromiß zwischen beiden schließen.

Die Genauigkeit eines Meßgerätes ist gegeben durch die Größe der unvermeidbaren Abweichung des angezeigten vom wirklichen Wert. Die Fehlergrenzen werden meist auf den Endwert des Meßbereichs bezogen und in Prozent angegeben. Die Ursachen der Fehler liegen in der Reibung, ungenauen Hebelarmverhältnissen, Spiel in den Lagern, Teilungsfehlern der Skalen, Temperatureinflüssen u. a. Außerdem wird die zu messende Größe rückwirkend durch das Meßgerät verändert. Für die Genauigkeit einer Messung ist außer der Fehlergrenze des Meßgerätes noch die Ablesegenauigkeit maßgebend. Die Teilung einer Skala sollte deshalb nicht kleiner als 1 mm sein mit einer Dicke von Zeiger und Skalenstrichen von 0,1 mm. Es lassen sich dann noch zehntel Skalenteile recht genau schätzen. Eine Ablesesicherheit von 0,1% der Skalenlänge setzt dann eine mindestens 100 mm lange Skala voraus [F.2].

3 Verschiebungs- und Durchbiegungsmessung

3.1 Mechanische Geräte

3.1.1 Meßuhren

Die einfachsten und am meisten verwendeten Verschiebungs- und Durchbiegungsmeßgeräte sind die rein mechanisch arbeitenden Meßuhren. Sie besitzen einen Taststift, der leicht beweglich in einer Hülse gleitet. Seine Bewegung wird durch eine Zahnradübersetzung auf einen Zeiger übertragen und kann so gemessen werden. Eine Rückholfeder schiebt den Taststift aus der Hülse, so daß dieser mit leichtem Druck gegen das Meßobjekt anliegt und dessen Bewegungen folgen kann [F.3].

Meßuhren gibt es im Handel mit verschiedenen Anzeigebereichen und Meßempfindlichkeiten. Die größte Meßempfindlichkeit der Meßuhren mit Zahnradübersetzung ist 10^{-3} mm/Skalenteil. Bei den meisten Meßuhren dieser Art ist ein Schätzen von 1/10 Skalenteil bei der Ablesung nicht sinnvoll, da ihre Genauigkeit hierfür nicht ausreicht. Will man eine Verschiebung auf 10^{-3} mm genau messen, so ist es häufig besser, eine Meßuhr mit einer Meßempfindlichkeit von 10^{-2} mm/Skalenteil zu benutzen und die zehntel Skalenteile zu schätzen. Bei einer 1/1000-Meßuhr mit einer Meßempfindlichkeit von 10^{-3} mm/Skalenteil ist die Anzeigegenauigkeit geringer, denn bei den gewöhnlichen Meßuhren ist die Anzeige gegenüber den 1/100-Uhren durch ein zusätzliches Ritzel und Zahnrad auf das Fünffache vergrößert, so daß auch die Fehler, die bereits eine 1/100-Meßuhr hat, fünfmal größer erscheinen. Hierzu kommen noch weitere Fehler, die durch die Verwendung des zusätzlichen Zahnradpaares entstehen.

3.1.2 Fühlhebel

Aus vorstehendem Grunde wurden von der Industrie für Präzisionsmessungen sog. Fühlhebel entwickelt. Bei ihnen wird die Übersetzung nicht durch Zahnräder erzielt, sondern durch Verwendung von Kipphebeln mit Schneidenlagerung. Die Meßempfindlichkeit dieser Geräte erreicht $0{,}5 \cdot 10^{-3}$ mm/Skalenteil. Der Meßbereich der Fühlhebel ist jedoch gegenüber dem der Meßuhren begrenzt.

3.1.3 Torsionsfühlhebel

Die genauesten und empfindlichsten mechanischen Geräte zur Messung von Verschiebungen sind die Mikrokatoren der Firma C. E. Johansson, Schweden. Die Übersetzung wird bei diesen durch ein Metallbändchen bewirkt, das etwa 0,02 mm dick und 0,5 mm breit ist. Es ist um seine Längsachse verdrillt, und zwar von der Mitte aus zur einen Hälfte rechts-, zur anderen Hälfte linksgängig (ähnlich wie beim CEJ-Dehnungsmesser, s. Bild F.11). Das eine Ende des stets gespannten Bändchens ist mit dem Gehäuse, das andere Ende über einen federbelasteten Hebel spielfrei mit dem Taststift verbunden. Durch die Bewegung des Taststiftes ändert sich die Spannung, wodurch sich der in der Mitte des Bändchens befestigte Zeiger dreht. Die Vorzüge dieses Systems sind eine fast reibungsfreie Übersetzung und sehr geringe Verstellkräfte. Das Übersetzungsverhältnis ist vom Querschnitt des Bändchens und von der Anzahl seiner Windungen abhängig. Mit den besten dieser Geräte lassen sich bis zu 10000fache Übersetzungen erzielen. Dies ist das mit mechanischen Mitteln erreichbare Optimum. Die Geräte sind jedoch wegen der dünnen Bändchen sehr empfindlich und müssen sorgsam vor Stoß und Schlag bewahrt werden. Leichtere Schläge müssen nicht unbedingt zum Reißen des Bändchens führen, sie können jedoch die Eichung des Gerätes ändern, weshalb man sie von Zeit zu Zeit kontrollieren sollte (s. Abschn. F-6).

3.2 Optische Meßmethoden

Bei der Messung von Verschiebungen werden optische Geräte und Methoden noch weniger angewandt als etwa bei den Dehnungsmessungen (s. Abschn. F-4.3). Erwähnt sei lediglich der Einsatz von Fadenkreuz-Mikroskopen mit Okularmikrometer zur Ablesung der Verschiebungen von Stabwerkspunkten im Rahmen der sog. indirekten Verfahren (s. Abschn. I-1.4) und bei der Untersuchung von Hängebrücken-Modellen (s. Abschn. I-2) sowie Methoden des Moiréverfahrens, soweit sie sich auf Verschiebungsmessungen beziehen (s. Abschn. H-2.4).

3.3 Elektrische Wegmesser

Von den vielen Möglichkeiten zur elektrischen Messung von Verschiebungen und Durchbiegungen werden hier nur die wichtigsten im Prinzip erläutert. Diese Verfahren ermöglichen vor allem eine Fernanzeige und Registrierung der gemessenen Wege, was bei Modellmessungen von Bedeutung sein kann, wenn an vielen Stellen gemessen werden muß oder wenn man z. B. die Verschiebung als Funktion der Kraft unmittelbar aufzeichnen will.

3.3.1 Potentiometergeber

Der einfachste elektrische Weggeber ist der Potentiometergeber. Der zu messende Weg wird durch einen Taststift auf einen Schleifer übertragen, der als Abgriff eines als Spannungsteiler geschalteten stabförmig gewickelten Widerstandes dient (s. Bild F.2). Mit dieser Anordnung lassen sich sehr große Wege relativ genau messen; die kleinste feststellbare Wegdifferenz ist jedoch durch die Drahtwicklung begrenzt und beträgt bestenfalls 0,1 mm. Die Linearität guter Wicklungen ist besser als

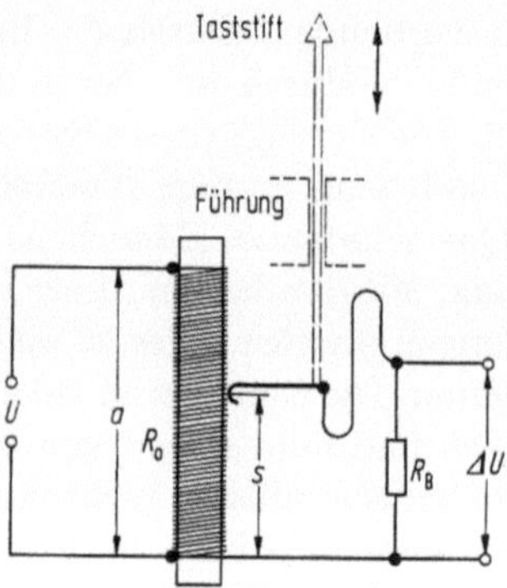

Bild F.2 Schematische Darstellung eines Potentiometergebers zur Wegmessung.

$$\frac{\Delta U}{U} \cong \frac{s}{a}, \quad \text{wenn} \quad R_B \geqq 10 \cdot R_0$$

0,1%. Jedoch ist die Ausgangsspannung ΔU der Schaltung nur dann hinreichend proportional dem Weg s, wenn der Belastungswiderstand R_B mindestens 10mal größer als R_0 ist. (R_B ist meist der Innenwiderstand des verwendeten Spannungsmessers.) Neuerdings stellt man auch mit leitendem Material beschichtete Potentiometer (z. B. Kohlefilmpotentiometer) her, die ein kontinuierliches Meßsignal abgeben. Ihre Belastbarkeit ist jedoch kleiner als die von Drahtwicklungen. Sollen Wege in der Größenordnung von 10^{-2} mm gemessen werden, dann ist ähnlich wie bei einer Meßuhr durch Zahnstange und Zahnräder eine Umwandlung des Weges in eine Drehbewegung mit gleichzeitiger Übersetzung notwendig. Es werden jetzt ringförmig gewickelte Drahtwiderstände benutzt. Meßbereiche von 1 bis 50 mm sind möglich mit einer Auflösung von einigen 10^{-3} mm bzw. 10^{-1} mm. Die Verstellkraft solcher Geber hat etwa die gleiche Größe wie die von mechanischen Meßuhren und beträgt minimal 10 p. Die Vorteile der Potentiometergeber sind ihre hohe Genauigkeit und ihre einfache Schaltung, wobei man wegen der hohen Belastbarkeit der Widerstände ohne Verstärker auskommt.

3.3.2 Induktive Geber

Zur elektrischen Messung von Verschiebungen werden bei Modelluntersuchungen vorzugsweise induktive Tauchankergeber verwendet. Ein solcher Geber besteht aus zwei Spulen, in denen sich ein Eisenkern als Tauchanker bewegt. Dieser ist mit dem Taststift verbunden und ändert die Induktivität der Spulen je nachdem, wie weit er in die Spulen eintaucht (s. Bild F.3). Für Wechselstrom stellen die Spulen induktive Widerstände dar, die an Stelle von DMS in benachbarte Zweige einer mit Wechselspannung gespeisten Wheatstoneschen Brücke (s. Abschn. F-4.4.2.3) geschaltet werden. Wird durch Bewegen des Ankers in die

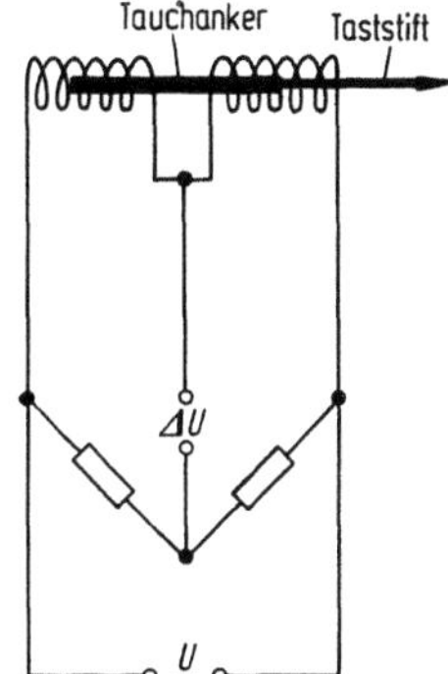

Bild F.3 Schematische Darstellung eines induktiven Tauchankergebers zur Wegmessung. Zur Messung von ΔU ist ein Trägerfrequenz-Meßverstärker mit phasenempfindlicher Gleichrichtung notwendig

eine Spule hinein ihre Induktivität vergrößert, so nimmt im selben Maße die Induktivität der anderen Spule ab, wodurch Empfindlichkeit und Linearität der Anzeige verbessert werden. Der lineare Bereich ist im Vergleich zur Spulenlänge verhältnismäßig klein. Induktive Geber sind jedoch sehr empfindlich und haben ein hohes Auflösungsvermögen; bei einem linearen Bereich von ± 1 mm beträgt es ca. 10^{-5} mm. Ihre Verstellkraft ist sehr klein, und sie arbeiten verschleißfrei. Von Nachteil ist die Speisung mit Wechselstrom, der den Einsatz von Trägerfrequenzmeßverstärkern bedingt. Jedoch gibt es bereits recht handliche kleine induktive Wegmesser, in die außer den Spulen auch die Brückenschaltung mit Meßverstärker und Wechselspannungsoszillator eingebaut ist. Sie werden mit Gleichspannung gespeist und liefern am Ausgang eine dem Weg ihres Taststiftes proportionale Gleichspannung, die mit einem gewöhnlichen Drehspulgalvanometer angezeigt werden kann. Die Temperaturempfindlichkeit induktiver Meßsysteme dürfte bei Modelluntersuchungen im Laboratorium von untergeordneter Bedeutung sein. Erwähnt sei noch, daß es möglich ist, mit induktiven Gebern kleine Verschiebungen ohne Berührung des Meßobjektes durch eine Tastspitze zu messen. Man verwendet dann nur eine Spule, die mit einem festen Eisenkern meist als Topfspule ausgebildet ist, und befestigt sie mit möglichst kleinem Abstand gegenüber dem Objekt, das an dieser Stelle ein dünnes Eisenplättchen trägt, falls es nicht selbst schon aus Eisen besteht. Eine Verschiebung des Objektes verändert den Luftspalt zwischen Spule und Eisenplättchen, was als Induktivitätsänderung mit einer Brückenschaltung gemessen werden kann. Der lineare Bereich einer solchen Anordnung ist allerdings sehr klein; er beträgt nur 20% des Luftspaltes. Es kommt hinzu, daß die Empfindlichkeit mit zunehmender Größe des Luftspaltes abnimmt, was für jeden neuen Versuchsaufbau eine individuelle Eichung notwendig macht. Eine hohe Empfindlichkeit muß bei diesen Aufnehmern durch einen sehr kleinen linearen Meßbereich erkauft werden. Wegen der genannten Nachteile wird man deshalb nur in Sonderfällen von dieser Möglichkeit der berührungslosen Messung Gebrauch machen.

3.3.3 Kapazitive Geber

Für die Kapazität C [A sec/V] eines Plattenkondensators (s. Bild F.4) gilt

$$C = \varepsilon \varepsilon_0 \frac{F}{d}. \tag{F.1}$$

d ist der Abstand der Platten mit der Fläche F, ε [1] die Dielektrizitätskonstante des Mediums zwischen den Platten und $\varepsilon_0 = 8,85 \cdot 10^{-14}$ A sec/V cm die elektrische Feldkonstante. Man kann mit einem Kondensator sehr einfache Weggeber aufbauen, wenn man dafür sorgt, daß die zu messende Größe entweder F, d oder ε entsprechend ändert [F.4].

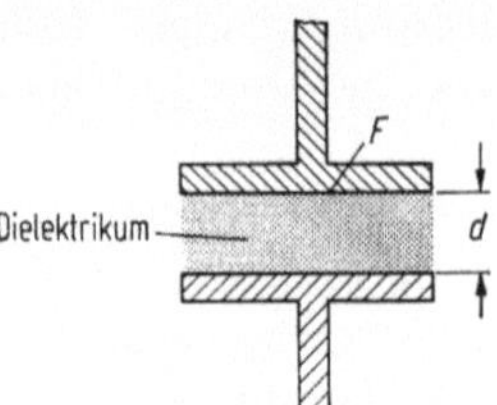

Bild F.4 Schematischer Aufbau
eines Kondensators

In der Modellstatik wurde seither nur die Änderung des Plattenabstandes d zur Wegmessung benutzt, da man dann sehr einfache Geber erhält, die es gestatten, eine Verschiebung berührungslos mit äußerst geringer Rückwirkung auf das Meßobjekt zu messen [F.5]. Entsprechend der aus $C + \Delta C = \varepsilon \varepsilon_0 F/(d + \Delta d)$ mit Gl. (F.1) hergeleiteten Beziehung

$$\Delta C = -\varepsilon \varepsilon_0 F \frac{\Delta d}{d(d + \Delta d)} \tag{F.2}$$

ist der Zusammenhang zwischen Kapazitäts- und Abstandsänderung Δd nur dann annähernd linear, wenn Δd sehr viel kleiner ist als d. Die Empfindlichkeit eines kapazitiven Verschiebungsmessers

$$\frac{dC}{dd} = -\varepsilon \varepsilon_0 \frac{F}{d^2} \tag{F.3}$$

nimmt proportional mit dem Quadrat des Plattenabstandes ab. Um große Empfindlichkeiten zu erreichen, muß man deshalb einen sehr kleinen Plattenabstand wählen, wodurch der ausnutzbare lineare Bereich ebenfalls sehr klein wird. Man kann jedoch leicht Verschiebungen bis herab zu 10^{-6} mm messen ohne großen Aufwand beim Bau der Geber. Dies ist zusammen mit der großen Anpassungsfähigkeit ihr wesentlicher Vorteil. Metallische Teile kann man selbst als eine Elektrode des Kondensators verwenden. Auch bei Kunststoffen und anderen Nichtleitern mit hohem Isolationswiderstand ist dies möglich, wenn sie mit einem dünnen metallischen Überzug versehen sind, den man mit einem sog. Leitlack herstellen kann. Hinzu kommt, daß Temperaturänderungen praktisch keinen Einfluß auf die Geberempfindlichkeit haben, weswegen auch Messungen bei erhöhter Temperatur relativ einfach sind.

Das Verfahren hat jedoch sehr schwerwiegende Nachteile, so daß es seither meist nur in Sonderfällen angewendet wurde. Die Kapazitäten der Meßleitungen ändern sich durch Feuchtigkeit und Bewegen der Kabel. Da sie etwa von der gleichen Größe wie die Geberkapazität sind, können sie das Meßergebnis stark verfälschen. Man muß deshalb besondere Kunstgriffe und Zwischenschaltungen benutzen, um diese Fehler klein zu halten. Außerdem können elektrische Störfelder die Messung beeinflussen, wenn man sie nicht durch entsprechende Ausführung und Abschirmung der Geber und Leitungen ausschaltet. Als Zwischenschaltung ist die wechselspannungsgespeiste Wheatstonesche Brückenschaltung gut geeignet (s. Abschn. F-4.4.2.3). An Stelle der DMS werden der Geberkondensator und eine feste Kapazität in der Schaltung verwendet, falls man nicht beide zu einem Differentialkondensator vereinigt. Dieser hat einen gegenüber der einfachen Geberausführung wesentlich größeren linearen Bereich, ist aber als Weggeber komplizierter in seinem Aufbau.

3.3.4 Wegmessung mit DMS

Mit DMS (s. Abschn. F-4.4.2) lassen sich elektrische Weggeber selbst herstellen. Die Wege und Verschiebungen müssen zunächst in Dehnungen umgewandelt werden, was mit einfachen Blattfedern ohne weiteres gelingt. Zwei Beispiele sind auf Bild F.5 dargestellt. Für Wege s, die sehr viel kleiner als a sind, ergibt sich die Randdehnung an der Stelle a des eingespannten Balkens zu

$$\varepsilon = \frac{3}{2}\, s\, \frac{ah}{l^3}, \tag{F.4}$$

wenn $h \ll l$ ist. Da diese Beziehung unabhängig vom E-Modul ist, können auch Kunststoffe als Federmaterial benutzt werden. Sie haben einen kleinen E-Modul, so daß die Verstellkraft

$$P = \frac{1}{4}\, s E b\, \frac{h^3}{l^3} \qquad \text{(F.5)}$$

entsprechend klein gehalten werden kann. Sie ist relativ hoch im Vergleich zu anderen Gebern und ist neben der für große Wege auftretenden Nichtlinearität der Hauptnachteil dieser einfachen Methode. Die Messung der Dehnung erfolgt über DMS mit den hierfür üblichen elektrischen Meßgeräten.

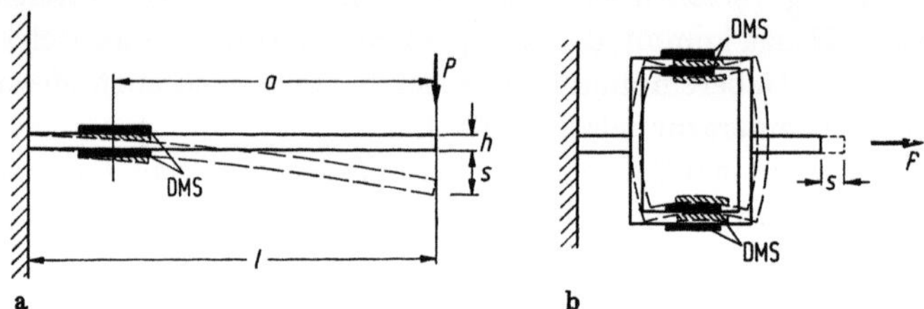

Bild F.5 Beispiel zur Wegmessung mit Blattfedern und DMS
a) eingespannt; b) geschlossener Rahmen

4 Dehnungsmessung

4.1 Einführung

Die Dehnung im Punkt A (s. Bild F.6) auf der Oberfläche eines Körpers ist definiert als

$$\varepsilon = \lim_{l_0 \to 0} \frac{\Delta l(l_0)}{l_0}. \qquad \text{(F.6)}$$

Da die Dehnung immer nur aus der Verlängerung einer endlichen Strecke l_0 bestimmt werden kann, stellt der Wert

$$\bar{\varepsilon} = \frac{l - l_0}{l_0} = \frac{\int_0^{l_0} \varepsilon(x)\, dx}{l_0} \qquad \text{(F.7)}$$

den Mittelwert der Dehnung längs der Strecke l_0 dar, der nur bei konstanter Dehnung oder, wenn A die Strecke l_0 halbiert, auch bei linearem Verlauf mit der Dehnung im Punkt A übereinstimmt (s. Bild F.6a). In allen anderen Fällen entsteht eine mehr oder minder große Abweichung. Hat die Dehnung z. B. einen quadratischen Verlauf (s. Bild F.6b)

$$\varepsilon(x) = a x^2 + b x + c, \qquad \text{(F.8)}$$

dann hat sie im Punkt A den Wert

$$\varepsilon\left(\frac{l_0}{2}\right) = \frac{a}{4}\, l_0^2 + \frac{b}{2}\, l_0 + c.\qquad\text{(F.9)}$$

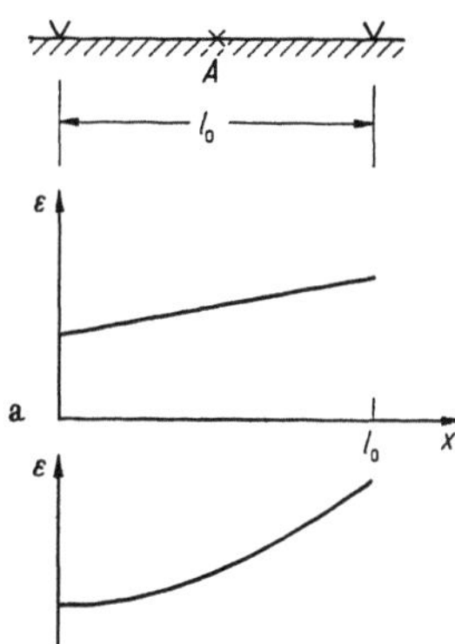

Bild F.6 Dehnungsverlauf längs l_0
a) linear; b) quadratisch

Der gemessene Mittelwert dagegen ist

$$\bar\varepsilon = \frac{a}{3}\, l_0^2 + \frac{b}{2}\, l_0 + c,\qquad\text{(F.10)}$$

so daß sich zwischen wirklicher Dehnung im Punkt A und mittlerer Dehnung ein Unterschied

$$\Delta\varepsilon = \frac{a}{12}\, l_0^2\qquad\text{(F.11)}$$

ergibt. Man sollte deshalb bei einem großen Dehnungsgradienten mit einer möglichst kleinen Meßlänge arbeiten. Je kleiner diese wird, um so kleiner ist aber auch das zu messende Δl. Der Aufwand für eine zuverlässige Messung steigt beträchtlich, denn Meßgeräte mit kleinerer Meßlänge benötigen bei gleicher Empfindlichkeit ein größeres Übersetzungsverhältnis und sind deshalb störanfälliger und schwieriger zu handhaben. Die Wahl der richtigen Meßlänge hängt weitgehend von der zu lösenden Aufgabe ab. Die geforderte Meßgenauigkeit, die zu erwartende Verteilung der Dehnung, die äußeren Umstände, unter denen die Messung ausgeführt werden muß (z. B. Labor oder Baustelle), sind hierbei die wesentlichsten Gesichtspunkte.

Als Beispiel für die erforderliche Meßlänge sei Stahl betrachtet. Bei einer Spannung von $\sigma = 1400$ kp/cm^2 ergibt sich nach dem Hookeschen Gesetz eine Dehnung von $\varepsilon = 0{,}67 \cdot 10^{-3}$. Wird eine Meßgenauigkeit von $\pm 1\%$ angestrebt und eine Längenänderung von 10^{-4} mm noch sicher erfaßt, so ist eine minimale Meßlänge von $l = 20$ mm erforderlich ($\Delta l = 2 \cdot 0{,}67 \cdot 10^{-3} \cdot 20 = 1{,}34 \cdot 10^{-2}$ mm).

Ein weiteres Beispiel dafür, daß die Wahl der richtigen Meßlänge eine entscheidende Rolle spielt, bieten die Dehnungsmessungen an Betonkörpern. Werden sie durch äußere Lasten verformt, dann treten an Stelle gleicher Beanspruchung ungleichmäßige Dehnungen auf, denn Beton ist seinem Aufbau nach kein homogener Baustoff. Die Zuschlagstoffe haben verschiedene Korngröße, und ihr E-Modul ist oft 4- bis 5mal größer als der des Zementsteines, der im Mittel 200 000 kp/cm² beträgt.

Nimmt man an Beton Dehnungsmessungen vor und verwendet Meßlängen in der Größenordnung der Zuschlagstoff-Durchmesser, so mißt man die örtlich ungleichmäßig verteilten Dehnungen, die erheblich von denjenigen mittleren Dehnungen abweichen können, die der äußeren Verformung entsprechen würden. Die Ergebnisse solcher Messungen sind deshalb stark vom Ort der Messung abhängig. Wenn man Dehnungen mit der gleichen Meßlänge an allen möglichen Stellen eines gleichmäßig beanspruchten Probekörpers mißt, sind die Meßwerte wegen der zufälligen Verteilung der Inhomogenitäten statistisch normal verteilt. Solange die Kontinuität gewahrt bleibt, ist der Mittelwert dieser Dehnungsmessungen gleich der mittleren Dehnung, die der äußeren Formänderung entspricht. Die Gesamtheit der Messungen wird um so mehr streuen, je kleiner die gewählte Meßlänge ist. Bei großen Meßlängen wird bereits durch Mittelbildung ein Ausgleich über die längs der Meßstrecke unterschiedlichen Dehnungen herbeigeführt, wodurch sich die Streuung der Messungen verringert. Dies bedeutet: Bei kleinen Meßlängen ist die Wahrscheinlichkeit größer, mit einer einzigen Messung eine Dehnung zu erfassen, die stark vom gesuchten Mittelwert abweicht.

In Bild F. 7 sind die Ergebnisse einer derartigen Untersuchung graphisch dargestellt [F. 6]. Für jeweils alle an einem Betonprisma $15 \times 15 \times 50$ cm mit einer einzigen Meßlänge ermittelten Dehnungen ε_i wurde der Variationskoeffizient

$$s_r = \frac{100}{\varepsilon_m} \sqrt{\frac{\sum\limits_{i=1}^{n} (\varepsilon_i - \varepsilon_m)^2}{n - 1}} \ [\%]$$

berechnet und über dem Verhältnis aus Meßlänge l und größtem Durchmesser d der Zuschläge aufgetragen. ε_m ist die zugehörige mittlere Dehnung. Die Werte streuen in einem breiten Bereich. Dies beruht einerseits auf dem kleinen Umfang der Meßreihen und andererseits auf der Schwierigkeit, bei Messungen an Beton alle Parameter konstant zu halten. Es

wurde daher eine ausgleichende Kurve durch den Streubereich gezeichnet
mit der Gl.

$$s_r = \frac{20\,d}{l}. \tag{F.12}$$

Aus ihr kann man bei gegebenen Werten von Korngröße und Meßlänge den Variationskoeffizienten berechnen. Die zu erwartenden Meßwerte ε_i liegen dann mit einer Wahrscheinlichkeit von 95,4% (s. Abschn.
K-2.4) in einem Bereich von $\pm\,2 \cdot \varepsilon_m \cdot s_r$ um die gesuchte mittlere Dehnung ε_m, die der äußeren Formänderung entspricht. Das heißt, erhält

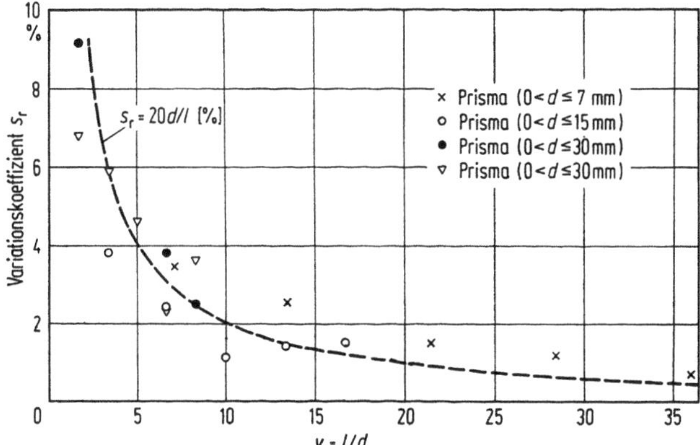

Bild F.7 Einfluß der Meßlänge auf Dehnungsmessungen an Beton
s_r = Variationskoeffizient in % in Abhängigkeit vom Verhältnis l/d
l = Meßlänge
d = Größtkorndurchmesser

man einen Wert ε_i mit einer gewählten Meßlänge l und entnimmt den
zugehörigen Variationskoeffizienten aus Gl. (F.12), so ergibt sich mit
95,4% Wahrscheinlichkeit die gesuchte mittlere Dehnung zu

$$\frac{\varepsilon_i}{1 + 2s_r} < \varepsilon_m < \frac{\varepsilon_i}{1 - 2s_r}. \tag{F.13}$$

Bei der für Stahlbeton häufig benutzten maximalen Korngröße von
30 mm ⌀ und einer Meßlänge von 100 mm werden in 95,4% aller Fälle
die Abweichungen der Meßwerte von der mittleren Dehnung nicht mehr
als $\pm 12\%$ betragen. Soll die Abweichung in 95,4% aller Fälle $\pm 3\%$
nicht überschreiten, so ist eine Meßlänge von 400 mm erforderlich.

Hat der Dehnungsverlauf eine ausgeprägte, scharfe Spitze, z. B. an
den Rändern von Öffnungen und Kerben, so muß man mit kleinsten
Meßlängen arbeiten, wodurch bei mechanischen Geräten eine sichere

13 Müller, Modellstatik

Messung sehr erschwert wird. Meßlängen von 1 mm stellen hier die unterste Grenze dar [F.57]. Wo es irgend möglich ist, sollte man jedoch nicht unter 2 mm Meßlänge gehen, um das Gerät noch einigermaßen sicher aufsetzen zu können. Folien-Dehnmeßstreifen werden bis zu einer Meßlänge von 0,25 mm hergestellt und sind wesentlich einfacher zu handhaben als mechanische Geräte. Sie werden deshalb bevorzugt angewendet, um Spannungsspitzen zu erfassen. Ist jedoch der Ort der größten Dehnung nicht genau bekannt bzw. interessiert der Dehnungsverlauf im Bereich des Maximums, dann kann man das Differentialmeßverfahren nach RÜHL-FISCHER [F.8] anwenden, wenn nur das Bauteil mehrmals be- und entlastet werden kann. Längs einer Meßlinie, auf der die Spitze des gesuchten Dehnungsverlaufes liegt, werden von einem festen Punkt aus

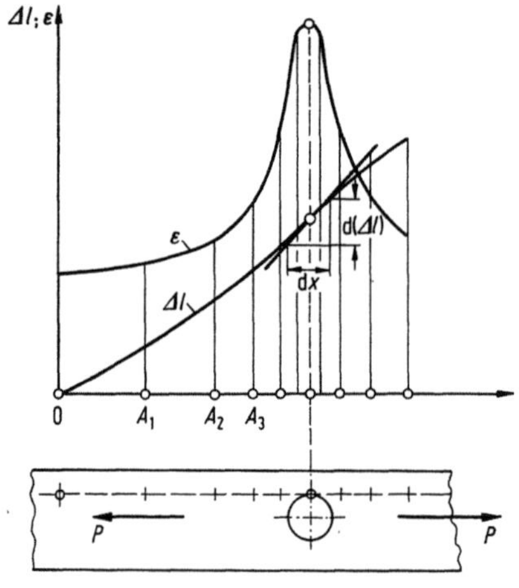

Bild F.8 Differentialmeßverfahren mit verschiedenen Meßlängen $\overline{OA_i}$ (nach [F.8])

Dehnungsmessungen mit verschiedenen Meßlängen vorgenommen. Die dabei ermittelten Längenänderungen Δl werden in einem Diagramm (s. Bild F.8) jeweils über dem Ende der Meßlänge aufgetragen und ergeben die Verschiebungskurve als Funktion der Meßlänge $\Delta l = f(x)$. An jeder Stelle der Meßlinie ist die Dehnung $\varepsilon(x)$ gleich dem Differentialquotienten der Verschiebungskurve

$$\varepsilon(x) = \frac{d(\Delta l)}{dx}. \qquad (F.14)$$

Die Dehnungskurve entsteht also durch Differenzieren der Verschiebungskurve, wozu meist zeichnerische Verfahren verwendet werden. Die Verschiebungskurve hat an der Stelle der Dehnungsspitze einen Wendepunkt. Hier muß die Neigung der Tangente mit besonderer Sorgfalt bestimmt werden. Auch sollten hier die Meßpunkte besonders dicht beieinanderliegen. Voraussetzung für dieses Verfahren ist ein Meßgerät hoher Genauigkeit, dessen Meßlänge verstellt werden kann. Sie muß ebenfalls sehr genau ermittelt werden, wozu die Hinweise in Abschnitt F-4.2.2.2 von Nutzen sein können. In neuerer Zeit hat man Dehnmeßstreifen mit veränderlicher Meßlänge hergestellt, die eine Durchführung dieses Verfahrens wesentlich vereinfachen [F.9].

4.2 Mechanische Dehnungsmeßgeräte

4.2.1 Grundprinzip der mechanischen Dehnungsmessung

Die Dehnung wird als bezogene Längenänderung einer Strecke ermittelt. Hieraus ergibt sich das Grundprinzip der mechanischen Dehnungsmeßgeräte (Bild F.9). Zwischen einer festen und einer beweglichen Schneide wird die Meßstrecke l abgegriffen. Dehnt sich das Meßobjekt

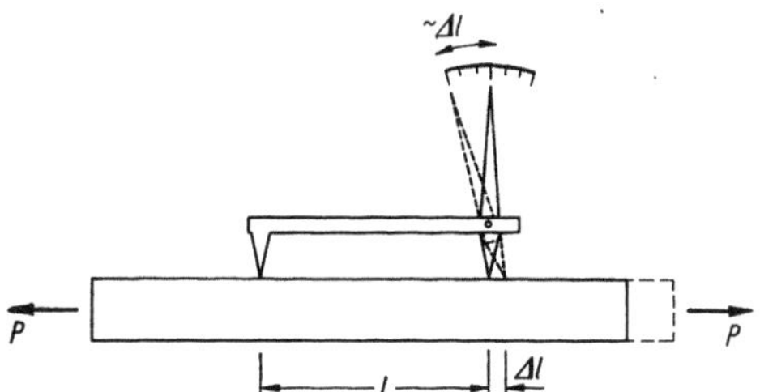

Bild F.9 Grundprinzip der mechanischen Dehnungsmessung

infolge einer äußeren Beanspruchung, dann wird die bewegliche Schneide um ihren Drehpunkt gekippt. Ein mit der Schneide verbundener Zeiger gibt die Längenänderung an. Die Meßgeräte unterscheiden sich nur durch die Art der Anzeige der abgegriffenen Längenänderung, die entweder mechanisch, mechanisch-optisch oder mechanisch-elektrisch erfolgt.

Alle Dehnungsmeßgeräte, die mit Spitzen oder Schneiden eine Meßlänge auf der Oberfläche eines Bauteiles abgreifen, benötigen eine Aufspannvorrichtung, es sei denn, daß an Stelle der Spitzen aufgeklebte oder angelötete kleine Metallbolzen verwendet werden. Den Aufspannvorrichtungen wird oft weniger Bedeutung beigemessen als ihnen zukommt. Von einer einwandfreien Befestigung der Geber hängt weitgehend die Zuverlässigkeit und Reproduzierbarkeit der Meßergebnisse ab. Besonders bei Meßlängen von weniger als 10 mm wird ein Aufspannen der Geber um so schwieriger, je kleiner die Meßlänge wird. Die zu messenden Längenänderungen sind so klein, daß die geringste Lageveränderung durch ungenügende Befestigung Relativverschiebungen der Spitzen hervorruft,

13*

die größer sein können als die durch die Dehnung erzeugten, was zu großen Fehlern führt. Dies ist insbesondere der Fall, wenn ein aufgespannter Dehnungsgeber seine Lage im Schwerefeld nicht beibehält, sondern beispielsweise eine Verdrehung infolge Balken- oder Plattendurchbiegung erfährt. Es ist zweckmäßig, einmal vor der Messung ein kleines Metallplättchen unter die Spitzen zu legen, damit die Dehnung des Bauteiles nicht auf das Gerät übertragen wird. Bei Lageänderung infolge Belastung darf das Gerät jetzt keine Dehnung anzeigen, andernfalls ist die Befestigung unzureichend. Der eigentliche Befestigungsbügel oder die Spannvorrichtung müssen dem vorliegenden Fall angepaßt werden. Allgemein läßt sich nur sagen, daß die Kraft möglichst tief angreifen und ihre Richtung während der Dehnung nicht ändern soll. Der Aufspannbügel kann am Bauteil mit Hilfe von Magneten, Gummisaugern oder Schraubzwingen befestigt werden [F.7].

4.2.2 Extensometer

4.2.2.1 Huggenberger-Extensometer

Als Vertreter der Dehnungsmeßgeräte, die mit einer reinen Hebelübersetzung arbeiten, seien die Extensometer der Firma HUGGENBERGER genannt (Bild F.10). Diese Geräte besitzen meist eine Übersetzung von

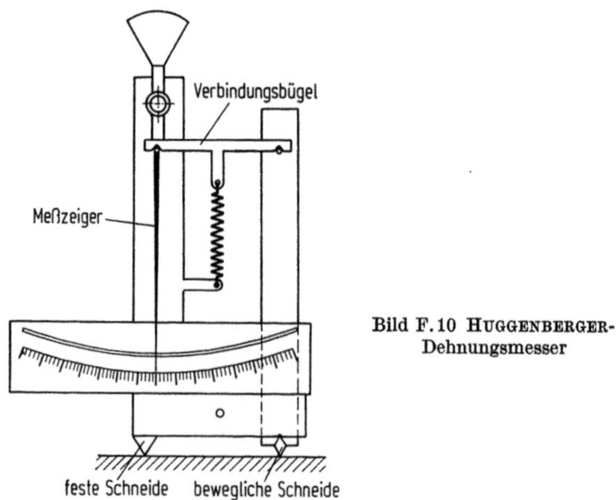

Bild F.10 HUGGENBERGER-Dehnungsmesser

1:1000 und sind mit Meßlängen von 10, 20, 50 und 100 mm ausgestattet. In der Modellstatik können sie wegen ihrer Abmessungen nur an sehr großen Modellen verwendet werden und sind meist schwer abzulesen. Ein weiterer Nachteil ist ihre geringe Meßempfindlichkeit.

4.2.2.2 CEJ-Extensometer

Diese Geräte arbeiten nach dem auch bei den Mikrokatoren (s. Abschn. F-3.1.3) verwendeten Bändchenprinzip (s. Bild F.11), mit dem sehr hohe spiel- und reibungsfreie Übersetzungen möglich sind. Die sehr kleinen und handlichen Geräte gibt es in zwei Ausführungen. Das größere

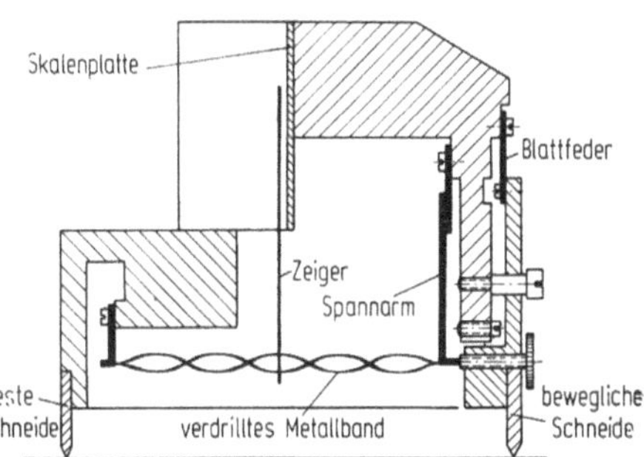

Bild F.11 JOHANSSON-
Dehnungsmesser

Gerät besitzt eine Meßlänge von 50 mm, die durch ein Verlängerungsstück bis auf 250 mm vergrößert werden kann. Die Geräte werden mit verschiedener Meßempfindlichkeit geliefert, die bis zu einer Längenänderung von $2 \cdot 10^{-4}$ mm/Skalenteil reicht.

Die kleinere Ausführung des CEJ-Extensometers hat bei einem Gewicht von 12,5 g nur eine Höhe von 50 mm. Seine Meßlänge kann von 2 bis 13 mm eingestellt werden. Die Meßempfindlichkeit beträgt ca. $2 \cdot 10^{-4}$ mm Längenänderung/Skalenteil. Jedoch ist die Skalenteilung so fein, daß eine exakte Ablesung nur mit Hilfe einer Lupe möglich ist; bei Messungen an Modellen ist oft die Verwendung eines Spiegels und eines Ablesefernrohres zweckmäßig. Trotz seines geringen Meßbereiches von nur 30 Skalenteilen ist dieses kleine Gerät von allen mechanischen Meßgeräten das geeignetste für Modellmessungen. Sein Einsatz läßt sich durch Verwendung von für den jeweiligen Zweck besonders entwickelten Aufspannvorrichtungen vereinfachen. Bei einer Meßlänge von 10 mm beträgt der Meßbereich $600 \cdot 10^{-6}$, wobei ein Skalenteil einer Dehnung von $20 \cdot 10^{-6}$ entspricht. Bei 2 mm Meßlänge ist die Empfindlichkeit nur noch $100 \cdot 10^{-6}$, und der Meßbereich hat einen Umfang von $3000 \cdot 10^{-6}$. Falls es der Gradient der Dehnungen erlaubt, wird man bei Modellmessungen eine Meßlänge von 10 mm bevorzugen, was auch die sichere Aufspannung des Gerätes erleichtert. Die Meßlänge kann durch Verschieben der festen Spitze in einer Schwalbenschwanzführung verändert werden. Um sie mit der notwendigen Genauigkeit feststellen zu können, drückt man beide Spitzen in ein Stückchen Karton oder Kunstharz ein und ermittelt den Abstand der Eindrücke mit einem Meßmikroskop.

4.2.3 Setzdehnungsmesser

Diese Geräte sind nicht fest mit der Meßstelle verbunden, sondern werden, wie ihr Name besagt, zur Messung jedesmal erneut auf die Meßstelle aufgesetzt. Dazu müssen die Enden der Meßstrecke am Bauteil markiert werden, was meist mit Hilfe von kleinen Stahlkugeln von 1/16″ Durchmesser geschieht. Setzdehnungsmesser werden in der Modellstatik wegen ihrer großen Meßlänge (ab 20 mm aufwärts) meist nur bei Messungen an Realmodellen benutzt, die man aus anderen Gründen relativ groß bauen muß (s. Abschn. D). Sie besitzen den großen Vorteil, den man jedoch durch großen Zeitaufwand erkaufen muß, daß man mit nur einem Gerät Messungen an sehr vielen Stellen durchführen kann. Ein wegen seiner bequemen Handhabung weitverbreitetes Gerät ist der Setzdehnungsmesser nach PFENDER (s. Bild F. 12). Seine Meßfüße haben

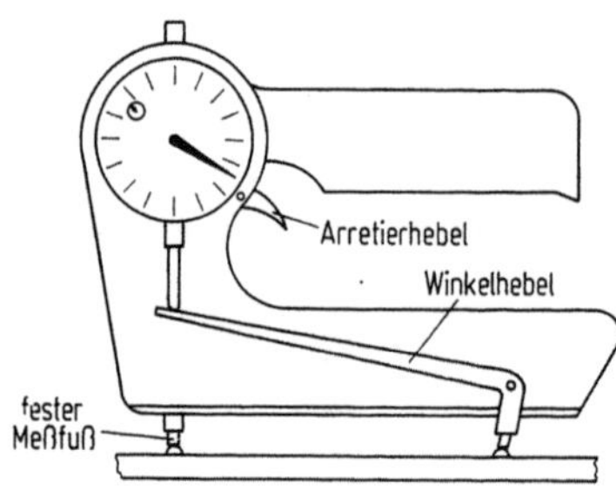

Bild F. 12 Grundsätzliche Wirkungsweise des Setzdehnungsmessers nach PFENDER

eine kegelförmige Bohrung, mit der sie auf die Stahlkugeln an den Enden der Meßstrecke aufgesetzt werden und deren Abstand abgreifen. Um dies zu ermöglichen, ist einer der Meßfüße am kürzeren Ende eines drehbar gelagerten Winkelhebels befestigt. Dieser überträgt die Stellung des beweglichen Meßfußes zehnfach übersetzt auf eine Meßuhr. Damit der Meßfuß beim Aufsetzen des Gerätes auf die Stahlkugeln frei beweglich ist, wird durch Ziehen eines außen angebrachten Hebels der Taststift der Meßuhr vom Winkelhebel abgehoben. Beim Loslassen des Hebels wird zuerst der Winkelhebel in seiner Stellung arretiert, dann senkt sich der Taststift der Meßuhr und berührt das Ende des Winkelhebels. Jetzt kann der Setzdehnungsmesser zum Ablesen der Meßuhr von der Meßstelle abgenommen werden. Ihre Anzeige ist ein Maß für den Abstand der Stahlkugeln. Mißt man diesen vor und nach der Beanspruchung, so ergibt die Differenz der Ablesungen die stattgefundene Längenänderung in 10^{-3} mm. Die Meßlänge des Gerätes kann auf 20, 50 und 100 mm eingestellt werden. Jedoch ist bei 20 mm Meßlänge ein sicheres Aufsetzen des Gerätes nicht mehr gewährleistet, da der Schwerpunkt des Gerätes außerhalb der Meßlänge liegt und das Gerät nach vorne kippen will. Es wurden deshalb sogenannte Übertrager für 10 und 20 mm Meßlänge entwickelt, mit denen die Meßlänge abgegriffen und auf den Setzdehnungsmesser übertragen wird. Diese Geräte haben für Modellmessungen wenig Bedeutung wegen der zusätzlichen Fehlermöglichkeiten, die sie mit sich bringen, ganz abgesehen vom zusätzlichen Zeitaufwand.

Bei Messungen mit dem Setzdehnungsmesser ist zu beachten, daß das Gerät immer mit demselben Anpreßdruck auf die Meßstelle aufgesetzt wird. Vor allem darf es nicht in seiner Längsrichtung gekippt werden, wozu der Handgriff leicht verleitet. Es ist deshalb zweckmäßig, das Gerät an seinem Handgriff nur mit zwei Fingern anzufassen und nach dem Aufsetzen auf die Kugeln vor dem Loslassen des Hebels senkrecht zur Meßstrecke leicht hinundherzukippen, damit keine Staubkörner zwischen den Kugeln und den kegelförmigen Meßfüßen sitzen bleiben. Überhaupt sollte man während der Messungen öfter den Staub von Kugeln und Meßfüßen durch Andrücken von Plastilin oder Typenreiniger entfernen. Um die Meßunsicherheit zu verringern, sollte jede Messung mindestens dreimal, im allgemeinen fünfmal wiederholt werden. Ein entsprechend vorbereitetes Meßprotokoll läßt erkennen, ob die Streuungen der Messungen im zulässigen Bereich liegen und man eventuell mit drei Messungen auskommt oder sogar mehr als fünf Messungen durchführen muß. Da die Genauigkeit der Messungen beim Setzdehnungsmesser sehr stark vom Geschick des Messenden abhängt, sollte man vor Beginn der Messungen an einem unbelasteten Probestab das Ansetzen des Gerätes üben, bis die Streuungen der Messungen kleiner als ± 1 Skalenteil bleiben.

Bei Messungen an Metallteilen können die Stahlkugeln direkt in diese eingeschlagen werden. Die genaue Meßlänge wird mit einem Doppelkörner angezeichnet. Mit einer kugelförmigen Punze werden die Eindrücke ausgeweitet und die Kugel nach Einlegen mit einem Döpper festgestemmt. Dabei ist darauf zu achten, daß der Döpper scharfkantig ist und keine Scharten besitzt, da sonst das an die Oberfläche der Kugel herangebördelte Material in den Scharten an der Kugel hochsteigt. Hierdurch wird nämlich der einwandfreie, reproduzierbare Sitz der Meßfüße auf den Kugeln in Frage gestellt. Manche Ungenauigkeiten bei Messungen mit dem Setzdehnungsmesser, die man dem Verfahren vorwarf, finden hier ihre natürliche Erklärung. Bei Bauteilen aus Beton klebt man kreisförmige Stahlplättchen von 5 mm Durchmesser auf, in die vorher die Kugeln eingeschlagen wurden. Zum Fixieren der Meßlänge benutzt man einen Metallstab, an dem im entsprechenden Abstand zwei Meßfüße befestigt sind. Sie werden bis zum Antrocknen des Klebstoffs auf die Kugeln gedrückt, um deren Abstand auf 0,1 mm genau festzulegen, da sonst der Meßbereich des Setzdehnungsmessers von $\pm 0,5$ mm nicht ausreicht.

Bei Messungen mit dem Setzdehnungsmesser können Dehnungen, die durch gleichmäßige Erwärmung entstehen, auf einfache Weise eliminiert werden [F. 10]. Dies ist ein Vorzug, den kein anderes mechanisches Dehnungsmeßgerät bietet. Man mißt unmittelbar nach jeder Messung die Längenänderung eines Vergleichsstabes, der aus dem gleichen Werkstoff besteht und dem gleichen Temperatureinfluß wie das zu messende Teil ausgesetzt ist. Der Setzdehnungsmesser dient bei diesem Vorgehen lediglich dazu, die Meßlängen von Bauteil und Komparatorstab miteinander zu vergleichen, indem man bei jeder Messung die Differenz aus der Ablesung am Bauteil und am Vergleichsstab bildet. Man erhält dabei keine Aussage über die absolute Größe der Meßlänge, sondern weiß nur, daß sie um den Betrag der Differenz größer oder kleiner als die Vergleichslänge auf dem Komparatorstab ist. Die Änderung der Meßlänge ergibt sich dann aus dem Unterschied der vor und nach der Belastung gefundenen Differenzen zwischen Komparatorstab und Meßlänge. Da sich Bauteil und Vergleichsstab nach Voraussetzung bei einer Temperaturänderung um gleiche Beträge dehnen, bleibt eine Temperaturdehnung ohne Einfluß auf die Differenz der Meßlängen von Bauteil und Vergleichsstab. Wärmedehnungen des Meßgerätes können die Ergebnisse nur beeinflussen, wenn sie zeitlich zwischen den zusammengehörigen Messungen am Bauteil und Vergleichsstab stattfinden. Dies läßt sich weitgehend vermeiden, wenn man diese Ablesungen unmittelbar hintereinander vornimmt. Ist die Basis des Meßgerätes aus Invar angefertigt, dessen linearer Wärmeausdehnungskoeffizient etwa ein Siebtel dessen von Stahl beträgt, so ist auch der Einfluß der während des Messens stattfindenden Wärmedehnungen des Gerätes auf ein Minimum beschränkt.

Der Komparatorstab sollte möglichst aus dem gleichen Werkstoff wie das Bauteil bestehen, oder aber man sollte einen Stoff verwenden, der eine annähernd gleiche Wärmedehnzahl hat und sich außerdem bezüglich Feuchtigkeitsaufnahme und Austrocknung ähnlich verhält. Wenn auch Beton und Stahl ewa den gleichen Wärmeausdehnungskoeffizienten besitzen, so kann man für Messungen an einem Beton- oder Mörtelmodell keinen Vergleichsstab aus Stahl benutzen, da diese Werkstoffe in ihren anderen Eigenschaften erheblich voneinander abweichen. Man verwendet am besten Probekörper, die zugleich mit dem Modell hergestellt werden, und paßt ihre Größe der des Modells an (z. B. der Dicke bei Schalenmodellen), damit Austrocknung und Schwinden ähnlich wie im Modell verlaufen. Daß sie unter gleichen Klimaverhältnissen gelagert werden müssen, dürfte sich von selbst verstehen.

4.2.4 Saitendehnungsmesser nach Schäfer-Maihak

Wegen der Robustheit der Meßgeräte und der Unempfindlichkeit des Meßverfahrens werden Saitendehnungsmesser vorwiegend für Messungen an Bauwerken im Freien benutzt, die sich über längere Zeit erstrekken. Da sie aber auch hin und wieder für Messungen an Betonmodellen eingesetzt werden, sollen sie hier der Vollständigkeit halber besprochen werden.

Saitendehnungsmesser gestatten es, die Dehnung eines Bauteils durch elektrische Mittel auf ein Anzeigegerät zu übertragen, so daß sie eigentlich auf der Grenze zwischen mechanischen und elektrischen Meßverfahren stehen. Da das zugrunde liegende Prinzip jedoch von dem der anderen elektrischen Verfahren vollständig verschieden ist, werden sie bei den mechanischen Verfahren behandelt.

Die Eigenfrequenz einer gespannten Stahlsaite ist nach der Gleichung

$$f = \frac{1}{2l} \sqrt{\frac{E\,\varepsilon}{\varrho}} \qquad\qquad (F.15)$$

von ihrer Dehnung abhängig. Darin bedeuten l die Länge, ϱ die Dichte, E den Elastizitätsmodul und ε die elastische Dehnung der Saite. Wenn man also zwei Saiten von der gleichen Länge, mit gleicher Elastizität und gleicher Dichte auf den gleichen Ton abstimmt, dann haben sie gleiche Dehnungen. Ändert man den Ton einer der beiden Saiten, indem man sie mehr oder weniger dehnt, so kann die zweite Saite wieder auf den Ton der ersten abgestimmt werden, wobei sie um den gleichen Betrag wie die erste Saite gedehnt werden muß. Auf diese Weise benutzte erstmals SCHÄFER [F.11] eine an der Meßstelle gespannte schwingende Saite zur Messung von Dehnungen. Er übertrug ihre Schwingungen elektrisch auf einen Kopfhörer, wo auch gleichzeitig der Ton der zweiten Saite, der sog. Vergleichssaite, zu hören war. Sie wurde jeweils auf den Ton der Meßsaite abgestimmt, indem man mit einer kalibrierten Stellschraube ihre Dehnung veränderte. Aus dem Unterschied der Einstellungen vor und nach der Belastung des Bauteiles ergab sich die Dehnung an der Meßstelle. Das Abstimmen der beiden Saiten auf den gleichen Ton setzte ein gutes Gehör voraus, was oft als Nachteil dieses Verfahrens empfunden wurde.

Bei den heute angewandten Saitendehnungsmessern geschieht die Abstimmung durch eine optische Anzeige, so daß eine höhere Meßgenauigkeit unabhängig von individuellen Einflüssen erzielt wird. Zwischen der festen und der beweglichen Schneide des Aufnehmers ist eine dünne Stahlsaite gespannt (s. Bild F.13). Ihr gegenüber ist ein Magnet angebracht, auf dessen Polschuhen jeweils eine Spule sitzt. Beide sind über zwei Leitungen mit dem Empfangsgerät verbunden. Von dort aus kann man mit einer Taste durch die Spulen einen Stromstoß leiten, wodurch die Meßsaite elektrisch angeregt wird. Die Saite schwingt dann mit ihrer Eigenfrequenz und induziert in den Spulen eine Wechselspannung gleicher Frequenz, die nach entsprechender Verstärkung an die senkrechten Ablenkplatten einer Braunschen Röhre gelegt wird. Auf ihrem Schirm bewegt sich deshalb der Leuchtfleck im Rhythmus der gedämpft schwingenden Meßsaite hinundher. An das zu dieser Richtung senkrecht stehende Plattenpaar wird die von der Vergleichssaite induzierte Wechselspannung angelegt. Ihre Dehnung kann durch ein Hebelsystem und eine Stellschraube verändert werden, was durch eine Skala angezeigt wird.

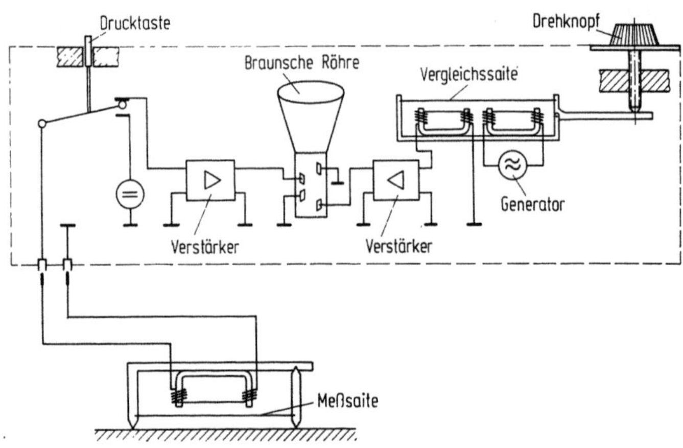

Bild F.13 Meßverfahren nach SCHÄFER-MAIHAK

Die Vergleichssaite wird von einem elektrischen Generator durch eine Rückkopplungsschaltung zu konstanten Schwingungen in der Eigenfrequenz erregt. Auf dem Leuchtschirm der Braunschen Röhre entstehen durch Überlagerung der senkrecht aufeinanderstehenden Schwingungen von Meß- und Vergleichssaite Lissajoussche Schwingungsfiguren. Diese sind je nach Frequenz, Amplitudenverhältnis und Phasenlage der überlagerten Schwingungen girlandenartig verschlungen. Nur wenn die Frequenzen der beiden Schwingungen übereinstimmen, entsteht eine einfache geschlossene Figur in Form einer Ellipse, deren Lage und Aussehen von Phasenlage und Amplitudenverhältnis bestimmt ist. Hierauf kommt es jedoch nicht an. Wichtig ist, daß die Figur geschlossen ist und ruhig steht. Bereits bei Abweichungen von 1/2 Hz ist dies nicht mehr der Fall. Da die Meßsaite gedämpft schwingt, wird die Ellipse immer flacher und geht schließlich in eine Gerade über, die von der ungedämpft schwingenden Vergleichssaite herrührt. Man verändert die Dehnung der Vergleichssaite so lange, bis ihre Eigenfrequenz mit derjenigen der Meßsaite übereinstimmt, was durch die optische Anzeige schnell und mit großer Genauigkeit möglich ist.

Die Ausgangsdehnung der Vergleichssaite kann durch Frequenzvergleich mit einer eingebauten Stimmgabel auch nach längerer Zeit wieder auf denselben Wert nachgestellt werden. Wegen der strengen Frequenzkonstanz der Stimmgabel ist es möglich, mit dem geschilderten Meßverfahren Dehnungen mit hoher Genauigkeit über lange Zeiten zu messen, was ein besonderer Vorteil ist. Hinzu kommt, daß zur elektrischen Übertragung des Meßwertes vom Aufnehmer zum Empfangsgerät nicht die Amplitude und Phase der Wechselspannung herangezogen wird, sondern nur deren Frequenz. Diese kann jedoch nicht durch Widerstand, Kapazität oder Isolationswiderstand der Leitungen zwischen Aufnehmer und Meßgerät verfälscht werden. Wesentlich ist, daß die am Empfangsgerät ankommende Wechselspannung nicht zu klein ist, um noch einwandfrei verstärkt werden zu können. An die Qualität der Meßleitungen brauchen deshalb keine besonderen Anforderungen gestellt zu werden, und bei Messungen im Freien hat die Witterung kaum Einfluß auf die elektrische Übertragung der Meßwerte. Der Zusammenhang zwischen Frequenz und Dehnung ist nicht linear. Da jedoch nicht unmittelbar Frequenzen bestimmt, sondern Dehnungen miteinander verglichen werden, besteht zwischen der auf den Aufnehmer übertragenen Dehnung und den Ablesungen an der Stellschraube der Vergleichssaite ein linearer Zusammenhang. Die Vorteile dieses Verfahrens sind, wie schon erwähnt, die geringe Feuchtigkeitsempfindlichkeit der robusten Geber und die Unabhängigkeit der Meßergebnisse vom Einfluß der Leitungen, auch bei großer Übertragungslänge. Es sind genaue Messungen über längere Zeiten möglich, wobei die Meßgenauigkeit etwa ± 3 bis $\pm 5 \cdot 10^{-6}$ m/m beträgt. Sie hängt im Einzelfall von der Bauart der Geber (Schneidenform usw.), der Kraft, mit der die Geber gegen das Meßobjekt angepreßt werden, und auch von der Genauigkeit und Reproduzierbarkeit ab, mit der die Dehnung der Vergleichssaite angezeigt wird. Ein weiterer Vorteil ergibt sich daraus, daß Kraftmeßdosen und Temperaturgeber hergestellt werden, die nach dem gleichen Prinzip arbeiten und an dasselbe Empfangsgerät angeschlossen werden können. Andere Geber sind so gebaut, daß man mit ihnen die Dehnungen im Innern von Betonteilen messen kann. Wegen ihrer Größe können sie jedoch nur bei sehr großen Betonmodellen verwendet werden.

Hin und wieder wird das Verfahren benutzt, um Spannungen in Drähten direkt zu messen. Zum Beispiel kann man die Spannungen in den Hängern von Hängebrückenmodellen, die meist aus dünnem Stahldraht hergestellt werden, durch eine Messung ihrer Eigenfrequenz bestimmen.

Am zweckmäßigsten ermittelt man den Zusammenhang zwischen Frequenz und Spannung an mehreren Probestücken aus dem verwendeten Drahtmaterial, die ungefähr die Länge der Hänger des Modells haben. Die oben angegebene Formel für den Zusammenhang zwischen Frequenz und Dehnung gilt nur für unendlich dünne Drähte. Ein Berichtigungsglied, das die Biegesteifigkeit der Saite berücksichtigt, wurde in [F.12] angegeben (wobei f, l und d die in den Einheiten [1/sec] bzw. [mm] ermittelten Maßzahlen der Frequenz bzw. der Länge und des Durchmessers der Saite bedeuten). Damit lautet die Beziehung zwischen Frequenz und Spannung

$$\sigma\left[\frac{\mathrm{kp}}{\mathrm{mm}^2}\right] = \left(\frac{f^2 \cdot l^2}{313 \cdot 10^6} - 0{,}418\,\frac{d^{1,867} \cdot f^{0,634}}{l^{0,401}}\right) \qquad \text{(F.16)}$$

Sie gilt für Rundstahldrähte bis zum Durchmesser von $d = 3$ mm von der Länge l und ermöglicht die Bestimmung der Spannung σ aus der Grundtonfrequenz f auf 100 kp/cm² genau.

Als nachteilig macht sich die hohe Verstellkraft bemerkbar; die Meßsaite muß vor der Messung soweit vorgespannt werden, daß ihre Eigenfrequenz im Bereich der möglichen Frequenzvariation der Vergleichssaite liegt (meist 700 bis 1000 Hz). Bei Gebern der heute üblichen Bauart mit 50 mm Meßlänge beträgt die Vorspannkraft 900 p, und die zusätzliche Verstellkraft für eine Dehnung von $1 \cdot 10^{-3}$ ist 820 p. Bei einer Meßlänge von 100 mm ist die Vorspannkraft sogar 4250 p und die Verstellkraft 2000 p [F.13]. Damit die Spitzen infolge dieser großen Vorspannkräfte auf Bauteilen aus Metall nicht rutschen, müssen die Geber mit einer Kraft von 50 kp bis teilweise 150 kp angepreßt werden. Für Messungen an Betonbauteilen werden deshalb manchmal Geber verwendet, die an einbetonierten Bolzen befestigt werden. Es kann jedoch vorkommen, daß diese sich infolge feiner Schwindrisse des Betons lockern und keine einwandfreien Messungen mehr ermöglichen. Auch wird der Beton in der Umgebung der Bolzen unter der großen Vorspannkraft der Geber kriechen, wodurch bei Messungen über längere Zeiten eine Verschiebung der Nullablesung entsteht.

Die Saitendehnungsmesser mit optischem Frequenzvergleich sind nicht für dynamische Messungen geeignet, was manchmal als Nachteil empfunden wird. Man hat deshalb Meßgeräte gebaut, die die Frequenz der schwingenden Meßsaite unmittelbar mit elektronischen Hilfsmitteln messen [F.14]. Die Auswertung solcher Messungen ist aufwendiger, da der Zusammenhang zwischen Frequenz und Dehnung nicht linear ist und man die abgelesenen Frequenzen vor der Differenzbildung quadrieren muß. Es können bei direkter Frequenzmessung auch dynamische Messungen mit niedriger Schwingungszahl (bis ca. 300 Hz) vorgenommen werden, wenn man dafür sorgt, daß durch elektrische Quadrierung ein linearer Zusammenhang zwischen Frequenz und Anzeige besteht. Die direkte Messung der Frequenz bringt nur dort Vorteile, wo sehr viele Meßwerte anfallen, die in digitaler Form registriert und zur weiteren Auswertung in einen elektronischen Rechenautomaten gegeben werden.

4.2.5 Andere mechanische Meßverfahren

Die anderen in der experimentellen Spannungsanalyse noch bekannten mechanischen Geräte, wie z. B. die pneumatischen Dehnungsmesser [F.15] und die GLÖTZL-Ventilgeber [F.16] zur Messung von Druckspannungen in Betonbauteilen, sollen hier nicht beschrieben werden, da sie in der Modellstatik seither nicht angewendet wurden. Es ist außerdem kaum zu erwarten, daß bei ihrer Benutzung besondere Vorteile gegenüber anderen Verfahren zu erzielen sind. Zwar wäre ein Einsatz der GLÖTZL-Ventilgeber bei der Untersuchung von Beton- oder Mörtelmodellen wünschenswert, da sie es gestatten, Druckspannungen im Innern von Bauteilen durch ein Kompensationsverfahren direkt zu messen. Aber die seither verfügbaren Geräte haben zu große Abmessungen, um in Modelle eingebaut werden zu können, ohne den Spannungszustand allzu sehr zu stören.

4.3 Mechanisch-optische Dehnungsmeßgeräte

Von den zahlreichen mechanisch-optischen Dehnungsmeßgeräten arbeiten die meisten mit Gauß-Poggendorffscher Spiegelablesung; diese sind wegen ihrer umständlichen Handhabung nicht für Modellmessungen geeignet. Lediglich die Autokollimations-Spiegeldehnungsmesser nach FREISE mit 10 und 20 mm Meßlänge [F.17] lassen sich bei Modellmessungen verwenden. Sie haben ein Übersetzungsverhältnis von 1 : 1250, sind 145 mm hoch und wiegen 160 g. Da sie im Handel nicht erhältlich sind, soll auf ihre Wirkungsweise nicht näher eingegangen werden. Erwähnt sei nur noch, daß das Institut für Instrumentenkunde in Göttingen die Geräte weiterentwickelte. Es wurden Geräte mit 3 und 1 mm Meßlänge und zusätzlicher mechanischer Übersetzung gebaut. Das Gerät mit 1 mm Meßlänge hat eine Bauhöhe von 100 mm und ein Gewicht von 43 g. Die Skala hat 100 Teilstriche mit einer Meßempfindlichkeit von 10^{-4} mm Längenänderung/Skalenteil. Dies entspricht einer Dehnung von $\varepsilon = 10^{-4}$ und ist damit gleich der des Gerätes mit 10 mm Meßlänge. Ein Nachteil dieser Geräte bei Messungen an Modellen ist der hohe Anpreßdruck. Das Gerät mit 1 mm Meßlänge soll etwa mit 1 kp angepreßt werden, das 10-mm-Gerät mit 3 kp.

4.4 Elektrische Dehnungsmessung

4.4.1 Induktive Extensometer

Die mechanischen Dehnungsmeßgeräte führen die Dehnungsmessungen auf eine Wegmessung zurück, indem sie die Verlängerung einer abgegriffenen Meßstrecke anzeigen. Zur elektrischen Anzeige dieser Verlängerung können deshalb alle Verfahren angewendet werden, die zur elektrischen Messung von Verschiebungen und Wegen benutzt werden (Abschn. F-3.3); ihre Empfindlichkeit muß nur groß genug sein, um die meist sehr kleinen Längenänderungen zu erfassen. Bevorzugt werden induktive Geber mit Quer- oder Tauchanker eingesetzt [F.57]. Sie sind außerordentlich robust und unempfindlich gegen Feuchtigkeit und werden in verschiedenen Ausführungsformen hergestellt mit Meßlängen von 1 mm bis 200 mm [F.18]. Mit geeigneten Aufspannvorrichtungen lassen sie sich schnell befestigen, ohne daß die Meßstelle besonders vorbereitet werden muß. Ihr Einsatz ist überall dort sinnvoll, wo einzelne Dehnungsmessungen routinemäßig immer wieder in derselben Weise ausgeführt werden müssen, wie z. B. bei der Ermittlung von Werkstoffeigenschaften im Zug- und Biegeversuch. Auch zur Kontrolle von Messungen mit DMS können sie verwendet werden.

4.4.2 Dehnmeßstreifen (DMS)

4.4.2.1 Grundlagen

Dehnmeßstreifen (DMS) sind die am meisten benutzten Meßgrößenwandler zur Umwandlung einer mechanischen Dehnung in ein elektrisches Signal. Sie beruhen auf dem Dehnungs-Widerstands-Effekt, der 1856 von Thompson entdeckt wurde. Von fast allen anderen mechanischen und elektrischen Dehnungsmeßgeräten unterscheiden sie sich dadurch, daß bei ihnen nicht die Verlängerung einer Meßstrecke angezeigt, sondern die Dehnung eines mit dem zu untersuchenden Bauteil fest verbundenen elektrischen Leiters direkt gemessen wird. Zur Dehnungsmessung wurde dieser Effekt zuerst in Amerika verwendet. 1936 befestigte E. Simons dünne Drähte direkt auf dem zu untersuchenden Bauteil. A. Ruge ging 1937 einen Schritt weiter und klebte die Drähte zunächst auf ein kleines Stück dünnen Papiers. Damit war der eigentliche DMS erfunden, der jetzt leicht und schnell an der zu messenden Stelle durch Aufkleben befestigt werden konnte. An dem Grundprinzip hat sich bis heute wenig geändert, jedoch wurde die Technologie der DMS-Herstellung inzwischen so weiterentwickelt, daß die DMS ein sehr zuverlässiges und preiswertes Meßelement geworden sind. Für die Anwendung in der Modellstatik, die ohne DMS kaum die stürmische Entwicklung der letzten Jahrzehnte durchlaufen hätte, besitzen sie unbestreitbare Vorteile: kleine Meßlängen bei ausreichender Empfindlichkeit, einfache Befestigung und anschließend völlige Wartungsfreiheit der richtig installierten Meßstelle. Die elektrische Meßtechnik ermöglicht zudem eine Fernanzeige und Registrierung in analoger oder digitaler Form; außerdem gestatten manuell oder automatisch arbeitende Umschaltvorrichtungen die für rationelle Untersuchungen an Modellen so wichtige schnelle Messung mit vielen DMS nacheinander.

Es ist interessant zu bemerken, daß A. Ruge die ersten eigentlichen DMS entwickelte, als er nach einem geeigneten Meßverfahren suchte, um das Verhalten von Wasserbehältern bei Erdbeben an *Modellen* zu untersuchen.

Dehnungs-Widerstands-Effekt. Ein Draht mit der Länge l [m], dem Durchmesser D [m] und dem spezifischen Widerstand ϱ [$\Omega \cdot$ m] hat einen elektrischen Widerstand

$$R = \varrho \, \frac{4l}{\pi D^2}. \qquad (\text{F}.17)$$

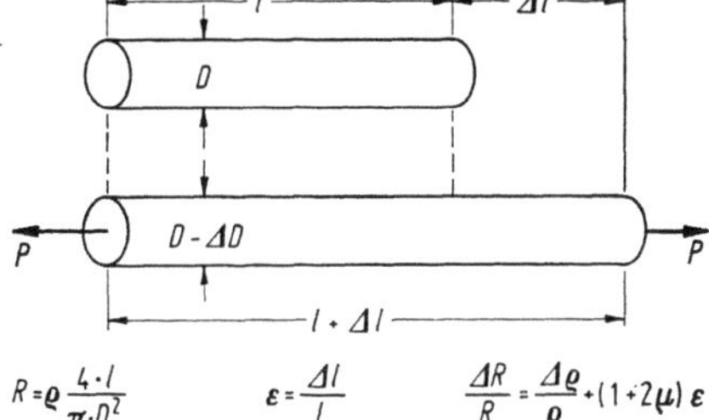

Bild F.14 Dehnungs-Widerstands-Effekt

Wird der Draht mechanisch beansprucht, so entsteht eine Dehnung $\varepsilon = \Delta l/l$, wodurch sich sein Widerstand R um ΔR ändert (s. Bild F.14). Für den Zusammenhang zwischen der Dehnung ε und der zugehörigen relativen Widerstandsänderung $\Delta R/R$ findet man rechnerisch [F.19]

$$\frac{\Delta R}{R} = \frac{\Delta \varrho}{\varrho} + (1 + 2\mu) \cdot \varepsilon = k \cdot \varepsilon \qquad (\text{F}.18)$$

mit
$$k = \frac{\Delta \varrho/\varrho}{\varepsilon} + 1 + 2\mu. \qquad (\text{F}.19)$$

Die Größe k ist die Dehnungsempfindlichkeit und wird meist kurz als k-Faktor bezeichnet. μ ist die Querdehnzahl des Metalls, aus dem der Widerstandsdraht besteht. Bei Metallen entsteht der weitaus größte

Teil (80%) der Widerstandsänderung durch die geometrische Änderung von Länge und Durchmesser, während bei Halbleitern die durch Verschiebungen im Gefüge verursachte Änderung des spezifischen Widerstandes vorherrscht (ca. 98%). Für die wichtigsten in der Dehnungsmeßtechnik verwendeten Stoffe ergeben sich folgende Werte:

$$\frac{\Delta\varrho/\varrho}{\varepsilon} = +0,5 \text{ für Konstantan}$$
$$+13,6 \text{ für Ni} \left.\right\} \mu = 0,3$$
$$\pm 120 \text{ für Halbleiter}.$$

Zur Herstellung von DMS wird vorwiegend Konstantan verwendet trotz seiner geringen Dehnungsempfindlichkeit ($k \cong 2,1$), denn es besitzt gegenüber allen anderen Metallen zwei wichtige Vorteile:

1. Geringe Abhängigkeit des Widerstandes von der Temperatur.

2. Der k-Faktor ist unabhängig von der Dehnung auch im plastischen Bereich (ca. $\pm 3000 \cdot 10^{-6}$). (μ wird 0,5, da sich das Volumen bei zunehmender Dehnung nicht mehr ändert und damit auch $\Delta\varrho/\varrho$ Null ist.)

Bei Halbleitern ist der Vorteil der sehr großen Dehnungsabhängigkeit des spezifischen Widerstandes mit einer sehr großen Temperaturabhängigkeit und Nichtlinearität des Dehnungs-Widerstands-Effektes verbunden, was so entscheidende Nachteile mit sich bringt, daß die Verwendung von Halbleiter-DMS in der Modellstatik nur in Sonderfällen sinnvoll ist. Man benutzt sie hier fast ausschließlich zum Bau von Auflagerkraft-Meßgeräten, damit diese trotz großer mechanischer Steifigkeit noch genügend empfindlich sind (s. Abschn. F-5.1, Bild F.34). Die Nachteile der Halbleiter-DMS lassen sich hierbei durch geeignete Maßnahmen kompensieren. Auf die besonderen Eigenschaften von Halbleiter-DMS [F.20; F.21] wird im folgenden nicht weiter eingegangen. Bei ihrer Verwendung ist das Studium der Spezialliteratur sowieso unumgänglich.

In der Gl. (F.19) für die Dehnungsempfindlichkeit (k-Faktor) kommen die Abmessungen des Drahtes nicht vor, sondern nur Materialkonstanten. Die Empfindlichkeit eines DMS ist deshalb unabhängig von seiner Meßlänge, was ihn vor allen anderen Verfahren auszeichnet, bei denen die Längenänderung einer Meßstrecke angezeigt wird.

Aufbau eines DMS. Zur Anwendung des Dehnungs-Widerstands-Effektes muß die Dehnung des Bauteils auf den Meßdraht übertragen werden. Hierzu kann man den Draht in geeigneter Weise frei auf das Bauteil aufspannen, was jedoch sehr umständlich ist und nur die Messung von positiven Dehnungen gestattet. Zur besseren Handhabung wird deshalb der Widerstandsdraht mäanderförmig in oder auf eine Trägerfolie geklebt, die aus mit Kunststoff durchtränktem Papier oder ganz aus Kunststoff besteht, und mit Anschlußdrähten versehen (s. Bild F.15). Der so entstandene DMS kann jederzeit leicht auf die Meßstelle

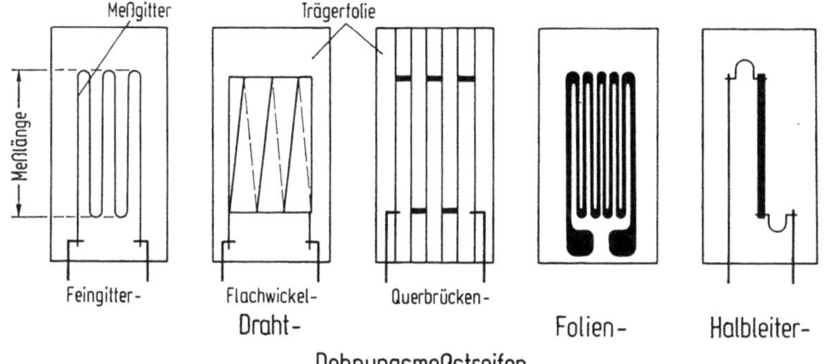

Bild F.15 Verschiedene Arten von DMS (schematisch)

geklebt werden. Hierbei ist gewährleistet, daß der sehr dünne Draht oder das Folienband auch Stauchungen messen kann ohne auszuknicken. Sein Querschnitt muß im Vergleich zu dem der Trägerfolie sehr klein sein

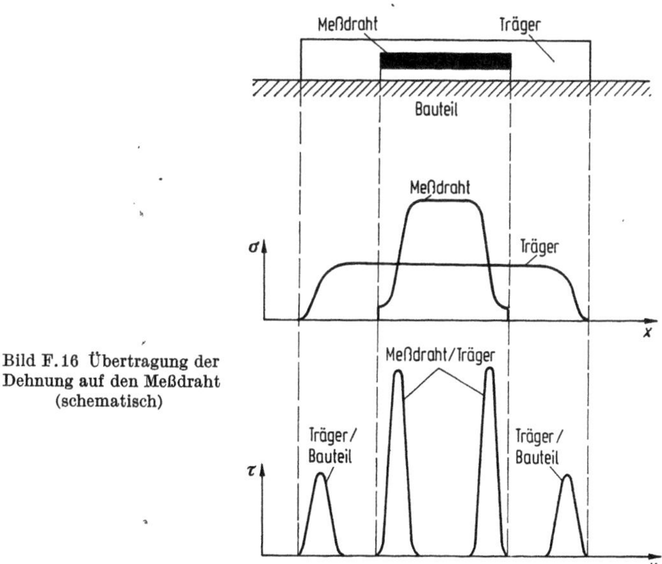

Bild F.16 Übertragung der Dehnung auf den Meßdraht (schematisch)

($D \leq 0{,}02$ mm), damit trotz seines sehr viel größeren E-Moduls die Dehnung des Bauteils durch Klebstoff und Träger hindurch möglichst vollständig auf ihn übertragen wird. Auch die Schubspannungen in der

Trägerfolie an den Enden des Meßdrahtes werden sonst sehr groß
(s. Bild F. 16). Das hier stattfindende „Nachgeben" des Kunststoffes der
Trägerfolie ist die Ursache des Kriechens der DMS mit organischen Trä-
germaterialien und beeinflußt die Hysterese. Die Größe der Einleitungs-
zonen an den Enden des Meßgitters ist unabhängig von seiner Länge und
nur vom Durchmesser des Drahtes abhängig. Sie ist deshalb bei DMS mit
großer Meßlänge und wenigen Umkehrstellen des Drahtes im Verhältnis
sehr viel kleiner als bei kurzer Meßlänge und vielen Umkehrstellen. DMS
mit großer Meßlänge kriechen deshalb weniger und haben eine kleinere
Hysterese. Die verlängerten und verbreiterten Umkehrstellen mancher
DMS-Gitter wirken sich hier ebenfalls günstig aus. Um eine einwandfreie und möglichst vollkommene Einleitung der Dehnung in den Meßdraht zu gewährleisten, muß die Trägerfolie einen gewissen Überstand
über das Meßgitter besitzen. Die von den DMS-Herstellern angegebene
Mindestbeschneidelänge sollte deshalb nicht unterschritten werden. Ist
dies aus Platzmangel dennoch erforderlich, so sollte durch einen Vorversuch geklärt werden, ob sich der k-Faktor hierdurch ändert oder ob

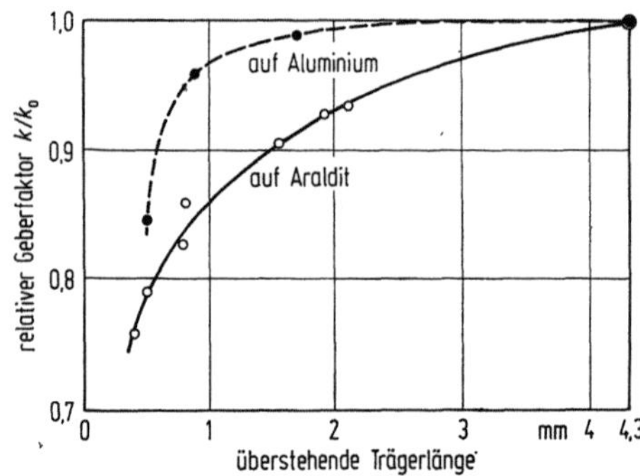

Bild F. 17 Minderung des
k-Faktors durch Beschneiden von
Querbrücken-DMS (nach [F. 22])

eventuell auch das Kriechen unzulässig groß wird. In Bild F. 17 ist die
Änderung des k-Faktors von Querbrücken-DMS (Fabrikat Gustavson,
B 240,2 mit 2,2 mm Meßlänge) in Abhängigkeit von der überstehenden
Trägerlänge dargestellt [F. 22]. Das Beschneiden wirkt sich demnach bei
auf Kunststoffmodelle geklebten DMS wesentlich stärker aus als bei auf
Metall geklebten. Da sich die Angaben der Hersteller bezüglich der zu-
lässigen Beschneidung im allgemeinen auf den letzteren Fall beziehen,
ist Vorsicht geboten.

Dünne Drähte sind notwendig, um den erforderlichen elektrischen
Widerstand auf kleinem Raum unterzubringen. In der Modellstatik
werden vorwiegend DMS mit einem auch sonst meist üblichen Widerstand von 120 Ω verwendet. Im allgemeinen werden die DMS auf das
Prüfobjekt aufgeklebt mit Ausnahme der für Messungen bei hohen

Temperaturen entwickelten anschweißbaren DMS und der Freigitter-DMS, die mit keramischen Stoffen aufgekittet oder mit dem Flammspritzverfahren [F.23] befestigt werden. Die Güte einer Messung mit DMS hängt weitgehend von deren einwandfreier Befestigung (Klebung) ab. Diese ist deshalb mit allergrößter Sorgfalt auszuführen, wobei die Anweisungen des Herstellers unbedingt beachtet werden sollten, auch im Hinblick auf die Auswahl der Klebstoffe. Es gibt keinen Klebstoff, der sich mit jedem Trägermaterial und jedem Bauteilwerkstoff gleich gut verbindet. Die Angabe von Eigenschaften und Kenndaten der DMS ist deshalb nur dann sinnvoll, wenn gleichzeitig das Befestigungsverfahren, der Klebstoff und das Material, auf dem der DMS angebracht wird, genannt werden. Das in Abschn. C-5.2 über das Kleben von Kunststoffen Gesagte gilt sinngemäß auch für die Befestigung von DMS. Eine einwandfreie Klebung erkennt man mit Hilfe des „Radiergummitests": Nachdem der DMS an die Meßbrücke angeschlossen und auf Null abgeglichen wurde, drückt man kurz mit einem Radiergummi auf das Meßgitter. Geht die dabei angezeigte Dehnung wieder auf Null zurück, so ist

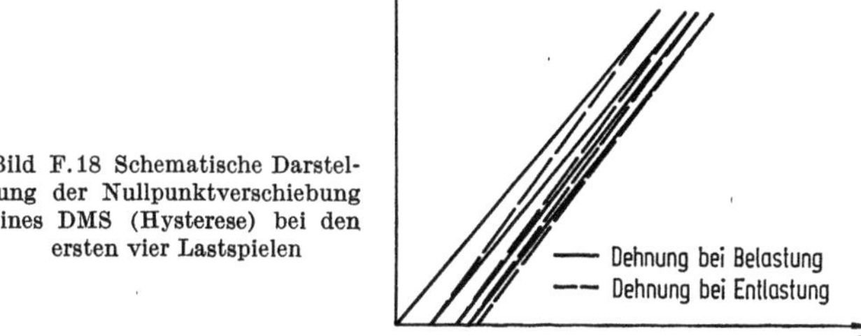

Bild F.18 Schematische Darstellung der Nullpunktverschiebung eines DMS (Hysterese) bei den ersten vier Lastspielen

die Klebung gut und vor allem frei von Luftblasen. Kann man das Meßobjekt vor der eigentlichen Messung mehrmals be- und entlasten, was bei Modellmessungen meist der Fall ist, so muß die nach der ersten Be- und Entlastung auftretende Nullpunktverschiebung (Hysterese) bei guter Klebung bei den nächsten zwei bis drei Lastspielen immer kleiner werden und bei guten DMS schließlich ganz verschwinden (s. Bild F.18). Eine auffallend große und bleibende Hysterese läßt meist auf eine schlechte Klebung schließen, sofern der Werkstoff des Prüflings selbst keine Hysterese besitzt.

4.4.2.2 Eigenschaften der DMS

Von den vielfältigen Eigenschaften der DMS [F.24] werden im folgenden nur diejenigen kurz besprochen, die für Messungen an Modellen besonders wichtig sind. Genaue Definitionen der Eigenschaften von metallischen DMS sind in der VDE/VDI-Richtlinie 2635 enthalten, wo auch Meßverfahren zur Bestimmung der Kennwerte beschrieben sind [F.58]. Man unterscheidet zunächst zwischen Draht- und Folien-DMS. Bei letzteren wird das Meßgitter aus einer 5 μm dicken Metallfolie herausgeätzt, wobei die Form vorher photographisch auf die Folie übertragen wird. Hierzu dient eine ähnliche Technik, wie sie zur Herstellung der Leiterplatten in der Elektronik benutzt wird. Man kann relativ einfach jede gewünschte Form und besonders kleine DMS herstellen.

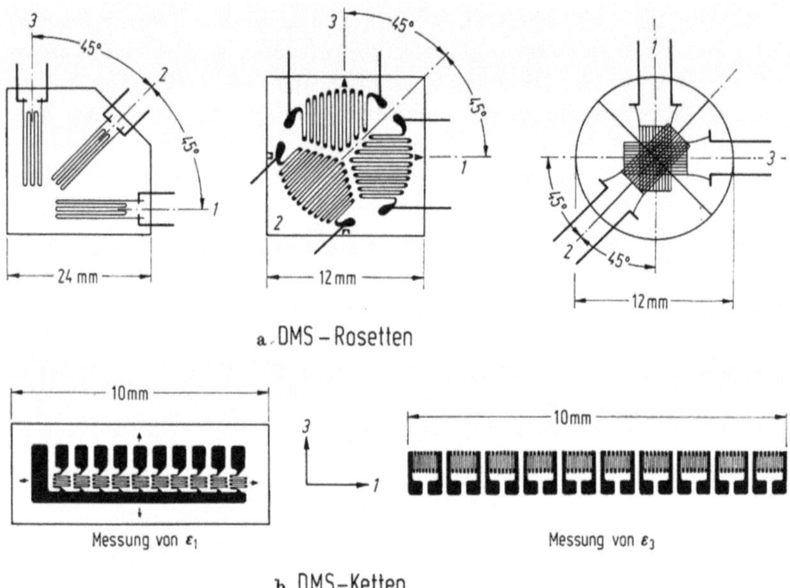

a DMS – Rosetten

b DMS–Ketten

Bild F.19 DMS-Kombinationen

Letzteres ist wichtig bei DMS-Rosetten (s. Bild F.19a), die bei einem großen Dehnungsgradienten den zweiachsigen Dehnungszustand möglichst punktförmig erfassen sollen. Um die Änderung des Dehnungsverlaufes entlang einer kurzen Strecke feststellen zu können, gibt es heute sog. DMS-Ketten (s. Bild F.19b), bei denen bis zu 10 DMS auf einer Länge von 10 mm auf einem Träger angebracht sind [F.25]. Sie sind nur als Folien-DMS herstellbar. Im übrigen sind die Unterschiede in den Eigenschaften von Draht- und Folien-DMS gering; in ihrer Anwendung schließen sie einander nicht aus. Der größte Unterschied liegt in der Technik der Herstellung, die bei Draht-DMS schwieriger ist.

Meßlänge. Die Empfindlichkeit der DMS ist zwar unabhängig von der Meßlänge, jedoch sollte diese nicht kleiner als unbedingt notwendig gewählt werden. Es stehen Meßlängen von 0,4 mm bis 150 mm serienmäßig zur Verfügung. Bei sehr kleinen Meßlängen ist der Kriecheinfluß und die Hysterese größer, wie bereits auf S. 210 erwähnt. Der zum Anbringen verfügbare Platz und der vorhandene Gradient der Dehnung erfordern meist eine möglichst kleine Meßlänge (s. Abschn. F-4.1). Dem stehen die dann ungünstigeren Eigenschaften in bezug auf Kriechen und Hysterese gegenüber, was bei Modellversuchen jedoch im allgemeinen nicht sehr bedeutend ist, wenn nicht bei erhöhter Temperatur und über sehr lange Zeiten gemessen werden muß. In solchen Fällen geben die von ROHRBACH und CZAIKA [F.26] aufgestellten Zeit-Temperatur-Kriechdiagramme wertvolle Hinweise auf die Größe des zu erwartenden Kriechens. Die Handhabung sehr kleiner DMS ist jedoch sehr schwierig, vor allem auch das Anlöten der Zuleitungen. 5 bis 6 mm Meßlänge haben sich bei DMS-Rosetten zur Messung auf Kunststoffmodellen als guter Kompromiß bewährt; bei Einzelstreifen geht man selten unter 10 mm. Sie werden meist zur Messung auf schmalen Kanten benutzt und sind nicht so breit wie solche kleinerer Meßlänge.

Strombelastbarkeit. Die Meßgittergröße ist nach unten auch durch die Strombelastbarkeit begrenzt; sie beträgt für DMS mit 10 mm Meßlänge, die auf Metall geklebt sind, im allgemeinen 20 mA. Bei kleineren DMS konzentriert sich die entstehende Stromwärme auf eine kleinere Fläche und führt zu unzulässigen Erwärmungen. Dies ist besonders zu beachten, wenn an Kunststoffmodellen gemessen werden muß wegen der geringen Wärmeleitfähigkeit dieser Stoffe [F.27]. Bei Rosetten mit übereinanderliegendem Meßgitter kann hier eine Erwärmung um ca. 30 °C entstehen, wenn durch alle Gitter gleichzeitig ein Strom von je 20 mA fließt. Da der Kunststoff in der Umgebung der Meßstelle weicher wird, tritt eine Kraftumlagerung ein, wodurch bei dünnen Teilen eine bis zu 10% zu große Dehnung gemessen werden kann. Einzel-DMS, die auf Kunststoffstreifen von 3 mm Dicke und 25 mm Breite geklebt waren, erwärmten sich bei einem Meßstrom von 20 mA um ca. 11 °C, und die bei reiner Biegung angezeigte Dehnung war um ca. 3,8% zu groß. Die Erwärmung kann weitgehend verhindert werden, wenn man die Speisespannung der Brückenschaltung stark reduziert (1 Volt pro DMS). Jedoch wird das Meßsignal im gleichen Verhältnis kleiner, und sein Abstand zum unvermeidlichen Störpegel wird dann u. U. zu klein. Es ist deshalb besser, die Meßzeit zu verkürzen; bei manchen automatischen Meßanlagen liegt die Speisespannung nur ca. 30 msec am DMS, so daß eine störende Erwärmung auch bei größeren Spannungen nicht möglich ist. Bei Messungen mit DMS an Kunststoffen darf keinesfalls vorgeheizt werden; dies wird bei Vielstellen-Meßanlagen meist vorgenommen, um zu verhindern, daß bei Viertelbrückenschaltung durch die unvermeidbare Erwärmung während der Messung eine Nullpunktsdrift durch Wärmedehnungen entsteht. Das Weglaufen des Nullpunktes ist durch periodische Be- und Entlastung zu eliminieren (s. Abschn. C-3.2.2.3).

Einfluß von Steifigkeit und Streifendicke. Die vom DMS angezeigte Dehnung entspricht nicht exakt derjenigen, die die DMS-freie Oberfläche des Modells an der Meßstelle aufweisen würde, da insbesondere bei vergleichsweise dünnen Querschnitten der aufgeklebte DMS eine nicht mehr vernachlässigbare Änderung des Gesamtquerschnitts bewirkt. Bei reiner Biegung wird die gemessene Dehnung ε größer sein als die Dehnung ε_0 des DMS-freien Querschnitts, da das Meßgitter infolge der Streifendicke einen größeren Abstand von der neutralen Faser als die Oberfläche des Modells selbst hat; jedoch gilt dies nur, wenn bei einseitiger Anordnung der Meßstreifen durch die Verlagerung der Biegenullinie, die von den geometrischen Abmessungen und dem Verhältnis der E-Moduli von DMS und Modellwerkstoff festgelegt ist, diese Vergrößerung nicht wieder mehr als rückgängig gemacht wird. Mit $n = E_{DMS}/E_M$ als Verhältnis der E-Moduli und unter der Voraussetzung, daß der DMS die gleiche Breite hat wie das Modellteil und $(\Delta d)^2 \ll d^2$ ist, ergibt die genaue Rechnung (s. Bild F.20):

$$\frac{\Delta\varepsilon}{\varepsilon_0} = \frac{\varepsilon - \varepsilon_0}{\varepsilon_0} = \frac{2\Delta d\,(1 - 2n)}{d + 4n\Delta d}. \tag{F.20}$$

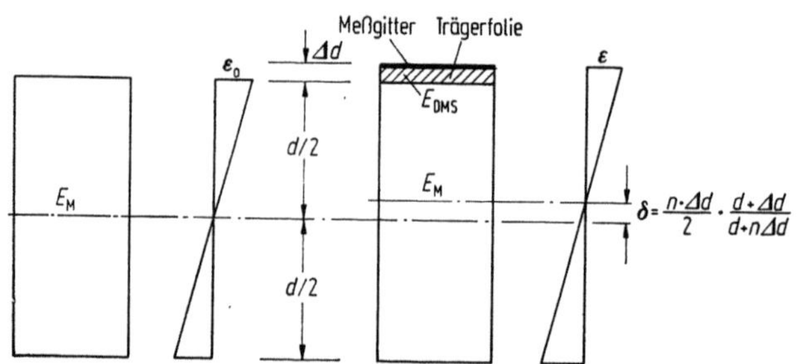

Bild F.20 Biegenullinienverschiebung bei einem mit DMS beklebten Bauteil

Für den Fall $n \approx 1$ (manche DMS-Typen auf Kunststoffen) ergibt sich hieraus

$$\frac{\Delta\varepsilon}{\varepsilon_0} = -2\,\frac{\Delta d}{d + 4\Delta d}. \tag{F.21}$$

Es wird also eine um $\Delta\varepsilon$ zu kleine Dehnung gemessen. Hat ein Kunststoffstreifen z. B. eine Dicke von 3 mm und der DMS einschließlich Klebstoffschicht eine solche von 0,12 mm, dann beträgt der Fehler —6,90%.

Wenn $\Delta d \ll d/4$ ist, so wird

$$\frac{\Delta\varepsilon}{\varepsilon_0} = -2\,\frac{\Delta d}{d}. \tag{F.22}$$

Bei dünnen Teilen aus Werkstoffen mit im Vergleich zum DMS großem E-Modul, d. h. im Falle $n < 1$, ergibt Gl. (F.20)

$$\frac{\Delta\varepsilon}{\varepsilon_0} = +2\,\frac{\Delta d}{d}, \tag{F.23}$$

so daß eine um $\Delta\varepsilon$ zu große Dehnung gemessen wird (Bild F.21 a). Liegt beim obigen Beispiel ein Stahlstreifen vor ($n \approx 1/60$), so ergibt Gl. (F.23) einen Fehler von $+8\%$, nach Gl. (F.20) von $+7,7\%$.

Im Falle $n = 1/2$ wird $\varepsilon = \varepsilon_0$ gemessen.

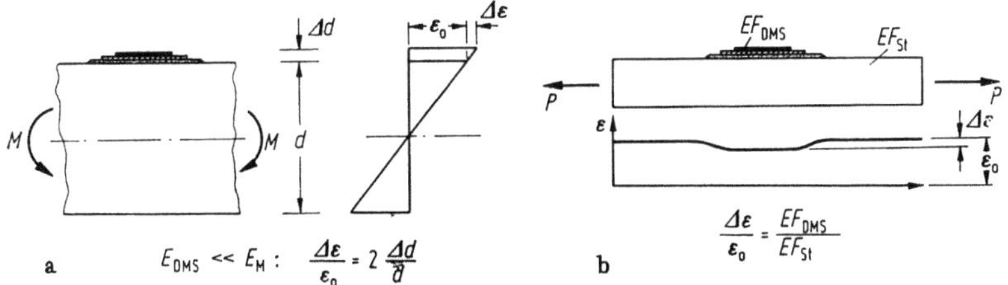

Bild F. 21 Einfluß von a) Dicke Δd und b) Steifigkeit EF_{DMS} eines DMS auf die Dehnung

Bei nur durch Normalspannungen beanspruchten sehr dünnen Teilen macht sich die versteifende Wirkung eines aufgeklebten DMS ebenfalls bemerkbar. Mit den Bezeichnungen nach Bild F.21b beträgt der relative Fehler in diesem Fall

$$\frac{\Delta\varepsilon}{\varepsilon_0} = \frac{(EF)_{DMS}}{(EF)_{St}}.$$

Die Steifigkeit eines 5 mm breiten DMS mit 0,1 mm Dicke und einer 0,05 mm starken Klebstoffschicht errechnet sich einschließlich der 8 Drähte des Meßgitters zu $(EF)_{DMS} = 250$ kp, wovon auf die Drähte nur ca. 10% entfallen. Bei einem Stab aus Kunststoff mit dem gleichen E-Modul wie der DMS und einem Querschnitt von 8×10 mm ist $\Delta\varepsilon/\varepsilon_0 = 1\%$. Bei kleineren Querschnitten sollte dieser Fehler deshalb unbedingt berücksichtigt werden, zumal bei manchen DMS, die Glasseide in der Trägerfolie enthalten, ein E-Modul von ca. $50\,000$ kp/cm^2 gemessen wurde; er kann also um zwei Drittel größer sein als im vorstehenden Beispiel angenommen. Die Rückwirkung auf das zu untersuchende Bauteil ist auch dann vorhanden, wenn $n = 1$ und $\Delta d/d \ll 1$

ist. Dies gilt besonders für DMS-Rosetten unabhängig von der Breite des untersuchten Teiles. So wurde z. B. auf einen Plexiglasbalken mit $h = 120$ mm und $b = 60$ mm eine DMS-Rosette mit 5 mm Meßlänge und drei übereinanderliegenden Meßgittern aus Draht geklebt. Bei reiner Biegung wurde in Längsrichtung eine um 10% zu kleine Dehnung angezeigt. Dieser Einfluß muß deshalb bei der Auswertung von Messungen auf Kunststoffen berücksichtigt werden.

Maximale Dehnung. Die maximale Dehnung, innerhalb welcher man eine lineare Anzeige erhält, ist für die verschiedenen DMS-Typen unterschiedlich. Sie liegt bei Draht-DMS ungefähr bei $\varepsilon = 40 \cdot 10^{-3}$ und bei Folien-DMS zwischen $\varepsilon = 10 \cdot 10^{-3}$ bis $\varepsilon = 40 \cdot 10^{-3}$ bei Verwendung entsprechender Klebstoffe. Sondertypen erlauben die Messung sehr großer Dehnungen bis zu $\varepsilon = 100 \cdot 10^{-3}$, wie sie bei der Untersuchung von Fließerscheinungen im plastischen Bereich auftreten. Bei Untersuchungen an elastischen Modellen aus Kunststoffen sind die Dehnungen sicher immer kleiner als die zulässigen Dehnungen der DMS, so daß man lediglich bei der Untersuchung plastischer Verformungen an Realmodellen bei der Auswahl von DMS auf die Größe der zulässigen Dehnungen zu achten hat.

Querempfindlichkeit. Im zweiachsigen Dehnungszustand wird ein DMS auch durch die senkrecht zu seiner Achse wirkenden Dehnungen beeinflußt. Bei guten Draht-DMS wird jedoch nur etwa 0,6 bis 1,0% der senkrecht zu seiner Achse wirkenden Dehnung angezeigt. Bei Folien-DMS sind es nur ca. 0,4%, so daß dieser Einfluß bei Messungen mit üblichen Genauigkeitsansprüchen vernachlässigt werden kann. Soll er in Sonderfällen berücksichtigt werden, so kann man ihn bei der Auswertung mit Hilfe des Mohrschen Kreises berücksichtigen [F.28].

Dauerschwingverhalten. Werden Modelle einer Dauerschwingbeanspruchung unterworfen, so muß man darauf achten, daß die verwendeten DMS die notwendige Lastwechselzahl bei der geforderten Schwingungsamplitude ohne Nullpunktsdrift und Ermüdungsbruch aushalten. Im allgemeinen erträgt ein gewöhnlicher DMS bei einer Dehnungsamplitude von $\varepsilon = \pm 1000 \cdot 10^{-6}$ eine Lastspielzahl von 10^5, wobei eine Nullpunktsdrift von ca. $\varepsilon = 30 \cdot 10^{-6}$ auftritt. Weitere Einzelheiten können den Dauerschwingdiagrammen von ROHRBACH und CZAIKA [F.29] entnommen werden. Dauerfestigkeitsuntersuchungen werden jedoch an Modellen kaum ausgeführt, weil sich die vielen komplexen Parameter, von denen die Dauerfestigkeit der Bauteile abhängt, kaum ähnlich auf ein kleines Modell übertragen lassen.

Isolationswiderstand. Von großem Einfluß auf die Zuverlässigkeit von Messungen mit DMS ist ihre Isolierung gegen das Modell, d. h. ihr Isolationswiderstand. Er sollte mindestens 80 bis 100 MΩ betragen. Bei

Messungen an Kunststoffmodellen im Laboratorium ist dies leicht einzuhalten. Jedoch bei Realmodellen aus Mikrobeton kann durch Eindringen von Feuchtigkeit in die DMS und die Meßkabel der Isolationswiderstand unter den genannten Wert sinken. Ein sorgfältiger Schutz der DMS vor Feuchtigkeit und die Verwendung hochwertiger Meßleitungen sind hier unbedingt notwendig, ebenso wie eine ständige Kontrolle des Isolationswiderstandes, falls die Messungen über längere Zeit andauern. Um zu verhindern, daß Feuchtigkeit vom Beton in den DMS eindringt, ist die Meßstelle und ihre Umgebung mit einem geeigneten Kunststoff zu überziehen oder eventuell sogar eine dünne Metallfolie aufzukleben. Die Oberfläche der DMS und die Anschlüsse der Meßleitungen überzieht man mit kristallinem Wachs, oder man verwendet ein von den DMS-Herstellern angebotenes Abdeckmittel.

Temperaturgang. Wird ein Körper mit aufgeklebtem DMS so erwärmt, daß keine Zwängungsspannungen auftreten, so ergibt die angezeigte Widerstandsänderung dividiert durch den k-Faktor eine Dehnung $\bar{\varepsilon}_\vartheta = (\Delta R/R)/k$, die nicht mit der wahren Temperaturdehnung ε_ϑ des Körpers übereinstimmt und als scheinbare Dehnung bezeichnet wird. Trägt man sie über der Temperatur auf, so erhält man die sog. Temperaturgangkurve $\bar{\varepsilon}_\vartheta = f(\vartheta)$. Da allgemein nur elastische Dehnungen ε_{el} gemessen werden sollen, die durch mechanische Beanspruchung entstehen und somit direkt mit Spannungen $\sigma = E \cdot \varepsilon_{el}$ verbunden sind, ist der Temperaturgang ein unerwünschter und nach Möglichkeit auszuschaltender Effekt [F.30]. Er beruht einerseits auf der Temperaturabhängigkeit des Meßdrahtwiderstands

$$\frac{\Delta R}{R} = a \cdot \Delta \vartheta, \qquad (\text{F.24})$$

worin der Temperaturwiderstandskoeffizient a [1/°C] des Meßdrahts je nach Art der Legierung positiv oder negativ sein kann. Zum anderen stimmen die Temperaturdehnungskoeffizienten α_G [1/°C] des Meßgitters und α_M [1/°C] des Modellwerkstoffs im allgemeinen nicht überein. Hierdurch entsteht auch bei unbehinderter Wärmedehnung in dem DMS eine mechanische Beanspruchung, da ihm die Dehnung des Modells aufgezwungen wird. Die scheinbare Dehnung beträgt demnach

$$\bar{\varepsilon}_\vartheta = \frac{1}{k}\frac{\Delta R}{R} = \left[\frac{1}{k} \cdot a + (\alpha_M - \alpha_G)\right] \cdot \Delta \vartheta. \qquad (\text{F.25})$$

Gelingt es, a und α_G so auf den Modellwerkstoff abzustimmen, daß in einem gewissen Temperaturbereich $a \simeq k(a_G - \alpha_M)$ ist, so erhält man DMS mit angepaßtem Temperaturgang, der in einem bestimmten Bereich nur sehr gering ist. Sie werden auch selbstkompensierte DMS genannt.

Hat man keinen an die Wärmedehnung des Modellwerkstoffs angepaßten DMS, dann kann eine Kompensation der Wärmedehnung durch die Wheatstonesche Brückenschaltung (s. S. 224) vorgenommen werden. Hierzu benötigt man jedoch pro Meßstelle einen zusätzlichen sog. Kompensations-DMS mit genau gleichem Temperaturkoeffizienten wie der sog. aktive DMS. Wenn man nicht für mehrere DMS einen gemeinsamen Kompensations-DMS benutzen kann, steigt dabei der Aufwand an DMS und Verdrahtungsarbeit beträchtlich. Jedoch ist dies in vielen Fällen die einzige Möglichkeit, die unerwünschten Wärmedehnungen auszuschalten, insbesondere bei Messungen an Realmodellen. Hat man eine Temperaturgangkurve des auf das Material des Prüfkörpers geklebten DMS, so kann man damit das Meßergebnis auch nachträglich korrigieren. Dies setzt aber voraus, daß die Temperatur an der Meßstelle genau bekannt ist. Man kann in diesem Fall mit DMS mit eingebautem Thermoelement arbeiten, jedoch verwendet man aus Gründen der Wirtschaftlichkeit diese teuren DMS nur dann, wenn Wärmespannungen an einem Modell ermittelt werden sollen, d. h., wenn es Zweck des Versuchs ist, Dehnungen bei höheren Temperaturen zu messen. Bei diesen Methoden zur Ausschaltung der Wärmedehnungen ist darauf zu achten, daß auch die Meßleitungen Einfluß auf den Temperaturgang des DMS haben, wenn sie nicht gleich lang sind, aus gleichem Material bestehen und auf gleicher Temperatur gehalten werden. Selbstkompensierte DMS sind mit der Dreileiterschaltung anzuschließen (s. Bild F.22), die gewährleistet, daß in

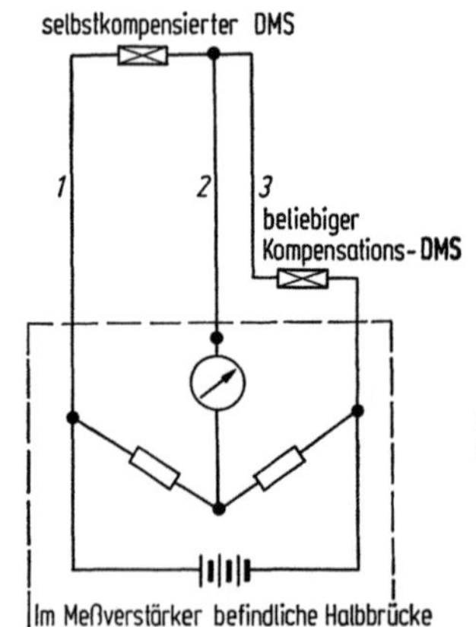

Bild F.22 Anschluß eines selbstkompensierten DMS in Dreileiterschaltung

1 und 3 in getrennten Zweigen liegende temperaturempfindliche Anschlußleitungen 2 unkritische Anschlußleitung der Halbbrückenmitte

jedem Brückenzweig der Einfluß der Meßleitungen gleich ist und somit eliminiert wird (s. S. 224). Mißt man an Kunststoffmodellen mit mehrmaliger periodischer Be- und Entlastung, so ist eine Temperaturkompensation nicht notwendig, da die Wärmedehnung bei Be- und Entlastung etwa gleich ist und somit bei der Differenzbildung herausfällt (s. Abschn. C-3.2.2.3); auch nichtkompensierte DMS können dann in Viertelbrückenschaltung verwendet werden.

Meßfähigkeit und Wärmefestigkeit. Sollen Dehnungen bei höheren Temperaturen mit DMS gemessen werden, dann ist darauf zu achten, daß die Grenze der Meßfähigkeit nicht überschritten wird. Oberhalb der so bezeichneten Temperatur erweichen Kleber und Trägermaterial, und die Dehnung wird nicht mehr vollständig auf den Meßdraht übertragen. Als Wärmefestigkeit definiert man die Temperatur, bei der eine Zerstörung des DMS oder des Klebstoffes beginnt. Es wird entweder der Kunststoff zersetzt, oder es findet eine kristalline Umwandlung des Drahtmaterials statt, wie das z. B. bei Konstantan bei 260 °C der Fall ist. Wird bei einer Erwärmung über die Meßfähigkeit hinaus die Wärmefestigkeit nicht überschritten, so kann der DMS nach dem Abkühlen wieder benutzt werden, ohne daß sich seine Eigenschaften verändert haben. Bei tiefen Temperaturen tritt eine Versprödung des Kunststoffträgers und des Klebers ein, wodurch mit abnehmender Temperatur eine stetige Verminderung der Dehnfähigkeit entsteht [F.31].

Hochtemperatur-DMS. Für Messungen bei Temperaturen über 250 °C verwendet man sog. Hochtemperatur-DMS. Sie werden als Freigitter-DMS hergestellt, wenn bei Temperaturen über 300 °C gemessen werden soll. Statische Messungen sind bis etwa 500 °C möglich, während dynamische Messungen auch schon bis 1 000 °C ausgeführt wurden. Zur besseren Handhabung sind diese DMS mit einem Hilfsträger versehen, der beim Befestigen mit keramischen Kitten oder dem Flammspritzverfahren entfernt wird. Daneben gibt es anschweißbare DMS, die zum Teil in Vollbrückenschaltung geliefert werden und besonders gute Ergebnisse bis ca. 400 °C liefern. Bei ihnen wurde das Meßgitter vom Hersteller auf eine dünne Stahlfolie gekittet, die bei entsprechenden Bauteilen mit einem Punktschweißgerät schnell und einfach befestigt werden kann. Für die Meßgitter werden wegen der besseren Beständigkeit bei hohen Temperaturen Chrom-Nickel-Legierungen (Nichrome V) oder Eisen-Nickel-Legierungen (Isoelastic) verwendet. Drahtgitter aus einer Platin-Rhodium-Legierung haben besonders günstige Eigenschaften bei sehr hohen Temperaturen, sind aber sehr teuer.

Der *k*-Faktor aller Hochtemperatur-DMS ändert sich mit der Temperatur, deshalb ist eine zusätzliche Temperaturmessung notwendig, wozu wieder DMS mit eingebautem Thermoelement besonders geeignet sind.

Die Meßfähigkeit der Hochtemperatur-DMS ist meist durch die Verminderung des Isolationswiderstandes bei zunehmender Temperatur begrenzt, wodurch eine große scheinbare Dehnung entsteht, die zusätzlich von der Zeit und den Umgebungsbedingungen abhängt. Sie ist sehr viel größer als der eigentliche Meßwert, weshalb ein Ausgleich mit Kompensations-DMS in Halbbrückenschaltung notwendig ist (s. S. 224). Die Meßzeiten sind durch die Verzunderung von Meßgitter und Meßleitungen beschränkt. Um Thermospannungen zu vermeiden, sollten die Anschlußleitungen aus Chrom-Nickel oder Konstantan bestehen, wodurch der Aufwand für solche Messungen wesentlich erhöht wird.

Einwandfreie Messungen sind bei hohen Temperaturen sehr schwierig. Bei statischen Messungen ist es unmöglich, die gleichen Genauigkeiten wie bei Messungen bei niedriger Temperatur zu erreichen. Bei dynamischen Messungen ist etwa die gleiche Genauigkeit möglich. Eigene Voruntersuchungen und Messen der scheinbaren Dehnungskurven der verwendeten DMS sind unerläßlich. Weitere Hinweise kann man der angeführten Literatur entnehmen [F.32; F.33; F.34].

4.4.2.3 Meßschaltungen

Grundlagen. Die Änderung des Widerstandes eines DMS von 120 Ω beträgt 0,24 mΩ, wenn er einer Dehnung $\varepsilon = 1 \cdot 10^{-6}$ unterworfen wird. So kleine Widerstandsänderungen kann man nur mit besonderen Schaltungen messen; am bekanntesten ist die sog. Wheatstonesche Brückenschaltung, die heute in der DMS-Technik fast ausschließlich angewendet wird [F.35]. Im Prinzip besteht sie aus zwei Spannungsteilern (s. Bild F.23), die an die gleiche Spannungsquelle angeschlossen sind. Bei gleichem Teilungsverhältnis ist $U_1 = U_2$ und der Potentialunterschied ΔU

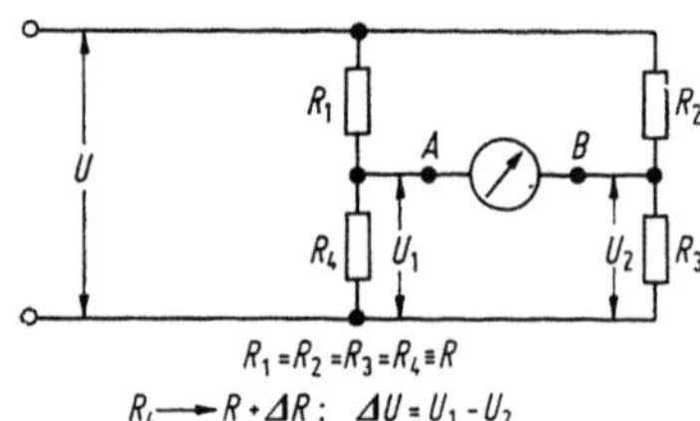

Bild F.23 Wheatstonesche Brückenschaltung in Form von zwei Spannungsteilern

zwischen den Punkten A und B Null. Durch ein angeschlossenes Galvanometer fließt kein Strom; man sagt, die Brücke ist im Gleichgewicht. Ändert sich einer der vier Widerstände, so sind die Teilungsverhältnisse in den Spannungsteilern verschieden, und das Gleichgewicht ist gestört. Es fließt ein Strom durch das Galvanometer, und man erhält mit den Bezeichnungen von Bild F.23:

$$\Delta U = U_1 - U_2 = U \frac{R_2 R_4 - R_1 R_3}{(R_1 + R_4)(R_2 + R_3)}. \tag{F.26}$$

Die Brückenschaltung ist abgeglichen, d. h., ΔU ist Null, wenn die Bedingung

$$\frac{R_1}{R_4} = \frac{R_2}{R_3} \qquad (F.27)$$

erfüllt ist (Nullabgleich).

Messung von ΔR mit der Brückenschaltung. Nullmethode für statische Messungen. Wenn die Brücke abgeglichen ist, und es ändert sich R_2 um ΔR_2, dann entsteht an dem Galvanometer ein Ausschlag, der mit Hilfe des jetzt als veränderlich gedachten Widerstandes R_3 erneut auf

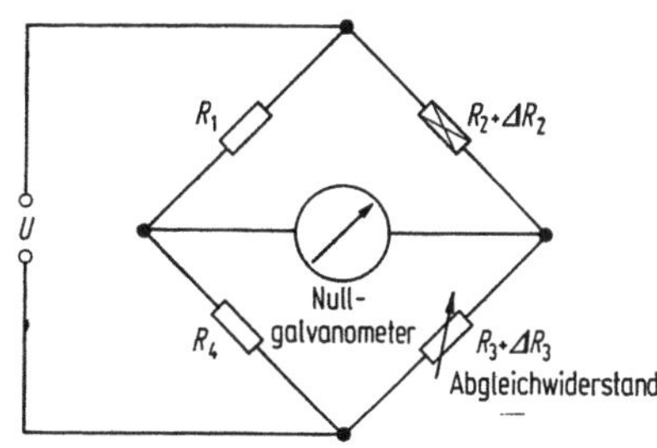

Bild F.24 Wheatstonesche Brückenschaltung für Kompensationsmethode
ΔR_2 Widerstandsänderung des DMS R_2
ΔR_3 zur Kompensation der Galvanometeranzeige ausgeführte Änderung des Abgleichwiderstandes R_3

Null abgeglichen wird (s. Bild F.24). Die Änderung ΔR_3 des Widerstandes R_3 ist ein Maßstab für die Änderung ΔR_2, wofür man aus Gl. (F.27) mit den bekannten Widerständen R_1 und R_4 erhält:

$$\Delta R_2 = \Delta R_3 \frac{R_1}{R_4}. \qquad (F.28)$$

Für DMS gilt aber $\Delta R_2 = k \cdot \varepsilon \cdot R_2$ und in der Regel $R_1 = R_2$, wie auf S. 222 gezeigt wird, so daß man die gesuchte Dehnung ε aus dem Ausdruck

$$\varepsilon = \frac{\Delta R_3}{R_4} \frac{1}{k} \qquad (F.29)$$

berechnen kann; bzw. es ist möglich, die Änderungen von R_3 direkt in Dehnungen zu kalibrieren. Diese Kompensationsmethode, die nur bei statischen oder sehr langsam veränderlichen Dehnungen anwendbar ist, hat den Vorteil, daß die Genauigkeit nicht von dem verwendeten Anzeigegerät und dem zur Erhöhung der Empfindlichkeit vorgeschalteten Verstärker abhängig ist. Es ist lediglich zu fordern, daß Verstärker und Anzeigegerät eine möglichst kleine Nullpunktsdrift haben.

Ausschlagmethode für statische und dynamische Messungen. Ändert sich in der abgeglichenen Brückenschaltung R_2 um ΔR_2, dann entsteht zwischen den Punkten A und B (s. Bild F.23) eine Spannung ΔU, die proportional der Widerstandsänderung ist. Unter Vernachlässigung des gegenüber $R_2 + R_3$ sehr kleinen ΔR_2 im Nenner erhält man aus den Gl. (F.26) und (F.27) für die Spannung ΔU in der sog. Meßdiagonale in Abhängigkeit von ΔR_2

$$\Delta U = U \frac{\Delta R_2}{R_2} \frac{R_4/R_1}{(1 + R_4/R_1)^2}. \tag{F.30}$$

Die Meßspannung ΔU ist demnach direkt ein Maß für die Dehnung $\varepsilon = k\,\Delta R_2/R_2$ eines DMS, der an Stelle von R_2 in die Brücke geschaltet wurde. Mit einem entsprechenden Anzeigegerät können deshalb auch schnell veränderliche Vorgänge gemessen werden. Von Nachteil ist jedoch, daß im Gegensatz zur Kompensationsmethode jede Änderung der Speisespannung U das Meßergebnis verfälscht und außerdem die Meßgenauigkeit von der Güte des Anzeigegerätes abhängt,

Gl. (F.30) gilt streng nur für sehr kleine ΔR_2 und nur dann, wenn der Innenwiderstand des Gerätes, mit dem ΔU gemessen wird, unendlich groß ist, was bedeutet, daß er bei der praktischen Anwendung sehr viel größer sein muß als der Innenwiderstand der Brückenschaltung. Dies ist meist der Fall, weil vor das Anzeigegerät im allgemeinen ein elektronischer Verstärker mit sehr großem Eingangswiderstand geschaltet wird; die zu messenden Spannungen sind nämlich so klein, daß ohne eine elektrische Verstärkung das Anzeigegerät für die übliche Anwendung in der DMS-Technik zu störempfindlich und schwierig zu handhaben wäre. Hat man eine Speisespannung $U = 5$ Volt und verwendet für die vier Widerstände R_1 bis R_4 je einen DMS von 120 Ω, so fließt in jedem ein Strom von 21 mA, der der üblicherweise zulässigen Strombelastbarkeit entspricht. Wird einer der DMS einer Dehnung von $\varepsilon = 1 \cdot 10^{-6}$ unterworfen, so entsteht in der Meßdiagonale eine Spannung $\Delta U = 2{,}5 \cdot 10^{-6}$ Volt, die nur mit hochempfindlichen Spiegelgalvanometern direkt angezeigt werden kann. Man versucht deshalb zu erreichen, daß bei gegebenen Werten von U und $\Delta R_2/R_2$ die Meßspannung ΔU möglichst groß wird. Dies ist der Fall, wenn $R_4/R_1 = 1$ ist, was sich ergibt, wenn man in Gl. (F.30) ΔU nach R_4/R_1 differenziert und den Differentialquotienten Null setzt. Man wählt deshalb in der DMS-Technik immer die vier Brückenwiderstände so, daß $R_1 = R_4$ und $R_2 = R_3$ ist. Gl. (F.30) wird dann vereinfacht zu

$$\Delta U = \frac{U}{4} \frac{\Delta R_2}{R_2}. \tag{F.31}$$

Ändern sich alle vier Widerstände der Brückenschaltung, dann erhält man aus Gl. (F.26) unter der Voraussetzung, daß

$$R_1 = R_2 = R_3 = R_4 = R \tag{F.32}$$

ist,

$$\overline{\Delta U} = \frac{U}{4R}\,\frac{\Delta R_2 + \Delta R_4 - \Delta R_1 - \Delta R_3}{1 + \dfrac{\Delta R_1 + \Delta R_2 + \Delta R_3 + \Delta R_4}{2R}}. \qquad \text{(F.33)}$$

In diesem Ausdruck sind bereits die Glieder der Art $\Delta R_i \cdot \Delta R_k / R^2$ vernachlässigt, da sie von höherer Ordnung klein sind. In der DMS-Technik hat man im allgemeinen mit ΔR_i in der Größenordnung von 10^{-3} bis 10^{-6} zu rechnen. Dann ist auch im Nenner

$$\frac{\Delta R_1 + \Delta R_2 + \Delta R_3 + \Delta R_4}{2R} \ll 1 \qquad \text{(F.34)}$$

und kann weggelassen werden, wodurch sich die sehr einfache lineare Beziehung

$$\Delta U = \frac{U}{4}\left(\frac{\Delta R_2}{R} + \frac{\Delta R_4}{R} - \frac{\Delta R_1}{R} - \frac{\Delta R_3}{R}\right) \qquad \text{(F.35)}$$

ergibt. Mit der Voraussetzung (F.32) erhält man für den relativen Linearitätsfehler der nach (F.35) errechneten Spannung ΔU:

$$F = \frac{\Delta U - \overline{\Delta U}}{\Delta U} = \frac{\Delta R_1 + \Delta R_2 + \Delta R_3 + \Delta R_4}{2R}. \qquad \text{(F.36)}$$

Im folgenden wird bei der Beschreibung der Eigenschaften der Wheatstoneschen Brückenschaltung die Größe des Fehlers angegeben, da die Geräte meist mit Hilfe der linearen Beziehung (F.35) geeicht sind.

Eigenschaften der Brückenschaltung. Aus Gl. (F.35) geht hervor, daß sich verschieden große Meßspannungen ΔU ergeben, je nachdem

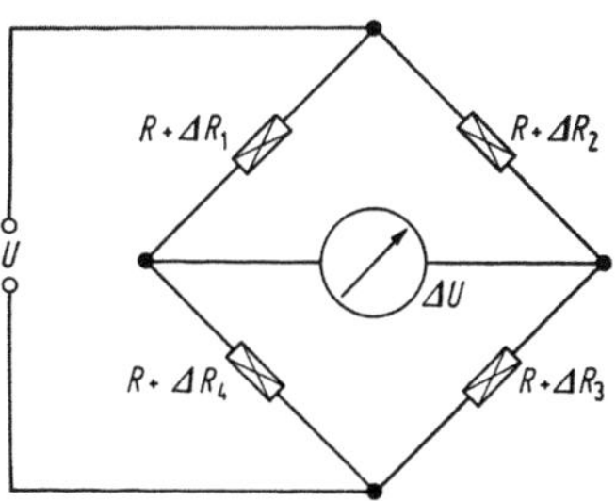

Bild F. 25 Wheatstonesche Brücke mit vier DMS (R) und Änderungen ΔR_i, die dem Betrage nach gleich sind (s. Tab. F.1)

wieviele und welche Widerstände der Brückenschaltung um einen betragsmäßig gleichen Wert $\Delta R/R$ geändert werden (s. Bild F.25). Ist von den vier Brückenwiderständen nur einer veränderlich, so spricht man von einer Viertelbrückenschaltung, sind zwei Widerstände veränderlich von einer Halbbrücken- bzw. Diagonalschaltung und sind alle Widerstände veränderlich von einer Vollbrückenschaltung. In Tab. F.1 sind die wichtigsten Fälle zusammengestellt, wobei zusätzlich der Linearitätsfehler nach Gl. (F.36) angegeben wird. Falls er nicht durch die Schaltung selbst kompensiert wird, kann er bei den üblicherweise in der experimentellen Spannungsanalyse auftretenden Dehnungen vernachlässigt werden. Die relative Abweichung von der linearen Beziehung nach Gl. (F.35) ist von derselben Größe wie die zu messende Dehnung. Beträgt diese z. B. $\varepsilon = 10^{-3}$ (die mechanische Beanspruchung ist dann gerade ein Tausendstel des E-Moduls), so ist der Fehler bei Viertelbrückenschaltung 1‰ und mit den zur Anzeige verwendeten Zeigergeräten überhaupt nicht feststellbar.

Die Eigenschaft der Wheatstoneschen Brücke gestattet es, bei Halb- und Vollbrückenschaltung gleich große gleichsinnige oder gleich große gegensinnige Widerstandsänderungen zu eliminieren, je nach Anordnung der Schaltung. Eine Addition verschiedener Dehnungen ist möglich, wenn man sie mit DMS mißt, die in diagonal gegenüberliegenden Zweigen der Brückenschaltung liegen, oder wenn man sie in einem Zweig der Brücke in Serie schaltet. Eine Subtraktion von Dehnungen ist dagegen mit DMS möglich, die in benachbarten Zweigen angeordnet sind. Eine Verminderung der angezeigten Dehnung auf den μfachen Betrag ist erforderlich, um mit DMS Spannungen bei zweiachsigem Spannungszustand direkt zu messen. Die Möglichkeiten hierfür werden in Abschn. I-3.2.2.4 ausführlich beschrieben. Es ist auch möglich, unerwünschte Wärmedehnungen auszuschalten, wenn keine selbstkompensierten DMS verwendet werden. Man benutzt meistens die Halbbrückenschaltung und bringt in der Nähe der Meßstelle einen zweiten DMS auf einem Stück gleichen Werkstoffs an und sorgt dafür, daß diese Kompensationsmeßstelle möglichst die gleiche Temperatur hat wie die aktive Meßstelle selbst. Haben die verwendeten DMS gleiche Eigenschaften und wurden auf das gleiche Material geklebt, dann entstehen in ihnen gleiche Widerstandsänderungen, wenn sie denselben Temperaturänderungen ausgesetzt sind. Diese werden jedoch nicht angezeigt im Gegensatz zu einer Widerstandsänderung im aktiven DMS allein, die in ihm durch mechanische Beanspruchung des Bauteils entsteht. Bei Modellmessungen in einem klimatisierten Versuchsraum kommt man in vielen Fällen mit einem Kompensations-DMS für mehrere Meßstellen aus. Bei Kunststoffmodellen empfiehlt sich dieses Vorgehen jedoch nicht, da wegen der schlechten Wärmeleitfähigkeit und wegen des großen linearen Wärmeausdehnungskoeffizienten aktiver und passiver DMS nur selten gleiche Wärmedehnungen erfahren. Man verzichtet deshalb ganz auf eine elektrische Kompensation der Wärmedehnungen und verwendet DMS in Viertelbrückenschaltung. Da aber die meisten Geräte nur für Halbbrückenschaltung eingerichtet sind, benötigt man

Tabelle F.1 *Eigenschaften der Wheatstoneschen Brückenschaltung (s. Bild F.25)*

Nr.	Bezeichnung der Schaltung	Anzahl der veränderlichen R	Lage	Größe der Änderung	Art	Meß-spannung ΔU	Linearitäts-fehler F für $k = 2$	
1	Viertelbrücke	1	beliebig	ΔR_2	beliebig	$\dfrac{U}{4}\dfrac{\Delta R_2}{R}$	$\dfrac{\Delta R}{2R} = \varepsilon$	$\Delta R_1 = \Delta R_3 = \Delta R_4 = 0$
2	Halbbrücke	2	benachbart	$\Delta R_1 = \Delta R_2$	gleichsinnig	Null	$\dfrac{\Delta R}{R}$	$\Delta R_3 = \Delta R_4 = 0$
3	Halbbrücke	2	benachbart	$\Delta R_1 = -\Delta R_2$	gegensinnig	$\dfrac{U}{2}\dfrac{\Delta R_1}{R}$	Null	$\Delta R_3 = \Delta R_4 = 0$
4	Diagonalbrücke	2	gegenüber	$\Delta R_2 = \Delta R_4$	gleichsinnig	$\dfrac{U}{2}\dfrac{\Delta R}{R}$	$\dfrac{\Delta R_2}{R} = 2\varepsilon$	$\Delta R_1 = \Delta R_3 = 0$
5	Diagonalbrücke	2	gegenüber	$\Delta R_2 = -\Delta R_4$	gegensinnig	Null	Null	$\Delta R_1 = \Delta R_3 = 0$
6	Vollbrücke	4	beliebig	$\Delta R_1 = \Delta R_2 = \Delta R_3 = \Delta R_4$	gleichsinnig	Null	Null	
7	Vollbrücke	4	paarweise gegenüber	$\Delta R_2 = \Delta R_4 = -\Delta R_1 = -\Delta R_3$	paarweise gegensinnig	$U\dfrac{\Delta R}{R}$	Null	

einen für alle Meßstellen gemeinsamen Ergänzungs-DMS, der auf einen großen Aluminiumklotz geklebt und gegen Feuchtigkeit und Erwärmung gut isoliert wird. Die Elimination der Wärmedehnungen geschieht durch periodische Be- und Entlastung, wie dies in Abschn. C-3.2.2.1 beschrieben ist. Hierdurch sind einwandfreie Dehnungsmessungen auch bei schwankender Umgebungstemperatur möglich.

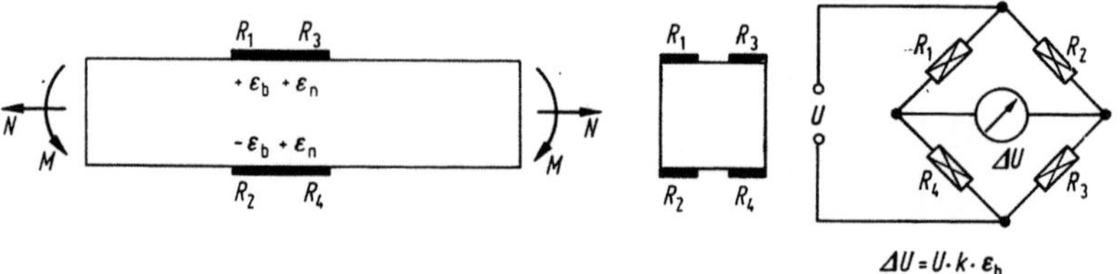

Bild F.26 Messung von Biegedehnungen in Vollbrückenschaltung

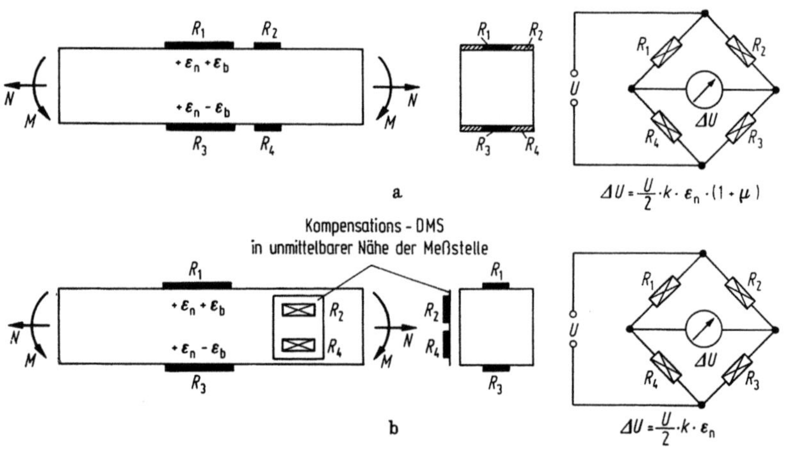

Bild F.27 Messung von Normaldehnungen
a) Vollbrückenschaltung; b) Diagonalschaltung

Die Eigenschaften der Wheatstoneschen Brücke gestatten, an Stäben oder ähnlichen Körpern, die durch Biege- und Normalspannungen beansprucht werden, die erzeugten Dehnungen getrennt zu messen. Man benutzt deshalb zur elektrischen Messung mechanischer Größen, die sich unter Verwendung geeigneter elastischer Federkörper in Dehnungen umsetzen lassen, vorwiegend DMS. Es sind dies z. B. Zug- und Druckkräfte, Drücke von Flüssigkeiten und Gasen, Momente, Drehmomente und Verschiebungen. Bild F.26 zeigt die Messung von Biegedehnungen mit einer Vollbrückenschaltung, wobei die Normaldehnungen nicht angezeigt werden, was man leicht erkennt, wenn man die Zeilen 6 und 7 der Tab. F.1 beachtet. In Bild F.27a ist der für die Kraftmessung wichtige Fall dargestellt, daß nur die Normaldehnungen gemessen und die gleichzeitig vorhandenen Biegedehnungen ausgeschaltet werden. In Bild F.27b ist die Diagonalschaltung benutzt (Tab. F.1, Zeilen 4 und 5); die Brückenergänzungswiderstände sind wegen der Temperaturkompensation auf ein Stück gleiches aber unbeanspruchtes Material geklebt. Besser ist die Anordnung nach Bild F.27a, wo die DMS wieder als Vollbrücke geschaltet, zwei der DMS jedoch quer zur Kraftrichtung aufgeklebt sind. Diese messen die Querdehnung des Stabes, die umgekehrtes Vorzeichen, aber nur die μfache Größe der Längsdehnung hat. Solche Schaltungen werden vorwiegend in elektrischen Kraftmeßdosen benutzt, wobei DMS in der hier nur im Prinzip gezeigten Weise auf geeignete Federkörper aus hochwertigem Stahl aufgeklebt werden. Durch entsprechende Schaltungsmaßnahmen lassen sich die Temperaturabhängigkeit des E-Moduls der Federkörper und andere störende Einflüsse eliminieren, so daß sich Meßgenauigkeiten erzielen lassen, die den hohen Anforderungen des Eichgesetzes an Waagen entsprechen. Mit einer Vollbrückenschaltung können auch die in einer Welle vorhandenen Torsionsdehnungen gemessen werden, ohne daß eventuell vorhandene Biege- und Normaldehnungen angezeigt werden, wenn die DMS wie in Bild F.28

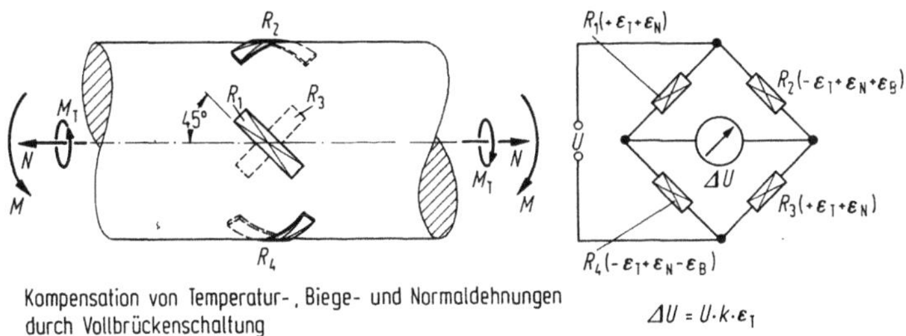

Kompensation von Temperatur-, Biege- und Normaldehnungen durch Vollbrückenschaltung

Bild F.28 Messung von Torsionsdehnungen

unter 45° zur Längsachse aufgeklebt werden. Die Kompensation von Wärme- und Normaldehnungen erfolgt wieder in der Vollbrückenschaltung gemäß Zeile 6 der Tab. F.1, während die Biegedehnungen durch Diagonalschaltung nach Zeile 5 ausgeschaltet werden. Diese Anordnung benutzt man zur Messung von Drehmomenten in umlaufenden Wellen von Maschinen, wobei die Zuleitungen zu den DMS über Schleifringe geführt werden. Es sei nur angedeutet, daß diese hinsichtlich ihres Übergangswiderstandes besonders hohen Anforderungen gerecht werden müssen, damit die Messungen nicht verfälscht werden, weshalb man auch oft drahtlose Meßwert-Übertragungseinrichtungen einsetzt.

4.4.2.4 Messung von Wärmespannungen mit DMS

Eine Wärmebeanspruchung verursacht in jedem Körper Dehnungen ε, die sich im allgemeinen Fall aus der Dehnung zwischen der rein thermischen Dehnung ε_ϑ und einem elastischen Anteil ε_{el} ergeben. Nur dann, wenn die volle thermische Ausdehnung ε_ϑ ohne innere oder äußere Behinderung erfolgen kann, ist ε_{el} gleich Null, und es treten keine Zwängungsspannungen auf. Die angezeigte Widerstandsänderung $\Delta R/R$, die ein DMS ohne Kompensation in Viertelbrückenschaltung in diesem Fall liefert, ist jedoch nicht gleich der k-fachen thermischen Dehnung ε_ϑ, sondern der k-fachen scheinbaren Dehnung $\bar\varepsilon_\vartheta$ (s. S. 217). Entsprechend erfolgt bei durch Zwängung behinderter Temperaturdehnung nicht die Anzeige von $\Delta R_\varepsilon/R = k \cdot \varepsilon = k \cdot (\varepsilon_\vartheta - \varepsilon_{el})$, sondern von $\Delta R_\varepsilon/R = {} = k \cdot \bar\varepsilon = k \cdot (\bar\varepsilon_\vartheta - \varepsilon_{el})$. Um hieraus die gesuchten Wärmespannungen, z. B. $\sigma_x = E(\varepsilon_{elx} + \mu\varepsilon_{ely})$, zu ermitteln, muß man $\bar\varepsilon_\vartheta$ kennen, d. h., es muß die Temperaturgangkurve des DMS für das verwendete Modellmaterial vorliegen, und es muß die genaue Temperatur im Meßpunkt zur Zeit der Messung bekannt sein. Für Messungen dieser Art können DMS verwendet werden, die zusätzlich mit einem Thermoelement versehen sind. Ein ähnlicher Weg besteht darin, die scheinbare Dehnung $\bar\varepsilon_\vartheta$ nicht aus der Temperaturgangkurve zu entnehmen, sondern durch eine zweite Messung festzustellen. Dabei muß es jedoch möglich sein, die inneren oder äußeren Zwängungen des Modells völlig zu beseitigen, beispielsweise bei Stabwerken durch statisch bestimmte Lagerung und Auslösen der statisch überzähligen Schnittgrößen. Bei massiven dreidimensionalen Körpern ist Grundvoraussetzung, daß eine lineare Wärmeverteilung vorliegt (s. Abschn. B-6.1); andernfalls ist keine Auslösung der Zwängungen möglich. Die erste Messung erfolgt nun am ursprünglichen Modell und liefert die Dehnung $\bar\varepsilon$; die zweite wird bei völlig gleicher Temperaturverteilung am „entspannten“, d. h. zwängungsfrei gemachten Modell durchgeführt und liefert die scheinbare Dehnung $\bar\varepsilon_\vartheta$. Die gesuchte Spannung ergibt sich zu $\sigma = E \cdot \varepsilon_{el} = E(\bar\varepsilon_\vartheta - \bar\varepsilon)$. Dieses Verfahren kann in besonderen Fällen trotz des erhöhten Aufwandes sinnvoll sein. Die Temperaturgangkurve braucht nicht bekannt zu sein. Außerdem erübrigt sich die Temperaturmessung, wenn gewährleistet ist, daß auf Grund der Versuchsbedingungen bei beiden Messungen eine genau gleiche Temperaturverteilung vorliegt.

Eine direkte Anzeige des bereits auf den rein elastischen Anteil reduzierten Dehnungswerts erhält man auf die gleiche Art, wie man im allgemeinen die unerwünschte scheinbare Dehnung ausschaltet (s. S. 217). Bei der Verwendung von selbstkompensierten DMS in Viertelbrückenschaltung ist jedoch bei Kunststoffmodellen Vorsicht geboten, da hier die Wärmeausdehnungszahl α_M relativ großen herstellungsbedingten

Schwankungen unterworfen ist. Vorteilhafter ist dann die Verwendung zweier nichtselbstkompensierter DMS in Halbbrückenschaltung. Der Kompensationsstreifen muß sich auf einem Stück Modellwerkstoff befinden, dessen Wärmedehnung völlig ungehindert erfolgen kann und das genau die Temperatur der mit dem aktiven DMS bestückten Meßstelle aufweist. Die zweite Forderung verursacht einigen versuchs- und meßtechnischen Aufwand hinsichtlich der genauen Reproduzierung der am aktiven DMS zu messenden Temperatur in der Umgebung des Kompensationsstreifens, insbesondere bei instationären Wärmeleitungsvorgängen.

4.4.2.5 Meßverstärker

Mit einem DMS und den im vorangegangenen Abschnitt im Prinzip beschriebenen Meßschaltungen kann man durch mechanische Beanspruchung erzeugte Dehnungen in eine analoge elektrische Spannung umwandeln. Da diese, wie bereits gezeigt, nur eine Größe von einigen μV bis zu mehreren mV besitzt, benötigt man zu ihrer Messung besondere Geräte. Sie wurden speziell für Messungen mit DMS entwickelt und enthalten neben einem elektronischen Verstärker und einem Anzeigegerät alle anderen Einrichtungen, die für das Arbeiten mit der Wheatstoneschen Brücke notwendig sind. Hierzu gehören vor allem Schaltelemente für den Nullabgleich der Brücke und Eichvorrichtungen, um die gesamte Meßeinrichtung kalibrieren zu können. Daneben erzeugen sie auch die Speisespannung für die Brückenschaltung, deren Größe beim Ausschlagverfahren über längere Zeit konstant gehalten werden muß. Entsprechend den auf S. 221 beschriebenen zwei Möglichkeiten zur Verwendung der Brückenschaltung gibt es zwei grundsätzlich verschiedene Gruppen von Dehnungsmeßgeräten. Es sind dies die für die Nullmethode eingerichteten Kompensatoren und die für das Ausschlagverfahren gebauten Meßverstärker. Im folgenden wird darauf verzichtet, auf den schaltungstechnischen Aufbau der Geräte im einzelnen einzugehen, soweit dieser für den Benutzer ohne Bedeutung ist. Es wird lediglich das mitgeteilt, was nötig ist, um die Geräte bei Modellmessungen richtig einsetzen zu können.

Kompensatoren. Bei diesen Geräten wird die Brückenschaltung durch sehr genaue, geeichte Schaltelemente auf Null abgeglichen. Den Abgleich erkennt man am Nullindikator, dem die Meßspannung über einen hochempfindlichen Verstärker zugeführt wird. Beide müssen eine große Nullpunktstabilität besitzen, da vom einwandfreien Nullabgleich die Genauigkeit des Verfahrens abhängt. Bei moderneren Geräten wird nicht die Brücke selbst abgeglichen, sondern der Meßspannung eine im Gerät erzeugte Spannung entgegengeschaltet. Ihre Differenz wird vom Nullindikator angezeigt, und die Gegenspannung wird so lange verändert, bis der Nullabgleich erreicht ist. Dieser Vorgang kann von Hand ausgeführt oder durch ein elektrisches Servosystem erfolgen. Man spricht dann von selbstabgleichenden Kompensatoren. Sie sind trotz ihrer großen Robustheit sehr genaue Geräte und gestatten neben der Registrierung auch die Auslösung von Steuer- und Regelvorgängen. Sie werden deshalb mehr in der industriellen Meßtechnik eingesetzt und spielen in der experimentellen Spannungsanalyse keine große Rolle. Dagegen werden die manuellen Kompensatoren hier häufig benutzt, weil sie bei einfachem Aufbau sehr genau und außerdem für Langzeitmessungen geeignet sind und bei vielen Meßstellen mit einfacheren Umschaltern auskommen, die keine zusätzlichen Abgleichelemente enthalten müssen. Von Nachteil ist der große Zeitaufwand für die Messungen; außerdem darf sich der Meßwert nur sehr langsam verändern.

Handelsübliche Geräte haben Meßbereiche bis $\varepsilon = 10^{-2}$ mit einer Auflösung von $\varepsilon = 1 \cdot 10^{-6}$. Besonders gute Geräte haben eine Genauigkeit von ca. 0,5% bei Absolutmessungen und ein Auflösungsvermögen von $\varepsilon = 1 \cdot 10^{-7}$. Sie dienen vorwiegend zur Eichung anderer Geräte, von DMS-bestückten Kraftmeßdosen und zur Messung des k-Faktors von DMS bei ihrer Herstellung. Zur Speisung der Wheatstoneschen Brücke dient meist eine Wechselspannung von 100 bis 200 Hz, weil Wechselspannungsverstärker gegenüber Gleichspannungsverstärkern bei gleichem Aufwand eine bessere Nullpunktstabilität besitzen.

Meßverstärker für das Ausschlagverfahren. Wie schon auf S. 221 erwähnt, wird beim Ausschlagverfahren das Meßergebnis direkt angezeigt. Dies bringt viele Vorteile mit sich, die jedoch durch einen größeren Aufwand bezahlt werden müssen, wenn man eine entsprechend große Meßgenauigkeit wünscht. Dies ist vor allem dadurch bedingt, daß die Speisespannung für die Brückenschaltung exakt konstant gehalten werden muß, da jede Änderung eine Verfälschung des Meßwertes und eine Änderung der Empfindlichkeit mit sich bringt. Außerdem gehen die Eigenschaften des Verstärkers bei dieser Methode voll in die Meßgenauigkeit ein, vor allem die zeitliche Änderung seines Nullpunktes und seines Verstärkungsgrades.

Bevor jedoch auf die eigentlichen Verstärker eingegangen wird, sei darauf hingewiesen, daß man mit empfindlichen Schleifenoszillographen auch verstärkerlos messen kann. Die empfindlichsten der heute hergestellten Geräte benötigen z. B. nur 0,1 µA für einen Ausschlag von 1 mm. Allerdings darf die Frequenz der zu messenden Ströme nicht größer als 100 Hz sein. Ist dies gewährleistet, dann kann man für eine Dehnung $\varepsilon = 100 \cdot 10^{-6}$ einen Ausschlag von etwa 15 mm erzeugen, was für manche Anwendungsfälle ausreichend ist. Besonders wenn man an Modellen niedrig frequente Meßwerte an vielen Stellen gleichzeitig registrieren will, bietet das verstärkerlose Messen mit Schleifenoszillographen, die teilweise bis zu 60 Meßwerte simultan aufzeichnen können, u. U. wirtschaftliche Vorteile. Will man jedoch Vorgänge mit höherer Frequenz messen, dann steigt der Bedarf an Meßenergie stark an. Bei Spulenschwingern, wie sie in den Schleifenoszillographen Verwendung finden, nehmen Strom und Spannung, die zur Auslenkung des Lichtstrahls erforderlich sind, mit dem Quadrat der zu messenden Frequenz und demzufolge der Leistungsbedarf mit der vierten Potenz zu. Deshalb ist bei höheren Frequenzen ein Verstärker unumgänglich.

Zur elektrischen Verstärkung der sehr kleinen Meßspannungen können für statische und dynamische Messungen entweder Trägerfrequenz-Meßverstärker oder Gleichspannungsverstärker verwendet werden. Früher benutzte man fast ausschließlich Trägerfrequenzverstärker wegen der damals besseren Eigenschaften der Wechselspannungsverstärker. Heute jedoch sind die modernen Gleichspannungsverstärker den Trägerfrequenzverstärkern ebenbürtig.

Trägerfrequenz-Meßverstärker. Speist man die Wheatstonesche Brücke mit einer Wechselspannung mit konstanter Amplitude und Frequenz, so ist die bei einer Widerstandsänderung auftretende Meßspannung ebenfalls eine Wechselspannung, deren Amplitude der Widerstandsänderung proportional ist. Man sagt, die Meßspannung ist durch die Widerstandsänderung amplitudenmoduliert, sie trägt gewissermaßen die Information in Form von Änderungen ihrer Amplitude und heißt deshalb Trägerfrequenz. Man erzielt damit den Vorteil, daß man die Dehnung, die mit Hilfe eines DMS und der Brückenschaltung in eine Änderung der Meßspannung umgewandelt wird, gleichzeitig in den Bereich höherer Frequenzen umsetzt, die relativ leicht und gut zu verstärken sind. Auf den eigentlichen Wechselspannungsverstärker soll hier nicht weiter eingegangen werden. Es sei lediglich an Hand des Blockschaltbildes F. 29 einiges über den grundsätzlichen Aufbau eines Trägerfrequenz-Meßverstärkers gesagt. Ein Oszillator erzeugt eine Wechselspannung zur Speisung der Brückenschaltung, die mit Abgleich- und Eichvorrichtung versehen ist. Ihre Frequenz soll etwa das 5- bis 10fache der größten Frequenz der zu messenden Dehnungsänderung betragen, damit der dynamische Anteil genügend genau übertragen werden kann. Für statische Untersuchungen an Modellen sollte sie nicht höher als 1 000 Hz sein, da sich sonst die Kapazitäten der Meßleitungen unangenehm bemerkbar machen und abgeschirmte Leitungen notwendig werden, für die der Aufwand und die Verdrahtungsarbeit bei Modellen mit vielen Meßstellen wesentlich erhöht wird. In der Brückenschaltung wird die Wechselspannung amplitudenmoduliert und dann anschließend etwa 100- bis 1 000fach verstärkt. Je nach Größe der zu messenden Dehnung kann die Verstärkung in geeichten Stufen umgeschaltet werden, wodurch sich ein

großer Meßbereich der gesamten Anordnung ergibt. Die Verstärkung
muß mit Hilfe einer Eichvorrichtung so eingestellt werden, daß sich ein
definierter Zeigerausschlag am Anzeigegerät einstellt, wenn an der
Brückenschaltung eine vorgegebene Widerstandsänderung erzeugt wird.

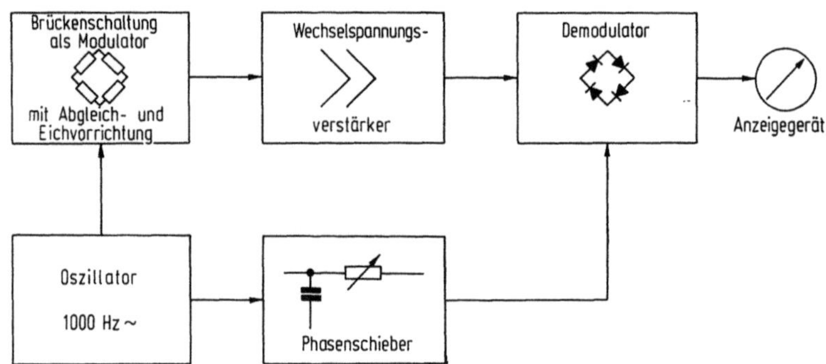

Bild F.29 Vereinfachtes Blockschaltbild einer Trägerfrequenz-Meßbrücke

So bekommt man einen eindeutigen Zusammenhang zwischen der Änderung des Widerstands der DMS und der Anzeige, die direkt in Dehnungen
erfolgt. Da jedoch die Empfindlichkeit der DMS verschieden ist, haben
manche Geräte eine Vorrichtung zum Einstellen des k-Faktors, damit
die Dehnung richtig angezeigt wird. Bei den meisten Geräten ist aber
die Anzeige auf $k^* = 2{,}00$ bezogen. Man erhält die richtige Dehnung ε
aus der Anzeige ε^* durch Rechnung nach der Beziehung

$$\varepsilon = \frac{2}{k} \cdot \varepsilon^*. \tag{F.37}$$

Um die verstärkte Wechselspannung mit einem Drehspulgalvanometer anzeigen zu können, muß sie gleichgerichtet bzw. demoduliert
werden. Positive und negative Dehnungen vom gleichen Betrag bewirken
bei der Modulation der Trägerfrequenz nur eine Phasenverschiebung bei
gleicher Maximalamplitude (s. Bild F.30). Ein einfacher Gleichrichter
würde deshalb für beide dieselbe Anzeige liefern, da er gegen Phasenverschiebungen unempfindlich ist. Es muß deshalb ein phasenempfindlicher
Gleichrichter verwendet werden, der als Hilfsspannung die vom Oszillator erzeugte Wechselspannung benötigt und damit eine vorzeichenrichtige
Gleichrichtung bewerkstelligt. Hierzu ist jedoch Voraussetzung, daß die
Hilfsspannung mit der Meßspannung in Phase schwingt, da sonst die
Anzeige stark verfälscht wird. Die Meßleitungen, mit denen der DMS an
der Meßbrücke angeschlossen wird, und der Wechselspannungsverstärker
bewirken aber eine Phasenverschiebung der Meßspannung; die Phase der

Hilfsspannung muß deshalb in der gleichen Weise verschoben werden. Hierzu dient ein Phasenschieber, mit dem die Hilfsspannung in Phase mit der Meßspannung gebracht wird. In den Betriebsanleitungen der Geräte ist angegeben, wie dies im einzelnen zu geschehen hat. Man muß nur darauf achten, daß der Phasenabgleich für jeden neu angeschlossenen DMS erneut durchgeführt wird, da jede Veränderung der Leitungslänge

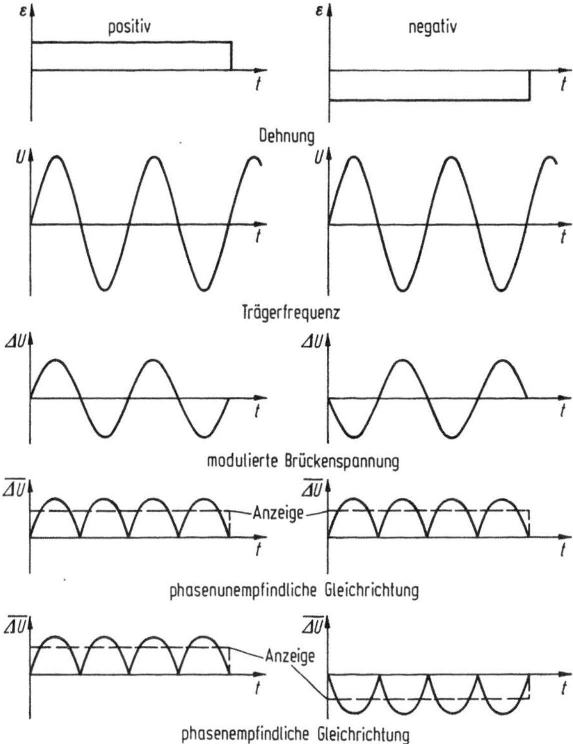

Bild F.30 Schematische Darstellung der Spannungen im Trägerfrequenz-Meßverstärker bei phasenempfindlicher und phasenunempfindlicher Gleichrichtung

und der Leitungsführung Phasenverschiebungen der Meßspannung bewirken kann. Die relativ hohe Frequenz der Wechselspannung, mit der die Brückenschaltung gespeist wird, verursacht auf Grund der Kabel- und Schaltkapazitäten eine kapazitive Unsymmetrie der Brücke. Die hierdurch in der Brückenschaltung erzeugte Meßspannung ist gegenüber der durch Widerstandsänderungen hervorgerufenen Spannung um 90° phasenverschoben und wird deshalb von dem phasenempfindlichen Demodulator unterdrückt und nicht angezeigt; ihre Amplitude kann jedoch so groß sein, daß der Verstärker übersteuert wird. Deshalb muß neben der Vorrichtung zum Abgleich der Brückenwiderstände auch eine solche zum Abgleich der kapazitiven Unsymmetrie vorhanden sein. Vor Beginn der Messung ist dieser kapazitive Abgleich sorgfältig vorzunehmen. Hierfür haben die Geräte meist besondere Anzeigevorrichtungen.

Gleichspannungsverstärker. Durch Verwendung moderner Halbleiterbauelemente ist es heute möglich, Gleichspannungsverstärker zu bauen, die in ihren Eigenschaften den Trägerfrequenz-Meßverstärkern gleichwertig, in einigen Punkten wie Linearität und Gleichtaktunterdrückung sogar überlegen sind. Sie werden vorwiegend in der Analogrechentechnik als Operationsverstärker eingesetzt, finden aber auch in der DMS-Technik immer mehr Verwendung. Man kann die Brückenschaltung mit Gleichspannung speisen, wodurch der Nullabgleich einfacher wird, da kein kapazitiver Abgleich notwendig ist. Auch der Einfluß der Kabelkapazitäten ist geringer, er muß nur noch beachtet werden, wenn sehr schnell veränderliche Dehnungen gemessen werden, da dann die Ausgangsspannung der Brückenschaltung eine hochfrequente Wechselspannung ist, die durch die Kapazität der Meßleitungen beeinflußt wird. Größere Schwierigkeiten entstehen durch Thermospannungen, die an den Anschlüssen der DMS, in den Meßleitungen oder an den Kontakten von Meßstellenumschaltern auftreten, wenn diese unterschiedliche Temperaturen haben. Sie sind von gleicher Größe wie die von den DMS erzeugten Meßspannungen, werden wie diese vom Gleichspannungsverstärker verstärkt und täuschen dann nichtvorhandene Dehnungen vor. Beim Trägerfrequenzverstärker bleiben sie ohne Wirkung, da er Gleichspannungen nicht verstärken kann. Ihr Einfluß kann beim Gleichspannungsverstärker ausgeschaltet werden, indem man zweimal mit umgepolter Speisespannung mißt und den Mittelwert aus beiden Ablesungen bildet. Bei automatischen Meßanlagen, die meist einen Analog-Digital-Wandler enthalten, kann die zweimalige Messung und Mittelbildung in den automatischen Ablauf mit einbezogen werden. Der zusätzliche Zeitbedarf fällt dann nur bei sehr schnellen Meßfolgen ins Gewicht. Diese sind jedoch nur mit Gleichspannungsverstärkern möglich, da Trägerfrequénz-Meßverstärker hierfür eine zu hohe Trägerfrequenz mit all ihren Nachteilen erfordern. Ein weiterer Nachteil des Gleichspannungsverstärkers besteht darin, daß Störspannungen durch Einstreuungen aus dem Wechselstromnetz nicht durch Filter im Eingangskreis ausgesiebt werden können, wie dies bei Trägerfrequenz möglich ist. Abhilfe kann man hier nur durch sorgfältiges Abschirmen der Geber und der Meßleitungen schaffen. Der Aufwand hierfür ist jedoch bei Modellmessungen mit vielen Meßstellen zu groß. Es bleibt dann nur die Verwendung eines digitalen Anzeigegerätes (s. Abschn. F-4.4.2.6) mit einem Analog-Digital-Wandler, der nach dem Integrationsprinzip arbeitet. Hier wird die zu messende Ausgangsspannung des Verstärkers über eine bestimmte Zeitdauer summiert. Ist diese gleich der Periodendauer der Netzspannung, dann heben sich alle Störspannungen mit einer Frequenz von $n \cdot 50$ Hz ($n = 1, 2, \ldots$) auf und beeinflussen die Anzeige nicht. Mit guten Gleichspannungsverstärkern, die heute meist in integrierter Technik mit kleinsten Abmessungen hergestellt werden und sehr zuverlässig sind, kann man Verstärkungsfaktoren von 10^5 bis 10^6 erzielen mit einem Linearitätsfehler, der kleiner ist als 10^{-3} bis 10^{-4}. Die temperaturbedingte Nullpunktsdrift beträgt etwa 0,2 bis 10 μV/°C, und der Frequenzbereich geht von Null bis 100 kHz. Mehr als diese allgemeinen Hinweise auf die Unterschiede zwischen Gleichspannungs- und Trägerfrequenzverstärker können hier nicht gegeben werden. Weitere den Benutzer interessierende technische Einzelheiten über die Geräte können den Druckschriften der Hersteller entnommen werden.

4.4.2.6 Vielstellenmeßtechnik

Baustatische Untersuchungen an Modellen sind im allgemeinen nur dann sinnvoll, wenn die Größe der mechanischen Beanspruchung an mehreren Stellen gleichzeitig ermittelt wird. Einmal gestattet eine Messung an nur einer Stelle selten eine Beurteilung der Richtigkeit des Meßergebnisses, da die zu einer Gleichgewichtskontrolle notwendigen Schnittkräfte sich aus der Beanspruchung nur eines Punktes in den für die Modellstatik interessanten Fällen kaum berechnen lassen. Zum anderen verlangt meist die Aufgabenstellung die Ermittlung der Spannungsverteilung entlang mehrerer geeigneter Schnitte oder die Angabe der Momentenverteilung in einer ganzen Platte oder einem größeren Teil einer Schale. Im allgemeinen Fall muß zur Ermittlung des ebenen Spannungstensors an einem Punkt des Flächentragwerks die Dehnung in drei Richtungen gemessen werden. Will man Biege- und Normalspannungen trennen, so ist auf der Ober- und Unterseite zu messen, wodurch sechs einzelne Meßelemente an einem Punkt des Tragwerks notwendig sind. Dies führt schnell zu einer sehr großen Anzahl von Meßelementen, oft ergeben sich mehrere hundert. Eine derart umfangreiche Meßaufgabe ist nur durch die Verwendung von DMS zu bewältigen; sie lassen sich klein genug herstellen und sitzen nach dem Aufkleben unverrückbar fest. Außerdem benötigt eine richtig installierte DMS-Meßstelle über lange Zeit keinerlei Wartung, insbesondere bei Messungen im Laboratorium. Man kann damit auch an schwer zugänglichen Teilen messen, wie z. B. im Inneren von Hohlkästen, wo die DMS ggf. schon vor dem Zusammenbau des Modells angebracht und verdrahtet werden müssen.

Wollte man alle Meßstellen nacheinander mit einer einfachen Meßeinrichtung verbinden und von Hand messen, so wäre der Zeitaufwand beträchtlich. Zudem wirkt die Monotonie des ständig zu wiederholenden

Meßvorgangs sehr ermüdend, und die Wahrscheinlichkeit von Ablesefehlern nimmt stark zu, die nur mit weiterem Zeitaufwand festgestellt und eliminiert werden können. An jede Meßstelle einen eigenen Meßverstärker mit Registriergerät anzuschließen, verbietet der große technische Aufwand von selbst. Dies ist nur bei sehr schnellen dynamischen Vorgängen notwendig. Bei statischen oder quasistatischen Messungen, wie sie in der Modellstatik vorherrschen, kann man einen einzigen Meßkanal verwenden, an den alle Meßstellen über einen Meßstellenumschalter angeschlossen werden. Dies bietet den Vorteil, daß alle Meßstellen fest verbunden bleiben und eine Meßstelle nach der anderen abgefragt werden kann. Verwendet man das Kompensationsverfahren (s. S. 221), so ist am Meßstellenumschalter dafür zu sorgen, daß die Übergangswiderstände der Schaltkontakte keinen Einfluß auf die Messung haben, denn sie liegen in Serie mit den DMS. Änderungen der Kontaktwiderstände von 1 mΩ, die bei gewöhnlichen Kontakten vorkommen, täuschen eine Dehnung von $\varepsilon = 4 \cdot 10^{-6}$ vor. Mit Hilfe der etwas aufwendigeren THOMSON-Schaltung [F.36] läßt sich dieser Einfluß jedoch ausschalten; man kann dann zuerst im unbelasteten Zustand die Nullablesung für *alle* Meßstellen hintereinander vornehmen und anschließend nach dem Belasten wieder alle Meßwerte ablesen. Die Differenz aus den jeweiligen Ablesungen ergibt den Dehnungswert infolge der aufgebrachten Belastung.

Wesentlich zeitsparender als das Kompensationsverfahren ist das Ausschlagverfahren, da hier das Betätigen des Kompensationswiderstandes entfällt und nur der Zeigerausschlag nach dem Umschalten auf die nächste Meßstelle abgelesen und notiert werden muß. Allerdings müssen vorher die einzelnen Meßstellen abgeglichen werden, denn der Ausgangswiderstand der DMS kann bis zu $\pm 2\%$ streuen, so daß der Nullpunkt der mit ihnen gebildeten Brückenschaltungen weit außerhalb des benötigten Meßbereiches liegen kann. Die Brückenschaltung besteht in der Regel aus dem aktiven DMS, dem Kompensations-DMS und der restlichen im Gerät befindlichen Halbbrücke. Man braucht für jede Meßstelle eine eigene Abgleicheinheit; sie enthält Widerstandskombinationen zum Grob- und Feinabgleich des DMS. Bei Verwendung von Trägerfrequenz-Meßverstärkern müssen zusätzlich noch Kondensatoren für den Abgleich unsymmetrischer Kapazitäten der Meßkabel vorhanden sein.

Der Aufwand und Raumbedarf für die Abgleichvorrichtungen ist bei vielen Meßstellen recht erheblich. Jedoch ist es möglich, mit Hilfe solcher Meßstellenumschalter automatische Meßeinrichtungen aufzubauen, bei denen der gesamte Meßvorgang und das Umschalten von Meßstelle zu Meßstelle einschließlich der Be- und Entlastung der Modelle selbsttätig geschieht. Eine solche Meßeinrichtung, die speziell für Untersuchungen an Kunststoffmodellen nach der in Abschn. C-3.2.2.3 beschriebenen Methode der periodischen Be- und Entlastung entwickelt wurde, ist in [F.37] beschrieben. Die Meßwerte werden digital angezeigt, durch einen Drucker registriert und gleichzeitig in einen Lochstreifen gestanzt. In weniger als 1 sec kann ein Meßelement abgefragt und der Meßwert registriert werden. Nur der Einsatz solcher automatischer Meßeinrichtungen erlaubt eine wirtschaftliche Untersuchung von Modellen mit sehr vielen Meßstellen. Mit der genannten Anlage wurde u. a. ein Kunststoffmodell mit 700 Meßstellen für 12 verschiedene Lastfälle untersucht. Damit der Aufwand an Abgleicheinheiten nicht zu groß wird, können bei dieser Meßanlage immer nur Gruppen von 50 Meßstellen automatisch gemessen werden. Dann wird von Hand auf die nächste Gruppe umgeschaltet, die vor der Messung noch grob vorabgeglichen werden muß.

Werden Dehnungsmessungen bei periodischer Be- und Entlastung an sehr vielen Meßstellen ausgeführt, so fällt eine große Zahl einzelner Meßwerte an, deren Auswertung nur mit erträglichem Aufwand möglich ist, wenn hierzu eine elektronische Datenverarbeitungsanlage benutzt wird. Nur so kommen die mit einer automatischen Meßanlage zu erzielenden Vorteile voll zur Geltung. Die Meßwerte müssen jedoch ohne menschliches Eingreifen gleich bei der Messung so gespeichert werden, daß sie unmittelbar zur Auswertung in einen Elektronenrechner eingegeben werden können. Dies ist z. B. mit einem Streifenlocher möglich, der bei jeder Messung die Meßstellennummer und den Meßwert zusammen mit den zur elektronischen Datenverarbeitung notwendigen weiteren Symbolen stanzt.

In neuerer Zeit wurden Meßanlagen entwickelt, die den großen Aufwand für die Abgleichvorrichtungen vermeiden, indem für alle Meßstellen ein zentraler Stufenabgleich benutzt wird [F.38]. Dieser wird immer parallel zu der Meßstelle geschaltet, die gerade gemessen werden soll. Er besteht z. B. aus 11 unabhängig schaltbaren Widerständen, die im Verhältnis $1:2:4 \ldots$ gestuft sind, und einem Umschalter S_0 (s. Bild F.31). Damit können Unsymmetrien entsprechend einer Dehnung von $\varepsilon = \pm 10\,000 \cdot 10^{-6}$ mit einem Größtfehler von $\varepsilon = 2,5 \cdot 10^{-6}$ abgeglichen werden. Zum Abgleich einer Meßstelle wird die Kombination der 12 Schalter gesucht, die die kleinste restliche Unsymmetrie ergibt. Für jede Meßstelle ist ein Abgleichspeicher vorhanden, in dem die Ansteuerbefehle für die als Relais ausgebildeten Schalter festgehalten werden. Beim Anschalten einer Meßstelle wird gleichzeitig die beim Vorabgleich ermittelte Kombination der Schaltstufen wiederhergestellt. Nach diesem Prinzip wurde eine vollautomatische Meßanlage für 500 DMS in Viertelbrückenschaltung entwickelt (Firma Dr. W. & H. Brandt, Bochum-Dahlhausen), die den zentralen Stufenabgleich für alle Meßstellen automatisch mit etwa 3 Meßstellen/sec durchführt. Die Schaltung der Abgleichwiderstände wird für jede der 500 Meßstellen in einem Kernspeicher festgehalten und bei der Messung von dort abgerufen. Die eigentliche Messung erfolgt dann mit 10 Meßstellen/sec, wobei der Meßbereich Dehnungen bis zu $\varepsilon = \pm 1500 \cdot 10^{-6}$ umfaßt und der angezeigte Wert auf $\varepsilon = 0{,}5 \cdot 10^{-6}$ digital abgelesen werden kann. Dabei wird eine Genauigkeit und Reproduzierbarkeit von $\varepsilon = \pm 1 \cdot 10^{-6}$ erzielt. Die Geschwindigkeit der Messungen kann bis 50 Meßstellen/sec gesteigert werden,

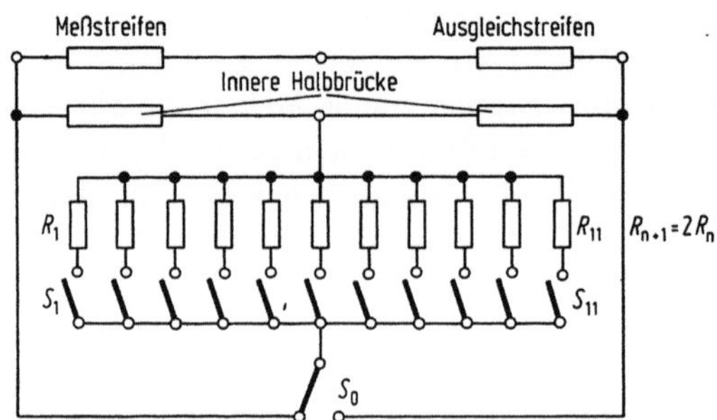

Bild F. 31 Schaltung für zentralen Stufenabgleich (nach [F. 38])

wobei jedoch die Genauigkeit auf etwa $\varepsilon = \pm 15 \cdot 10^{-6}$ zurückgeht, der Meßbereich allerdings auf $\varepsilon = \pm 12000 \cdot 10^{-6}$ erweitert ist. Dabei werden die Meßwerte zunächst in den Kernspeicher übernommen und können dann mit der Arbeitsgeschwindigkeit der Registriergeräte (Drucker oder Stanzer) ausgegeben werden. Die DMS werden mit Gleichspannung gespeist, weil nur sie eine so schnelle Meßfolge ermöglicht. An die Anlage können nicht nur DMS, sondern auch andere Geber wie Auflagerkraftmesser, Verschiebungsmesser, Thermoelemente u. a. in beliebiger Reihenfolge angeschlossen werden. Hierzu ist eine Schalttafel vorhanden, mit der die Meßstellen programmiert werden können, d. h., es kann die Höhe der Speisespannung, die Zuordnung zu bestimmten Kompensations-DMS und die Anschlußart (Viertel- oder Vollbrückenschaltung, aktiver oder passiver Geber) für jede Meßstelle vorgewählt werden. Auf Bild F. 32 ist der Aufbau einer solchen Anlage schematisch wiedergegeben.

Um die bei der Messung von 500 Meßstellen mit periodischer Be- und Entlastung anfallende große Zahl von Einzelwerten bei vier Belastungsspielen (5 Messungen bei Entlastung, 4 Messungen bei Belastung = $500 \cdot 9 = 4500$ Meßwerte) zu reduzieren, ist an die Anlage eine kleine elektronische Datenverarbeitungsanlage angeschlossen, der die Meßwerte unmittelbar auf elektrischem Wege, d. h. ohne etwa einen Lochstreifen als Zwischenträger, zugeführt werden. Diese Anlage führt die bei periodischer Be- und Entlastung notwendige Differenz- und Mittelbildung noch während der Messung aus. Außerdem berechnet sie die Standardabweichung der bei vier Lastzyklen gebildeten vier Einzelwerte und druckt sie zusammen mit ihrem Mittelwert mit einer Fernschreibmaschine in Tabellenform aus. So liegen etwa 2 Min. nach Beendigung einer Messung die Mittelwerte für die 500 Meßstellen vor; die Güte der einzelnen Messungen läßt sich an Hand der Standardabweichungen beurteilen, so daß unmittelbar entschieden werden kann, ob ein Lastfall wiederholt werden muß oder nicht. An Stelle der 4500 Werte brauchen jetzt nur noch 500 Mittelwerte in einem Lochstreifen ausgegeben zu werden, der dann zur weiteren Auswertung zusammen mit allen anderen

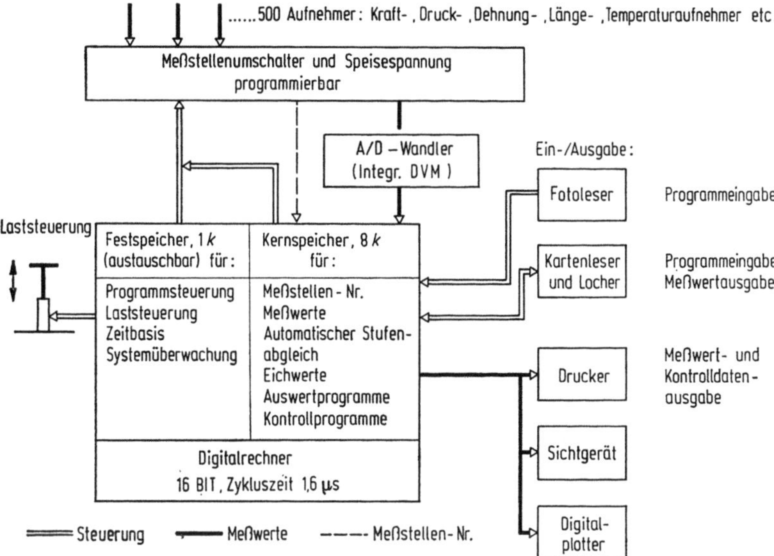

Bild F.32 Blockschaltbild einer vollautomatischen Meßanlage

Lastfällen später in einen Großrechner eingegeben wird. Ein speziell hierfür aufgestelltes Rechenprogramm ermöglicht die Auswertung von Messungen mit Einzelstreifen, 90°-Rosetten oder Dreierrosetten (45°) in beliebiger Reihenfolge. Dabei werden Punkt für Punkt aus den Mittelwerten der an einem Meßpunkt bestimmten Dehnungen die Koordinatenspannungen und bei den 45°-Rosetten auch die Hauptspannungen und ihre Richtungen berechnet. Zur Koordinierung der zu den einzelnen Meßpunkten gehörenden Anschlüsse dient ein Steuerstreifen, der ein Verzeichnis der Punktnummern und zugehörigen Meßstellennummern enthält. Die Reihenfolge der Meßstellen ist dabei beliebig, da die Maschine aus den abgespeicherten Mittelwerten jeweils die zu einem Meßpunkt gehörigen heraussucht. Aus Messungen, die mit DMS-Rosetten an gegenüberliegenden Oberflächenpunkten von Platten und Schalen ausgeführt werden, können Biege- und Normalspannungen ermittelt und in Biegemomente und Normalkräfte umgerechnet werden. Auch die Hauptmomente, Hauptkräfte und ihre Richtungen lassen sich bestimmen. Die Momente und Kräfte werden in der Regel auf die Hauptausführung und auf vorgegebene Einheitslasten bezogen. Die Eingabe der notwendigen festen Rechenwerte wie E-Modul, Querdehnzahl, Einheitslasten, Eichkonstanten usw. wird durch einen zusätzlichen Datenstreifen vorgenommen. Das Ausdrucken der fertig ausgewerteten Meßergebnisse geschieht in Tabellen im Format DIN A 4 auf Transparentpapierrollen in pausfähiger Form. Sie können direkt in den Versuchsbericht übernommen werden, so daß auch hier keine Abschreibfehler entstehen.

4.4.2.7 Anzeige- und Registriergeräte

Analoge und digitale Anzeige von Meßwerten. Sollen mechanische Größen wie Verschiebungen, Durchbiegungen, Dehnungen, Kräfte und Drücke elektrisch gemessen werden, so ist hierzu eine Reihe hintereinandergeschalteter Geräte notwendig (s. Bild F.1), deren letztes ein Anzeige- oder Registriergerät ist. Es macht den vom Aufnehmer oder Geber zusammen mit der Zwischenschaltung und dem Verstärker in eine elektrische Spannung oder einen Strom umgewandelten Wert der mechanischen Größe sichtbar und damit der menschlichen Wahrnehmung überhaupt erst zugänglich. Am einfachsten geschieht dies durch ein analoges Anzeigegerät. Die mechanische Größe wird durch eine ihr verhältnisgleiche (analoge) Spannung oder einen Strom dargestellt, die vom Anzeigegerät wiederum in eine analoge Größe — meistens einen Zeigerausschlag — umgewandelt werden. Der im allgemeinen nur kurze Zeit bestehende Ausschlag muß vom Menschen abgelesen und in Ziffernform aufgeschrieben werden. Zur Anzeige werden Drehspulgeräte als Strom- und Spannungsmesser in den verschiedensten Ausführungen verwendet. Üblicherweise sind sie in die Meßverstärker direkt eingebaut und von deren Hersteller passend ausgewählt. Es ist deshalb nicht notwendig, hier auf ihren Aufbau und ihre Eigenschaften einzugehen. Es sei nur bemerkt, daß ihre Genauigkeit prinzipiell durch die Ablesbarkeit begrenzt ist. Diese ist abhängig von der Größe und Ausführung der Skala (s. Abschnitt F-2). Hohe Genauigkeitsansprüche erfordern große Skalen mit Spiegelablesung und entsprechende Gestaltung der Teilstriche im Verhältnis zur Breite des Zeigers.

Ablesefehler lassen sich fast gänzlich durch digitale Anzeigegeräte vermeiden. Sie zeigen den Meßwert in Ziffern an, wodurch das Ablesen sehr viel einfacher, weniger ermüdend und fast fehlerfrei geschieht. Sie erfordern jedoch zusätzlich einen Analog-Digital-Wandler [F.39]. In ihm wird die analoge Spannung oder der Strom in eine Folge von elektrischen Impulsen umgewandelt, die in einem bestimmten Code verschlüsselt den Meßwert darstellen. Man verwendet meist digitale Voltmeter, bei denen der Analog-Digital-Wandler und das digitale Anzeigegerät in einer Einheit zusammengebaut sind. Wegen des größeren Aufwandes ist eine digitale Anzeige viel teurer als eine analoge. Jedoch steht sie fast immer in Verbindung mit einer digitalen Registrierung, die so große Vorteile bei der anschließenden Weiterverarbeitung der Meßwerte bietet, daß der Aufwand gerechtfertigt ist. In bestimmten Fällen ist er sogar notwendig, wenn umfangreiche Messungen wirtschaftlich ausgewertet und dargestellt werden sollen. Im Prinzip wird bei der digitalen Anzeige (oder Registrierung) eine kontinuierlich veränderliche Größe unstetig wiedergegeben. Die kleinste feststellbare Änderung und der kleinste ablesbare Wert ist die Einheit der letzten Ziffernstelle, so daß der zeitliche Verlauf einer Meßwertänderung immer nur die Form einer Treppenkurve hat. Jedoch kann bei der digitalen Anzeige die Ablesegenauigkeit gesteigert werden, indem man weitere Ziffernstellen hinzufügt. Die Genauigkeit dieser Geräte ist deshalb sehr groß, und man kann ohne Meßbereichsumschaltung ein großes Auflösungsvermögen und eine entsprechend große Ablesegenauigkeit erzielen. So wird bei Geräten mit einer Anzeige von 4 Ziffern der Meßbereich in $\pm\,9\,999$ Einheiten aufgelöst, was bei analoger Ablesung nicht mehr möglich ist.

Bei einer elektrischen Meßkette kann die Gesamtgenauigkeit nie besser sein als die ihres schwächsten Gliedes. Wenn man also sehr genaue Aufnehmer und präzise Meßverstärker benutzt, so muß man dafür sorgen, daß die im allgemeinen mit hohem Aufwand erzielte Genauigkeit nicht durch schlechte Anzeigegeräte mit ungenügender Ablesbarkeit wieder verlorengeht. Umgekehrt ist ein sehr genaues Anzeigegerät wenig sinnvoll, wenn Aufnehmer und Verstärker nur eine beschränkte Genauigkeit besitzen. Die heute verfügbaren Analog-Digital-Wandler haben meist eine wesentlich bessere Genauigkeit als Aufnehmer und Meßverstärker. Die Gesamtgenauigkeit der Meßkette wird deshalb durch sie kaum beeinträchtigt; wenn der Meßwert erst einmal in digitaler Form als Impulsfolge vorliegt, kann seine Genauigkeit nicht mehr verringert werden. Es können zwar Impulse durch Fehler der Geräte verlorengehen oder dazukommen, dies stört jedoch im allgemeinen die Codierung des Meßwertes in einer solchen Weise, daß der Fehler sofort zu erkennen ist. Dagegen sind Ungenauigkeiten eines analogen Gerätes nicht immer ohne weiteres erkennbar.

Analoge Registriergeräte. Zur anschaulichen Darstellung einer veränderlichen Meßgröße benutzt man analoge Registriergeräte [F. 40]. Bei ihnen wird der Meßwert analog auf einem Papierstreifen oder Film als Kurve aufgezeichnet. Da sich der Papierstreifen mit konstanter Geschwindigkeit senkrecht zur Bewegungsrichtung der Schreibvorrichtung bewegt, erfolgt die Darstellung als Funktion der Zeit. Auch die Aufzeichnung eines Meßwertes als Funktion eines anderen zweiten Meßwertes ist möglich. Hierzu dienen sog. x-y-Schreiber, bei denen meist das Schreibpapier feststeht und die Schreibvorrichtung zwei unabhängige Bewegungen in zueinander senkrechten Richtungen ausführen kann. So ist es z. B. möglich, das σ-ε-Diagramm eines Werkstoffes selbsttätig aufzuzeichnen, indem man die Dehnung der Probe und die auf sie einwirkende Kraft der Prüfmaschine elektrisch mißt und mit einem x-y-Schreiber aufzeichnet. Eine als Kurve registrierte Meßwertfolge zeigt zunächst einmal qualitativ den Verlauf der Meßgröße. Ihren jeweiligen Betrag muß man aus der Kurve mit einem Maßstab durch Ablesen ermitteln. So ist auch hier wieder die Genauigkeit durch die Ablesbarkeit begrenzt.

Zum Aufzeichnen der Meßwerte benutzt man verschiedene Verfahren, entsprechend der Änderungsgeschwindigkeit des Meßwertes bzw. seiner Frequenz. Daneben ist es wichtig, die mit dem jeweiligen Verfahren mögliche Genauigkeit zu kennen. Die meisten Geräte werden in Mehrkanalausführung gebaut, so daß mehrere Meßwerte gleichzeitig aufgezeichnet werden können. In Tab. F.2 sind die für die einzelnen Gerätegruppen kennzeichnenden Daten angegeben. Da die Schreibbreite für die Ablesegenauigkeit wichtig ist, wurde sie ebenfalls mitgeteilt. Es gibt jedoch in jeder Gruppe auch einfachere Geräte für geringere Anforderungen hinsichtlich Genauigkeit, Kanalzahl usw. zu entsprechend niedrigerem Preis. Die Registriergeschwindigkeit guter Geräte ist variabel, so daß sie sich dem Frequenzbereich der Meßgröße in gewissem Umfang anpassen läßt. Im übrigen sind weitere Einzelheiten und Daten aus den Druckschriften der Gerätehersteller zu erfahren. Bei der Vielzahl der auf dem Markt befindlichen Geräte ist es kaum möglich, über das vorstehend Gesagte hinaus allgemeinverbindliche Angaben zu machen.

Digitale Registriergeräte. Ist das elektrische Meßsignal durch einen Analog-Digital-Wandler in eine digitale Größe umgewandelt worden, so kann es als mehrstellige Dezimalzahl mit Hilfe eines Druckers oder eines Fernschreibers registriert werden [F.41]. Es ist nur erforderlich, daß die digitale Größe vom A/D-Wandler im gleichen Code dargestellt wird, für den das Registriergerät eingerichtet ist. Andernfalls muß ein Codewandler zwischengeschaltet werden. Mit den üblicherweise verwendeten mechanischen Druckern können 3 bis 4 Meßwerte/sec registriert werden. Schnelldrucker geben 300 Zeilen/sec; sie werden wegen ihres großen Aufwandes jedoch nur als Ausgabegeräte für schnelle digitale Rechenautomaten benutzt.

Lochkarten oder Lochstreifenstanzer registrieren die Meßwerte als Löcher in einem Code verschlüsselt in Karten oder Papierstreifen. Sie sind digitale Datenspeicher, da die Werte zwar beliebig oft zur Verfügung

Tabelle F.2 *Kennzeichnende Daten analoger Registriergeräte*

Gerätegruppe	Fehler	Frequenz-bereich	Schreib-breite	mögliche Kanalzahl	
Kompensationslinien-schreiber	0,25%	3 bis 5 Hz	100 bis 400 mm	4	Tintenschreiber
Kompensationspunkt-drucker	0,25%	quasistatisch	250 mm	12	Farbband und Druckwerk
Direktschreiber	2%	300 Hz 100 Hz	± 10 mm ± 25 mm	8	Tintenschreiber oder geheizte Schreibspitze auf Spezialpapier
Lichtpunktlinienschreiber mit Spulenschwinger (Schleifenoszillograph)	2%	8 kHz	150 mm	60	bis ca. 80 Hz verstärkerloses Messen möglich UV-Papier für Direktschrift notwendig oder Papierentwicklung
Kathodenstrahloszillograph mit Registrierkamera	3%	5 MHz	35 mm	1	Schrift nicht sofort sichtbar, Filmentwicklung notwendig

stehen, aber nicht ohne Hilfsmittel (z. B. Fernschreiber) gelesen werden können. Sie dienen zur Eingabe der Meßwerte in digitale Datenverarbeitungsanlagen, damit dort deren Auswertung und Weiterverarbeitung schnell und sicher nach einem vorher aufgestellten Rechenprogramm erfolgen kann. Hier liegt die große Bedeutung ihrer Anwendung. Bei entsprechender Programmierung liefert der Rechner ein fertiges Ergebnis der Modelluntersuchung in Tabellen gedruckt mit hoher Zuverlässigkeit bei gleichzeitiger großer Ersparnis an Auswertezeit und geschultem Auswertepersonal.

In Lochstreifen lassen sich bis zu 150 Zeichen/sec stanzen, so daß man bei den in der Modellstatik üblichen Verhältnissen ca. 10 Meßwerte/sec aufnehmen kann. Eine schnellere digitale Registrierung ist mit digitalen Magnetbandgeräten möglich. Der finanzielle Aufwand hierfür ist jedoch noch so groß, daß ihr Einsatz für Zwecke der Modellstatik nicht wirtschaftlich ist.

Anpassung der Geräte. Eine elektrische Meßkette kann nur dann optimale Ergebnisse liefern, wenn die einzelnen Geräte untereinander elektrisch richtig angepaßt sind. Dies bedeutet, daß der Ausgangswiderstand des einen Gerätes in bestimmter Weise auf den Eingangswiderstand des folgenden abgestimmt sein muß. Beim Anschluß eines Aufnehmers an den Meßverstärker soll das Verhältnis des Meßsignals zu den unvermeidlichen Störspannungen möglichst groß sein. Letztere entstehen teils in den Geräten selbst, teils werden sie von außen durch elektrische und magnetische Felder in den Gebern und Leitungen erzeugt. Sie werden als Rauschen bezeichnet und bestimmen weitgehend das Auflösungsvermögen der Anordnung, das also nicht nur von der Brückenspeisespannung, der Empfindlichkeit des Aufnehmers und dem Verstärkungsfaktor des Meßverstärkers abhängt. Ein gewisser Mindestabstand zwischen Rausch- und Meßspannung muß vorhanden sein, damit das Meßsignal nicht im Rauschpegel untergeht. Das beste Verhältnis wird erzielt, wenn der Meßverstärker eine möglichst große Leistung aus dem Geber aufnimmt. Dies ist bei sonst gleichen Umständen dann der Fall, wenn der Ausgangswiderstand des Gebers gleich dem Eingangswiderstand des Meßverstärkers ist. Man sollte deshalb ein Gerät nur zusammen mit den Aufnehmern verwenden, für die seine Eingangsschaltung ausgelegt ist, was vom Hersteller im allgemeinen angegeben wird.

Nicht so kritisch ist die Anpassung von Registriergeräten an einen Meßverstärker, wenn es sich um spannungsempfindliche Geräte handelt, wie es bei allen Kompensatoren und Direktschreibern mit eingebautem Verstärker sowie den Kathodenstrahloszillographen und allen Analog-Digital-Wandlern der Fall ist. Hier ist keine Leistungsanpassung erforderlich; es muß lediglich die für die Aussteuerung des Registriergerätes notwendige Spannung vom Meßverstärker abgegeben werden. Der Eingangswiderstand dieser Geräte ist meist sehr viel größer als der Innenwiderstand der Meßverstärker, wie es für die Spannungsanpassung erwünscht ist. Man sollte jedoch darauf achten, daß der vollen Ausnutzung des Meßbereiches des Verstärkers auch die Vollaussteuerung des Registriergerätes entspricht, da dann wieder der erzielbare Rauschabstand am größten ist.

Bei stromempfindlichen Geräten wie den Schleifenoszillographen, die keinen eigenen Verstärker besitzen, ist wieder eine Leistungsanpassung notwendig (Eingangswiderstand = Ausgangswiderstand). Der Leistungsausgang des Meßverstärkers erfordert deshalb einen bestimmten Abschlußwiderstand. Jedoch benötigen die meisten Galvanometerschleifen zur Erzielung einer optimalen Dämpfung einen sehr genau einzuhaltenden äußeren Schließungswiderstand. Beide sich meist widersprechende Bedingungen lassen sich durch besondere Zwischenschaltungen erfüllen. Bei einer Fehlanpassung eines Schleifenoszillographen kann der Verlauf der Meßgröße u. U. stark verzerrt werden. Auf Einzelheiten einzugehen, übersteigt den Rahmen dieser allgemeinen Hinweise. Sie sind in den Betriebsanleitungen der entsprechenden Geräte enthalten.

4.5 Reißlackverfahren

4.5.1 Grundlagen

Das Reißlack- oder Dehnungslinienverfahren ist eine sichere und einfache Methode zur Bestimmung der Hauptspannungsrichtungen. Daneben erlaubt es, auch die Größe der Spannungen abzuschätzen. Die zu erzielende Genauigkeit, die je nach den Versuchsbedingungen $\pm 10\%$ bis $\pm 20\%$ beträgt, ist für viele Fälle ausreichend. Bei Voruntersuchungen z. B. kann man schnell einen Überblick über Größe und Richtung der auftretenden Beanspruchungen erhalten. Im Rahmen von Modelluntersuchungen jedoch werden Reißlacke vorwiegend verwendet, um auf einfache Art die Stellen größter Beanspruchung zu finden. In den dort festgestellten Richtungen wird anschließend mit anderen Verfahren die Größe der Hauptdehnungen gemessen. Auf diese Weise kann die Zahl der erforderlichen Dehnungsmessungen beträchtlich vermindert werden.

Das zu untersuchende Bauteil wird mit einem sehr spröden, fest an der Oberfläche haftenden Material überzogen. Da der Überzug von ca. 0,4 bis 0,8 mm im Vergleich zu dem zu untersuchenden Teil sehr dünn ist, werden dessen Dehnungen vollkommen auf den Lack übertragen und sind gleichmäßig über seine Dicke verteilt. Der Lack reißt senkrecht zur Richtung der betreffenden Hauptzugdehnung, wenn infolge von Dehnungen des Bauteiles seine Trennfestigkeit überschritten wird. Die Dehnung ε_R, bei der dies der Fall ist, wird mit Reißdehnung bezeichnet. Die Spannung σ_B im Bauteil mit dem Elastizitätsmodul E ist dann

$$\sigma = E \cdot \varepsilon_R. \tag{F.38}$$

Aus dieser Beziehung kann man die Größe der Hauptspannung berechnen, die an der Stelle des gerade entstandenen Risses infolge der äußeren Last vorhanden ist. In dieser einfachen Gleichung wird allerdings der Einfluß eines eventuell vorhandenen zweiachsigen Spannungszustandes auf die Trennfestigkeit des Lackes vernachlässigt. Da die Querdehnzahl des Lackes im allgemeinen von der des Bauteiles abweicht, entsteht im Lack ein zweiachsiger Spannungszustand, auch wenn im Bauteil nur ein einachsiger Spannungszustand vorhanden ist. Aus dem bekannten Zusammenhang zwischen Spannung und Dehnung im zweiachsigen Spannungszustand und aus der Gleichheit der Dehnungen von Überzug und Bauteil ergibt sich für die Spannungen im Lack [F.42]:

$$\sigma_{xL} = \frac{E_L}{E\,(1 - \mu_L^2)} \left[(1 - \mu\mu_L)\sigma_x + (\mu_L - \mu)\sigma_y \right]. \tag{F.39}$$

Es bedeuten

$$
\left.
\begin{array}{ll}
\sigma_x,\ \sigma_y & \text{Spannungen} \\[1mm]
\mu & \text{Querdehnzahl} \\[1mm]
E & \text{Elastizitätsmodul}
\end{array}
\right\} \text{des Bauteiles.}
$$

Die entsprechenden Größen des Lackes sind mit dem Index L bezeichnet.

Um den Einfluß eines zweiachsigen Spannungszustandes auf die Trennfestigkeit des Lackes zu erfassen, wurden ausführliche theoretische Untersuchungen unter Anwendung der Bruchhypothese von MOHR angestellt [F.43]. Die Ergebnisse bedürfen jedoch noch einer eingehenderen experimentellen Bestätigung, bevor hieraus allgemein gültige Korrekturen abgeleitet werden können. Außerdem müssen dann die Materialeigenschaften genau bekannt sein, die bei den heute üblichen Lacküberzügen aber von so vielen Faktoren abhängen, daß ihre Kennwerte schwerlich in den für eine sinnvolle Auswertung notwendigen engen Grenzen konstant gehalten werden können. Von den Rissen im Lack kann auf die Richtungen und das Größenverhältnis der Hauptspannungen im Bauteil geschlossen werden. Es sind drei Fälle zu unterscheiden:

a) $\sigma_1 > 0$, $\sigma_2 < 0$.

Es entsteht nur eine Gruppe von Rissen, die in Richtung von σ_2 verlaufen (s. Bild F.33a).

b) $\sigma_1 > \sigma_2 > 0$.

In diesem Fall können zwei Scharen von Rissen entstehen. Zuerst treten die von σ_1 hervorgerufenen Risse auf. Wenn die Belastung weiter gesteigert und σ_2 genügend groß wird, reißt der Lack auch senkrecht zur Richtung von σ_2, und man erhält ein vollständiges Bild der Hauptspannungstrajektorien (s. Bild F.33b).

c) $\sigma_1 = \sigma_2 > 0$.

Dies ist ein sog. isotroper Spannungszustand, in dem jede Richtung Hauptspannungsrichtung ist, so daß im Rißmuster keine bevorzugte Orientierung erkennbar ist (Bild F.33c).

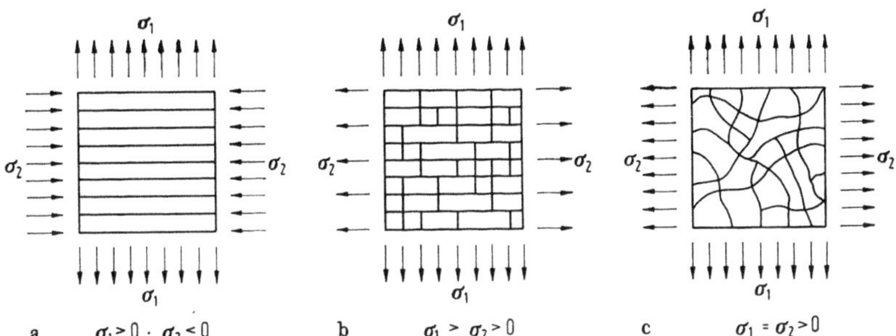

Bild F.33 Rißmuster beim Reißlackverfahren (schematisch)

Auf zweiachsige Druckspannungen spricht Reißlack nicht an. Auch bei einachsigem Druck reißt der Lack infolge der Querdehnung nicht, da die Querdehnzahl des Lackes meist größer als die des Bauteiles ist, so daß im Lack zweiachsige Druckspannungen entstehen, wie aus der obigen Gleichung für σ_{xL} ersichtlich ist. Experimente von DURELLI und DE WOLF [F.43] haben gezeigt, daß für die Trennfestigkeit von Reißlacken die Hypothese der maximalen Hauptzugspannung und nicht die der maximalen Hauptdehnung gültig ist. Um auch bei Druckspannungen Rißbilder zu erhalten, wird das Bauteil belastet, bevor der Lack aufgebracht wird. Nach dem Erstarren des Lackes wird entlastet. Dadurch ist das Vorzeichen der Spannungen in der Lackschicht umgekehrt, so daß er jetzt in Gebieten reißt, die bei direkter Belastung durch Druckspannungen beansprucht werden.

Will man bei Reißlackuntersuchungen die Größe der Spannungen abschätzen, dann bringt man die Belastung stufenweise auf. Dort, wo im Bauteil die Hauptzugdehnung die Reißdehnung des Überzuges überschreitet, wird dieser aufreißen. Nach jeder Belastungsstufe werden die Risse festgestellt, ihre Enden durch eine aufgezeichnete Linie verbunden und mit dem zugehörigen Lastwert bezeichnet. Die Linie stellt einen Ort gleicher Hauptspannungen dar. Bei Belastung wird ein Teil der Spannungen in der Lackschicht durch Kriechen abgebaut, wodurch die Reißempfindlichkeit etwas verringert wird. Deshalb wird nach jeder Laststufe entlastet und kurze Zeit gewartet, um dem Lack Gelegenheit zu geben, in seinen Ausgangszustand zurückzukehren, damit er auch bei den nachfolgenden Laststufen die gleiche Reißempfindlichkeit hat. Es ist daher außerordentlich wichtig, bei allen Laststufen sowohl die Belastungsgeschwindigkeit als auch die Belastungs- und Entlastungszeit möglichst gleich zu halten.

An manchen Stellen des Bauteiles werden selbst bei der höchsten zulässigen Laststufe die Dehnungen unterhalb der Rißempfindlichkeit des Lackes bleiben. Um auch hier wenigstens noch die Richtung der Hauptspannungen sichtbar zu machen, kann man die Rißempfindlichkeit des Lackes künstlich steigern. Hierzu genügt in vielen Fällen — besonders bei den heiß aufgebrachten Überzügen — ein Bestreichen mit einer Bürste. Besser und von größerer Wirksamkeit ist eine plötzliche Abkühlung des Bauteiles an diesen Stellen. Wegen der unterschiedlichen Wärmeausdehnungskoeffizienten von Bauteil und Lack entsteht in diesem ein ebener hydrostatischer Zugspannungszustand, der sich den bereits durch die Belastung hervorgerufenen Spannungen überlagert. Hierdurch wird in Richtung der größten Hauptzugdehnung meist die Reißempfindlichkeit überschritten. Die entstehenden Risse verlaufen senkrecht zur Hauptzugspannung des Bauteiles, da die isotropen Wärmespannungen keine bevorzugte Richtung besitzen.

Zur Abkühlung des Bauteiles kann man Eiswasser, Kohlensäureschnee oder einen stark gekühlten Luftstrahl benutzen. Bei dünnwandigen Bauteilen können auch Wärmespannungen im Lack erzeugt werden, indem man auf ihre Rückseite Flüssigkeiten mit niedrigerem Siedepunkt aufspritzt. Sie verdunsten und entziehen die hierzu erforderliche Wärme dem Bauteil, und zwar besonders stark, wenn die Verdunstung durch einen schwachen Luftstrom beschleunigt wird. Man muß dabei außerordentlich vorsichtig vorgehen, damit von den Flüssigkeiten nichts auf die mit Reißlack überzogene Oberfläche gelangt, da dieser davon meist aufgeweicht wird und dann nicht mehr reißt. Bei dieser Methode sollte man sich aber auch immer bewußt sein, daß die Dämpfe der meisten hierfür geeigneten Flüssigkeiten explosiv und giftig sind, so daß eine Anwendung in geschlossenen Räumen nicht ungefährlich ist.

4.5.2 Die verschiedenen Reißlacke

Man unterscheidet warm und kalt auf das Bauteil aufzubringende Lacke. Die früher hierfür verwendeten Naturharze wie Kolophonium und Damar-Harz werden heute fast ausschließlich durch Kunstharze ersetzt, weil sich hiermit Reißlacke mit gleichmäßigen Eigenschaften erzielen lassen. Handelsübliche warm aufzubringende Reißlacke (HOTTINGER BALDWIN MESSTECHNIK) sind in Stangen gegossen und werden bei 130 °C bis 150 °C mit einer Lötlampe auf das Bauteil aufgeschmolzen. Dieses ist vorher mechanisch mit der Drahtbürste o. ä. zu säubern und anschließend mit Lösungsmitteln zu entfetten. In [F. 44] ist ein Verfahren beschrieben, bei dem der pulverisierte Reißlack aufgespritzt wird. Dabei wird er durch eine Flamme geblasen und zum Schmelzen gebracht. Es sollen sich so Überzüge herstellen lassen, die gleichmäßiger sind als von Hand aufgestrichene. Unmittelbar nach dem Abkühlen auf Raumtemperatur hat der Lack seine größte Reißempfindlichkeit. Bereits infolge unterschiedlicher Wärmeausdehnungskoeffizienten von Bauteil und Lack entstehen in ihm Zugspannungen, so daß schon durch eine geringe Dehnung der Bauteiloberfläche im Lack Spannungen resultieren, die seine Trennfestigkeit überschreiten. Ein Teil der Vorspannungen im Lack wird durch Kriechvorgänge abgebaut, so daß die Erstarrungsbedingungen die Reißempfindlichkeit beeinflussen. Wartet man nach dem Abkühlen mit der Belastung, so gehen also die Eigenspannungen zurück; außerdem nimmt der Lack aus der Luft Feuchtigkeit auf und wird zäher. Wird zu schnell abgekühlt, oder ist der Lack zu dick aufgetragen, so entstehen Krakelierrisse, die keine Vorzugsrichtung besitzen und meist auch das Entstehen von Dehnungslinien an diesen Stellen verhindern.

Zwar haben die warm aufgebrachten Lacke wegen der nach der Abkühlung vorhandenen Zugspannungen eine hohe Reißempfindlichkeit, die einer Dehnung des Bauteils von 100 bis $200 \cdot 10^{-6}$ entspricht. Trotzdem kann man mit diesen Lacken keine quantitativen Untersuchungen vornehmen, denn sie reißen nicht immer zuerst an den Stellen größter Hauptzugdehnung, sondern dort, wo Schichtdicke und Abkühlungsbedingungen besonders große Vorspannungen verursacht haben. Deshalb sind die Endstellen der Lackrisse nicht Stellen gleicher Dehnung. Nachteilig ist außerdem, daß die warm zu verarbeitenden Lacke nur auf wärmeunempfindliche Materialien aufgebracht werden können, wodurch die Anwendung in der Modellstatik auf Metallmodelle beschränkt ist. Ihr großer Vorteil ist die einfache und schnelle Handhabung, wenn es darum geht, die Richtung der Hauptspannungen zu ermitteln. Den Einfluß der Luftfeuchtigkeit kann man klein halten, wenn man unmittelbar nach dem Abkühlen belastet.

Für die Zwecke der Modellstatik besser geeignet sind die kalt aufzutragenden flüssigen Lacke. Der bekannteste und der am weitesten verbreitete ist der von der MAGNAFLUX-CORPORATION unter dem Namen *Stresscoat* herausgebrachte Lack [F.45]. Die verwendeten Harze sind in Schwefelkohlenstoff gelöst und werden auf die gereinigte Oberfläche des Bauteils mit einer Spritzpistole aufgespritzt. Je nach den Klimaverhältnissen kann die Trockenzeit sehr lange dauern. Deshalb spielen Kriechverhalten und Feuchtigkeitsaufnahme eine entscheidende Rolle, und man muß je nach der vorhandenen Temperatur und Feuchtigkeit den geeigneten unter den verschiedenen Stresscoat-Lacken sorgfältig auswählen. Dies und die richtige Anwendung werden vom Hersteller in einer umfangreichen Anweisung ausführlich beschrieben [F.46]. Hier sei nur noch darauf hingewiesen, daß die Dämpfe des Lösungsmittels explosiv und giftig sind, weshalb nur unter besonderen Sicherheitsmaßnahmen gearbeitet werden darf. Bei Zimmertemperatur muß Stresscoat-Lack ungefähr 20 Stunden trocknen. Besonders an dickeren Lackstellen bleibt jedoch noch ein gewisser Anteil an Schwefelkohlenstoff zurück, der dort die Reißempfindlichkeit vermindert. Wird der Lack im Ofen bei einer Temperatur von ca. 50 °C und 5% Luftfeuchtigkeit getrocknet, so dauert der Trockenvorgang zwar nur zwei Stunden. Jedoch nimmt jetzt die Empfindlichkeit der dünneren Lackstellen ab, da sie schneller als die dickeren Feuchtigkeit aufnehmen. Um einen Lack zu erhalten, dessen Reißdehnungen gegen Dickenänderungen verhältnismäßig unempfindlich ist, sollte man bei einer mittleren Temperatur von 26 bis 30 °C trocknen.

Der Einfluß der Temperatur auf die Reißdehnung des Lacks ist bei weitem der bedeutendste Faktor in der langen Liste der Variablen, die den Lack beeinflussen. Da der Temperaturausdehnungskoeffizient von Stresscoat größer ist als der von Metallen, ist der Lack bei der Untersuchung von Metallkörpern sehr empfindlich gegenüber kleinen Temperaturänderungen. Die Luftfeuchtigkeit beeinflußt den Lack ebenfalls, jedoch scheint ihr Einfluß während des Trocknens bedeutender zu sein als während des Versuchs. Hieraus folgt, daß Reißlackversuche in einem vollklimatisierten Raum durchgeführt werden müssen, wenn man bei qualitativen Untersuchungen die größtmögliche Genauigkeit erzielen will.

Überzieht man ein Kunststoffmodell mit Reißlack, dann hat man den Vorteil, daß sowohl die Querdehnzahl als auch der Temperaturausdehnungskoeffizient von Lack und Modell übereinstimmen. Hierdurch wird der Einfluß von Temperaturänderungen auf das Verhalten des Lackes stark vermindert. Ist ein zweiachsiger Spannungszustand vorhanden und σ_1 und $\sigma_2 > 0$, dann entstehen hierdurch keine Fehler bei der quantitativen Auswertung. Jedoch können beträchtliche Fehler auftauchen, wenn $\sigma_2 < 0$ ist [F.42].

Die für die Herstellung baustatischer Modelle verwendeten Kunststoffe können innerhalb ihres elastischen Bereichs viel stärker gedehnt werden als andere Werkstoffe. Stören solche großen Dehnungen nicht die Spannungsverteilung im Modell, kann man leicht auch mit den etwas unempfindlicheren kalt aufgetragenen Reißlacken fast überall auf seiner Oberfläche den Verlauf der Hauptspannungen sichtbar machen. Trägt man den Lack auf das belastete Modell auf und entlastet nach dem Trocknen, so erhält man die Dehnungslinien, die senkrecht zu den Hauptdruckspannungen verlaufen. Läßt man nun das Modell mehrere Stunden stehen, so werden die Spannungen im Lack durch das Kriechen abgebaut. Bei einer jetzt erfolgenden erneuten Belastung entstehen weitere Dehnungsrisse im Lack, die nun senkrecht zu den Hauptzugspannungen verlaufen. Auf diese Weise kann man unter Ausnutzung der bei Kunstharzmodellen zulässigen großen Dehnungen ein vollständiges Bild der Hauptspannungstrajektorien erhalten.

Zum Messen von Eichwerten werden gleichzeitig mit dem Bauteil mehrere Probestäbe mit Lack überzogen und unter den gleichen Bedingungen wie dieses getrocknet. Durch eine definierte Biegebeanspruchung der Eichstäbe während der Belastung des Modells werden Vergleichswerte ermittelt. Die unter günstigen Umständen erzielbare größte Reißempfindlichkeit beträgt für kalt aufgetragene Lacke 450 bis $500 \cdot 10^{-6}$.

Neben diesen beiden Arten von Reißlacken, die schon seit längerer Zeit bekannt sind, gibt es neuerdings Überzüge aus Keramik, die besonders für Untersuchungen bei höherer Temperatur geeignet sind. Für Aluminiumteile können Eloxalschichten verwendet werden. Beide Verfahren sind nur in wenigen Sonderfällen für modellstatische Untersuchungen von Interesse. Daher soll hier ein Hinweis ohne näheres Eingehen auf Einzelheiten genügen.

4.5.3 Sichtbarmachen der Risse

Die Risse im Lack sind meist so fein, daß sie nur durch Reflexion des Lichts an den Rißflächen sichtbar werden. Man beleuchtet daher die Lackfläche schräg und beobachtet in Richtung des Lichts. Da nur die senkrecht zum Licht verlaufenden Risse aufleuchten, muß man Licht- und Blickrichtung häufig ändern. Um die Risse photographieren zu können, zeichnet man einen Teil mit weißer Farbe nach. Manchmal schließen sich die Risse bei Entlastung wieder so, daß sie auch durch Beleuchtung nicht mehr erkannt werden können. Es ist dann möglich, die Risse mit Hilfe verschiedener Verfahren künstlich sichtbar zu machen. Beim Farbätzverfahren werden die Risse durch ein Ätzmittel so erweitert, daß sich ein darin enthaltener roter Farbstoff in ihnen ablagern kann.

Wurde vor dem Reißlack auf das Bauteil ein Aluminiumpulverlack aufgebracht, dann sind die rot eingefärbten Risse besonders deutlich zu sehen. Der Nachteil des Ätzmittels ist, daß es den Lack weich macht und er für einen zweiten Versuch nicht mehr verwendet werden kann. Besser ist deshalb das Statiflux-Verfahren, das ebenfalls von der Magnaflux-Corporation entwickelt wurde. Dabei wird der Lack nicht angegriffen, und man kann nach jeder Laststufe die Untersuchung fortsetzen. Vor der Belastung wird auf den Dehnungslack eine Spezialflüssigkeit aufgebracht, die in die entstehenden Risse eindringt und nach dem Entlasten wieder weggewischt wird. Jetzt wird elektrisch geladenes Statifluxpulver mit einer besonderen Spritzpistole aufgeblasen, das sich an den Rissen ablagert und diese gut sichtbar werden läßt.

5 Kraftmeßgeräte

5.1 Messung von Auflagerkräften

Bei der Messung von Auflagerkräften ist in erster Linie darauf zu achten, daß das Verhältnis der Steifigkeiten von Tragwerk und Auflager erhalten bleibt, da oft die inneren Schnittgrößen, z. B. bei schiefen Platten die Momentenverteilung, stark durch die Steifigkeit der Auflager beeinflußt werden [I. 45]. Am einfachsten ist dies zu erreichen, indem man das Lager in einer der Hauptausführung ähnlichen Weise nachbildet und mit Hilfe von DMS die Kräfte ermittelt. Sie lassen sich so schalten, daß bei der Messung der unerwünschte Biegeanteil eliminiert wird (s. S. 226, Bild F. 27). Ist das Tragwerk auf Einzelstützen gelagert, so kann man die Stützen des Modells vor dem Einbau entsprechend eichen. Die Genauigkeit dieses Verfahrens hängt davon ab, ob die Dehnungen in den Stützen oder Lagerkörpern genügend groß sind, um einwandfrei gemessen werden zu können. Aus diesem Grund verwendet man oft besondere mit DMS bestückte Kraftmeßelemente; sie enthalten einen Federkörper, bei dem an gewissen Stellen bei Belastung trotz kleiner Gesamtverschiebung große Dehnungen entstehen. An Stelle von DMS werden auch induktive Wegaufnehmer benutzt, mit denen die Durchbiegungen von Kragarmen oder Kreisplatten gemessen werden (s. Bild F. 34). Besonders steife Kraftmesser mit äußerst kleinen Verschiebungen lassen sich mit Hilfe von Halbleiter-DMS aufbauen, da ihre Empfindlichkeit bis zu 60mal größer ist als die gewöhnlicher DMS (s. S. 208). Durch Auswechseln der Platten oder Verändern der Kraglänge lassen sich damit elastische Auflager der üblicherweise vorkommenden Steifigkeiten nachbilden. Elektrische Auflagerkraftmesser haben den Vorteil, daß sie an die heute vielfach in der Modellstatik eingesetzten automati-

schen Meßanlagen angeschlossen werden können und außerdem eine
direkte Aufzeichnung von Einflußflächen gestatten.

Auf indirekte Weise kann die Auflagerkraft gemessen werden, indem
man das Auflager entfernt und an dieser Stelle die Durchbiegung δ_{10}

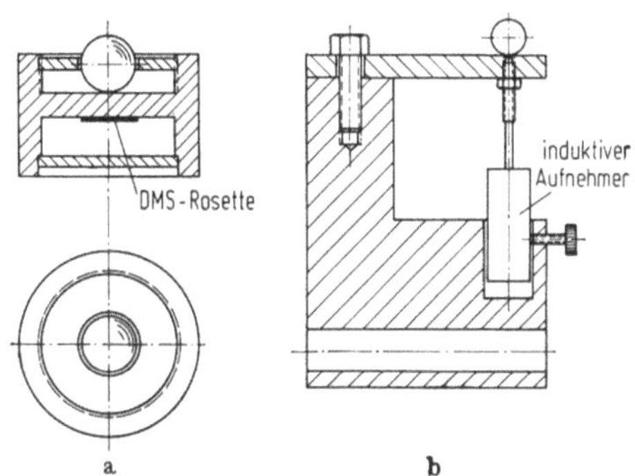

Bild F.34 Prinzip elektrischer Auflagerkraftmesser
a) mit Kreisplatte und DMS
b) mit Kragarm und induktivem Geber als Meßelemente.
Wegen seiner schmalen Bauart ist b) zur Nachbildung von
Linienlagern geeignet

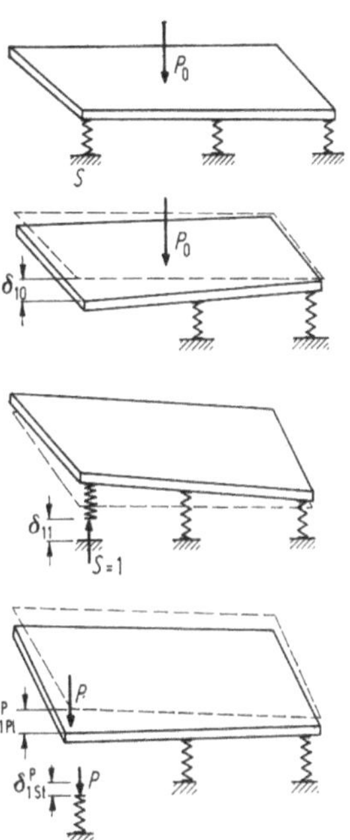

Bild F.35 Indirekte Ermittlung einer Auflagerkraft

infolge der äußeren Last P_0 mißt (Bild F.35). Am besten verwendet man
hierzu induktive Wegaufnehmer, die auch bei kleinen Verformungen
noch genügend genaue Werte liefern. Bei starrer Lagerung erhält man
die Stützkraft S wie beim Kraftgrößenverfahren der analytischen Statik
aus

$$S = \frac{\delta_{10}}{\delta_{11}}. \tag{F.40}$$

δ_{11} ist die gemessene Verschiebung des Auflagerpunktes unter der
nach oben gerichteten Auflagerkraft 1. Ist ein elastisches Lager vorhanden, so ist diese Einheitslast unten am Stützenfuß nach oben wirkend
anzubringen und δ_{11} entsprechend zu messen. Aus praktischen Gründen
wird man jedoch eine beliebige Last P auf der Platte über der Stütze von
oben wirkend anbringen und die Verschiebung δ_{1Pl}^{P} ermitteln. Außerdem
ist dann noch die Zusammendrückung δ_{1St}^{P} der elastischen Stütze unter
der Last P zu berechnen oder zu messen. Es ist dann

$$\delta_{11} = -(\delta_{1Pl}^{P} + \delta_{1St}^{P})/P. \tag{F.41}$$

Beim Ermitteln von Einflußlinien erhält man die Ordinaten für die Last „1", wenn die Durchbiegungen δ_{10} und δ_{11} mit gleicher, aber beliebiger Last bestimmt werden, wie aus Gl. (F.40) zu ersehen ist.

Wird beim Entfernen der Stütze (Auslösen der Auflagerreaktion) das verbleibende statische System geändert, so werden die Meßergebnisse verfälscht, worauf bei dieser Methode besonders zu achten ist (z. B. unbemerktes Abheben anderer Lagerpunkte). Bei sehr vielen und eng benachbarten Lagern entstehen deshalb leicht fehlerhafte Messungen.

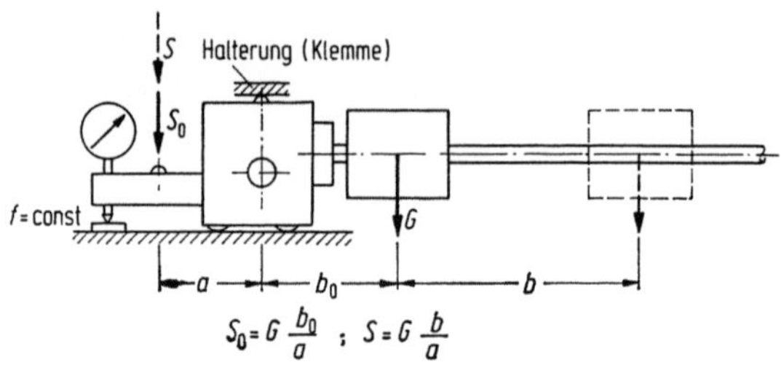

$$S_0 = G\,\frac{b_0}{a} \quad ; \quad S = G\,\frac{b}{a}$$

Bild F. 36 Messung der Stützkraft durch Kompensation (nach [I. 45])

Diese Schwierigkeiten werden umgangen bei einem von H. WEISE [I. 45] entwickelten Verfahren, bei dem die Stützkraft direkt ohne Umwandlung in eine andere Größe durch Kräftevergleich ermittelt wird. Dabei setzt man die starre oder elastische Stütze im Abstand a vom Drehpunkt auf das eine Ende eines Waagebalkens (Bild F.36) und gleicht die Stützenvorlast S_0 durch Verschieben eines Gewichtes G auf dem anderen Hebelarm aus. Die Gleichgewichtslage des Waagebalkens wird induktiv angezeigt, wodurch eine sehr große Empfindlichkeit erzielt wird. Bei Belastung des Modells (Kraft S) schlägt die Waage zunächst aus und wird durch Verschieben des Laufgewichtes in die Gleichgewichtslage zurückgebracht. Hierdurch wird erreicht, daß die Verschiebung des Stützenfußes nach der Belastung mit der Kraft S wieder Null wird, was Bedingung einer starren Lagerung ist. Lediglich die Verschiebungen des Modelltisches stören noch die Messung; man muß dafür sorgen, daß sie gegenüber der anfänglichen Stützenverschiebung vernachlässigbar bleiben. Die Verschiebung b ist ein Maß für die Stützkraft. Bei der von H. WEISE verwendeten Anordnung ließ sich die Stellung des Gewichtes auf $\pm 1/4$ mm ablesen; dies entsprach $0{,}1\%$ der Einheitslast. In [I.45] ist darauf hingewiesen, daß bei der Messung mit dem Waagebalken die anfängliche Stützenfußverschiebung unter der äußeren Last dem Wert δ_{10} entspricht. δ_{11} ist die durch das Wiederherstellen der Gleichgewichtslage bewirkte Verschiebung in entgegengesetzter Richtung; die hierbei angebrachte Stützenkraft ist so groß, daß $\delta_{10} = \delta_{11}$ wird. Die δ-Werte brauchen jedoch nicht betragsmäßig bestimmt zu werden, woraus sich die größere Genauigkeit gegenüber dem indirekten Verfahren erklärt. Beide Verfahren sind bei statisch bestimmten Lagerungen nicht anwendbar, was wohl kein Nachteil ist, da bei statisch bestimmter Lagerung die Verteilung einer Flächen- oder Einzellast auf die Stützen mit dem Hebelgesetz leicht zu berechnen ist. Die bei den Messungen zu erzielende Genauigkeit liegt bei sorgfältiger Versuchsausführung zwischen 2 und 5% und hängt von dem untersuchten Einzelfall ab. Bei sehr vielen Stützen und starrer Lagerung ist sie wegen der schwierigeren Justierung der Stützen meist etwas geringer.

Soll das Tragwerk weitgehend starr gelagert werden, so ist es bei großer Tragwerkssteifigkeit, z. B. bei großer Plattenbiegesteifigkeit, sehr schwierig, die Lager auch nur näherungsweise unnachgiebig auszubilden. Dies umgeht ein Verfahren, das in [F.47] angegeben wird (s. Abschn. I-3.2.3).

5.2 Messung von Seilkräften

5.2.1 Einführung

Die Messung von Seilkräften am Modell verursacht um so weniger Schwierigkeiten, je größer die zur Verfügung stehende freie Länge des Modelldrahtes ist. Bei Abspanndrähten von Modellen seilverspannter Konstruktionen oder bei den Hängern von Hängebrückenmodellen lassen sich bereits durch Dehnungsmessung mit einfachen, rein mechanisch arbeitenden Extensometern gute Ergebnisse erzielen. So verwendete BEGGS zur Messung von Hängerkräften Drahtextensometer von ca. 50 cm Meßlänge mit Meßfehlern von unter 1% [F.48]. Solche Geräte dürfen natürlich die Steifigkeit der zu vermessenden Drähte nicht beeinträchtigen und müssen kräftefrei angesetzt werden. Bei entsprechend großen freien Drahtlängen umgeht man heute jedoch die Kraftmessung durch photographische Verfahren, bei denen die Verschiebungen der mit Meßmarken versehenen Drahtenden registriert werden [F.49], wodurch jede Beeinflussung des Modells durch die Messung ausgeschaltet wird.

Größere Schwierigkeiten verursacht dagegen die Messung der Seilkräfte bei vorgespannten Seilnetzkonstruktionen. In den hierbei verwendeten Stahldrähten von 0,2 bis 1,0 mm Durchmesser herrschen Zugkräfte zwischen 0,5 und 30 kp, die in möglichst jeder der kleinen Netzmaschen gemessen werden sollen. Die verwendeten Geber müssen in sehr großer Anzahl an dem Seilnetz angebracht werden; sie müssen daher bei den derzeit gebräuchlichen Meßmodellen sehr klein (< 15 mm) und leicht ($< 1,5$ g) sein und dürfen die im Draht vorhandene Zugkraft nicht beeinflussen. Je einfacher und robuster sie konstruiert sind, um so geringer sind die Herstellungskosten, und um so weniger werden sie in ihrer Funktion durch erforderliche Änderungen am Modell, z. B. Nachspannen der Seile, gestört. Die Meßfehler sollen keinesfalls 5% überschreiten.

5.2.2 Ringkraftgeber

Die einfachste Methode der Kraftmessung besteht darin, den Draht durchzuschneiden und ein geeichtes Meßelement dazwischenzusetzen. Hierfür eignen sich sehr gut Ringkraftgeber, deren Verformung als Maß für die Kraft mit DMS gemessen wird. Sie werden bei Kraftmessungen verschiedenster Art seit langem erfolgreich eingesetzt. Eine Ausführungsform speziell für Messungen in dünnen Drähten von Seilnetzen zeigt Bild F.37. Der Geber ist für eine Kraft von max 5 kp ausgelegt und besteht aus einem Aluminiumring mit eingeklebten DMS. Die Abmessungen

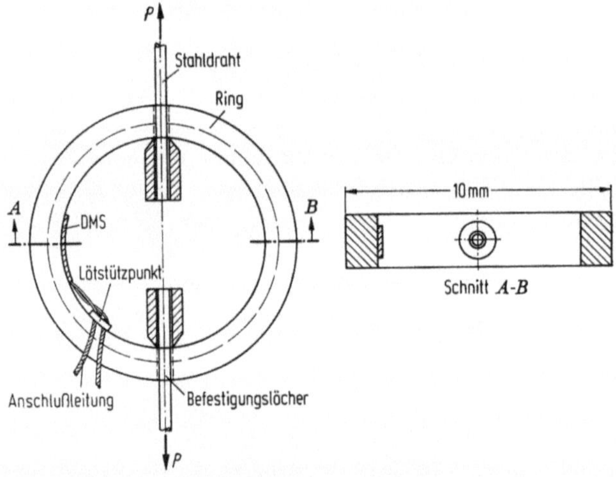

Bild F.37 Ringkraftgeber (entwickelt am Institut für Modellstatik der Universität Stuttgart)

sind sehr klein gehalten, was ein günstiges Gewicht ergibt. Durch entsprechende Wahl von Querschnitt und Material lassen sich die Geber an das elastische Verhalten des herausgeschnittenen Drahtstückes anpassen. Die Anzahl der aufgeklebten DMS gestattet es, die Empfindlichkeit in weiten Grenzen zu variieren. Bei sehr steifen Gebern sind unter Umständen Halbleiter-DMS von Vorteil. Die Herstellung ist einfach und billig. Bei größeren Serien kann eine enge Toleranz der einzelnen Geber untereinander durch Verringern der Ringbreite durch nachträgliches Schleifen erreicht werden. Die Dehnungsempfindlichkeit des dargestellten

Gebers mit einem DMS beträgt etwa $100 \cdot 10^{-6}$/kp. Die Abweichung des Kraft-Dehnungs-Verhaltens von der strengen Linearität liegt unter 2%. Schwierigkeiten bereitet lediglich das sichere und schlupffreie Befestigen der Drähte an den Gebern. Da sie während der gesamten Versuchsdurchführung fest im Modell eingebaut sind, ist eine Kontrolle der Eichung und des Nullpunktes erst nach Zerlegen des Modells möglich. Dies ist jedoch nicht von allzu großem Nachteil, da die Eigenschaften einwandfreier Ringkraftgeber über längere Zeiten unverändert bleiben. Wenn man Schlitze statt der Bohrungen vorsieht, kann man den Geber auch während der Untersuchungen auswechseln und überprüfen.

5.2.3 Verfahren ohne Zerschneiden des Drahtes

5.2.3.1 Mechanische Auslenkung

Prinzip. Das einzige bekannte bei Modellen aller Seilnetz- und seilverspannten Tragwerke anwendbare Verfahren zur Kraftmessung in Fäden oder Drähten, das kein Zerschneiden erfordert, beruht auf folgendem Prinzip (s. Bild F.38): Ein Draht (Faden) wird zwischen zwei Rollen

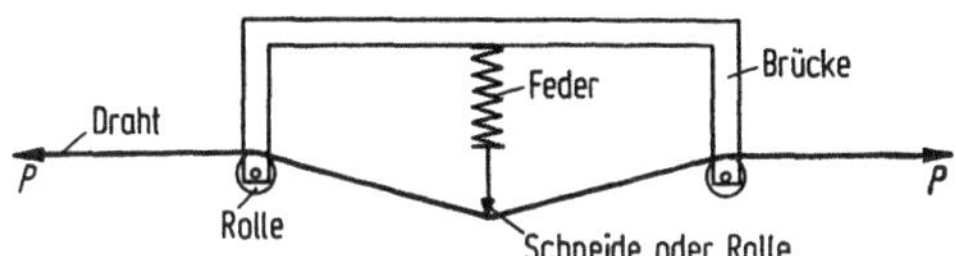

Bild F.38 Prinzip der mechanischen Kraftmessung in Drähten oder Fäden

von einer dritten Rolle oder Schneide senkrecht zur Spannrichtung ausgelenkt. Die hierzu nötige Kraft wird meist mit einer Feder aufgebracht; die von ihr erzeugte Auslenkung wird gemessen und ist ein Maß für die Spannung im Draht. Der Zusammenhang ist jedoch nicht linear, denn der von einer Seilkraftsteigerung ΔP verursachte Rückgang der Auslenkung Δf fällt um so kleiner aus, je größer die bereits vorhandene Seilkraft P ist. Auflösungsvermögen und Genauigkeit nehmen also mit Zunahme der Seilkraft ab; sie lassen sich für begrenzte Bereiche jedoch ausreichend gut dadurch erzielen, daß man Federkonstante und Abmessungen des Gebers zweckmäßig aufeinander abstimmt.

Das Verfahren besitzt zwei wesentliche Nachteile. Infolge der Biegesteifigkeit der Drähte ist ein Messen bis herab zur Kraft Null nicht möglich. Nur wenn das Verbindungsteil, das die drei Rollen trägt, sehr groß und die Meßfeder sehr weich gemacht werden, kann man auch sehr kleine Kräfte messen. Bei einem Draht, der zwischen zwei Punkten fest eingespannt ist, erfolgt durch seine Auslenkung im Geber eine Vergrößerung und somit eine Verfälschung der zu messenden Kraft. Eine genaue Messung ist also mit dem genannten Verfahren nur bei einseitig befestigten Drähten möglich, die über Rollen mit Gewichten belastet sind.

Ausgeführte Geräte. In der Textilindustrie sind Geräte zur Messung der Fadenspannung an den Herstellungs- und Verarbeitungsmaschinen von Fäden und Garnen seit langem in Gebrauch. Die Genauigkeit beträgt etwa $\pm 1\%$. Sie werden mit verschiedenen Meßbereichen von 1 p bis 3 Mp hergestellt. Die Anzeige erfolgt über entsprechend geeichte Meßuhren. Diese Geber lassen sich ohne weiteres für Drahtkraftmessungen einsetzen, sie sind aber zu schwer zum Einhängen in ein Netzmodell. In [F.50] werden Geber beschrieben, die speziell auf das vorliegende Problem abgestimmt sind. Sie haben eine Genauigkeit von etwa $\pm 10\%$; die Länge beträgt 12 mm, das Gewicht rd. 1 g. Die Weiterentwicklung führte dann zu Gebern, für die bei gleichen Abmessungen und gleichem Gewicht eine Genauigkeit von $\pm 1\%$ angegeben wird. Der Meßfederweg von max. 0,5 mm wird dabei über eine Hebel- und Rollenübersetzung auf einer Skala angezeigt, die wie eine Uhr abzulesen ist. Diese Geber sind für verschiedene Meßbereiche von 1 bis 30 kp gebaut worden.

Nach demselben Prinzip arbeiten Geber, die zur Anzeige des Federweges (s. Abschn. F-3.3.4) einen oder mehrere DMS benutzen (s. Bild F.39). Sie bestehen aus Aluminium oder Stahl, je nach gewünschter

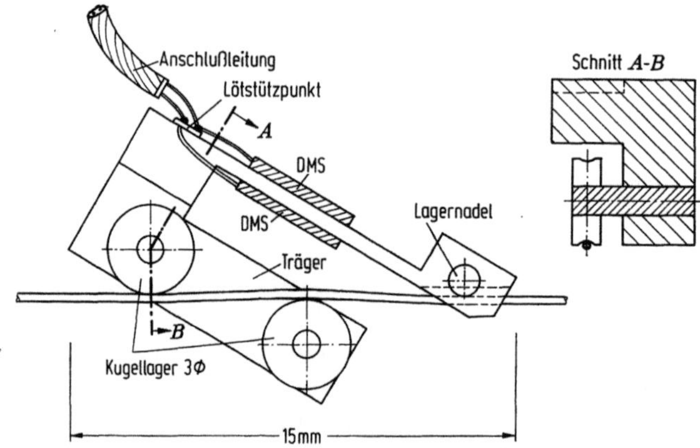

Bild F.39 DMS-bestückter Drahtkraftgeber, Gewicht 1,2 g
(entwickelt am Institut für Modellstatik der Universität Stuttgart)

Härte der Meßfeder. Durch Wahl des Materials und der Abmessungen können sie für verschiedene Meßbereiche hergestellt werden, deren Eichkurve in einem günstigen Bereich liegt (s. Bild F.40). Durch Biegen wird die Meßfeder so eingestellt, daß sie beim Einhängen des Gebers in den Draht eine bestimmte Vorspannung hat. Vergrößert man die Vorspan nung, so bewirkt dies eine Verschiebung der Eichkurve in der gezeigten Weise. Gleichzeitig wird die Reproduzierbarkeit erhöht, die optimal bei etwa 1 % liegt. Die Empfindlichkeit ist Bild F.40 zu entnehmen; sie kann durch Verwendung von Halbleiter-DMS noch erhöht werden.

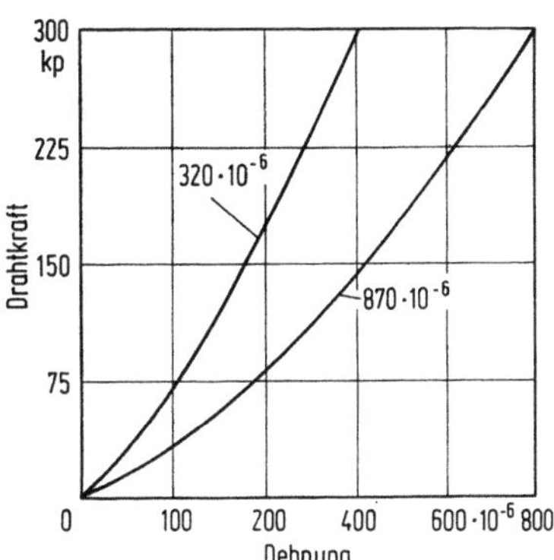

Bild F.40 Eichkurven eines mit DMS bestückten Drahtkraftgebers. Parameter 320 · 10⁻⁶ bzw. 870 · 10⁻⁶ = Maß für die unterschiedliche Vorbiegung der Geberfeder

Für den Einsatz dieser DMS-Geber ist die Vielstellenmeßtechnik (s. Abschn. I-2.2.3.5 und F-4.4.2.6) notwendige Voraussetzung. Drahtkraftgeber mit DMS können wesentlich einfacher und billiger hergestellt werden als rein mechanische Geber. Sie sind sehr robust und gegenüber unbeabsichtigten mechanischen Beanspruchungen unempfindlich. Die notwendigen Anschlußdrähte sind jedoch gegenüber den mechanischen Gebern ein nicht zu übersehender Nachteil.

5.2.3.2 Differenzkraftgeber

Häufig ist es notwendig, nicht die absoluten Kräfte in Drähten, sondern nur ihre Differenzen infolge Veränderungen der Vorspannung oder der Belastung zu messen. In solchen Fällen lassen sich Geber nach

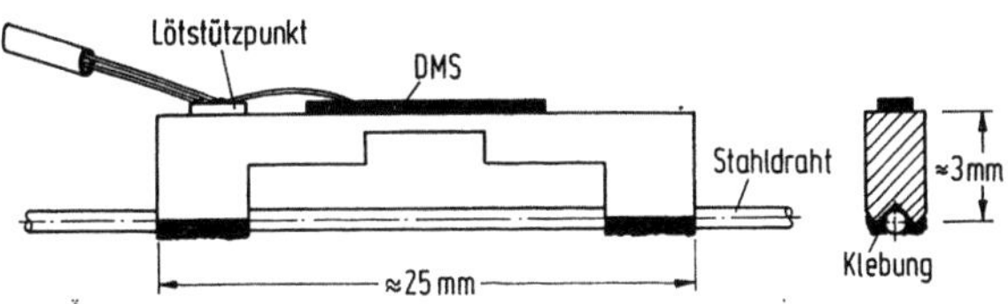

Bild F.41 Differenzkraftgeber (entwickelt am Institut für Modellstatik der Universität Stuttgart)

dem Prinzip des Lateralextensometers (s. Abschn. G-1.7.3) verwenden. Bild F.41 zeigt eine mögliche Ausführung. Mit einem DMS wird neben einem kleinen Normalkraftanteil hauptsächlich das Biegemoment in der dünnen Brücke gemessen. Die Charakteristik ist in weiten Grenzen linear. Praktisch erprobte Typen haben eine Empfindlichkeit von $\varepsilon = 50 \cdot 10^{-6}/\mathrm{kp}$ bei einem Drahtdurchmesser von 0,6 mm und einer Linearitätsabweichung von kleiner als 1% über einen Bereich von ± 15 kp.

Solche Geber können sehr klein und leicht, zudem noch einfach und billig hergestellt werden. Fertigungstoleranzen lassen sich wie beim Ringkraftgeber durch nachträgliches seitliches Abschleifen sehr eng halten. Die Geber sind beliebig oft wieder zu verwenden. Ihr Nachteil ist, daß sie jeweils an einem Stück des gleichen Drahtes geeicht werden müssen, an dem sie später zur Messung eingesetzt werden. Es genügt jedoch eine Laststufe wegen der geringen Linearitätsabweichung.

Die Geber werden am einfachsten mit einem guten, kriecharmen Klebstoff, wie er für DMS verwendet wird, direkt auf den Draht geklebt. Dieser muß dabei unter einer gewissen Vorspannung stehen, damit er absolut gerade ist, da sonst die Gefahr besteht, daß der Geber bei Belastung des Drahtes abplatzt. In der Klebung liegt die größte Unsicherheit bei der Verwendung dieser Geber. Durch sehr sorgfältige Arbeit kann jedoch erreicht werden, daß die Meßwerte mit einer Abweichung von weniger als 2% des Meßbereichsendwertes reproduzierbar sind.

Der Geber hat eine versteifende Wirkung auf das Drahtstück der Länge l, auf das er aufgebracht wird. An die Stelle der Dehnsteifigkeit $S_D = E_D F_D/l$ tritt die Gesamtsteifigkeit $S_{DG} = E_D F_D/(1 - \gamma)l$ von Geber und Draht, wobei der Faktor γ die E-Moduli und die geometrischen Abmessungen von Geber und Draht enthält. Bei einem Drahtstück der Länge L, das durch die Kraft P belastet wird, beträgt die auf die Längenänderung ΔL_0 des geberfreien Drahtes bezogene Differenz zwischen ΔL_0 und der Längenänderung ΔL_m bei aufgesetztem Geber: $(\Delta L_0 - \Delta L_m)/\Delta L_0 = \gamma l/L$.

Analog gilt bei vorgegebener Längenänderung für die Differenz der eingeleiteten Kräfte ΔP_0 und ΔP_m: $(\Delta P_m - \Delta P_0)/\Delta P_0 = \gamma l/(L - \gamma l)$. Für den in Bild F.41 dargestellten Geber von $l = 25$ mm auf nichtrostendem Stahldraht ($\varnothing$ 0,5 mm) ist $\gamma \simeq 5\%$, wenn $l = L$ ist. Bei Drahtlängen über $L = 12,5$ cm sind dann die Werte für $\Delta L_0 - \Delta L_m/\Delta L_0$ bzw. $\Delta P_m - \Delta P_0/\Delta P_0$ kleiner als 1% und somit vernachlässigbar.

5.2.3.3 Frequenzmessung

Die Eigenfrequenz einer Saite ist von ihrer Vorspannung abhängig (s. Abschn. F-4.2.4). Die große Schwierigkeit bei der Anwendung dieses Prinzips auf die Drahtkraftmessung besteht darin, an dem zu Schwingungen angeregten Draht bzw. dem entsprechenden Teilstück genau

definierte Randbedingungen herzustellen, da der Draht eine nicht zu
vernachlässigende Biegesteifigkeit besitzt, die noch zusätzlich zur Vorspannung seine Frequenz beeinflußt. Der Einspanngrad des Drahtendes
beim wiederholten Verwenden des Geräts muß eindeutig reproduzierbar
sein, und es muß dafür gesorgt werden, daß der Schwingungsvorgang
nicht vom elastischen Verhalten des Meßsystems und des gesamten Tragwerks abhängig ist. Je kleiner die schwingende Meßlänge ist, um so
stärker macht sich die Biegesteifigkeit des Drahtes bemerkbar. Bei
Drahtlängen unterhalb von etwa 8 cm wird dadurch die Dämpfung
der Schwingung zu groß; der Einsatz dieses Verfahrens ist daher bei
Modellen von Seilnetzen nicht möglich. Eine Anwendung bei der Messung
der Hängerkräfte von Hängebrücken (elektromagnetische Anregung
der Schwingung) wird in [F.51] beschrieben.

5.2.3.4 Dehnungs-Widerstands-Effekt

Es ist naheliegend, den durch die zu messende Kraft beanspruchten
Draht selber zur Kraftmessung heranzuziehen durch Ausnutzung des
Dehnungs-Widerstands-Effektes (s. S. 207). Geeignet ist hierfür kalt-
gezogener NiCr-Widerstandsdraht, den es zur Herstellung von Potentio-
meterwicklungen in vielen verschiedenen Durchmessern gibt. Der E-
Modul liegt bei $2{,}15 \cdot 10^6$ kp/cm² und ist in einem großen Bereich
konstant. Der Temperaturwiderstandskoeffizient $(\Delta R/R)/\vartheta$ beträgt etwa
$170 \cdot 10^{-6}$ [1/°C] und muß entsprechend kompensiert werden. Zur Messung können dieselben Geräte wie in der DMS-Technik benutzt werden,
da der k-Faktor des Drahtes etwa bei $k = 2{,}25$ liegt (s. Abschn. F-4.4.2.5).
Das Verfahren läßt sich gut anwenden, solange die Meßlängen nicht
wesentlich kleiner als 10 cm sind [F.52], da sonst das Meßsignal zu klein
wird. Bei Netzwerken ist dies eine sehr erschwerende Bedingung; dazu
kommt noch die Forderung, daß alle Drähte an den Knoten voneinander
isoliert sein müssen, daß zugleich aber diese Verbindung sowohl drehbar
als auch unverschieblich sein muß. Außerdem benötigt jeder Knoten für
jeden der beiden gekreuzten Drähte einen Anschlußdraht, damit jede
einzelne Masche ausgemessen werden kann, so daß der meßtechnische
Aufwand sehr groß wird.

5.2.4 Andere Meßprinzipien

Es wurde wiederholt versucht, verschiedene andere elektrische Grund-
vorgänge, wie beispielsweise den Skineffekt, zur direkten oder Induktivgeber und DMS zur indirekten Erfassung der Drahtdehnungen heranzuziehen. Obwohl dies zunächst meist aussichtsreich und einfach er-

scheint, ergeben sich bei der meßtechnischen Verwirklichung Schwierigkeiten, die seither noch keine befriedigenden Ergebnisse zuließen, auf
die aber in diesem Zusammenhang hingewiesen werden soll.

Bei Wechselströmen nimmt die Eindringtiefe des Stromes in den
Drahtquerschnitt mit wachsender Frequenz ab. Dies wird als Skineffekt
bezeichnet. Wird der Draht mechanisch beansprucht, so ändert sich
sein Querschnitt und damit die relative Eindringtiefe. Durch Messung
des Wechselstromwiderstandes (Impedanz) kann dies festgestellt werden.
Das Verfahren ist zur Messung der Kräfte in einbetonierten Bewehrungsstählen bereits benutzt worden [F.53]. Mit technischem Wechselstrom
(50 Hz und 10 A) wurde dort eine Genauigkeit von 5% erreicht. Zur
Messung in dünnen Drähten müßte jedoch die Frequenz auf einige MHz
erhöht werden. Dabei entstehen große Probleme bei der Isolierung der
Knoten. Die Drähte liegen außerdem frei und sind Störungen ausgesetzt.
Die Meß- und Umschalteinrichtungen werden bei solch hohen Frequenzen
sehr aufwendig. Soweit bekannt ist, wurde das Verfahren für Modellversuche noch nicht eingesetzt.

DMS lassen sich bei dickeren Drähten anwenden, indem man sie direkt auf den Draht klebt. Jedoch ist dies bei den dünnen Drähten, wie sie
bei Seilwerk- und Seilnetzmodellen üblicherweise verwendet werden,
nicht möglich, es sei denn, der DMS wird auf ein dünnes Stück Kunstharz oder Aluminium geklebt, das selbst wieder am Draht befestigt
wird. Dies bringt jedoch einige Probleme mit sich wegen der meist vorhandenen, wenn auch schwachen Krümmung des unbelasteten Drahtes,
wodurch der Nullpunkt nicht einwandfrei festgestellt werden kann.
Dieser Anteil an Biegedehnungen erzeugt außerdem eine nicht reproduzierbare Krümmung der Eichkurve in ihrem unteren Teil, so daß die zu
erzielenden Ergebnisse unbefriedigend sind. Hinzu kommt, daß es schwer
ist, die Dehnung des Drahtes vollständig auf den DMS zu übertragen.
Jeder Draht muß mit dem daran befestigten Geber individuell geeicht
werden. Eine Kontrolle der Eichung ist aber nach dem Aufbau des Modells
kaum mehr möglich, sondern erst wieder nach Beendigung der Messungen, wenn das Modell zerlegt wird. Schwierigkeiten entstehen auch durch
die Anschlußdrähte, die bei der Versuchsdurchführung hinderlich sein
und durch ihr Gewicht stören können. Auch darf man bei sehr dünnen
Drähten die Eigensteifigkeit der Geber und ihrer Unterlage nicht vernachlässigen. Induktivgeber erscheinen wegen ihrer hohen Empfindlichkeit und der Möglichkeit einer einfachen Eichung zunächst als sehr
geeignet für Dehnungsmessungen an dünnen Drähten. Aber selbst Geber
mit den erforderlichen geringen Abmessungen sind wegen der unvermeidbaren Spulen zu schwer. Hinzu kommt, daß das Fixieren der Meßbasis
und die Anklemmvorrichtung eine aufwendige mechanische Konstruktion bedingen.

6 Eichung von Meßgeräten
und Ermittlung von Werkstoff-Kennwerten

Meßgeräte müssen nicht nur von Zeit zu Zeit auf einwandfreies Funktionieren überprüft werden, sondern man muß auch feststellen, ob der Betrag der angezeigten Größe richtig ist bzw. innerhalb der für das Gerät zulässigen Fehlergrenzen liegt. Dies bedeutet, daß man die Eichung des Gerätes kontrolliert, indem man mit der zu überprüfenden Meßeinrichtung an einem Normal eine Messung ausführt und den erhaltenen Meßwert mit der bekannten Meßgröße des Normals vergleicht. Man kann so eine Meßeinrichtung kalibrieren oder bei bereits kalibrierten Geräten deren Fehler feststellen. Im folgenden werden die wichtigsten Möglichkeiten kurz genannt, die es gestatten, die im modellstatischen Laboratorium am meisten benutzten Meßgeräte selbst zu eichen. Dabei wird bewußt darauf verzichtet, Eichgeräte zu erwähnen, die zu kompliziert oder zu teuer sind. Solche Geräte sind meist bei den öffentlichen Eichämtern vorhanden, wo man einzelne wichtige Meßgeräte *amtlich* eichen lassen kann. Hierüber wird ein Eichschein ausgestellt, in dem die Genauigkeit des Meßgerätes amtlich bescheinigt wird. Allerdings können nur solche Geräte amtlich geeicht werden, die den von der obersten Eichbehörde (Physikalisch-Technische Bundesanstalt in Braunschweig) erlassenen Bestimmungen entsprechen.

6.1 Eichung von Wegmeßgeräten

Um Durchbiegungs- und Verschiebungsmeßgeräte (Abschn. F-3) zu eichen, muß man bekannte Wege vorgeben können. Am einfachsten geschieht dies mit Hilfe einer Mikrometerschraube hoher Präzision, die in eine Vorrichtung eingebaut ist, die auch den zu eichenden Weggeber

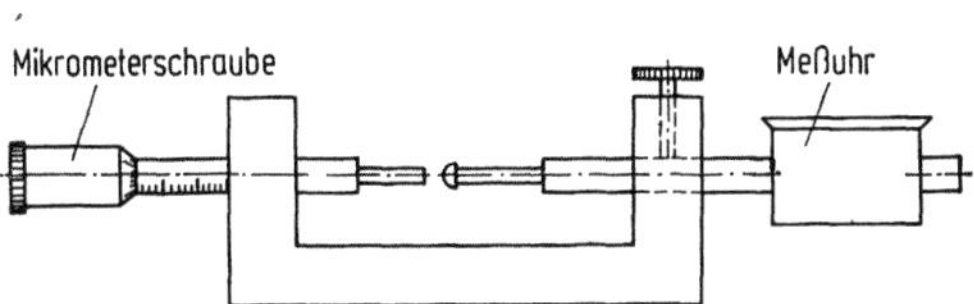

Bild F.42. Eichvorrichtung für Meßuhren mit Mikrometerschraube als Normal

enthält. Beide sind so angeordnet, daß ihre Geräteachsen zusammenfallen und der Taststift des Weggebers mit der Mikrometerschraube in definierter Weise verschoben werden kann (Bild F.42). Auf diese Weise lassen sich Wege bis zu 25 mm mit einem maximalen Fehler von etwa

$5 \cdot 10^{-3}$ mm einstellen. Kleinere Fehler, aber auch einen kleineren Meßbereich erhält man mit einer Mikrometerschraube in Verbindung mit
einer mechanischen Hebeluntersetzung. Solche Geräte werden von den
Herstellern von Meßuhren gebaut und haben z. B. eine Meßunsicherheit
von 0,1 µm bei einem Meßbereich von 1 mm [F.54]. An Stelle einer
Mikrometerschraube kann als Normal auch ein Weggeber hoher Empfindlichkeit und Genauigkeit verwendet werden. Hierfür eignen sich nur
mechanische Geräte, wie z. B. Torsionsfühlhebel (s. Abschn. F-3.1.3),
da deren Eigenschaften sich über lange Zeiten nicht ändern. Mit ihnen
und gleichzeitig mit dem zu eichenden Geber wird die Verschiebung eines
Schlittens oder Hebels angezeigt, der mittels einer Stellschraube verschoben wird. Ebenso können Endmaße zur Eichung benutzt werden
[F.55]. Dabei werden in einer entsprechend aufgebauten Vorrichtung
mit dem zu eichenden Gerät die Unterschiede zwischen den mit Hilfe
verschiedener Endmaße definierten Längen gemessen (Bild F.43). Mit

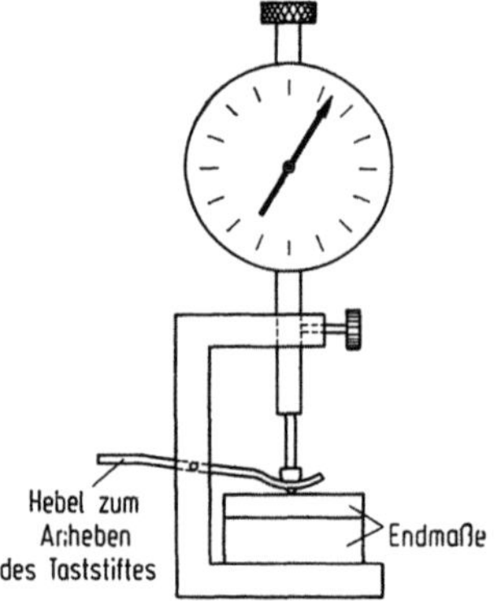

Bild F.43 Eichvorrichtung für
Meßuhren mit Endmaßen als Normal. Mit einem gabelförmigen
Hebel kann der Taststift von den
Endmaßen abgehoben werden

guten Endmaßen lassen sich sehr große Genauigkeiten bei gleichzeitig
großen Weglängen erzielen. Nachteile sind die umständliche Handhabung und die nicht kontinuierliche Einstellbarkeit der Wege. Dies
fällt jedoch nicht ins Gewicht, wenn es darum geht, nur die Anzeige eines
Gebers zu überprüfen, von dem bekannt ist, daß er innerhalb seines
Meßbereiches eine ausreichende Linearität besitzt. Es genügt dann die
Kontrolle der Anzeige an zwei bis drei Punkten innerhalb des Bereiches.

6.2 Eichung von Dehnungsmeßgeräten

Dehnungsgeber, die zur Dehnungsmessung die Verlängerung einer
Meßstrecke anzeigen (Abschn. F-4.2.1), können grundsätzlich mit den
gleichen Vorrichtungen wie Weggeber geeicht werden. Zur Eichung der

Längenänderungsanzeige wird die bewegliche Schneide des geeignet
befestigten Gebers auf einen beweglichen Schlitten aufgesetzt, dessen
Verschiebung mit einem Normal eingestellt wird [F.56]. Um die Meßlänge selbst genau festzustellen, wird die bewegliche Schneide so eingestellt, daß der Zeigerausschlag Null beträgt. Bei großen Gebern mit
über 50 mm Meßlänge wird diese dann mit einer Schublehre gemessen.
Bei Meßlängen bis 50 mm drückt man die Spitzen des Geräts zunächst
in Pappe oder weiches Metall und mißt dann den Abstand der Eindrücke
mit einer Schublehre, wozu sich die an den meisten Schublehren vorhandenen Schneiden für Innenmessungen besonders gut eignen. Bei
Meßlängen unter 10 mm kann dies genauer und sicherer mit einem einfachen Meßmikroskop geschehen.

Für DMS (Abschn. F-4.4.2), die auf das zu messende Teil aufgeklebt
werden müssen, benötigt man Normale, die sich in definierter Weise
dehnen lassen. Hierfür eignen sich Biegebalken, die durch ein konstantes

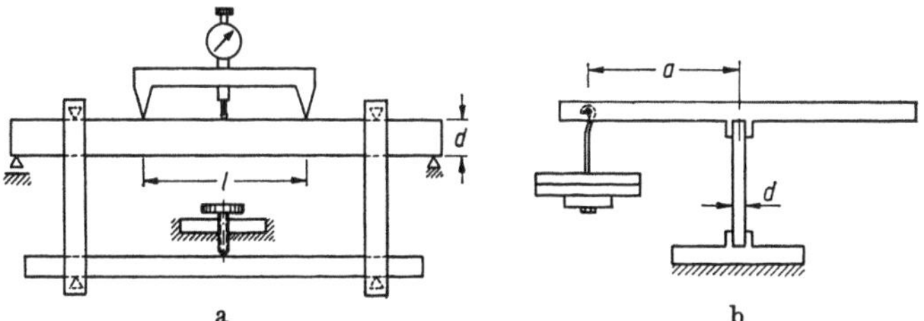

Bild F.44 Dehnnormale mit konstanter Momentenbeanspruchung
a) mit Wegvorgabe,   b) mit Gewichtsbelastung

Moment beansprucht werden (s. Bild F.44a). Ihre Dehnung wird aus der
Krümmung und der Dicke d des Balkens berechnet, wobei die Krümmung
entsprechend S. 404 aus der Durchbiegung f einer Meßstrecke l ermittelt
wird. Man erhält die Dehnung aus der Gl.

$$\varepsilon = \frac{8df}{l^2}, \tag{F.42}$$

worin nur leicht und genau meßbare Längen vorkommen. Leitet man
das Moment über einen vorgegebenen Weg ein, so hat man eine zeitlich
absolut konstante Dehnung, vorausgesetzt, das Material der Vorrichtung
kriecht spannungsproportional oder überhaupt nicht. Bild F.44b zeigt
eine einfachere, mit Gewichten belastete Vorrichtung. Besteht der Biegebalken aus einem guten Federstahl, so ist bis $\varepsilon = 1000 \cdot 10^{-6}$ die Dehnung
der Belastung streng proportional. Dies erlaubt eine einfache Hand-
habung, da die Dehnung nur einmal mit einem an einer Wegmeßvor-
richtung geeichten Spitzendehnungsmesser bei einem relativ großen Wert

gemessen werden muß. Kleinere Dehnungen werden dann durch entsprechend kleinere Gewichte erzeugt, die mit hoher Genauigkeit verfügbar sind. Ist d die Dicke des Biegebalkens und der Hebelarm der angreifenden Kraft $a \geq 167 \cdot d$, dann ist die Normalkraftdehnung kleiner als 1‰ der Biegedehnung und kann im Rahmen der üblicherweise zu fordernden Genauigkeit vernachlässigt werden. In diesem Fall kann man die Biegedehnung — wie oben geschildert — aus der gemessenen Krümmung ermitteln. Mit den beiden gezeigten Vorrichtungen können Dehnungen mit einem Fehler kleiner als 1% vorgegeben werden.

Die Empfindlichkeit von DMS kann immer nur stichprobenartig kontrolliert werden, da der einmal aufgeklebte DMS nicht ein zweites Mal verwendet werden kann. Man sollte deshalb für die Messungen an einem Modell möglichst DMS aus einem Herstellungslos verwenden, weil dann die angegebenen Toleranzen der Empfindlichkeit (k-Faktor) meist recht gut eingehalten werden. Da der DMS immer nur zusammen mit einem Meßverstärker verwendet werden kann, dient die Eichung des DMS auch gleichzeitig zur Eichung der gesamten Meßkette, in der zweckmäßigerweise dieselben Geräte wie zur eigentlichen Messung verwendet werden.

Man kann jedoch auch den Meßverstärker ohne DMS eichen, indem man ein Widerstandsnormal anschließt, mit dem die Widerstandsänderung eines DMS in entsprechender Weise simuliert werden kann. Solche Eichnormale für Dehnungsmeßverstärker enthalten hochkonstante und gealterte Widerstände, die mit Schaltern umgeschaltet werden, deren Kontaktwiderstände nur geringfügig streuen. Gute handelsübliche Widerstandsnormale dieser Art haben eine Genauigkeit von ca. 0,5% des simulierten Dehnungswertes. Sie werden besser als elektrische Dehnungsnormale bezeichnet, da die damit möglichen Widerstandsänderungen in Dehnungen angegeben sind, bezogen auf den k-Faktor 2,00. Mit ihnen wird vor allem die in jedem Meßverstärker eingebaute interne Eichvorrichtung überprüft. Sie ist notwendig, um die Verstärkung des Gerätes vor jeder Messung auf den richtigen Wert zu bringen, damit die angezeigte Dehnung mit dem gemessenen Wert übereinstimmt. Hat das elektrische Dehnungsnormal eine genügend feine Abstufung der einstellbaren Werte, so kann damit auch die Linearität des Verstärkers überprüft werden. Hierfür läßt sich jedoch auch ein auf einen Biegebalken der oben geschilderten Art aufgeklebter DMS verwenden. Die Linearität einwandfrei aufgeklebter DMS ist sehr gut, und eine exakte Abstufung der Dehnung läßt sich bei Belastung mit geeichten Gewichten besonders einfach und genau verwirklichen.

6.3 Eichung von Kraftmeßgeräten

Auflagerkraftgeber und andere Kraftmeßgeräte mit Meßbereichen bis zu etwa 50 kp lassen sich am einfachsten durch Belasten mit Hilfe bekannter Massen eichen. Diese stehen in Form von amtlich geeichten Gewichtssätzen mit hoher Genauigkeit und jeder gewünschten Abstufung zur Verfügung. Sie werden einfach an den Geber angehängt, wozu u. U. ein entsprechend ausgebildetes Gehänge oder auch eine einfache Hebelübersetzung mit bekanntem Übersetzungsverhältnis gute Dienste leistet. Die von den angehängten Massen ausgeübte Kraft ergibt sich durch Multiplikation der Masse mit der am Ort der Messung herrschenden Erdbeschleunigung. Ist diese gleich der Normalbeschleunigung $g = 9,80665$ m/sec^2, dann wird die Masse eines 1-kg-Gewichtes mit der Kraft 1 kp angezogen. Nun nimmt jedoch die Erdbeschleunigung mit der geographischen Breite etwas zu, so daß z. B. auf dem 50. Breitengrad die von 1 kg Masse ausgeübte Kraft um etwa 2‰ größer ist als bei Normalbeschleunigung. Dies kann man bei Modellversuchen meist vernachlässigen, insbesondere wenn es darum geht, nur das Verhältnis der einwirkenden Kräfte untereinander genau zu kennen.

Zur Eichung von Kraftmeßgeräten mit einem größeren Meßbereich benutzt man amtlich geeichte Ringkraftmesser oder ähnliche Geräte, die in den verschiedensten Ausführungen kommerziell hergestellt werden. Auch eine elektrische Kraftmeßdose sehr hoher Genauigkeit kann für die interne Eichung von Kraftmeßgeräten gute Dienste leisten. Sie können heute mit so hohen Genauigkeiten (Gesamtfehler $< 1\%$ der Nennlast) und großer Langzeitkonstanz gebaut werden, daß sie von der Eichbehörde für das Verwiegen von Waren im Geschäftsverkehr zugelassen werden. Ein Nachteil ist hierbei, daß die Anzeigegenauigkeit nicht nur von der Kraftmeßdose, sondern auch von dem verwendeten Meßverstärker abhängt. Dieser muß gute Nullpunktstabilität und eine gute Konstanz des Verstärkungsfaktors besitzen. Seine Empfindlichkeit muß mit der meist eingebauten Eichvorrichtung ständig überwacht werden, was zusätzlich noch mit der in Abschn. F-6.2 angegebenen Methode mit Hilfe einer Präzisionswiderstandsdekade kontrolliert werden kann. Die zur Eichung großer Meßbereiche erforderlichen Kräfte werden mit beliebigen, meist hydraulischen Belastungsvorrichtungen erzeugt. Der Normalgeber und der zu eichende Kraftmesser werden hintereinander angeordnet, so daß die Kraft eindeutig durch beide hindurchgeleitet wird. Dabei muß man darauf achten, daß auch bei größeren Kräften eine stabile Lagerung vorliegt und keine Gefahr des Ausknickens besteht.

6.4 Ermittlung von Werkstoff-Kennwerten

Bei Modellmessungen müssen der E-Modul und die Querdehnzahl der verwendeten Modellwerkstoffe genau bekannt sein, da ihre Größe in die Übertragungsmaßstäbe eingeht. Man kann sich deshalb nicht auf in Tabellen angegebene Werte verlassen, sondern muß sie an Werkstoffproben selbst ermitteln. Besonders gilt dies für Kunststoffe, deren Kennwerte sehr stark von den Herstellungsbedingungen und der Alterung abhängen (z. B. bei Gießharzen von dem Verhältnis Harz zu Härter, der Aushärtetemperatur und der Zeit). Da man in der Modellstatik die hierzu notwendigen Messungen landläufig als „Eichversuch" bezeichnet, sollen an dieser Stelle hierfür einige Hinweise gegeben werden.

In der Werkstoffprüfung wird im allgemeinen der Zugversuch zur Ermittlung des Werkstoffverhaltens und der Kennwerte benutzt. Da dieser jedoch ohne Prüfmaschine nur schwer einwandfrei ausgeführt werden kann und eine solche im Modellaboratorium nur selten zur Verfügung steht, wendet man hier vorzugsweise den Biegeversuch an. Hierbei wird ein Probebalken durch ein konstantes Moment beansprucht und die Dehnung der Randfasern mit geeigneten Geräten gemessen. Man sollte hierfür dieselben Verfahren benutzen, mit denen später auch die Dehnungen am Modell festgestellt werden. Bei Untersuchungen an Kunststoffmodellen werden vorzugsweise DMS-Rosetten verwendet. Man mißt Längs- und Querdehnung gleichzeitig, woraus sich die Querdehnzahl ermitteln läßt, und hat zur Kontrolle noch die Messung in der 45°-Richtung, die

$$\varepsilon_{45°} = \frac{\varepsilon_x + \varepsilon_y}{2} \qquad (F.\,43)$$

ergeben muß. Vorteilhafterweise klebt man mehrere Rosetten auf und mittelt die mit ihnen erhaltenen Dehnungswerte, um die Unsicherheiten der k-Faktoren auszugleichen. Wendet man am Modell periodische Be- und Entlastung an, so ist dies auch beim Eichversuch zu tun; es versteht sich von selbst, daß man die gleiche Be- und Entlastungszeit wählt wie später bei den Messungen am Modell. Haben alle DMS-Rosetten am Modell und am Probebalken den gleichen k-Faktor, so kann dieser unberücksichtigt bleiben, da er bei der Umrechnung der am Modell gemessenen Dehnungen in Spannungen mit Hilfe des im Eichversuch ermittelten E-Moduls wieder herausfällt. Sonst muß die wahre Dehnung ε nach Gl. (F.37) $\varepsilon = \varepsilon^* 2/k$ ermittelt werden, da die am Meßverstärker abgelesene Dehnung ε^* im allgemeinen auf $k^* = 2{,}00$ bezogen ist.

In Bild F.45 ist eine Vorrichtung schematisch dargestellt, mit der in einfacher Weise Probebalken aus Kunststoff mit einem Querschnitt von 2 × 1 cm belastet werden können, ohne daß dabei durch die auftretenden Verformungen unerwünschte Längskräfte entstehen. Die Belastung durch Drahtseile und Kreisscheiben bewirkt, daß die Länge des Hebelarms unbeeinflußt von der Verformung des Balkens immer kon-

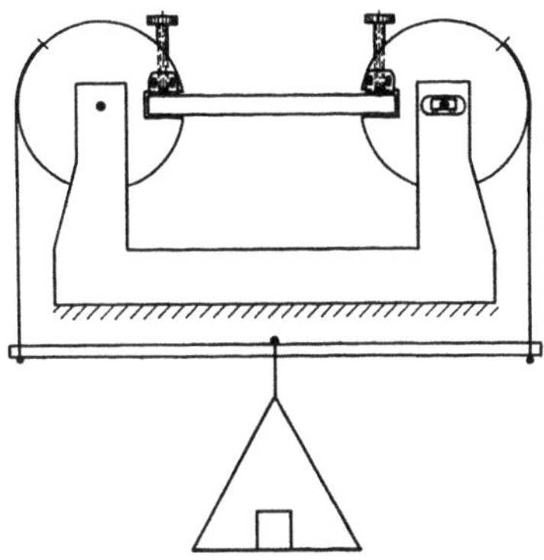

Bild F.45 Vorrichtung zur Belastung von Probebalken mit einem konstanten Moment

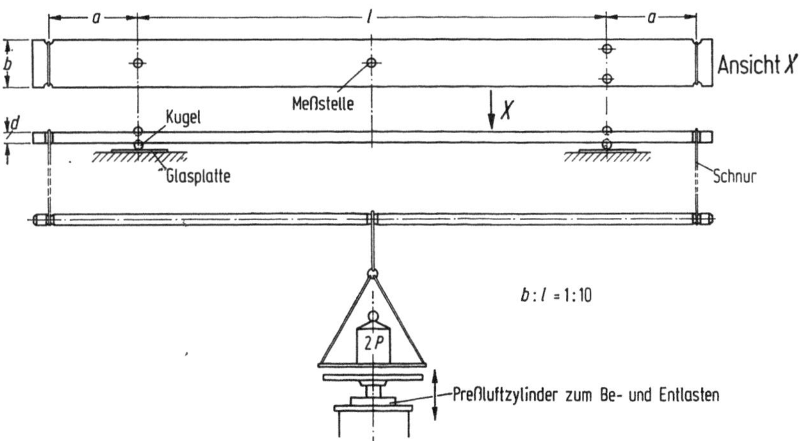

Bild F.46 Probebalken zur Kalibrierung von Meßgeräten oder zur Ermittlung der Stoffbeiwerte

stant bleibt. Eine einfachere, vorzugsweise bei Plattenstreifen angewandte Art des Biegeversuches zeigt Bild F.46. Hier muß beachtet werden, daß wegen der ungleichförmigen Krafteinleitung der Bereich mit über die gesamte Breite gleichmäßiger Dehnungsverteilung nur sehr klein ist.

Literatur

F.1 GAUGER, R.: Mechanisch-elektrische und thermoelektrische Meßgrößenumformer. I. Grundlagen und Übersicht. ATM, Lfg. 313 (1962) 43—46. II. Umformung durch Beeinflussung eines Widerstandes. ATM, Lfg. 342 (1964) 163—166.

F.2 MOELLER, F.: Einige Grundbegriffe und Grundlagen aus der Meßtechnik. VDI-Z. 103 (1961) 869—874.

F.3 LEINWEBER, P.: Taschenbuch der Längenmeßtechnik, Berlin/Göttingen/ Heidelberg: Springer 1954, 304.

F.4 ROHRBACH, CHR.: Handbuch für elektrisches Messen mechanischer Größen, Düsseldorf: VDI-Verlag 1967.

F.5 GARKISCH, H.-D., SCHWARZ, H. W.: Kapazitive Wegmessung bei Beul- und Schwingungsuntersuchungen an dünnwandigen Kreiszylinderschalen. Deutsche Luft- und Raumfahrt, Forschungsbericht 64-42, Dezember 1964.

F.6 MÜLLER, R. K.: Der Einfluß der Meßlänge auf die Ergebnisse bei Dehnungsmessungen an Beton. Beton 14 (1964) 205—208.

F.7 SPANGENBERG, D.: Aufspannvorrichtungen für induktive Feindehnmesser (Askania). ATM, Lfg. 275 (1958) 245—246.

F.8 RÜHL, D.: Experimentelle Ermittlung ebener Verschiebungs- und Spannungszustände auf neuem Wege und Anwendung auf eine durch zwei Nietbolzen gespannte Platte. Forschungsarbeiten auf dem Gebiet des Ingenieurwesens, H. 221, Berlin 1920.

F.9 WATANABE, O., YOSHIKAZU, J.: An Experiment on a New Type of Resistance Foil Strain Gage for Analysis of Concentrated Stresses. In: Semiconductor and Conventional Strain Gages. New York/London: Academic Press 1962.

F.10 REHLING, K.: Ausschaltung der Temperatureinflüsse bei Setzdehnungsmessung. VDI-Z. 99 (1957) 461—466.

F.11 HETENYI, M.: Handbook of Experimental Stress Analysis, New York: John Wiley and Sons 1954, 113.

F.12 MOELLER, H., KRISCH, A.: Spannungsmessungen im Spannbeton. In:. Handbuch der Spannungs- und Dehnungsmessung, Düsseldorf: VDI-Verlag 1958, 218.

F.13 SPERLING, F.: Dehnungsmessung mit Saitendehnungsgebern. In: Handbuch der Spannungs- und Dehnungsmessung. Düsseldorf: VDI-Verlag 1958, 199.

F.14 ROHRBACH, CHR.: Selbsttätige Messung und Registrierung quasistatischer Dehnungen mit Saitendehnungsmessern und zählenden elektronischen Frequenz- und Zeitmessern. VDI-Z. 98 (1956) 1541—1548.

F.15 DE LEIRIS, H.: Dehnungsmessungen mit pneumatischen Gebern. In: Handbuch der Spannungs- und Dehnungsmessung, Düsseldorf: VDI-Verlag 1958, 173.

F.16 GLÖTZL, F.: Ein neues hydraulisches Fernmeßverfahren für mechanische Spannungen und Drücke. ATM, Lfg. 265. (1958) R 21—R 23.

F.17 FREISE, H.: Dehnungsmessung mit mechanischen und optischen Gebern. In: Handbuch der Spannungs- und Dehnungsmessung, Düsseldorf: VDI-Verlag 1958, 131.

F.18 SVENSON, O.: Induktive Dehnungsmeßgeräte. In: Handbuch der Spannungs- und Dehnungsmessung, Düsseldorf: VDI-Verlag 1958, 219.

F.19 HAUG, A.: Elektronisches Messen mechanischer Größen, München: Hanser 1969.

F.20 MÜLLER, R. K.: Halbleiterdehnmeßstreifen. Elektronik 12 (1963) 37—40.

F.21 ROHRBACH, CHR., CZAIKA, N.: Über Funktion, Eigenschaften und Anwendung von Halbleitergebern. Materialprüfung 4 (1962) 189—198.

F.22 HILTSCHER, R., FLORIN, G.: Die Spannungen an schiefen symmetrischen Rohrstutzen in kugelförmigen Druckkesseln. Konstruktion 15 (1963) 444 bis 449.

F.23 LOHDE, E.: Erfahrungen mit Hochtemperatur-Dehnungsmeßstreifen. Haus der Technik Vortragsveröffentlichungen. H. 142, Essen: Vulkan-Verlag 1967.

F.24 HOFFMANN, K.: Hinweise zur Auswahl von Dehnungsmeßstreifen und DMS-Klebstoffen. Meßtechnische Briefe 1 (1965) 4—14. Hrsg. Firma Hottinger Baldwin Meßtechnik GmbH., Darmstadt.

F.25 HÖRNIG, R.: Ausmessung der Dehnungsverteilung in den Gebieten örtlich stark veränderlicher Spannungen mit Ketten-Dehnmeßstreifen. MTZ Motortechnische Zeitschrift 27 (1966) 420—421.

F.26 ROHRBACH, CHR., CZAIKA, N.: Über das Kriechen von Dehnungsmeßstreifen unter statischer Zugbelastung. ATM, Lfg. 287 (1959) 255—258, Lfg. 289 (1960) 35—38, Lfg. 290 (1960) 55—56.

F.27 MÜLLER, R. K.: The Influence of Measuring Current and Preheating on Measurements on Resins with Electric-resistance Strain Gages. Experimental Mechanics 5 (1965) 19 A—26 A.

F.28 KRISEMENT, O.: Praktische Spannungsanalyse mit Dehnungsmeßstreifen. In: Grundlagen und Anwendungen des Dehnungsmeßstreifens, bearb. v. K. Fink, Düsseldorf: Stahleisen 1952.

F.29 ROHRBACH, CHR., CZAIKA, N.: Über das Dauerschwingverhalten von Dehnungsmeßstreifen. Materialprüfung 3 (1961) 125—136.

F.30 HOFFMANN, K.: Der Temperaturgang von Dehnungsmeßstreifen und die Beseitigung seines Anteils an Meßergebnissen. Techn. Zbl. prakt. Metallbearb. 56 (1962) 639—644.

F.31 FELGNER, K., HOFFMANN, K.: Das Verhalten von induktiven Wegaufnehmern und von Dehnungsmeßstreifen bei tiefen Temperaturen (−196°C). Meßtechnische Briefe 3 (1965) 2—4. Hrsg. Firma Hottinger Baldwin Meßtechnik GmbH., Darmstadt.

F.32 GENTSCH, A.: Probleme der Bestimmung statischer Beanspruchung mit Hilfe der Dehnungsmeßtechnik bei hohen Temperaturen. Maschinenbautechnik 12 (1963) 474—480.

F.33 ROHRBACH, CHR., KNUBLAUCH, E.: Dehnungsmessung mit Meßstreifen bei hohen Temperaturen. Materialprüfung 10 (1968) 105—115.

F.34 WOLF, H., SCHLICHTING, H.-D.: Zur Messung statischer Beanspruchung großer Bauteile bei hohen Temperaturen mit Dehnungsmeßstreifen. ATM, Lfg. 383 (1967) 261—266.

F.35 N.N.: Die Wheatstonesche Brücke als grundlegende Schaltung für die Messung mit Dehnungsmeßstreifen. Meßtechnische Briefe 1 (1966) 1—5. Hrsg. Firma Hottinger Baldwin Meßtechnik GmbH., Darmstadt.

F.36 FINK, K., ROHRBACH, CHR.: Dehnungsmessung mit Dehnungsmeßstreifen. In: Handbuch der Spannungs- und Dehnungsmessung, Düsseldorf: VDI-Verlag 1958, 237.

F.37 MÜLLER, R. K.: Automatische Meßanlage für 200 Dehnmeßstreifen. Elektronik 14 (1965) 261—264.

F.38 BRANDT, W.: Vielstellen-Meßanlage. Haus der Technik Vortragsveröffentlichungen. H. 142, Essen: Vulkan-Verlag 1967.

F.39 DOKTER, F., STEINHAUER, J.: Digitale Elektronik in der Meßtechnik und Datenverarbeitung. Band I: Theoretische Grundlagen und Schaltungstechnik. Philips Fachbücher. Deutsche Philips GmbH., Hamburg 1969.

F.40 EMSCHERMANN, H. H.: Registrierung von Dehnungen. In: Handbuch der Spannungs- und Dehnungsmessung, Düsseldorf: VDI-Verlag 1958, 321.

F.41 BORNCKI, L., DITTMANN, J.: Digitale Meßtechnik, Berlin/Heidelberg/New York: Springer 1966.

F.42 DALLY, J., RILEY, W.: Experimental Stress Analysis, New York: Mc Graw-Hill Book Company 1965, 95.

F.43 DURELLI, A. J., DE WOLF, T. N.: Law of Failure of Stresscoat. Proc. SESA, Bd. VI (1949) 68—83.

F.44 DENNIN, G., WOYWODE, N.: Anwendung des Reißlackverfahrens. Schweißtechnik 15 (1965) 450—453.

F.45 SPANGENBERG, D.: Reißlack als Hilfsmittel zum Erkennen von Spannungsfeldern. ATM, Lfg. 330 (1963) 145—148, Lfg. 333 (1963) 217—220.

F.46 STAATS, H. N.: Principles of Stresscoat. Chicago, Ill.: Magnaflux Corporation 1955.

F.47 MAY, B., NIEMANN, H.-J., ROTHERT, H.: Experimentelle Festigkeitsuntersuchungen an Tragwerkmodellen. Konstruktiver Ingenieurbau, Berichte. Hrsg. von W. ZERNA, H. 2, Essen: Vulkan-Verlag 1968.

F.48 BEGGS, G. E., DAVIS, R. E., DAVIS, H. E.: Tests on Structural Models of Proposed San Francisco-Oakland Suspension Bridge. University of California Publications in Engineering. Vol. 3 (1933) 59.

F.49 BERG, P.: Modelluntersuchung der Montagezustände von Hängebrücken mit Hilfe eines computerorientierten Photoverfahrens zur Messung von beliebigen Verschiebungen im Raum. Öffentlich gehaltener Vortrag am 24. 2. 69 im Rahmen des Kolloquiums Statik und Stahlbau an der T. H. Darmstadt.

F.50 LEONHARDT, F., EGGER, H., HAUG, E.: Der deutsche Pavillon auf der Expo '67 Montreal — eine vorgespannte Seilnetzkonstruktion. Stahlbau 37 (1968) 97.

F.51 BEGGS, G. E., TIMBY, E. K., BIRDSALL, B.: Suspension Bridge Stresses Determined by Model. Engineering News-Record 1932, 828.

F.52 ASKEGAARD, V., ALBERS, A., MORTENSEN, P. L.: Test on a Model of a Cable Roof. VDI-Ber. 102 (1966) 109.

F.53 POMMERET, M.: Méthode de l'Impédance pour la mesure de contraintes dans les barres d'acier-Application aux armatures du béton armé. VDI-Ber. 102 (1966) 105.

F.54 BANHART, A.: Kennzeichnende Eigenschaften von Meßuhren und Feinzeigern. Sonderdruck der Fa. Mahr, Esslingen, erschienen in Techn. Zbl. prakt. Metallbearb. 59 (1965) 183—187.

F.55 LEINWEBER, P.: Taschenbuch der Längenmeßtechnik, Berlin/Göttingen/Heidelberg: Springer 1954.

F.56 FREISE, H.: Eichung von Dehnungsgebern. In: Handbuch der Spannungs- und Dehnungsmeßtechnik, Düsseldorf: VDI-Verlag 1958, 305.

F.57 SPANGENBERG, D.: Bedeutung und Entwicklungsstand von induktiven Feindehnungsmessern kleinster Meßlänge. ATM, Lfg. 296 (1960) 193.

F.58 VDE/VDI-Richtlinie 2635 „Dehnungsmeßstreifen mit metallischem Meßgitter, Kenngrößen und Prüfbedingungen".

G Spannungsoptische Verfahren

1 Ebene Spannungsoptik

Die Spannungsoptik ist das älteste Verfahren zur experimentellen Bestimmung mechanischer Spannungen in festen Körpern, und es gibt eine große Zahl umfassender Darstellungen ihrer Grundlagen und Methoden (s. z. B. [G.1]). Trotzdem soll hier — ohne tiefer in die Theorie der optischen Vorgänge einzudringen — das Wesentliche dieser Methode gezeigt werden, um ihre speziellen Möglichkeiten gegenüber den anderen Verfahren hervorzuheben. Sie wird bevorzugt zur Untersuchung von Spannungen in Scheibenmodellen angewendet und ist außerdem die wichtigste Methode zur Analyse räumlicher Spannungszustände. In beiden Fällen liefert sie mit relativ einfachen Mitteln ein qualitatives Bild über den Verlauf der Hauptspannungsdifferenz im gesamten Modell. Da am unbelasteten Rand einer Scheibe die eine Hauptspannung Null ist, kann man hier ohne weiteres den Verlauf der Randspannungen erkennen. Aber auch im Innern von Scheiben läßt sich mit einiger Erfahrung der Spannungszustand abschätzen, denn die Richtung der Hauptspannungen ist ebenfalls recht einfach festzustellen.

Die Spannungsoptik beruht auf dem Verhalten einiger durchsichtiger, amorpher und isotroper Stoffe, die bei mechanischer Beanspruchung doppelbrechend werden. Die durch Belastung erzeugte Verformung ruft eine optische Anisotropie hervor. Zur Erläuterung der optischen Vorgänge ist es zweckmäßig, das Wellenmodell des Lichtes zu verwenden. Monochromatisches Licht, das senkrecht auf eine belastete Scheibe trifft, wird in zwei Schwingungen zerlegt. Sie durchlaufen die Scheibe mit verschiedenen Geschwindigkeiten v_1 und v_2 und haben deshalb die Brechungsindizes n_1 und n_2. Ihre Amplitudenvektoren stehen senkrecht zueinander und weisen in die Richtungen der im durchstrahlten Punkt vorhandenen Hauptspannungen. Wegen der unterschiedlichen Geschwindigkeiten entsteht beim Durchlaufen der Scheibe ein Gangunterschied (s. Bild G.1). Dieser erzeugt bei Verwendung von polarisiertem Licht und Beobachtung durch einen Polarisator Interferenzlinien. Sie ermöglichen es, die Größe der mechanischen Beanspruchung zu ermitteln.

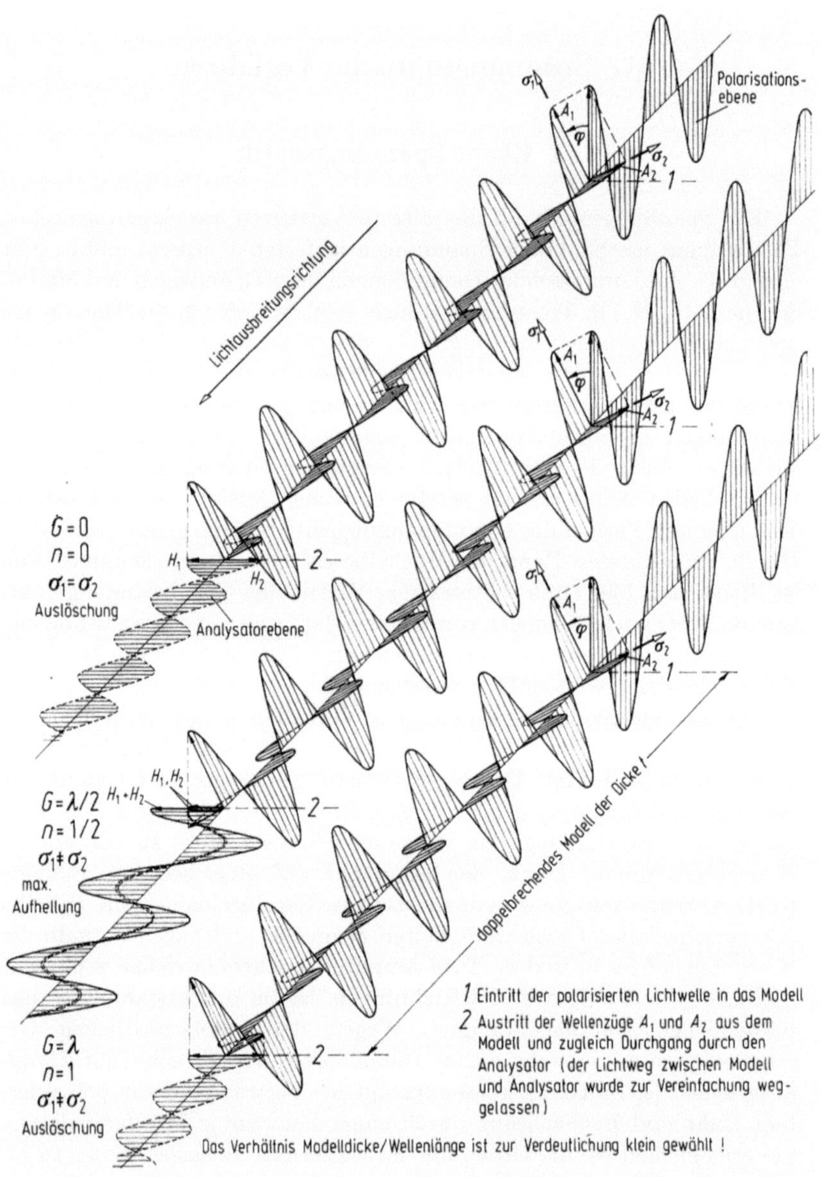

Polarisations- ebene
Lichtausbreitungsrichtung
Analysatorebene
doppelbrechendes Modell der Dicke l
G = 0
n = 0
σ₁ = σ₂
Auslöschung
G = λ/2
n = 1/2
σ₁ ≠ σ₂
max. Aufhellung
G = λ
n = 1
σ₁ ≠ σ₂
Auslöschung
1 Eintritt der polarisierten Lichtwelle in das Modell
2 Austritt der Wellenzüge A₁ und A₂ aus dem Modell und zugleich Durchgang durch den Analysator (der Lichtweg zwischen Modell und Analysator wurde zur Vereinfachung weggelassen)
Das Verhältnis Modelldicke/Wellenlänge ist zur Verdeutlichung klein gewählt !

1.1 Beziehung zwischen Gangunterschied und Hauptspannungen

Durchläuft das Licht die Scheibe senkrecht, so besteht folgender Zusammenhang zwischen dem Gangunterschied G und den Brechungsindizes n_1 und n_2 der beiden Teilstrahlen, wenn t die Dicke der Scheibe ist, wie z. B. in einer ausführlichen Ableitung in [G.15] gezeigt wird:

$$G = t(n_1 - n_2). \tag{G.1}$$

Nach dem Maxwell-Wertheimschen Gesetz besteht zwischen den Brechungsindizes und den Hauptspannungen eine lineare Beziehung. Unter der Voraussetzung, daß Proportionalität zwischen Spannungen und Dehnungen vorliegt, gilt

$$n_1 - n_0 = C_1\sigma_1 - C_2\sigma_2 \tag{G.2}$$

$$n_2 - n_0 = C_1\sigma_2 - C_2\sigma_1.$$

n_0 ist der Brechungsindex in der unbelasteten Scheibe, und C_1 und C_2 sind Materialkonstanten. Hieraus folgt

$$n_1 - n_2 = (C_1 + C_2)(\sigma_1 - \sigma_2). \tag{G.3}$$

Setzt man Gl. (G.3) in Gl. (G.1) ein, so erhält man die Hauptgleichung der Spannungsoptik:

$$G = t \cdot C(\sigma_1 - \sigma_2), \tag{G.4}$$

wobei C_1 und C_2 zur Konstanten C zusammengefaßt sind.
Mit

λ = Wellenlänge des Lichts [cm],

$n = \dfrac{G}{\lambda}$ = bezogener Gangunterschied (gemessen in sog. Ordnungen)

und $s = \dfrac{\lambda}{C}$ = spannungsoptische Konstante $\left[\dfrac{\text{kp}}{\text{cm} \cdot \text{Ordng.}}\right]$

läßt sich die Hauptgleichung folgendermaßen ausdrücken:

$$n = \frac{1}{s}(\sigma_1 - \sigma_2) \cdot t \tag{G.5}$$

18*

oder mit der für die Praxis besser geeigneten Schreibweise

$$n \cdot S = \sigma_1 - \sigma_2, \tag{G.6}$$

wobei

$$S = \frac{s}{t} \left[\frac{\text{kp}}{\text{cm}^2 \cdot \text{Ordng.}} \right]$$

die für die jeweilige Dicke der Scheibe gültige spannungsoptische Konstante ist.

1.2 Spannungsoptische Apparatur

Um den durch Spannungsdoppelbrechung entstehenden Gangunterschied sichtbar zu machen, benötigt man polarisiertes Licht. Da heute großflächige Polarisationsfilter zur Verfügung stehen, kommt man in der

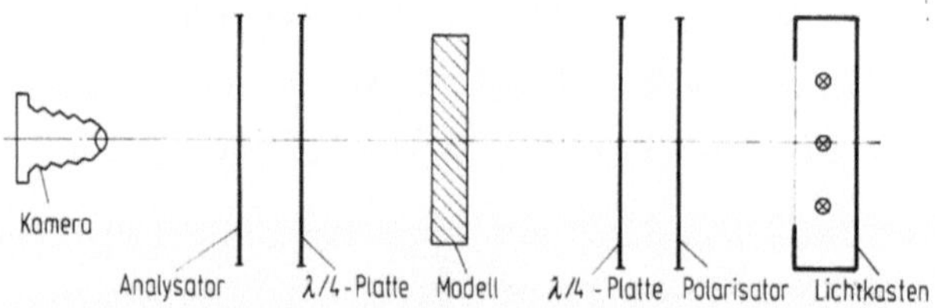

Bild G.2 Vereinfachte spannungsoptische Apparatur, schematische Darstellung

Bild G.3 Ansicht einer einfachen spannungsoptischen Apparatur (Fabrikat TIEDEMANN).
Zwischen Polarisator und Analysator befindet sich der Belastungsrahmen nach Bild E.5

Spannungsoptik mit einer sehr einfachen Apparatur aus (Bild G.2 und G.3). Polarisator und Analysator sind zwei Polarisationsfilter, deren Polarisationsrichtungen im allgemeinen gekreuzt sind. Zwischen beiden wird das belastete Modell aufgestellt. Weiterhin sind jeweils auf der Modellseite von Polarisator und Analysator Viertelwellenplatten angeordnet, auf deren Bedeutung noch eingegangen wird. Von den beiden aus einem Punkt der Modellscheibe austretenden Teilwellen mit dem Gangunterschied $n \cdot \lambda$ werden von dem Analysator nur die Komponenten hindurchgelassen, die in seiner Polarisationsrichtung schwingen. Zudem besitzen sie gleiche Maximalamplituden, so daß sehr übersichtliche Interferenzerscheinungen auftreten (Bild G.1). Die Intensität der aus dem Analysator austretenden Lichtwelle schwankt dann, je nach Gangunterschied der interferierenden Teilwellen, zwischen 0 (völlige Auslöschung) und I_0 (maximale Helligkeit), wobei I_0 die Intensität jeder der beiden Teilwellen ist, und wird durch folgende Beziehungen wiedergegeben [G.1]:

$$I = I_0 \sin^2 2\varphi \cdot \sin^2 \pi n \qquad \text{bei Filtern mit gekreuzten Polarisationsrichtungen,} \qquad \text{(G.7)}$$

$$I = I_0(1 - \sin^2 2\varphi \cdot \sin^2 \pi n) \qquad \text{bei Filtern mit parallelen Polarisationsrichtungen.} \qquad \text{(G.8)}$$

Auf die Ableitung dieser Gleichungen sei hier nicht weiter eingegangen.

Mit φ ist der Winkel zwischen Polarisations- und Hauptspannungsrichtung bezeichnet. Verwendet man zur Beobachtung zirkular polarisiertes Licht, so vereinfachen sich die Gleichungen und lauten

$$I = I_0 \sin^2 \pi n \qquad \text{bei Filtern mit gekreuzten Polarisationsrichtungen,} \qquad \text{(G.9)}$$

$$I = I_0 \cos^2 \pi n \qquad \text{bei Filtern mit parallelen Polarisationsrichtungen.} \qquad \text{(G.10)}$$

Zur Erzeugung zirkular polarisierten Lichtes werden sogenannte Viertelwellenplatten benutzt. Es sind Kristallplatten oder Folien mit einer genau auf die verwendete Wellenlänge abgestimmten Doppelbrechung, die einen Gangunterschied der beiden Teilwellen von einer Viertelwellenlänge erzeugt. Steht eine solche Platte hinter dem Polarisator, und ist ihre Hauptrichtung um 45° gegen die Polarisationsrichtung geneigt, so resultieren ausschließlich Lichtwellen, deren Vektoren sich beständig um die Fortpflanzungsrichtung drehen, d. h., sie sind zirkular polarisiert. Vor dem Analysator ist eine zweite Viertelwellenplatte so anzubringen, daß sie den Gangunterschied der ersten wieder aufhebt. Bei gekreuzten Polarisatoren bleibt dann das Gesichtsfeld trotz der Viertelwellenplatten dunkel. Bei den meisten Geräten sind sie mit den Polarisationsfiltern fest verbunden, und man kann durch einfaches Vertauschen der Filterkombinationen das Modell mit linear oder zirkular polarisiertem Licht durchleuchten, je nachdem ob die Viertelwellenplatten sich zwischen den beiden Polarisationsfiltern befinden oder nicht. Der Lichtkasten enthält neben starken Glühlampen zur Erzeugung

weißen Lichtes meist Natriumdampflampen; diese haben sich am besten
als Quelle monochromatischen Lichtes von der erforderlichen Intensität
bewährt.

1.3 Isochromaten

Den Gl. (G.7) bis (G.10) ist zu entnehmen, daß die hinter dem Analysator vorhandene Intensität des verwendeten monochromatischen Lichtes Null wird, wenn bei gekreuzten Filtern der bezogene Gangunterschied n die Werte 0, 1, 2, 3 Ordnungen usw. und bei parallelen Filtern
die Werte 0,5; 1,5; 2,5 Ordnungen usw. annimmt. Das gilt für linear und
zirkular polarisiertes Licht. Auf dem belasteten Modell sind deshalb
dunkle Linien zu sehen, die Linien gleichen Gangunterschiedes und damit
nach Gl. (G.4) Linien gleicher Hauptspannungsdifferenz darstellen
(s. Bild G.4). Bei Verwendung von weißem Licht beobachtet man Linien

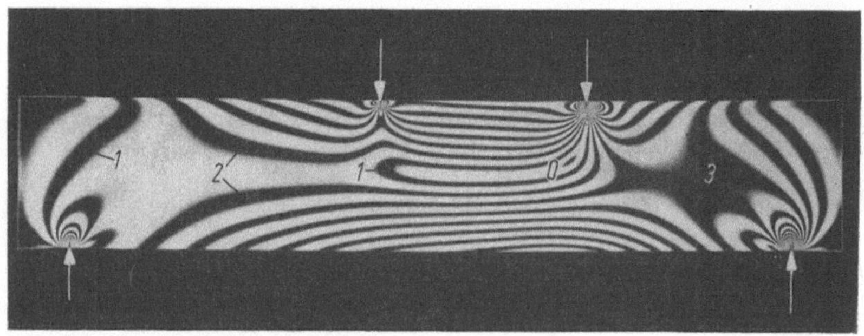

Bild G.4 Isochromatenaufnahme des Balkenmodells nach Bild G.12a aus Araldit B. Abmessungen:
5,8 × 32,0 × 1,03 cm. Spannungsoptische Konstante $S = 11{,}3$ kp/(cm² Ord.). $P = 26$ kp. Versuchsaufbau s. Bild G. 3

einer jeweils gleichen Farbe, die sich als Komplementärfarbe, d. h. als
Summe aller nach Abzug der gerade durch Interferenz ausgelöschten
Wellenlänge noch verbleibenden Spektralfarben, ergibt. Daher werden
diese Interferenzlinien in der Spannungsoptik Isochromaten genannt.
Man bezeichnet sie mit der Zahl der Interferenzordnungen und nennt
dies die Isochromatenordnung. Sie kann bei weißem Licht an der Farbe
erkannt werden; bei monochromatischem Licht wird sie durch Auszählen der Linien bestimmt, die den Punkt beim langsamen Aufbringen
der Last bis zum Erreichen der Endlast durchlaufen haben. Das Isochromatenbild kann photographiert werden, wodurch man einen guten
Überblick über die Verteilung der Hauptspannungsdifferenzen bekommt, oder die Isochromatenordnung wird punktweise durch Anwendung eines Kompensationsverfahrens bestimmt. Diese Möglichkeit wird
im Abschn. G-1.7.1 ausführlich behandelt.

1.4 Isoklinen

Bei Verwendung linear polarisierten Lichtes enthält die Beziehung zwischen Lichtintensität und Gangunterschied noch den Winkel φ zwischen Polarisations- und Hauptspannungsrichtung. Aus Gl. (G.7) ist zu erkennen, daß Auslöschung auch dann erfolgt, wenn φ die Werte 0° oder 90° annimmt, d. h., wenn die Polarisationsrichtung mit der Hauptspannungsrichtung zusammenfällt. Diese Auslöschung ist unabhängig von n und somit auch von λ, das bei gegebener Scheibendicke und Hauptspannungsdifferenz für n maßgebend ist; sie tritt daher sowohl bei monochromatischem als auch weißem Licht auf. Die so entstehenden dunklen Linien heißen Isoklinen und sind Orte gleicher Hauptspannungsrichtung. Zirkular polarisiertes Licht ist nicht richtungsabhängig [s. Gl. (G.9) und (G.10)] und liefert daher keine Isoklinen. Aus diesem Grunde

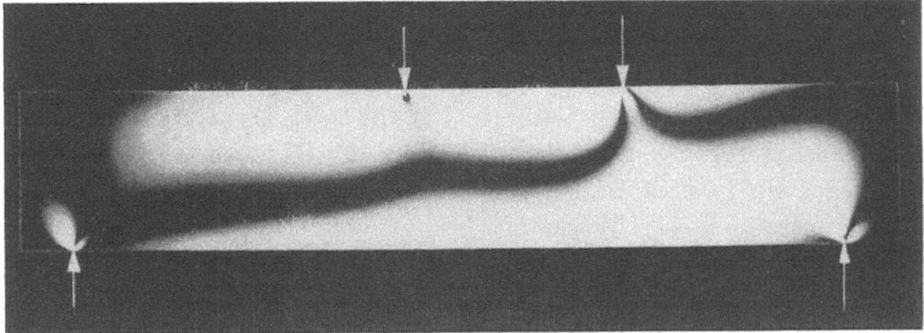

Bild G.5 Isoklinenaufnahme des Modells nach Bild G.12a., $\varphi = 70°$, Daten s. Bild G.4

werden die Isochromaten vorteilhaft in zirkular polarisiertem Licht ermittelt, wodurch der hierbei störende Einfluß der Isoklinen beseitigt wird. Die Isoklinen werden in weißem Licht beobachtet, weil sie sich als schwarze Linien dann gut von den farbigen Isochromaten abheben. Die Registrierung der Isoklinen erfolgt photographisch, durch Aufzeichnen auf das Modell oder durch punktweises Ablesen (s. Bild G.5).

1.5 Modellmaterial

An die Werkstoffe zur Herstellung spannungsoptischer Modelle sind verschiedene Anforderungen zu stellen, die nur von wenigen Stoffen erfüllt werden. Die Werkstoffe müssen durchsichtig, homogen und isotrop sein, sie sollen sich leicht bearbeiten lassen, und ihr E-Modul darf nicht zu groß sein. Ihre Spannungs-Dehnungs-Beziehung soll linear und das mechanische und optische Kriechen möglichst klein sein. Daß daneben der spannungsoptische Effekt möglichst groß sein sollte, bedarf an sich keiner besonderen Erwähnung. Er ist bei fast allen durchsichtigen Stoffen vorhanden, jedoch ist seine Größe sehr unterschiedlich. Bei Glas und Plexiglas ist er sehr klein; von den zur Zeit bekannten Kunststoffen haben die Epoxyharze den größten optischen Effekt. Sie werden deshalb heute fast ausschließlich in der ebenen und räumlichen Spannungsoptik angewendet. Ihre spannungsoptische Konstante beträgt ca. 11 kp/(cm · Ordng.). Der E-Modul ist ungefähr $35\,000$ kp/cm², und die Querdehnzahl liegt bei $\mu = 0{,}36$. Man kann also mit diesem Werkstoff bei einer Dehnung von $2000 \cdot 10^{-6}$ knapp sechs Ordnungen bei einer Modelldicke von 1 cm erzielen [nach Gl. (G.5) und dem Hookeschen Gesetz], was für eine einwandfreie Auswertung gerade ausreicht. Man ist deshalb bei den meisten spannungsoptischen Modellversuchen gezwungen, mit Dehnungsübertreibung zu arbeiten. Bei einer gegenüber der Hauptausführung auf das 6- bis 8fache vergrößerten Dehnung kann man den hierdurch entstehenden Fehler jedoch im allgemeinen noch vernachlässigen.

Auf andere Modellwerkstoffe soll hier nicht eingegangen werden, da sie alle eine wesentlich geringere optische Empfindlichkeit besitzen [G.2]. (Das teilweise noch benutzte VP 1527 der Dynamit AG., Troisdorf, hat nur ein $s = 26$ kp/(cm · Ordng.). Erwähnt sei noch, daß man manchmal ein zweites Modell aus Plexiglas benutzt, um die Isoklinen zu bestimmen; dieser Werkstoff besitzt eine außerordentlich kleine optische Empfindlichkeit, so daß meist nur Isoklinen zu sehen sind, die ungestört von Isochromaten photographiert werden können. Dieses Vorgehen ist jedoch nicht zu empfehlen, da durch unvermeidbare Unterschiede zwischen beiden Modellen und der Lasteinleitung Isochromaten und Isoklinen nicht eindeutig einander zugeordnet werden können.

Alle Kunstharze zeigen eine störende Nebenerscheinung, den sogenannten Randeffekt. Er beruht auf Schrumpf- und Quellspannungen an den Rändern der Werkstoffe, die durch Aufnahme von Wasserdampf oder durch Abgabe von gasförmigen Bestandteilen des Werkstoffes zustande kommen. Hierdurch entstehen parallel zu den Rändern des Modells Isochromaten, die je nach Werkstoff und Alter des Modells verschieden hohe Ordnungen erreichen. Sie stören die genaue Bestimmung der durch Belastung entstehenden Isochromatenordnungen am Rande. Deshalb sollen die Modelle sofort nach der endgültigen Bearbeitung untersucht werden, da dann der Randeffekt meist noch vernachlässigbar klein ist. Entsteht der Randeffekt durch Aufnahme von Wasser aus der umgebenden Luft, wie z. B. bei den heute fast ausschließlich verwendeten Epoxyharzen, dann kann man ihn durch Lagern der Modelle in einem Exsikkator oder bei 80°C vermeiden.

Bei unsachgemäßer Bearbeitung der Modelle oder bei Verwendung stumpfer Werkzeuge können durch starke örtliche Erwärmung ebenfalls

Randspannungen entstehen, die „eingefroren" werden und sich nicht mehr restlos entfernen lassen. Auch das Gießen von Modellen erfordert große Sorgfalt und viel Erfahrung, damit die Gußstücke eigenspannungsfrei bleiben (s. Abschn. C-5.3).

1.6 Schubspannungsdifferenzverfahren

1.6.1 Ermittlung der Spannungen

Aus den Isoklinen und Isochromaten lassen sich experimentell zwei von den drei Werten gewinnen, die zur vollständigen Bestimmung eines ebenen Spannungszustandes erforderlich sind. Die Messung einer dritten Größe, die eine Berechnung der Hauptspannungen gestatten würde, kann man durch Anwendung bestimmter Auswerteverfahren umgehen. Sie beruhen alle im wesentlichen auf der Integration der am differentiellen Element aufgestellten Gleichgewichtsbedingungen, ausgehend von einem lastfreien Rand. Hier ist die Hauptspannung senkrecht zum Rand Null, und der Isochromatenwert ergibt direkt die zum Rand parallele Spannung. Falls ihr Vorzeichen nicht bekannt ist, bestimmt man es mit der „Nagelprobe". Man drückt mit dem Fingernagel an der fraglichen Stelle auf den Rand des Modells und erzeugt somit senkrecht zum Rand eine negative Hauptspannung. Nun beobachtet man die Isochromatenordnung. Eine *Zunahme* der Ordnungen bedeutet *Zug*spannungen, wie man sich am Mohrschen Kreis leicht klarmachen kann. Aus der großen Anzahl dieser Verfahren wird hier nur das wegen seiner praktischen Bewährung am meisten angewandte Schubspannungsdifferenzverfahren nach FROCHT [G.3] beschrieben.

Am differentiellen Element ergibt sich aus dem Gleichgewicht der Kräfte in x-Richtung (s. Bild G.6)

$$\Delta\sigma_x = -\Delta\tau_{yx} \cdot \frac{\Delta x}{\Delta y}. \tag{G.11}$$

τ_{yx} und $(\tau_{yx} + \Delta\tau_{yx})$ sind die Mittelwerte der Schubspannungen längs Δx in den Schnitten y und $y + \Delta y$. Näherungsweise werden sie Schubspannungen in $\Delta x/2$ gleichgesetzt, die durch folgende Beziehung bestimmt sind:

$$\tau_{yx} = \frac{\sigma_1 - \sigma_2}{2}\sin^2\varphi \tag{G.12}$$

oder unter Berücksichtigung von (G.6)

$$\tau_{yx} = \frac{n}{2}\,S\,\sin 2\varphi. \tag{G.13}$$

Wenn von einer bekannten Randspannung σ_{x0} ausgegangen wird, kann durch Aufsummieren von $\Delta\sigma_x$-Werten schrittweise die Spannung σ_x bis zu einer beliebigen Stelle x bestimmt werden:

$$\sigma_x = \sigma_{x0} - \sum \Delta\tau_{yx} \cdot \frac{\Delta x}{\Delta y}. \qquad (G.\,14)$$

Der Wert für σ_{x0} am lastfreien Rand ergibt sich aus

$$\sigma_{x0} = \sigma_0 \cdot \sin^2\varphi_0. \qquad (G.\,15)$$

σ_0 ist die Spannung in Richtung des lastfreien Randes und kann direkt der Isochromatenordnung entnommen werden, denn die Spannung

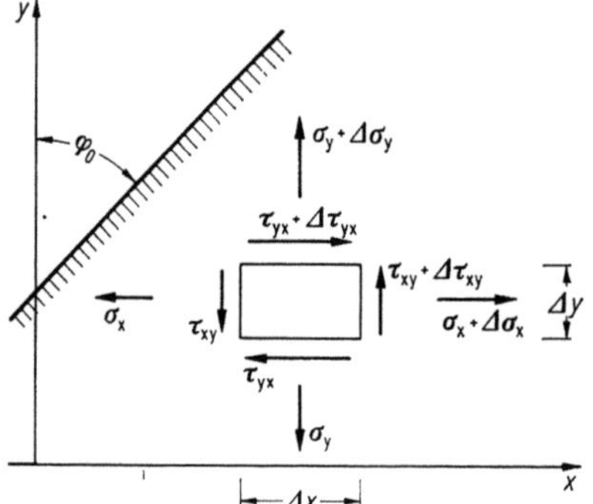

Bild G.6 Ebener Spannungszustand

senkrecht zum lastfreien Rand ist Null. φ_0 ist der Winkel zwischen y-Achse und Modellrand (s. Bild G.6). Mit bekanntem σ_x läßt sich aus den Beziehungen am Mohrschen Kreis σ_y bestimmen:

$$\sigma_y = \sigma_x \pm \sqrt{(\sigma_1 - \sigma_2)^2 - 4\tau_{yx}^2}. \qquad (G.\,16)$$

Die Richtung von τ_{yx} und das Vorzeichen des Wurzelausdrucks in Gl. (G.16) ergeben sich leicht mit Hilfe der Polkonstruktion zum Mohrschen Kreis (s. Abschn. K-1.10). Sind σ_x und σ_y bekannt, so können aus den bekannten Beziehungen

$$\left.\begin{array}{c} \sigma_x + \sigma_y = \sigma_1 + \sigma_2 \\[2mm] \dfrac{n \cdot s}{t} = \sigma_1 - \sigma_2 \end{array}\right\} \pm$$

die Hauptspannungen σ_1 und σ_2 berechnet werden:

$$\sigma_1 = \frac{1}{2}\left(\sigma_x + \sigma_y + \frac{n \cdot s}{t}\right),$$

$$\sigma_2 = \frac{1}{2}\left(\sigma_x + \sigma_y - \frac{n \cdot s}{t}\right). \tag{G.17}$$

Im einzelnen gelten für die Versuchsdurchführung und Auswertung in entsprechender Weise die Ausführungen bei der Darstellung der Standardmethode (Abschn. G-1.7), z. B. hinsichtlich der Kompensation, der Isoklinenablesung, der Ermittlung der spannungsoptischen Konstanten S, der Selbstkalibrierung, der Fehlerquellen und der Kontrolle der Messungen.

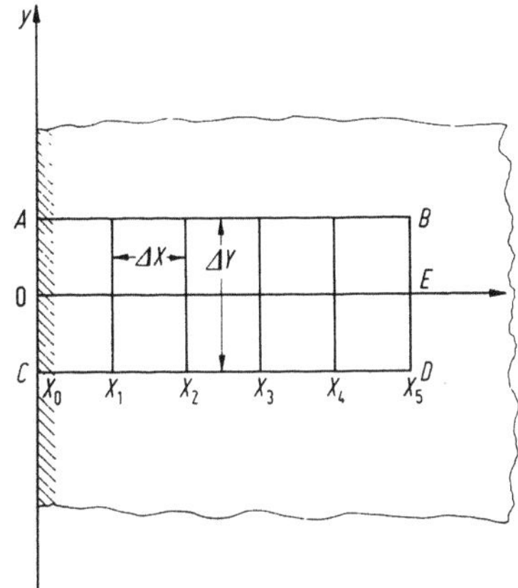

Bild G.7 Schema des Schubspannungsdifferenzverfahrens

Die Durchführung des Schubspannungsdifferenzverfahrens erfolgt vorteilhaft nach folgendem Schema (s. Bild G.7):

1. Wahl zweier paralleler Schnitte AB und CD mit dem Abstand Δy sowie ihrer Mittellinie OE, entlang derer die Spannungen im Modell bestimmt werden sollen. Abtragen von Δx auf den Schnitten (zweckmäßig wählt man $\Delta x = \Delta y$).

2. Ablesen und Aufzeichnen der Isochromatenordnung entlang AB und CD unter Anwendung eines Kompensationsverfahrens (s. Abschn. G-1.7.1).

3. Auftragen des Isoklinenwinkels in bezug auf σ_1 entlang der Schnitte AB und CD.

4. Berechnung von τ_{yx} nach Gl. (G.13) und Auftragen entlang der Schnitte AB und CD.

5. Berechnung von $\Delta\tau_{yx} = \tau_{yx,AB} - \tau_{yx,CD}$ an den Stellen $\dfrac{x_0 + x_1}{2}$; $\dfrac{x_1 + x_2}{2}$ usw.

6. Berechnung von σ_x für die Punkte auf der Linie OE nach Gl. (G.14).

7. Berechnung von σ_y, σ_1 und σ_2 nach den angegebenen Gl. (G.16) und (G.17).

1.6.2 Kritik des Verfahrens

Nachteil des Schubspannungsdifferenzverfahrens ist neben seiner Umständlichkeit die durch die abschnittsweise numerische Integration bedingte Möglichkeit der Übertragung und Anhäufung von Rechenungenauigkeiten und Meßfehlern; diese treten besonders stark hervor, da numerische Differenzen von Meßwerten gleicher Größenordnung gebildet werden. Wenn nicht sehr sorgfältig gearbeitet wird, kann der Endfehler erheblich sein. Außerdem ist σ_{x0}, der Ausgangswert der numerischen Integration, ungenauer als die folgenden Δx-Werte, da die Messung der Isochromatenordnung am Rande meist nur mit halb so großer Genauigkeit wie in der Scheibe möglich ist. Ein Fernrohr kann hier gute Dienste leisten, um die Ablesegenauigkeit zu erhöhen. Jedoch ist es schwierig, das Modell frei von Randeffekt zu halten, der die Messungen verfälscht. Die Überprüfung der Ergebnisse kann mit Hilfe der Gleichgewichtsbedingungen in geeigneten Modellschnitten geschehen.

1.7 Standardmethode der ebenen Spannungsoptik

Die Auswerteverfahren werden wegen ihrer Umständlichkeit und oft auch wegen ihrer Ungenauigkeit meist nicht angewendet, sondern man beschränkt sich auf eine Bestimmung der Spannungen am lastfreien Rand. Eine Kenntnis der Randspannungen reicht jedoch bei den meisten Problemen des Bauingenieurwesens, besonders im Stahlbetonbau, nicht aus, denn es interessiert auch die Spannungsverteilung im Innern einer Scheibe.

Als sehr gut erweist sich in der praktischen Anwendung ein Verfahren, bei dem die Hauptspannungsdifferenz und die Richtung der Hauptspannungen aus den Isochromaten bzw. Isoklinen und die Hauptspannungssumme aus der Dickenänderung des Modells mit Hilfe eines Lateralextensometers bestimmt werden. Die Ausarbeitung dieser als Standardverfahren bezeichneten Methode geht im wesentlichen auf HILTSCHER zurück [G.4]. Schon im Jahre 1901 schlug MESNAGER [G.5] vor, zur

Messung der Hauptspannungssumme die Querdehnung zu benutzen, da
der ebene Spannungszustand mit einem dreiachsigen Formänderungs-
zustand verknüpft ist, bei dem die Dehnung senkrecht zur Ebene der
Spannungen proportional der Hauptspannungssumme ist.

$$\varepsilon_z = -\frac{\mu}{E}(\sigma_1 + \sigma_2). \tag{G.18}$$

Die meisten Versuche, diese aus der Elastizitätstheorie bekannte
Tatsache in der Spannungsoptik nutzbar zu machen, scheiterten an den
technischen Schwierigkeiten, die sehr kleine Querdehnung mit genügender Genauigkeit zu messen. So beschäftigten sich COKER, VOSE, SCHAID,
DE FOREST-ANDERSON u. a. mit der Lösung dieses Problems und verbesserten das Meßgerät [G.6]. Aber erst HILTSCHER gelang es im Jahr
1950 unter Verwendung eines mechanischen Präzisionsgerätes der Firma
C. E. Johansson, das auf dem Prinzip des doppelt verdrehten Bändchens
beruht (s. Abschn. F-4.2.2.2), ein Lateralextensometer zu entwickeln,
das die sichere und zuverlässige Messung der Querdehnung im routinemäßigen Betrieb eines spannungsoptischen Labors erlaubte [G.7]. Jetzt
war es möglich, die Hauptspannungssumme am Modell nach folgender
Beziehung zu bestimmen:

$$\sigma_1 + \sigma_2 = \Delta t \cdot \frac{k}{t} \quad \text{oder} \quad \sigma_1 + \sigma_2 = \Delta t\, K, \tag{G.19}$$

wobei Δt die Dickenänderung [μm] und

$$K = \frac{k}{t}\left[\frac{\text{kp}}{\text{cm}^2 \cdot \mu\text{m}}\right]$$

die für die jeweilige Dicke der Scheibe gültige Lateralkonstante ist.

Vor einiger Zeit wurden elektrisch arbeitende Lateralextensometer
entwickelt, wodurch die Empfindlichkeit der Meßgeräte erheblich gesteigert und die Anwendung vereinfacht wurde [G.8]. Als Meßverfahren
zur Umsetzung der Dickenänderung in ein analoges elektrisches Signal
wurden aus naheliegenden Gründen die bei Modellmessungen bereits
anderweitig eingesetzten Methoden der Dehnmeßstreifen-Technik und
der induktiven Wegmessung benutzt. Um die Dickenänderung des
Modells zu messen, wurden auch verschiedene andere Verfahren vorgeschlagen. DOSE und LANDWEHR [G.9] erhalten Linien gleicher Hauptspannungssumme (Isopachen oder Linien gleicher Dickenänderung) in
Form von Moirélinien, die entstehen, wenn man das vor der Belastung
des Modells aufgenommene Interferenzlinienfeld gleicher Dicke mit dem
des belasteten Modells überlagert. Isochromaten und Isopachen erhalten

NISIDA und SAITO [G. 10] in einer einzigen Aufnahme, indem sie ein Mach-Zehnder-Interferometer benutzen. Alle diese Verfahren sind jedoch technisch nicht einfach auszuführen und erfordern — besonders das zuletzt genannte — einen großen apparativen Aufwand sowie außerordentliche Präzision bei der Modellherstellung (s. Abschn. H-2.1).

1.7.1 Messen der Isochromatenordnung mit der Tardy-Kompensation

Um bei den optischen Messungen dieselbe Genauigkeit wie bei den Dickenänderungsmessungen zu erzielen, werden die Isochromaten punktweise mit Hilfe der Tardy-Kompensation bestimmt [G. 1]. Diese ist in der Durchführung einfacher als die oft empfohlene Kompensation nach SÉNARMONT. Als Nachteil der Tardy-Kompensation wurde früher angesehen, daß man zwei Viertelwellenplatten benötigt und daher die Genauigkeit geringer ist. Bei der Präzision der heute verfügbaren $\lambda/4$-Platten sind die durch die zweite $\lambda/4$-Platte zusätzlich entstehenden Fehler unerheblich [G. 18].

Unter Kompensation versteht man allgemein: Der Gangunterschied zweier Lichtstrahlen wird durch Einschalten eines Mediums mit einstellbarer bekannter Doppelbrechung so ergänzt bzw. reduziert, daß er ganzzahlig wird, d. h., daß durch den Meßpunkt eine Isochromate verläuft. Bei der Tardy-Kompensation wird mit zirkular polarisiertem Licht gearbeitet, das mit einer Viertelwellenplatte erzeugt wird, die zwischen Modell und Polarisator angeordnet wird (s. Abschn. G-1.2). Im allgemeinen sind Polarisator und $\lambda/4$-Platte gemeinsam in einem Rahmen gefaßt, wobei die Hauptrichtung der $\lambda/4$-Platte um 45° gegen die Polarisationsrichtung gedreht ist. Der Analysator und die zugehörige $\lambda/4$-Platte sind gemeinsam drehbar gelagert, so daß die Drehung der beiden Platten gegenüber ihrem Rahmen von 0° bis $\pm 90°$ an einer Skala abgelesen werden kann. Außerdem ist der Analysator gegenüber dieser $\lambda/4$-Platte drehbar. Die gegenseitige Verdrehung ist an einer Dezimalskala abzulesen. Man geht folgendermaßen vor: Zunächst werden die ganzzahligen Ordnungen festgestellt. Dies geschieht in der Nullstellung des Analysators bei weißem Licht, da hierbei die Ordnung Null als schwarze Linie erscheint und die Ordnungen 1 bis 3 an ihren charakteristischen Farben leicht zu erkennen sind. Zur genauen Fixierung und Feststellung höherer Ordnungen wird jedoch besser monochromatisches Licht verwendet, in dem die Isochromaten schärfer begrenzt und leichter auf den Meßpunkt einzustellen sind. In der nun folgenden Kompensation werden die Bruchteile der Ordnungen im Meßpunkt bestimmt. Es wird der Isoklinenwinkel, der nach Abschn. G-1.7.2 gemessen wird, am Analysator eingestellt. Die $\lambda/4$-Platte ist dabei fest mit dem Analysator verbunden und ihre Hauptrichtung gegenüber dem Analysator um 45° geneigt und damit nach der Einstellung auch um 45° gegenüber der Hauptspannungsrichtung im Meßpunkt. Dies ist notwendig, damit das von der ersten $\lambda/4$-Platte zirkular polarisierte Licht wieder linear polarisiert den Analysator erreicht. Jetzt wird bei festgehaltener $\lambda/4$-Platte der Analysator allein nach links oder rechts weitergedreht, bis die Isochromate mit der nächst niedrigeren Ordnung durch den Meßpunkt läuft. Der Bruchteil der Isochromatenordnung wird dann auf der inneren Skala abgelesen. Eine halbe Umdrehung nach links und rechts ist jeweils von 1 bis 100 unterteilt (s. Bild G.3). Die Drehrichtung des Analysators, die notwendig ist, um die niedrigere Isochromate in den Meßpunkt zu verschieben, zeigt an, ob dem eingestellten Isoklinenwinkel die Hauptspannung σ_1 oder σ_2 zugeordnet ist.

1.7.2 Messen des Isoklinenwinkels und Zuordnen der Hauptspannungen zu den gemessenen Richtungen

Der Winkel φ, den eine Hauptspannung mit einer definierten Richtung bildet, kann in der Spannungsoptik aus den Isoklinen bestimmt werden. Meist wird die senkrechte Achse als Bezugsrichtung gewählt, wobei sich die Winkelangaben auf die algebraisch größere Hauptspannung σ_1 beziehen. Damit die Isoklinen in linear polarisiertem weißem Licht sichtbar werden, baut man beide Polarisationsfilter so auf, daß die mit ihnen vereinigten $\lambda/4$-Platten auf der vom Modell abgewandten Seite stehen. Die gekreuzten Polarisationsfilter werden gemeinsam so lange nach links oder rechts gedreht, bis die Isokline durch den Meßpunkt läuft. Der zugehörige Winkel wird jetzt an der Skala der Polarisationsfilter abgelesen. Aus praktischen Gründen mißt man von den an einem Meßpunkt möglichen zwei Winkeln stets den kleineren. Mit Hilfe der Tardy-Kompensation bestimmt man, ob φ oder $\varphi + 90°$ zu σ_1 gehört. Dies erfolgt in zirkular polarisiertem Licht mit dem Versuchsaufbau der Tardy-Kompensation. An einem Modell mit eindeutigem Spannungszustand, z. B. einem Zugstab, wird festgestellt, bei welcher Drehrichtung des Analysators bei der Kompensation die Isochromatenordnung steigt. Dieser Drehrichtung wird am Analysator σ_1 zugeordnet. Steigt für dieselbe Drehrichtung auch am Meßpunkt des Modells während der Kompensation die Isochromatenordnung, so gehört der eingestellte Isoklinenwinkel zu σ_1. Fällt dagegen für diese Drehrichtung die Isochromatenordnung, so bezeichnet der eingestellte Isoklinenwinkel die Richtung von σ_2, und zu σ_1 gehört $\varphi + 90°$. Diese Zuordnung erfolgt gleichzeitig mit der Bestimmung der Isochromatenordnung an jedem Meßpunkt und wird im Meßprotokoll vermerkt.

1.7.3 Messen der Dickenänderung mit dem Lateralextensometer

1.7.3.1 Konstruktion des Lateralextensometers

Das von HILTSCHER entwickelte Gerät besteht aus einem steifen Bügel, der um das Modell greift und der die Meßspitzen trägt. Eine der beiden befindet sich am Taststift des Feinmeßinstruments, der andere gehört zu einer Mikrometerschraube, die ein feinfühliges Anklemmen des Gerätes am Modell und gleichzeitig die Nulleinstellung des Meßgerätes ermöglicht. Als solches dient eine Sonderausführung des Feinmeßgerätes „Mikrokator" der Firma C. E. Johansson. Jede Dickenänderung des Modells erzeugt eine Relativverschiebung der Spitzen, die das Meßgerät direkt anzeigt. Das Übersetzungsverhältnis beträgt 1 : 3000. Die Skala des Instrumentes gestattet pro Teilstrich das Ablesen einer Dickenänderung von 10^{-4} mm, wobei zehntel Skalenteile noch geschätzt werden können. Wenn der Querdehnungsmesser (trotz hoher Empfindlichkeit) noch leicht und einfach zu handhaben und gleichzeitig für den praktischen Gebrauch robust und stabil sein soll, ist eine weitere Steigerung der Empfindlichkeit nur bei Verwendung elektrischer Meßverfahren mit

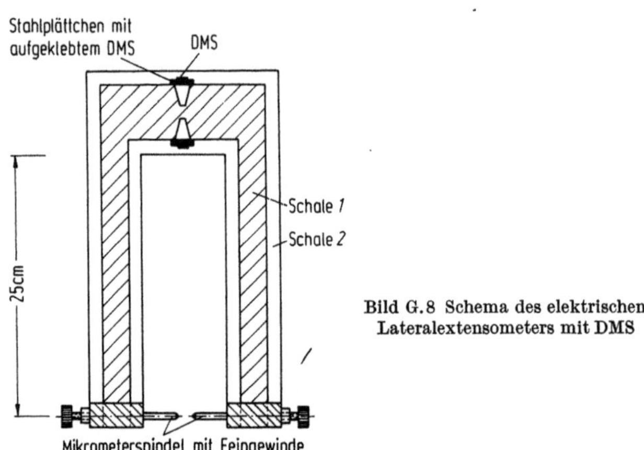

Bild G.8 Schema des elektrischen Lateralextensometers mit DMS

Hilfe der Verstärkertechnik möglich. Das Prinzip eines solchen Lateralextensometers mit Dehnmeßstreifen (DMS, s. Abschn. F-4.4.2) beruht darauf, daß eine Dickenänderung des Modells durch die Relativverschiebung der Stielenden eine Biegung des Riegels bewirkt, die mit DMS gemessen wird. Durch Anbringen mehrerer DMS und geeignete konstruktive Maßnahmen, wie sie in [G.8] beschrieben werden, kann die Empfindlichkeit bis auf ein Übersetzungsverhältnis von 1 : 150000 gesteigert werden (s. Bild G.8). Die äußere Schale trägt an den freien Enden

der Rahmenstiele je eine Mikrometerspindel. Gleichzeitig sind hier die
Enden des inneren Rahmens mit der äußeren Schale verbunden. Am
Meßquerschnitt des inneren Rahmens sind vier DMS aufgeklebt, die als
Vollbrücke geschaltet sind und neben einer hohen Empfindlichkeit eine
gute Temperaturkompensation gewährleisten. Es werden Metallfolien-
DMS mit einer Meßlänge von 2 mm verwendet, die einen sehr dünnen
Träger aus Epoxyharz besitzen. Damit das Ansetzen des Lateralextensometers an das Modell und das Einstellen der Bügelvorspannkraft fein-
fühlig vorgenommen werden können, sitzen die gehärteten Meßspitzen
an Mikrometerspindeln. Das Gerät wird wie das Lateralextensometer
von HILTSCHER frei beweglich über Rollen an Schnüren aufgehängt und
das Eigengewicht durch ein Gegengewicht ausgeglichen. Durch seine
kardanische Aufhängung an den Schnüren ist es in der Lage, jeder Verschiebung des Meßpunktes zu folgen, ohne dabei Kräfte auf das Modell
auszuüben, so daß der angezeigte Meßwert in jedem Fall nur die gesuchte
Dickenänderung wiedergibt.

1.7.3.2 Ansetzen des Lateralextensometers und Messen
der Dickenänderung

Um einwandfreie Meßergebnisse zu erhalten, muß das Lateralextensometer senkrecht zur Scheibenmittelebene angesetzt werden. Das richtige
Ansetzen des Gerätes kann leicht dadurch kontrolliert werden, daß man
das Spiegelbild des einen Schenkels des U-förmigen Rahmens mit dem
hinter dem Modell liegenden vergleicht. Das Gerät ist dann senkrecht zur
Scheibenebene angesetzt, wenn die sich im Modell spiegelnden Kanten
des vorderen Schenkels parallel zu den entsprechenden Kanten des
hinteren Schenkels verlaufen. Bei sehr schmalen Stegen oder sonstigen
schmalen Teilen von Modellen ist das Ansetzen nach dieser Spiegel-
methode nicht möglich. Es empfiehlt sich dann, vor Einbau des Modells
in die Belastungsvorrichtung die Meßpunkte anzukörnen. Dazu ist es
notwendig, zwei genau gegenüberliegende Punkte auf der Oberfläche des
Modells anzureißen, was durch ein Spiegelprinzip möglich ist. Zunächst
wird der Meßpunkt auf der einen Modellseite angekörnt, worauf das Modell umgedreht und in eine solche Lage gebracht wird, daß sich das
Spiegelbild der Pupille des Beobachters genau mit dem auf der gegenüberliegenden Seite des Modells befindlichen Eindruck deckt. Setzt man
nunmehr die Spitze des Körners genau in diesem Punkt an, so befindet
sie sich auf einer zur Modelloberfläche senkrechten Linie, die durch den
auf der gegenüberliegenden Seite bereits angerissenen Punkt läuft. In
Bild G.9 ist dies schematisch dargestellt. Sollen auf dem Modell viele
Punkte in Form eines Rasters angerissen werden, dann ist die Verwendung eines Höhenreißers auf einer Tuschierplatte zweckmäßig. Die

Anrisse werden jeweils nacheinander immer auf Vorder- und Rückseite des Modells vorgenommen.

Die Anpreßkraft des Meßgerätes und seine Rückstellkraft sind so aufeinander abgestimmt, daß eine sichere Befestigung des Gerätes gewährleistet ist und das Eindringen der Spitzen in das Modellmaterial in zulässigen Grenzen bleibt. In vielen Meßreihen wurde der Einfluß der

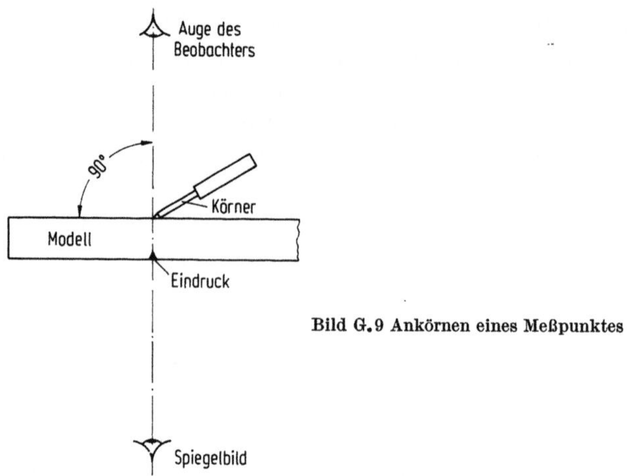

Bild G.9 Ankörnen eines Meßpunktes

Form der Meßspitzen auf die Reproduzierbarkeit der Meßwerte untersucht. Die am Modell entstehende Querdehnung wird nämlich nicht in voller Größe auf die Meßspitzen übertragen, da sich das Modell infolge der Rückstellkraft des Lateralextensometers verformt [G. 7]. Diese Verformung ist von der Aufstandsfläche, d. h. von der Eindringtiefe der Meßspitzen, abhängig. Kegelförmige Spitzen dringen wegen des hohen Anpreßdrucks und des Kriechens der Kunstharze während der Messung immer tiefer in das Modell ein und verändern damit die Eichkonstante des gesamten Systems, das aus Modell und angesetztem Lateralextensometer besteht. Die Eichkonstante des letzteren bleibt gleich; sie ist das Verhältnis aus Relativverschiebung der Meßspitzen und Zeigerausschlag am Meßgerät. Bei spannungsoptischen Untersuchungen interessiert jedoch nicht die Relativverschiebung der Meßspitzen, sondern die volle Größe der Querdehnung infolge der Hauptspannungssumme. In der Beziehung zwischen Hauptspannungssumme und Zeigerausschlag muß also das Zurückfedern des Modells enthalten sein, das während einer Messung möglichst konstant bleiben soll. Deshalb erwiesen sich zylindrische Spitzen mit einer Aufstandsfläche von 0,5 mm Durchmesser als besonders geeignet.

Die Messung an einem Punkt erfolgt jeweils bei Unter- und Oberlast, da ja die Dickenänderung Δt infolge der Belastungsänderung gemessen werden soll. Den Wechsel zwischen Ober- und Unterlast steuert man automatisch immer nach der gleichen Zeitdauer, für die sich in der Praxis 20 sec bewährt haben. Durch periodisches Be- und Entlasten kann außerdem das Kriechen der Kunstharze ausgeschaltet werden. Für jeden Punkt werden die Ablesungen bei mindestens drei Lastspielen wiederholt, anschließend wird der Mittelwert der gemessenen Dickenänderung gebildet. Hierbei werden auch Meßfehler durch langsame Temperaturänderungen ausgeschaltet. Zugleich wird eine hohe Genauigkeit und Sicherheit der Messungen erzielt (s. Abschn. C-3.2.2.3).

1.7.4 Ermittlung der Konstanten S und K

1.7.4.1 Kalibrierversuch

Die Ermittlung der Lateralkonstanten K und der spannungsoptischen Konstanten S erfolgt an einer aus dem Modellmaterial bestehenden Kreisscheibe (s. Bild G.10) unter möglichst gleichen Bedingungen. Mit den aus der Elastizitätstheorie bekannten Gleichungen für die Spannungen im Mittelpunkt einer Kreisscheibe, die durch zwei diametral entgegengesetzte Einzellasten belastet ist, erhält man

$$S = \frac{8p}{\pi t d} \cdot \frac{1}{n} \left[\frac{\mathrm{kp}}{\mathrm{cm^2\ Ordng.}} \right], \tag{G.20}$$

$$K = \frac{4P}{\pi t d} \cdot \frac{1}{\Delta t} \left[\frac{\mathrm{kp}}{\mathrm{cm^2\ \mu m}} \right], \tag{G.21}$$

t = Dicke der Kreisscheibe,

d = Durchmesser der Kreisscheibe ($d \geq 4 \cdot t$),

P = diametral angreifende Einzellast.

Eine Kreisscheibe ist für Kalibrierversuche besonders geeignet, da sie leicht herzustellen und zu belasten ist. Außerdem wird der Meßpunkt im Scheibenmittelpunkt nicht durch den mit der Zeit auftretenden Randeffekt beeinflußt. Allerdings sollte man darauf achten, daß der Durchmesser der Kreisscheibe nicht zu klein gewählt wird, da man sonst bei der Ermittlung der Lateralkonstanten K falsche Werte erhält [G.11]. Die ermittelten K-Werte sind erst unabhängig vom Durchmesser der Scheibe, wenn er größer als die vierfache Scheibendicke ist. Bei kleineren Durchmessern liegt eine sogenannte dicke Scheibe vor, bei der durch Querdehnungsbehinderung, die noch durch bis zum Meßpunkt wirkende Behinderung der Querdehnung infolge Reibung an den Lastangriffspunkten verstärkt wird, ein dreidimensionaler Spannungszustand entsteht. Die gemessene Querdehnung entspricht dann nicht mehr dem vorausgesetzten zweiachsigen Spannungszustand.

Die Messung der Konstanten K und S muß mit besonderer Sorgfalt erfolgen, da fehlerhafte Werte in die Auswertung der Spannungen eingehen und die versuchstechnisch erreichbare Genauigkeit stark vermindern. Neben der Konstruktion des Lateralextensometers, dem An-

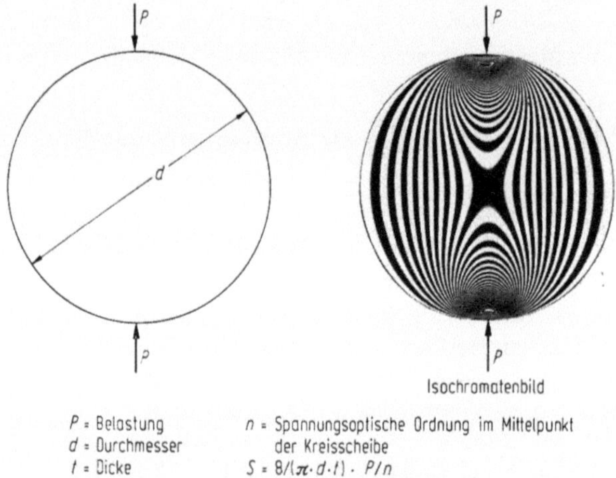

Bild G.10 Bestimmung der spannungsoptischen Konstanten an einer Kreisscheibe

preßdruck der Meßspitzen, der Spitzenform und der Belastungszeit beeinflussen aber auch das Modellmaterial, die Modelldicke und die Entfernung der Meßpunkte vom Modellrand die Meßergebnisse der Dickenänderung. HILTSCHER behandelt in [G.12] die Abhängigkeit der Lateralkonstanten von den beiden zuletzt aufgezählten Parametern. Es zeigt sich, daß die Lateralkonstante k für Modelldicken über 8 mm von der Modelldicke unabhängig ist und daß sie für kleinere Dicken ansteigt. Für relative Abstände a des Meßpunktes vom Modellrand $a/t < 0{,}3$ ist sie auch vom Randabstand des Meßpunktes abhängig. Ihre Beeinflussung erfolgt in beiden Fällen durch Überlagerung oder unsymmetrische Ausbildung dreidimensionaler Spannungszustände, die von den beiden Meßspitzen erzeugt werden.

1.7.4.2 Selbstkalibrierung

In einigen Fällen kann man die Hauptspannungsdifferenz messen, ohne in einem gesonderten Versuch die spannungsoptische Konstante S ermitteln zu müssen. Dies ist möglich, wenn an einem Punkt des Modells der Spannungszustand bekannt ist und die Isochromatenordnung gemessen wird. Das hier ermittelte Verhältnis zwischen Spannung und Isochromatenordnung wird für die anderen Modellpunkte zur Auswertung benutzt. Geeignet sind für dieses Vorgehen Modelle mit schmalen Teilen, in denen ein bekannter einachsiger Spannungszustand besteht. Bei anderen Modellen ohne stellenweise bekannten Spannungszustand hat man die Möglichkeit, das Modell über eine Kreisscheibe zu belasten,

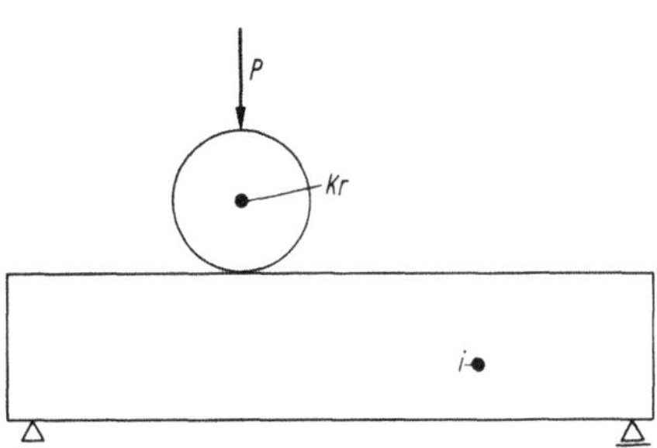

Bild G.11 Versuchsaufbau
zur Selbstkalibrierung

n_{Kr} = Isochromatenordnung im Mittelpunkt Kr der Kreisscheibe
n_i = Isochromatenordnung im Punkt i des Modells

wie es das Bild G.11 zeigt. Für die Hauptspannungsdifferenz am Punkt i ergibt sich mit den Beziehungen für die Spannungen im Mittelpunkt einer Kreisscheibe nach Gl. (G.6) und (G.20)

$$\sigma_1 - \sigma_2 = n_i \cdot S = n_i \cdot \frac{8P}{\pi t d} \cdot \frac{1}{n_{Kr}}, \qquad \text{(G.22)}$$

$$\frac{\sigma_1 - \sigma_2}{P} = \frac{n_i}{n_{Kr}} \cdot \frac{8}{\pi t d}. \qquad \text{(G.23)}$$

Hieraus kann man die Hauptspannungsdifferenz für jede beliebige Belastung errechnen, ohne daß die am Modell tatsächlich wirkende Kraft ermittelt werden muß. Für die Hauptspannungssumme ergibt sich durch entsprechende Messungen der Querdehnung nach Gl. (G.19) und (G.21)

$$\frac{\sigma_1 + \sigma_2}{P} = \frac{\Delta t_i}{\Delta t_{Kr}} \frac{4}{\pi t d} \qquad \text{(G.24)}$$

1.7.5 Beeinflussung der Meßergebnisse

1.7.5.1 Kriechen des Modellmaterials

Beansprucht man Kunststoffe mit einer gleichbleibenden Last, so bleibt die entstehende Dehnung nicht konstant, sondern wird mit der Zeit größer; die hervorgerufenen Spannungen sind zeitunabhängig.

Dieses Verhalten, das sogenannte Kriechen der Kunstharze, hat eine Zeitabhängigkeit des E-Moduls zur Folge. Es kann zu falschen Ergebnissen führen, wenn von den gemessenen Dehnungen auf die Spannungen geschlossen wird. Diese Schwierigkeit umgeht man, indem jeweils im gleichen Zeitabstand nach dem Aufbringen der Last gemessen wird. Hierdurch bleibt der zugehörige effektive E-Modul unabhängig von der Zeit. Durch periodisches Be- und Entlasten des Modells werden neben dem Kriechen auch noch lineare Nullpunktverschiebungen durch Mittelbildung ausgeschaltet. Es ist zweckmäßig, die Be- und Entlastung automatisch zu steuern, damit die Zeiten genau eingehalten werden (s. Abschn. C-3.2.2.1).

1.7.5.2 Einfluß von Temperaturänderungen

Die Eigenschaften der Kunststoffe sind weitgehend temperaturabhängig. Daher sollte die Temperatur des Modells während der Messungen möglichst gleich bleiben, da sich sonst S und K ändern und die Meßergebnisse verfälscht werden. Besonders das Aufheizen des Modells durch den Lichtkasten oder andere Lampen ist zu vermeiden.

1.7.5.3 Störungen des ebenen Spannungszustandes

Dreidimensionale Störungen des ebenen Spannungszustandes können die Meßgenauigkeit ebenfalls beeinträchtigen. Sie sind daran zu erkennen, daß Isochromaten unterschiedlicher Ordnung ineinander übergehen und daß die Isoklinen verschwommen oder überhaupt nicht auftreten. Ein weiteres Zeichen für diese Störungen ist ein Verschwimmen von Isochromaten oder ein Bewegen des Isochromatenbildes, wenn Polarisator und Analysator synchron gedreht werden. Die die Störung des ebenen Spannungszustandes verursachenden, über die Scheibendicke veränderlichen Spannungen werden hervorgerufen durch Torsion und Biegung senkrecht zur Scheibenebene. Größe und Richtung der resultierenden Hauptspannungen ändern sich über die Scheibendicke. Die Zusammenhänge zwischen Spannungen und optischen Erscheinungen werden dann kompliziert und können nicht mehr mit den in Abschn. G-1 angegebenen Beziehungen beschrieben werden. Die störenden Torsions- und Biegespannungen sind häufig bedingt durch Exzentrizitäten zwischen Kräften und Scheibenmittelfläche. Sie treten bei der Verwendung von Modellscheiben ohne planparallele Flächen auf, weil hierdurch die äußeren Lasten nicht genau in der Scheibenmittelfläche wirken und ein Biegemoment um diese erzeugen. Mit besonderer Sorgfalt müssen die äußeren Lasten zentrisch eingeleitet werden, damit nur Biegung parallel zur Scheibenebene entstehen kann.

Von Bedeutung für die Erzeugung eines ebenen Spannungszustandes ist weiterhin eine einwandfreie Belastungsvorrichtung mit ausreichender Steifigkeit, die sich beim Aufbringen der Last nicht wesentlich verformt und dadurch die Krafteinleitung ändert. Damit ein ausgerichtetes Modell sich nicht verschieben kann, entlastet man es nicht vollständig, sondern arbeitet mit einer sogenannten Unterlast von ausreichender Größe. Die Differenz zwischen Unter- und Oberlast ergibt die aufgebrachte Belastung. Die zugehörige Isochromatenordnung findet man als Differenz zwischen den bei Ober- und Unterlast gemessenen Ordnungen.

1.7.5.4 Abhängigkeit der Isochromatenordnung vom Durchstrahlungswinkel

Für die genaue Messung der Isochromatenordnung ist weiterhin erforderlich, daß der entsprechende Meßpunkt des Modells vom Licht senkrecht zur Modelloberfläche durchstrahlt wird, da sich nach [G.4] ein solcher Winkelfehler besonders an Stellen mit großem Spannungsgefälle und in der Nähe von Nullisochromaten durch eine fehlerhafte Ablesung der Isochromatenordnung bemerkbar macht. Die Abhängigkeit der Isochromatenordnung von dem Durchstrahlungswinkel wird beim Verfahren der schiefen Durchstrahlung zur vollständigen Bestimmung des ebenen Spannungszustandes angewandt, indem die Isochromatenordnung in drei verschiedenen Richtungen gemessen wird (s. S. 306).

1.7.6. Ermittlung der Spannungen aus den Meßwerten

Die Umrechnung der gemessenen Werte in Spannungen erfolgt in Tabellenform. Aus den Gl. (G.6) und (G.19) erhält man für die doppelten Hauptspannungen

$$2\sigma_{1,2} = K \cdot \Delta t \pm n \cdot S. \qquad \text{(G.25)}$$

Dividiert man (G.25) durch S, so erhält man die doppelten Hauptspannungen $\sigma_{1,2}$ in spannungsoptischen Ordnungen. Die Koordinatenspannungen $\bar{\sigma}_x$, $\bar{\sigma}_y$ und $\bar{\tau}_{xy}$ werden aus den gemessenen Werten mit $c = K/S$ durch folgende Formeln ermittelt:

$$2\bar{\sigma}_{\bar{x}} = c \cdot \Delta t \boxed{\pm} n \cdot \cos 2\varphi \; [\text{Ordng.}] \qquad \text{(G.26)}$$

$$\text{Vorzeichen} \Big\langle \begin{array}{c} \boxed{-} \\ \boxed{+} \end{array} \Big. \quad , \text{ wenn } \varphi \text{ Richtung von} \Big\langle \begin{array}{c} \sigma_1 \\ \sigma_2 \end{array}$$

$$2\bar{\sigma}_y = c \cdot \Delta t \;\boxed{\pm}\; n \cdot \cos 2\varphi \;[\text{Ordng.}] \qquad\qquad (\text{G.27})$$

Vorzeichen $\Big\langle$ $\boxed{+}$ $\boxed{-}$, wenn φ Richtung von $\Big\langle$ σ_1 σ_2

$$2\bar{\tau}_{xy} = n \cdot \sin 2\varphi \;[\text{Ordng.}] \qquad\qquad (\text{G.28})$$

Das Vorzeichen des Winkels und der Winkelfunktion bleibt dabei unberücksichtigt.

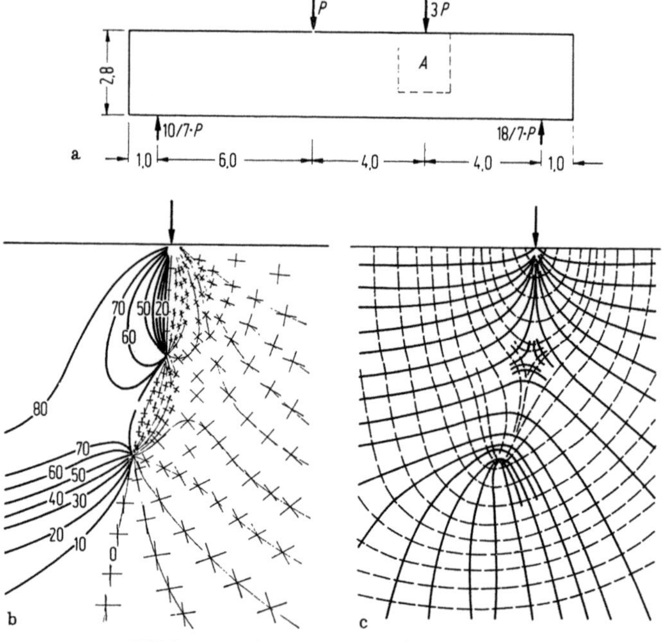

Bild G. 12 a) Modell mit Belastung (nach [G. 3])
b) Konstruktion der Hauptspannungsrichtungen aus dem Isoklinenfeld im Bereich A
c) Hauptspannungstrajektorien im Bereich A

Um die Meßwerte in dimensionsloser Form unabhängig von Größe und Belastung des Modells darzustellen, werden sie auf eine geeignet gewählte Bezugsspannung σ_0 bezogen. Durch Multiplizieren der doppelten Spannungen in spannungsoptischen Ordnungen mit

$$V = \frac{S}{2\,\sigma_0}\;[\text{Ordng.}^{-1}]$$

erhält man die dimensionslosen Größen. Die gesamte Auswertung der Messungen und ihre Umrechnung in eine dimensionslose Form ist durch Einführen der gezeigten Vorzeichenregeln für die Ermittlung von σ_x und σ_y so einfach, daß sie von Hilfskräften ausgeführt werden kann.

Will man die Hauptspannungstrajektorien ermitteln, so zeichnet man die Isoklinen am besten auf das Modell und überträgt sie von hier auf Transparentpapier. Markiert man längs jeder Isokline durch Strichkreuze die jeweils zugehörigen beiden Hauptspannungsrichtungen, so wird unmittelbar der Verlauf der Trajektorien ersichtlich, die sich dann leicht in das so erhaltene Richtungsfeld eintragen lassen (Bild G.12a bis c).

1.7.7 Kontrolle der Messungen

Eine erste Kontrolle der Messungen ist das maßstäbliche Auftragen der $(\sigma_1 + \sigma_2)$- und $(\sigma_1 - \sigma_2)$-Linien für die wichtigsten Meßschnitte und Meßpunkte. Diese Linien müssen am Modellrand zusammenlaufen. Ist dies nicht der Fall, oder treten unerklärliche Sprünge im Hauptspannungsfeld auf, so können Meßfehler vorliegen, die durch Nachmessungen beseitigt werden. Eine genaue Kontrolle erfolgt mit den Gleichgewichtsbedingungen für einzelne Schnitte am Modell. Da bei der Ermittlung der Spannungen die Gleichgewichtsbedingungen nicht benutzt werden, kann mit ihrer Hilfe eine echte Kontrolle der Meßgenauigkeit vorgenommen werden, wobei in bekannter Weise die an einem Schnitt erhaltenen Resultanten aus Schub- und Normalspannungen mit den in der entsprechenden Richtung wirkenden Komponenten der äußeren Kräfte verglichen werden. Die übliche Aufstellung der Momentensumme als dritte Gleichgewichtsbedingung gibt im allgemeinen keine sichere Aussage über die Genauigkeit der Meßwerte, da hier die Abweichungen von der Gleichgewichtsbedingung bei fehlerhaften Meßwerten je nach Lage des Momentenbezugspunktes verschieden sein können. Da das Modell von selbst die Gleichgewichtsbedingungen erfüllt und hier nur die Genauigkeit der Messungen geprüft werden soll, ist die Kontrolle der Momentensumme auch nicht notwendig. Man verwendet sie nur in Sonderfällen, wie z. B. bei der Kontrolle von Schubspannungen entlang eines Kreisbogenschnittes, wobei der Kreismittelpunkt der gegebene Bezugspunkt ist. Die Verhältnisse werden dann besonders einfach, da für alle Punkte des Schnittes der Hebelarm konstant ist. Zur Ermittlung der Schubspannung werden nur die n-Messungen und der Isoklinenparameter φ benötigt; deshalb kann man durch Summieren der Schubspannungen längs eines Schnittes diese Messungen unabhängig von den Δt-Messungen kontrollieren.

Aus Gl. (G.26) und (G.27) für die Bestimmung von σ_x und σ_y ist ersichtlich, daß sich die Normalspannung in einer Richtung als Differenz

der Meßwerte ergibt. Ist diese Differenz sehr klein, machen sich die Meßfehler besonders stark bemerkbar, und man wählt als Schnittrichtung
zur Kontrolle der Meßwerte die Richtung, in der die Normalspannung
als Summe der Meßwerte entsteht.

1.7.8 Umrechnung auf die Hauptausführung

Die Darstellung der Meßergebnisse in dimensionsloser Form durch
Einführen einer Bezugsspannung hat den Vorteil, daß man alle Maß-
stabsumrechnungen und die etwas schwerfällig zu handhabenden Maßstabsgleichungen umgeht. Man hat nur für die gewählte Hauptausführung und die dort herrschende Belastung die maßgebende Bezugsspannung auszurechnen; es können dann sofort sämtliche Spannungen auf
die bei der Hauptausführung vorliegenden Verhältnisse umgerechnet
werden.

1.7.9 Kritik des Verfahrens

Durch die Messung der Querdehnung als sogenannte dritte Größe in
der ebenen Spannungsoptik gewinnt das spannungsoptische Meßverfahren an Genauigkeit und Schnelligkeit, da keine Photographien und
umständliche, auf Integration beruhende Auswerteverfahren mehr notwendig sind. Man kann auch an irgendeinem einzelnen, innerhalb einer
Scheibe gelegenen Punkt sofort die Spannungen bestimmen; dies ist
besonders vorteilhaft, wenn man zur Ergänzung des erhaltenen Span-
nungsbildes nach der Auswertung die Spannungen an einigen Punkten
noch zusätzlich ermitteln will. Bei einem Integrations-Auswerteverfahren
erfordert das meistens mehrere Messungen entlang eines vom Rand
ausgehenden Schnittes, da eine Integration durchgeführt werden muß.
Das punktweise Messen sowohl der spannungsoptischen Ordnungen n
als auch der Dickenänderungen Δt ist kein Nachteil, da die Messungen
eines jeden Punktes durch die Messungen an Nachbarpunkten kon-
trolliért werden können. Die Messungen an den einzelnen Punkten
sind unabhängig voneinander, und es können deshalb keine Summations-
fehler bei der Auswertung entstehen wie bei den Integrationsverfahren.
Alle anderen Verfahren der Spannungsoptik arbeiten ebenfalls punktweise, da immer für gewisse festgelegte Punkte die Meßwerte abgegriffen
werden müssen (z. B. beim Auszählen der Isochromatenordnungen auf
Photos). An den singulären Punkten, die bei den Auswerteverfahren oft
Schwierigkeiten bereiten, da hier der Winkel unbestimmt ist, lassen sich
durch die Messung der Dickenänderung die Spannungen unschwer bestimmen. Wird eine Be- und Entlastungszeit von 20 sec eingehalten, kann
eine eingearbeitete Hilfskraft innerhalb eines Tages an etwa 50 Punkten

eines Modells die Hauptspannungen nach Größe und Richtung bestimmen und daraus die Koordinatenspannungen berechnen. Dies setzt allerdings eine rationelle Arbeitsweise unter Benutzung einer elektrischen Rechenmaschine, vor allem zur Mittelwertbildung, voraus.

Bei der Messung mit dem Lateralextensometer müssen die Modelle be- und entlastbar sein. Dies wird oft als Nachteil empfunden, da hierdurch ein Mehraufwand bei der Herstellung der Belastungsvorrichtung entsteht. Aber dort, wo die Spannungsoptik als routinemäßiges Hilfsmittel für den konstruktiven Ingenieur benutzt wird, lohnt sich dieser Aufwand. Es wird fast immer möglich sein, die Belastungsvorrichtung so zu bauen, daß eine Entlastung des gesamten Modells möglich ist. Weit störender macht sich dagegen bemerkbar, daß sich wegen der Querdehnungsbehinderung durch angreifende Lasten in der unmittelbaren Nähe von belasteten Rändern und an Kerben mit einem Kerbradius von der Größenordnung der Modelldicke räumliche Spannungszustände ausbilden, so daß keine einwandfreie Auswertung der Querdehnungsmessungen möglich ist. Über diese Schwierigkeit können Gleichgewichtsbetrachtungen oder Extrapolation der Meßwerte hinweghelfen. Zur Abschätzung der Fehler, die durch die Behinderung der Querdehnung entstehen, untersuchte R. HILTSCHER systematisch einige charakteristische Fälle und veröffentlichte Diagramme [G.4], mit deren Hilfe man für ähnliche Fälle die Verminderung der Dickenänderung durch geeignete Wahl der Modelldicke verringern oder zumindest die Größe des Korrekturgliedes bestimmen kann.

2 Räumliche Spannungsoptik

2.1 Einführung

Die bisher dargestellten Methoden zur experimentellen Spannungsanalyse beschränkten sich auf die Untersuchung von ebenen Spannungszuständen. In der Praxis treten jedoch auch Probleme auf, die die Ermittlung dreidimensionaler Spannungszustände erfordern. Der durch sechs Größen bestimmte allgemeine räumliche Spannungszustand ändert sich von Punkt zu Punkt des belasteten Körpers. Wird ein durchsichtiges Modell, in dem ein solcher Spannungszustand herrscht, von polarisiertem Licht durchstrahlt, so ändern sich entlang des Lichtwegs Schwingungsebene, Maximalamplitude und Geschwindigkeit der beiden senkrecht zueinander schwingenden, infolge Doppelbrechung entstandenen Teilwellen, entsprechend der Änderung von Richtung und Größe der Hauptspannungen. Der beobachtete Gangunterschied stellt einen über den Weg integrierten Wert dar, der keinen Rückschluß auf den Spannungszustand in einzelnen Punkten gestattet. Deshalb kann man den räumlichen Spannungszustand nicht mehr wie bei ebenen, entlang des Lichtweges konstanten Spannungszuständen durch einfache Durchstrahlung mit polarisiertem Licht bestimmen, sondern es müssen Möglichkeiten geschaffen werden, einzelne Punkte im Innern des Modells zu untersuchen. Für diesen Zweck haben sich neben einigen Verfahren für Spezialfälle, wie z. B. dem Streulichtverfahren, vor allem solche Methoden bewährt, bei denen die äußeren Lasten in den Modellen einen bleibenden Verformungszustand erzeugen, der auch nach Entlastung erhalten bleibt. Ein solches Modell mit einem festgehaltenen oder „eingefrorenen" Verformungszustand, durch den auch der optische Effekt fixiert ist, wird in dünne Scheiben geschnitten. Diese können nach dem bekannten Verfahren der ebenen Spannungsoptik untersucht werden, da im allgemeinen die Änderung des Spannungszustandes über die Scheibendicke vernachlässigt werden kann.

Zu dieser Untersuchungstechnik räumlicher Spannungszustände gehören in erster Linie das Erstarrungsverfahren [G.1; G.3; G.13; G.14; G.15; G.16; G.17], dessen prinzipielle Durchführung in Abschn. G-2.2 kurz dargestellt ist, daneben die Kriech- und Aushärtungsmethode. Erstere benutzt zur Verformungsfixierung über eine beschränkte Zeit Modellmaterialien, die nach Entlastung stark verzögert zurückfließen [G.19]. Bei der zweiten Methode friert man während des endgültigen Aushärtens eines durch Gießen aus flüssigem Kunststoff hergestellten Modells Verformungen ein, indem die Belastung erfolgt, bevor der Polymerisationsprozeß abgeschlossen ist [G.20]. Die beiden zuletzt genannten Verfahren sind jedoch seither noch nicht in größerem Umfang angewandt worden.

2.2 Erstarrungsverfahren

2.2.1 Durchführung

Das Erstarrungsverfahren wurde erstmals in den Arbeiten von G. OPPEL [G.13], A. KUSKE [G.14] und M. HETÉNYI [G.15] behandelt. Es beruht auf der Fähigkeit gewisser Kunststoffe, Verformungen, die in erwärmtem Zustand infolge äußerer Lasten entstanden sind, nach Abkühlung und Wegnehmen der Belastung beizubehalten oder „einzufrieren". Dieses Verhalten läßt sich aus der molekularen Struktur vernetzter Kunststoffe erklären. Sie bestehen aus langen Makromolekülen mit festen Bindungen, sogenannten primären Bindungen, die sich bei der Polymerisation ausbilden. Daneben existieren noch kürzere Molekülketten, zwischen denen zu einem späteren Zeitpunkt der Polymerisation schwächere Bindungen, sogenannte sekundäre Bindungen, aufgebaut werden. Diese lösen sich jedoch wieder beim Erwärmen des ausgehärteten Kunststoffes nach Überschreiten einer bestimmten Temperatur, der „kritischen" Temperatur. Dadurch gerät der Kunststoff in einen gummiartigen, hochelastischen Zustand, in dem äußere Lasten nur von den primären Bindungen aufgenommen werden und innerhalb eines bestimmten Bereiches elastische Verformungen erzeugen. Wird aber der Kunststoff unter Belastung wieder langsam unter die kritische Temperatur abgekühlt, so erneuern sich die sekundären Bindungen und halten dadurch den herrschenden Verformungszustand und damit den optischen Effekt fest, auch wenn das Modell in Scheiben zerschnitten wird. Das Abkühlen muß sehr langsam und gleichmäßig erfolgen, damit nicht zusätzlich Wärmedehnungen eingefroren werden.

Neben Lekutherm X 30 ist Araldit B das gebräuchlichste Modellmaterial für das Erstarrungsverfahren. Es besitzt oberhalb seiner kritischen Temperatur von 150 °C einen effektiven E-Modul von 200 kp/cm² und eine spannungsoptische Konstante für Natriumlicht $s_{\text{eff}} = 0{,}28$ kp · cm/(cm² · Ordng). Seine Querdehnzahl bei 150 °C ist leider sehr groß und beträgt 0,49. Mit den Werten E_{eff} und s_{eff} bestimmt man aus den Formänderungen bzw. aus dem optischen Effekt, die am erkalteten, entlasteten und zerschnittenen Modell gemessen werden, die gesuchten Spannungen. Die Werte E_{eff} und s_{eff} werden auf die gleiche Weise am Eichbalken bestimmt.

Der schematische Versuchsablauf ist folgender:

1. Erhitzen von Modell und Eichbalken in einem Ofen auf die kritische Temperatur.

2. Belasten von Modell und Eichbalken.

3. Belassen beider Teile für 2 bis 3 Stunden im Ofen bei einer Temperatur, die über der kritischen liegt, um Gewißheit zu haben, daß sich alle Teile des Modells im hochelastischen Zustand befinden.

4. Langsames Abkühlen von Modell und Eichbalken auf Zimmertemperatur (1 bis 5 °C/Stunde, je nach Größe des Modells).

5. Entfernen der Lasten.

6. Bestimmung von E_{eff} und s_{eff} am Eichbalken.

7. Zerschneiden des Modells in dünne Scheiben.

8. Untersuchung des Spannungszustandes in den einzelnen Scheiben.

2.2.2 Auswertung

2.2.2.1 Allgemeiner Schnitt

Wird aus einem Modell mit eingefrorenem Spannungszustand eine Scheibe so herausgeschnitten, daß in ihrer Mittelebene keine der drei Hauptspannungen liegt (s. Bild G.13a bis c), so ist die vollständige Aus-

wertung des Spannungszustandes für einen Punkt der Scheibe ziemlich
kompliziert und erfordert den Einsatz des Schubspannungsdifferenzverfahrens (s. Abschn. G-2.2.2.3).

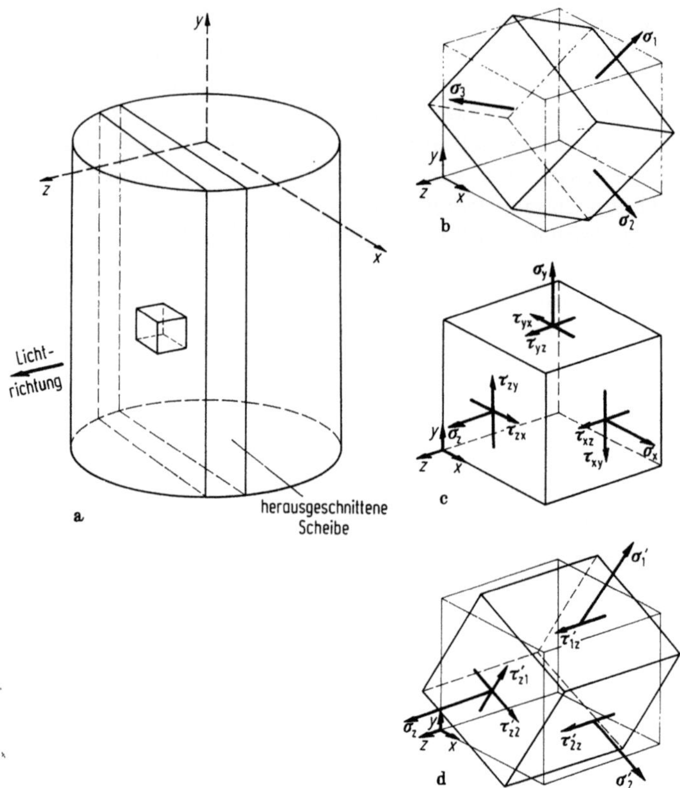

Bild G.13 a) Modellkörper mit eingefrorenem Spannungszustand
b) Räumliche Hauptspannungen σ_1, σ_2, σ_3
Auf den Oberflächen des entsprechend orientierten Volumelements treten keine Schubspannungen auf
c) Die nach Zerlegung des räumlichen Spannungszustandes am x-y-z-orientierten Volumelement
auftretenden Normal- und Schubspannungen
d) Nach entsprechender Drehung des x-y-z-orientierten Volumelements um die z-Achse verschwinden die Schubspannungen in der x-y-Ebene. σ_1' und σ_2' sind die sekundären Hauptspannungen in der
Scheibenebene

Ohne Integration gelingt es lediglich, wie später gezeigt wird, die
sekundären Hauptspannungen und eine Vergleichsspannung σ_v zu bestimmen, die nach der Hypothese der konstanten Gestaltänderungsarbeit
für den Eintritt des Fließens entscheidend ist.

Der Begriff der sekundären Hauptspannung wird durch die folgenden
Überlegungen definiert: Aus einem Modellkörper sei eine Scheibe herausgeschnitten, die einen über die Dicke konstanten eingefrorenen Span-

nungszustand aufweist. Wird sie mit polarisiertem Licht senkrecht zur Mittelebene und damit in Richtung der z-Achse eines orthogonalen Koordinatensystems entsprechend Bild G.13a durchstrahlt, so ist der entstehende Gangunterschied des Lichts nach Durchlaufen der Scheibe unabhängig von σ_z, τ_{xz} und τ_{yz} und nur abhängig von σ_x, σ_y und τ_{xy}, als ob in der Scheibe ein ebener Spannungszustand herrschen würde. Dies folgt aus den Beziehungen des Indexellipsoids [G.21]. Für diesen im Hinblick auf den optischen Effekt quasiebenen Spannungszustand läßt sich durch die Hauptgleichung der Spannungsoptik eine Beziehung herstellen zwischen Gangunterschied und den Spannungen in Scheibenebene, wobei n_z die Isochromatenordnung bei Durchstrahlung in z-Richtung ist:

$$\sigma_1' - \sigma_2' = \frac{n_z s}{t}. \tag{G.29}$$

Die Spannungen σ_1' und σ_2' werden in Anlehnung an die Beziehungen in der ebenen Spannungsoptik sekundäre Hauptspannungen genannt. Sie sind keine Hauptspannungen des dreidimensionalen, sondern des zweidimensionalen Spannungszustandes in der Ebene senkrecht zur Durchstrahlungsrichtung, der bei Vernachlässigung der Spannungskomponenten in Durchstrahlungsrichtung entsteht (s. Bild G. 13d).

σ_1' und σ_2' sind mit den Komponenten des räumlichen Spannungszustandes durch folgende Beziehung verbunden:

$$\sigma_{1,2}' = \frac{\sigma_x + \sigma_y}{2} \pm \frac{1}{2} \sqrt{(\sigma_x - \sigma_y)^2 + 4\tau_{xy}^2}. \tag{G.30}$$

Für den Winkel zwischen x-Achse und σ_1' gilt:

$$\tan 2\alpha_z = \frac{2\tau_{xy}}{\sigma_x - \sigma_y}. \tag{G.31}$$

Gl. (G.30) eingesetzt in Gl. (G.29) liefert eine Beziehung zwischen Gangunterschied und den Komponenten des räumlichen Spannungszustandes:

$$(\sigma_1' - \sigma_2')^2_{\text{Ebene } xy} = \frac{n_z^2 s^2}{t^2} = (\sigma_x - \sigma_y)^2 + 4\tau_{xy}^2. \tag{G.32}$$

Unter Verwendung von Gl. (G.31) ergibt dies die beiden Beziehungen

$$\sigma_x - \sigma_y = \frac{n_z s}{t} \cos 2\alpha_z, \tag{G.33}$$

$$\tau_{xy} = \frac{n_z s}{t} \cdot \frac{1}{2} \sin 2\alpha_z. \tag{G.34}$$

Durch Zerschneiden der Scheibe in sogenannte Unterschnitte und Durchstrahlung in x- und y-Richtung lassen sich entsprechende Beziehungen zwischen den Gangunterschieden und den Spannungen in der yz- bzw. xz-Ebene angeben:

$$\sigma_y - \sigma_z = \frac{n_x s}{t} \cos 2\alpha_x, \tag{G.35}$$

$$\tau_{yz} = \frac{n_x s}{t} \cdot \frac{1}{2} \sin 2\alpha_x, \tag{G.36}$$

$$\sigma_z - \sigma_x = \frac{n_y s}{t} \cos 2\alpha_y, \tag{G.37}$$

$$\tau_{xz} = \frac{n_y s}{t} \cdot \frac{1}{2} \sin 2\alpha_y. \tag{G.38}$$

n_x: Isochromatenordnung bei Durchstrahlung in x-Richtung,

n_y: Isochromatenordnung bei Durchstrahlung in y-Richtung
(s. a. Bild G.13 c).

Es zeigt sich, daß mit diesem Verfahren im allgemeinen Fall keine vollständige Auswertung, d. h. keine getrennte Bestimmung von σ_x, σ_y, σ_z möglich ist, da die Koeffizientendeterminante des Gleichungssystems (G.33), (G.35), (G.37)

σ_x	σ_y	σ_z	
1	-1	0	A
0	1	-1	B
-1	0	1	C

nicht von Null verschieden ist.

Dagegen läßt sich unmittelbar aus den gewonnenen Meßwerten die sog. Vergleichsspannung σ_v berechnen, die sich aus der Hypothese der konstanten Gestaltänderungsarbeit herleitet und zur Beurteilung der Festigkeit von Stahlbauteilen hinsichtlich mehrachsiger Spannungszustände herangezogen wird:

$$\sigma_v^2 = \frac{1}{2}\left[(\sigma_1 - \sigma_2)^2 + (\sigma_2 - \sigma_3)^2 + (\sigma_3 - \sigma_1)^2\right]$$

$$= (\sigma_1^2 + \sigma_2^2 + \sigma_3^2) - (\sigma_1 \cdot \sigma_2 + \sigma_2 \cdot \sigma_3 + \sigma_1 \cdot \sigma_3). \tag{G.39}$$

Werden die Hauptspannungen mit den Beziehungen der Elastizitätstheorie durch die Komponenten des räumlichen Spannungszustandes ersetzt, erhält man:

$$\sigma_v^2 = \frac{1}{4}\left\{[(\sigma_y - \sigma_z)^2 + 4\tau_{yz}^2]\left[2 + \frac{4\tau_{yz}^2}{(\sigma_y - \sigma_z)^2 + 4\tau_{yz}^2}\right]\right.$$

$$+ [(\sigma_x - \sigma_z)^2 + 4\tau_{xz}^2]\left[2 + \frac{4\tau_{xz}^2}{(\sigma_x - \sigma_z)^2 + 4\tau_{xz}^2}\right]$$

$$\left. + [(\sigma_x - \sigma_y)^2 + 4\tau_{xy}^2]\left[2 + \frac{4\tau_{xy}^2}{(\sigma_x - \sigma_y)^2 + 4\tau_{xy}^2}\right]\right\}. \qquad (G.40)$$

Setzt man in diese Beziehung (G.33) bis (G.38) ein, so ergibt sich:

$$\sigma_v^2 = \frac{1}{4}\left[\left(\frac{s\,n_x}{t_x}\right)^2 \cdot (2 + \sin^2 2\alpha_x)\right.$$

$$+ \left(\frac{s\,n_y}{t_y}\right)^2 \cdot (2 + \sin^2 2\alpha_y)$$

$$\left. + \left(\frac{s\,n_z}{t_z}\right)^2 \cdot (2 + \sin^2 2\alpha_z)\right]. \qquad (G.41)$$

2.2.2.2 Spezielle Schnitte

Da das oben beschriebene Verfahren nicht nur kompliziert und langwierig in der praktischen Anwendung ist, sondern auch keine vollständige Auswertung des allgemeinen räumlichen Spannungszustandes ermöglicht, ist man bestrebt, in solchen Schnitten auszuwerten, in deren Ebenen eine oder zwei Hauptspannungen mit bekannten Richtungen liegen oder in denen etwas über ihre Größe ausgesagt werden kann. Die Art und Weise, wie solche Schnitte zu legen sind, hängt von der Geometrie und der Belastung des zu untersuchenden Modells ab. Zu diesen speziellen Schnitten zählen: Schnitte parallel und senkrecht zu lastfreien Oberflächen sowie Symmetrieschnitte.

Schnitte parallel zur lastfreien Oberfläche. Lastfreie Oberflächen sind Hauptspannungsebenen. Eine vom Modellkörper abgeschnittene Scheibe, die von der lastfreien Oberfläche und einer dazu parallelen Schnittebene begrenzt wird, enthält daher in ihrer Ebene zwei Hauptspannungen, während die dritte, die senkrecht zur Scheibenebene verlaufen müßte, den Wert Null hat. Daher herrscht in diesen Scheiben ein ebener Span-

nungszustand, der bei Durchstrahlung senkrecht zur Scheibenebene
nach den Beziehungen der ebenen Spannungsoptik ausgewertet werden
kann (s. Bild G.14). Naturgemäß gilt für eine Scheibe endlicher Dicke die
Annahme eines ebenen Spannungszustandes nur näherungsweise. Stellen
mit starkem Spannungsgefälle in Richtung der Scheibennormalen erfor-

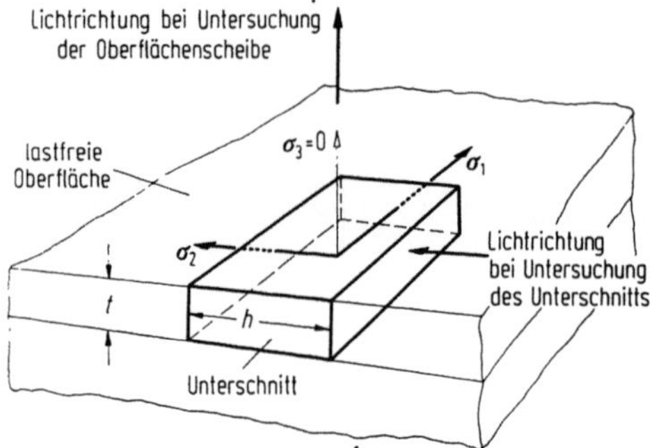

Bild G.14 Schnitt parallel zur lastfreien Oberfläche

dern eine Untersuchung von Unterschnitten. Bei senkrechter Durchstrahlung werden Isoklinen und Isochromaten gemessen, und die Hauptgleichung der ebenen Spannungsoptik liefert:

$$\sigma_1 - \sigma_2 = \frac{n_t s}{t},$$

$$\sigma_3 = 0. \tag{G.42}$$

Um eine der beiden Hauptspannungen σ_1 und σ_2 direkt in einzelnen
Punkten zu bestimmen, kann man weitere Unterschnitte benutzen. Zu
diesem Zweck wird ein Streifen der Breite h aus dem Oberflächenschnitt
parallel zu einer der beiden Hauptspannungen, z. B. σ_1, herausgeschnitten
(s. Bild G.14). Die Durchstrahlung parallel zur lastfreien Oberfläche in
Richtung von σ_2 und senkrecht zu σ_1 und σ_3 liefert mit $\sigma_3 = 0$:

$$\sigma_1 - \sigma_3 = \sigma_1 = \frac{n_h s}{h}, \tag{G.43}$$

Andernfalls kann die zweite Beziehung für die Bestimmung der
Hauptspannungen auch mit Hilfe der schiefen Durchstrahlung [G.17:
G.18] gewonnen werden, denn bei Drehung z. B. um die σ_1-Achse gilt ge-
mäß Bild G.15

$$\sigma_1' = \sigma_1$$

$$\sigma_2' = \sigma_2 \cdot \cos^2 \gamma. \tag{G.44}$$

Damit ergibt sich

$$(\sigma_1 - \sigma_2 \cdot \cos^2 \gamma) = \frac{n_\gamma\, s \cos \gamma}{t}. \tag{G.45}$$

Symmetrieschnitte. Liegt hinsichtlich der Belastung und der geometrischen Form des Modells Symmetrie vor, so wird zunächst eine Untersuchung der Spannungen in der Symmetrieebene zweckmäßig sein, da

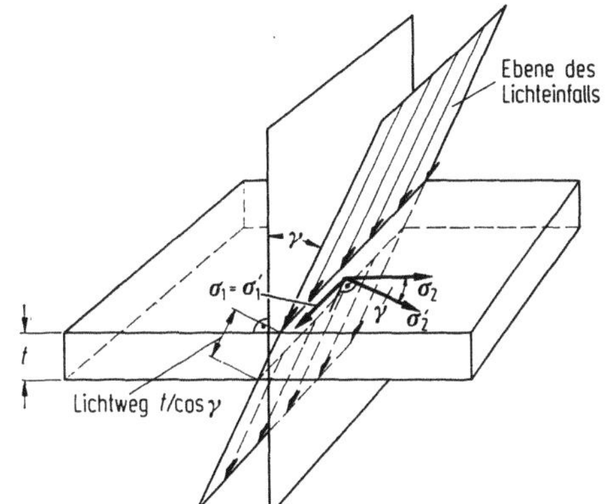

Bild G.15 Schiefe Durchstrahlung

in solchen Symmetrieschnitten ebenfalls eine Hauptspannung senkrecht zum Schnitt steht; allerdings ist sie nicht Null (s. Bild G.16). Bei senkrechter Durchstrahlung gilt daher für die beiden anderen:

$$(\sigma_1 - \sigma_2) = \frac{n_t \cdot s}{t}. \tag{G.46}$$

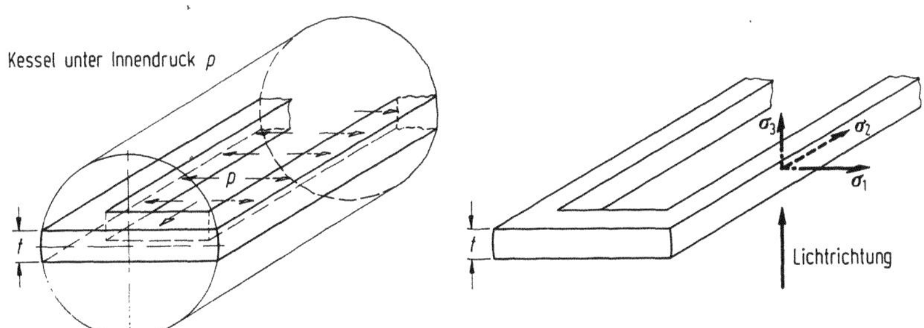

Bild G.16 Beispiel für einen Symmetrieschnitt

Diese Beziehung ist unabhängig von σ_3. Da die Isoklinen die Richtung der Hauptspannungen angeben, ist es möglich, durch Untersuchung zweier Unterschnitte jeweils parallel zu σ_1 und σ_2 den Spannungszustand zu bestimmen. Am lastfreien Rand sind die Verhältnisse einfacher, da

20*

dort z. B. $\sigma_2 = 0$ ist (s. Bild G.17). Aus der Beobachtung der Symmetrieschnitte ergibt sich damit sofort σ_1 aus Gl. (G.46). Die Untersuchung eines Unterschnittes senkrecht oder parallel zum Rand liefert σ_3.

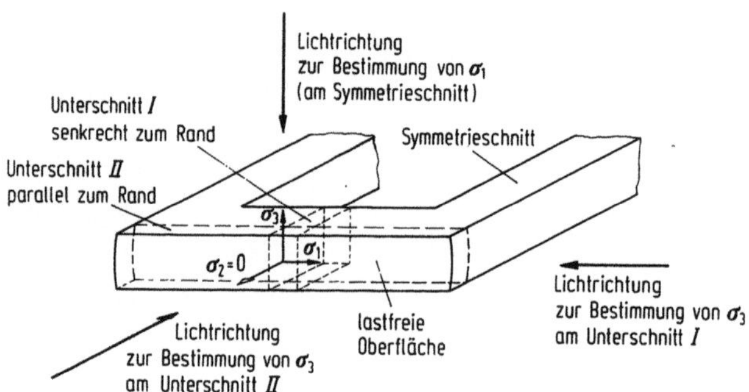

Bild G.17 Spannungsermittlung am lastfreien Rand eines Symmetrieschnittes (aus Bild G.16)

2.2.2.3 Schubspannungsdifferenzverfahren

Da die optischen Meßwerte noch nicht zur vollständigen Bestimmung des allgemeinen dreidimensionalen Spannungszustandes ausreichen (s. Abschn. G-2.2.2.1), ist es naheliegend, wie in der ebenen Spannungsoptik ein Integrationsverfahren zu Hilfe zu nehmen. Meistens wird das Schubspannungsdifferenzverfahren angewandt. Daneben ist es möglich, entlang der Hauptspannungstrajektorien zu integrieren oder nach zusätzlicher Messung der Spannungssumme an den Rändern die Laplacesche Gleichung für die Spannungssumme zu verwenden. Hier soll nur kurz auf das Schubspannungsdifferenzverfahren eingegangen werden, dessen Durchführung sich prinzipiell nicht von der des entsprechenden Verfahrens in der ebenen Spannungsoptik unterscheidet. Es basiert auf der numerischen Integration einer der drei Gleichgewichtsbedingungen des räumlichen Spannungszustandes

z. B.
$$\frac{\partial \sigma_x}{\partial x} + \frac{\partial \tau_{yx}}{\partial y} + \frac{\partial \tau_{zx}}{\partial z} = 0 \qquad (G.47)$$

oder
$$\frac{\partial \tau_{xy}}{\partial x} + \frac{\partial \sigma_y}{\partial y} + \frac{\partial \tau_{zy}}{\partial z} = 0 \qquad (G.48)$$

oder
$$\frac{\partial \tau_{xz}}{\partial x} + \frac{\partial \tau_{yz}}{\partial y} + \frac{\partial \sigma_z}{\partial z} = 0 \, . \qquad (G.49)$$

Durch Integration z. B. der Gl. (G.47) längs der x-Achse ergibt sich:

$$\int\limits_{x_0}^{x_1} \frac{\partial \sigma_x}{\partial x}\, dx + \int\limits_{x_0}^{x_1} \frac{\partial \tau_{yx}}{\partial y}\, dx + \int\limits_{x_0}^{x_1} \frac{\partial \tau_{zx}}{\partial z}\, dx = 0\,. \qquad \text{(G.50)}$$

Bei der praktischen Durchführung wird mit endlichen Differenzen gearbeitet.

$$\sigma_{x,1} = \sigma_{x,0} - \sum_{x_0}^{x_1} \frac{\Delta \tau_{yx}}{\Delta y} \cdot \Delta x - \sum_{x_0}^{x_1} \frac{\Delta \tau_{zx}}{\Delta z} \cdot \Delta x\,. \qquad \text{(G.51)}$$

Ausgehend von einem bekannten Wert für $\sigma_{x,0}$ am Rande, wird durch schrittweise Aufsummierung der $\Delta\tau$-Werte entlang der x-Achse der σ_x-Wert für jeden Punkt auf der x-Achse bestimmt. Die τ-Werte erhält man aus folgenden Beziehungen (vgl. Abschn. G-2.2.2.1):

$$\tau_{yx} = \frac{1}{2}\,(\sigma_1' - \sigma_2')_{\text{Ebene},xy} \cdot \sin 2\alpha_z = \frac{1}{2}\,\frac{n_z s}{t} \cdot \sin 2\alpha_z\,, \qquad \text{(G.52)}$$

$$\tau_{zx} = \frac{1}{2}\,(\sigma_1' - \sigma_2')_{\text{Ebene},xz} \cdot \sin 2\alpha_y = \frac{1}{2}\,\frac{n_y s}{t} \cdot \sin 2\alpha_y\,. \qquad \text{(G.53)}$$

Im Gegensatz zum Verfahren in der ebenen Spannungsoptik ist hier neben der Bestimmung von $\Delta\tau_{yx}$ auch die von $\Delta\tau_{zx}$ notwendig. Dadurch steigt nicht nur der Arbeitsaufwand beträchtlich, sondern auch die Fehlerempfindlichkeit des Verfahrens (s. Abschn. G-1.6.2).

2.2.3 Genauigkeit

Die Genauigkeit des Erstarrungsverfahrens hängt nicht nur von der Sorgfalt bei der Auswertung ab, sondern wird wesentlich bestimmt von den Eigenschaften des Modellmaterials, vor allem von der dehnungsoptischen Konstanten E/S. Dieser Wert gibt Auskunft darüber, welche Dehnung des Modellmaterials einen bestimmten optischen Effekt erzeugt. Je größer die dehnungsoptische Konstante ist, um so geringer ist die zur Erzielung einer bestimmten Isochromatenordnung erforderliche Dehnung. Die dehnungsoptische Konstante der heute verfügbaren Modellmaterialien ist im Temperaturbereich des Erstarrungsverfahrens wesentlich kleiner als bei Zimmertemperatur, so daß große Dehnungen notwendig sind, um auswertbare Isochromatenbilder zu erhalten. Diese verändern die Geometrie der Modelle und verursachen Fehler, indem sie die strenge Ähnlichkeit zwischen Modell und Hauptausführung verletzen. Weitere Abweichungen entstehen durch die sehr unterschiedlichen Poissonschen Zahlen μ von Modell und Hauptausführung. Stahl und Beton haben Werte von $\mu = 0,1$ bis $0,35$; beim Erstarrungsverfahren dagegen ist nahezu $\mu = 0,5$. Man muß sich deshalb im allgemeinen mit einer Genauigkeit von 10% begnügen. Ein weiterer Nachteil des Verfahrens entsteht durch das notwendige Zerschneiden des Modells, so daß für jeden Lastfall ein neues Modell angefertigt werden muß.

2.3 Streulichtverfahren

Das Streulichtverfahren gestattet prinzipiell die zerstörungsfreie Bestimmung eines allgemeinen dreidimensionalen Spannungszustandes. Durchstrahlt man einen durchsichtigen Körper mit Licht (Primärlicht), so wird es an feinsten Verunreinigungen gestreut (Tyndalleffekt), wodurch auch seitlich zur Durchstrahlungsrichtung Licht abgestrahlt wird. Dieses Streulicht ist linear polarisiert. Bei unpolarisiertem Primärlicht beobachtet man in allen Richtungen senkrecht zur Durchstrahlungsrichtung gleiche Lichtintensität. Ist das Primärlicht linear polarisiert, so ist die Lichtintensität des Streulichts proportional dem Quadrat der Schwingungsamplitude senkrecht zur Beobachtungsrichtung.

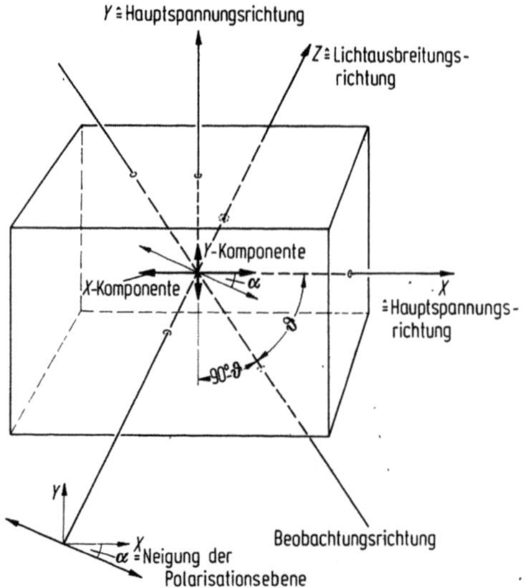

Bild G.18 Räumliche Spannungsoptik, Streulichtverfahren

Durchstrahlt man ein spannungsdoppelbrechendes Modell, bei dem die eine der drei Hauptspannungen eine konstante Richtung aufweist, in dieser Richtung mit linear polarisiertem Licht, und beobachtet man das Modell senkrecht zur Durchstrahlungsrichtung (Bild G.18), so wirkt der Tyndalleffekt in jedem Punkt des Durchstrahlungsweges als Analysator, und man erhält eine unterschiedliche Intensitätsverteilung des Streulichts als Folge der Überlagerung der beiden Lichtkomponenten, die in den von Hauptspannungs- und Ausbreitungsrichtung gebildeten Ebenen schwingen. Die Intensität des Streulichts ist abhängig von der Neigung α der Polarisationsebene des einfallenden Lichts gegen die x-z-Ebene, dem Beobachtungswinkel ϑ und dem am jeweiligen Ort des Durchstrahlungsweges herrschenden Gangunterschied der beiden Lichtkomponenten. So kann man aus der Intensitätsverteilung des Streulichts auf die Hauptspannungsdifferenz am jeweiligen Ort des Durchstrahlungsweges schließen. Für $\alpha = \vartheta = 45°$ beobachtet man Streifen der Intensität Null und Streifen mit maximaler Intensität. Der Abstand zweier Streifen der Intensität Null in Richtung des Durchstrahlungsweges ist eine Funktion der Hauptspannungsdifferenz zwischen diesen beiden Punkten.

Bei reiner Torsion, reinem Zug und reiner Biegung ist das Streulichtverfahren mit gutem Erfolg angewandt worden. Eine experimentelle Schwierigkeit stellte bisher die geringe Lichtintensität des gestreuten Lichts dar, die durch die Verwendung von Laserlicht überwunden ist. Trotzdem bleibt die Analyse eines allgemeinen dreidimensionalen Spannungszustandes mit wechselnden Hauptspannungsrichtungen sehr schwierig. Sie wurde u. a. von WELLER, DRUCKER-MINDLIN und KUSKE weiterentwickelt. Eine ausführliche Darstellung des Streulichtverfahrens wird von H. WOLF in [G.1] gegeben.

2.4 Spannungsoptische Untersuchung von Platten und Schalen

2.4.1 Platten

Unter Platten versteht man Bauelemente, deren Dicke klein gegenüber den Abmessungen der Länge und Breite ist und deren Belastung senkrecht zur Mittelfläche erfolgt. Untersucht werden im folgenden Platten, die den Voraussetzungen der klassischen Kirchhoffschen Theorie entsprechen. In solchen Platten wird sich in Zonen, die nicht durch Krafteinleitung gestört sind, ein reiner Biegezustand mit linearer Spannungsverteilung über die Plattendicke und Spannungsantimetrie zur Mittelfläche einstellen. Aus diesem Grunde liefert die einfache Durchstrahlung einer Platte keinen optischen Effekt, da der auf der Druckseite erzeugte Gangunterschied von dem auf der Zugseite erzeugten aufgehoben wird. Die Hauptspannungsrichtung ist in diesen ungestörten Plattenzonen näherungsweise über die Dicke konstant.

Zur Bestimmung des Spannungszustandes einer Platte steht eine ganze Reihe von Verfahren zur Verfügung. Wiederholt wurde das Erstarrungsverfahren angewendet, das allerdings bei Plattenuntersuchungen entscheidende Nachteile besitzt. Es erfordert wesentlich größere Formänderungen des Modells, als bei der Hauptausführung auftreten würden, wodurch die Ähnlichkeitsgesetze verletzt werden und dem Biegespannungszustand ein Normalspannungszustand überlagert wird. Weiterhin unterscheidet sich die Poissonsche Zahl der üblichen Modellmaterialien beim Erstarrungsverfahren mit $\mu = 0,5$ erheblich von der der Hauptausführung, so daß größere Abweichungen im Momentenverlauf auftreten. Beide Nachteile lassen sich vermeiden, wenn man andere Verfahren anwendet, bei denen das spannungsoptische Plattenmodell bei Zimmertemperatur untersucht wird. Sie bieten zudem den Vorteil, daß die Modelle nicht zerschnitten werden müssen. Zu ihnen zählen neben dem Oberflächenschichtverfahren (s. Abschn. G-3) das Zweischichtverfahren nach H. Favre und B. Gilg [G. 22] und A. Kuske [G. 23], die Benutzung der Reflexion an der verspiegelten Plattenmittelebene sowie das Anbohrverfahren nach R. Hiltscher [G. 24]. Außerdem kann man das Streulichtverfahren nach R. Weller [G. 25] und H. J. Menges [G. 26], das die beim Tyndall-Effekt auftretende Polarisation benutzt, zur Plattenuntersuchung heranziehen. Hauptsächlich wird dieses Verfahren jedoch bei der Untersuchung von Torsionsproblemen angewendet (s. Abschn. G-2.3).

2.4.1.1 Zweischichtverfahren

Um zu verhindern, daß sich bei der Durchstrahlung einer Platte der resultierende Gangunterschied zu Null ergibt, verwendet man ein Plattenmodell, das aus zwei Werkstoffschichten besteht, die bei gleicher Belastung unterschiedliche Doppelbrechung zeigen. Dadurch heben sich

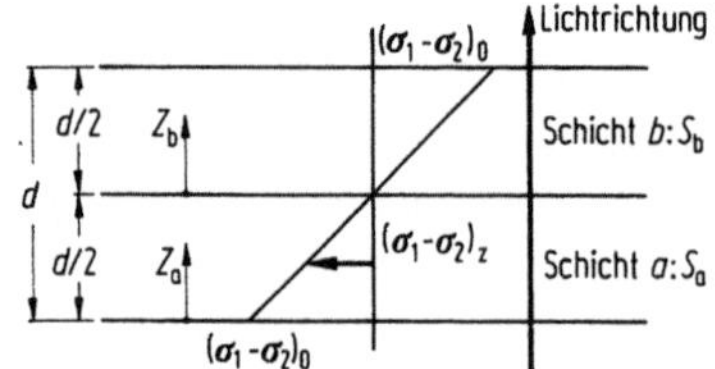

Bild G.19 Zweischichtverfahren

die Gangunterschiede der Zug- und Druckseite nicht mehr auf. Wählt man die beiden Schichten gleich dick, und besitzen sie gleichen E-Modul und gleichen μ-Wert, so gilt folgende Beziehung zwischen beobachtetem Gangunterschied n_{ges} und der Hauptspannungsdifferenz $(\sigma_1 - \sigma_2)_0$ an der Plattenoberfläche (s. Bild G.19):

$$n_{\text{ges}} = \int_0^{d/2} \frac{(\sigma_1 - \sigma_2)_0 \left(1 - \dfrac{2z_a}{d}\right)}{s_a}\, dz_a$$

$$- \int_{d/2}^{d} \frac{(\sigma_1 - \sigma_2)_0 \left(\dfrac{2z_b}{d} - 1\right)}{s_b}\, dz_b$$

$$= (\sigma_1 - \sigma_2)_0 \cdot \left(\frac{1}{s_a} - \frac{1}{s_b}\right) \frac{d}{4}. \qquad (G.54)$$

Hierin ist:

z_a, z_b = laufende Koordinate in Schicht a bzw. b,

d = Gesamtstärke der Platte,

s_a, s_b = spannungsoptische Konstanten der Schichten a bzw. b.

Unterscheiden sich die E-Moduli der Schichten, so können entsprechende Beziehungen abgeleitet werden [G.16].

Durch Multiplikation der Hauptspannungsdifferenz an der Oberfläche mit dem konstanten Faktor $d^2/6$ ergibt sich die Differenz $(m_1 - m_2)$ der Hauptbiegemomente. Isoklinen φ, die die Richtung der Hauptbiegemomente, bezogen auf ein rechtwinkliges Koordinatensystem, angeben, werden wie in der ebenen Spannungsoptik ermittelt. Damit liegen zwei Größen vor, aus denen die Drillmomente m_{xy} bestimmt werden:

$$m_{xy} = \left(\frac{m_1 - m_2}{2}\right) \sin 2\varphi. \qquad (G.55)$$

Zur vollständigen Auswertung des Momentenzustandes bedarf es analytischer Verfahren, die den Methoden in der ebenen Spannungsoptik entsprechen. Geht man von der Kirchhoffschen Plattentheorie aus, so ergibt sich folgender Zusammenhang zwischen Ersatzmomenten

$$\overline{m}_x = m_x - \mu m_y, \qquad (G.56)$$

$$\overline{m}_y = m_y - \mu m_x \qquad (G.57)$$

und dem Torsionsmoment m_{xy}:

$$\frac{\partial \overline{m}_x}{\partial y} = (1 + \mu)\, \frac{\partial m_{xy}}{\partial x}, \qquad (G.58)$$

$$\frac{\partial \overline{m}_y}{\partial x} = (1 + \mu)\, \frac{\partial m_{xy}}{\partial y}. \qquad (G.59)$$

Entsprechend dem Schubspannungsdifferenzverfahren ist mit diesen Beziehungen durch Integration entlang gerader Linien eine vollständige Auswertung möglich:

$$\int\limits_{x_0}^{x_1} \frac{\partial \overline{m}_x}{\partial y}\, dy = (1 + \mu) \int\limits_{x_0}^{x_1} \frac{\partial m_{xy}}{\partial x}\, dy. \tag{G.60}$$

Daraus ergibt sich:

$$\overline{m}_{x,1} = \overline{m}_{x,0} + (1 + \mu) \int\limits_{x_0}^{x_1} \frac{\partial m_{xy}}{\partial x}\, dy \tag{G.61}$$

oder

$$\overline{m}_{x,1} = \overline{m}_{x,0} + (1 + \mu) \sum \frac{\Delta m_{xy}}{\Delta x} \cdot \Delta y. \tag{G.62}$$

Man geht von Rändern ohne äußere Momente aus, denn hier wird das Hauptbiegemoment senkrecht zum Rand Null, und es ist deshalb $\overline{m}_{x,0} = -\mu m_y$. Sein Wert kann ohne weiteres aus der Isochromatenordnung am Rand entnommen werden, die jedoch mit Sorgfalt gemessen werden muß. Mit Gl. (G.62) läßt sich aus den entlang von zwei parallelen Schnitten ermittelten Drillmomenten das Moment $\overline{m}_{x,1}$ berechnen. Ähnlich bestimmt man $\overline{m}_y$ oder benutzt folgende Beziehung zwischen $\overline{m}_x$ und $\overline{m}_y$:

$$\overline{m}_y = \overline{m}_x - 2(1 + \mu)\left(\frac{m_1 - m_2}{2}\right) \cos 2\varphi. \tag{G.63}$$

Sind die Ersatzmomente $\overline{m}_x$ und $\overline{m}_y$ bekannt, so lassen sich daraus die Plattenmomente m_x und m_y berechnen:

$$m_x = \frac{1}{1 - \mu^2}\, (\overline{m}_x + \mu \overline{m}_y), \tag{G.64}$$

$$m_y = \frac{1}{1 - \mu^2}\, (\overline{m}_y + \mu \overline{m}_x). \tag{G.65}$$

Weitere Auswerteverfahren, wie z. B. die Bestimmung der Momentensumme längs beliebiger Integrationswege oder die Integration längs einer Hauptbiegungsmomentenlinie, wurden von G. HABERLAND [G.27] zusammengestellt.

Es ist zu beachten, daß allen diesen Verfahren die Gültigkeit der Kirchhoffschen Plattentheorie mit ihren bekannten Voraussetzungen zugrunde liegt. Diese sind jedoch nicht überall streng erfüllt. Insbesondere an freien Rändern führen sie zu Widersprüchen, was beachtet werden muß, da sie oft Ausgangspunkt für eine Integration sind. G. HABERLAND [G.28] legt daher seinem Auswerteverfahren die verschärfte Plattentheorie von E. REISSNER zugrunde und berücksichtigt dadurch auch den Einfluß der Querkraftdeformation.

2.4.1.2 Reflexionsverfahren

Bei diesem Verfahren wird das Licht an der verspiegelten Plattenmittelebene reflektiert, es durchläuft also die eine Plattenhälfte zweimal

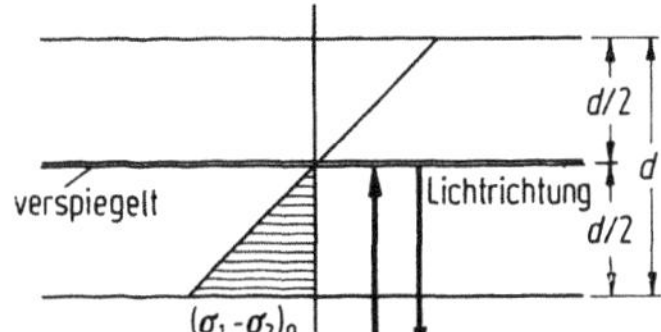

Bild G.20 Reflexionsverfahren

(Bild G.20). Die Beziehung zwischen Isochromatenordnung und Hauptspannungsdifferenz ergibt sich aus

$$n = (\sigma_1 - \sigma_2)_0 \, \frac{d}{2\,s}. \tag{G.66}$$

Alle weiteren Beziehungen zur Ermittlung der Schnittkräfte können den Angaben des Zweischichtverfahrens (s. Abschn. G-2.4.1.1) entnommen werden.

2.4.1.3 Anbohrverfahren nach R. Hiltscher

Wird ein Loch bis zur Plattenmittelebene gebohrt, so ist es möglich, in dem Loch eine Isochromatenordnung n und eine Dickenänderung Δt zu messen. Da eine Bohrung bis zur Plattenmittelebene den Spannungszustand in der nichtdurchbohrten Plattenhälfte nicht wesentlich stört, kann man aus den Meßwerten n und Δt die zu der nichtdurchbohrten Plattenhälfte gehörende Differenz des Mittelwertes der Hauptspannungen $(\sigma_1 - \sigma_2)_m$ bzw. deren Summe $(\sigma_1 + \sigma_2)_m$ bestimmen [G.29]. Damit entspricht dieses Verfahren der Standardmethode der ebenen Spannungsoptik (s. Abschn. G-1.7). Infolge der Proportionalität zwischen Biegenormalspannungen und Biegemomenten erhält man die Beziehungen

$$m_1 + m_2 = 2a \cdot \Delta t, \tag{G.67}$$

$$m_1 - m_2 = 2b \cdot n. \tag{G.68}$$

Die Werte a und b sind Konstanten, die in einem Kalibrierversuch bestimmt werden müssen. Zu diesem Zweck wird ein Streifen des Materials der Platte durch ein äußeres Moment m_0 bekannter Größe belastet. Er ist mit einer Reihe von Bohrungen mit gleichem Abstand und Durchmesser wie die Platten versehen. Für die Konstanten a und b ergibt sich mit den gemessenen Werten n_0 und t_0:

$$a = \frac{m_0}{2\,\Delta t_0}; \qquad b = \frac{m_0}{2\,n_0}. \tag{G.69}$$

Aus den Gl. (G.67) und (G.68) resultieren die Hauptbiegemomente zu:

$$m_1 = a \cdot \Delta t + b \cdot n, \tag{G.70}$$

$$m_2 = a \cdot \Delta t - b \cdot n. \tag{G.71}$$

Entsprechend den Beziehungen des Culmannschen Kreises (Bild G.21) lassen sich die Biegemomente m_x und m_y in einem orthogonalen Koordinatensystem durch die Meßwerte ausdrücken.

$$m_x = \frac{(m_1 + m_2)}{2} + \frac{(m_1 - m_2)}{2} \cdot \cos 2\alpha. \tag{G.72}$$

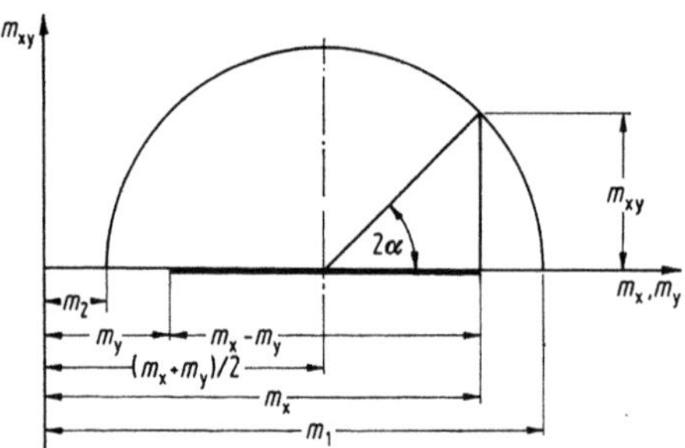

Bild G.21 Culmannscher Momentenkreis

Hierin ist α der Winkel zwischen x-Achse und m_1-Ebene. Mit den Gl. (G.70) und (G.71) folgt:

$$m_x = a \cdot \Delta t + b \cdot n \cdot \cos 2\alpha, \tag{G.73}$$

$$m_y = a \cdot \Delta t - b \cdot n \cdot \cos 2\alpha. \tag{G.74}$$

Auch das Anbohrverfahren beschränkt sich auf die Untersuchung Kirchhoffscher Platten und fordert kleine Plattendicken d im Verhältnis zur Breite und Länge und kleine Durchbiegungen im Verhältnis zu d. Durch Messen des optischen Effekts sowie der Gesamtdickenänderung der belasteten Platte läßt sich überprüfen, ob die Kirchhoffschen Forderungen für die untersuchte Platte erfüllt sind. Beide Werte müssen Null ergeben, da sich sowohl der optische als auch der Dehnungseffekt der Zug- und Druckzone der Platte aufheben, wenn ein reiner Biegezustand herrscht.

Das Anbohrverfahren liefert nur bei sehr sorgfältigem Arbeiten befriedigende Ergebnisse, denn die zu messenden Größen sind sehr klein und müssen daher mit größter Präzision ermittelt werden. Es konnte sich daher in der Praxis nicht durchsetzen. Die bei Belastung rings um das Bohrloch entstehende Isochromatenfigur besitzt zwei Symmetrieachsen, die in Richtung der Hauptmomente verlaufen. Dies ist ein gewisser Vorteil des Verfahrens, da man bei einer größeren Anzahl von Löchern die Hauptmomentenlinien direkt auf die Platte zeichnen kann.

2.4.2 Schalen

Im Gegensatz zu Platten herrscht in Schalen kein reiner Biegespannungszustand, sondern diesem ist ein Membranspannungszustand überlagert. Daher handelt es sich nicht nur um einen über die Schalendicke veränderlichen Spannungszustand, sondern es ändert sich auch noch die Hauptspannungsrichtung längs der Schalendicke. Diese Tatsache erschwert die spannungsoptische Untersuchung von Schalen sehr. Das Erstarrungsverfahren gestattet zwar die Untersuchung des räumlichen Spannungszustandes in Schalen, jedoch sind damit die gleichen Nachteile wie bei der Plattenuntersuchung verbunden (s. Abschn. G-2.4.1).

Ein aus Oberflächenschichtverfahren (s. Abschn. G-3) und reiner Durchstrahlung kombiniertes Verfahren zur näherungsweisen Bestimmung der Membran- und Biegespannungen wurde von W. TEEPE [G.30] entwickelt. Durch die Beziehungen der Kristalloptik wird nachgewiesen, daß im Bereich kleiner Gangunterschiede bis 0,15 Ordnungen eine reine Durchstrahlung des Modells die Hauptspannungsdifferenz des Membranspannungszustandes $(\sigma_1 - \sigma_2)_m$ sowie den Isoklinenwert φ_m liefert. Die Messung der Isochromatenordnung erfolgt punktweise durch Kompensation. Mit Hilfe der Integration einer Gleichgewichtsbedingung erhält man den fehlenden dritten Wert für die Trennung der Hauptspannungen. Die Biegespannungen werden durch Einsatz des Oberflächenschichtverfahrens bestimmt, indem die Schalenoberfläche teilweise verspiegelt und mit einer dünnen spannungsoptisch sehr aktiven Folie beschichtet wird. Die Doppeldurchstrahlung dieser Folie liefert $(\sigma_1 - \sigma_2)_d$ und φ_d des aus Membran- und Biegebeanspruchung zusammengesetzten Spannungszustandes an der Schalenoberfläche. Schiefe Durchstrahlung oder Integration der Gleichgewichtsbedingungen liefert den dritten Wert, der zur vollständigen Bestimmung des Spannungszustandes erforderlich ist. Wird von diesem Spannungszustand der Membranspannungszustand subtrahiert, so erhält man den Biegespannungszustand. Die spannungsoptische Untersuchung von Schalen unter direkter Beobachtung ist bisher nicht möglich gewesen. R. KAYSER [G.31] deutet mit Hilfe des j-Kreis-Verfahrens [G.16] die optischen Vorgänge bei Durchstrahlung von Flächentragwerken, und es gelingt ihm, quantitative Angaben über den Spannungsverlauf zu machen. Geht man von der Durchleuchtung beider Schalenhälften mit Reflexion an einer vollverspiegelten Mittelschicht aus, so können unter Verwendung der numerisch ausgewerteten Differentialgleichung für die optischen Vorgänge, deren Ergebnisse in Form von Kurvenblättern dargestellt sind, in jedem Punkt der Fläche Hauptspannungsdifferenz und Richtung sowohl des Normalspannungsals auch des Biegespannungsanteils am Gesamtspannungszustand angegeben werden. Eine Auflösung dieser Differenzen nach den einzelnen Hauptspannungen ist noch nicht möglich und bedarf weiterer Untersuchungen.

3 Oberflächenspannungsoptik

3.1 Einführung

Viele dreidimensionale Spannungsprobleme können für technische Zwecke mit ausreichender Genauigkeit durch Ermitteln des Spannungsfeldes in der Oberfläche des Körpers beurteilt werden, da hier im allgemeinen die größten Spannungen auftreten. Wenn keine äußeren Kräfte angreifen, herrscht dort ein ebener Spannungszustand. Seine Bestimmung kann in der Oberfläche eines Bauteiles oder Modells mit Hilfe der Spannungsoptik durch Anwendung des Oberflächenschichtverfahrens erfolgen. Hierbei wird eine spannungsoptisch empfindliche Schicht auf die polierte oder verspiegelte Oberfläche des Modells oder des Originalteils aufgebracht; dessen Verformungen werden auf die Oberflächenschicht übertragen und erzeugen dort Spannungsdoppelbrechung. Das Aufbringen der Schicht kann durch Aufsprühen eines spannungsoptisch empfindlichen Lackes oder durch Aufkleben von Folien geschehen. Das Licht wird nach Durchlaufen der Folie an der polierten Fläche des Konstruktionsteils reflektiert. Mit einem Reflexionspolariskop werden wie in der ebenen Spannungsoptik Isoklinen und Isochromaten gemessen. Die Auswertung der optischen Erscheinungen erfolgt nach den bekannten Methoden der Spannungsoptik, wobei das Oberflächenschichtverfahren den Vorteil der gleichzeitigen Erfassung eines ganzen Spannungsfeldes besitzt. Man kann das Verfahren auch anwenden, wenn das Original bis in den plastischen Bereich beansprucht wird, ebenso bei thermischen Untersuchungen.

Der Grundgedanke des Oberflächenschichtverfahrens wurde von MESNAGER (1930) [G.32] entwickelt. Weitere Versuche machten MABOUX (1932) in Frankreich und G. OPPEL (1937) [G.33] in Deutschland. Durch die Entwicklung neuer Kunststoffe mit großer Empfindlichkeit konnte die Genauigkeit des Verfahrens in den letzten Jahren gesteigert werden.

3.2 Messen der Isoklinen und Isochromaten mit dem Reflexionspolariskop

Elastische Dehnungen der Konstruktionsteile aus Metall liegen in der Größenordnung von $\varepsilon = 10^{-3}$. Diese kleinen Dehnungen erzeugen nur einen geringen spannungsoptischen Effekt von maximal 1 bis 4 Isochromatenordnungen in der Folie. Um die Hauptspannungsdifferenz mit genügender Genauigkeit bestimmen zu können, müssen daher noch Bruchteile der Isochromatenordnung n mit einem Reflexionspolariskop gemessen werden. Außer für Untersuchungen in linear und zirkular polarisiertem Licht muß sich das Reflexionspolariskop auch für die Kompensation nach Tardy und für schiefe Durchstrahlung eignen, d. h., Polarisator und Analysator müssen gegeneinander um eine senkrechte Achse schwenkbar sein. In [G.34] sind weitere Anforderungen aufgeführt, die an ein gutes Reflexionspolariskop gestellt werden müssen.

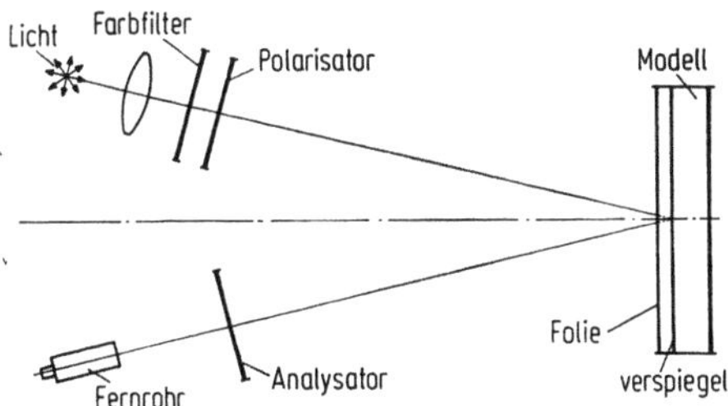

Bild G.22 Reflexionspolariskop, schematische Darstellung

Aus Bild G.22 geht der prinzipielle Aufbau eines Reflexionspolariskops hervor. Im Gegensatz zur üblichen einfachen spannungsoptischen Apparatur sind hier alle Bestandteile in einem handlichen Gerät zusammengefaßt. Die Vorgänge bei der Bestimmung der Isoklinen und Isochromaten und bei der Tardy-Kompensation unterscheiden sich nicht von den beschriebenen Vorgängen in der ebenen Spannungsoptik. Durch Beobachtungen der optischen Erscheinungen mit einem Fernrohr und exaktes Einstellen eines Winkels zwischen Polarisator und Analysator bei dem Verfahren der schiefen Durchstrahlung wird die Genauigkeit gegenüber der einfachen spannungsoptischen Apparatur gesteigert.

3.3 Auswertung der Messungen

3.3.1 Verstärkungseffekt der Oberflächenschicht

Die Dehnungen der Konstruktionsteile werden durch Schubkräfte auf die elastische Oberflächenschicht übertragen, und zwar innerhalb der Randzone der Schicht, weshalb dort eine sehr gute Verbindung mit dem Konstruktionsteil vorhanden sein muß. In der Schicht herrscht dann ein ebener Spannungszustand, der mit dem Spanungszustand in der Oberfläche des Konstruktionsteils auch dann übereinstimmt, wenn die Schicht in randferneren Bereichen nicht fest aufgeklebt und die Haftung durch Löcher und andere Unterbrechungen gestört ist. Die Spannungs- und Verschiebungsverteilung zweier elastischer Körper sind identisch, wenn neben der Belastung ihre Geometrie und ihre Randbedingungen übereinstimmen. Eine Abweichung entsteht nur durch den Einfluß unterschiedlicher Querdehnzahlen. Da dieser jedoch meist klein ist, kann er im allgemeinen vernachlässigt werden. Die aufgeklebten Folien übernehmen einen Teil der Last und verlagern bei Biegebeanspruchung die Nullinie, so daß die Dehnungen dünner Konstruktionsteile dadurch verändert werden. Um von den gemessenen Dehnungen ε_{iF} der Folie auf die Dehnungen ε_{i0} der unbeschichteten Konstruktion schließen zu können, leiteten Z. ZANDMAN, S. S. REDNER und E. J. RIEGNER [G.35] Korrekturfaktoren C für verschiedene Lastfälle ab, wie z. B. für ebene Spannung, Biegung von Platten und Torsion.

Hier soll die Ableitung des Korrekturfaktors nur für den ebenen Spannungszustand wiedergegeben werden. Dabei gelten die folgenden Bezeichnungen:

$$
\begin{aligned}
t_F \quad &= \text{Foliendicke} \\
\sigma_F, \varepsilon_F \quad &= \text{Spannungen und Dehnungen in der Folie} \\
\sigma_K, \varepsilon_K \quad &= \text{Spannungen und Dehnungen im beschichteten Bauteil} \\
\sigma_0, \varepsilon_0 \quad &= \text{Spannungen und Dehnungen im unbeschichteten Bauteil} \\
E_F, \mu_F \quad &= \text{Elastizitätsmodul und Querdehnzahl der Folie} \\
E_K, \mu_K \quad &= \text{Elastizitätsmodul und Querdehnzahl des Bauteils}
\end{aligned}
$$

Ein infinitesimales Element (Bild G.23) sei so aus einem beschichteten Konstruktionsteil herausgeschnitten, daß x- und y-Achse mit den Achsen der Hauptspannungen zusammenfallen ($\sigma_x = \sigma_1$, $\sigma_y = \sigma_2$). Die Kraft, die in der zusammengesetzten Fläche in jeder Richtung übertragen wird, muß so groß sein wie die Kraft, die in der entsprechenden unbeschichteten Fläche des Konstruktionsteils wirken würde. Daher gilt:

$$
\begin{aligned}
t_K \cdot dy \cdot \sigma_{10} &= t_F \cdot \sigma_{1F} \cdot dy + t_K \cdot \sigma_{1K} \cdot dy, \\
t_K \cdot dx \cdot \sigma_{20} &= t_F \cdot \sigma_{2F} \cdot dx + t_K \cdot \sigma_{2K} \cdot dx.
\end{aligned}
\tag{G.75}
$$

Die Dehnungen von Folie und Konstruktionsteil sind gleich groß und
von z unabhängig:

$$\varepsilon_{1F} = \varepsilon_{1K}; \quad \varepsilon_{2F} = \varepsilon_{2K}. \tag{G.76}$$

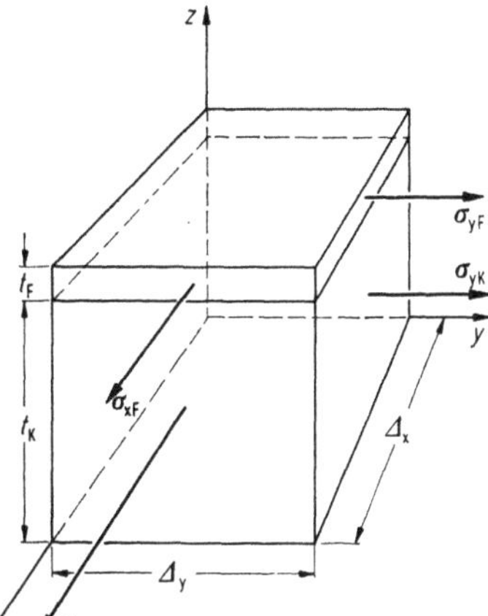

Bild G.23 Oberflächenschichtverfahren,
Spannungen am Element

Das Hookesche Gesetz liefert für die Folie und für das Konstruktionsteil die bekannten Beziehungen

$$\sigma_1 = \frac{E}{1 - \mu^2} \left(\varepsilon_1 + \mu\,\varepsilon_2\right),$$

$$\sigma_2 = \frac{E}{1 - \mu^2} \left(\varepsilon_2 + \mu\,\varepsilon_1\right), \tag{G.77}$$

$$\sigma_3 = 0.$$

Geht man in den Gl. (G.75) mit Hilfe des Hookeschen Gesetzes (G.77)
zu Dehnungen über, so erhält man unter Berücksichtigung von (G.76)

$$\varepsilon_{10} = \varepsilon_{1F} + \frac{t_F}{t_K}\frac{E_F}{E_K}\left(\frac{1 - \mu_F\mu_K}{1 - \mu_F^2}\,\varepsilon_{1F} + \frac{\mu_F - \mu_K}{1 - \mu_F^2}\,\varepsilon_{2F}\right) = A\,\varepsilon_{1F} + B\,\varepsilon_{2F} \tag{G.78}$$

$$\varepsilon_{20} = \varepsilon_{2F} + \frac{t_F}{t_K}\frac{E_F}{E_K}\left(\frac{1 - \mu_F\mu_K}{1 - \mu_F^2}\,\varepsilon_{2F} + \frac{\mu_F - \mu_K}{1 - \mu_F^2}\,\varepsilon_{1F}\right) = B\,\varepsilon_{1F} + A\,\varepsilon_{2F}$$

sowie die Hauptdehnungsdifferenz

$$\varepsilon_{10} - \varepsilon_{20} = \frac{1}{C}\left(\varepsilon_{1F} - \varepsilon_{2F}\right) \tag{G.79}$$

21 Müller, Modellstatik

mit

$$\frac{1}{C} = 1 + \frac{t_F}{t_K} \frac{E_F}{E_K} \frac{(1 + \mu_K)}{(1 + \mu_F)}.$$ (G.80)

Mit den in [G.35] abgeleiteten Faktoren C ist es möglich, für die einzelnen Lastfälle den Einfluß der Folie auf die Dehnungen des Konstruktionsteils zu bestimmen. In Tab. G.1 sind für Stahl, Aluminium und Kunststoff die C-Werte im Falle reiner Normal- bzw. Biegespannung angegeben.

Tabelle G.1 *C-Werte bei Normal- und Biegespannungen für verschiedene Werkstoffe*

	$\dfrac{t_F}{t_K}$	C-Werte in % für Bauteile aus		
		Stahl	Alu	Kunststoff
bei Normal- spannungen	1,0 0,5	2 1	5 2	100 50
bei Biege- spannungen	1,2 0,4	41 26	15 19	1 000 175

3.3.2 Ableitung der Hauptspannungen des Bauteils aus der Isochromatenordnung der Folie

Aus der meßbaren Isochromatenordnung n_F der Folie bei senkrechter Durchstrahlung ergeben sich die Hauptspannungen σ_{10} und σ_{20} mit Hilfe der Hauptgleichung der Spannungsoptik

$$n = (\sigma_{1F} - \sigma_{2F}) \frac{2t}{s},$$ (G.81)

wobei wegen der Reflexion die Foliendicke t doppelt eingeht, und dem Hookeschen Gesetz

$$\sigma_{10} - \sigma_{20} = \frac{E_K}{1 + \mu_K} (\varepsilon_{10} - \varepsilon_{20}).$$ (G.82)

Die σ_{iF} sind mit den ε_{i0} durch die Beziehungen

$$\sigma_{1F} - \sigma_{2F} = \frac{E_F}{1 + \mu_F} (\varepsilon_{1F} - \varepsilon_{2F})$$ (G.83)

und (G.79) verbunden, so daß sich in (G.81) die σ_{iF} durch die gesuchten σ_{i0} ausdrücken lassen. Es ergibt sich damit:

$$\sigma_{10} - \sigma_{20} = \frac{1}{C} \cdot \frac{E_K (1 + \mu_F)}{(1 + \mu_K)} \cdot \frac{n}{D2t},$$ (G.84)

worin die dehnungsoptische Konstante

$$D = \frac{E_F}{s} \tag{G.85}$$

in einem Kalibrierversuch unter den gleichen Bedingungen bestimmt wird, die auch im Hauptversuch herrschen.

Mit dieser Isochromatenbeziehung und den Isoklinenwerten ist eine vollständige Auswertung des Spannungszustandes durch Integration vom Rande aus möglich. Vorteilhafter erscheint jedoch die experimentelle Bestimmung einer weiteren σ_{10} und σ_{20} enthaltenden Meßgröße, so daß zusammen mit Gl. (G.84) eine getrennte direkte Ermittlung von σ_{10} und σ_{20} möglich wird. Eine solche Meßgröße ist die Isochromatenordnung n_γ, die bei schiefer Durchstrahlungsrichtung bestimmt wird. Dieses Verfahren kann gut in der Oberflächenspannungsoptik angewendet werden, da die dritte Hauptspannung senkrecht zur lastfreien Oberfläche der Folie steht und den Betrag Null besitzt. Zweckmäßigerweise erfolgt die schiefe Durchstrahlung unter dem Winkel γ so, daß das Licht senkrecht zur Richtung der anderen Hauptspannung einfällt (s. Bild G.15). Dies ist einfach zu erreichen, wenn vorher im Meßpunkt der Isoklinenwinkel bestimmt wurde. Nach S. 307 gilt

$$n_\gamma = \frac{2t}{s \cos \gamma} \, (\sigma_1' - \sigma_2') \tag{G.86}$$

und für die sekundären Hauptspannungen

$$\begin{aligned} \sigma_1' &= \sigma_{1F} \\ \sigma_2' &= \sigma_{2F} \cos^2 \gamma \, . \end{aligned} \tag{G.87}$$

Die Beziehungen (G.86) und (G.81) gestatten eine eindeutige Bestimmung der Hauptspannungen in der Folie:

$$\begin{aligned} \sigma_{1F} &= \frac{s \cos \gamma \, (n_\gamma - n \cos \gamma)}{2t \sin^2 \gamma} \, , \\[2mm] \sigma_{2F} &= \frac{s \, (n_\gamma \cos \gamma - n)}{2t \sin^2 \gamma} \, . \end{aligned} \tag{G.88}$$

Hiermit lassen sich nun für den jeweiligen Lastfall auch die Hauptspannungen σ_{10} und σ_{20} im unbeschichteten Bauteil getrennt ermitteln. Werden z. B. für den ebenen Spannungszustand in den Gl. (G.75) die σ_{iK} mit Hilfe von (G.76) und (G.77) ebenfalls durch σ_{iF} ausgedrückt,

21*

so erhält man

$$\sigma_{10} = \frac{t_F}{t_K}\,\sigma_{1F} + \frac{E_K}{E_F}\left(\frac{1 - \mu_K\mu_F}{1 - \mu_K^2}\,\sigma_{1F} + \frac{\mu_K - \mu_F}{1 - \mu_K^2}\,\sigma_{2F}\right),$$

$$\sigma_{20} = \frac{t_F}{t_K}\,\sigma_{2F} + \frac{E_K}{E_F}\left(\frac{1 - \mu_K\mu_F}{1 - \mu_K^2}\,\sigma_{2F} + \frac{\mu_K - \mu_F}{1 - \mu_K^2}\,\sigma_{1F}\right). \tag{G.89}$$

Das Einsetzen der σ_{iF}-Werte aus (G.88) ergibt die gesuchten Spannungen σ_{i0}.

Für kompliziertere Spannungszustände lassen sich σ_{10} und σ_{20} nur dann getrennt ermitteln, wenn die hierbei in den Gl. (G.78) auftretenden Werte A und B für diesen Zustand bekannt sind. Ist nur der an die Dehnungsdifferenz gebundene Wert C verfügbar [Gl. (G.79)], so reicht dies auch bei zusätzlicher schiefer Durchstrahlung nicht zur getrennten Bestimmung der Hauptspannungen im unbeschichteten Modell aus.

3.4 Untersuchung von Wärmespannungen mit dem Oberflächenschichtverfahren

In den letzten Jahren konnte die Oberflächenspannungsoptik öfter mit Erfolg bei der Bestimmung von Spannungen eingesetzt werden, die in Konstruktionsteilen durch Temperatureinflüsse entstehen [G.36]. Ermöglicht wurde dies durch die Entwicklung von Kunststoffen mit hoher dehnungsoptischer Empfindlichkeit, die nahezu unabhängig von der Temperatur ist. Daneben sollte beim idealen Folienmaterial Wärmeleitfähigkeit und Wärmeausdehnungskoeffizient mit den entsprechenden Größen des Prüflings übereinstimmen. Leider existiert noch kein Folienmaterial mit diesen idealen Eigenschaften für Untersuchungen an Prüflingen aus Metall, da die üblichen Kunststoffolien im Gegensatz zu Metall schlechte Wärmeleiter sind und die Temperaturverteilung in den beschichteten Teilen beeinflussen. Diese Tatsache verhindert zwar genaue Untersuchungen an Metallkörpern, wenn die Dehnungen von der Temperaturverteilung an der Oberfläche des Prüflings abhängig sind; jedoch läßt sich bei Wärmeaustauschproblemen in manchen Fällen das Oberflächenschichtverfahren mit Erfolg anwenden. Daneben eignet sich das Verfahren besonders für die Bestimmung von Schrumpfspannungen, die durch gleichförmige Erwärmung von zusammengesetzten Körpern entstehen, deren Materialien unterschiedliche Ausdehnungskoeffizienten besitzen. Schrumpfspannungen entstehen auch, wenn ein mit einer Kunststoffolie beschichteter Modellkörper erwärmt wird. Durch unterschiedliche Stoffwerte, wie Wärmeleitfähigkeit und -ausdehnungskoeffizient, wird das Isochromatenbild verfälscht, eine Korrektur ist erforderlich. Diese

Schwierigkeiten können umgangen werden, wenn an Stelle des Prüflings aus Metall ein Modell aus dem gleichen Kunststoff wie die Folie untersucht wird. Die Temperaturverteilung an der Oberfläche des Modells ist die gleiche wie bei der dazugehörigen Hauptausführung, da sie nur von der Geometrie abhängt. Besonders in den USA sind die Grundlagen für den Einsatz des Oberflächenschichtverfahrens zur Bestimmung von Wärmespannungen entwickelt worden. In [G.37] werden die Beziehungen zwischen optischen Erscheinungen und Spannungen untersucht, wenn mit Kunststoff beschichtete Metallteile einem stationären Temperaturfeld ausgesetzt werden.

Unbeschichtete Metallteile erfahren durch eine gleichförmige Erwärmung eine Dehnung von

$$\varepsilon_0 = \int\limits_{\vartheta_1}^{\vartheta_2} \alpha_0 \, d\vartheta. \qquad (G.90)$$

$\alpha_0 = $ Wärmeausdehnungskoeffizient des Metalls.

Diese Dehnung ist isotrop und erzeugt keine Spannung, wenn sich das erwärmte Material unbehindert ausdehnen kann. Die Beschichtung einer Metallplatte mit einer Kunststoffolie behindert die Wärmedehnung des Metalls im inneren Bereich der Platte isotrop; in der Folie entstehen in diesem Bereich nur Normalspannungen gleicher Größe und keine Schubspannungen. Die spannungserzeugende Dehnung der Folie infolge unterschiedlicher Temperaturdehnung von Metall und Folie beträgt:

$$\varepsilon_F = \int\limits_{\vartheta_1}^{\vartheta_2} (\alpha_0 - \alpha_F) \, d\vartheta. \qquad (G.91)$$

$\alpha_F = $ Wärmeausdehnungskoeffizient der Folie.

Damit ergibt sich im inneren Bereich der Folie ein hydrostatischer Spannungszustand von der Größe

$$\sigma_{2,F} = \sigma_{1,F} = \frac{E_F}{(1 - \mu_F)} \int\limits_{\vartheta_1}^{\vartheta_2} (\alpha_0 - \alpha_F) \, d\vartheta. \qquad (G.92)$$

Dieser Spannungszustand ist durch die nullte Isochromatenordnung gekennzeichnet. Da weiterhin durch die Richtungslosigkeit des hydrostatischen Spannungszustandes keine Isoklinen entstehen, werden die optischen Erscheinungen bei senkrechter Durchstrahlung im inneren Bereich einer mit Kunststoff beschichteten Metallplatte nicht durch die unterschiedliche Wärmeausdehnung der beiden Materialien beeinflußt.

Für den Fall der schiefen Durchstrahlung der Folie ergibt sich dagegen für die Isochromatenordnung $n_{\gamma\vartheta}$ infolge unterschiedlicher Wärmeausdehnungskoeffizienten von Metall und Folie bei gleichmäßiger Erwärmung mit Gl. (G.86), (G.87) und (G.92)

$$n_{\gamma\vartheta} = \frac{2t}{s} \cdot \frac{E_F}{(1-\mu_F)} \cdot \frac{\sin^2\gamma}{\cos\gamma} \int\limits_{\vartheta_1}^{\vartheta_2} (\alpha_0 - \alpha_F)\, d\vartheta. \qquad (G.93)$$

$\gamma =$ Winkel zwischen der Oberflächennormalen und dem einfallenden Lichtstrahl.

Eine gemessene Isochromatenordnung $n_{\gamma\mathrm{gem}}$ infolge äußerer Last oder Temperaturbelastung muß also mit $n_{\gamma\vartheta}$ korrigiert werden, um die Spannungen zu eliminieren, die durch unterschiedliche Wärmeausdehnungskoeffizienten von Metall und Folie entstehen.

$$n_\gamma = n_{\gamma\mathrm{gem}} - n_{\gamma\vartheta}. \qquad (G.94)$$

Andere Verhältnisse herrschen im Bereich freier Ränder. Die Hauptspannung senkrecht zum freien Rand ist auch für den Fall unterschiedlicher Wärmeausdehnungskoeffizienten von Metall und Folie Null, so daß in diesem Bereich Isochromaten beobachtet werden, deren Größe von der Form des Randes, der Empfindlichkeit der Folie, ihrer Dicke sowie von der Größe der unterschiedlichen Ausdehnungskoeffizienten abhängt. In Vorversuchen mit der jeweils verwendeten Folie müssen Beziehungen zwischen der Größe der Randisochromatenordnung und der Formparameter des Randes bestimmt werden, wodurch auch in diesem Bereich der Einfluß unterschiedlicher Ausdehnungskoeffizienten eliminiert werden kann.

Die Fragen, die mit den Maßstabsverhältnissen bei Temperaturuntersuchungen zusammenhängen, werden in Abschn. B-6 ausführlich besprochen. Handelt es sich um instationäre Temperaturvorgänge, so bereitet es erhebliche Schwierigkeiten, für M und H die Maßstabsforderung $l_v^2/t_v = a_v$ zu erfüllen (Abschn. B-6.2.2), weshalb sich die überwiegende Zahl der vorliegenden Veröffentlichungen auf die Untersuchung stationärer Temperaturfelder beschränkt.

3.5 Verfahren der photoelastischen Streifenschicht

Mit Hilfe des bereits beschriebenen Oberflächenschichtverfahrens lassen sich aus den Isochromaten und Isoklinen die Hauptspannungsdifferenz $(\sigma_1 - \sigma_2)$ und die Hauptspannungsrichtung φ an der Oberfläche eines Bauteils gewinnen. Die vollständige Bestimmung des Spannungszustandes, d. h. die Trennung von σ_1 und σ_2, kann mit den bekannten Verfahren der schiefen Durchstrahlung oder einem Integrationsverfahren, z. B. dem Schubspannungsdifferenzverfahren, erfolgen. Diese Verfahren sind jedoch oft sehr schwer mit genügender Genauigkeit durchzuführen und werden dann umständlich und zeitraubend. In diesen Fällen bieten sich die von R. O'REGAN [G.38], D. GALSTER [G.39] und E. MÖNCH [G.40] veröffentlichten Verfahren der photoelastischen Streifenschicht an, die experimentell eine vollständige Auswertung des Oberflächendehnungszustandes gestatten.

Das von R. O'REGAN beschriebene Verfahren erfordert eine zweimalige Beschichtung des zu untersuchenden Bauteils. Zuerst wird wie beim bekannten Oberflächenschichtverfahren eine spannungsoptisch aktive kontinuierliche Schicht mit reflektierender Unterseite auf das Bauteil geklebt. Aus den beobachteten Isochromatenordnungen n_1 und den Isoklinenwinkeln φ erhält man die Hauptdehnungsdifferenz. Aus

$$n_1 = A_1(\varepsilon_1 - \varepsilon_2) \tag{G.95}$$

und

$$(\varepsilon_x - \varepsilon_y) = (\varepsilon_1 - \varepsilon_2)\cos 2\varphi, \tag{G.96}$$

$\varphi\ =$ Winkel zwischen x- und σ_1-Richtung,

$A_1 =$ durch Eichversuch bei bekanntem Dehnungszustand zu bestimmende Konstante,

folgt die Beziehung

$$(\varepsilon_x - \varepsilon_y) = \frac{n_1}{A_1}\cos 2\varphi. \tag{G.97}$$

Die Schiebung ergibt sich zu

$$\gamma_{xy} = \frac{n_1}{2A_1}\sin 2\varphi. \tag{G.98}$$

Einen weiteren Meßwert, der zur Trennung der Hauptdehnungen erforderlich ist, gewinnt man aus einer spannungsoptisch aktiven Streifenschicht mit reflektierender Unterseite, die auf das Bauteil geklebt wird (Bild G.24). Experimentell wird nachgewiesen, daß die beobachtete Isochromatenordnung n_2 nahezu ausschließlich von der Dehnung parallel zur Längsachse der Streifen abhängt, so daß gilt

$$\varepsilon_x = \frac{n_2}{A_x}, \tag{G.99}$$

wobei die x-Achse parallel zur Längsachse des Streifens läuft.

Gl. (G.99) in Gl. (G.97) eingesetzt ergibt:

$$\varepsilon_y = \frac{n_2}{A_x} - \frac{n_1}{A_1}\cos 2\varphi.\qquad (\text{G.100})$$

Die Konstante A_x wird ebenso wie A_1 in einem Eichversuch mit bekanntem Dehnungszustand bestimmt. Beim Oberflächenschichtverfahren beschriebene Fehlerquellen vermindern auch bei diesem Verfahren die Genauigkeit. Darüber hinaus bleibt die Anwendung des Verfahrens auf ebene Oberflächen des Bauteils beschränkt.

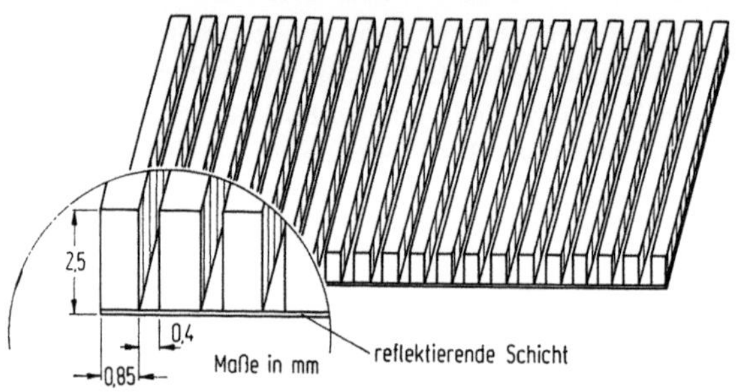

Bild G.24 Spannungsoptisches Streifenschichtverfahren (nach [G.38])

Der umständlichen zweimaligen Beschichtung des Bauteils steht der Vorteil gegenüber, daß Isochromatenaufnahmen vom gesamten Modell gemacht werden können. D. GALTER und E. MÖNCH schlagen dagegen eine

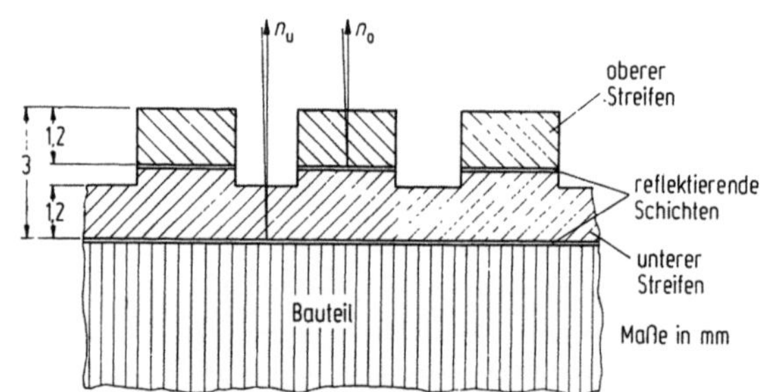

Bild G.25 Spannungsoptisches Zweistreifenschichtverfahren (nach [G.40])

einmalige Beschichtung des Bauteils mit einer Zweistreifenschicht (Bild G.25) vor. Die unteren Streifen verhalten sich annähernd wie eine isotrope Schicht und entsprechen der kontinuierlichen Schicht im Verfahren von R. O'REGAN. Bei Reflexion des Lichts an der unteren Verspiegelung liefern daher die Isochromaten n_u annähernd die Hauptdehnungsdifferenz $(\varepsilon_1 - \varepsilon_2)$ und die Isoklinenwinkel φ die Hauptdehnungsrichtung der Oberflächendehnung. Die oberen Streifen werden mit Hilfe einer mittleren Reflexionsschicht nur im oberen Teil durchstrahlt. Dieser Teil des Streifens wirkt ähnlich anisotrop wie die Streifen im Verfahren von R. O'REGAN, so daß die Isochromatenordnung n_0 die Dehnung ε_1 in Längsrichtung der Streifen liefert. Da es durch das Nebeneinander zweier Streifen mit verschiedenen Isochromatenordnungen unmöglich ist, nachträglich in einer Schwarz-Weiß-Aufnahme die Ordnungen festzustellen, werden n_u und n_0 durch Farbvergleich mit einem Eichversuch bestimmt. Wegen dieses Vergleichs beschränkt sich die Anwendung des Verfahrens auf Dehnungszustände, die Isochromatenordnungen zwischen 1 und 4 liefern. Wie das Verfahren von R. O'REGAN kann auch dieses Verfahren nur bei ebenen Oberflächen des Bauteils angewendet werden. Genaue Beziehungen zwischen den gemessenen optischen Werten und den Größen des Dehnungsfeldes sind den Veröffentlichungen [G.39] und [G.40] zu entnehmen.

4 Photoplastizität

Die guten Erfolge, die mit der Spannungsoptik bei der Untersuchung elastischer Spannungszustände erzielt wurden, ließen es wünschenswert erscheinen, dieses Verfahren mit dem Vorteil der schnell zu gewinnenden Übersicht über die Spannungsverhältnisse auch bei der Untersuchung elastoplastischer Spannungszustände zu verwenden. Das Ziel der in letzter Zeit angestellten Untersuchungen ist die Entwicklung eines spannungsoptischen Verfahrens, mit dessen Hilfe elastoplastische Spannungszustände in Metallen durch Untersuchung an Kunststoffmodellen mit ähnlichen plastischen Eigenschaften bestimmt werden können. Diese Verfahren, die sich zunächst mit dem ebenen Spannungszustand befassen, sind jedoch noch nicht reif für den Einsatz in der Praxis, da die Forderungen nach strenger Ähnlichkeit (vgl. Abschn. B-11) erhebliche material- und versuchstechnische Schwierigkeiten hervorrufen.

4.1 Eigenschaften des Modellmaterials

Geeignete Modellmaterialien für die Untersuchung elastoplastischer Spannungszustände müssen neben den Eigenschaften, die für die elastische Spannungsoptik gefordert werden, wie Durchsichtigkeit, Homogenität, Isotropie, Freiheit von Randeffekt und genügend große Spannungsdoppelbrechung, auch noch folgende Eigenschaften besitzen:

a) Eine Spannungs-Dehnungs-Linie, die der Linie des Materials, in dem der Spannungszustand auftritt, ähnlich ist. Trotz der Ähnlichkeit der

Spannungs-Dehnungs-Linien von Metallen und Kunststoffen ist der Mechanismus der Fließerscheinungen bei Kunststoffen von grundsätzlich anderer Art als der des Gleitens im polykristallinen Gefüge der Metalle. Während bei Metallen die bleibenden Verformungen durch vorübergehendes plastisches Fließen erreicht werden, verformen sich die Linearkolloide durch zeitabhängiges Kriechen. Die Zeitabhängigkeit der σ-ε-Linie bei Kunststoffen erfordert einen genau definierten Belastungsvorgang, um eine reproduzierbare Beziehung zwischen Dehnungen, Spannungen und Doppelbrechung zu erhalten.

b) Das Modellmaterial muß einem gebräuchlichen Fließkriterium unterworfen sein. R. JIRA [G.41] weist nach, daß zähe Materialien dem Kriterium der konstanten oktaedralen Schubspannung gehorchen (Theorie der konstanten Gestaltänderungsenergie von R. v. MISES). Die maßgebende Größe dieser Theorie ist:

$$\tau_{\mathrm{okt}} = \frac{1}{3}\sqrt{(\sigma_1 - \sigma_2)^2 + (\sigma_2 - \sigma_3)^2 + (\sigma_3 - \sigma_1)^2}. \qquad (\text{G.101})$$

c) Ähnlichkeit für das Verhalten der Querdehnzahl bei der Verformung:

$$\mu_V = \frac{\mu(\varepsilon)_M}{\mu(\varepsilon)_H} = \text{const}.$$

d) Dehnungen an der Fließgrenze von etwa gleicher Größenordnung wie bei den entsprechenden Metallen.

e) Existenz eines photoplastischen Effekts, der es gestattet, die Fließgrenze zu bestimmen und Aussagen über den Spannungszustand im Plastizitätsbereich zu machen. Bisher sind zwei photoplastische Effekte bekannt, und zwar die von E. MÖNCH [G.42] verwendete Dispersion der Doppelbrechung bei Zelluloid und die Abnahme der Isochromatenordnung im plastischen Bereich bei Polystyrol, die von R. HILTSCHER [G.43] entdeckt wurde.

4.2 Das Verfahren von E. Mönch

Das von E. MÖNCH vorgeschlagene Verfahren [G.41] verwendet als Modellmaterial Zelluloid, das plastische Eigenschaften besitzt und außerdem im plastischen Bereich einen besonderen Effekt aufweist: Dispersion der Doppelbrechung. Darunter versteht man die Abhängigkeit des Gangunterschieds $n \cdot \lambda$ der beiden polarisierten Wellen von der Wellenlänge des Lichts bei gleichem Dehnungszustand. Während im elastischen Bereich bei gleichem Dehnungszustand zwar die Ordnung $n = n(\lambda)$, nicht aber die Lichtgeschwindigkeit und damit der absolute Gangunterschied $n \cdot \lambda$ selbst von der Wellenlänge abhängt, wird im plastischen Bereich der Gangunterschied in Abhängigkeit vom Plastifizierungsgrad bei längerwelligem Licht größer. Die Dispersion der Doppelbrechung beim Zelluloid tritt also erstmalig beim Erreichen der Fließgrenze auf und wird mit zunehmender Plastifizierung größer. Die Dispersion beginnt ungefähr immer beim gleichen Wert der größten Hauptdehnung, unabhängig vom Spannungszustand und von der Verformungsgeschwindigkeit, wenn diese nur konstant ist. Diese Sachverhalte wurden für ebene Spannungszustände nachgewiesen, bei denen die absolut größere Hauptspannung eine Zugspannung ist [G.41]. Nach E. Mönch wird die Dispersion unter Verwendung von Na-Licht und Hg-Licht folgendermaßen definiert:

$$D = \frac{n\lambda_{\mathrm{Na}} - n\lambda_{\mathrm{Hg}}}{n\lambda_{\mathrm{Na}}} \cdot 100\%. \tag{G.102}$$

R. Jira zeigt, daß D ein Maß für die größte Hauptdehnung im Plastischen ist und unabhängig von der Modelldicke auftritt. Die einer Dispersion bestimmter Höhe entsprechende Dehnung ε_1 erhält man aus einem Eichversuch. Als Belastungsprogramm für Eich- und Hauptversuch schlägt E. Mönch eine konstante Verformungsgeschwindigkeit vor, um reproduzierbare Verhältnisse zu erhalten [G.42]. Da in einem beliebigen inhomogenen Spannungszustand die Verformungsgeschwindigkeiten örtlich verschieden sind, ist für die Auswertung eines Versuchs eine ganze Reihe von Eichversuchen mit unterschiedlicher konstanter Dehngeschwindigkeit erforderlich.

Mit Hilfe des Verfahrens von E. Mönch können ebene elastoplastische Spannungszustände untersucht werden, bei denen die absolut größere Hauptspannung eine Zugspannung ist.

Bestimmt werden können folgende Größen:

a) Spannungen und Dehnungen im einachsigen Spannungsfeld, besonders an freien Rändern,

b) die Grenze zwischen elastischem und plastischem Gebiet mit der Bedingung $D = 0$.

Die vollständige Bestimmung des ebenen Spannungszustandes ist bis jetzt nicht möglich.

Bei Druckbeanspruchung ist Zelluloid als Modellmaterial nicht sehr geeignet, da sich seine Eigenschaften bei Zug- und Druckbelastung nicht entsprechen [G. 41].

Eine Grenze in der Genauigkeit ist dem plastischen Modellversuch mit Kunststoffmodellen durch folgende Sachverhalte gesetzt [G.44]:

a) Die Streckgrenze bei Zelluloid ist 10- bis 20mal größer als bei Metallen. Deshalb sind alle Dehnungen im elastoplastischen Zustand des Zelluloids in diesem Verhältnis größer als bei Metallen, so daß Fehler entstehen durch die Änderung der Modellgestalt.

b) Die Last kann nicht so aufgebracht werden, daß an jedem Punkt des Modells eine konstante Dehngeschwindigkeit auftritt.

c) Fehler entstehen durch den Gebrauch der konventionellen Definition der Dehnung: $\varepsilon = \Delta l/l$. Bei plastischen Untersuchungen sollte die sogenannte natürliche Dehnung $\dot\varepsilon = \ln(1 + \varepsilon)$ verwendet werden.

Bei Berücksichtigung aller Fehlerquellen ist es nicht möglich, mit den z. Zt. zugängigen Modellmaterialien die Genauigkeit der Photoelastizität zu erreichen. Aus diesem Grund wurde eine Reihe von Kunststoffen im Hinblick auf ihre Eignung für photoplastische Versuche untersucht. Es wurde jedoch kein Material gefunden, das Zelluloid ersetzen könnte [G.45; G.46].

4.3 Das Verfahren von R. Hiltscher

R. HILTSCHER [G. 43; G. 47] verwendet zur Abgrenzung des plastischen Gebiets den photoplastischen Effekt des Kunstharzes Polystyrol, das wie Stahl der Gestaltänderungsenergie-Hypothese gehorcht, was durch ausführliche Versuche nachgewiesen wurde. Im elastischen Bereich ist die Isochromatenordnung der Spannung bzw. Dehnung proportional. Beim Erreichen der Fließgrenze nimmt sie jedoch beim Polystyrol nicht mehr zu, sondern fällt ab und erreicht ungefähr den Wert Null, wenn Vollplastizität eingetreten ist, um bei noch größerer Verformung mit umgekehrtem Vorzeichen anzusteigen. Diese Erscheinung kann mit dem Aufbau des Polystyrols aus fadenförmigen Makromolekülen, die eine negative Eigendoppelbrechung besitzen, erklärt werden. Im elastischen Gebiet kommt diese Eigendoppelbrechung wegen der „Wattebauschstruktur“ des Materials nicht zur Wirkung, so daß eine reine Spannungsdoppelbrechung mit positivem Vorzeichen, bedingt durch die elastische Deformation des Molekülverbandes, auftritt. Beim plastischen Fließen beginnen sich die Molekülketten gleichsinnig in Richtung der größten Dehnung zu orientieren, wodurch die negative Eigendoppelbrechung der Makromoleküle wirksam wird (Orientierungsdoppelbrechung) und der positiven Spannungsdoppelbrechung entgegenwirkt, bis sie bei großen plastischen Verformungen überwiegt. Mit Hilfe dieses photoplastischen Effekts ist es möglich, ein elastoplastisches Spannungsfeld auf Grund eines Isochromatenbildes in elastische, Übergangs- und vollplastische Gebiete einzuteilen. Die Spannungsanalyse im elastischen Bereich erfolgt mit den üblichen Mitteln der Spannungsoptik; für quantitative Aussagen in den anderen Gebieten sind Eichversuche nötig, die jedoch noch Schwierigkeiten bereiten, da die σ-ε-Linie von der Belastungsart und Belastungszeit abhängt. Weitere Untersuchungen zur Lösung dieses Problems werden gemacht.

Untersuchungen von HILTSCHER zeigten, daß die σ-ε-Linie von Polystyrol etwa der von Aluminium entspricht. Das Verhalten der Querdehnzahl beim Übergang vom elastischen ins plastische Gebiet entspricht dem eines idealplastischen Materials. Polystyrol ist nur für Druckversuche geeignet, da es bei Zugversuchen wegen seiner großen Sprödigkeit vorzeitig versagt.

Literatur

G.1 WOLF, H.: Spannungsoptik, Berlin/Göttingen/Heidelberg: Springer 1961.

G.2 HILTSCHER, R.: Gütebeurteilung spannungsoptischer Modellwerkstoffe. Forsch. Ing.-Wes., 20. Bd., H. 3.

G.3 FROCHT, M. M.: Photoelasticity, Bd. 1, New York: John Wiley & Sons 1949.

G.4 HILTSCHER, R., FLORIN, G., STRINDELL, L.: Arbeitsanleitung zur spannungsoptischen Messung ebener Spannungszustände mit Polariskop und Lateralextensometer. Bautechnik 43 (1966) 41—45.

G.5 MESNAGER, A.: Mesures des Efforts intérieurs dans les Solides et Applications. Int. Ass. for Testing of Materials, Budapest 1901.

G.6 FROCHT, M. M.: Photoelasticity, Bd. 2, New York: John Wiley & Sons 1948.

G.7 HILTSCHER, R.: Ein praktisches Lateralextensometer zur Bestimmung der Spannungssumme. Kungl. Tekniska Högskolans Handlingar Nr. 42, Stockholm 1950.

G.8 MÜLLER, R. K., WEBER, K. H.: Ein elektrisches Lateralextensometer zur Messung der Hauptspannungssumme beim ebenen spannungsoptischen Modellversuch. Bautechnik 42 (1965) 307—312.

G.9 DOSE, A., LANDWEHR, R.: Bestimmung der Linien gleicher Hauptspannungssumme mittels Interferenzen gleicher Dicke. Ing.-Arch. 21 (1953) 73—86.

G.10 NISIDA, M., SAITO, H.: A New Interferometric Method of Two-dimensional Stress Analysis. Experimental Mechanics, Vol. 4 (1964) 366—376.

G.11 MÜLLER, R. K.: Das Lateralextensometer und seine Anwendung in der ebenen Spannungsoptik. Bautechnik 38 (1961) 364—368.

G.12 HILTSCHER, R.: Development of the Lateral Extensometer Method in Two-dimensional Photoelasticity. Proc. Int. Symp. on Photoelasticity, Chicago 1961. Oxford: Pergamon Press 1963, 53—56.

G.13 OPPEL, G.: Polarisationsoptische Untersuchung räumlicher Spannungs- und Dehnungszustände. Forsch. Ing.-Wes. 7 (1936).

G.14 KUSKE, A.: Das Kunstharz Phenolformaldehyd in der Spannungsoptik. Forsch. Ing.-Wes. 9 (1938).

G.15 DURELLI, A. J., RILEY, W. F.: Introduction to Photomechanics. Englewood Cliffs, N. J.: Prentice-Hall 1965.

G.16 KUSKE, A.: Einführung in die Spannungsoptik. Stuttgart: Wiss. Verlagsges. 1959.

G.17 FÖPPL-MÖNCH: Praktische Spannungsoptik, Berlin/Göttingen/Heidelberg: Springer 1959.

G.18 Träger, J.: Über den Einfluß fehlerbehafteter $\lambda/4$-Platten auf das spannungs-optische Meßergebnis. Wissenschaftliche Zeitschrift der Hochschule für Architektur und Bauwesen Weimar 11 (1964) 143—147.

G.19 Durelli, A. J., Lake, R. L.: Some Unorthodox Procedures in Photoelasticity. Proc. SESA, Vol. IX (1951) 97—122.

G.20 Dally, J. W., Durelli, A. J., Riley, W. F.: A New Method to „Lock-in" Elastic Effects for Experimental Stress Analysis. J. Appl. Mech., Vol. 25 (1958) 189—195.

G.21 Haas, H.: Polarisationsoptik, Berlin: VEB Verlag Technik 1953.

G.22 Favre, H., Gilg, B.: Sur une méthode purement optique pour la mesure directe des moments dans les plaques minces fléchies. Schweiz. Bauztg. 68 (1950) 253—257, 265—267.

G.23 Kuske, A.: Verfahren der Spannungsoptik, Düsseldorf: Deutscher Ingenieur-Verlag 1951.

G.24 Hiltscher, R.: Spannungsoptische Untersuchung der Momentenverteilung in dünnen Platten unter Verwendung eines Lateralextensometers. Forsch. Ing.-Wes. 23 (1957) 55—60.

G.25 Weller, R.: A New Method for Photoelasticity in Three Dimensions. J. Appl. Phys. Vol. 10 (1939) 266.

G.26 Menges, H. J.: Die experimentelle Ermittlung räumlicher Spannungs-zustände an durchsichtigen Modellen mit Hilfe des Tyndalleffektes. Z. angew. Math. Mech. 20 (1940) 210.

G.27 Haberland, G.: Einige Auswerteverfahren bei spannungsoptischen Platten-untersuchungen. Ing.-Arch. 30 (1961) 254—268.

G.28 Haberland, G.: Die Auswertung spannungsoptischer Plattenversuche unter Berücksichtigung der Theorie von E. Reissner. Monatsberichte der Deutschen Akademie der Wissenschaften zu Berlin 6 (1964) 401—408, 765—768.

G.29 Hiltscher, R.: Spannungsoptische Untersuchung der Momentenverteilung in dünnen Platten unter Verwendung eines Lateralextensometers. Forsch. Ing.-Wes. 23 (1957) 55.

G.30 Teepe, W.: Beitrag zur spannungsoptischen Untersuchung von Schalen. Dissertation T. H. Karlsruhe 1959.

G.31 Kayser, R.: Spannungsoptische Untersuchung allgemeiner Flächentrag-werke unter direkter Beobachtung. Dissertation T. H. Stuttgart 1964.

G.32 Mesnager, A.: Sur la détermination optique des tensions intérieures dans des solides à trois dimensions. Comptes Rendus, Paris, Bd. 190 (1930) 1249.

G.33 Oppel, G.: Das polarisationsoptische Schichtverfahren zur Messung der Oberflächenspannung am beanspruchten Bauteil ohne Modell. VDI-Z. 81 (1937) 803.

G.34 Schwieger, H.: Ein neues Reflexionspolariskop und seine Anwendung beim spannungsoptischen Oberflächenschichtverfahren. Z. Instrumentenkde. 73 (1965) 1—7, 38—45.

G.35 Zandmann, F., Redner, S. S., Riegner, E. J.: Reinforcing Effect of Bire-fringent Coatings. Experimental Mechanics, Vol. 2 (1962) 55—64.

G.36 Hosp, E.: Der gegenwärtige Stand der Photothermoelastizität. Material-prüfung 8 (1966) 85—92.

G.37 Zandmann, F., Redner, S. S., Post, D.: Photoelastic-coating Analysis in Thermal Fields. Experimental Mechanics, Vol. 3 (1963) 215—221.

G.38 O'Regan, R.: New Method for Determining Strain in the Surface of a Body with Photoelastic Coatings. Experimental Mechanics, Vol. 5 (1965) 241—246.

G.39 Galster, D.: Spannungsoptische Bestimmung von Dehnungen mit profilier-ten Oberflächenschichten. Dissertation T. H. München 1965.

G.40 Mönch, E.: Die vollständige Bestimmung des Dehnungszustandes auf Oberflächen durch photoelastische Streifenschichten. Schweiz. Bauztg. 84 (1966) 840—842.

G.41 Jira, R.: Das mechanische und spannungsoptische Verhalten von Zelluloid bei zweiachsiger Beanspruchung und der Nachweis seiner Eignung für ein photoplastisches Verfahren. Konstruktion 9 (1957) 438—449.

G.42 Mönch, E.: Die Dispersion der Doppelbrechung als Maß für die Plastizität bei spannungsoptischen Versuchen. Forschung 20 (1955) 20—25.

G.43 Hiltscher, R.: Spannungsoptische Untersuchung elastoplastischer Spannungszustände. VDI-Z. 95 (1953) 777—781.

G.44 Mönch, E., Loreck, R.: A Study of the Accuracy and Limits of Application of Plane Photoplastic Experiments. Proceedings of the International Symposium on Photoelasticity, Oxford-London-New York-Paris: Pergamon Press 1963, S. 169—184.

G.45 Mönch, E., Hautmann, Th.: Untersuchung einiger Kunststoffe auf ihre Eignung als photoplastisches Modellmaterial. Z. angew. Phys. 11 (1959) 35—39.

G.46 Loreck, R.: Untersuchung von Polyestergießharzen und anderen Kunststoffen auf ihre Eignung als photoplastisches Modellmaterial. Kunststoffe 52 (1962) 139—143.

G.47 Hiltscher, R.: Theorie und Anwendung der Spannungsoptik im elastoplastischen Gebiet. VDI-Z. 97 (1955) 49—58.

H Die modellstatischen Moiréverfahren

1 Einführung

Der Moiréeffekt bietet wie keine andere physikalische Erscheinung eine kaum zu übersehende Vielfalt von Anwendungsmöglichkeiten, wenn es darum geht, Verformungs- oder Verschiebungszustände von Körpern sichtbar und analysierbar zu machen. Er ist wesentlicher Bestandteil einer sehr großen Anzahl von Verfahren, die in den letzten beiden Jahrzehnten nicht nur auf dem Gebiet der Modellstatik, sondern ganz allgemein zur experimentellen Spannungsbestimmung entwickelt wurden. Insbesondere bei der Untersuchung plastischer Verformungen und thermischer Probleme dürfte das Moiréverfahren größere Bedeutung erlangen, da die Messungen berührungslos erfolgen und die exakte Bestimmung auch relativ großer Dehnungen ermöglicht.

Als Moiréeffekt bezeichnet man die Tatsache, daß bei der mechanischen oder optischen Überlagerung zweier nicht identischer Systeme von abwechselnd aufeinanderfolgenden hellen und dunklen Streifen ein neues System von sog. Moirélinien entsteht, deren Verlauf und Abstand charakteristisch sind für die geometrischen Eigenschaften der beiden überlagerten Liniensysteme. Im einfachsten Falle handelt es sich um zwei Systeme geradliniger paralleler Streifen, die sich nur in deren Abstand oder Richtung unterscheiden. Die Bilder H.1a—c zeigen Moiréstreifen infolge der Überlagerung zweier derartiger Liniensysteme, die sich

a) bei gleichem Linienabstand in ihrer Richtung,
b) bei gleicher Richtung in ihrem Linienabstand,
c) in Richtung und Linienabstand

unterscheiden. Es wird deutlich, daß schon sehr geringe Unterschiede in Lage und Geometrie der Liniensysteme einen relativ großen Unterschied in Abstand und Neigung der erzeugten Moiréstreifen hervorrufen. Ebenso beeinflussen Störungen im Verlauf der Liniensysteme das Aussehen des Moirésystems in starkem Maße. So benutzte Lord RAYLEIGH den Moiréeffekt, auf den er bereits im Jahre 1874 hinwies [H.1], dazu, die Regelmäßigkeit solcher Liniensysteme (Gitter) zu prüfen.

Ursprünglich wurde das Wort Moiré wohl in der Textilindustrie zur Benennung von Stoffen mit streifenartiger glänzender Oberfläche ver-

wendet. Dann wurde es in die Drucktechnik übernommen, um störende
Streifenmuster zu bezeichnen, die beim Dreifarbendruck auftreten können, wenn die erforderlichen drei Rasteraufnahmen mit falscher Winkel-
orientierung übereinander gedruckt werden. Rasteraufnahmen ermöglichen die drucktechnische Wiedergabe von Halbtonvorlagen, indem
diese beim Photographieren durch Linienraster hindurch in feine Punkte

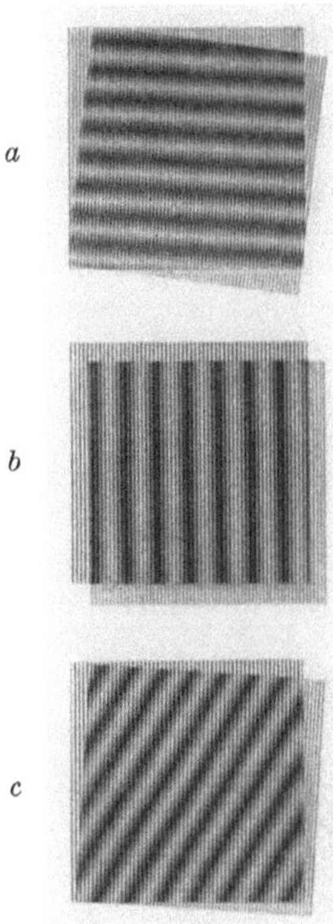

Bild H.1 Moiréstreifen
a) Linienabstand gleich — Richtung verschieden
b) Linienabstand verschieden — Richtung gleich
c) Linienabstand und Richtung verschieden

zerlegt werden. In diesem Zusammenhang stand auch die erste mathematische Beschreibung des Moiréeffektes, die S. Lees [H.2] 1919 veröffentlichte. Auch E. Lau [H.3] und D. Tollenaar [H.4] beschrieben
die geometrischen Eigenschaften des Moiréeffektes. Eingehende Untersuchungen der Moirélinienfelder, die bei der Überlagerung von konzentrischen Kreisliniensystemen mit geradlinigen Gittern oder ebenfalls
konzentrischen Systemen entstehen, wurden von P. S. Theocaris und
H. H. Kuo [H.5] angestellt. F. Zandman [H.6] legte eine umfassende
Berechnung der Moirélinien vor, die bei der Überlagerung von Gittern
aus geraden Linien mit unterschiedlichem Abstand und verschiedener
Breite oder aus Gruppen von Linien mit wechselnder Dichte und Stärke
entstehen.

22 Müller, Modellstatik

1940 veröffentlichte erstmals P. Dantu [H.7] ein Verfahren, in dem der Moiréeffekt zur Ermittlung mechanischer Verformungen, nämlich zur Bestimmung der Momentenverteilung in Platten, herangezogen wurde. In der Folgezeit entwickelte man eine große Anzahl neuer Verfahren, die eine sinnreiche Anwendung der mechanischen Interferenzen auf den unterschiedlichsten Gebieten der Dehnungsanalyse und insbesondere der Modellstatik ermöglichten. Hierbei handelt es sich grundsätzlich um das folgende Prinzip hinsichtlich der Art der überlagerten Liniensysteme:

Einem regelmäßigen unverzerrten Liniensystem, dem sog. Bezugsgitter (BG), wird ein System überlagert, das sog. aktive Gitter (AG), das sich ursprünglich in seiner Geometrie vom BG nicht oder nur sehr geringfügig unterscheidet, auf das aber auf mechanischem oder optischem Weg die lastbedingten Verformungen, Verschiebungen oder Verdrehungen des zu untersuchenden Körpers übertragen werden, so daß es nun in seiner Form und Lage wesentliche Abweichungen gegenüber dem BG aufweist. Diese Abweichungen, die die Informationen über die geometrischen Veränderungen des Körpers beinhalten, bestimmen nach der Überlagerung mit dem BG das Aussehen des Moirémusters und werden dadurch deutlich erkennbar. So entsteht beispielsweise in Bild H.1a das AG durch eine Drehung des BG, in Bild H.1b durch eine gleichmäßige Dehnung des BG in x-Richtung und in Bild H.1c durch gleichzeitige Dehnung und Drehung. Am Bild H.1b kann man sich deutlich die vergrößernde Wirkung des Moiréeffektes vergegenwärtigen: Eine zusätzliche Verschiebung des gedehnten AG um nur einen Gitterlinienabstand würde eine Wanderung des Moirébildes um einen Moiréstreifenabstand bewirken.

Versuchstechnisch werden die verschiedensten Wege beschritten, um die Aktivierung und Überlagerung von Gittern zu bewerkstelligen. Als Beispiele seien folgende Möglichkeiten genannt:

Das AG ist fest mit der Oberfläche des Versuchskörpers verbunden und wird durch das davor befindliche BG beobachtet oder photographiert.

Das AG ist das auf die matte Oberfläche fallende Schattenbild des darüber befindlichen BG.

Das BG entsteht auf der Photoplatte als Bild eines neben oder hinter der Kamera aufgestellten Schirmgitters, das sich in der Oberfläche des unbelasteten Versuchskörpers spiegelt. Das AG entsteht auf gleiche Art nach Belastung und wird dem BG durch Doppelbelichtung überlagert.

Das dritte Beispiel zeigt, daß der Moiréeffekt vorteilhaft im Sinne einer Differenzmessung angewendet werden kann: Auch das BG ist nicht regelmäßig und unverzerrt, sondern es enthält als Spiegelbild bereits die Informationen über den geometrischen Ausgangszustand des Versuchskörpers. In Bild H.2 ist eine derartige Differenzmessung dargestellt. Die Linien u, $u \pm 1$ usw. kennzeichnen den Ausgangszustand vor der Belastung (BG), die Linien v, $v \pm 1$ usw. den Zustand nach der Belastung. Die Ordnungen $u \pm 1$ und $v \pm 1$ sind Maßzahlen für einen Parameter p, der längs der jeweiligen Linie konstant ist und der entsprechend der Ordnung sich von Linie zu Linie um den jeweils gleichen Betrag Δp unterscheidet. Beispielsweise stellt beim interferometrischen Isopachenverfahren (Abschn. H-2.1.1) p die Dicke einer transparenten Scheibe dar. Bei der Überlagerung der Liniensysteme zeigt sich, daß nach der Belastung etwa durch den Punkt P nicht mehr die Linie der Ordnung u, sondern die der Ordnung v verläuft. Entsprechend beträgt für alle

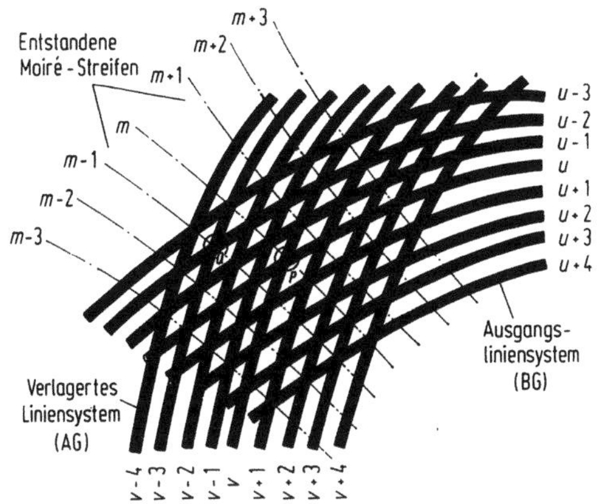

Bild H.2 Ermittlung der Ordnungszahlen von Moiréstreifen

Punkte des durch P verlaufenden Moiréstreifens die Differenz der Gitterlinienordnungen $v - u = m$. Für den Punkt Q und somit für alle auf dem durch Q verlaufenden hellen Moiréstreifen liegenden Punkte beträgt diese Differenz $v - 3 - (u - 2) = m - 1$. m bezeichnet man als Ordnung des Moiréstreifens. Sie gibt an, um welchen Betrag $m \cdot \Delta p$ sich der Parameter p bei der Verlagerung für alle Punkte des Streifens m-ter Ordnung geändert hat; die Moiréstreifen sind daher Linien gleicher p-Differenz. Bei der Auswertung eines Moiréstreifenfeldes muß selbstverständlich für mindestens einen Punkt diese Differenz bekannt sein, damit jedem Moiréstreifen die richtige Ordnung zugewiesen werden kann.

In den folgenden Abschnitten werden die wichtigsten Anwendungsarten des Moiréeffektes erläutert, wobei die Gliederung entsprechend der jeweils zu messenden geometrischen Größe (Dickenänderung, Neigung, Durchbiegung, Dehnung, Verschiebung) vorgenommen wird. Die meisten dieser Verfahren sind an sehr speziellen und einfachen Versuchskörpern entwickelt und erprobt worden, und es ist noch nicht abzusehen, in welchem Umfange sie sich für routinemäßige modellstatische Untersuchungen eignen. Auf eine ins einzelne gehende Beschreibung dieser Verfahren wird hier unter Hinweis auf die Spezialliteratur verzichtet. Näher behandelt werden dagegen die wenigen Verfahren wie das Ligtenbergsche Verfahren zur Untersuchung von Platten, die technisch ausgereift und einsatzbereit sind.

2 Anwendungen des Moiréeffektes

2.1 Messung von Dickenänderungen

2.1.1 Interferometrische Isopachenverfahren

Interferometrische Verfahren zur Bestimmung der Dickenänderung scheibenartiger Versuchskörper sind seit langem bekannt; eine Übersicht über die Entwicklung wird in [G.9] gegeben. Die Interferenzliniensysteme, deren Entstehung noch erläutert wird, enthalten lediglich Linien gleicher absoluter Dicke. Die Dickenänderung läßt sich dadurch bestimmen, daß die Anzahl der während der Belastung den Beobachtungspunkt durchwandernden Interferenzlinien ausgezählt wird. Durch die Anwendung des Moiréeffektes (A. Dose und R. Landwehr [G.9] und [H.8]) wurde es jedoch möglich, Moirélinien gleicher Dickenänderung zu erhalten, indem die beiden vor und nach der Belastung entstandenen Interferenzliniensysteme photographisch überlagert wurden. Dadurch wird diese Methode bei der Untersuchung ebener Spannungszustände zu einem wertvollen Ergänzungsverfahren zur Spannungsoptik, da diese unmittelbar lediglich die Hauptspannungsdifferenzen (in Form des Isochromatenfelds) und deren Richtungen (Isoklinenfeld) liefert (s. Abschn. G-1.1 bis 1.4). Das interferenzoptisch erhaltene Moiréstreifensystem dagegen stellt unmittelbar das Isopachenfeld dar, da die Linien gleicher Dickenänderung mit den Linien gleicher Hauptspannungssumme identisch sind.

Die benötigten Interferenzlinienfelder können mit mannigfaltigen Versuchsanordnungen erzeugt werden [H.9], beispielsweise mit der Fizeauschen Anordnung (Bild H.3). Gezeigt ist ein Ausschnitt aus einer Glas- oder Kunststoffplatte, die nicht völlig planparallele Oberflächen aufweist. Hinsichtlich der Interferenzstreifendichte optimal sind Neigungswinkel φ zwischen $1'$ und $3'$; solche Stücke lassen sich aus handelsüblichen Platten jedoch ohne große Schwierigkeiten auswählen. Unter Berücksichtigung des Brechungsgesetzes und der Bedingung, daß $\overline{QA} > t_A$ und $\overline{AA'} > t_A$ sind, ergibt sich die Weglängendifferenz δ

der Strahlen 1 und 2 näherungsweise zu

$$\delta = 2t_A \sqrt{n_2^{*2} - n_1^{*2} \sin^2\alpha} - \frac{\lambda}{2}. \qquad \text{(H.1)}$$

n_1^* und n_2^* sind die Brechungsindizes der Stoffe beiderseits der Oberfläche. Für senkrecht einfallendes Licht ($\alpha = 0$) gilt

$$\delta = 2t_A \cdot n_2^* - \frac{\lambda}{2}. \qquad \text{(H.2)}$$

Ist δ gleich einem ungeraden Vielfachen von $\lambda/2$, so tritt Auslöschung ein, d. h., es entsteht eine dunkle Interferenzlinie, die alle Punkte mit

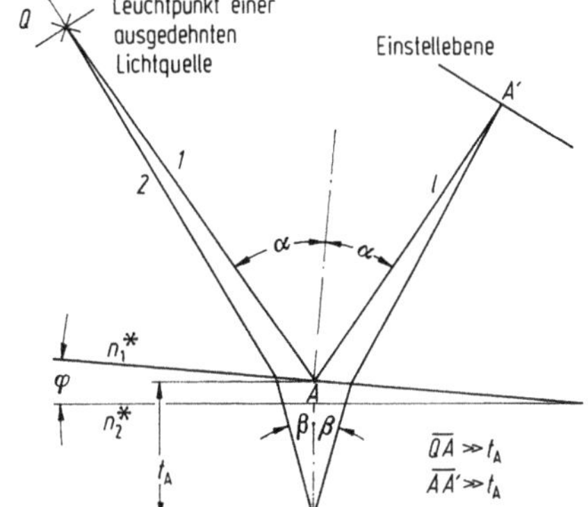

Bild H.3
Fizeausche Versuchsanordnung

gleichem δ erfaßt. Die Weglängendifferenzen δ_A und δ_B zweier benachbarter Interferenzlinien unterscheiden sich um λ, und es gilt somit für die Differenz $t_A - t_B$ der Scheibendicken in den zugehörigen Punkten A und B:

$$t_A - t_B = \frac{1}{2n_2^*}(\delta_A - \delta_B) = \frac{\lambda}{2n_2^*}. \qquad \text{(H.3)}$$

Den Ordnungen der Interferenzlinien entsprechen daher ganzzahlige Vielfache dieser Größe. Infolge der Modellbelastung ändert sich nun die Plattendicke und damit das Interferenzlinienfeld. Verlief durch A' vorher eine Interferenzlinie der Ordnung u, nachher die der Ordnung v, so verläuft bei der photographischen Überlagerung der beiden Interferenzfelder durch A' ein Moiréstreifen der Ordnung $m = v - u$, d. h., in A' und damit in allen Punkten dieses Streifens hat sich die Plattendicke infolge der

Belastung um

$$\Delta t = m \cdot \frac{\lambda}{2 n_2^*} \tag{H.4}$$

geändert. Durch Einsetzen dieses Wertes in die Beziehung zwischen Hauptspannungssumme und Dickenänderung

$$\Delta t = (\sigma_1 + \sigma_2) \frac{\mu}{E} \cdot t \tag{H.5}$$

(vgl. Abschn. G-1.7) erhält man

$$\sigma_1 + \sigma_2 = m \cdot \frac{E}{\mu t} \cdot \frac{\lambda}{2 n_2^*} = \frac{m}{t} \cdot s^* \tag{H.6}$$

mit der sog. interferenzoptischen Konstanten

$$s^* = \frac{E}{\mu} \cdot \frac{\lambda}{2 n_2^*} \left[\frac{\mathrm{kp}}{\mathrm{cm} \cdot \mathrm{Ordng.}} \right]. \tag{H.7}$$

Für Plexiglas bei Verwendung von monochromatischem Natriumlicht ($\lambda = 589$ mμ) hat s^* den Wert 1,8 kp/(cm · Ordng.). s wird auf einfache Weise mit Hilfe des allgemein üblichen Kalibrierversuches an einem kleinen Biegebalken ermittelt.

Die in Gl. (H.2) enthaltene Forderung nach senkrecht einfallendem Licht wird durch einen von G. Mesmer [H.10] entwickelten einfachen Versuchsaufbau erfüllt, der in Bild H.4 schematisch dargestellt ist. Als

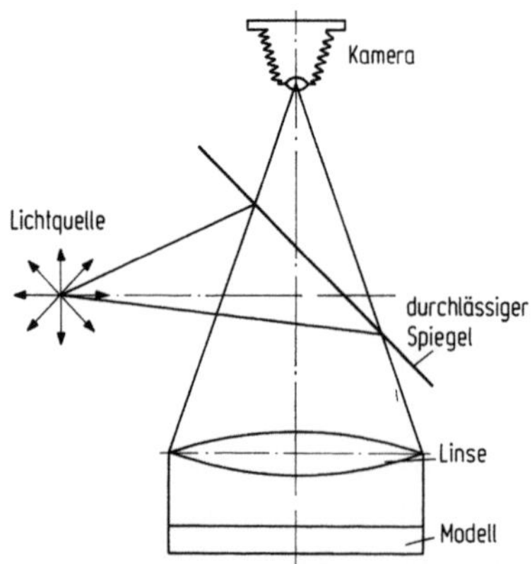

Bild H.4 Versuchsaufbau zur interferenzoptischen Isopachenbestimmung

Beobachter kann jede übliche Kamera dienen, die in der Lage ist, das Interferenzmuster aufzulösen. Wird als Modellmaterial ein stark doppelbrechender Werkstoff verwendet, so ergeben sich Störungen der Interferenzbilder, da der die Platte durchlaufende Strahl in zwei Komponenten unterschiedlicher Geschwindigkeit aufgespalten wird, die beide untereinander und mit dem an der Oberfläche reflektierten Strahl interferieren. Es wird deshalb der Spannungszustand zunächst mit Hilfe von zwei Modellen bestimmt, einem stark doppelbrechenden für die spannungsoptische Untersuchung und einem schwach doppelbrechenden für die Isopachenermittlung. Eine Kontrolle für die Übereinstimmung der Spannungszustände in beiden Modellen liefert der Vergleich der Spannungen am Modellrand; hier müssen, da $\sigma_2 = 0$ ist, die sowohl aus dem Isochromaten- als auch dem Isopachenfeld hergeleiteten Spannungswerte übereinstimmen.

Bei der Verwendung zweier Modelle ist infolge der umständlichen Versuchstechnik und des nicht völlig gleichen elastisch-plastischen Verhaltens der verschiedenen Werkstoffe die Fehleranfälligkeit größer als bei Messungen an nur einem Modell. Bei der interferometrischen Untersuchung stark doppelbrechender Modelle lassen sich jedoch ebenfalls bereichsweise klare Isopachen erzielen, wenn der Kamera ein Polarisationsfilter vorgeschaltet wird, dessen Richtung mit einer der beiden in diesem Bereich vorherrschenden Hauptspannungsrichtungen übereinstimmt, da hierdurch einer der beiden durch Doppelbrechung entstandenen Teilstrahlen von der Interferenzbildung ausgeschlossen wird. Durch Drehen des Polarisators um 90° wird der andere Teilstrahl eliminiert. Die in beiden Fällen entstehenden Moiréstreifen haben unterschiedliche Ordnungen m_1 bzw. m_2. Die Hauptspannungssumme ergibt sich aus der Beziehung

$$\sigma_1 + \sigma_2 = \frac{m_1 + m_2}{t} s^*_{1+2}, \qquad (\text{H.}8)$$

wobei s^*_{1+2} wiederum an einem Eichbalken bestimmt werden kann. Wechseln im Modell die Richtungen der Hauptspannungen erheblich, so muß mit bereichsweise unterschiedlichen Filterstellungen gearbeitet werden. Von A. Dose [H. 8] wurde mit diesem Verfahren bei einer diagonal belasteten quadratischen Scheibe aus Polyesterharz ($s^* = 34{,}2$ kp/ (cm · Ordng.) und $s^*_{1+2} = 0{,}971$ kp/(cm · Ordng.)) gegenüber rechnerischen Werten eine Genauigkeit von 7,6% erreicht.

Ähnliche Versuche wurden von Nisida und Saito [G. 10] mit Hilfe eines Mach-Zehnder-Interferometers an nicht planparallelen doppelbrechenden Modellen von Biegebalken durchgeführt. Auf Grund der für diese optische Versuchseinrichtung geltenden Beziehungen zwischen Lichtintensität und Hauptspannungssumme bzw. -differenz erscheinen alle Interferenzlinien und damit alle Isopachen beim Durchgang durch eine Isochromate um eine halbe Ordnung versetzt. Die Justierung des Interferometers erfordert ein hohes Maß an Präzision.

2.1.2 Schattenverfahren

Ein Verfahren zur Erzeugung von Isopachen, das auf optische Interferenz verzichtet und deshalb mit einer sehr einfachen Versuchsanordnung durchführbar ist, wurde von P. THEOCARIS [H.11] vorgeschlagen. Die Modellscheibe braucht nicht transparent zu sein, und es wird keine spiegelnde, sondern eine matt reflektierende Oberfläche benötigt. Das Bezugsgitter (BG) bildet eine Photo-Glasplatte, die mit dem Bild eines Linienrasters belichtet wurde. Sie wird direkt auf die Oberfläche der Modellplatte aufgelegt, wobei die Photoschicht mit dem BG dieser zugekehrt ist. Parallel schräg einfallende Lichtstrahlen werfen ein Schattenbild des BG auf die Oberfläche des Modells, so daß bei Beobachtung senkrecht zur Modellebene ein Moirémuster entsteht, für dessen Streifen der Abstand zwischen BG und Modelloberfläche konstant ist. Aus Bild H.5 ist ersichtlich:

$$\overline{DB} = \Delta t = \frac{\overline{CD}}{\operatorname{tg} \alpha} = \frac{e}{\operatorname{tg} \alpha}. \tag{H.9}$$

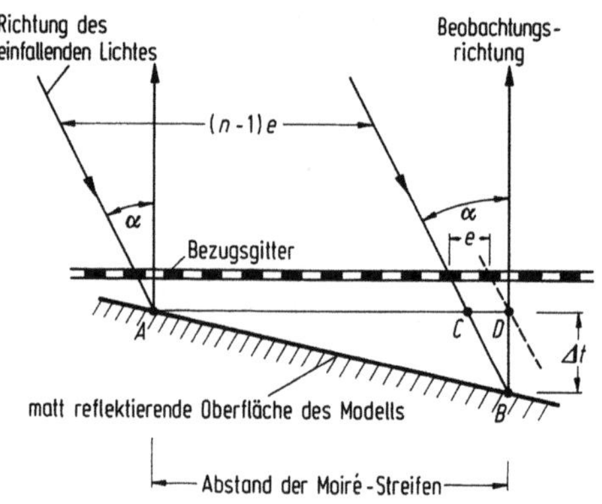

Bild H.5 Schattenverfahren von THEOCARIS

Für kleine Winkel ist daher der Unterschied zwischen den Modelldicken in den Punkten A und B, d. h. zwischen allen Punkten zweier benachbarter Moiréstreifen:

$$\Delta t = \frac{e}{\alpha}. \tag{H.10}$$

Die Moirémuster, die auch im unbelasteten Zustand erscheinen, da die Modelloberfläche nicht völlig planparallel zum BG verläuft, werden im unbelasteten und belasteten Zustand aufgenommen. In den interessierenden Punkten wird dann durch Vergleich der beiden Moirébilder die jeweilige Änderung Δm der Moiréstreifenordnung festgestellt. Die Dickenänderung infolge der Belastung beträgt dann

$$\Delta t = 2 \cdot \Delta m \cdot \frac{e}{\alpha}. \qquad (\text{H.}11)$$

Um guten Kontrast und genügend dichte Moirélinien zu erhalten, empfiehlt sich die Verwendung von weißem Licht unter einem Einfallwinkel von etwa 10°. Die Unebenheit des Bezugsgitters soll nicht größer sein als der Linienabstand e. THEOCARIS arbeitete mit einem BG von 200 Linien/cm. Die matt reflektierende Oberfläche kann durch Polieren mit Zinksulfid und anschließendem Besprühen mit Aluminiumfarbe erzeugt werden. Der Vorteil der Methode besteht in einem einfachen Versuchsaufbau bei Unabhängigkeit von den Eigenschaften des Modellmaterials. Allerdings dürfte es bei größeren Modellen schwierig sein, für den auch während der Lastaufbringung notwendigerweise konstant zu haltenden Abstand zwischen Modellmittelebene und dem BG zu garantieren.

2.2 Neigungs- und Krümmungsmessung

2.2.1 Prinzip des Ligtenbergschen Verfahrens

Das im Hinblick auf praktischen und routinemäßigen Einsatz hin seither am weitesten entwickelte Verfahren ist die von LIGTENBERG 1954/55 vorgeschlagene Methode [H.12] zur direkten Bestimmung der

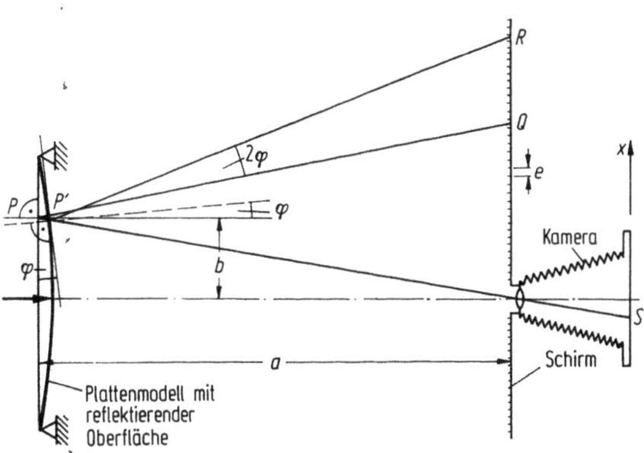

Bild H.6 Prinzipielle Versuchsanordnung zur Bestimmung der Plattenneigungen

Neigung von Platten und der daraus hergeleiteten Krümmungen und Momente. Bild H.6 zeigt schematisch die Versuchsanordnung. Es handelt sich um eine ausgesprochene Differenzmessung. Der absolute Nullzustand ist uninteressant; es ist keine völlig ebene, d. h. neigungsfreie Modellplatte erforderlich, und es kann mit Vorlast gearbeitet werden. Die Moiréstreifen entstehen durch photographische Überlagerung (Doppelbelichtung). Das Bezugsgitter BG ist dabei das im unbelasteten Zustand — bzw. unter Vorlast — aufgenommene an der spiegelnden Plattenoberfläche reflektierte Bild eines Schirms, auf dem sich ein Raster aus

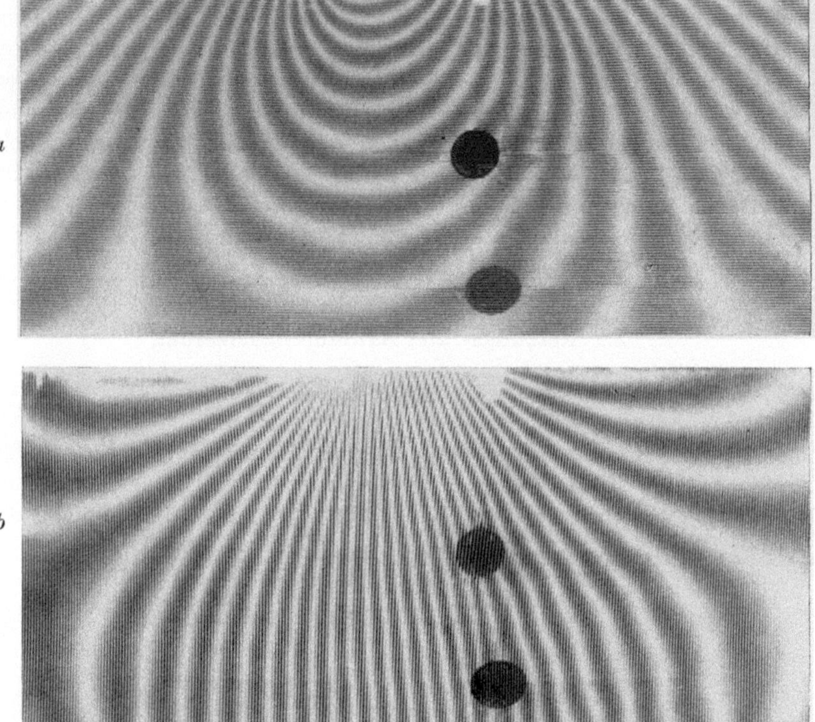

Bild H.7 Moiréstreifenfeld infolge Plattenbiegung
a) x-parallele Gitterlinien   b) y-parallele Gitterlinien

geraden parallelen Linien befindet. Das photographisch überlagerte aktive Gitter (AG) ist das Bild dieses Schirmgitters, das durch die Änderung der Plattenneigung infolge der Belastung entsteht. Den Bildpunkt S, in dem vor der Belastung der Punkt Q, nach der Belastung der Punkt R abgebildet wird, durchlaufen demnach während der Lastaufbringung $\overline{QR}/e = m$ Gitterlinien (e ist der Abstand der Linien auf dem Schirm), so daß entsprechend der Überlegungen zu Bild H.2 die Ordnung des nach Überlagerung durch S verlaufenden Moiréstreifens ein Maß für die durch die

Belastung hervorgerufene Plattenneigung φ ist, und zwar für $\varphi = \partial w/\partial x$, wenn die Richtung der Schirmgitterlinien als y-Richtung definiert wird bzw. umgekehrt (Bild H.7). Die Moiréstreifen sind daher Linien konstanter Plattenneigung $\partial w/\partial x$, bzw. $\partial w/\partial y$ bei um 90° gedrehtem Schirm. Für einen ebenen Schirm gilt unter der Voraussetzung, daß $a \gg w = \overline{PP'}$ und $\overline{PQ} \approx \overline{PR}$ ist,

$$2\varphi = \frac{\overline{QR}}{\overline{PQ}} = \overline{QR}/\sqrt{a^2 + b^2}.$$

Hieraus folgt mit $\overline{QR} = m \cdot e$

$$\varphi = m \cdot \frac{e}{2a} \frac{1}{\sqrt{1 + b^2/a^2}}.$$

Demnach hängt φ auch von der Lage des betrachteten Punktes P auf dem Modell ab. Eine bestimmte Form der Schirmebene, für die ein gerader Kreiszylinder mit dem Radius $r = 3{,}5 \cdot a$ eine gute Näherung darstellt [H.12], schaltet diesen Einfluß aus und ermöglicht die Auswertung nach der Beziehung

$$\varphi = m \cdot \frac{e}{2a}. \tag{H.12}$$

Gilt hinsichtlich der Modellabmessungen $b \leq 0{,}4a$, so ist der Fehler kleiner als $0{,}3\%$ des Meßwerts.

Bevor die Auswertung der Moirébilder, d.h. die Ermittlung der Krümmungen und Biegemomente, behandelt wird (Abschn. H-2.2.3), sollen noch einige Hinweise zur Versuchstechnik und zu möglichen Abwandlungen des Versuchsaufbaus folgen.

2.2.2 Versuchstechnik

Zur Modellherstellung eignen sich fast sämtliche Materialien, die eine ausreichend deutliche Reflexion an der Plattenoberfläche ermöglichen. Die Verwendung von Messingplatten hat den Vorteil, daß ein Polieren der Oberfläche ausreicht, um eine genügend gute Spiegelwirkung zu erzielen. Außerdem können Messingplatten wesentlich dünner als etwa Kunststoffplatten bei gleich großen Durchbiegungen und Neigungen sein; hiermit wird der Fehler äußerst gering, der dadurch entsteht, daß die Neigung der Oberfläche und nicht, wie es die strenge Theorie erfordert, die der Mittelebene der Platte gemessen wird. Schwarzes Plexiglas ist ebenfalls als Modellmaterial geeignet. In seiner Oberfläche spiegelt sich das Raster ausreichend deutlich, so daß eine besondere Bearbeitung nicht notwendig ist.

Die Liniendichte auf dem Schirmgitter beträgt bei der Ligtenbergschen Versuchsanordnung etwa 4 Linien/cm bei $a \approx 60$ cm. Um einen
ausreichend guten Kontrast der Moiréstreifen zu erhalten, muß man
$e/2a > 0{,}001$ wählen. Der bei dieser Versuchsanordnung aufgetretene
Fehler des größten Momentes betrug $\pm 5\%$.

Eine verbesserte Abwandlung des Ligtenbergschen Versuchsaufbaus
wurde von G. RIEDER und R. RITTER [H.13] verwendet (Bild H.8).

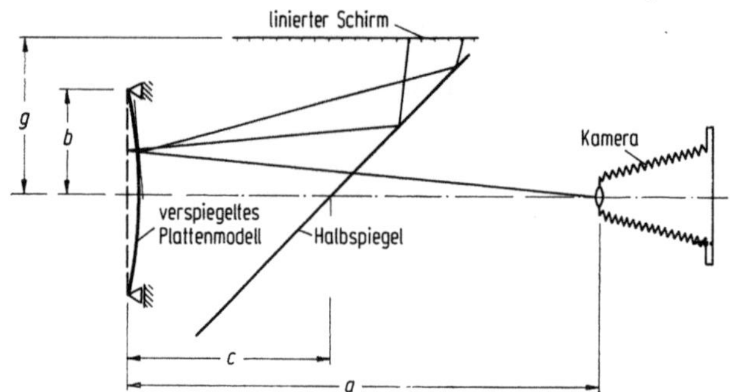

Bild H.8 Versuchsaufbau nach RIEDER und RITTER

Durch Einblendung des nun seitlich stehenden Schirmgitters über einen
Halbspiegel wird die bei LIGTENBERG im Schirm notwendige, das Moirémuster unter Umständen störende Öffnung für das Kameraobjektiv vermieden. Auch kann dadurch der linierte Schirm durch den Beleuchtungs-
kasten einer spannungsoptischen Apparatur ersetzt werden, vor dessen
Milchglasscheibe eine glasklare Acetatfolie mit aufgedrucktem Raster
(15 bis 20 Linien/cm) angebracht ist. Weiterhin sind der beim Ligtenberg-Verfahren festgelegte Standort sowie die Brennweite der Kamera
nunmehr variabel; bei langer Brennweite kann der Bildwinkel relativ
klein gehalten werden, so daß infolge des fast parallelen Strahlengangs
der Fehler sehr gering ist, der durch die Verwendung eines ebenen
Rasters an Stelle des gekrümmten entsteht. Er betrug bei $b_{\max} = 10{,}5$ cm
gegenüber dem Wert bei $b = 0$ nur $0{,}12\%$. Dabei lagen die Abmessungen
$a \approx 3{,}10$ m und $l = c + g \approx 0{,}50$ m vor.

Das Ligtenbergsche Verfahren ist nicht nur auf die Anwendung bei
Plattenuntersuchungen beschränkt. Eine mit der in Bild H.6 gezeigten
prinzipiell übereinstimmende Versuchsanordnung läßt sich auch verwenden, um die Neigungsänderungen bei belasteten Zylinderschalen
sichtbar zu machen [H.14]. Der Gitterschirm, der von zur Zylinderachse
parallelen Mantellinien erzeugt wird, muß einen ganz spezifischen
Krümmungsverlauf haben. Die zur Bestimmung der Krümmungen und
Momente erforderlichen Aufnahmen werden, analog dem bei Platten

angewandten Verfahren, mit einem Gitter gemacht, dessen Linien einmal parallel zur Zylinderachse, das andere Mal senkrecht dazu verlaufen.

2.2.3 Auswertungsverfahren

2.2.3.1 Graphische Verfahren

Die Brauchbarkeit des von seiner Versuchstechnik her einfachen und zuverlässigen Ligtenbergschen Verfahrens zur Untersuchung von Platten hängt von der Schnelligkeit und Genauigkeit der Auswertung ab, d. h. der Ermittlung der interessierenden Biegemomente aus den vorliegenden Linien konstanter Plattenneigung. Daher konzentrierte sich die Entwicklung nach der Standardisierung der Versuchsvorrichtung darauf, von der zunächst erforderlichen punktweisen Auswertung zu einer raschen Ermittlung des gesamten Momentenfelds, ggf. unter Verwendung von Rechenanlagen, zu gelangen.

Die Bestimmung der Biegemomente erfordert entsprechend den Beziehungen

$$m_x = -D \left(\frac{\partial^2 w}{\partial x^2} + \mu \frac{\partial^2 w}{\partial y^2} \right) \tag{H.13}$$

$$m_y = -D \left(\frac{\partial^2 w}{\partial y^2} + \mu \frac{\partial^2 w}{\partial x^2} \right) \tag{H.14}$$

$$m_{xy} = m_{yx} = -D(1 - \mu) \frac{\partial^2 w}{\partial x \, \partial y} \tag{H.15}$$

die Differentiation der erhaltenen Neigungswerte $\partial w/\partial x$ bzw. $\partial w/\partial y$. Die Plattensteifigkeit $D = E d^3/[12(1 - \mu^2)]$ wird zunächst, da meist

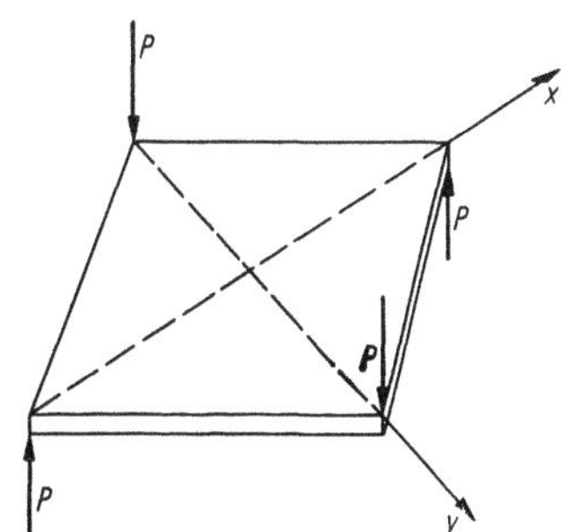

Bild H.9 Lastanordnung
für den Kalibrierversuch

E und μ nicht hinreichend genau bekannt sind, in einem Kalibrierversuch an einer quadratischen Platte mit Punktlasten in den vier Ecken durchgeführt (Bild H.9), für die nach der Theorie die Momente

$m_x = -m_y = P/2$ und $m_{xy} = 0$ überall konstant sind. Dementsprechend erscheinen die Moiréstreifen als gerade, im gleichen Abstand p verlaufende Linien. Somit ergibt sich mit Gl. (H.12) und (H.13) bzw. (H.14)

$$D = \frac{P}{2} \cdot \frac{p}{1-\mu} \cdot \frac{2a}{e}. \tag{H.16}$$

Bei diesem Kalibrierversuch kann zusätzlich die Konstanz des E-Moduls und der Plattendicke d des Modells geprüft werden, da sich Unregelmäßigkeiten direkt im Verlauf der Moiréstreifen ausdrücken.

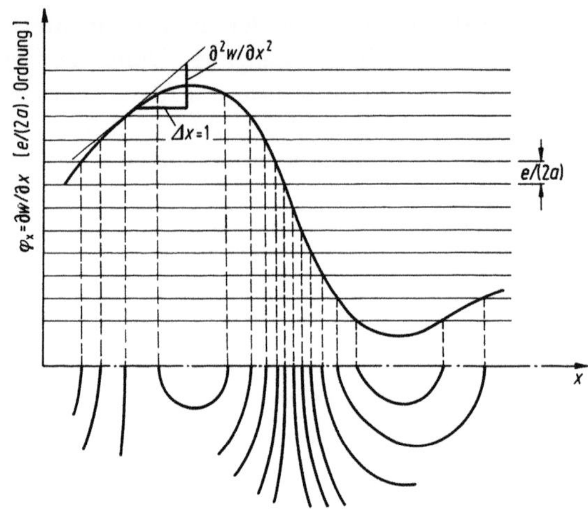

Bild H.10 Ermittlung der Krümmung $\partial^2 w/\partial x^2$ aus dem Moiréfeld für $\partial w/\partial x =$ const

Der nächstliegende Weg der Momentenbestimmung besteht in der graphischen Differentiation der Neigungen und der Anwendung der Gleichungen (H.13) bis (H.15). Bild H.10 zeigt die Auftragung von $\varphi_x = \partial w/\partial x$ über x; hieraus kann punktweise die Krümmung $\partial \varphi_x/\partial x = \partial^2 w/\partial x^2$ abgelesen werden. Weniger zeitraubend als das Zeichnen der Tangenten ist die Anwendung der Näherungsbeziehung

$$\frac{\partial \varphi}{\partial x} \approx \varphi\left(x + \frac{1}{2}\right) - \varphi\left(x - \frac{1}{2}\right) \tag{H.17}$$

(d. h., Tangentenneigung $\approx$ Neigung der Sehne über $\Delta x = 1$) nach Bild H.11. φ_x wird zweifach aufgetragen, jeweils um $x = +1/2$ bzw. $x = -1/2$ verschoben. Die Ableitungen $\partial^2 w/\partial x^2 = \partial \varphi_x/\partial x$ ergeben sich unmittelbar als Differenzen beider Kurven im jeweiligen Punkt x mit ausreichender Genauigkeit. Bei der Auftragung von φ_x und φ_y über x und y brauchen die absoluten Ordnungszahlen der Moiréstreifen nicht bekannt zu sein, da nur die Steigungen dieser Kurven von Interesse sind.

In manchen Fällen ist es zweckmäßig, die Auswertung der Moirélinien, d. h. die Ermittlung der Krümmungswerte, nicht längs von
Schnitten vorzunehmen, die parallel zu den Achsen eines kartesischen
Koordinatensystems verlaufen, sondern z. B. unter Verwendung eines
Polarkoordinatensystems, etwa bei Kreisplattenuntersuchungen. Allgemeingültige Beziehungen, die eine Berechnung der Krümmungen längs
der Linien eines beliebigen orthogonalen Netzes aus den Werten φ_x
und φ_y gestatten, sind in [H.13] zusammengestellt.

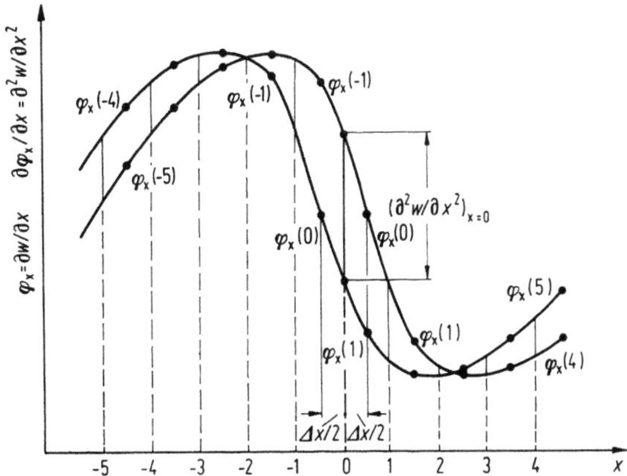

Bild H.11 Graphische Differentiation durch Verschiebung der Kurve $\varphi_x(x)$ um $\pm \Delta x/2$

Graphische Verfahren zur unmittelbaren Bestimmung der für die
Bewehrungsführung interessierenden Richtung der Hauptmomente
wurden ebenfalls entwickelt. Linien gleicher Hauptmomentenrichtung
wurden von J. G. BOUWKAMP [H.15] aus den Moirébildern abgeleitet,
die man bei schrittweiser Drehung des Schirmrasters erhält; zur punktweisen Bestimmung dieser Richtungen mit Hilfe des Mohrschen Kreises
genügen allein die Moiréaufnahmen von φ_x und φ_y, so daß der verhältnismäßig große photographische Aufwand der Isoklinenmethode entfällt. In [H.13] wird noch eine Vereinfachung der mit dem Mohrschen
Kreis arbeitenden Methode angegeben.

2.2.3.2 Rechnerische und optische Auswertungsverfahren

Die graphische Auswertung ist insbesondere dann, wenn es sich um
Modellversuche der Baustatik mit mehreren Lastfällen handelt, sehr
umständlich und zeitraubend. Zur Abkürzung des Verfahrens bietet sich
der Einsatz von Rechenautomaten an. Als Daten werden die Ordnungen
und Abstände der Moiréstreifen $\varphi_x = $ const und $\varphi_y = $ const längs der

interessierenden Schnitte eingegeben. Der Rechner nähert den Verlauf der Plattenneigung längs des Schnittes durch ein Polynom höherer Ordnung an, dessen Koeffizienten er aus den eingegebenen Werten nach der Methode der kleinsten Quadrate ermittelt, und gibt die Krümmungen für alle gewünschten Punkte an. Ein zweites Programm führt mit den entlang von x- und y-Schnitten ermittelten Krümmungswerten die Berechnung der Biegemomente durch. Über die Untersuchung des Modells einer Pilzdecke nach diesem Verfahren wird in [H.16] berichtet. Eine Verbesserung des numerischen Auswerteverfahrens läßt sich dadurch erreichen, daß der Rechner die Meßwerte zunächst nach der Simpsonschen Regel aufintegriert und diese Integralkurve (nicht die Meßwertkurve selbst) durch ein Polynom annähert [H.17]. Die Koeffizienten werden auf gleiche Art bestimmt wie oben angegeben. Anschließend wird das Polynom zweimal differenziert, und aus den so erhaltenen Krümmungen werden die Momente berechnet. Durch die anfangs vorgenommene Integration wirken sich zufällige Meßfehler weniger stark auf das Ausgleichspolynom aus. Polynome 4. Grades sind ausreichend, wenn man die Kurve der Meßwerte an jedem Wendepunkt in Einzelabschnitte unterteilt.

Auch die rechnerische Auswertung läßt das Moiréverfahren zur Momentenbestimmung zumindest bei statischen Untersuchungen noch nicht vorteilhaft erscheinen gegenüber der ebenso punktweise erfolgenden DMS-Messung mit automatischen Meßanlagen. Man ist daher bestrebt, es auch hinsichtlich des Krümmungs- und möglichst auch des Momentenverlaufs zu einer Ganzfeldmethode weiterzuentwickeln, so daß ohne graphische oder rechnerische Hilfsmittel Linien konstanter Krümmungen oder Momente erhalten werden.

Dieses Ergebnis wurde 1965 [H.18] bzw. 1966 [H.19] durch Erzeugung von sog. Moiréstreifen 2. Ordnung vorgelegt. Das Verfahren beruht auf der folgenden Tatsache: Verschiebt man ein System von Linien, längs derer irgendein Parameter p konstant ist, um eine Einheit in eine bestimmte Koordinatenrichtung (z. B. um $\Delta x = 1$ in x-Richtung) und überlagert das System mit dem nicht verschobenen, so erhält man ein System von Moiréstreifen, längs derer die Ableitungen von p in Richtung der Verschiebung (etwa $\partial p/\partial x$) konstant sind. Damit die Ableitungen den richtigen Punkten zugeordnet sind, muß der Koordinatenursprung um eine halbe Einheit verschoben werden. Zum gleichen Ergebnis bei festgehaltenem Koordinatenursprung führt die Überlagerung des um eine halbe Einheit in negative Richtung verschobenen Systems mit dem gleicherweise positiv verschobenen. Die Bilder H.12a und b sollen dies verdeutlichen. Stellt man sich die Linien p_0, p_1, p_2, p_3 als Höhenschichtlinien vor, die zwischen A und B, C und D, E und F den gleichen horizontalen Abstand $\Delta x = 1$ aufweisen, so hat die p-Fläche in den Mittelpunkten P, Q und R dieser Strecken angenähert (Tangentenrichtung $\approx$ Sehnenrichtung) das gleiche Gefälle in x-Richtung, da ja Δp für $\overline{AB}$, $\overline{CD}$ und $\overline{EF}$ gleich ist. Die Punkte P, Q und R erhält man nun, wie Bild H.12b zeigt, durch die oben beschriebene Verschiebung als Schnittpunkte der Linien mit konstantem p. Das analog zu Bild H.2 entstandene Moirémuster besteht daher aus Streifen, für die $\partial p/\partial x$ konstant ist. Sind nun die überlagerten Liniensysteme selbst bereits Moirémuster, die z. B. aus Streifen mit $\varphi_y = $ const bestehen, so ergibt eine Überlagerung nach Verschiebung in x-Richtung ein Moirémuster 2. Ordnung, längs dessen Streifen $\partial \varphi_y/\partial x = \partial^2 w/(\partial x\, \partial y) = $ const ist.

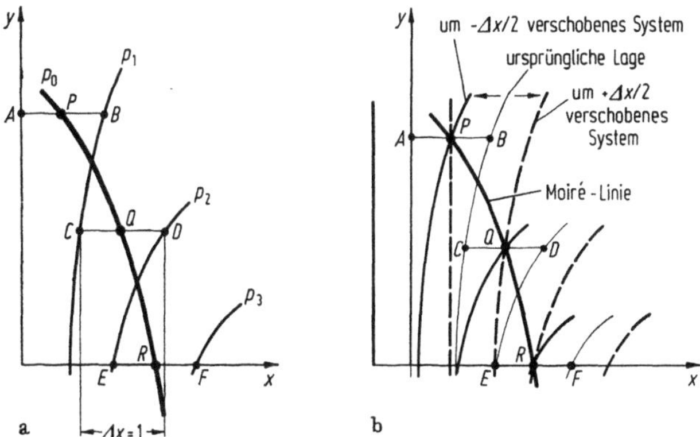

Bild H.12 Entstehung von Moiréstreifen 2. Ordnung

Es ist leicht einzusehen, daß zur Erzielung klarer Moiréstreifen 2. Ordnung besondere optische Maßnahmen erforderlich sind, da sie durch die Überlagerung von 4 Liniensystemen gleicher Neigung entstehen. H. M. DE HAAS und H. W. LOOF [H.19] benutzten bei der Untersuchung von Kreisplatten eine besondere optische Anordnung (Schlierenmethode, s. Abschn. H-3.1), um in den Moirébildern 1. Ordnung die bei der späteren Überlagerung störenden Linien des Grundrasters zu eliminieren.

Ohne Einsatz der Schlierenmethode kann man durch ein leicht abgewandeltes Verfahren ebenfalls Linien gleicher Krümmung erhalten [H.20]: Das Modell wird senkrecht zur optischen Achse der Versuchseinrichtung nach Bild H.8 verschieblich gelagert. Die Doppelbelichtung der Photoplatte erfolgt nun nicht wie beim Ligtenberg-Verfahren in unbelastetem und belastetem Zustand der Modellplatte, sondern nur im belasteten Zustand, wobei diese jeweils um $+1/2\,\Delta x$ und $-1/2\,\Delta x$ bzw. um $\pm 1/2\,\Delta y$ seitlich verschoben ist. Die Überlagerung beider Aufnahmen ergibt Moiréstreifen konstanter Krümmung. Ist die Modellplatte vor der Belastung nicht völlig eben, was auch gewöhnlich nicht der Fall ist, so erhält man auch im unbelasteten Zustand auf diese Art ein Moirébild gleicher Ausgangskrümmung. Die durch die Lastaufbringung verursachten Krümmungen müssen dann durch Differenzbildung zwischen beiden Moiréaufnahmen ermittelt werden. Der Vorteil des Verfahrens kommt also nur bei Verwendung völlig ebener Platten zur Geltung.

Entsprechend den Beziehungen (H.13) bis (H.15) stimmen die Linien gleicher Krümmung $\partial^2 w/\partial x^2$ und $\partial^2 w/\partial y^2$ noch nicht mit denen gleicher Biegemomente m_x und m_y überein. Dies gilt nur für $\partial^2 w/\partial x\,\partial y$ und das Drillmoment m_{xy}. Ein einfacher graphischer Weg zur Bestimmung der Linien $m_x = \text{const}$ und $m_y = \text{const}$ wird in [H.21] angegeben. Bei der Erzeugung der Moirélinien 2. Ordnung erteilt man dem $\partial w/\partial y$-Moirésystem eine Verschiebung Δy, die das μ-fache der Verschiebung Δx beträgt, die dem $\partial w/\partial x$-Moirésystem erteilt wird. Auf diese Art ergeben sich Moirémuster 2. Ordnung für $\mu \cdot \partial^2 w/\partial y^2$ und $\partial^2 w/\partial x^2$. Legt man beide Muster aufeinander, so lassen sich von Hand direkt die Linien für

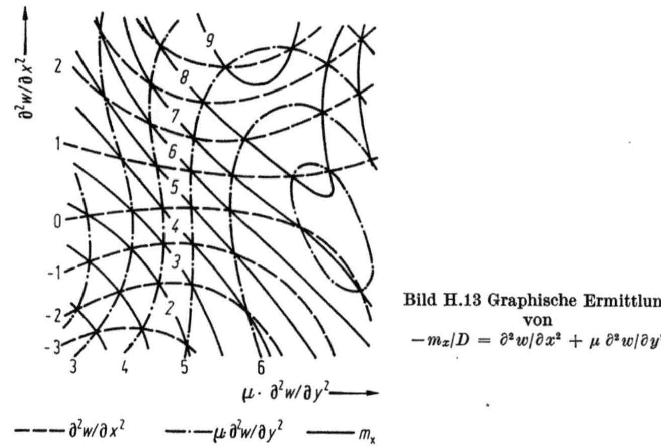

Bild H.13 Graphische Ermittlung von
$$-m_x/D = \partial^2 w/\partial x^2 + \mu\,\partial^2 w/\partial y^2$$

konstantes $m_x = \partial^2 w/\partial x^2 + \mu \cdot \partial^2 w/\partial y^2$ zeichnen (s. Bild H.13). Entsprechendes gilt für m_y. Auf ähnliche Weise ist durch graphische Superposition und anschließende Differentiation eine Bestimmung der Linien gleicher Querkraft möglich entsprechend den Beziehungen

$$q_x = -D\,\frac{\partial}{\partial x}\left(\frac{\partial^2 w}{\partial x^2} + \frac{\partial^2 w}{\partial y^2}\right) \quad \text{und} \quad q_y = -D\,\frac{\partial}{\partial y}\left(\frac{\partial^2 w}{\partial x^2} + \frac{\partial^2 w}{\partial y^2}\right). \quad (\text{H.18})$$

Um gute Moirélinien 2. Ordnung zu erhalten, ist auch hier eine optische Verschärfung der Linien gleicher Neigung erforderlich.

2.3 Durchbiegungsmessungen

Durchbiegungsmessungen an Platten und Schalen sind nur in Sonderfällen erforderlich. Die normalerweise interessierenden Biegemomente müßten aus den Durchbiegungen durch zweimaliges Differenzieren abgeleitet werden, was die Genauigkeit erheblich herabsetzen würde. Dagegen ist die Untersuchung von Durchbiegungen von Wichtigkeit, wenn es sich um das Stabilitätsverhalten von dünnen flächigen Bauteilen, d. h. die Ausbildung von Beulflächen, handelt. Hier ermöglicht das Moiréverfahren großmaßstäbliche Versuche oder Messungen direkt an der Hauptausführung, z. B. im Flugzeugbau [H.22]. Eine Anwendung der Durchbiegungsmessung in der Modellstatik ermöglicht die direkte Ermittlung von Momenteneinflußflächen von Platten [I.1]. Diese entspricht nach dem Maxwellschen Satz der Biegefläche, die durch Anbringen einer bestimmten Gleichgewichtslastgruppe im gefragten Punkt hervorgerufen wird.

Zur Durchbiegungsmessung stehen zwei Moiréverfahren zur Verfügung. Sie unterscheiden sich in erster Linie von den Verfahren zur Krümmungs- und Neigungsmessung dadurch, daß mit matten, d. h. diffus und nicht spiegelnd reflektierenden Modelloberflächen gearbeitet wird.

2.3.1 Schattenverfahren zur Durchbiegungsmessung

Das Schattenverfahren entspricht völlig dem in Abschn. H-2.1.2 erläuterten Verfahren zur Messung der Dickenänderung Δt bei Scheiben, an deren Stelle nun die Plattendurchbiegung w tritt. Ist die Platte im unbelasteten Zustand nicht völlig eben, so ergibt sich die Durchbiegung infolge der Belastung durch Vergleich der vor und nach der Lastaufbringung erhaltenen Moirébilder. Entsprechend Gl. (H.10) erhält man bei parallelem Lichteinfall unter dem Winkel α zur Beobachtungsrichtung (= Lotrechte auf der Plattenoberfläche) für die Durchbiegung

$$w = \Delta m \, \frac{e}{\mathrm{tg}\,\alpha}. \tag{H.19}$$

Im Falle, daß der Lichteinfall nicht parallel erfolgt (Bild H.14), gilt diese Beziehung nur dann für alle Punkte der Modellplatte, wenn die lotrechten Abstände vom Brennpunkt des Kameraobjektivs und von der Lichtquelle zur Plattenebene übereinstimmen ($s_2 = s_1$). Eine solche Versuchsanordnung wurde zur Bestimmung der Beulkonturen von bis zu 1 m² großen Stegblechen benutzt [H.22], wobei ein paralleler Lichteinfall nicht mehr zu erzielen ist. Außerdem wurde mit relativ groben Rastern mit Dichten zwischen 3 und 60 Linien/cm gearbeitet; bei den

23*

vorliegenden Abständen $s \approx 3$ cm und $s_1 \approx 200$ cm betrug die Empfindlichkeit zwischen 0,3 und 0,015 cm/Ordnung (Bild H.15). Es wurden

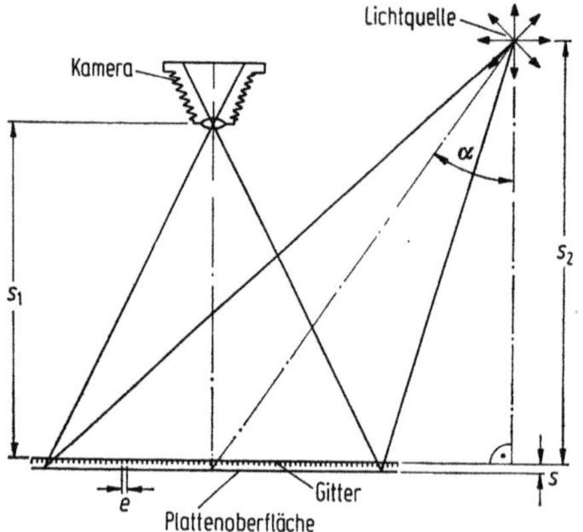

Bild H.14 Schattenverfahren
zur Durchbiegungsmessung

Durchbiegungen bis zu 2,3 cm gemessen. Bei Vergleichsmessungen an
flach gewölbten Oberflächen mit bekannter Geometrie ergab sich eine
Genauigkeit von 2% für die Maximalabweichungen von der Bezugsebene.

Bild H.15 Moiréstreifenfeld einer Beulfläche (nach [H.22])

Es zeigt sich, daß bei großem Modellmaßstab eine relativ einfache Versuchstechnik angewandt werden kann, ohne daß dies durch Verluste an Empfindlichkeit oder Genauigkeit von Nachteil ist.

Die Schattenmethode läßt sich unter Berücksichtigung der geometrischen Verhältnisse auch bei gekrümmten Oberflächen anwenden, etwa zur Untersuchung von Beulkonturen an Zylinderschalen [H.23].

2.3.2 Projektionsverfahren

Im Prinzip ähnlich wie das Schattenverfahren, jedoch als Differenzmeßmethode arbeitet eine Versuchsanordnung, bei der der Schatten des vor der Plattenoberfläche angebrachten Gitters durch die schräge Projektion eines transparenten Gitters ersetzt wird (Bild H.16). Dieses

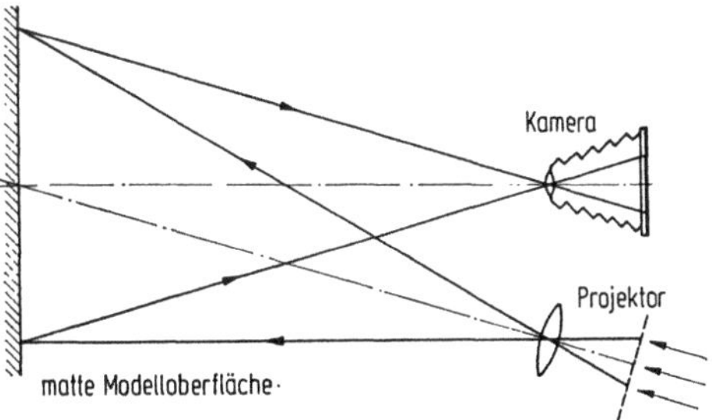

Bild H.16 Projektionsanordnung zur Bestimmung von Durchbiegungen

projizierte Bild wird vor und nach der Lastaufbringung aufgenommen. Die Überlagerung durch Doppelbelichtung ergibt Moiréstreifen, deren Ordnung ein Maß für die Durchbiegung ist. Die Differenzbildung zweier Moirébilder bei der Schattenmethode, die üblicherweise deshalb erforderlich ist, weil auch im unbelasteten Zustand die Plattenoberfläche nicht völlig eben ist, wird durch den Wegfall des festen Bezugsrasters überflüssig. Allerdings kann das Moirébild nicht mehr direkt beobachtet werden. In der Versuchsanordnung können Projektor und Kamera vertauscht werden, jedoch muß dann eine Entzerrung des Modellphotos erfolgen. Die Brennpunkte der beiden optischen Systeme müssen in jedem Falle den gleichen lotrechten Abstand zur Plattenebene haben, damit die Beziehung (H.19) für alle Punkte der Modelloberfläche erfüllt ist. e ist der Linienabstand des projizierten Bildes.

Verwendet man handelsübliche Projektoren, so ist die Liniendichte dieses Bildes auf etwa 100 Linien/cm beschränkt. Mit transparenten Gittern gleicher Liniendichte erreicht die Schattenmethode eine Empfindlichkeit, die um den Faktor der Vergrößerung die des Projektionsverfahrens übertrifft. Bei Messungen an heißen Oberflächen ist das Projektionsverfahren jedoch eindeutig im Vorteil.

2.4 Messung von ebenen Verschiebungen und Dehnungen

Einer der wichtigsten Anwendungsbereiche des Moiréeffektes ist die Ermittlung von ebenen Verschiebungs- und Dehnungszuständen. Dabei kann es sich im einfachsten Falle um die Messung der Verschiebungen eines ebenen Stabwerks handeln, um auf gleiche Weise wie mit den in Abschn. I-1 behandelten indirekten Verfahren Einflußlinien zu erhalten [H.24]. In der Regel wird das Moiréverfahren jedoch eingesetzt, um zweiachsige Dehnungszustände zu bestimmen. Ähnlich wie die ebene oder die Oberflächen-Spannungsoptik liefert es eine Übersicht über den Verzerrungszustand der Gesamtoberfläche des Modells, wobei jedoch gleichfalls das entstandene sichtbare Linienbild die Dehnungen noch nicht unmittelbar wiedergibt.

Während die Spannungsoptik zur punktweisen Ermittlung des vollständigen Dehnungszustands noch auf eine Zusatzmessung nach einem unabhängigen anderen Verfahren angewiesen ist, kann das Moiréverfahren alle erforderlichen Meßgrößen selbst liefern. Unter bestimmten Voraussetzungen ist sogar eine direkte optische Ermittlung von Linien gleicher Dehnungen möglich, was jedoch einen entsprechend größeren versuchstechnischen Aufwand erfordert.

Das Grundprinzip der Moirédehnungsmessung besteht darin, daß auf der ebenen unverzerrten Modelloberfläche ein Gitter paralleler Linien aufgebracht wird, das bei der Belastung zusammen mit dem Modell verformt wird. Das Moirébild entsteht durch photographische Überlagerung des Bildes des verformten Modells mit dem des unverformten durch Doppelbelichtung oder mit einem bereits auf der Photoplatte befindlichen Bezugsgitter.

2.4.1 Zusammenhang zwischen Moirébild und Oberflächendehnung

Bild H.1b zeigt das Moirémuster, das dann entsteht, wenn ein y-paralleles Liniengitter in x-Richtung gedehnt und dem ungedehnten Gitter überlagert wird. Der Abstand p zweier Moiréstreifen ist dadurch festgelegt, daß sich die Zahl n_a bzw. n_b der auf p entfallenden Linien des verzerrten und des unverzerrten Gitters um 1 unterscheidet, entsprechend dem Prinzip einer Nonius-Skala. Aus $n_a = n_b \pm 1$ folgt, wenn b der Linienabstand des unverzerrten (Bezugs-)Gitters und a der des verzerrten (aktiven) Gitters ist:

$$\frac{p}{a} = \frac{p}{b} \pm 1 \quad \text{und} \quad p = \pm \frac{ab}{a-b}. \tag{H.20}$$

Definiert man die Dehnung ε als die auf die ungeänderte Gesamtlänge bezogene Längenänderung (sog. Lagrangesche Dehnung), so ist

$$\varepsilon = \frac{a - b}{b} = \pm \frac{a}{p}. \qquad (\text{H.}21)$$

Bei der sog. Eulerschen Definition wird die Längenänderung auf
die gedehnte Gesamtlänge bezogen:

$$\varepsilon = \frac{a - b}{a} = \pm \frac{b}{p}. \qquad (\text{H.}22)$$

Zunächst sei jedoch vorausgesetzt, daß $a - b \ll b$ ist, so daß a/p
$= b/p$ gesetzt werden kann.

Gegenüber einem Punkt auf dem Streifen der Ordnung m haben sich
alle Punkte auf dem benachbarten Streifen der Ordnung $m + 1$ um
den Betrag $u = p \cdot \varepsilon = \pm b$ in x-Richtung verschoben. Die bei Überlagerung von y-parallelen Gittern entstandenen Moiréstreifen sind daher
Linien konstanter Verschiebung u in x-Richtung. Entsprechendes gilt
für x-parallele Gitter hinsichtlich der Verschiebungen v.

Zur späteren Bestimmung des vollständigen Dehnungszustandes
müssen diese beiden Moiréstreifenscharen $u = \text{const}$ und $v = \text{const}$
vorliegen. Es wäre deshalb naheliegend, sie in einer einzigen doppelt-
belichteten Aufnahme zu erhalten, indem man das Modell mit einem
Raster von gekreuzten x- und y-parallelen Gittern versieht und es vor
und nach der Belastung photographiert. Allerdings bereitet dann die einwandfreie Trennung der beiden Moiréstreifenscharen beträchtliche
Schwierigkeiten. Man geht deshalb so vor, daß man zwar das aktive
x-y-Raster auf der Modelloberfläche beibehält, als Bezugsraster jedoch
ein einfaches Liniensystem benutzt, dem jeweils einmal in x-Orientierung
und einmal in y-Orientierung das verformte x-y-Raster überlagert wird.

2.4.2 Auswertung

Zur vollständigen Bestimmung eines ebenen Dehnungszustandes
müssen drei voneinander unabhängige Dehnungsgrößen bekannt sein,
beispielsweise ε_x, ε_y und die Gleitung γ_{xy}. Bild H.17 veranschaulicht die
bei der Verformung eines Oberflächenelements $ABCD$ geltenden Be-
ziehungen

$$\varepsilon_x = \frac{\partial u}{\partial x}, \qquad (\text{H.}23)$$

$$\varepsilon_y = \frac{\partial v}{\partial y}, \qquad\qquad (\text{H.24})$$

$$\gamma_{xy} = \alpha + \beta = \frac{\partial u}{\partial y} + \frac{\partial v}{\partial x}. \qquad\qquad (\text{H.25})$$

Hierbei ist jedoch vorausgesetzt, daß es sich um „kleine" Verformungen handelt, d. h., daß $AB' \approx AB + \varepsilon_x\, dx = (1 + \varepsilon_x)\, dx$ und $AD' \approx AD + \varepsilon_y\, dy = (1 + \varepsilon_y)\, dy$ ist oder daß $\alpha \approx \mathrm{tg}\,\alpha$ und $\beta \approx \mathrm{tg}\,\beta$ ist. Da es sich bei den Moiréstreifen um Linien für $u = \mathrm{const}$ bzw.

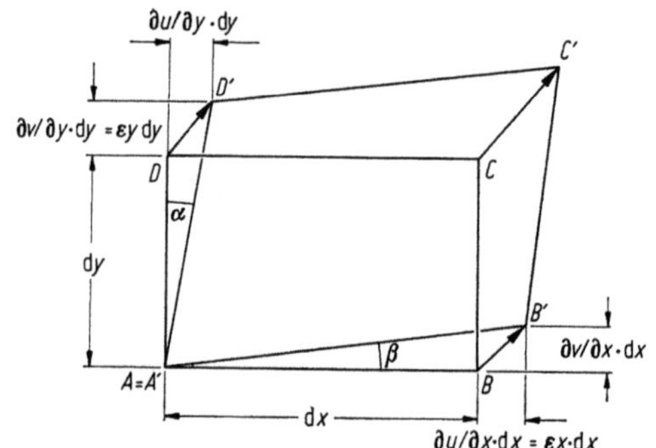

Bild H.17 Verzerrung eines ebenen Flächenelements

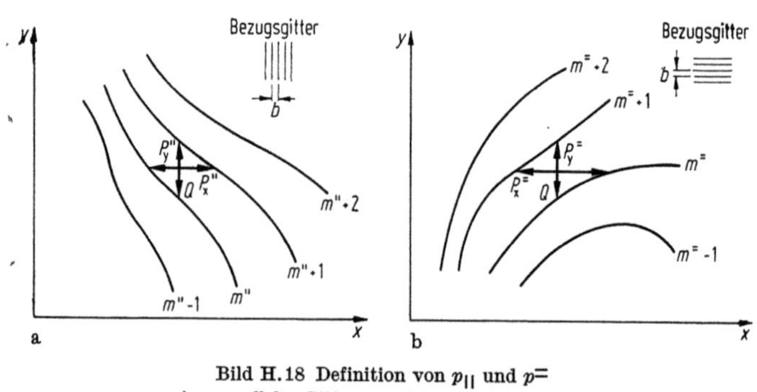

Bild H.18 Definition von $p_{||}$ und $p^=$
a) y-paralleles Gitter   b) x-paralleles Gitter

$v = \mathrm{const}$ handelt, ergeben sich die Ableitungen von u und v nach x bzw. y durch einfache graphische Differentiation der beiden durch Anwendung von x- und y-parallelen Gitter entstandenen Moirébilder analog Bild H.10 mit u an Stelle von φ_x bzw. v an Stelle von φ_y. Eine vereinfachte punktweise Ermittlung von ε_x, ε_y und γ_{xy} zeigt Bild H.18. Unter Verwendung der Gl. (H.22) bis (H.25) erhält man für einen Punkt Q

$$\varepsilon_x = \frac{b}{p_x^{\|}}, \tag{H.26}$$

$$\varepsilon_y = \frac{b}{p_y^{=}}, \tag{H.27}$$

$$\gamma_{xy} = b \left(\frac{1}{p_y^{\|}} + \frac{1}{p_x^{=}} \right). \tag{H.28}$$

Das Vorzeichen von ε_x und ε_y ist nicht ohne weiteres dem Moiré-bild zu entnehmen. Es kann dadurch bestimmt werden, daß vor der photographischen Überlagerung das Bezugsgitter gegenüber dem aktiven Gitter gedreht wird. Wie Bild H.1c zeigt, erfolgt bei einem y-parallelen Gitter dann, wenn es sich um eine positive Dehnung handelt und das Bezugsgitter in Uhrzeigerrichtung gedreht wird, eine gleichsinnige Dre-hung der Moiréstreifen für $u = $ const. Bei negativem ε_x erfolgt die Strei-fendrehung im Gegensinn. Entsprechendes gilt hinsichtlich ε_y für x-parallele Gitter.

Die Ermittlung von γ_{xy} nach Gl. (H.28) ist, abgesehen vom Vor-zeichen, sehr empfindlich gegenüber sehr kleinen unbeabsichtigten Ab-weichungen in der Koordinatenrichtung von Bezugs- und aktivem Gitter. Wie Bild H.1a zeigt, wirkt sich dies bei y-parallelem Gitter kaum auf $\varepsilon_x = \partial u/\partial x$ aus, entsprechend bei x-parallelem Gitter kaum auf $\varepsilon_y = \partial v/\partial y$, jedoch sehr stark auf $\partial u/\partial y = p_y^{\|}$ (vgl. H.1a und H.18a) und $\partial v/\partial x = p_x^{=}$. Daher ist es ratsam, an Stelle von γ_{xy} die Dehnung $\varepsilon_{45°}$ mit Hilfe einer dritten Moiréaufnahme eines Gitters mit diagonal ver-laufenden Linien zu bestimmen oder Gitter unter den Winkeln 0°, 120° und 240° zu verwenden und dann $\varepsilon_y = \varepsilon_{90°}$ und γ_{xy} aus den Rosetten-gleichungen (s. Abschn. K-3.6) zu berechnen.

Die graphische Differentiation kann umgangen werden, wenn man Moirébilder 2. Ordnung erzeugt, indem zwei identische Moirébilder 1. Ordnung nochmals überlagert werden, und zwar unter gegenseitiger kleiner Verschiebung um Δx bzw. Δy. Hierbei ergeben sich bei $u = $ const-Aufnahmen Streifen für $\partial u/\partial x = $ const bzw. für $\partial u/\partial y = $ const und bei $v = $ const-Aufnahmen Streifen für $\partial v/\partial x = $ const bzw. für $\partial v/\partial y = $ const. Dieses Verfahren entspricht dem in Abschn. H-2.2.3.2 beschrie-benen zur Ermittlung von Plattenkrümmungen. Auch hier muß man besondere Verfahren anwenden, um kontrastreiche, eindeutige Moiré-streifen 2. Ordnung zu erhalten. Vor allem muß auch bei sehr geringen Dehnungen die Dichte der Moiréstreifen 1. Ordnung sehr groß sein, was sich durch ein in Abschn. H-3.3 behandeltes Verfahren erreichen läßt.

Die Auswertung der Moiréaufnahmen 1. Ordnung wird wesentlich komplizierter, wenn es sich um die Ermittlung großer Dehnungen und Gleitungen handelt. Hier gelten die Beziehungen (H.23), (H.24) und (H.25) nicht mehr, weil die dort angeführten Voraussetzungen nicht mehr zutreffen. Dies muß besonders bei der Untersuchung plastischer Dehnungen berücksichtigt werden. Aus Bild H.19 geht hervor, daß jetzt

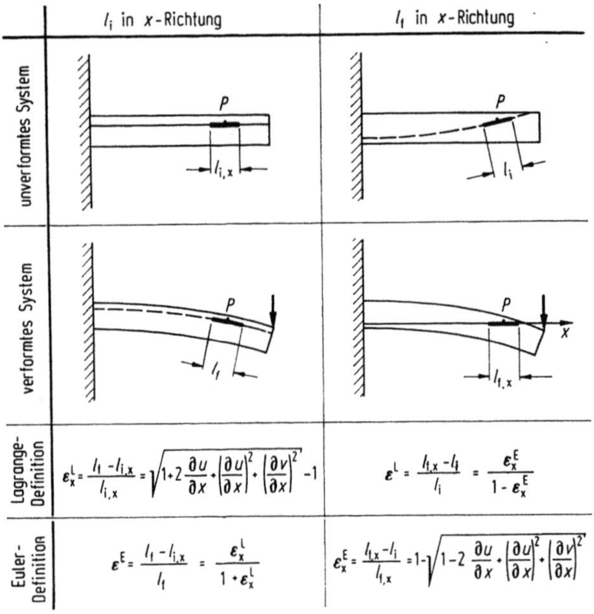

<table>
<tr><td></td><td>l_i in x-Richtung</td><td>l_f in x-Richtung</td></tr>
<tr><td>unverformtes System</td><td></td><td></td></tr>
<tr><td>verformtes System</td><td></td><td></td></tr>
<tr><td>Lagrange-Definition</td><td>$\varepsilon_x^L = \dfrac{l_f - l_{i,x}}{l_{i,x}} = \sqrt{1 + 2\dfrac{\partial u}{\partial x} + \left|\dfrac{\partial u}{\partial x}\right|^2 + \left|\dfrac{\partial v}{\partial x}\right|^2} - 1$</td><td>$\varepsilon^L = \dfrac{l_{f,x} - l_f}{l_i} = \dfrac{\varepsilon_x^E}{1 - \varepsilon_x^E}$</td></tr>
<tr><td>Euler-Definition</td><td>$\varepsilon^E = \dfrac{l_f - l_{i,x}}{l_f} = \dfrac{\varepsilon_x^L}{1 + \varepsilon_x^L}$</td><td>$\varepsilon_x^E = \dfrac{l_{f,x} - l_i}{l_{f,x}} = 1 - \sqrt{1 - 2\dfrac{\partial u}{\partial x} + \left|\dfrac{\partial u}{\partial x}\right|^2 + \left|\dfrac{\partial v}{\partial x}\right|^2}$</td></tr>
</table>

Bild H.19 Beschreibung großer Längenänderungen
$$\varepsilon_x^L \neq \varepsilon^L, \quad \varepsilon^E \neq \varepsilon_x^E$$

nicht nur der Unterschied zwischen der Eulerschen und der Lagrangeschen Definition der Dehnung zu beachten ist, sondern daß auch festgelegt werden muß, ob mit der Koordinatenrichtung diejenige der verzerrten oder der unverzerrten Bezugslänge übereinstimmen soll. Eine ausführliche Darstellung der Auswertungsformeln bei großen Dehnungen und Winkelverdrehungen sowie eine Abschätzung der Fehler bei Anwendung vereinfachter Beziehungen wurden von PARKS und DURELLI gegeben [H.25]. Die praktische Durchrechnung erfolgt in solchen Fällen am besten mit Rechenautomaten, wie es beispielsweise in [H.26] dargestellt ist. Das Modell wurde mit einem zusätzlichen Koordinatennetz überzogen, das die Verformungen mitmacht. In den Knotenpunkten des verzerrten Koordinatennetzes (0,5 cm Maschenweite) wurden die Ordnungen der Moiréstreifen auf 1/10 genau abgelesen (Gitterliniendichte 200/cm). Aus den eingegebenen Werten berechnete ein Computer Polynome als stückweise Annäherung der Kurven $u(x, y)$ und $v(x, y)$, deren partielle Ableitungen und hieraus die Werte der großen Dehnungen und Gleitungen.

3 Methoden zur Vervielfachung und Verschärfung der Moirélinien

Die Empfindlichkeit des Moiréverfahrens ist direkt abhängig von der Liniendichte der überlagerten Gitter. Je geringer der Gitterlinienabstand ist, um so geringer ist die Verschiebung, Neigung oder Durchbiegung, die zur Erzeugung einer Moiréstreifenordnung erforderlich ist. Soll beispielsweise eine Dehnung von $500 \cdot 10^{-6}$ ($\approx 1/4 \cdot \beta_s/E$ von Baustahl) Moiréstreifen im Abstand von 1 cm hervorrufen, so erfordert dies nach Gl. (H.22) eine Dichte des Bezugsgitters von $10^6/500 = 2000$ Linien/cm. Der Verringerung des Linienabstandes sind jedoch von der Herstellung und Anwendung her Grenzen gesetzt; derzeit verfügbar und noch zur photographischen Aufbringung geeignet sind Gitter mit etwa 400 Linien/cm. Um die Dichte der Moiréstreifen bei unveränderter Gitterliniendichte zu erhöhen, wurden Verfahren entwickelt, die teilweise unter Verwendung von Lasern durch Einschaltung von Spaltblenden in den Strahlengang Beugungsinterferenzen hoher Ordnung erzeugen und dadurch eine optische Vervielfachung der Gitterlinien ermöglichen [H.27; H.28; H.29]. Hierbei ist die Maximalzahl der erreichbaren Linien nicht mehr abhängig von der Liniendichte des verwendeten primären Gitters, sondern allein von der Anordnung und den Eigenschaften des optischen Systems. Eine Grenze wird allerdings durch die Empfindlichkeit des Filmmaterials gesetzt, da die Lichtintensität mit steigender Ordnung der Beugungsinterferenzen stark abnimmt.

Eine grundsätzlich andere Methode, die ohne zusätzliche optische Anordnung arbeitet, ist die von D. Post vorgeschlagene „Grid-analyzer Method" [H.30], bei der eine Drehung und Dehnung des Bezugsgitters vorgegeben wird. Allerdings erhöht sie nicht unmittelbar die Empfindlichkeit, da das Meßsystem selbst nicht geändert wird, gestattet aber, Dehnungsbeträge sichtbar zu machen, die ohne Vorgabe zu große Moiréstreifenabstände erzeugen würden, als daß eine befriedigende Auswertung möglich wäre.

Auf der anderen Seite nimmt die Deutlichkeit und der Hell-Dunkel-Kontrast des Moirébildes bei steigender Liniendichte nicht zu. Dies ist insbesondere dann sehr nachteilig, wenn die Überlagerung des Moiréfeldes mit sich selbst zur Erzeugung von Moiréstreifen 2. Ordnung erforderlich ist. Als Verfahren zur Verschärfung der Moirélinien auf bereits vorliegenden Aufnahmen hat die Schlierenmethode [H.19] weitgehende Anwendung gefunden.

Im folgenden soll nur auf die beiden zuletzt genannten, mit relativ geringem versuchstechnischem Aufwand arbeitenden Verfahren näher eingegangen werden.

3.1 Vorgabe von Dehnung und Drehung

Das auf D. Post zurückgehende Verfahren zur Ermittlung von ebenen Dehnungszuständen („Grid-analyzer Method" [H.30]) wurde zur Lösung folgender Aufgaben entwickelt:

Verwendung gekreuzter Gitter als Modell- und Bezugsgitter, d. h. Erzeugung der beiden Moiréstreifen für $u =$ const und $v =$ const auf einer einzigen Aufnahme so, daß sie klar zu unterscheiden sind,

Erzielung möglichst dichter Moirélinien auch bei kleinen Verformungen,

Ausschaltung der Schwierigkeiten bei der Bestimmung der Gleitungen.

Wie aus Bild H.18 ersichtlich, ist die Auswertung eines Moirébildes nach Gl. (H.23) bis (H.25) bzw. (H.26) bis (H.28) dann am sichersten durchführbar, wenn die Moiréstreifen in dichter Folge und in einem nicht zu flachen Winkel zu den Koordinatenachsen verlaufen. Weiterhin zeigt Bild H.1c, daß ein solcher Verlauf vorliegt, wenn das eine Gitter gegenüber dem anderen zugleich gedehnt und gedreht wird. Man kann sich leicht vorstellen, daß dann, wenn dies mit einem Raster aus sich kreuzenden x- und y-parallelen Gittern geschieht, ein Raster aus dichten sich ebenfalls kreuzenden diagonal verlaufenden Moiréstreifen entsteht. Gibt man dem Linienabstand des Bezugsgitters in x- und y-Richtung den Wert $b = a(1 + \lambda)$ und läßt man seine Achsen x' und y' den Winkel φ mit denen des aktiven Gitters einschließen, ehe das Modell belastet wird, so entspricht das der Vorgabe eines scheinbaren Dehnungs- und Verdrehungszustandes, dem sich nach der Belastung der echte Verformungszustand überlagert. Wählt man als vorgegebene Dehnung und Verdrehung ein Mehrfaches der wirklich zu erwartenden, so wird der Diagonalverlauf der vorgegebenen Moiréstreifen nur leicht gestört, jedoch nicht grundsätzlich verändert. Dadurch bleibt die saubere Trennung der beiden Streifenscharen $u =$ const und $v =$ const erhalten, und die zur Auswertung zweckmäßige Form des Moiréfeldes ist gegeben.

Die wahren Dehnungen und Gleitungen werden hieraus nach den in [H.30] abgeleiteten Formeln ermittelt:

$$\varepsilon_x = \frac{\partial u}{\partial x'} + \left[1 - \sqrt{(1-\lambda)^2 - \frac{1}{4}\left(\frac{\partial v}{\partial x'} - \frac{\partial u}{\partial y'}\right)^2} \right], \quad \text{(H.29)}$$

$$\varepsilon_y = \frac{\partial v}{\partial y'} + \left[1 - \sqrt{(1+\lambda)^2 - \frac{1}{4}\left(\frac{\partial v}{\partial x'} - \frac{\partial u}{\partial y'}\right)^2} \right], \quad \text{(H.30)}$$

$$\gamma_{xy} = \frac{\partial u}{\partial y'} + \frac{\partial v}{\partial x'}. \quad \text{(H.31)}$$

Der in Gl. (H.29) und (H.30) enthaltene Klammerausdruck ist als Korrekturfaktor anzusehen, der jedoch keine zusätzlichen Messungen erfordert. Falls die in Wirklichkeit zusätzlich zu φ auftretenden Drehungen vernachlässigbar klein sind, dann ist der Korrekturfaktor eine Konstante für das gesamte Moiréfeld. γ_{xy} enthält keinen Korrekturfaktor, da die Anteile sowohl der vorgegebenen Drehung als auch etwaiger wahrer zusätzlicher Drehungen an $\partial u/\partial y'$ und $\partial v/\partial x'$ entgegengesetzt gleich sind (vgl. Bild H.17) und sich aufheben. Da die Auswertung durch Differentiation erfolgt, kann einem beliebigen Streifen die Ordnung $m = 0$ zugewiesen werden. Die Vorzeichenfrage ist eindeutig geklärt: Ist λ positiv und φ im Uhrzeigersinn drehend, so nehmen die Ordnungen m_x und m_y in Richtung der Koordinatenachsen zu.

Die Form des erhaltenen Moirémusters bietet noch einen weiteren entscheidenden Vorteil. Da die Moiréstreifen ein sehr dichtes Gitter bilden, ist es möglich, nach der in Abschn. H-2.2.3.2 beschriebenen Weise durch Verschiebungen um $\pm \Delta x/2$ bzw. $\pm \Delta y/2$ sehr deutliche Moirébilder 2. Ordnung zu erhalten. Diese ergeben direkt diejenigen Linien, längs derer $\varepsilon_x = \partial u/\partial x$, $\varepsilon_y = \partial v/\partial y$, $\partial u/\partial y$ bzw. $\partial v/\partial x$ konstant sind, da die vorgegebene Dehnung bzw. Drehung als konstante Größen bei der Differentiation keine Rolle spielen. Dies erfordert allerdings zuvor eine Trennung der Streifenscharen für $u = $ const und $v = $ const, was sich aber auf einfache Art bewerkstelligen läßt: Da die Moiréstreifen nicht wesentlich von den Diagonalrichtungen abweichen, genügt es, unter Verwendung einer linienförmigen in Richtung der gewünschten Streifenschar orientierten Lichtquelle das Negativ des Moirébildes zu photokopieren.

3.2 Die Schlierenvorrichtung

Mit der sog. Schlierenvorrichtung [H.19] ist es möglich, die zur Ermittlung von Krümmungen oder Dehnungen aufgenommenen Moiréstreifen dadurch zu verschärfen, daß man während des Photokopierens des Negativs die störenden Linien des Grundrasters herausfiltert. Dies ist vor allem dann erforderlich, wenn zur Umgehung zeitraubender Auswertungsverfahren Moirébilder 2. Ordnung (s. Abschn. H-2.2.3.2) hergestellt werden sollen. Bild H.20 zeigt Aufbau und Wirkungsweise der Schlierenvorrichtung. Das von einer Lichtquelle ausgestrahlte monochromatische Licht tritt durch eine Lochblende, wird parallel gerichtet und trifft auf das transparente photographische Negativ des Moirébildes. In der Brennebene einer folgenden zweiten Sammellinse entsteht nun ein Punktraster, das durch Beugung des parallel einfallenden Lichtes an dem feinen Grundraster des Negativs verursacht wird (Bild H.20b, c).

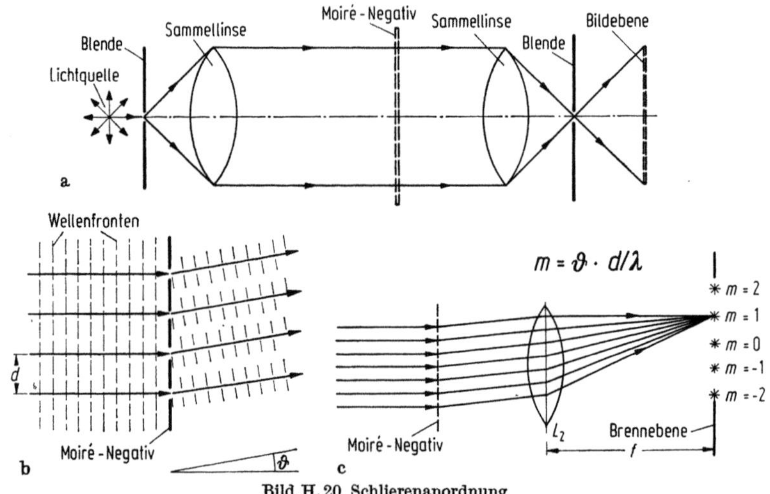

Bild H.20 Schlierenanordnung
a) Schema der optischen Anordnung   b) Beugung am Grundraster
c) Entstehung der Beugung 1. Ordnung

Wird nun in dieser Brennebene eine weitere Blende so angebracht, daß nur gebeugte Lichtstrahlen der ersten Ordnung über oder unter der optischen Achse passieren können, so erhält man in der Bildebene nicht mehr das unveränderte Bild des Moirénegativs, sondern ein Bild, das nur noch die zur weiteren Überlagerung erforderlichen Moiréstreifen, aber nicht mehr das störende Grundraster enthält. Außerdem zeigt sich eine wesentliche Kontraststeigerung der Kopie gegenüber dem Original, so daß eine befriedigende Herstellung von Moiréstreifen 2. Ordnung erfolgen kann.

Mit der prinzipiell gleichen Methode ist es möglich, bei Dehnungsmessungen trotz der Verwendung von x-y-Rastern auf dem transparenten Modell und als Bezugsraster nur jeweils getrennte Bilder für die u = const- bzw. v = const-Linien zu erhalten, indem durch entsprechende Ausbildung der Blende jeweils die x- bzw. die y-parallelen Linien des Modellrasters ausgefiltert werden [H.31].

4 Herstellung und Aufbringung von Gittern

Einer der Hauptgründe für die relativ späte Entwicklung der verschiedenen Moiréverfahren ist in den Schwierigkeiten bei der Herstellung und Aufbringung von Gittern hinreichender Liniendichte zu suchen. Dies gilt in erster Linie für die Anwendung der Moirétechnik auf die Messung ebener Dehnungszustände, insbesondere bei relativ kleinen elastischen Dehnungen, während die Neigungs- und Krümmungsmessung mit vergleichsweise groben Schirmgittern auskommt (5 bis 10 Linien/cm) und daher die ersten praktisch anwendbaren Verfahren diesen Aufgabenbereich betrafen.

Im Handel erhältlich sind (1971) Gitter mit Dichten von 100 bis 2000 Linien/cm als Blätter mit Abmessungen bis 10×10 cm. Sie bestehen aus einem Raster, das aus einer sehr dünnen Metallschicht durch Ausätzen hergestellt wird. Als Träger dient eine Stahlfolie von ca. 0,002 cm Dicke, die jede ungewollte Verzerrung des Gitters verhindert, bis es mit einem Spezialklebstoff auf der Modelloberfläche befestigt ist. Nach Abbinden des Klebers wird die Trägerfolie abgezogen, und das Gitter bleibt auf der Modelloberfläche zurück. Den gleichen Zweck wie gekreuzte Liniengitter erfüllen Raster von quadratischen Punkten, die auf die gleiche Art aufgebracht werden und auch auf Modellmaterial mit niedrigem Elastizitätsmodul keinen Verstärkungseffekt verursachen.

Der übliche Weg der Gitterherstellung besteht darin, daß man ein im Handel bezogenes oder selbst hergestelltes Gitter-Original (ein Foliengitter oder ein auf Glasplatten mit Präzisionsgeräten eingeritztes Gitter [H.32]) mit 100 bis 1000 Linien/cm auf direkte oder indirekte Weise kopiert oder auf die Oberfläche des Modells überträgt.

Die wichtigsten hierfür geeigneten Verfahren sind:

1. Belichtung eines Spezialfilms durch das Gitter-Original. Der entwickelte Film wird auf das Modell aufgeklebt (Schichtseite zur Modelloberfläche) und die Trägerfolie abgezogen. Versuche bei höherer Temperatur können mit solchen Gittern jedoch nicht ausgeführt werden. Die genaue Ausrichtung der Linien beim Aufkleben des Films kann Schwierigkeiten bereiten.

2. Die Modelloberfläche wird mit einem lichtempfindlichen Lack überzogen, der durch das Gitter-Original hindurch belichtet wird, entweder in direktem Kontakt oder durch Projektion, bei der der Linienabstand noch optisch verringert werden kann. Diese Methode ist aufwendiger, aber exakter durchführbar als die zuvor genannte.

Darüber hinaus wurden Verfahren angegeben, die ohne Gitter-Original arbeiten und statt dessen Beugungs- und Interferenzerscheinungen von kohärentem Laserlicht direkt auf der emulsionsbeschichteten Modelloberfläche fixieren [H.33].

Die Gitterherstellungsverfahren müssen jeweils auf den Modellwerkstoff (Metall oder Kunststoff) und den Verwendungszweck bzw. die Versuchsbedingungen abgestimmt sein. Sie können deshalb in ihrer Gesamtheit hier nicht besprochen werden.

Einen guten Einblick in die technischen Möglichkeiten mit umfangreichen Literaturangaben bieten die Veröffentlichungen [H.34] und [H.35]. In der Regel erfordern alle Verfahren ein hohes Maß an technischem Wissen, praktischer Geschicklichkeit und exakter Laborarbeit.

5 Leistungsfähigkeit des Moiréverfahrens

Abschließend sollen die wesentlichen Eigenschaften des Moiréverfahrens kurz zusammengefaßt werden.

1. Ähnlich der Spannungsoptik bietet das Moiréverfahren die Vorteile einer Ganzfeld-Beobachtungsmethode.

2. Es liefert auf seinem jeweiligen Anwendungsbereich alle zur Bestimmung des Verformungszustandes erforderlichen Größen.

3. Es kann bis zu sehr hohen Temperaturen eingesetzt werden [H.36]; bei dynamischen Messungen erlaubt es die photographische Fixierung des augenblicklichen Gesamtzustandes; bei Dehnungsmessungen werden auch große plastische Verformungen sicher erfaßt; Messungen sind auch im Inneren von durchsichtigen Modellkörpern mit eingebetteten Gittern durchführbar [H.37].

4. Die Reproduzierbarkeit der Meßwerte ist sehr gut; das Verfahren ist daher auch für Langzeitversuche geeignet.

5. Die Anwendung ist auf ebene oder einfach gekrümmte Flächen bzw. Schnitte beschränkt.

6. Die Auswertung erfordert in der Regel einen höheren Zeitaufwand als andere Verfahren, wenn es um die Ermittlung von Spannungen oder Biegemomenten geht.

7. Die Technik des Verfahrens ist sehr von der jeweiligen Aufgabenstellung her bestimmt und erfordert, von wenigen Ausnahmen abgesehen (Versuchseinrichtung nach LIGTENBERG), den Einsatz eines leistungsfähigen Labors.

Literatur

H.1 RAYLEIGH: On the manufacture and theory of diffraction gratings. Phil. Mag. 47 (1874) 81—93 und 193—205. — Scientific Papers 1, 209ff.

H.2 LEES, S.: On Superposing of Two Cross-Line Screens at Small Angles and the Patterns Obtained Thereby. Manchester Philosophical Society Memoirs. Vol. 63 (1918—19).

H.3 LAU, E.: Beugungserscheinungen an Doppelrastern. Ann. Phys. (6) 2 (1948) 417—423.

H.4 TOLLENAAR, D.: Moiré interferentieverschijnselen bij Rasterdruk. Amsterdam: Institut voor graphische Technick 1945.

H.5 THEOCARIS, P. S., KUO, H.-H.: The Moiré Method of Zonal and Line Gratings. Experimental Mechanics, Vol. 5 (1965) 267—272.

H.6 ZANDMAN, F., HOLISTER, G. S., BRCIC, V.: The influence of grid geometry on moiré fringe properties. The Journal of Strain Analysis 1 (1965) 1—10.

H.7 DANTU, P.: Description d'une méthode nouvelle pour la détermination expérimentale des flexions dans une plaque plane. Ann. des Ponts et Chaussées 110, Nr. 1 (1940) 5—20.

H.8 DOSE, A.: Beitrag zur Methodik der ebenen Spannungsoptik. Z. Flugwiss. 8 (1960) 294—307.

H.9 POST, D.: The Generic Nature of the Absolute-retardation Method of Photoelasticity. Experimental Mechanics, Vol. 7 (1967) 233—241.

H.10 MESMER, G.: The Interference Screen Method for Isopachic Patterns (Moiré-Method). Proc. S. E. S. A. 13, No. 2 (1956) 21—26.

H.11 THEOCARIS, P. S.: Isopachic Patterns by the Moiré Method. Experimental Mechanics, Vol. 4 (1964) 153—159.

H.12 LIGTENBERG, F. K.: The Moiré Method — A New Experimental Method for the Determination of Moments in Small Slab Models. Proc. Soc. Exp. Stress Anal. 12 (1954/55) Nr. 2, S. 83—98.

H.13 RIEDER, G., RITTER, R.: Krümmungsmessung an belasteten Platten nach dem Ligtenbergschen Moiréverfahren. Forsch. Ing.-Wes. 31, Nr. 2 (1965) 33—44.

H.14 OSGERBY, C.: Application of the Moiré Method for Use with Cylindrical Surfaces. Experimental Mechanics, Vol. 7 (1967) 313—320.

H.15 BOUWKAMP, J. G.: The Moiré Method and the Evaluation of Principal-moment and Stress Directions. Experimental Mechanics, Vol. 4 (1964) 121 bis 128.

H.16 GUPTA, K. K., VAUGHAN, R. C.: Determination of Elastic Moments in Flat-plate and Lift-slab Structures by the Moiré Method. Experimental Mechanics Vol. 8 (1968) 188—192.

H.17 SHARMA, S. P.: Ein verbessertes numerisches Auswerteverfahren für die modellstatische Untersuchung von Platten. Bautechnik 47 (1970) 390—392.

H.18 DUNCAN, J. P., SABIN, P. G.: An Experimental Method for Recording Curvature Contours in Flexed Elastic Plates. Experimental Mechanics, Vol. 5 (1965) 22—28.

H.19 DE HAAS, H. M., LOOF, H. W.: An optical Method to facilitate the Interpretation of Moiré Pictures. VDI-Ber. 102 (1966) 65—70.

H.20 HEISE, U.: A Moiré Method for Measuring Plate Curvature. Experimental Mechanics, Vol. 7 (1967) 47—48.

H.21 BERANEK, W. J.: Rapid Interpretation of Moiré Photographs. Experimental Mechanics. Vol. 8 (1968) 249—256.

H.22 DYKES, B. C.: Analysis of Displacements in Large Plates by the Grid-shadow Moiré Technique. Bericht über die 4. Internationale Tagung über experimentelle Spannungsanalyse in Cambridge 1970.

H.23 THEOCARIS, P. S.: Moiré Topography of Curved Surfaces. Experimental Mechanics. Vol. 7 (1967) 289—296.

H.24 SHEPHERD, R., WENSLEY, L. McD.: The Moiré-fringe Method of Displacement Measurement Applied to Indirect Structural-model Analysis. Experimental Mechanics, Vol. 5 (1965) 167—176.

H.25 PARKS, V. J., DURELLI, A. J.: Various Forms of the Strain-displacement Relations Applied to Experimental Strain Analysis. Experimental Mechanics, Vol. 4 (1964) 37—47.

H.26 BOSSAERT, W., DECHAENE, R., VINCKIER, A.: Computation of Finite Strains from Moiré Displacement Patterns. Journal of Strain Analysis, Vol. 3 (1968) 65—75.

H.27 SCIAMARELLA, C. A., LUROWIST, N.: Multiplication and Interpolation of Moiré Fringe Orders by Purely Optical Techniques. Journal Applied Mech. Vol. 34 (1967) 425—430.

H.28 SCIAMARELLA, C. A.: Moiré-fringe Multiplication by Means of Filtering and a Wave-front Reconstruction. Process. Exp. Mech. 9 (1969) 179—185.

H.29 BOONE, P., VAN BEECK, W.: Moiré Fringe Multiplication with a Spatially Filtering Projection System. Strain, Vol. 6 (1970) 14—21.

H.30 POST, D.: The Moiré Grid-analyser Method for Strain Analysis. Experimental Mechanics, Vol. 5 (1965) 368—377.

H.31 CHIANG, FU-PEN: Techniques of Optical Spatial Filtering Applied to the Processing of Moiré-fringe Patterns. Experimental Mechanics, Vol. 9 (1969) 523—526.

H.32 FIDLER, R., NURSE, P.: Developments in the Technique of Strain Analysis by the Moiré Method. VDI-Ber. 102 (1966) 59—64.

H.33 BOONE, P.: Laser Produces Moiré Gratings. Strain, Vol. 5 (1969) 89—95.

H.34 HOLISTER, G. S., LUXMOORE, A. R.: The Production of High-density Moiré Grids. Experimental Mechanics, Vol. 8 (1968) 210—216.

H.35 STRANNIGAN, J. S., McGREGOR, J.: Application of Grids to Plastic for the Moiré Fringe Methods of Strain Measurement. Strain 5 (1969) 148—151.

H.36 DANTU, P.: Extension of the Moiré Method to Thermal Problems. Experimental Mechanics, Vol. 4 (1964) 64—69.

H.37 SCIAMMARELLA, C. A., CHIANG, FU-PEN: The Moiré Method Applied to Three-dimensional Elastic Problems. Experimental Mechanics, Vol. 4 (1964) 313 bis 319.

I Untersuchungsmethoden für die verschiedenen Tragsysteme

1 Stabwerke

1.1 Einführung

Unter Stabwerken versteht man Systeme, die aus gelenkig oder biegesteif miteinander verbundenen Stäben zusammengesetzt sind (Fachwerke, Rahmen, Durchlaufträger) und die vorwiegend durch Normalkräfte oder einachsige Biegemomente beansprucht werden. Um Auflagerreaktionen und Schnittkräfte solcher Bauwerke experimentell zu ermitteln, kann man zwei grundsätzlich verschiedene Wege einschlagen. Einerseits läßt sich das geometrisch ähnliche Modell mit den der Hauptausführung ähnlichen Kräften direkt belasten; die Auflagerreaktionen lassen sich direkt messen und die der äußeren Belastung entsprechenden Schnittkräfte aus der Beanspruchung der Stäbe direkt ermitteln. Man spricht deshalb von der *direkten* Methode; sie entspricht dem bei Modelluntersuchungen anderer Tragwerke üblichen Vorgehen. Im Gegensatz hierzu stehen bei dem zweiten Weg, der *indirekten* Methode, die am Modell angreifenden Kräfte in keiner unmittelbaren Beziehung zur Belastung der Hauptausführung. Am Modell werden bei den meisten indirekten Verfahren Einflußlinien ermittelt; erst deren Auswertung liefert die Auflagerreaktionen und Schnittkräfte infolge der an der Hauptausführung wirkenden Belastung.

In der Modellstatik spielt die Untersuchung von Stabwerken heute keine große Rolle mehr. Beispielsweise erhält man Einflußlinien schneller und genauer mit Hilfe elektronischer Rechenautomaten, wofür in fast allen baustatischen Rechenzentren fertige Programme vorliegen. Wenn hier trotzdem die indirekten Verfahren erläutert werden, so geschieht dies einerseits, weil hier eine enge Verknüpfung zwischen der analytischen Stabstatik und den Grundlagen der experimentellen Methoden besteht, was diese Verfahren als sehr geeignet für Unterrichtszwecke erscheinen läßt. Andererseits können die einfach und schnell auszuführenden indirekten Methoden wegen ihrer Anschaulichkeit eine gewisse Bedeutung gewinnen, um die Größenordnung und das Vorzeichen elektronischer Berechnungen zu überprüfen. Bei der Berechnung hochgradig statisch unbestimmter Rahmen ist dies ein seither viel zu wenig beachtetes Hilfsmittel für eine vor allem schnelle Kontrolle. Zudem haben die indirekten Verfahren den Vorteil, daß das Modell dem Bauwerk nicht mehr vollkommen ähnlich nachgebildet werden muß; es genügt vielmehr, daß die Systemlinien dem Bauwerk geometrisch ähnlich sind und die Verhältnisse der Steifigkeiten der einzelnen Stäbe untereinander der Hauptausführung entsprechen. Die Modelle lassen sich deshalb sehr einfach und schnell herstellen, wodurch eine leichte Anpassung an veränderte Abmessungen möglich wird. Oft gilt auch als Vorteil, daß einmal ermittelte Einflußlinien es gestatten, die ungünstigsten Laststellungen und Belastungskombinationen besser zu erkennen als bei den direkten Verfahren.

Die indirekten Verfahren sind vor etwa 30 bis 40 Jahren weit verbreitet gewesen; sie stellen damit die wohl ältesten für baupraktische Zwecke verwendeten Methoden der Modellstatik dar. Die Anwendung der indirekten Methode, bei der man die Einflußflächen nach Abschn. I-1.2 bestimmt, ist an sich auf keine speziellen Systeme beschränkt. Es ist auch bei Platten möglich, mit einer Kräftegruppe eine Verformungsfigur zu erzeugen, die mit der Einflußfläche identisch ist. Aber mit ganz wenigen Ausnahmen [I.1] wurde sie seither nur für Stabwerke benutzt.

1.2 Grundlagen der indirekten Modellmeßverfahren

1.2.1 Einflußlinien für Kräfte

Bei den indirekten Methoden werden vorwiegend Einflußlinien für die gesuchten Größen ermittelt. Dabei wird das Prinzip von MÜLLER-BRESLAU (Landscher Satz) angewendet, das folgendes besagt: Man erhält die Einflußlinie für eine statische Schnitt- oder Auflagergröße (Kraft oder Moment) an einer bestimmten Stelle des Tragwerks infolge einer wandernden Lastgröße, indem man dort deren Wirkung durch Anbringen eines entsprechenden Gelenkmechanismus ausschaltet, im Gegensinn der positiv eingeführten Schnittgröße die Verformung „1" einleitet (bei Kraft: Verschiebung; bei Moment: Verdrehung) und die dadurch entstehenden Verdrehungen (bei wanderndem Lastmoment) bzw. die auf die Lastrichtung projizierten Verschiebungen (bei wandernder Einzellast) des Tragwerks über dem Lastweg aufträgt (Bild I.1). Für vertikale Lasten, die in den meisten Fällen vorliegen, läßt sich der Satz vereinfacht formulieren: Die Einflußlinie für die gesuchte Schnitt- oder Auflagergröße ist die Biegelinie des Lastgurtes für die Verformung „1" im Gegensinn der gesuchten Größe.

Als Mechanismen kommen Veränderungen des Systems in Frage, die gerade immer die Aufnahme bzw. Weiterleitung der gesuchten Kraftgröße verhindern (Bild I.2). Durch Auslösen der jeweiligen Schnitt- oder Auflagergröße sinkt der Grad der statischen Unbestimmtheit des Systems stets um 1. Aus dem n-fach statisch unbestimmten System entsteht also ein $(n - 1)$-fach statisch unbestimmtes System. Aus dem statisch bestimmten System wird somit ein kinematisches System (kinematische Kette), d. h., die Einflußlinie verläuft geradlinig.

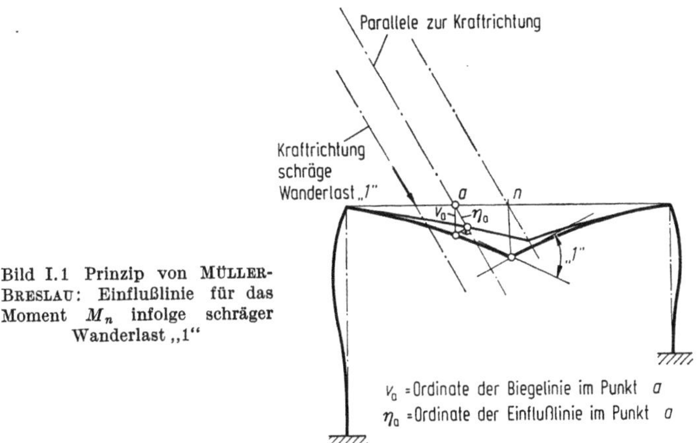

Bild I.1 Prinzip von MÜLLER-BRESLAU: Einflußlinie für das Moment M_n infolge schräger Wanderlast „1"

Das Prinzip von MÜLLER-BRESLAU (Landscher Satz) ist eine unmittelbare Folgerung aus den Sätzen von BETTI bzw. MAXWELL. Nach BETTI ist die Verschiebungsarbeit einer Lastgruppe I infolge der durch eine Lastgruppe II verursachten Verschiebungen gleich derjenigen der Lastgruppe II infolge der Verschiebungen durch die Lastgruppe I. Denn die

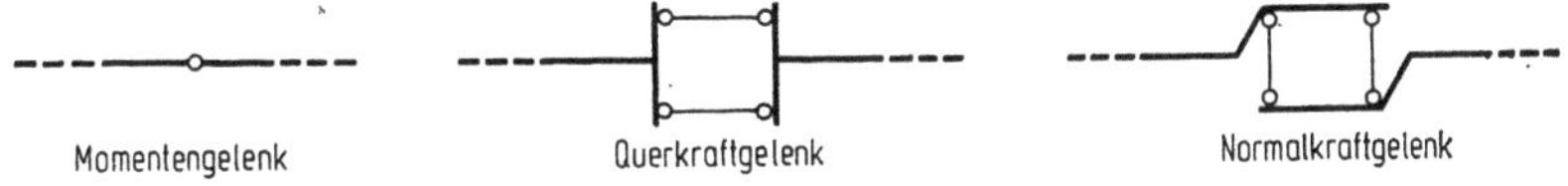

Bild I.2 Mechanismen zur Ausschaltung von Schnittgrößen

im System letztlich gespeicherte Formänderungsarbeit ist unabhängig von der Reihenfolge, in der die Lasten I und II aufgebracht werden (Bild I.3). Der Satz von MAXWELL vereinfacht die beiden Lastgruppen I und II zu jeweils einer Einzellast der Größe „1", so daß die Verschiebungsarbeit betragsmäßig gleich der Verformung wird. Er besagt: Die Verformung in einem Tragwerkspunkt a infolge der im Punkt m angreifenden Lastgröße „1" ist gleich der Verformung im Tragwerkspunkt m, wenn die Last in a angreift (Bild I.4). Dabei müssen sich jeweils in a und m Lastart und Verformungsart entsprechen, z. B. in a Moment und Verdrehung, in m Einzellast und Verschiebung in Lastrichtung.

Löst man an einem statisch unbestimmten System eine der statisch unbestimmten Größen aus, indem man an der entsprechenden Stelle a einen der oben beschriebenen Mechanismen einfügt, so entsteht an dieser Stelle durch die äußeren Lasten (Index m) eine Verformung. Diese muß

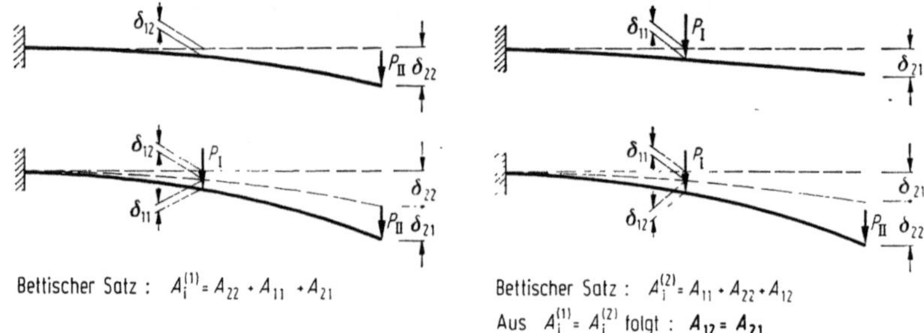

Bild I.3 Satz von BETTI

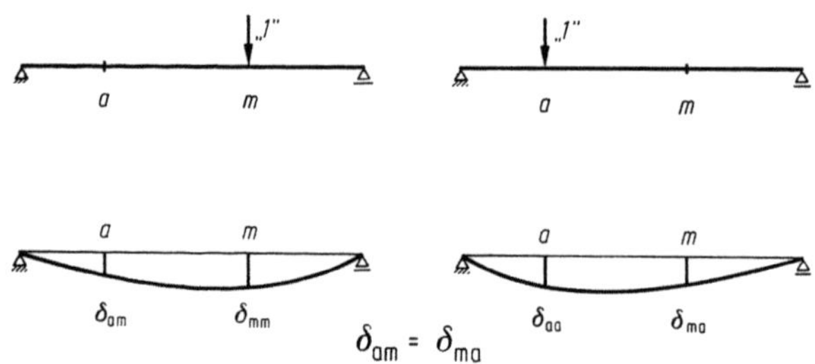

Bild I.4 Satz von MAXWELL

durch die Wirkung der statisch Unbestimmten wieder rückgängig gemacht werden, damit die geometrische Kontinuität des Systems gewahrt bleibt. Ist X_a die unbestimmte Größe an der Stelle a, so gilt:

$$X_a \cdot \delta_{aa} + \delta_{am} = 0, \tag{I.1}$$

$$X_a = -\frac{\delta_{am}}{\delta_{aa}}. \tag{I.2}$$

δ_{aa} ist die Verschiebung im Punkt a infolge der Einheitsbelastung an der Stelle a. δ_{am} ist die Verschiebung im Punkt a infolge der äußeren Lasten, z. B. an der Stelle m. Bei Einflußlinien ist die äußere Last die Einheitsbelastung „1", somit wird nach MAXWELL $\delta_{am} = \delta_{ma}$ und

$$X_a = -\frac{\delta_{ma}}{\delta_{aa}}. \tag{I.3}$$

Dies gilt offensichtlich für jeden Lastpunkt m (wandernde Einzellast), so daß man für die Ordinaten η_X der Einflußlinie erhält:

$$\eta_X = -\frac{\delta_{ma}}{\delta_{aa}}. \tag{I.4}$$

Lassen wir im Punkt a an Stelle der Einheitslast die Größe X wirken, die so groß gewählt wird, daß sich $\delta_{aa} = 1$ ergibt, so erhalten wir die Beziehung $\eta_X = -\delta_{ma,X}$, wobei $\delta_{ma,X}$ die Verschiebung im Punkte m infolge dieser in a angreifenden Größe X ist. Die Einflußlinie wird also gleich der Biegelinie des Systems, die sich ergibt, wenn wir nach Auslösen der statisch Unbestimmten die Verformung „1" an der Stelle a anbringen. Damit ist die Aussage des Prinzips von MÜLLER-BRESLAU nachgewiesen.

Im Versuch wird man nicht die Einheitsverformung, sondern eine zweckmäßige Verformung δ_{Maa} anbringen. Aus den gemessenen Biegelinienordinaten δ_{Mma} erhält man die Einflußordinaten η_H der Hauptausführung aus folgender Beziehung:

$$\eta_H = \frac{1}{\eta_v} \cdot \eta_M = \frac{1}{\eta_v} \cdot \frac{\delta_{Mma}}{\delta_{Maa}}. \tag{I.5}$$

Ist die gesuchte Schnittgröße eine Quer- oder Normalkraft, so wird δ_{Mma} und δ_{Maa} in der gleichen Einheit gemessen (z. B. in mm), und damit wird $\eta_v = 1$. Bei einem Moment als gesuchte Schnittgröße ist δ_{Maa} ein dimensionsloser Winkel. Somit wird $\eta_v = l_v$, da δ_{Mma} und damit die Einflußordinate die Dimension einer Länge hat. Es wird deutlich, welchen Vorteil die experimentelle Methode gegenüber der statischen Berechnung bietet, besonders bei höherer statischer Unbestimmtheit. Während bei der rechnerischen Behandlung zunächst einmal alle noch verbleibenden Überzähligen bestimmt werden müssen (Aufstellen und Auflösen einer Matrix $(n - 1)$ter Ordnung unter Verwendung der Formänderungsbedingungen), um im folgenden Arbeitsgang, z. B. mit Hilfe des Satzes von MOHR, die Biegelinie zu ermitteln, wird diese im Versuch dem System durch die vorgegebene Verformung aufgezwungen und liefert damit unmittelbar das gesuchte Ergebnis.

1.2.2 Einflußlinien für Verformungen

Um Einflußlinien für Verformungen zu erhalten, wendet man direkt den Satz von MAXWELL $\delta_{am} = \delta_{ma}$ an, ohne durch Auslösung einer Schnittgröße den Grad der statischen Unbestimmtheit herabzusetzen. Die Einflußordinate η_m für eine Verschiebung (Verdrehung) an der Stelle a infolge einer Wanderlast bzw. eines Wandermoments „1" im Punkte m ist gleich der auf die Lastrichtung projizierten Verschiebung bzw. Verdrehung in m infolge einer in a wirkenden Einzellast (eines Momentes) „1".

Ist die Einflußlinie für die Durchbiegung in a infolge einer vertikalen Wanderlast gefragt, so erhält man diese direkt als Biegelinie des unveränderten Systems, wenn in a die vertikale Last „1" angebracht wird.

1.3 Anforderungen an das Modellmaterial

Die im vorigen Abschnitt benutzten Sätze der analytischen Statik setzen alle die Gültigkeit des Superpositionsprinzips voraus. Das heißt, die durch die äußeren Belastungen im statischen System entstehenden Verformungen und die inneren Kräfte und Momente stehen in linearem Zusammenhang mit der Belastung. Auch die Verwendung von Einflußlinien ist an das lineare Verhalten eines Tragsystems gebunden. Will man daher zur Untersuchung von Stabwerken die indirekten Methoden benutzen, so müssen die folgenden Bedingungen erfüllt sein:

a) Das Modellmaterial verhält sich linear elastisch, d. h., es gilt das Hookesche Gesetz $\sigma = E \cdot \varepsilon$.

b) Die Verformungen müssen klein bleiben und dürfen den Kräfteverlauf im Modell und seine Geometrie nicht beeinflussen.

Um das Messen der Verformungen zu erleichtern, wird oft von der zweiten Bedingung abgewichen. Die hierdurch entstehenden Fehler lassen sich jedoch weitgehend kompensieren, wenn man nicht vom Nullzustand des Modells ausgeht, sondern eine Vorverformung aufbringt (s. Abschn. B-5.2). Um mit geringem Aufwand (kleiner Kraft) meßbare Durchbiegungen zu erzeugen, sollte der E-Modul des Modellwerkstoffes möglichst klein sein. Ändert er sich unter der Last, wie z. B. durch das Kriechen bei Kunststoffen, dann muß dies durch geeignete Maßnahmen kompensiert werden (s. Abschn. C-3.2.1).

Für die Herstellung von Modellen zur Anwendung der indirekten Methode kommen vorwiegend in Frage: Stahl, Messing, Aluminium, Kunststoffe (Celluloid, Plexiglas), feste Pappe. Die Wahl richtet sich nach den Erfordernissen des jeweils angewandten Meßverfahrens und der Größe des Modells.

1.4 Anforderungen an die Meßinstrumente

Die Anforderungen an die Meßinstrumente (s. Abschn. F) richten sich in erster Linie nach der Größenordnung der zu messenden Werte. Sind die Verformungen groß, so genügt es meist, diese mit einem Metallmaßstab oder mit Millimeterpapier zu bestimmen. Bei kleineren Verformungen kann eine Mikrometerschraube in Verbindung mit elektrischer Kontaktanzeige zu Hilfe genommen werden. Sind nur sehr kleine Verformungen möglich, so erfordert dies exakt arbeitende Meßinstrumente zur genauen Ermittlung der Verschiebungen. Hierzu wurden Mikroskope entwickelt, die mit Okularmikrometer ausgerüstet sind und eine gleichzeitige Messung von Vertikal- und Horizontalverschiebungen gestatten. Auch das Moiréverfahren kann zur Ermittlung von Verschiebungen benutzt werden (s. Abschn. H-2.4).

1.5 Verfahren

Die einfachste Methode zur experimentellen Bestimmung von Einflußlinien ergibt sich bei der Untersuchung von Durchlaufträgern. Messing- oder auch Stahlbänder werden mit Nägeln an allen Auflagerpunkten

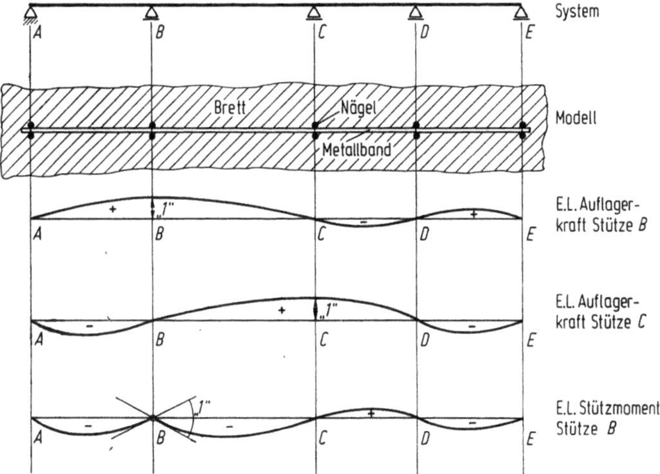

Bild I.5 Ermittlung von Einflußlinien mit Stahlbändern

auf einer Holzplatte drehbar befestigt (jeweils ober- und unterhalb ein Nagel). An der Stelle der gesuchten Auflagerkraft z. B. wird diese Halterung beseitigt und dem System eine Verschiebung von der Größe δ erteilt. Das verformte System stellt dann unmittelbar die Einflußlinie dar, deren Ordinaten noch durch die Größe δ zu dividieren sind, um sie auf die Verschiebung „1" zu beziehen (Bild I.5). Auf dieser Grundlage bauen fast alle weiteren verfeinerten Verfahren auf.

1.5.1 Verfahren von Gottschalk

Dieses Verfahren ist eine Weiterentwicklung der obenerwähnten Methode und wird ebenfalls vor allem für durchlaufende Balken angewandt [I.2; I.3; I.4]. Das Gerät wurde früher unter dem Namen Continostat als Baukasten verwendet, der ein ganzes Sortiment Stahlbänder mit verschiedenen Trägheitsmomenten enthielt. Zur Nachahmung von Vouten werden an diese zusätzlich dünne Metallplättchen angeklemmt. An den Lagern werden die Stäbe durch spezielle Halteklammern je nach Lagerungsart gelenkig oder eingespannt befestigt. Diese Halter laufen in einer

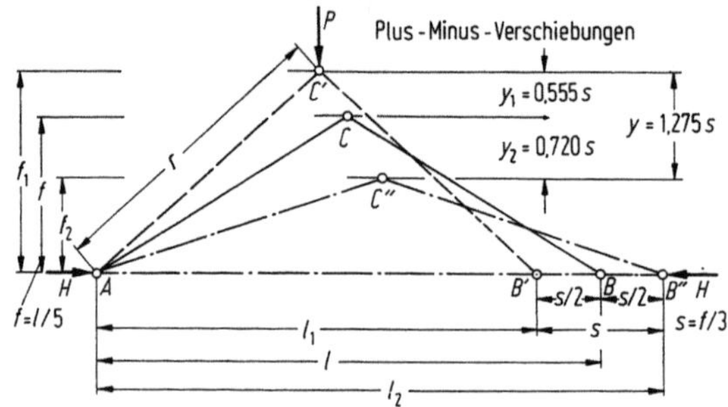

Bild I.6 Ermittlung des Horizontalschubes H infolge vertikaler Last P

starren Stahlschiene, die gewissermaßen das Fundament für das nachgebildete Bauwerk bildet; sie können auf diese Weise auch seitliche Bewegungen ausführen (Horizontalschub). Zur Bildung von Momenteneinflußlinien dienen spezielle Winkelhalter, die dem geschnittenen Stab die notwendigen Einheitswinkel aufzwingen. Es wird mit großen Verschiebungen gearbeitet. Daher empfiehlt es sich, eine Vorverformung am Modell anzubringen (vgl. auch die Ausführungen hinsichtlich starker Dehnungsübertreibung in Abschn. B-5.2). Dies ist besonders wichtig bei Systemen, die ihre Geometrie ändern, wie in Bild I.6 am Dreigelenk-Sprengwerk gezeigt wird. Es soll der Horizontalschub H infolge der Last P bestimmt werden. Bei der Stablänge r und $f = l/5$ ergibt sich rechnerisch

$$H = 1{,}25 \cdot P. \qquad (I.6)$$

Die Verschiebungsgleichung lautet

$$H \cdot s = P \cdot y. \qquad (I.7)$$

Es muß also $y = 1{,}25\,s$ sein.

Im Modellversuch wurde bei B eine Verschiebung $\pm s/2$ eingeleitet, wobei $s = f/3 = l/15$ sein soll. Mit diesen „großen" Verschiebungen ergibt sich:

$$r^2 = f^2 + \left(\frac{l}{2}\right)^2 = \frac{29}{25} \cdot \frac{l^2}{4} \tag{I.8}$$

$$r^2 = f_1^2 + \left(\frac{l_1}{2}\right)^2 \tag{I.9}$$

$$r^2 = f_2^2 + \left(\frac{l_2}{2}\right)^2 \tag{I.10}$$

$$f_1 = \frac{1}{2}\sqrt{4r^2 - \left(1 - \frac{1}{30}\right)^2 l^2} = \frac{1}{2}\sqrt{\frac{29}{25}l^2 - \left(1 - \frac{1}{30}\right)^2 l^2}$$
$$= 0{,}237\,l = 3{,}555\,s \tag{I.11}$$

$$f_2 = \frac{1}{2}\sqrt{4r^2 - \left(1 + \frac{1}{30}\right)^2 l^2} = \frac{1}{2}\sqrt{\frac{29}{25}l^2 - \left(1 + \frac{1}{30}\right)^2 l^2}$$
$$= 0{,}152\,l = 2{,}280\,s \tag{I.12}$$

$$y_1 = f_1 - f = 0{,}555\,s \tag{I.13}$$

$$y_2 = f - f_2 = 0{,}720\,s \neq y_1 \tag{I.14}$$

$$y = y_1 + y_2 = 1{,}275\,s \approx 1{,}25\,s \tag{I.15}$$

Erst die Summe aus beiden Verschiebungen ergibt also eine angenähert richtige Lösung. Dieses Verfahren der $\pm$-Verschiebungen wurde zum ersten Mal von W. J. ENEY 1939 vorgeschlagen, der auch einen dem Beggsschen Verformungsgeber ähnelnden Geber konstruiert hat (s. W. J. ENEY [I.5] und [I.6]).

Ein besonderer Vorteil des Continostats liegt darin, daß hier infolge der stabilen Grundschiene die Möglichkeit besteht, durch Verspannen der Stäbe vor Einleitung der gewünschten Verschiebung auch Bauwerke mit gebogenen oder geknickten Systemmittelachsen nachbilden zu können. Im übrigen ist das Verfahren auf einfachere Systeme beschränkt, bei denen dann aber die Genauigkeit und Zuverlässigkeit der Ergebnisse recht groß ist. Die Fehlergrenze liegt bei 5%.

1.5.2 Verfahren von Chr. Rieckhoff

Einen etwas anderen Weg beschreitet RIECKHOFF. Er benutzt Modelle nur zur Bestimmung der Momentennullpunkte, die er als Hilfsgrößen zur Vereinfachung in die statische Berechnung einführt. Auch hierfür konnte man bis vor einigen Jahren unter dem Namen Nupubest (Nullpunktsbestimmungsgerät) einen Baukasten kaufen, der alle zur Durchführung des Verfahrens notwendigen Teile enthielt. Seine Verwendung liegt hauptsächlich auf dem Gebiet hochgradig statisch unbestimmter Tragwerke wie Stockwerkrahmen oder Durchlaufträger.

Bekanntlich kann eine statisch unbestimmte Rechnung umgangen werden, wenn die Momentennullpunkte für den betreffenden Lastfall bekannt sind. Das System läßt sich dann in viele statisch bestimmte Teilsysteme zerlegen, die einfach berechnet werden können. Die Momentennullpunkte werden experimentell an einer Nachbildung des Bauwerkes als Wendepunkte der Biegelinie des belasteten Systems bestimmt. Stahlstäbe verschiedener Stärke (Steifigkeit) werden mit besonders ausgebildeten Schraubzwingen zu einem Modell zusammengebaut. Dabei brauchen nur die Verhältnisse der Steifigkeiten und Belastungen mit denen der Hauptausführung übereinzustimmen. Man kann die Größe der Belastungen deshalb auf die gewünschte Größe der Verformungen abstimmen, da die Lage der Nullpunkte unabhängig von ihr ist. Um eventuelle Fehler durch zu große Verformungen zu verhindern, ist es wiederum angebracht, die Belastung nach dem $\pm$-Verschiebungsverfahren anzubringen. Der Nullpunkt selbst wird mit einem einfachen Krümmungsmesser (s. Bild I.14) bestimmt. Das Gerät wird längs eines Stabes verschoben und tastet mit drei ständig anliegenden Schneiden dessen Krümmung ab, die an einer Meßuhr abzulesen ist. Die Krümmungsänderung am Wendepunkt ermöglicht es, ihn mit ausreichender Genauigkeit zu fixieren. Für Streckenlasten der verschiedensten Form werden in der Geräteanleitung (s. [I.3; I.7]) Ersatzeinzellasten angegeben, die mit Hilfe der technischen Biegelehre berechnet werden. Mit diesem Gerät können auch Einflußlinien in der bereits erläuterten Weise bestimmt werden, was ein Zeichen für die vielseitige Verwendbarkeit ist. Die Genauigkeit liegt bei etwa 5%.

1.5.3 Beggssches Verfahren

Das Beggssche Verfahren [I.8] stellt wohl das vielseitigste der bisher behandelten Verfahren dar. Der Grund hierfür liegt darin, daß die seitherige Beschränkung auf Stabsysteme fortfällt, die durch ihre Systemlinie idealisiert wiedergegeben werden. Es ist jetzt die Herstellung und Untersuchung fast jeder beliebigen Form ohne großen Aufwand möglich, soweit es sich um ebene Probleme handelt. Die Modelle werden auf sehr einfache Weise aus Pappe oder Celluloid ausgeschnitten. Die Nachbildung von Feinheiten der Gestaltung, wie Vouten oder sonst im Längsschnitt veränderlicher Trägheitsmomente, ist in sehr genauer Weise möglich. Soll die günstigste Form z. B. einer Brücke ermittelt werden, so können

infolge des geringen Aufwandes mehrere Modelle hergestellt und parallel
untersucht werden. Generell beruht das Verfahren wieder auf der Ermittlung von Einflußlinien für die gesuchten Größen. Hierzu werden die
Modelle sehr kleinen Verformungen unterworfen, die mit Hilfe spezieller
von BEGGS entwickelter Verformungslehren in genau definierter Weise
erzeugt werden. Der eine Teil dieser Lehren wird mit Stiften an der
Arbeitsunterlage befestigt, der andere fest mit dem Modell verbunden.
Zwischen beide Teile werden Stecker eingesetzt, durch deren Wahl und
Anordnung verschiedene Verformungen in das Modell eingeleitet werden
können. Eine Höhenverschiebung entsteht durch Austauschen von zwei
großen zylindrischen Steckern gegen zwei kleine. Eine seitliche Verschiebung wird durch zwei rechteckige Stecker hergestellt und eine Verdrehung durch einen großen und einen kleinen zylindrischen Stecker
(s. Bild I.7).

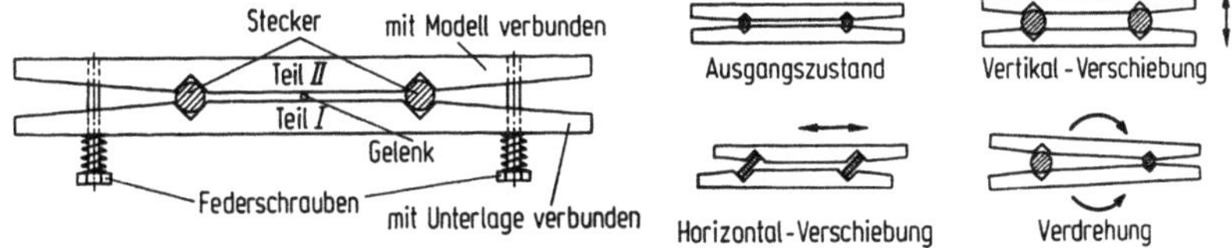

Bild I.7 Einleitung der Verschiebungen durch verschiedene Steckerkombinationen

Die geringe Größe der eingeleiteten und daher auch am Modell auftretenden Verschiebungen, die im elastischen Bereich der Materialbeanspruchung bleiben, erfordert eine sehr genaue Messung. Diese erfolgt
mit Okularmikrometern, mit denen gleichzeitig Vertikal- und Horizontalverschiebungen abgelesen werden können. Die Genauigkeit der Ergebnisse ist infolgedessen sehr groß und liegt bei etwa 2%.

Vorgegebene Lastzustände können untersucht werden, indem man
dem Modell entsprechend der gesuchten Größe eine Verschiebung oder
Verdrehung erteilt und die zugehörigen Verschiebungen der Lastpunkte
ermittelt. Die zu bestimmende Kraftgröße wird dann mit dem Arbeits-
satz berechnet. Zur Ermittlung von Schnittgrößen muß das Modell an
der betreffenden Stelle zerschnitten werden, ein Nachteil, der aber
bei der einfachen Herstellung der Modelle nicht sehr ins Gewicht fällt.
Als weiterer Nachteil, der aber im Modellmaterial liegt und ebenfalls
weitgehend als Fehlerquelle ausgeschaltet werden kann, ist die Empfindlichkeit von Kunststoffen gegenüber Temperaturschwankungen und bei
Pappe auch gegenüber veränderter Luftfeuchtigkeit zu nennen. Kunststoffe haben weiterhin die nachteilige Eigenschaft, unter Belastung zu
kriechen. Den Einfluß dieser Erscheinung kann man durch besondere
Maßnahmen umgehen, worauf ausführlich bereits in Abschn. C-3.2.1
eingegangen wurde.

1.5.4 Momentenverformungsgeber

Um die Einflußlinie für ein Moment als Schnittgröße an einer beliebigen Stelle des Modells nach dem Verfahren von Beggs zu erhalten, muß das Modell an dieser Stelle zerschnitten werden, um den Verformungsgeber einbauen zu können. Dies ist ein Nachteil, der aber durch den Gebrauch eines speziell entwickelten Momentenverformungsgebers umgangen werden kann [I.9] (s. Bild I.8). Durch ihn wird das Modell

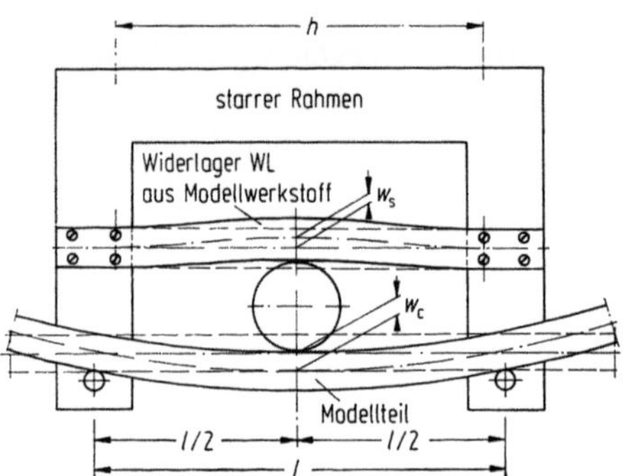

Bild I.8 Momentenverformungsgeber (Schema)

so verformt, als sei an der Befestigungsstelle des Gebers ein Gelenk mit einer Winkelverdrehung angebracht; die sich ergebende Biegelinie des Tragwerks stellt daher die Einflußlinie für das Schnittmoment an dieser Stelle dar. Die Anwendung ist allerdings beschränkt auf Tragwerksteile, die über die Geberlänge gerade sind und ein konstantes EI aufweisen.

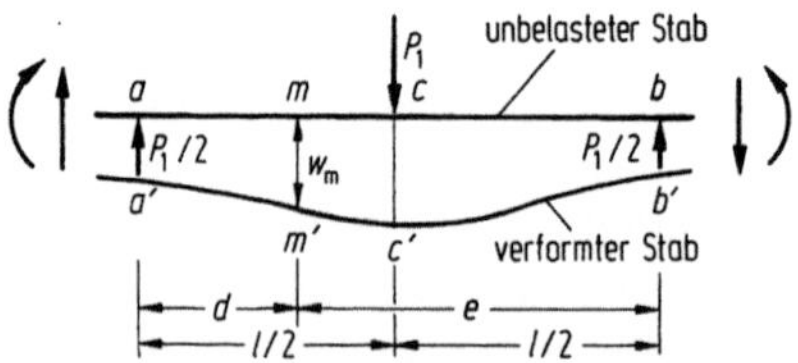

Bild I.9 Verformung des Stabes im Bereich des Momentenverformungsgebers

Zur Bestimmung der Einflußlinie stellt man nun eine Beziehung her zwischen der Verformung des Stabes w_m infolge einer Gleichgewichtsgruppe, die durch den Verformungsgeber aufgebracht wird, und der Ordinate der Einflußlinie (Herleitung s. z. B. [I.9]). Mit den Bezeichnungen aus Bild I.9 erhält man für P_1 die Ordinate der Einflußlinie für das Moment in c infolge einer Wanderlast $P = 1$ nach folgenden Bezie hungen:

$$\eta_{M_c} = \frac{8EI}{l^2} \cdot w_m + \frac{2}{3}\frac{d^3}{l^2} \qquad \text{im Bereich innerhalb } ac \qquad \text{(I.16)}$$

$$\eta_{M_c} = \frac{8EI}{l^2} \cdot w_m + \frac{2}{3}\frac{e^3}{l^2} \qquad \text{im Bereich innerhalb } cb \qquad \text{(I.17)}$$

$$\eta_{M_c} = \frac{8EI}{l^2} w_m \qquad \text{im Bereich außerhalb } ab \qquad \text{(I.18)}$$

Beim Ansetzen des Momentenverformungsgebers wird nicht die Kraft $P = 1$ eingeleitet, sondern eine Verformung w_c fest vorgegeben, was besonders bei Modellmaterial mit Kriecheigenschaft sehr vorteilhaft ist (s. Bild I.8). w_c ist abhängig von der Beschaffenheit des Widerlagers WL, das aus dem gleichen Material wie das Modell bestehen soll, und dem Bolzendurchmesser. Die eingeleitete Kraft beträgt dann

$$P \approx \frac{192EI_s}{h^3}w_s = K_s w_s, \qquad \text{(I.19)}$$

wobei K_s jedoch zweckmäßigerweise in einem Eichversuch zuvor bestimmt wird. Die Biegelinie am Modell stellt dann die $K_s w_s$-fache Einflußlinie für M_c dar.

1.5.5 Momentenanzeigegerät

Das Momentenanzeigegerät ist ein Gerät zur Ermittlung von im Tragwerk auftretenden Momenten [I.10]. Es ermöglicht eine direkte Auswertung der Biegelinie, wobei wieder ein gerader Stab mit konstantem EI ohne äußere Lasten vorausgesetzt wird. Für die Stabendmomente an einem solchen Stab gelten die aus dem Formänderungsverfahren bekannten Formeln:

$$M_{AB} = \frac{2EI}{l}(2\tau_A + \tau_B), \qquad \text{(I.20)}$$

$$M_{BA} = \frac{2EI}{l}(\tau_A + 2\tau_B). \qquad \text{(I.21)}$$

Die Stabendmomente können somit angegeben werden, wenn die Winkeländerungen τ_A und τ_B bei A und B bekannt sind. Sie werden mit dem Momentenanzeigegerät bestimmt.

Bild I.10 zeigt die prinzipielle Wirkungsweise des Gerätes. Die Relativverschiebungen der Punkte a' und a bzw. b' und b lassen sich bei Annahme von kleinen Winkeln τ durch folgende Gleichungen anschreiben:

$$\varDelta_a = \tau_A \cdot \frac{2}{3}\,l + \tau_B \cdot \frac{1}{3}\,l = \frac{l}{3} \cdot (2\tau_A + \tau_B), \qquad (\text{I}.22)$$

$$\varDelta_b = \tau_A \cdot \frac{1}{3}\,l + \tau_B \cdot \frac{2}{3}\,l = \frac{l}{3} \cdot (\tau_A + 2\tau_B). \qquad (\text{I}.23)$$

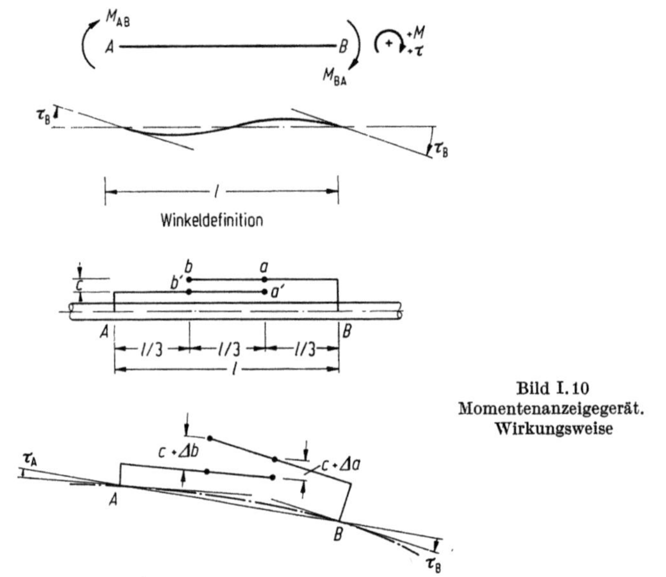

Bild I.10
Momentenanzeigegerät.
Wirkungsweise

Diese Gleichungen mit Gl. (I.20) und (I.21) verknüpft ergeben:

$$M_{AB} = \frac{6EI}{l^2} \cdot \varDelta_a, \qquad (\text{I}.24)$$

$$M_{BA} = \frac{6EI}{l^2} \cdot \varDelta_b. \qquad (\text{I}.25)$$

$\varDelta_a$ und $\varDelta_b$ werden mit Mikroskopen gemessen, so daß die vorhandenen Momente unmittelbar angegeben werden können. Ein positives $\varDelta$ entspricht dabei auch einem positiven Moment. Die beiden Arme werden biegesteif mit dem Tragwerk verschraubt, so daß sie dessen Winkeländerung mitmachen.

2 Seiltragwerke

Als Seiltragwerke sollen im folgenden Konstruktionen bezeichnet werden, die als Seile ausgebildete, nur durch Zug beanspruchbare Bauelemente enthalten. Sind außerdem auch wichtige auf Biegung beanspruchte Bauteile vorhanden (Rand- oder Versteifungsträger), so spricht man von seilverspannten Tragwerken. Als wichtigste Vertreter dieser Gruppe sollen die Hängebrücken besprochen werden. Unter denjenigen Seiltragwerken, die abgesehen von Druckstützen keine biegesteifen Elemente aufweisen, nehmen die vorgespannten Seilnetze eine Sonderstellung ein, da hier die Modellstatik eine weiter umfassende Rolle spielt als bei anderen Tragwerksformen. Sie werden deshalb ausführlich in einem zweiten Abschnitt behandelt.

Die Darstellung der bei Hängebrücken und vorgespannten Seilnetzen angewendeten Untersuchungsmethoden dürfte ausreichende Hinweise für die Modellstatik beliebiger anderer Seiltragwerke geben. Die entsprechenden Maßstabsfragen wurden bereits in Abschn. B-5.4.2 besprochen.

2.1 Hängebrücken

2.1.1 Grundsätzliches zu Hängebrückenmodellen

Die Berechnung von Hängebrücken, die weitgehend als ebene Stabwerke behandelt werden können, ist bis in die jüngste Zeit Gegenstand sehr eingehender mathematischer Untersuchungen. Dabei ist es gelungen, insbesondere durch den Einsatz elektronischer Rechenanlagen die vereinfachenden Annahmen, die den älteren Berechnungsverfahren zugrunde lagen, zu vermeiden [I.11] (parabolische Form der Tragkabel unter Eigengewicht, Vernachlässigung der Schubverformung des Versteifungsträgers, vertikale Hänger ohne Längenänderungen infolge Verkehrslast, keine Schrägstellung der Hänger). Deshalb ist die Erfassung dieser Einflüsse kein prinzipieller Vorteil modellstatischer Untersuchungen mehr. Die ersten Versuche, die von BEGGS an vollständigen Modellen von ausgeführten Hängebrücken konventioneller Bauart durchgeführt wurden [F.48; F.51], hatten noch zum Ziel, diese in der Rechnung vernachlässigten Nebeneinflüsse am Modell zu studieren, wobei die Zuverlässigkeit dieser Untersuchungen durch eingehende Vergleiche der gemessenen mit den berechneten Formänderungen und Spannungen nachgewiesen wurde [F.49]. Daneben wurde das aerodynamische Verhalten am Gesamtmodell oder an Ausschnitten der Konstruktion beobachtet [I.13]. Andere Modellversuche bezogen sich auf neuartige Konstruktionen (z. B. gekreuzte Hänger, nur ein Tragkabel in der Hauptöffnung) [I.14]. Neuerdings ist es jedoch mit Methoden der Matrizenstatik ebenfalls möglich, Systeme

mit verschiedenartigen Lagerungsbedingungen, mit schrägen (nicht gekreuzten) Hängern, die unter Verkehrslast z. T. schlaff werden können,
mit veränderlicher Trägersteifigkeit usw. unter Berücksichtigung aller
obengenannten Nebeneinflüsse rechnerisch zu erfassen; ebenso können
Montagezustände berechnet werden, wobei noch fehlende Stücke des
Versteifungsträgers durch Abschnitte mit verschwindend kleiner Steifigkeit ersetzt werden [I. 15]. Eine genaue Abgrenzung der Leistungsfähigkeit von Modellstatik und analytischer Statik ist daher schwierig. Die
Entscheidung für einen Modellversuch wird weniger auf Grund prinzipieller Erwägungen als vom rein technischen Aufwand her zu fällen sein;
wenn ein Modell vorhanden ist, dann ist die Untersuchung von zusätzlichen Einzelproblemen (Systemänderungen, spezielle Lastfälle) am
Modell wesentlich einfacher und anschaulicher als durch den erneuten
Einsatz eines zwar perfekten, aber äußerst umfangreichen und somit
teuren Rechenprogramms. Einen Vorteil gegenüber der analytischen Behandlung hat die Modellstatik z. Z. noch bei der Untersuchung von Problemen, die nicht am ebenen Tragwerk zu lösen sind, beispielsweise bei
Torsionsbelastung, Beanspruchung durch Wind usw. Auf die Behandlung aerodynamischer Modellversuche an Hängebrücken, die weitgehende theoretische und technische Voraussetzungen erfordern [I.13],
muß hier verzichtet werden. Versuchstechnische Einzelheiten bei statischen Untersuchungen (Belastungsvorrichtungen, Ausbildung von Knoten, Gelenken und Widerlagern, Versuchsaufbau) können den zum Teil
ausreichend ins Detail gehenden Veröffentlichungen entnommen werden
[F.48; F.51; I.16].

2.1.2. Das vereinfachte Hängebrückenmodell

Ein ausgesprochenes Experimentiermodell, das nur aus den nachge-
bildeten Versteifungsträgern ohne Pylone, Hänger und Tragkabel besteht, ist das in [I.11] beschriebene „vereinfachte Hängebrückenmodell“. Das Verfahren, das Messung und Rechnung kombiniert und
den indirekten Verfahren (s. Abschn. I-1) zugerechnet werden kann,
beruht auf der klassischen Hängebrückentheorie. Die Grundgleichung
für den Versteifungsträger

$$(EI\eta'')'' = p + y'' \cdot H_p + \eta'' \cdot H \qquad (I.26)$$

mit η = Vertikalverschiebung des Versteifungsträgers

$\quad y$ = Höhenkoordinate des Tragkabels

$\quad H$ = Horizontalkomponente der Kraft im Tragkabel

$\quad p$ = Verkehrslast

$\quad H_p = H$ infolge p; $H_p = H - H_s = H - g l^2/8 f$

besagt, daß seine Biegelinie unter Verkehrslast gleich der Biegelinie des hängerfreien „stellvertretenden Trägers" ist, wenn dieser mit der Streckenlast $(p + y'' H_p)$ und gleichzeitig mit der an den Trägerenden angreifenden Horizontalzugkraft H belastet wird. Für das zunächst unbekannte H_p bzw. H besteht eine zweite Bestimmungsgleichung, in der wieder die Fläche $\int \eta \, dx$ der auf diese Art erzeugten Biegelinie enthalten ist. Aus diesen beiden Zusammenhängen ergibt sich das in [I.11] dargestellte Verfahren zur Ermittlung der sog. „beschränkten Einflußlinien" am stellvertretenden Träger. Diese sind nur bei demjenigen Lastfall p gültig, der im Kabel ein H_p hervorruft, mit dessen zugehörigem $H = {}= H_p + g l^2/8 f$ als Zugkraft sie am stellvertretenden Träger ermittelt wurden. Man geht so vor, daß man für verschiedene Werte von H die Einflußlinie ermittelt und durch Interpolation die Beziehung zwischen H und $\int \eta \, dx$ erfüllt.

Die in I-2.1.1 genannten Nebeneinflüsse bleiben beim vereinfachten Hängebrückenmodell unberücksichtigt und müssen gesondert berechnet werden. Das Modell ist jedoch sehr einfach herstellbar, da Seile und Pylone entfallen, und es kann, was die Steifigkeit des Trägers angeht, sehr leicht im Laufe von Voruntersuchungen variiert werden. Hinsichtlich EI muß strenge Ähnlichkeit vorliegen, ebenso hinsichtlich des Horizontalzugs H. Jedoch kann bezüglich der Querbelastung die Ähnlichkeit erweitert werden, da bei konstanter Zugkraft H das rückstellende Moment linear mit den Trägerdurchbiegungen und diese linear mit der Querbelastung zusammenhängen.

Die Messung der Trägerbiegelinien, aus denen sich die „beschränkten Einflußlinien" ergeben, erfolgt optisch oder nach einem der anderen im folgenden Abschnitt genannten Verfahren.

2.1.3 Meßmethoden

Die durchzuführenden Messungen beziehen sich auf die Durchbiegungen, Neigungen und die Biegemomente des Versteifungsträgers, die Seilkräfte in den Hängern und Tragkabeln sowie die Verschiebungen der Pylonspitzen und Hängerenden. Da Hängebrückenmodelle relativ große Abmessungen haben (M 1:100), können mit einfachen mechanischen und optischen Geräten Ergebnisse ausreichender Genauigkeit erreicht werden. Die Biegemomente des Versteifungsträgers wurden von BEGGS [F.48; F.51] mit speziell hierzu konstruierten mechanischen Krümmungsmessern gemessen (vgl. auch Abschn. I-1.5.5). Ebenso lassen sich Huggenberger-Extensometer [I.16] oder auch DMS (s. Abschn. F-4.4.2) zur Bestimmung der Oberflächendehnungen des Trägers verwenden, um daraus die Momente zu bestimmen. Die Durchbiegungen des Versteifungsträgers lassen sich direkt oder mit einem auf einer waagerechten

Schiene vor dem Versteifungsträger verschieblichen Meßmikroskop [I. 16] an Meßmarken ablesen. Die Trägerneigung bestimmte BEGGS noch mit einer Wasserwaage mit Mikrometerschraube. Es ist jedoch genauer, sie aus der exakt meßbaren Biegelinie herzuleiten. Die Zugkraft im Tragkabel kann an einem Draht gemessen werden, der die Kraft über den verschieblichen Ankerblock in das Tragkabel einleitet und die Verwendung von mechanischen Dehnungsmessern mit großer Meßbasis zuläßt. Die Hängerkräfte lassen sich mit einer der in Abschn. F-5.2 dargestellten Methoden bestimmen. BEGGS benutzte ein Gerät, das die Eigenfrequenz der elektromagnetisch angeregten Hängerschwingungen registrierte [F.51]. Für die Bestimmung der Widerlager- und Pylonverschiebungen eignen sich Meßuhren ausreichender Empfindlichkeit, wobei Bewegungen der Pylonspitzen zweckmäßigerweise mit zwei gegensinnig angebrachten Uhren gemessen werden, deren Federkräfte sich aufheben und daher den Pylon nicht belasten [I.16]. Selbstverständlich können die Dehnungs und Wegmessungen weitgehend auch mit elektrischen Gebern gemessen werden. Dies hat den Vorteil, daß die Registrierung aller Meßwerte an einer einzigen Stelle erfolgen kann.

Die jeweils an Ort und Stelle zu beobachtenden mechanischen Geber und Meßmikroskope lassen sich ebenfalls vermeiden durch photographische Registrierverfahren. Sie ermöglichen insbesondere für die vielfältigen Montagelastfälle, die beim Modellaufbau nachgeahmt werden können, eine vollständige Dokumentation sämtlicher Verschiebungen in jeweils einer einzigen Aufnahme, wobei die Auswahl der auszuwertenden Punkte zeitlich völlig unabhängig von der Aufnahme erfolgen kann. Das in [F.49] dargestellte Verfahren hat den großen Vorteil, daß mit beliebig wechselndem Kamerastandort gearbeitet wird. Dies wird dadurch erreicht, daß dem Verzerrungsmaß der Abbildung eines ebenen von vier modellunabhängigen Fixpunkten gebildeten Vierecks diejenigen Größen entnommen werden, mit deren Hilfe ein Rechenautomat die gesamte Aufnahme entzerrt und somit alle Verschiebungswerte in wahrer Größe ausgeben kann. Die erzielte Genauigkeit liegt zwischen 1 und 2%.

Ein wichtiger Punkt bei der Untersuchung von Hängebrückenmodellen ist die Messung der Verschiebungen am Tragwerk infolge großer gleichmäßiger Temperaturunterschiede. BEGGS schlug vor, diese dadurch nachzuahmen, daß man sämtliche Auflagerpunkte in Richtung der Verbindungslinie zu einem angenommenen gemeinsamen Fixpunkt um das $\alpha \cdot \Delta\vartheta$-fache ihres Abstandes von diesem Punkt verschiebt (α [1/°C] = Temperaturausdehnungskoeffizient, $\Delta\vartheta$ = Temperaturdifferenz). Dieses Vorgehen würde einer Erzeugung von $\Delta\vartheta$ dadurch entsprechen, daß sich bei konstanter Temperatur des Tragwerks diejenige der Erdscheibe um $\Delta\vartheta$ ändert. Nach [I.12] ergeben sich damit jedoch zu kleine Durchbiegungen. Statt dessen werden die Durchbiegungen des Trägers bei fehlender Biegesteifigkeit (Gelenke an den Stellen der Hängeranschlüsse) rechnerisch ermittelt und am ebenfalls unversteiften Modell dadurch erzeugt, daß die Widerlager und Pfeilerauflager entsprechend verschoben werden. Diese experimentell gewonnenen Lagerverschiebungswerte werden dann an Stelle der Beggsschen Werte an dem nunmehr den biegesteifen Träger enthaltenden Modell aufgebracht und die dann vorliegenden Trägerverschiebungen und -momente gemessen. Dieses Verfahren wurde auch bei der Untersuchung des in [I.16] beschriebenen Hängebrückenmodells angewendet.

2.2 Vorgespannte Seilnetze

2.2.1 Definition und Beispiele

Vorgespannte Seilnetze geben die Möglichkeit zur Überdachung weiträumiger Flächen; sie werden in nächster Zukunft wesentlich an Bedeutung gewinnen. Erstmals verwirklicht wurde die Idee des „Zeltdachs" beim Bau des deutschen Pavillons auf der Expo 1967 in Montreal. Das nächstfolgende Großprojekt dieser Art ist die Überdachung des Stadienkomplexes für die Olympiade in München.

Seilnetzkonstruktionen sind dadurch charakterisiert, daß sie keinerlei auf Biegung beanspruchte Konstruktionselemente enthalten. Das eigentliche Seilnetz kann nur Zugkräfte aufnehmen. Es muß daher vorgespannt sein, damit es auch bei beliebig gerichteten Lasten einen stabilen Gleichgewichtszustand aufweist. Die eigentliche räumliche Form erhält die Konstruktion durch die gegensinnige Krümmung der Seilscharen und durch drucksteife Stützen (Pylone), über die einzelne Netzseile gespannt oder die Randseile abgespannt werden. Die im Seilnetz herrschenden Zugkräfte werden über Abspannseile in der Erde verankert.

2.2.2 Trag- und Formänderungsverhalten vorgespannter Seilnetze

Das Verhalten vorgespannter Seile läßt sich an zwei einfachen Beispielen darstellen:

Ein vorgespanntes lotrechtes und an beiden Enden fest verankertes Seil wird in seiner Mitte durch eine in Achsrichtung nach unten wirkende Kraft belastet. Zunächst verformt es sich so, daß mit wachsender Last die untere Hälfte sich verkürzt und die obere Hälfte sich um denselben Betrag verlängert. Erreicht die durch die Belastung hervorgerufene Dehnung die gleiche Größe wie die Dehnung infolge der Vorspannung, so wird die untere Seilhälfte schlaff. Das statische System ist verändert, und die Dehnsteifigkeit verringert sich auf die Hälfte, denn der obere Teil wird mit weiter ansteigender Last allein beansprucht, und die

Dehnungen verdoppeln sich. Die Größe der Vorspannung bestimmt also, bei welcher Belastung der Systemwechsel erfolgt, nicht aber vorher die Größe der Verformung.

Ein Seil wird vorgespannt, an beiden Enden fest verankert und in der Mitte senkrecht zu seiner Achse belastet. Die Größe der Vorspannung beeinflußt hier direkt die Verformung unter Querlast. Dieses System, das nach Theorie 2. Ordnung berechnet werden muß, verformt sich bei gleicher Querlast um so weniger, je stärker es vorgespannt ist.

Das Verhalten vorgespannter Seilnetzkonstruktionen bewegt sich zwischen diesen beiden extremen Fällen. Die Vorspannung muß in jedem Fall so groß sein, daß unter äußerer Last einerseits keine Systemänderung durch Erschlaffen eintritt und andererseits zu große Verformungen unter Querlast vermieden werden. Belastet man das waagerechte vorgespannte Seil dadurch, daß man es durch ein zweites Seil quer überspannt, dessen Endpunkte aber tiefer liegen als die des ersten Seils, so hängt die Höhenlage des Kreuzungspunktes vom Verhältnis der beiden Vorspannkräfte zueinander ab. Die Größe der Vorspannung ist folglich bei einem Seilnetz nicht nur für die Formänderung des Netzes unter äußerer Last ausschlaggebend, sondern überhaupt für die Ausgangsform der Netzfläche. Die Konstruktionsaufgabe besteht somit darin, die Vorspannkräfte so zu wählen, daß

1. die endgültige Form des Netzes bei minimalem Materialverbrauch den architektonischen Forderungen genügt,

2. unter den auftretenden äußeren Lasten keine Systemänderung durch Erschlaffen von Seilen eintritt,

3. die auftretenden Seilkräfte in den Seilen möglichst großer Bereiche annähernd gleich groß sind; man kommt dann mit einer kleineren Anzahl von Seildurchmessern aus, was von großer wirtschaftlicher Bedeutung ist,

4. die Verformungen des Netzes und die Seilbeanspruchung unter den auftretenden Lasten in vertretbaren Grenzen bleiben.

2.2.3 Modellversuch

2.2.3.1 Aufgabenstellung

Infolge der engen wechselseitigen Bedingtheit von äußerer Form, Kräfteverteilung und Querschnittsabmessungen des Seilnetzes ist zur Zeit eine geschlossene rechnerische Lösung der genannten Konstruktionsaufgabe noch nicht vorhanden, so daß der Modellversuch unumgänglich ist. Er unterscheidet sich grundsätzlich von allen anderen Fällen der Modellstatik dadurch, daß nicht eine Konstruktion mit festgelegter

Form vorgegeben ist, die lediglich durch das Messen der Schnittgrößen auf ihre Tragfähigkeit hin überprüft werden soll, sondern daß er außer den Schnittkräften und der Bemessung vorweg die äußere Form des Bauwerks selbst liefern muß. Diese wird zunächst an Entwurfsmodellen studiert, bevor es möglich ist, mit den so erhaltenen Grundabmessungen ein Meßmodell herzustellen, an dem dann die vier voneinander abhängigen Messungen durchgeführt werden:

1. Ermittlung der Vorspannkräfte so, daß bei optimaler Annäherung an die Form des Entwurfsmodells eine möglichst gleichmäßige Beanspruchung der Seile vorliegt.

2. Unter äußerer Last die Ermittlung aller auftretenden Kräfte in Netz-, Rand- und Abspannseilen sowie in Pylonen und Abspannblöcken zur Bemessung der Querschnitte.

3. Ermittlung der Durchsenkungen aller Netzknoten unter äußerer Last.

4. Abnahme aller geometrischen Daten des Meßmodells in drei Koordinaten für den Zuschnitt der Seile und der Dachhaut.

Um die Winddruckbeiwerte zu messen, wird für den Windkanalversuch ein zweites Modell gefertigt, bei dem jedoch nur die äußere Form nachgebildet werden muß.

2.2.3.2 Entwurfsmodell

Das Entwurfsmodell dient dazu, für den zu überspannenden Bereich eine Netzform zu finden, die einer Minimalfläche möglichst nahekommt. Dies ist diejenige gekrümmte Fläche, die bei gegebenen geschlossenen Randkurven den dazwischenliegenden Raum mit dem geringsten Flächeninhalt bei überall konstanter Flächenzugbeanspruchung überspannt. Dieses Prinzip ist — abgesehen von der Schwerkraftwirkung — bei zwischen geschlossenen Raumkurven aufgespannten Seifenhäuten verwirklicht. Die mathematische Lösung dieser Randwertaufgabe ist sehr schwierig. Deshalb werden Entwurfsmodelle aus Textilnetzen (Vorhangstoff) hergestellt, die Vorstufe des Meßmodells etwa im Maßstab 1:100 [I.17; I.18] (Bild I.11). Diese liefern dann die Rohwerte für den Aufbau des eigentlichen Meßmodells (Bild I.12).

2.2.3.3 Bauelemente und Material des Meßmodells

Das Meßmodell wird im Maßstab von etwa 1:50 bis 1:75 gehalten, je nach Größe der Hauptausführung. Die Netzseile der Hauptausführung liegen mit Rücksicht auf die Anbringung der Bedachung in einem Raster von etwa 0,50 × 0,50 m. Da dieser Abstand am Modell so klein würde, daß man nicht mehr daran arbeiten könnte, wird stellvertretend für jeweils 4 bis 6 Seile der Hauptausführung ein Draht im Modell verwendet.

Bild I.11 Entwurfsmodell einer vorgespannten Seilnetzkonstruktion (nach [F.50])

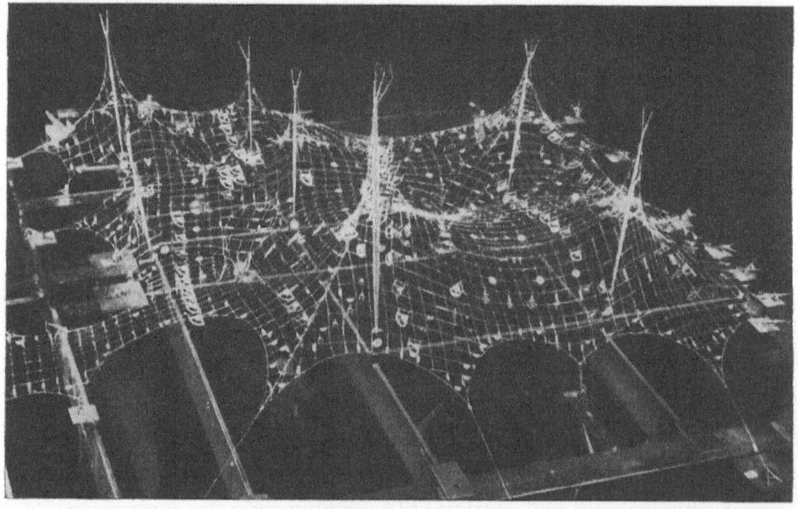

Bild I.12 Meßmodell einer vorgespannten Seilnetzkonstruktion (nach [F.50])

Es werden Stahldrähte benutzt, und zwar mit Durchmessern von 0,2 bis 0,3 mm für die Netzseile und von 0,4 bis 0,6 mm für die Randseile. Litzen haben sich für diesen Zweck nicht bewährt. Als Material für die

Drähte eignet sich nichtrostender Federstahldraht mit der Bezeichnung X 12 CrNi 177. Die Zugfestigkeit beträgt, je nach Durchmesser, etwa 195 kp/mm² bis 235 kp/mm². Er hat neben sehr gutem elastischem Verhalten und der hohen Festigkeit den Vorteil, in verschiedenen Abmessungen im Handel erhältlich zu sein. Nachteilig ist, daß er schwer zu löten ist. Löten ist jedoch die einzige bis jetzt bekannte Verbindungstechnik, die es erlaubt, die während des Versuchs erforderlichen Netzkorrekturen durch Lösen und Wiederverbinden der Drähte vorzunehmen. Als Lot muß ein Speziallot für V2A-Stahl [F.50] verwendet werden; der Draht ist vorher mit einem Flußmittel zu beizen. Andere Verbindungsverfahren, z. B. Punktschweißen, wurden noch nicht eingesetzt, obwohl gerade das Punktschweißverfahren einfach zu handhaben ist. Entsprechende Geräte gibt es zum Befestigen von anschweißbaren Hochtemperatur-DMS, die von den Herstellern dieser DMS vertrieben werden. Jedoch ist die Verbindung schwer lösbar und neigt zum Verspröden. Für die Pylone werden konisch gedrehte Rundstäbe aus Stahl verwendet. Die Bedachung wird nicht nachgebildet, da sie keine tragende Funktion hat.

2.2.3.4 Aufbau und Belastung des Meßmodells

Das Meßmodell wird auf einem Rahmen aus sehr steifen Metallprofilen ($\Box$-Profile) aufgebaut, damit die Abspannkräfte ohne störende Verformungen im Rahmen aufgenommen werden können. Die Abspannseile werden über Spannschlösser am Rahmen befestigt. Zweckmäßigerweise werden Zugkraftmeßgeräte mit eingebaut, um die Abspannkräfte direkt messen zu können. Auch an den Pylonen können leicht Meßgeber für die auftretenden Druckkräfte angebracht werden. Hierzu eignen sich direkt aufgeklebte DMS. Die Klebung und ihr Schutz muß sehr sorgfältig erfolgen, da das Modell oft mehrere Monate für Messungen bereitstehen muß und in dieser Zeit keine Reparatur möglich ist. Alle Geber müssen vor dem Einbau geeicht und nach Versuchsabschluß kontrolliert werden. Die Verbindung der Netzdrähte untereinander muß so erfolgen, daß sich im Knotenpunkt ihr Kreuzungswinkel ändern kann. Ein Netz aus rechtwinkligen Maschen kann sich nur durch den Übergang zu rhombischen Maschen in eine nicht abwickelbare, räumlich gekrümmte Fläche deformieren. Um dies zu ermöglichen, wird an den Knotenpunkten an jedem der sich kreuzenden Drähte ein Stück Kupferdraht angelötet, das dann als Klammer um den anderen Netzdraht herumgebogen wird. Hierzu müssen Lötschablonen nach den Abmessungen der Entwurfsmodelle angefertigt werden. Die Randseile werden mit den Abspannseilen direkt verlötet.

Die Belastung der Konstruktion (Schneelast, Dachhaut, Winddruck) wird mit Gewichten aufgebracht, die an Haken in die Knotenpunkte eingehängt werden. Die Gewichte werden auf einer heb- und senkbaren Plattform gelagert. Durch langsames Absenken der Plattform wird die Belastung gleichmäßig auf das Modell aufgebracht. Beim Belasten darf die Vorspannung in keinem Draht Null werden, andernfalls muß das gesamte Netz nachgespannt werden.

2.2.3.5 Messungen

Alle Drähte des Modells müssen zunächst auf die gleiche Vorspannung gebracht werden, die sich im Bereich zwischen 500 und 1 000 p bewegt. Dazu muß die Kraft in sämtlichen Netzdrähten gemessen und verglichen werden, und zwar jeweils zwischen zwei Knotenpunkten. Über die hierzu notwendigen Geber wird in Abschn. F-5.2.3.1 berichtet. Da eine große Anzahl von Gebern für die Messung benötigt wird, ist auf eine einfache und wirtschaftliche Geberkonstruktion großer Wert zu legen. Da zur Änderung der Vorspannung die Drähte einzeln losgelöst, nachgespannt und wieder angelötet werden müssen, wird dieser Teil der Messung der langwierigste und komplizierteste. Ändert man nämlich die Vorspannung eines Drahtes, so beeinflußt dies die Vorspannung aller anderen Drähte. Es ergibt sich also ein sehr zeitraubendes Iterationsverfahren, bis in allen Drähten eine gleichmäßige Vorspannung erreicht ist. Eine Möglichkeit, die gegenseitige Beeinflussung der Seile sichtbar zu machen, bietet die Messung der Seilkräfte mit einer Vielzahl elektrischer Geber. Die Meßstellen werden sehr schnell hintereinander abgetastet, wie dies mit modernen Vielstellen-Meßanlagen möglich ist (s. Abschn. F-4.4.2.6). Mit Hilfe eines Multiskops kann man bei ausreichend schneller Abtastung alle Meßwerte auf einem Fernsehschirm quasi gleichzeitig zur Anzeige bringen [I.19]. Die Meßwerte erscheinen hier als nebeneinanderliegende Striche, deren Länge der Größe jedes Meßwertes entspricht. Bei ununterbrochener zyklischer Abtastung der Meßstellen läßt sich auf diese Weise sofort erkennen, wie sich die Änderung einer Seilkraft auf die anderen auswirkt. An Stelle eines Multiskops kann bei modernen Meßanlagen eine elektronische Datenverarbeitungsanlage treten, die die Steuerung der Fernsehbildröhre übernimmt und die Meßwerte für diese Art der Anzeige aufbereitet.

Die Kräfte in den Randseilen werden im allgemeinen nicht gemessen, da hier die Netzdrähte oft so eng beieinander einmünden, daß ein Meßgerät nicht ausreichend Platz findet. Die Kräfte im Randseil können jedoch berechnet werden, da seine Form sowie die Richtungen und Größe der Kräfte der angeschlossenen Netzdrähte bekannt sind. Nachdem durch Messung und entsprechende Änderung der Vorspannkräfte diejenige endgültige Form des Seilnetzes ermittelt ist, die einer optimalen Verteilung der Seilkräfte entspricht, wird die Belastung aufgebracht und mit

Hilfe der Geber die Seilkräfte für den Lastfall „Vorspannung mit äußerer Last" gemessen.

Weiterhin müssen die Durchsenkungen aller Knotenpunkte unter äußerer Last gemessen werden, um das Netz auf die Zulässigkeit der Verformungen hin zu überprüfen. Dazu werden an den Knotenpunkten über das Netz herausragende Meßmarken angebracht. Auf einem doppelt belichteten Foto kann dann die Durchsenkung nach der Belastung sichtbar gemacht werden.

Die Abnahme der geometrischen Daten der endgültigen Form des Netzes im vorgespannten und unbelasteten Zustand, d. h. aller drei Raumkoordinaten aller Knoten und Anschlußpunkte des Modells, kann auf verschiedene Weise erfolgen. Mit einer geschliffenen Marmorplatte als Bezugsebene, die über dem Modell angebracht wird, können mit einem Höhentaster alle Punkte eingemessen werden. Die Platte dient dabei gleichzeitig als Zeichenebene.

Einfacher ist die Anwendung der Photogrammetrie. Diese Art der Ausmessung beruht auf den bekannten Auswertungsverfahren mit Hilfe der dreidimensionalen Photographie. Hierzu müssen jedoch die aufwendigen Auswerteapparaturen zur Verfügung stehen.

Aus den Meßdaten kann dann unter Berücksichtigung der Modellgesetze (s. Abschn. B-5.4.2) die Hauptausführung endgültig dimensioniert werden. Dies bedeutet in erster Linie, daß die zur Herstellung der endgültigen Netzform notwendigen Seillängen zur Verfügung stehen und die Zeichnungen für die Zuschnitte aller Seile angefertigt werden können.

3 Flächentragwerke

3.1 Scheiben

Scheiben sind ebene Flächentragwerke, die nur durch parallel zur Mittelebene wirkende und über die Scheibendicke gleichmäßig verteilte Kräfte beansprucht werden. Die Spannungen im Scheibeninneren sind längs der Dicke konstant, und die Mittelebene bleibt infolgedessen bei der Formänderung eben.

Zur modellstatischen Untersuchung von Scheiben benutzt man am vorteilhaftesten die Spannungsoptik. Da diese mit Hilfe optischer Messungen jedoch nur zwei von den drei Größen liefert, die zur Ermittlung des ebenen Spannungszustandes eines Punktes notwendig sind, müssen noch andere Verfahren zu Hilfe genommen werden, um die fehlende dritte Größe zu bestimmen. Hierfür ist die Messung der Querdehnung mit Hilfe eines Lateralextensometers bei fast allen in der Praxis vorkommenden Fällen am besten geeignet. Auf Grund seiner Einfachheit und Zuverlässigkeit wurde dieses Verfahren zur Standardmethode der spannungsoptischen Untersuchung von Scheiben. Sie wurde bereits eingehend in Abschn. G-1.7 behandelt. Allerdings sind spannungsoptische Messungen seither auf den elastischen Bereich beschränkt. Es sind zwar Forschungsarbeiten im Gange, die Spannungsoptik auch zur Messung im plastischen Bereich bei hierfür geeigneten Kunststoffen zu verwenden, jedoch sind diese Verfahren noch nicht so weit entwickelt, daß eine allgemeine praktische Anwendung möglich ist.

Neben den spannungsoptischen Methoden eignet sich das Beggssche Verfahren (Abschn. I-1.5.3) dazu, Bogenscheiben und ähnliche scheibenartige Gebilde zu untersuchen, insbesondere dann, wenn man Einflußlinien ermitteln will.

Die Bestimmung der Spannungsverteilung in Scheibenmodellen läßt sich statt mit der Spannungsoptik bei vergleichbarem Arbeitsaufwand mit DMS in Verbindung mit einer schnellen Meßanlage und elektronischer Datenverarbeitung durchführen. Vorteilhaft ist die zusätzliche Verwendung der spannungsoptischen Apparatur: Die DMS lassen sich gezielt an den Orten höchster Beanspruchung anbringen; außerdem erhält man einen Überblick über den ungestörten Scheibenspannungszustand, da Biegespannungen spannungsoptisch nicht angezeigt werden. Die DMS-Messung dagegen liefert neben dem Scheibenspannungszustand auch den Biegespannungszustand, der durch ungleichmäßige Krafteinleitung in die Scheibe erzeugt wird, und damit einen wertvollen Maßstab dafür, wie empfindlich auch die Hauptausführung hinsichtlich ungewollter Ausmittigkeiten ist. Bei Messungen ausschließlich mit DMS hat man zudem größere Freiheit bei der Auswahl des Modellwerkstoffs, da man nicht auf die Verwendung eines durchsichtigen Kunststoffs mit großer spannungsoptischer Empfindlichkeit angewiesen ist.

Dagegen bietet aber die Spannungsoptik den Vorteil, daß man einen Überblick über den Verlauf der Hauptspannungsdifferenzen (Hauptschubspannungen) im gesamten Modell erhält, woraus der erfahrene Fachmann mit einiger Vorsicht Aussagen über den Verlauf der Spannungen machen kann. Beispielsweise ist zu beachten, daß im Innern einer Scheibe auch bei einer Hauptspannungsdifferenz Null infolge eines ebenen hydrostatischen Spannungszustandes eine große Beanspruchung vorhanden sein kann. Am lastfreien Rand jedoch ist die Hauptspannungsdifferenz gleich der Randspannung, so daß man hier die Größe der Beanspruchung unmittelbar erkennen kann. Es muß jedoch festgestellt werden, daß DMS eine höhere Empfindlichkeit besitzen als das spannungsoptische Verfahren. Nimmt man für spannungsoptische Messungen eine Unsicherheit von $\pm$ 0,02 Ordnungen an, dann ist der kleinste Wert, der noch mit einer Genauigkeit von $\pm$ 2% gemessen werden kann, eine spannungsoptische Ordnung. Das entspricht bei einer spannungsopti-

schen Konstanten von 11 kp/cm² · Ordng. und einem E-Modul von
35000 kp/cm² einer Dehnung von $\varepsilon = 315 \cdot 10^{-6}$. Die kleinste noch sicher
zu erfassende Änderung dieser Dehnung beträgt somit ungefähr $6 \cdot 10^{-6}$.
Bei Messungen mit DMS an Kunststoffmodellen kann man bei entsprechender Sorgfalt und Anwendung periodischer Be- und Entlastung die
Unsicherheit auf $\pm 1 \cdot 10^{-6}$ herabsetzen. Die kleinste Dehnung, die mit
einer Genauigkeit von $\pm 2\%$ gemessen werden kann, beträgt demnach
$50 \cdot 10^{-6}$. Man kann also mit DMS eine 6fache Empfindlichkeit erzielen,
bzw. man muß in der Spannungsoptik zur Erzielung gleicher Genauigkeit mit etwa 6facher Dehnungsübertreibung arbeiten. Eine solche
Dehnungsübertreibung ist bei Scheibenproblemen zulässig [I. 20], ohne
daß der Gültigkeitsbereich der Theorie 1. Ordnung verlassen wird.

Auch das Moiréverfahren läßt sich zur Ermittlung von Scheiben-
spannungszuständen heranziehen. Hierauf wird in Abschn. H-2.4 näher
eingegangen.

3.2 Platten

3.2.1 Einführung

Als Platten bezeichnet man dünne, ebene Flächentragwerke, die senkrecht zu ihrer Mittelebene belastet werden. Da sie ein dominierendes
Konstruktionselement im Massivbau sind, wurden für sie schon seit langem
verschiedene Methoden zur modellmäßigen Untersuchung entwickelt.
Um die Größe und den Verlauf der inneren Kräfte von Platten mit erträglichem mathematischem Aufwand zu berechnen, wird in der technischen Elastizitätstheorie wie bei fast allen elastizitätstheoretischen
Betrachtungen vorausgesetzt, daß der Werkstoff homogen und isotrop
ist: Er muß in jedem Punkt und nach allen Richtungen gleiches physikalisches Verhalten aufweisen. Daneben soll das lineare Elastizitätsgesetz
gelten (Hookesches Gesetz).

Die darüber hinaus getroffenen Annahmen der technischen Elastizitätstheorie sind:·

a) Die Plattendicke d ist klein im Gegensatz zu den Plattenabmessun-
gen in der Mittelebene. Dies berechtigt zu der aus der Balkenstatik bekannten Bernoullischen Hypothese vom Ebenbleiben der Querschnitte,
d. h., die Deformation infolge τ_{xz} und τ_{yz} wird nicht berücksichtigt.

b) Die Durchbiegungen w sind klein gegenüber der Plattendicke. Dies
führt zu der ebenfalls aus der Balkenstatik bekannten Annahme: Bogen
gleich Sehne, d. h., die Mittelfläche erfährt in ihrer Ursprungsebene
keine Dehnung; oder, genauer ausgedrückt, die unvermeidbaren Verzerrungen der Mittelebene der Platte können gegenüber den Biege-
beanspruchungen vernachlässigt werden.

c) Der Spannungszustand ist eben ($\sigma_z = 0$; $\varepsilon_z \neq 0$). Auf der Plattenoberseite ist jedoch $\sigma_z = -p$, auf der Unterseite ist $\sigma_z = 0$. Erfahrungsgemäß gilt aber, daß σ_z sehr viel kleiner ist als σ_x und σ_y und daher vernachlässigt werden kann.

Dies sind die Voraussetzungen der Kirchhoffschen Plattentheorie. Mit ihnen erhält man aus Gleichgewichtsbetrachtungen am Plattenelement unter Beachtung der Beziehungen zwischen Spannungen und Dehnungen die Plattengleichung

$$\frac{\partial^4 w}{\partial x^4} + 2\,\frac{\partial^4 w}{\partial x^2\,\partial y^2} + \frac{\partial^4 w}{\partial y^4} = \Delta\Delta\,w = \frac{p}{D}. \tag{I.27}$$

Hierin ist

$$D = \frac{E\,d^3}{12\,(1-\mu^2)} \tag{I.28}$$

die Plattensteifigkeit und p die Belastung pro Flächeneinheit. Die Schnittmomente m, die entsprechend der Größe D im folgenden grundsätzlich alle auf einen Plattenstreifen der Breite 1 [m oder cm] bezogen werden, betragen dann

$$m_x = -D\left(\frac{\partial^2 w}{\partial_x^2} + \mu\,\frac{\partial^2 w}{\partial_y^2}\right), \tag{I.29}$$

$$m_y = -D\left(\frac{\partial^2 w}{\partial y^2} + \mu\,\frac{\partial^2 w}{\partial x^2}\right), \tag{I.30}$$

$$m_{xy} = -D\,(1-\mu)\,\frac{\partial^2 w}{\partial x\,\partial y}, \tag{I.31}$$

Die im folgenden für die Drillmomente geltende Vorzeichendefinition ist aus Bild I.13 ersichtlich. Für die Biegemomente gilt das positive Vorzeichen, wenn sie an der Plattenoberseite Druckspannungen hervorrufen. Der Fußzeiger der Biegemomente gibt die Richtung an, in die die zugehörigen Biegespannungen weisen. m_φ ist demzufolge (abweichend von [I.21]) das Moment, dessen Spannungen in diejenige Richtung weisen, die mit der positiven x-Achse den Winkel φ einschließt. Sie wird im folgenden als „φ-Richtung" bezeichnet.

Da die Differentialgleichung (I.27) der Platte nur für einige wenige Lagerungs- und Belastungsfälle geschlossen gelöst werden kann, werden meist Näherungsmethoden zur Lösung benutzt. Manchmal beschreiben sie jedoch das Tragverhalten der Platte nur sehr grob, oder sie liefern nur mit erheblichem mathematischem Aufwand ein brauchbares Ergebnis. In diesen Fällen ist ein Modellversuch die zweckmäßigste Methode, die Verteilung der Kräfte zu ermitteln. Das Modell stellt dann einen Analogrechner zur Lösung der Plattengleichung dar.

Die Beanspruchung einer Platte ist in jedem Punkt durch die Hauptmomente m_1, m_2 und deren Richtung gegeben. Das Ziel einer Modellmessung ist, diese Momente zu bestimmen. Da sie jedoch für Eigengewicht und Verkehrslast meist unterschiedliche Richtungen haben, ist die Auswertung verschiedener Laststellungen umständlich, zumal auch die vektorielle Addition der Hauptmomente nicht diejenigen des kombinierten

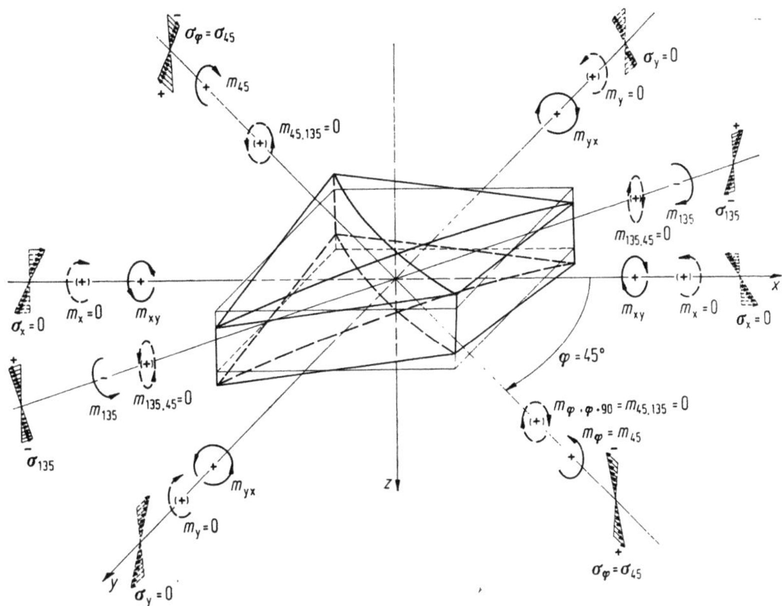

Bild I.13 Drillmomentenzustand $m_{xy} > 0$, $m_x = m_y = 0$; $m_{45} > 0$; $m_{135} < 0$

Lastfalls liefert; sie sind bei Verwendung der Gl. (I.32) aus den überlagerten Momenten m_x, m_y und m_{xy} neu zu berechnen. Es ist deshalb besser, im Modellversuch die Momente in zwei zueinander senkrechten Richtungen und das zugehörige Drillmoment zu ermitteln. Da es sich bei modellstatischen Untersuchungen von Platten meistens um Brückenplatten handelt, ist es zweckmäßig, für diese Größen Einflußflächen aufzustellen. Bei entsprechender Wahl des Koordinatensystems liefert die Auswertung der Einflußflächen dann unmittelbar die Bemessungsmomente.

Wird ein Balken belastet, so entsteht auf seiner Oberseite Druck und auf seiner Unterseite Zug. Durch die Querdehnung wird die Druckzone breiter und die Zugzone schmaler. Dementsprechend krümmt sich der Balken, der unter den Lasten in der Längsrichtung nach oben konkav wird, in der Querrichtung derart, daß er nach unten konkav wird. Dasselbe geschieht bei der Biegung einer Platte. Da aber die Platte in Quer-

richtung eine große Ausdehnung besitzt, wird die Krümmung in dieser
Richtung behindert, und es entstehen in der Querrichtung ebenfalls
Biegemomente. Dies ist auch aus den oben angeschriebenen Gl. (I.29),
(I.30) und (I.31) für die Schnittmomente der Platten ersichtlich. Die
Krümmungen verschiedener Richtungen sind nämlich durch die Querdehnzahl μ verknüpft. Das Tragverhalten einer Platte ist also dadurch
gekennzeichnet, daß sich das Tragwerk, auch wenn es nur in einer Richtung
gespannt ist, in zwei Richtungen krümmt. Von dieser Eigenschaft wird
bei einigen Modellverfahren für Kalibrierversuche Gebrauch gemacht.

Auch in der Modellstatik muß man zwischen dünnen und dicken Platten unterscheiden. Dünne oder sog. Kirchhoffsche Platten erfüllen die
drei oben aufgeführten vereinfachenden Annahmen der technischen Elastizitätstheorie. Einige der später noch zu besprechenden Modellmeßverfahren sind ihrem Wesen nach an diese Voraussetzungen gebunden, während andere Verfahren auch Messungen an dicken oder ihre Dicke beliebig
ändernden Platten gestatten. Diese letzteren allgemeinen Verfahren können auch dann angewendet werden, wenn die Durchbiegungen sehr dünner Platten so groß werden, daß der Einfluß der Verformungen auf die
inneren Kräfte meßbar wird. Insbesondere bei am Rande unverschieblich
gelagerten Platten entsteht infolge großer Durchbiegungen eine Seil-
wirkung (zusätzlicher Membranspannungszustand) in der Platte, die
neben den Biegespannungen Normalspannungen hervorruft, welche von
einigen Meßverfahren nicht erfaßt werden. Nach M. Kufner [I.22] darf
der Biegepfeil einer frei aufliegenden Rechteckplatte gleich der halben
Plattendicke werden, ohne daß ein nennenswerter zusätzlicher Membranspannungszustand eintritt. Nach A. Nadai [I.23] wird eine Linearitätsabweichung bei einer längs ihres Umfanges frei drehbar gelagerten Kreisplatte bemerkbar, wenn ihre Durchbiegung größer als ein Viertel der
Plattendicke wird.

In der Kirchhoffschen Platte herrscht ein zweiachsiger Spannungszustand, oder man kann, wenn die Spannungen über die Plattendicke zu
Spannungsresultanten aufintegriert werden, von einer zweiachsigen
Momentenverteilung sprechen. Analog zum Mohrschen Spannungskreis
zeigt der Culmannsche Momentenkreis (s. Bild G.21) den Zusammenhang
zwischen den Hauptmomenten m_1, m_2 und den auf ein rechtwinkliges
Achsenkreuz bezogenen Momenten m_x und m_y:

$$m_{1,2} = \frac{m_x + m_y}{2} \pm \sqrt{\left(\frac{m_x - m_y}{2}\right)^2 + m_{xy}^2} \qquad (I.32)$$

$$\operatorname{tg} 2\alpha = \frac{2\,m_{xy}}{m_x - m_y}. \qquad (I.33)$$

α ist entsprechend der Definition von φ derjenige Winkel, den die
zu m_1 gehörige Biegespannungsrichtung mit der x-Achse einschließt.

3.2.2 Meßverfahren

Bei den Meßverfahren zur Ermittlung der Beanspruchungsverteilung kann man sich nicht auf *eine* Methode festlegen, sondern sie ist immer entsprechend dem vorliegenden Problem auszuwählen, ebenso wie das Herstellungsverfahren für das Modell. Da man Spannungen im allgemeinen nicht messen kann, muß man die Beanspruchungsverteilung aus den an einer belasteten Platte entstehenden Verformungen, wie Durchbiegung, Neigung, Krümmung und Dehnung, bestimmen. Die sich hieraus ergebenden Verfahren werden vor der ausführlichen Beschreibung zunächst kurz charakterisiert:

a) Man mißt die Durchbiegung w der Platte und kann dann durch zweimalige Differentiation die Biegemomente bestimmen, wie aus den Gl. (I.29) und (I.30) zu ersehen ist. Durch die zweimalige Differentiation besteht die Gefahr, daß die unvermeidlichen Meßfehler weiter vergrößert werden. Dieses Verfahren wird daher wegen seiner Empfindlichkeit in der Praxis kaum angewandt, wenn auch die Messungen bei der Verwendung von mechanischen oder elektrischen Meßuhren einfach durchzuführen sind.

b) Hat man die Neigung der Biegefläche gemessen, so erhält man hieraus durch einmalige Differentiation die zweiten Ableitungen der Durchbiegungen, aus denen die Plattenmomente berechnet werden können. Dieses oft angewandte Verfahren ist weniger fehlerempfindlich [I.24]. An die Stelle der Neigungsmessung mit Spiegel und Fernrohr ist weitgehend das Moiréverfahren in der von F. K. LIGTENBERG [I.25] angegebenen Weise getreten.

c) Am günstigsten hinsichtlich der Meßgenauigkeit ist es, wenn man direkt die zweiten Ableitungen der Durchbiegungen in Form der Krümmungen mißt, um daraus dann die Plattenbiegemomente zu berechnen [I.26]. Die Krümmungsmessung ist das heute wohl am weitesten verbreitete Meßverfahren bei der modellstatischen Untersuchung von Platten. Man benutzt dann eigens hierfür konstruierte Meßgeräte oder auch das spiegeloptische Verfahren von W. KOEPCKE [I.27].

d) Aus den gemessenen Dehnungen der Plattenoberflächen kann man die Spannungen und die Momente ermitteln. Prinzipiell können hierfür alle zur Dehnungsmessung geeigneten Geräte verwendet werden. DMS und DMS-Rosetten haben sich besonders bewährt.

e) Auch mit Hilfe der Spannungsoptik wurden nach verschiedenen Verfahren Plattenuntersuchungen durchgeführt. Da jedoch die Auswertung solcher Messungen recht umständlich ist, werden sie nur in Sonderfällen angewendet.

Allen Verfahren, außer den unter d) genannten und dem zu e) gehörenden spannungsoptischen Einfrierverfahren, liegen die Kirchhoffschen Annahmen der technischen Elastizitätslehre zugrunde. Durch Dehnungsmessungen oder mit dem Erstarrungsverfahren kann man deshalb auch von diesen Voraussetzungen abweichende Platten, also sehr dicke oder sehr dünne Platten, untersuchen. Dies ist ein besonderer Vorzug dieser Methoden. Im folgenden werden die aufgezählten Verfahren näher beschrieben.

3.2.2.1 Messung der Durchbiegung

Durchbiegungen von Plattenmodellen lassen sich in einfacher Weise mit Meßuhren (s. Abschn. F-3.1.1) oder mit induktiven Wegaufnehmern (s. Abschn. F-3.3) feststellen. Dabei hat man nur dafür zu sorgen, daß sich die Halterungen der Meßgeräte bei der Belastung des Modells nicht verschieben. Sind die Auflager der Platte nicht unverschieblich, dann sind auch deren Absenkungen zu messen und entsprechend zu berücksichtigen.

N. W. HANSEN und J. E. CARPENTER [I.28] entwickelten ein Gerät, um die Durchbiegungen von Plattenmodellen längs vorgegebener Linien automatisch zu messen und zu registrieren. Die Genauigkeit war hierbei so gut, daß durch zweimalige numerische Differentiation die Krümmungen der Platten genügend genau aus den Durchbiegungen ermittelt werden konnten. Dieses Verfahren ist jedoch in der Praxis der Modellstatik sonst kaum angewendet worden, da die zweimalige Differentiation zu umständlich ist. Vor allem können Einflußflächen nicht direkt ermittelt werden, die jedoch bei Plattenuntersuchungen oft sehr wichtig sind.

3.2.2.2 Neigungsmessungen

Zur Messung der Neigung der Biegeflächen von Platten benutzte man früher optische Neigungsmesser, die nach dem Prinzip des Autokollimationsfernrohrs gebaut sind. Mit ihm wird die Neigungsänderung kleiner, auf der Platte befestigter Spiegel jeweils in zwei Richtungen gemessen. Die Krümmung der Platte ergibt sich aus den Neigungen von vier mit geringem Abstand auf einem kreuzförmigen Raster liegenden Punkten durch Differenzbildung [I.26]. Wegen der Umständlichkeit der Messungen und der Auswertung besitzt dieses Verfahren heute keine praktische Bedeutung mehr. Dagegen gestattet eine von F. K. LIGTENBERG [I.25] entwickelte Methode die Ermittlung der Plattenneigung über das gesamte Modell durch Anwendung des Moiréeffektes (s. Abschn. H-2.2).

3.2.2.3 Krümmungsmessungen

Das einer beliebigen φ-Richtung zugeordnete Biegemoment m [zur Orientierung von m s. Erläuterung zu den Gl. (I.29), (I.30) und (I.31)] ergibt sich aus der Gl.

$$m_\varphi = -D(k_\varphi + \mu\,k_{\varphi+90°}).\qquad(\text{I}.34)$$

Hierin sind k_φ und $k_{\varphi+90°}$ die Krümmungen der Platte in der φ- bzw. $(\varphi + 90°)$-Richtung. Sie werden dabei gleichgesetzt den zweiten Ableitungen der Durchbiegung w nach diesen Richtungen:

$$w''_\varphi \simeq k_\varphi \quad \text{und} \quad w''_{\varphi+90°} \simeq k_{\varphi+90°}.\qquad(\text{I}.35)$$

Dies ist zulässig bei hinreichend kleinen Plattenneigungen w', so daß $w'^2 \ll 1$ in der strengen Beziehung

$$k = \frac{1}{\varrho} = \frac{w''}{(1 + w'^2)^{3/2}}\qquad(\text{I}.36)$$

vernachlässigt werden kann.

Die Krümmungen einer Platte können auf zwei Arten gemessen werden: Entweder wird die Krümmung der Oberfläche mechanisch abgetastet oder auf optischem Wege ermittelt.

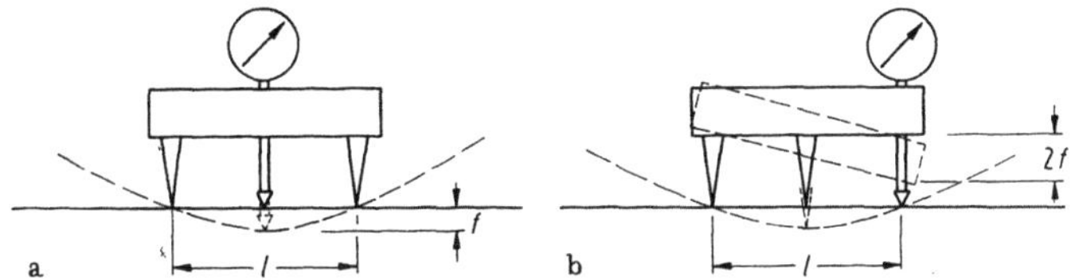

Bild I.14 Prinzip der mechanischen Krümmungsmessung
a) Meßgerät in der Mitte   b) Meßgerät am Ende der Meßbasis

Mechanische Krümmungsmessung. Sie wurde für Plattenmodelle erstmals 1949 von E. SCHMIDT beschrieben [I.26]. Er benutzte ein Meßgerät, das ähnlich wie die früher in der Optik benutzten Dioptrienmesser arbeitet: In der Mitte eines kleinen Zweibockes ist eine empfindliche Meßuhr angebracht (s. Bild I.14a). Sie mißt die Höhenabweichung der Plattenoberfläche gegenüber der Sehne zwischen den beiden Eckpunkten. Hieraus läßt sich die Krümmung k berechnen. Die Biegelinie längs der Meßbasis l kann näherungsweise durch eine quadratische Parabel ersetzt werden. Für diese gilt im Scheitel

$$k = \frac{8f}{l^2}.\qquad(\text{I}.37)$$

26*

Eine parabelförmige Biegelinie wird an einem Balken gemäß der technischen Biegelehre $(y'^2 \ll 1)$ durch ein konstantes Moment erzeugt (s. Bild I.15). Nach MOHR ist die EI-fache Biegelinie eines Trägers

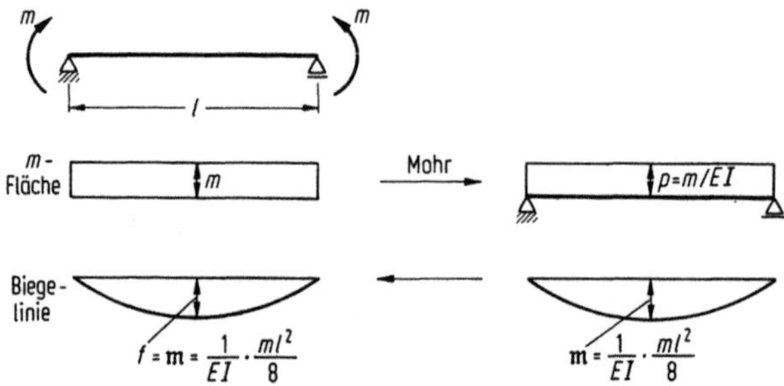

Bild I.15 Biegelinie eines Plattenstreifens der Breite $b = 1$, der durch ein konstantes Moment belastet wird

gleich der Momentenlinie, die durch Belastung des Trägers mit der ursprünglichen Momentenfläche entsteht. In diesem Falle ist also (mit $b = 1$ [m oder cm])

$$EI \cdot f = \frac{m\,l^2}{8}, \qquad (\text{I.38})$$

und mit

$$\frac{m}{EI} = \frac{1}{\varrho} = k \qquad (\text{I.39})$$

ist

$$f = \frac{k\,l^2}{8} \quad \text{oder} \quad k = \frac{8f}{l^2}. \qquad (\text{I.40})$$

Der Biegepfeil f wird mechanisch mit einer Meßuhr oder elektrisch mit induktiven Weggebern (s. Abschn. F-3.3.2) gemessen, so daß damit und mit der bekannten Länge l der Meßbasis die Krümmung berechnet werden kann. Eine Verdoppelung der Anzeige erhält man, wenn das Meßgerät an das Ende der Meßbasis gesetzt wird (s. Bild I.14b). Werden die Krümmungen einer Platte in zwei Richtungen mit einem solchen Gerät gemessen, so kann man hieraus das Moment nach Gl. (I.34) berechnen.

Um zu vermeiden, daß man jeweils in zwei Richtungen messen muß, wurde von W. ANDRÄ und F. LEONHARDT [I.29] ein Gerät gebaut, das gestattet, die Krümmungen k_φ und $k_{\varphi+90°}$ gleichzeitig zu messen. Die zugehörigen Durchsenkungen f_φ und $f_{\varphi+90°}$ wurden mechanisch mittels einer Traverse nach dem Hebelgesetz derart überlagert, daß die Geberanzeige $f = f_\varphi + \mu \cdot f_{\varphi+90°}$ und somit dem Biegemoment proportional wird. H. WEIGLER und H. WEISE [I.30] benutzten ein etwas anderes Prinzip, das zusätzlich auch die Messung von Drillmomenten gestattet und sich sehr gut bewährt hat. Dabei werden unter die Außenfüße des in φ-Richtung stehenden Krümmungsmeßgerätes mit der Basis l in der $(\varphi + 90°)$-Richtung stehende Querbrücken mit der Basis $l \cdot \sqrt{\mu}$ angebracht (s. Bild I.16). Es sind gewissermaßen zwei Krümmungsmeßgeräte

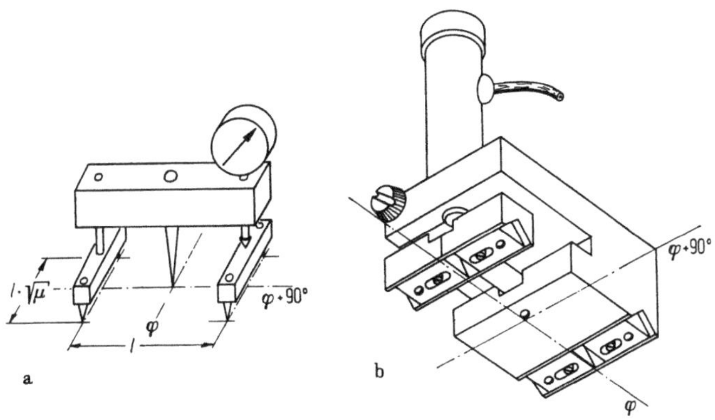

Bild I.16 Momentenmeßgerät von WEISE
a) Prinzip   b) technische Ausführung mit induktivem Wegaufnehmer

vorhanden, die so aufgebaut sind, daß ihre Durchsenkungen von demselben Meßgerät angezeigt werden und sich überlagern. Damit $f_\varphi +$ $+ \mu \cdot f_{\varphi + 90°}$ gemessen wird, müssen sich bei gleichen Krümmungen $k_\varphi = k_{\varphi + 90°}$ die Durchsenkungen wie $1/\mu$ verhalten:

$$\frac{f_\varphi}{f_{\varphi + 90°}} = \frac{1}{\mu}, \tag{I.41}$$

woraus

$$l_{\varphi + 90°} = l_\varphi \cdot \sqrt{\mu} \tag{I.42}$$

folgt.

Verwendet man induktive Geber zur Messung der Durchsenkungen, dann kann man die Addition der Krümmungen elektrisch vornehmen. Ein solches Gerät wurde von W. ANDRÄ und F. LEONHARDT entwickelt [I.31]. Es besteht aus zwei Krümmungsmeßgeräten mit gleich großen, senkrecht zueinander angeordneten Meßbasen l. Am Ende jeder Basis sitzt ein induktiver Geber (s. Bild I.17). Elektrische Empfindlichkeitstrimmer sorgen dafür, daß beide die gleiche Empfindlichkeit besitzen, was Voraussetzung für eine einwandfreie Krümmungsüberlagerung ist. Ein Umschaltgerät gestattet, entweder den Geber in φ- oder in $\varphi + 90°$-Richtung an die Meßbrücke anzuschließen. Daneben ist es auch möglich, beide Meßwerte elektrisch zu addieren oder zu subtrahieren, und zwar wahlweise mit μ multipliziert, das am Schaltkasten von 0 bis 0,5 eingestellt werden kann. Man ist so in der Lage, die folgenden Größen direkt zu messen:

$$k_\varphi,\ k_{\varphi+90°}$$

$$k_\varphi \pm k_{\varphi+90°}$$

$$k_\varphi \pm \mu\, k_{\varphi+90°}$$

$$k_{\varphi+90°} \pm \mu k_\varphi.$$

Durch mechanische oder elektrische Krümmungsüberlagerung wird aus dem Krümmungsmeßgerät ein Momentenmeßgerät. m_φ läßt sich folgendermaßen schreiben:

$$m_\varphi = -D\,\frac{8}{l^2}\,(f_\varphi + \mu f_{\varphi+90°}) = C \cdot r_\varphi. \tag{I.43}$$

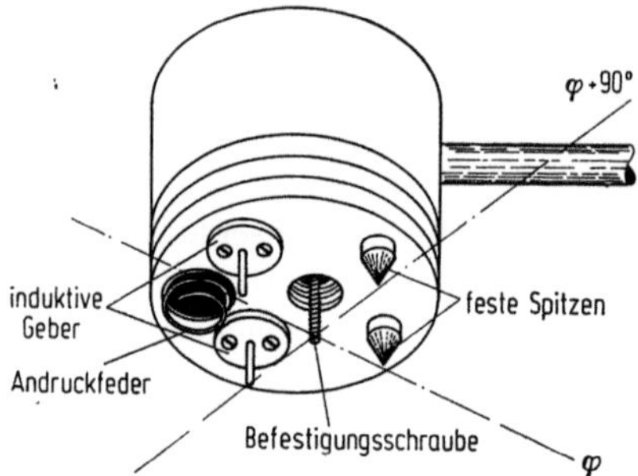

Bild I.17 Momentenmeßgerät von ANDRÄ und LEONHARDT

Die Konstante $C = -D \cdot 8/l^2$ kann berechnet oder aber in einem Kalibrierversuch ermittelt werden. Dies liefert genauere Werte, als wenn I, E und μ einzeln gemessen werden und deren einzelne Meßfehler in die Berechnung von C eingehen. Den Kalibrierversuch führt man an einem Plattenstreifen aus dem Modellmaterial durch. Wie in Bild F.46 skizziert, wird er im mittleren Teil durch ein konstantes Moment belastet.

Bei einem gebogenen Plattenstreifen wird durch die Querdehnung die Druckzone breiter und die Zugzone schmäler. Dies kann man z. B. an einem weichen Radiergummi leicht beobachten. Dementsprechend krümmt sich der Plattenstreifen in Querrichtung entgegengesetzt zur Krümmung in Längsrichtung. Am schmalen, in x-Richtung gespannten Plattenstreifen ist rechtwinklig zur Längsrichtung $m_y = 0$, deshalb ergibt sich aus

$$m_y = C(f_y + \mu f_x) = 0 \tag{I.44}$$

die Querdehnzahl

$$\mu = -\frac{f_y}{f_x}. \tag{I.45}$$

Das Minuszeichen bedeutet, daß der eine Krümmungsmittelpunkt oberhalb und der andere unterhalb des Plattenstreifens liegt. Man kann daher durch Messung der Krümmung in der Längs- und Querrichtung an einem genügend schlanken Streifen die Querdehnzahl μ bestimmen. Der E-Modul des Modellmaterials läßt sich ebenfalls an einem solchen Streifen ermitteln. Das Moment m_x in Längsrichtung ergibt sich zu

$$m_x = -EI \cdot k_x. \tag{I.46}$$

Hieraus erhält man

$$E = -\frac{m_x}{I \cdot k_x} = -\frac{m_x}{I} \cdot \frac{l^2}{8 f_x}. \tag{I.47}$$

Um den richtigen μ-Wert am Schaltkasten einzustellen, mißt man m_y, d. h., am Schaltkasten wird auf $f_y + \mu f_x$ gestellt und der Plattenstreifen belastet. Da jedoch das Quermoment $m_y = 0$ ist, darf an der Meßbrücke kein Ausschlag erscheinen. Man dreht deshalb das Potentiometer beim Einstellen des μ-Wertes so lange, bis der Ausschlag Null wird. Die so gefundene Stellung wird markiert und gilt für die Querdehnzahl dieses Modellmaterials. Zur Feststellung der Geberkonstante C mißt man

$$r = f_x + \mu f_y. \tag{I.48}$$

Bei vorgegebenem äußerem Moment erhält man aus der Beziehung (I.43)

$$C = \frac{m}{r}. \tag{I.49}$$

Jetzt kann man in einfacher Weise in jedem Punkt der Platte die Biegemomente in jeder gewünschten Richtung messen, wobei man die senkrecht aufeinanderstehenden Momente m_φ und $m_{\varphi+90°}$ durch elektrische Umschaltung ohne Drehen des Gerätes erhält.

Außer den Momenten m_x und m_y wird noch das Drillmoment m_{xy} zur Bemessung benötigt. Dieses Drillmoment läßt sich mit Hilfe einer weiteren Biegemomentmessung ermitteln. Es bestehen nämlich zwischen den Momenten m_x, m_y und m_{xy} und den auf ein um den Winkel φ gedrehtes Achsensystem bezogenen Momenten m_φ, $m_{\varphi+90°}$ und $m_{\varphi,\varphi+90°}$ die

Beziehungen

$$m_x = m_\varphi \cos^2 \varphi + m_{\varphi+90°} \sin^2 \varphi - m_{\varphi,\varphi+90°} \sin 2\varphi \qquad (\text{I.50})$$

$$m_y = m_\varphi \sin^2 \varphi + m_{\varphi+90°} \cos^2 \varphi + m_{\varphi,\varphi+90°} \sin 2\varphi \qquad (\text{I.51})$$

$$m_{xy} = \frac{1}{2}(m_\varphi - m_{\varphi+90°}) \sin 2\varphi + m_{\varphi,\varphi+90°} \cos 2\varphi \qquad (\text{I.52})$$

Die Gleichung für m_{xy} gestattet, das Drillmoment m_{xy} nur dann zu bestimmen, wenn neben m_φ und $m_{\varphi+90°}$ auch $m_{\varphi,\varphi+90°}$ bekannt ist. Während m_φ und $m_{\varphi+90°}$, wie oben beschrieben, direkt gemessen werden können, trifft dies für $m_{\varphi,\varphi+90°}$ nicht zu. Man kann aber in (I.52) das Glied mit dieser unbekannten Größe Null werden lassen, wenn $\varphi = 45°$ gesetzt wird. Es ist dann

$$m_{xy} = \frac{1}{2}(m_{45°} - m_{135°}). \qquad (\text{I.53})$$

Um m_{xy} zu erhalten, sind also zwei Biegemomente in Richtung der Winkelhalbierenden des Koordinatensystems zu messen (s. Bild I.18).

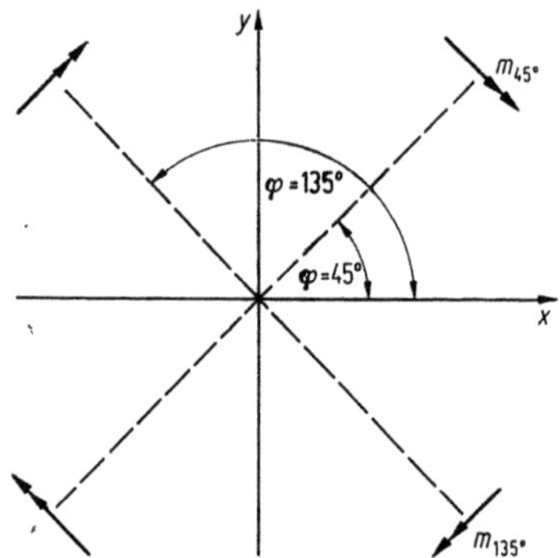

Bild I.18 Zur Messung von m_{xy}
mit Hilfe der Momente $m_{45°}$
und $m_{135°}$

Da die Momente $m_{45°}$ und $m_{135°}$ aus Krümmungs- bzw. Durchbiegungsmessungen bestimmt werden [Gl. (I.34) bzw. (I.43)], kann man auch die Durchbiegungen in die Gl. (I.53) einsetzen und erhält mit Gl. (I.28)

$$m_{xy} = C_D(f_{135°} - f_{45°}) \qquad (\text{I.54})$$

mit

$$C_D = \frac{1}{2}\frac{EI}{(1+\mu)}\frac{8}{l^2}. \qquad (\text{I.55})$$

Die Messung des Drillmomentes ist also auf die Subtraktion zweier Durchbiegungen zurückgeführt. Das oben beschriebene Momentenmeßgerät von ANDRÄ und LEONHARDT (s. Bild I.17) ist hierzu um 45° zu drehen und der Schaltkasten so einzustellen, daß f_{45} von f_{135} subtrahiert wird. Die Konstante C_D wird rechnerisch aus der im Kalibrierversuch ermittelten Konstanten C nach folgender Beziehung berechnet:

$$C_D = -C\,\frac{1-\mu}{2}. \tag{I.56}$$

Mit Hilfe der aus den einfachen Krümmungsmeßgeräten entwickelten Momentenmeßgeräte lassen sich an Modellen von Platten, die den Voraussetzungen der Kirchhoffschen Plattentheorie entsprechen, auf relativ einfache Weise Einflußflächen ermitteln (s. Abschn. I-3.2.3). Da die geschilderte Art der Krümmungsmessung darauf beruht, daß die Biegefläche in Richtung der Basislänge durch eine quadratische Parabel ersetzt wird, mißt man — außer bei geradlinigem Momentenverlauf — nicht den genauen Wert des Biegemomentes in Basismitte. Die Abweichungen sind jedoch kleiner als bei Dehnungsmessungen mit gleicher Basislänge, die einen längs dieser Strecke gemittelten Wert liefern [I.32]. Bei Krümmungsmessungen dürfen deshalb größere Basislängen gewählt werden; sie können sogar noch 1/10 bis 1/8 der Plattenspannweite betragen [I.30]. Ein Krümmungsmeßgerät mit 3 cm Basislänge entspricht im Hinblick auf den Ausrundungsfehler einem DMS von 2 cm Meßlänge [I.33].

Spiegeloptische Krümmungsmessung. Beim spiegeloptischen Verfahren nach W. KOEPCKE [I.27] werden Raster oder regelmäßig angeordnete Kurven in der Oberfläche des Plattenmodells gespiegelt. Infolge der Krümmung der vorher ebenen Platte durch eine aufgebrachte Belastung erscheint das Spiegelbild mehr oder minder verzerrt. Aus der Gestalt des Rasters im Spiegelbild kann man die Krümmungen und damit die Biegemomente und ihre Richtungen ermitteln.

In einem geeigneten Versuchsgerät werden die Modellplatten und der Schirm mit dem Raster im Abstand a voneinander horizontal ausgerichtet (s. Bild I.19). Ebenso muß die Mattscheibe, auf der das Spiegelbild des Rasters ausgemessen bzw. photographiert wird, in einer zum Schirm parallelen Ebene liegen, damit der Abbildungsmaßstab für sämtliche Bildpunkte einen konstanten Wert besitzt. Zusätzlich ist darauf zu achten, daß der optische Schwerpunkt des verwendeten Objektivs in der Rasterebene liegt. Das Verhältnis $c:a$ stellt den Abbildungsmaßstab des Spiegelbildes dar, wobei mit c der Abstand zwischen Raster- und Bildebene bezeichnet ist.

Das Raster besteht zweckmäßigerweise aus einem orthogonalen Netz kleiner Kreise, deren Abstände gleich den Radien größerer Kreise sind (s. Bild I.20). Die Krümmungen der über Hebelarme von unten belasteten Platte lassen die Kreise im Spiegelbild als Kurven erscheinen, die, wenn sich die Krümmungen über die Meßbasis nicht zu stark ändern, als Ellipsen anzusehen sind. Dabei ist durch die Wahl des Radius für die Großkreise auf dem Schirm die Meßbasis festgelegt. Mit Hilfe der Differentialgeometrie können die Plattenkrümmungen aus den Abmessungen der Ellipsen und Kreise der Rasterplatte und deren Lage zur optischen Achse ermittelt werden. Einen Überblick über das Tragverhalten der

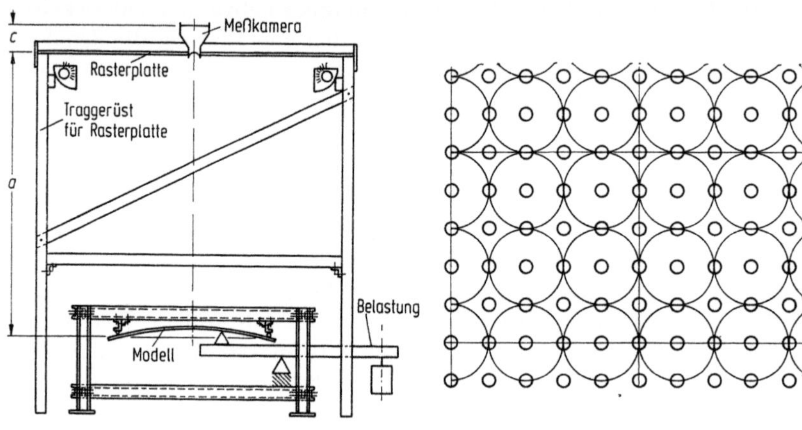

<table>
<tr><td>Bild I.19 Versuchseinrichtung für das
spiegeloptische Verfahren (nach [I.34])</td><td>Bild I.20 Raster für das
spiegeloptische Verfahren</td></tr>
</table>

Platte erlangt man durch Messen der Hauptachsenrichtungen der Ellipsen, da diese annähernd mit den Hauptkrümmungs- und dadurch mit den Hauptmomentenrichtungen übereinstimmen. Die Längen der Halbachsen ermöglichen eine unmittelbare Berechnung der Hauptkrümmungswerte. Das orthogonale Netz der kleinen Rasterkreise mit den Mittelpunkten auf den Großkreisen liefert auf dem Spiegelbild für die Krümmungsellipsen konjugierte Durchmesser, deren Richtungswinkel gegenüber den Achsen eines kartesischen Koordinatensystems exakt gemessen werden können. Mit den konjugierten Durchmessern lassen sich die Krümmungen k_x, k_y und k_{xy} bzw. die Hauptkrümmungen k_1 und k_2 genauer bestimmen als aus den gemessenen Längen der Hauptachsen, da deren Richtung verhältnismäßig schlecht zu schätzen ist.

Das Ausmessen der Ellipsen geschieht an Hand photographischer Aufnahmen der Spiegelbilder mit einem Mono- bzw. Stereokomparator. K. WEIDEMANN [I.34] entwickelte ein Epimeter, das die Auswertung der Spiegelbilder vereinfacht. Dieses Gerät erlaubt, Richtungswinkel und Länge einer zu den Koordinatenachsen geneigten Strecke zu messen. Ein Vorteil des Verfahrens besteht darin, daß durch eine Vergrößerung des Abstandes zwischen Rasterebene und Modellebene eine Steigerung der Genauigkeit erreicht werden kann. Die dabei zulässigen größeren Modellabmessungen lassen größere Verformungen zu, die eine stärkere Verzerrung des Rasters verursachen. Außerdem verkleinert man dadurch die Meßbasis relativ zu den Modellabmessungen.

Obwohl mit dem spiegeloptischen Verfahren gute Ergebnisse erzielt wurden, vermochte es sich bis jetzt nicht durchzusetzen, was wahrscheinlich auf den relativ großen Aufwand zurückzuführen ist, den die Auswertung der Meßbilder mit sich bringt. Außerdem muß das Plattenmodell vor der Belastung vollkommen eben sein, was die Auswahl geeigneter Kunststoff- oder Glasplatten erschwert. Jedoch bietet es den Vorteil, daß man aus einer einzigen Aufnahme die Momentenzustandsfläche über die gesamte Platte ermitteln kann.

3.2.2.4 Ermittlung der Biege- und Drillmomente aus der Oberflächendehnung

Sind die Spannungen längs der Plattendicke linear verteilt, so kann man die Momente aus den Spannungen σ_u und σ_o an der Plattenunter- und -oberseite berechnen. Bezeichnet man mit σ_B die Spannung infolge des Biegemomentes und mit σ_N die Spannung infolge einer eventuell vorhandenen Längskraft, die in Richtung der Plattenmittelebene wirkt, mit d die Dicke der Platte und mit m das gesuchte Biegemoment, so gilt

$$\sigma_{B,u} = -\sigma_{B,o} = \frac{\sigma_u - \sigma_o}{2}, \tag{I.57}$$

$$\sigma_N = \frac{\sigma_u + \sigma_o}{2}, \tag{I.58}$$

$$m = \sigma_B \frac{d^2}{6}. \tag{I.59}$$

Da in der Oberfläche einer Platte ein zweiachsiger Spannungszustand herrscht, ergeben sich die gesuchten Spannungen aus der Gleichung

$$\sigma_\varphi = \frac{E}{1 - \mu^2} \left(\varepsilon_\varphi + \mu \varepsilon_{\varphi + 90°} \right). \tag{I.60}$$

Die Dehnungen ε_φ und $\varepsilon_{\varphi + 90°}$ kann man mit DMS-Rosetten messen (s. S. 206) und das Plattenmoment nach der Gl.

$$m_\varphi = \frac{E d^2}{12 (1 - \mu)^2} \left(\varepsilon^*_{\varphi u} - \varepsilon^*_{\varphi o} \right) \tag{I.61}$$

ermitteln; hierin ist

$$\varepsilon_\varphi^* = \varepsilon_\varphi + \mu\,\varepsilon_{\varphi+90°} \tag{I.62}$$

jeweils für Ober- und Unterseite. Sind keine Normalkräfte vorhanden, dann ist $\varepsilon_{\varphi u}^* = -\varepsilon_{\varphi o}^* = \varepsilon_\varphi^*$, und Gl. (I.61) vereinfacht sich zu

$$m_\varphi = \frac{E\,d^2}{6\,(1-\mu^2)}\,\varepsilon_\varphi^*. \tag{I.63}$$

Die Dehnungsmessungen können dann auf Ober- oder Unterseite beschränkt werden.

Mit Hilfe geeigneter elektrischer Schaltungen kann man den Wert für ε_φ^* direkt messen. Schaltet man zwei DMS (Widerstand R) hintereinander, so werden die von ihnen angezeigten Dehnungswerte addiert. Zeigt der Streifen, der die Dehnung in $\varphi + 90°$-Richtung mißt, nur den μ-fachen Betrag an, dann ist es möglich, den Wert ε_φ^* zu messen. Man ordnet die DMS an, wie in Bild I.21 gezeigt. Der Vorwiderstand R_v ist so bemessen,

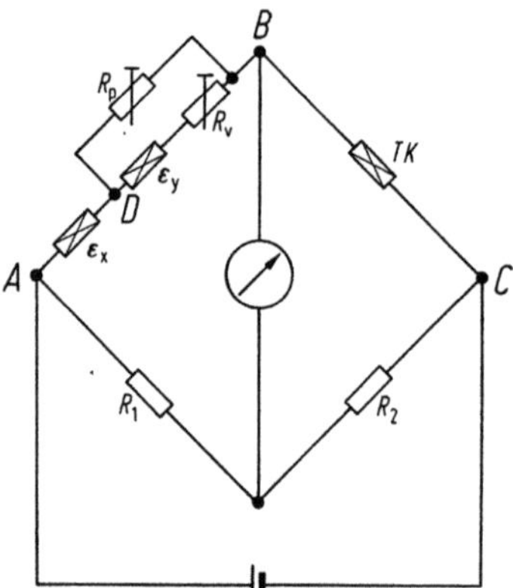

Bild I.21 Schaltbild zur Messung der Größe $\varepsilon_x^* = \varepsilon_x + \mu\,\varepsilon_y$ (x-Richtung entspricht $\varphi = 0°$) TK = DMS zur Temperaturkompensation

daß der DMS in $\varphi + 90°$-Richtung nur die μ-fache Empfindlichkeit besitzt. Da aber beide zusammen einen höheren Widerstand als der DMS haben, ist noch R_p parallel geschaltet, um den Gesamtwiderstand dieser Kombination auf den ursprünglichen Wert R herabzusetzen.

Aus der Schaltung in Bild I.21 findet man für den Gesamtwiderstand zwischen den Punkten B und D

$$R_{\text{ges}} = \frac{R_p(R + R_v)}{R_p + R + R_v}. \tag{I.64}$$

Mit der Bedingung $R_{\text{ges}} = R$ ergibt sich

$$R_p = \left(1 + \frac{R}{R_v}\right) R. \tag{I.65}$$

Auf Grund der Proportionalität von ε und der bezogenen Widerstandsänderung $\Delta R/R$ wird der Vorwiderstand so berechnet, daß folgende Bedingung erfüllt ist:

$$\frac{\Delta R_{\mathrm{ges}}}{R_{\mathrm{ges}}} = \mu \cdot \frac{\Delta R}{R}. \tag{I.66}$$

Man erhält durch Differentiation der Gl. (I.64)

$$\frac{dR_{\mathrm{ges}}}{dR} = \frac{R_p^2}{(R_v + R + R_p)^2}. \tag{I.67}$$

Hieraus folgt durch Einsetzen von Gl. (I.65) und Beachtung der Bedingung $R_{\mathrm{ges}} = R$ nach kurzer Zwischenrechnung

$$\frac{dR_{\mathrm{ges}}}{R_{\mathrm{ges}}} = \frac{R^2}{(R + R_v)^2} \frac{dR}{R}. \tag{I.68}$$

Durch Vergleich mit Bedingung (I.66) ergibt sich

$$R_v = \left(\sqrt{\frac{1}{\mu}} - 1\right) R. \tag{I.69}$$

Hat man aus dem μ-Wert des verwendeten Modellmaterials die erforderlichen Widerstände berechnet, kann ε_φ^* direkt gemessen werden.
Man multipliziert es mit $E/(1 - \mu^2)$, um die Spannung σ_φ zu erhalten.

Zur vollständigen Bestimmung des zweiachsigen Spannungszustandes
sind drei unabhängige Größen erforderlich; man ermittelt deshalb außer σ_φ
auch $\sigma_{\varphi+90°}$ und $\sigma_{\varphi+45°}$ mit 45°-Rosetten. $\sigma_{\varphi+90°}$ findet man auf ähnliche
Weise wie oben, indem nur die DMS für ε_φ und $\varepsilon_{\varphi+90°}$ schaltungsmäßig
vertauscht werden.

Für die Spannung in $\varphi + 45°$-Richtung gilt

$$\sigma_{\varphi+45°} = \frac{E}{1 - \mu^2}(\varepsilon_{\varphi+45°} + \mu\,\varepsilon_{\varphi+135°}) = \frac{E}{1 - \mu^2}\,\varepsilon_{\varphi+45°}^*. \tag{I.70}$$

Um das unbekannte $\varepsilon_{\varphi+135°}$ zu ermitteln, benutzt man die Beziehung

$$\varepsilon_{\varphi+45°} + \varepsilon_{\varphi+135°} = \varepsilon_\varphi + \varepsilon_{\varphi+90°} \tag{I.71}$$

und erhält

$$\varepsilon_{\varphi+135°} = \varepsilon_\varphi + \varepsilon_{\varphi+90°} - \varepsilon_{\varphi+45°}. \tag{I.72}$$

In Gl. (I.70) eingesetzt, liefert dies für $\varepsilon_{\varphi+45°}^*$ den Ausdruck

$$\frac{1}{1 - \mu}\,\varepsilon_{\varphi+45°}^* = \varepsilon_{\varphi+45°} + \frac{\mu}{1 - \mu}(\varepsilon_\varphi + \varepsilon_{\varphi+90°}). \tag{I.73}$$

Aus der oben abgeleiteten Gl. (I.69) ergibt sich

$$R_{v45} = \left(\sqrt{\frac{1-\mu}{\mu}} - 1 \right) R, \qquad (I.74)$$

$$R_{p45} = \left(1 + \frac{R}{R_{v45}} \right) R. \qquad (I.75)$$

Die einzelnen Streifen der DMS-Rosette schaltet man nach Bild
I.22 und kann somit $\varepsilon^*_{\varphi+45°}/(1-\mu)$ messen.

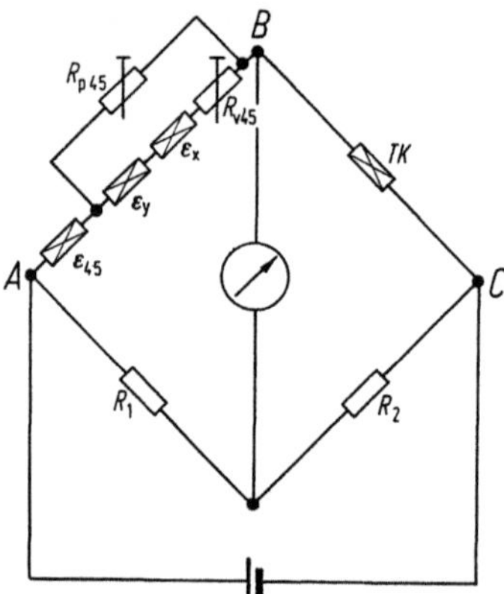

Bild I.22 Schaltbild zur Messung der Größe

$$\frac{1}{1-\mu}\, \varepsilon^*_{45°} = \varepsilon_{45°} + \frac{\mu}{1-\mu}\, (\varepsilon_x + \varepsilon_y)$$

(x-Richtung entspricht $\varphi = 0°$)
TK = DMS zur Temperaturkompensation

Die Grundschaltungen zur Messung von ε^*_φ, $\varepsilon^*_{\varphi+90°}$ und $\varepsilon^*_{\varphi+45°}$ lassen
sich kombinieren, so daß an einer 45°-Rosette wahlweise die einfachen
Dehnungen ε oder die zusammengesetzten Werte ε^* gemessen werden
können. Das Schaltbild eines hierfür geeigneten Umschalters ist in Bild
I.23 dargestellt. Diese Schaltung läßt sich erweitern, indem man eine
Eichmöglichkeit vorsieht: Man schaltet den DMS wahlweise einem bekannten Widerstand parallel. Um den Abgleich der Widerstände für
die Einstellung des richtigen μ-Wertes vorzunehmen, kann man einen
Probebalken mit aufgeklebten DMS benutzen. Ein DMS wird in Längs-
richtung (x-Richtung) und ein Streifen in Querrichtung (y-Richtung)
geklebt und der Balken mit querkraftfreier Biegung beansprucht. Die
DMS werden in der gleichen Weise wie die DMS einer Rosette an den
Umschalter angeschlossen, der für die Messung von ε^*_y eingestellt wird.

Da auf dem Balken $\varepsilon_y = -\mu \cdot \varepsilon_x$ ist, erhält man

$$\varepsilon^*_y = (-\mu \cdot \varepsilon_x + \mu \cdot \varepsilon_x) = 0. \qquad (I.76)$$

Wenn die Widerstände auf den richtigen μ-Wert eingestellt sind, darf
bei Belastung des Probebalkens an der Dehnmeßbrücke keine Dehnung

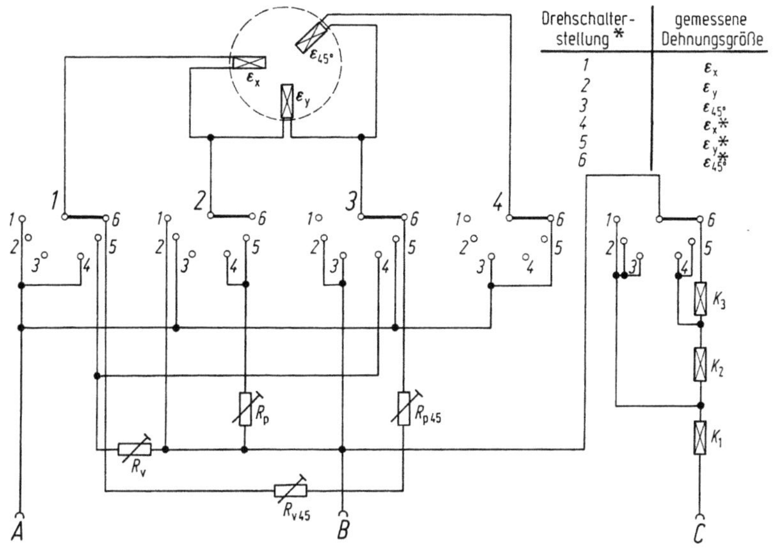

Bild I.23 Umschalter zur Spannungsmessung mit DMS-Rosetten (x-Richtung: $\varphi = 0°$)
A, B, C entsprechen den auf Bild I.21 bzw. I.22 ebenso bezeichneten Anschlußpunkten
*) Die Drehschalter sind gekoppelt und weisen jeweils die gleiche Schalterstellung auf

angezeigt werden. Auf ähnliche Art kann man die Widerstände für die Messung von $\varepsilon_{45°}^*$ abgleichen. Hierfür wird noch ein Streifen in y-Richtung auf die Unterseite geklebt, und die drei DMS werden in der in Bild

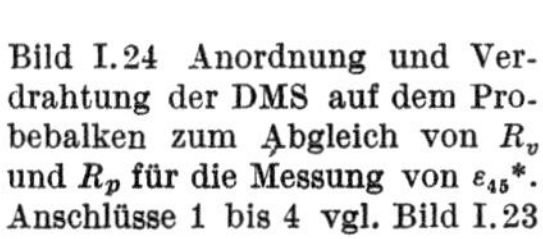

Bild I.24 Anordnung und Verdrahtung der DMS auf dem Probebalken zum Abgleich von R_v und R_p für die Messung von ε_{45}*. Anschlüsse 1 bis 4 vgl. Bild I.23

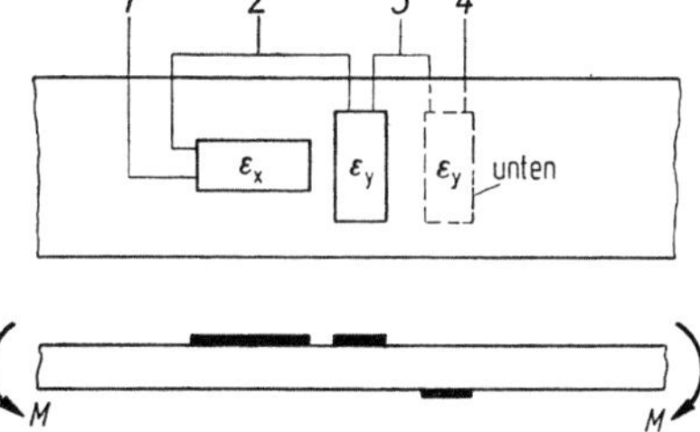

I.24 gezeigten Anordnung mit dem Umschalter verbunden. In Gl. (I.73) ist jetzt

$$\varepsilon_{\varphi+45°} = \varepsilon_{yu} = +\mu\,\varepsilon_x, \qquad (\text{I.77})$$

$$\varepsilon_\varphi = \varepsilon_x, \qquad (\text{I.78})$$

$$\varepsilon_{\varphi+90°} = \varepsilon_{yo} = -\mu\,\varepsilon_x, \qquad (\text{I.79})$$

und man erhält

$$\frac{1}{1-\mu}\,\varepsilon^{*}_{45°} = \mu\,\varepsilon_x + \frac{\mu}{1-\mu}\,(\varepsilon_x - \mu\,\varepsilon_x) = 2\,\mu\,\varepsilon_x = -2\,\varepsilon_y. \qquad (I.80)$$

Zunächst wird ε_y gemessen, dann auf $\varepsilon^{*}_{45°}$ umgeschaltet und bei Belastung der Ausschlag an der Dehnmeßbrücke durch Abgleich von R_{v45} und R_{p45} auf $-2\cdot\varepsilon_y$ eingestellt.

Ein großer Nachteil dieser Schaltung zur Spannungsmessung ist, daß die Empfindlichkeit der DMS bei der Messung von $\varepsilon^{*}_{\varphi}$ und $\varepsilon^{*}_{\varphi+90°}$ scheinbar auf die Hälfte herabgesetzt wird und bei der Messung von $\varepsilon^{*}_{\varphi+45°}$ sogar auf ein Drittel. Demgegenüber besitzt diese Anordnung aber den Vorzug, daß jede Rosette nur mit vier Leitungen mit dem Umschalter verbunden zu werden braucht, der leicht durch einen Meßstellenumschalter mit vier Schaltebenen ergänzt werden kann. Die Einsparung an Verdrahtungsarbeit und Meßleitungen bei einer großen Zahl von Meßstellen ist unter Umständen wichtiger als der Empfindlichkeitsverlust, der bei den heute zur Verfügung stehenden guten Meßverstärkern nicht so sehr

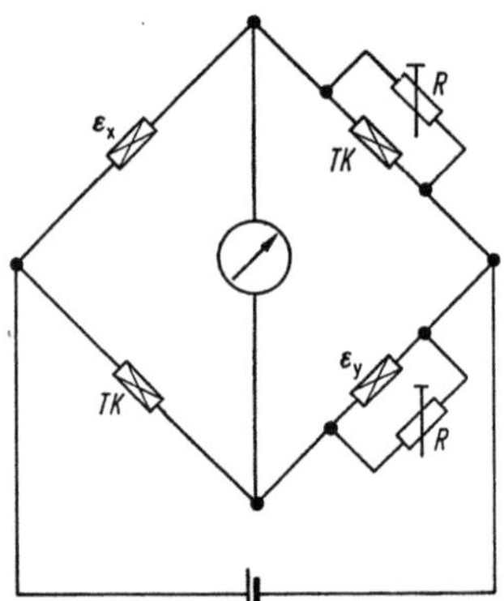

Bild I.25 Schaltbild zur Messung
der Größe $\varepsilon_x{}^{*} = \varepsilon_x + \mu\,\varepsilon_y$
(x-Richtung entspricht $\varphi = 0°$)

ins Gewicht fällt. Bei der Schaltung nach Bild I.25 werden zur Vermeidung des Empfindlichkeitsverlustes die Eigenschaften der Wheatstoneschen Brücke ausgenutzt, um die Dehnungen zu addieren und zu subtrahieren. Ähnliche Schaltungen wurden auch von K.-H. HEHN und W. SCHULZ [I.35] sowie von C. SCHLEICHER [I.36] angegeben. Hierbei müssen jedoch sechs Leitungen zu jeder Rosette geführt werden. Bei diesen Schaltungen besteht aber die Möglichkeit, die Trennung von Normal- und Biegespannungen durch elektrische Addition bzw. Subtraktion vorzunehmen, wenn je eine Rosette auf der Ober- und Unterseite der Platte angeordnet wird.

Zur Berechnung des bei der Bemessung einer Platte weiterhin interessierenden Drillmoments

$$m_{\varphi,\varphi+90°} = m_{\varphi+45°} - \frac{m_\varphi + m_{\varphi+90°}}{2} \qquad (I.81)$$

muß neben den Momenten m_φ und $m_{\varphi+90°}$, die aus den Meßwerten der bisher genannten Schaltungen ermittelt werden können, auch das Moment $m_{\varphi+45°}$ bekannt sein. Es läßt sich analog Gl. (I.61) aus der Beziehung

$$m_{\varphi+45°} = \frac{E\,d^2}{12\,(1-\mu^2)}\,(\varepsilon^*_{(\varphi+45°),u} - \varepsilon^*_{(\varphi+45°),o}) \qquad (I.82)$$

berechnen, nachdem mit der Schaltung nach Bild I.22 und Gl. (I.73) die $\varepsilon^*_{\varphi+45°}$-Werte gemessen wurden.

Gl. (I.81) kann man benutzen, um auch $m_{\varphi,\varphi+90°}$ direkt zu messen. Durch Anwendung von Gl. (I.63) erhält man im Falle reiner Biegung

$$m_{\varphi,\varphi+90°} = \frac{E\,d^2}{6\,(1-\mu^2)}\left(\varepsilon^*_{\varphi+45°} - \frac{\varepsilon^*_\varphi + \varepsilon^*_{\varphi+90°}}{2}\right) \overset{\text{Def.}}{=} \frac{E\,d^2}{6\,(1-\mu^2)}\,\varepsilon^*_{\varphi,\varphi+90°}\,.$$
$$(I.83)$$

Ist eine Längskraft überlagert, dann sind wieder die Differenzen aus den Messungen auf der Unter- und Oberseite der Platte zu bilden

$$m_{\varphi,\varphi+90°} = \frac{E\,d^2}{12\,(1-\mu^2)}\,(\varepsilon^*_{(\varphi,\varphi+90°),u} - \varepsilon^*_{(\varphi,\varphi+90°),o})\,. \qquad (I.84)$$

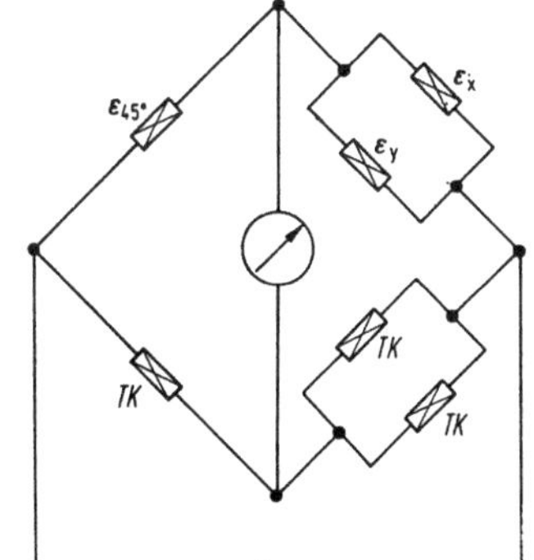

Bild I.26 Schaltbild zur Messung der Größe

$$\frac{1}{1-\mu}\cdot\varepsilon^*_{xy} = \varepsilon_{45°} - \frac{\varepsilon_x + \varepsilon_y}{2}$$

(x-Richtung entspricht $\varphi = 0°$)

Für den $1/(1-\mu)$-fachen Wert der in Gl. (I.83) definierten Größe $\varepsilon^*_{\varphi,\varphi+90°}$ erhält man unter Benutzung der Gl. (I.62) und (I.72) den Wert $\varepsilon_{\varphi+45°} - (\varepsilon_\varphi + \varepsilon_{\varphi+90°})/2$, der mit der in Bild I.26 angegebenen Schaltung direkt gemessen werden kann.

Es ist also auch mit DMS-Rosetten möglich, ähnlich wie mit einem Krümmungsmeßgerät die Biege- und Drillmomente einer Platte unmittelbar zu bestimmen. Hierdurch spart man Zeit und Auswertearbeit, besonders wenn viele Meßstellen vorhanden sind. Unentbehrlich sind diese Methoden auch zum Aufzeichnen von Einflußflächen für die Momente einer Fahrbahnplatte.

Bei dünnen Platten ist zu berücksichtigen, daß die Meßstelle durch den aufgeklebten DMS versteift wird; außerdem liegt das Meßgitter nicht in der Plattenoberfläche, sondern in einem Abstand Δd hiervon, der durch die Trägerfolie und die Klebstoffschicht entsteht (s. Bild I.27).

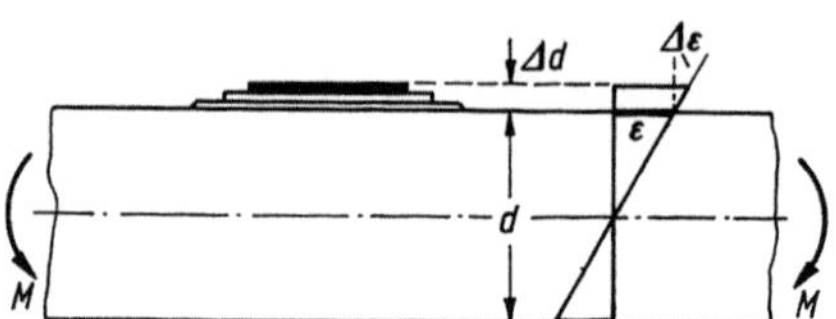

Bild I.27 Fehler $\Delta\varepsilon$ infolge der Dicke Δd von DMS auf dünnen Platten

Die Versteifung der Platte kann im allgemeinen vernachlässigt werden, wenn ihr E-Modul sehr viel größer ist als der des DMS; wurde jedoch Kunststoff als Modellmaterial gewählt, dann haben beide ungefähr gleiche E-Moduli, und es ist eine versteifende Wirkung der DMS auch bei dicken Platten festzustellen, insbesondere bei der Verwendung von Rosetten. Dies muß bei der Auswertung berücksichtigt werden (vgl. S. 214).

Hat man entsprechend der Beziehung

$$\sigma \equiv \frac{E}{1 - \mu^2} \cdot \varepsilon^* \tag{I.85}$$

die Oberflächenspannungen gemessen, so ist eine einwandfreie Trennung von Biege- und Normalspannungen mit Hilfe der Gl. (I.57) und (I.58) nur dann möglich, wenn die kleinere von beiden sich noch genügend von den unvermeidlichen Streuungen der Meßwerte unterscheidet. Der Zahlenwert der dem Betrage nach kleineren Spannung entsteht durch Differenzbildung aus den Beträgen der Meßwerte. Aus dem linearen Fehlerfortpflanzungsgesetz erhält man den relativen Fehler $\Delta\sigma/\sigma$ der errechneten Spannungen aus dem Fehler $\Delta\varepsilon^*$ der durch Messung ermittelten zusammengesetzten Dehnungen ε^* an der Plattenober- und -unterseite

$$\frac{\Delta\sigma}{\sigma} = \frac{2\Delta\varepsilon^*}{|\varepsilon_u^*| - |\varepsilon_o^*|} \tag{I.86}$$

mit der berechtigten Annahme, daß $\Delta\varepsilon_u^* = \Delta\varepsilon_o^*$. Hieraus ist ersichtlich, daß der Fehler ein Vielfaches des gesuchten Spannungswertes betragen kann, wenn sich die Dehnungen auf der Ober- und Unterseite nur sehr wenig unterscheiden. Ist ε_u^* die dem Betrage nach größere Dehnung, und nimmt man an, daß der größtmögliche Fehler der Dehnungsmessungen a Prozent hiervon beträgt, dann ist der relative Fehler der errechneten Spannungen maximal

$$\frac{\Delta\sigma}{\sigma} = \frac{2a}{1 - \left|\dfrac{\varepsilon_o^*}{\varepsilon_u^*}\right|}\,[\%]. \tag{I.87}$$

Dies bedeutet mit anderen Worten, daß

$$\left|\frac{\varepsilon_o}{\varepsilon_u}\right| \leq 1 - 2\,\frac{a}{\Delta\sigma/\sigma} \tag{I.88}$$

sein muß, damit der Fehler $\Delta\sigma/\sigma$ der betragsmäßig kleineren Spannung nicht überschritten wird. Mißt man für ε_u Dehnungen, die $100 \cdot 10^{-6}$ überschreiten, so kann man annehmen, daß die Meßfehler innerhalb $\pm 3\%$ bleiben. Soll der Fehler $\Delta\sigma/\sigma$ der kleineren Spannung nicht größer als 20% werden, dann darf ε_o höchstens 70% des Wertes von ε_u betragen, wenn unter diesen Umständen die Trennung von Biege- und Normalspannungen noch sinnvoll sein soll.

Um das Aufkleben der Rosetten zu umgehen und um trotzdem an möglichst vielen Punkten messen zu können, entwickelte A. MOSER [I.37] ein Tastgerät, bei dem DMS-Rosetten auf zwei elastischen Körpern befestigt sind. Diese werden mit einem Bügel und einer Stellschraube gegen Ober- und Unterseite der Modellplatte gepreßt, wobei die Richtung der Rosetten beliebig eingestellt werden kann (s. Bild I.28). In Verbindung mit einer Doppelmeßbrücke ist es bei Beachtung der Gl. (I.60) und (I.61) möglich, Spannungen und Momente direkt zu messen. Die Anpreßkörper sind so elastisch, daß sie am viel steiferen Meßobjekt keine nachweisbare Veränderung des Spannungszustandes verursachen. Die Dehnungen der Rosetten sind etwas geringer als bei einem aufgeklebten DMS, aber der Unterschied ist konstant und praktisch vom Anpreßdruck unabhängig, wenn dieser nicht zu klein ist. Das Gerät wird an einem Probestab kalibriert, der einem konstanten Biegemoment unterworfen wird; hierdurch werden der k-Faktor der Rosetten (s. Abschn. F-4.4.2.1), das Gleitmaß der Anpreßkörper, E-Modul und Querdehnzahl des Werkstoffes von selbst mitberücksichtigt. Die Richtung der Hauptspannungen läßt sich finden, indem der Anpreßkörper so lange gedreht wird, bis die beiden senkrecht zueinander stehenden DMS der Rosette gleiche Dehnungen anzeigen. Dann befinden sie sich unter $45°$ zu den Hauptspan-

nungsrichtungen, was aus dem Mohrschen Dehnungskreis zu erkennen
ist. Schaltet man sie als Halbbrücke, dann werden ihre Meßwerte subtrahiert, und das Anzeigegerät schlägt bei Belastung nicht aus, wenn
die gesuchte Lage gefunden ist. Die Hauptspannungsrichtung kann auf
diese Weise rasch und mit großer Genauigkeit gefunden werden, da die

Bild I.28 Meßvorrichtung nach MOSER [I.37] beim Prüfen eines Schalenmodells

Ableitung der Funktion $\Delta\varepsilon(\varphi) = \varepsilon_\varphi - \varepsilon_{\varphi+90°}$ für den Wert $\Delta\varepsilon(\varphi) = 0$
am größten ist. Bei dieser Methode braucht das Gerät nicht geeicht und
die Meßbrücke nicht auf Null abgeglichen zu werden. Die Verwendung
des Tastgerätes hat den großen Vorteil, daß man aus sehr vielen Messungen, die dicht beieinanderliegen können, die Stelle mit der größten Beanspruchung und auch das Trajektorienbild schnell und leicht finden kann.
Dies ist in den meisten Fällen wichtiger als die genaueren Meßwerte, wie
sie aufgeklebte DMS-Rosetten liefern.

Aus den gleichen Gründen verwendet man für Plattenuntersuchungen
teilweise auch Spitzendehnungsmesser, bei denen die Meßlänge mit zwei
Spitzen abgegriffen wird (s. Abschn. F-4.2). Die Längenänderung wird
mechanisch oder elektrisch angezeigt. Man kann die Geräte so aufbauen,
daß die Dehnungen gleichzeitig in drei Richtungen gemessen werden.
C. SCHLEICHER [I.38] verwendet hierzu induktive Geber, während S.
SJÖSTRÖM [I.39] die Widerstandsänderung freigespannter dünner Drähte
zur Umwandlung der Längenänderung in ein elektrisches Signal benutzt

(s. Abschn. F-4.4.2.1). Die angegebenen Schaltungen zur Messung von ε_φ etc. lassen sich in entsprechender Form auch bei diesen Geräten anwenden. Da vorwiegend mit sehr kleinen Meßlängen gearbeitet werden muß und somit sehr genaue Dehnungsmessungen notwendig sind, ist die richtige Aufspannung der Geräte wichtig. Die hierzu notwendige Vorrichtung ist ein Teil des Gerätes und erfordert bei der Entwicklung ebensoviel Aufmerksamkeit wie das Gerät selbst (s. Abschn. F-4.2.1). Zum

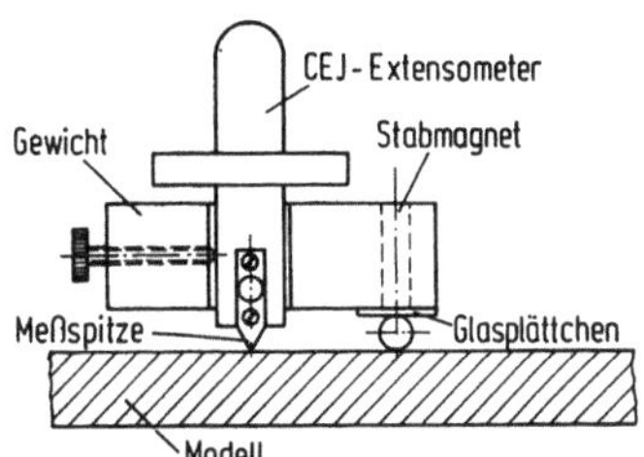

Bild I.29 Anpressen eines Extensometers durch ein Gewicht nach HILTSCHER

Andrücken eines Gerätes der Fa. C. E. Johansson bei Messungen an Platten verwendet R. HILTSCHER ein Gewicht, das sich auf den Meßspitzen und einer Kugel abstützt. Sie gleitet zur Vermeidung von Zwangskräften auf einem Glasplättchen und wird durch einen Magneten festgehalten (s. Bild I.29). Mechanische Spitzendehnungsmesser haben heute jedoch keine Bedeutung mehr, da mit ihnen die geschilderten Vorteile der direkten Spannungsmessung nicht ausgenutzt werden können, jedoch läßt sich das Anpressen mittels eines Gewichtes auch bei anderen Geräten anwenden.

3.2.2.5 Spannungsoptische Messungen an Platten

Zur spannungsoptischen Bestimmung der Momente einer Platte steht eine Reihe von Verfahren zur Verfügung. Wiederholt wurde das Erstarrungsverfahren (s. Abschn. G-2.2) angewendet, das allerdings bei Plattenuntersuchungen entscheidende Nachteile besitzt. Es erfordert wesentlich größere Formänderungen des Modells als bei der Hauptausführung auftreten würden (Dehnungsübertreibung s. Abschn. B-5.2), wodurch die Ähnlichkeitsgesetze verletzt werden und dem Biegespannungszustand ein Normalspannungszustand überlagert wird. Weiterhin unterscheidet sich die Poissonsche Zahl der üblichen Modellmaterialien beim Erstarrungsverfahren mit $\mu = 0,5$ erheblich von der der Hauptausführung, so daß größere Abweichungen im Momentenverlauf auftreten. Beide Nachteile lassen sich vermeiden, wenn man andere Verfahren anwendet, bei denen das spannungsoptische Plattenmodell bei Zimmertemperatur untersucht wird. Es handelt sich dabei um das Zweischichtverfahren (s. Abschn. G-2.4.1.1), das Reflexionsverfahren (s. Abschn. G-2.4.1.2) und das Anbohrverfahren nach R. HILTSCHER (s. Abschn. G-2.4.1.3). Bei diesen Verfahren müssen die Modelle nicht zerschnitten werden. Es ist festzustellen, daß diese Untersuchungsmethoden bei Kirchhoffschen Platten keinerlei Vorteile gegenüber anderen Verfahren bringen. Zwar erhält man einen Überblick über das Verhalten der gesamten Platte, aber die zahlenmäßige Ermittlung der Biegemomente ist doch sehr umständlich. Sind Biegung und Normalkräfte vorhanden, so bewirkt dies eine Drehung des Lichtvektors ähnlich wie bei der spannungsoptischen Untersuchung von Schalen, und die Deutung des optischen Effektes wird kompliziert. In solchen Fällen ist nur das Erstarrungsverfahren mit den bereits erwähnten Nachteilen anwendbar.

3.2.3 Ermittlung von Einflußflächen für Biegemomente und Auflagerkräfte

Die meisten in der Modellstatik untersuchten Platten sind Fahrbahnplatten von Brücken, zu deren Bemessung Einflußflächen notwendig sind. Diese geben den Einfluß der Einheitslast auf eine Auflagerkraft oder die Schnittgrößen eines Plattenpunktes an und sind räumliche Flächen. Man erhält sie, indem der Wert der gesuchten Größe als Ordinate über der Plattenebene an der Stelle aufgetragen wird, wo die Einzellast gerade steht. Zur Darstellung dieser Flächen gibt es drei Möglichkeiten:

a) Man projiziert horizontale Schnitte durch die Fläche in die Zeichenebene und erhält so Höhenschichtlinien. Dies ist die am meisten benutzte Art, Einflußflächen abzubilden. Bei Benutzung eines Planimeters können sie relativ einfach ausgewertet werden.

b) Auch durch Zeichnen vertikaler Schnitte kann die Fläche wiedergegeben werden. Dies erfordert sehr viel mehr Platz, wenn die Schnitte dicht gelegt werden, und ist nicht so anschaulich. Außerdem ist die Auswertung umständlicher. Sie kann jedoch genauere Werte liefern, wenn man die Simpsonsche Regel benutzt.

c) Die tabellarische Wiedergabe der Einflußordinaten an den Punkten eines geeignet gewählten Rasters ist unanschaulich, aber für eine rechnerische Auswertung, besonders bei elektronischer Datenverarbeitung, besser geeignet als eine zeichnerische Darstellung.

Einflußflächen gestatten, in den sogenannten Aufpunkten (den Meßpunkten) die maximale Beanspruchung infolge einer beweglichen Belastung festzustellen. Die richtige Auswahl der Aufpunkte zur Bemessung der Platte erfordert etwas Erfahrung, da man die Punkte finden muß, in

denen die Momentengrenzwerte auftreten. Erleichtert wird dies, wenn
man zunächst die Zustandsflächen für Gleichlast ermittelt, aus denen
der Verlauf der maximalen Beanspruchung entnommen werden kann.
Hieraus ergeben sich Anhaltspunkte für die bei der Bemessung maßgeblichen Aufpunkte. In ihnen sind die Einflußflächen für m_x, m_y und m_{xy}
zu ermitteln. Die Bestimmung der Hauptmomente ist nicht sinnvoll,
da diese für Eigengewicht und Verkehrslast meist andere Richtungen
haben und die Auswertung verschiedener Laststellungen wegen der vek-
toriellen Addition umständlich ist.

Voraussetzung für die Ermittlung von Einflußflächen an Plattenmodellen ist, daß mit einem der in den Abschn. I-3.2.2.3 und I-3.2.2.4
beschriebenen Verfahren eine Größe gemessen wird, die proportional dem
Biegemoment bzw. der Spannung in der Plattenoberfläche ist oder eine
gesuchte Auflagerkraft darstellt. Die gesuchte Größe ändert sich, wenn
man eine Einzellast über das Modell wandern läßt, je nach dem Ort,
an dem sich diese befindet. Führt man die Last so über die Platte, daß
der Meßwert konstant bleibt, so gibt die Spur der Einzellast eine Höhenschichtlinie der gesuchten Einflußfläche wieder. Die Belastung wird
durch einen Bügel aufgebracht, der um das Modell greift und durch ein
Gewicht in der Waage gehalten wird (s. Bild I.30). Die Last kann mit

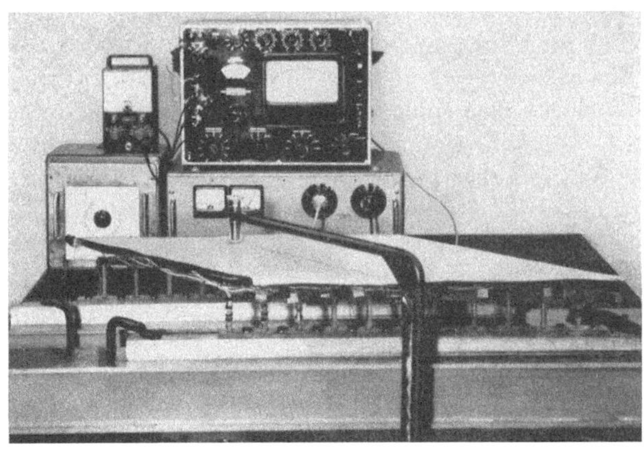

Bild I.30 Ermittlung der Einflußflächen an einem Brückenmodell aus Kunstharz
mit Hilfe von DMS-Rosetten

Hilfe eines Rades, das in einem Drehgestell gelagert ist, an jeden Punkt
und in jede beliebige Richtung erschütterungsfrei gefahren werden. Auf
das Modell wird ein durchschreibendes Papier mit der Farbe nach oben
gelegt und darüber ein Transparentpapier. Fährt man jetzt Linien gleicher Ordinaten mit Hilfe des Lastbügels, wobei sich der Fahrweg der
Last auf das Transparentpapier durchzeichnet, so erhält man bei einiger

Übung die Einflußfläche für die gesuchte Größe. Man bekommt zunächst Zickzack- oder Schlangenlinien, durch die anschließend Ausgleichskurven gelegt werden müssen. Dies wird sehr erleichtert, wenn man ohne Kurvenlineal freihändig mit einer Nachlauffeder (Kurvenreißfeder) arbeitet. Nicht immer ist es zweckmäßig, einen Belastungsbügel mit einer Rolle zu verwenden. Ein Bügel, der mit einem abgerundeten Stift auf die Platte drückt, führt oft zu einer gleichmäßigeren Höhenlinie, als man sie durch Fahren mit der Rolle erhält. Er wird von Hand immer ein wenig versetzt, bis der neue Ort mit konstanter Einflußordinate gefunden ist. Zwischen alter und neuer Laststellung wird die Höhenlinie von Hand eingezeichnet.

Bringt man auf die Höhenlinie mit der Ordinate Null eine Last auf, so erzeugt diese keinen Ausschlag am Meßgerät. Zur Feststellung der Nullinie kann deshalb eine beliebige Last verwendet werden, indem man mit einem Stift von Hand auf die Platte drückt. So läßt sie sich sehr schnell finden, was dann sehr wichtig ist, wenn die Einflußfläche in einem größeren flächenhaft ausgedehnten Gebiet die Ordinate Null hat.

Die Größe der Fahrlast wird so gewählt, daß sie vom Messenden mit einer Hand geführt werden kann und daß außerdem ein ganzer, leicht zu unterteilender Wert der Skala am Meßgerät die Einheit der gesuchten Größe anzeigt. Die Einflußflächen für Auflagerkräfte werden auf eine dimensionslose Wanderlast „1“ bezogen. Sie gelten dann sowohl für das Modell als auch für die Hauptausführung, da die bezogene Auflagerkraft ein dimensionsloses Verhältnis ist. Auch die Ordinaten der Momenteneinflußflächen haben keine Dimension, wenn sie auf eine dimensionslose Last „1“ bezogen werden, denn die Momente in Platten werden üblicherweise für die Breite 1 angegeben. D. h., 1 Mp Last bewirkt in der Hauptausführung im Aufpunkt ein Moment, gemessen in Mpm/m, von der Größe der Einflußordinate unter der Last. Es läßt sich deshalb ohne weiteres erreichen, daß die einzelnen Höhenschichtlinien sinnvolle Unterteilungen des Größtwertes der Einflußordinaten für die Hauptausführung darstellen.

Um die zeitaufwendige Arbeit des Verbesserns und Umzeichnens der Höhenschichtlinien zu verringern, wurden verschiedene Verfahren angegeben. In [I.40] wird ein Verfahren beschrieben, bei dem die Last mit einer elektromechanischen Vorrichtung in engem Abstand zeilenweise über das Plattenmodell geführt wird (s. Bild I.31). Jedesmal, wenn die wandernde Einzellast eine gewünschte Höhenlinie der gesuchten Einflußfläche überfährt, wird durch eine automatisch arbeitende Vorrichtung dieser Punkt auf einer neben dem Modell angeordneten Zeichenfläche markiert. Die Höhenlinien entstehen so selbsttätig durch eine dichte Folge von Punkten. Ein ähnliches halbautomatisches Abtastgerät benutzt zur Führung der Wanderlast ein Gestänge, das wie ein

Pantograph gebaut ist; es erlaubt eine verkleinerte Darstellung der Einflußflächen (Bild I.32). Der Messende führt einen Schreibstift, der, vom Anzeigegerät elektrisch gesteuert, nur dann auf der Zeichenebene schreibt, wenn der Meßwert Null ist. Bei abgehobener Last wird die negative Ordi-

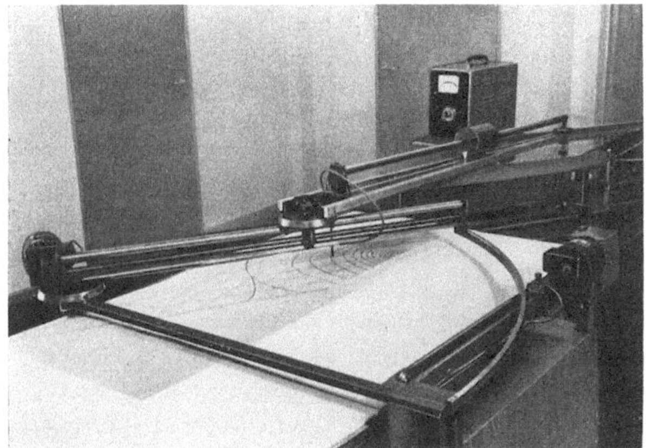

Bild I.31 Elektromechanische Vorrichtung zum Abtasten von Einflußflächen

Bild I.32 Halbautomatische Vorrichtung zum Zeichnen von Einflußflächen (nach [I.45])

nate der gesuchten Höhenlinie an dem Meßgerät eingestellt. Unter Belastung geht der Zeiger dann auf Null, wenn die Last über der Höhenschichtlinie steht. Beim Versuch, dieser Linie nachzufahren, werden Abweichungen davon nicht aufgezeichnet. Man hat nur dafür zu sorgen, daß der Weg der Last immer wieder die Höhenlinie schneidet, die so auf der Zeichnung stückweise bereits geglättet entsteht. Damit die Lastrolle ungehindert in alle Richtungen fahren kann, wird sie von einem Elektromotor ständig um ihre lotrechte Achse gedreht.

Eine Darstellung der Einflußfläche durch vertikale Schnitte erhält man, wenn die Wanderlast mit gleichmäßiger Geschwindigkeit zeilenweise über das Modell geführt und der Meßwert mit einem Registriergerät aufgezeichnet wird. Der Vorschub des Registrierpapiers entspricht dann der Bewegung der Last längs einer Zeile. Um eine genaue Zuordnung zu ermöglichen, muß die Last durch eine elektrisch angetriebene Vorrichtung bewegt werden.

Das punktweise Ausmessen einer Einflußfläche zwecks tabellarischer Wiedergabe erfordert sehr viel mehr Zeit als die anderen zeichnerischen Verfahren. H. Hossdorf [I. 41] hat deshalb eine große vollautomatische Meßanlage gebaut, deren Belastungsvorrichtung über dem Modell auf einem Kreuzschlitten programmgesteuert nacheinander an jeden Punkt eines beliebigen Rasters gefahren werden kann. Die Meßwerte für die gesuchte Größe werden in Lochkarten gestanzt, um dann in einer elektronischen Datenverarbeitungsanlage ausgewertet zu werden. So ist es möglich, das zeitraubende Ermitteln ungünstiger Laststellungen und der Bemessungsmomente ebenfalls einer elektronischen Rechenmaschine zu übertragen.

Um denselben Zweck zu erreichen, nämlich die tabellarische Ermittlung der Einflußflächen zwecks elektronischer Weiterverarbeitung, werden am Modell in jedem Punkt des gewählten Rasters gleiche Einzellasten angehängt. Die Aufhängevorrichtungen gestatten, jedes Gewicht einzeln zu heben und zu senken, wodurch ein punktweises Be- und Entlasten möglich ist. Dies wird durch eine elektronische Matrizenschaltung so gesteuert, daß die Einflußfläche punktweise vermessen wird. Die Ergebnisse werden auf Lochstreifen in Verbindung mit der Koordinate der Laststellung derart registriert, daß eine vollständige elektronische Auswertung der Einflußflächen bis zu einem für die gewählte Brückenklasse gültigen Bemessungswert möglich ist.

Besondere Beachtung ist bei der Ermittlung und Auswertung von Einflußflächen von Plattenmomenten der Ordinate im Aufpunkt zu schenken. Das Moment wird hier durch die Spannungsverteilung im Einleitungsbereich der angreifenden Einzelkraft bestimmt. Diese wiederum ist von der Plattendicke und der Lastaufstandsfläche abhängig. Letztere spielt jedoch bei den in der Praxis üblichen Plattendicken nur eine untergeordnete Rolle, wie H. Rüsch und A. Hergenröder [I. 42] festgestellt haben. Die Ausrundung der Einflußflächen im Aufpunkt ist fast ausschließlich durch die Plattendicke bedingt. Man sollte deshalb die Dicke der Modellplatte wenigstens annähernd ähnlich zu jener der Hauptausführung wählen. Man darf dann aber bei der Auswertung solcher Einflußflächen für Radlasten die lastverteilende Wirkung von Aufstands-

fläche und Plattendicke nicht mehr in Rechnung stellen. Ist das Verhältnis von Plattendicke zu Spannweite kleiner, als es der geometrischen
Ähnlichkeit entspricht, so liegt der am Modell im Aufpunkt ermittelte
Meßwert auf der sicheren Seite. H. Weise [I.30] hat mit DMS von 5 mm
Meßlänge an einer 3 mm dicken Platte den Einfluß von Membranspannungen auf die Ermittlung der Momente im Bereich der Lasteintragungsstelle untersucht. Die Dehnung der Mittelfläche betrug jedoch nur 4%
der Randdehnung, so daß hierdurch keine wesentliche Verminderung
der Momente zu erwarten ist.

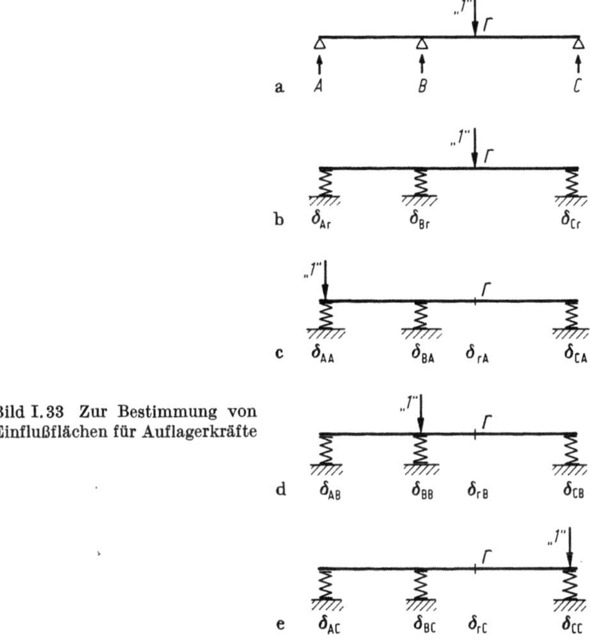

Bild I.33 Zur Bestimmung von Einflußflächen für Auflagerkräfte

Bei der Bestimmung von Einflußflächen von Auflagerkräften besteht
oft die Schwierigkeit, die starre Tragwerkslagerung im Modell nachzubilden. Diese Schwierigkeit kann man mit dem folgenden Verfahren umgehen [F.47], für das allerdings eine automatische Rechenanlage zur
Verfügung stehen sollte: Es werden alle Lager als Meßlager mit zweckmäßiger aber beliebiger Nachgiebigkeit ausgeführt und das nun elastisch
gelagerte Modell als statisch unbestimmtes Hauptsystem behandelt.
Bild I.33 zeigt den Meß- und Rechenablauf an einem einfachen Beispiel:
Gesucht seien am starr gelagerten System für den dargestellten Lastfall
die Auflagerkräfte A, B, C, d. h. die Einflußordinaten der Auflagerkräfte
für den Punkt r (Bild I.33a). Gemessen werden hierzu am elastisch

gelagerten System die Lagerverschiebungen für die in Bild I.33 b—e dargestellten Lastfälle. Nach dem Bettischen Satz gilt für die Fälle a) und c)

$$A \cdot \delta_{AA} + B \cdot \delta_{BA} + C \cdot \delta_{CA} + 1 \cdot \delta_{rA} = 0 \qquad (\text{I.89})$$

und entsprechend für a) und d) bzw. e)

$$A \cdot \delta_{AB} + B \cdot \delta_{BB} + C \cdot \delta_{CB} + 1 \cdot \delta_{rB} = 0 \qquad (\text{I.90})$$

$$A \cdot \delta_{AC} + B \cdot \delta_{BC} + C \cdot \delta_{CC} + 1 \cdot \delta_{rC} = 0. \qquad (\text{I.91})$$

Nach MAXWELL sind die Werte δ_{rA}, δ_{rB} und δ_{rC} gleich den Auflagerverschiebungen δ_{Ar}, δ_{Br} und δ_{Cr}, wenn die Einheitslast im Punkte r angreift; sie können also im Falle b) bestimmt werden. Wegen $\delta_{ik} = \delta_{ki}$ läßt sich das System entsprechend der folgenden ersten Zeile umschreiben:

$$A \cdot \delta_{AA} + B \cdot \delta_{AB} + C \cdot \delta_{AC} = -\delta_{Ar}. \qquad (\text{I.92})$$

Da in jeder Zeile Federkonstante und Eichfaktor des jeweiligen Lagers als ein gemeinsamer Faktor in den δ_{ik} auftreten, kürzen sie sich heraus, und es genügt, lediglich die Ablesewerte δ_{ik} des Meßverstärkers als Koeffizienten zu verwenden, so daß beliebige und unterschiedlich empfindliche Meßlager eingebaut werden können. Im allgemeinen Falle mit n Meßlagern lautet das Gleichungssystem für die Einflußordinaten der Auflagerkräfte im Punkte r

$$\eta_1 \alpha_{11} + \eta_2 \alpha_{12} + \cdots + \eta_n \alpha_{1n} = -\alpha_{1r}$$

$$\eta_1 \alpha_{21} + \eta_2 \alpha_{22} + \cdots + \eta_n \alpha_{2n} = -\alpha_{2r} \qquad (\text{I.93})$$

$$\vdots$$

$$\eta_1 \alpha_{n1} + \eta_2 \alpha_{n2} + \cdots + \eta_n \alpha_{nn} = -\alpha_{nr}.$$

Dieses Gleichungssystem muß für alle interessierenden Aufpunkte nach jeweils neuer Ermittlung der rechten Seite durch Messung des Lastfalls „Einheitslast im Aufpunkt" gelöst werden, was beim Einsatz von Rechenautomaten keine Schwierigkeit bedeutet.

Ein ähnliches Verfahren gestattet die Ermittlung von Auflagerkräften bzw. deren Einflußordinaten auch für den Fall, daß ein Teil der Auflager eine vorgegebene Elastizität aufweist, ohne daß diese modellmäßig realisiert werden muß [F.47].

3.2.4 Ermittlung von Querkräften

Querkräfte werden bei der Bemessung von Platten kaum berücksichtigt. Sollen sie trotzdem ermittelt werden, so bestimmt man sie aus den Momentendifferenzen näherungsweise, oder man benutzt die Gleichungen

$$q_x = \frac{\partial m_x}{\partial x} + \frac{\partial m_{xy}}{\partial y}\,; \qquad q_y = \frac{\partial m_y}{\partial y} + \frac{\partial m_{xy}}{\partial x}. \qquad (I.94)$$

Eine direkte Messung ist nicht möglich.

3.2.5 Technische Einzelheiten bei der Versuchsdurchführung

Als Modellmaterial für Platten mit konstanter Dicke kommen Aluminium und Glas in Frage. Glas wird bei Modellen von Stahlbetonplatten bevorzugt, da seine Querdehnzahl $\mu = 0{,}22$ der von Beton sehr nahe kommt und damit das Poissonsche Modellgesetz recht gut erfüllt ist (s. Abschn. B-5.1). Nachteilig ist, daß nur einfach berandete Plattenmodelle hergestellt werden können und der Bruch spröde erfolgt. Jedoch verhält sich Glas im Nutzbereich streng elastisch, ohne zu kriechen. Bei Einhalten einer dreifachen Sicherheit kann eine Dehnung bis zu $200 \cdot 10^{-6}$ zugelassen werden. Die sehr kleinen Dickentoleranzen von Kristallspiegelglas-Platten sind ein großer Vorteil. Bei ausgesuchten Platten von 6 mm Dicke bleiben sie innerhalb von $\pm 1/100$ mm. Ihr E-Modul beträgt etwa 770 000 kp/cm².

In derselben Größenordnung liegt der E-Modul von Aluminiumplatten. Leider sind ihre Dickentoleranzen nicht so gut wie bei Spiegelglas, jedoch ist die Herstellung kompliziert berandeter Modelle äußerst einfach. Die Querdehnzahl ist allerdings $\mu = 0{,}33$.

Um das Poissonsche Modellgesetz zu erfüllen, werden auch Modelle aus Gips verwendet, dessen Querdehnzahl 0,22 beträgt. Wegen des Schmutzes bei der Bearbeitung ist er jedoch nicht beliebt. Sein E-Modul schwankt je nach Wassergehalt zwischen 70000 und 80000 kp/cm². Infolge seiner geringen Zugfestigkeit erreicht die zulässige Dehnung höchstens $250 \cdot 10^{-6}$. Die Vorteile der Verwendung von Gips treten meist erst dann hervor, wenn Platten mit veränderlicher Dicke hergestellt werden müssen. Das Anfertigen von Formen und das Gießen der Modelle wird damit besonders einfach, doch ist ein gewisses Maß an Erfahrung und Übung erforderlich. Die Oberfläche von Gipsmodellen besitzt einen anderen E-Modul als das Innere. Dies tritt besonders stark in Erscheinung, wenn die Oberflächen abgezogen wurden. Man sollte deshalb die Modelle stets etwas größer herstellen und die oberste Schicht abarbeiten (s. Abschn. C-2.1.1).

Kunststoffe lassen sich leicht bearbeiten, kleben und teilweise auch gießen und sind deshalb für die Herstellung streng geometrisch ähnlicher Modelle besonders geeignet. Sie besitzen einen sehr niedrigen E-Modul von 30000 bis 40000 kp/cm², aber ihre Querdehnzahl liegt zwischen 0,36 und 0,39. Wegen ihrer zeitabhängigen Verformungen ist ein lineares Verhalten nur bei Anwendung besonderer Maßnahmen vorhanden (s. Abschn. C-3.2). Die Dickentoleranzen handelsüblicher Platten von 10 mm Dicke können bis zu $\pm 10\%$ betragen. Es sind deshalb nur besonders ausgewählte Tafeln für Modellversuche brauchbar.

Bei Kirchhoffschen Platten ist man in der Wahl der Plattendicke frei; bei starrer Lagerung sollte die Platte nicht zu dick gewählt werden, da sich dann kleine unvermeidliche Nachgiebigkeiten weniger auswirken als bei einer dickeren, steiferen Modellplatte. Allerdings sind dickere Platten bei Dehnungsmessungen von Vorteil, da sich bei gleicher Durchbiegung größere Dehnungen der Randfasern ergeben als bei dünnen Platten. Nach K.-H. HEHN [I.43] liegt der Übergang zur dicken Platte, bei der dann die Schubverformungen nicht mehr zu vernachlässigen sind, bei einem Verhältnis $l:d = 5:1$. Solche Platten sind selten und erfordern genauso wie statisch unbestimmt gelagerte Platten mit veränderlicher Dicke ein streng geometrisch ähnliches Modell. Die Längenmaßstäbe liegen meist zwischen 1:50 bis 1:100, je nach Größe des Bauwerks. Das Modell sollte etwa 0,8 bis 1,0 m, in Sonderfällen bis zu 2 m lang sein. Wenn jedoch der Dickenmaßstab gleich dem Längenmaßstab sein muß, dann wird die Größe des Modells meist durch die kleinste noch einwandfrei herzustellende Plattendicke bestimmt.

Bei Untersuchungen an Plattenmodellen kann man meist mit Dehnungsübertreibung (Abschn. B-5.2) arbeiten, so daß die Größe der Belastung nach versuchstechnischen Gründen festgelegt werden kann. Im Hinblick auf eine große Meßgenauigkeit wird man möglichst große Verformungen erzielen wollen, denen jedoch wegen der für das Modellmaterial im elastischen Bereich zulässigen Spannungen und Dehnungen eine Grenze gesetzt ist. Damit bei Platten die Kirchhoffschen Voraussetzungen eingehalten werden, sollen die Durchbiegungen $w \leq d/4$ bleiben. Es sollte jedesmal überprüft werden, ob Membranwirkungen mit Sicherheit ausgeschlossen werden können. Die kritische Durchbiegung läßt sich am Modell leicht erkennen, indem man die Belastung so lange steigert, bis keine Proportionalität zwischen Last und Verformung mehr vorhanden ist.

Für die Auswertung der Messungen und ihre Übertragung auf die Hauptausführung muß man die Querdehnzahl μ und den E-Modul kennen. Man ermittelt sie an Probestreifen aus demselben Material, die einem bekannten Biegemoment unterworfen werden (Bild F.46). Ihre Breite soll höchstens ein Zehntel ihrer Spannweite betragen, damit die Krüm-

mung in Querrichtung nicht behindert wird und das Querbiegemoment
Null ist. K.-H. Hehn [I.43] hat an einem Probestreifen aus Aluminium
E und μ mit acht verschiedenen Meßelementen ermittelt. Es waren ein
mechanisches Extensometer mit 5 cm Meßlänge, ein induktives Extensometer mit $l = 2{,}5$ cm, drei DMS-Typen verschiedener Hersteller und
drei Krümmungsmeßgeräte mit Basislängen von 2, 3 und 4 cm. Die ermittelten E-Moduli lagen in einem Bereich von $+2{,}6\%$ und $-3{,}5\%$ um
den Mittelwert. Die Standardabweichung (s. Abschn. K-2.4) aus den acht
Messungen betrug $\pm 0{,}7\%$. Bei den Querdehnzahlen war sie $\pm 0{,}9\%$.
Diese Messungen zeigen die gute absolute Genauigkeit der heute verfügbaren Meßverfahren und Geräte zur Ermittlung mechanischer Beanspruchungen.

Dieselben Probestreifen können auch zur Kalibrierung der Momentenmeßgeräte (Abschn. I-3.2.2.3) oder bei der Spannungsmessung (Abschn.
I-3.2.2.4) verwendet werden. In manchen Fällen, vorzugsweise bei schiefen Platten, kann man eine direkte Kalibrierung des Modells vornehmen,
wie sie von H. Rüsch und A. Hergenröder [I.42] benutzt wurde.
Man lagert die Platten vor Beginn der Messungen als rechtwinklige
Platten und belastet sie mit einem konstanten Moment, das man durch
Anklemmen von zusätzlichen Hebelarmen in das Modell einleitet. So
erhält man unmittelbar die Beziehung zwischen der Anzeige des Meßgerätes und dem Moment der Platte. Sämtliche Fehlermöglichkeiten,
die in der Bestimmung des E-Moduls, der Plattendicke usw. enthalten
sind, können dabei ausgeschaltet werden.

Sollen Stützmomente über den Auflagern von durchlaufenden Platten
oder über flächenhaft aufliegenden Einzelstützen ermittelt werden, so
muß das verwendete Meßverfahren an einem bekannten Stützmoment
kalibriert werden. Dabei müssen sowohl die Platte als auch die Stütze
aus dem Modellwerkstoff bestehen und ihre Abmessungen dem Modell
entsprechen [I.43]. Krümmungen und Dehnungen sind über der Stütze
nicht mehr dem Moment direkt proportional, denn es ist kein linearer
Spannungszustand vorhanden. Nach K. Ritter [I.44] klingt jedoch
der räumliche Spannungszustand über der Stütze sehr schnell wieder ab
und ist in einem Abstand vom Stützenrand, der gleich der Plattendicke
ist, wieder verschwunden. In einem Vorversuch stellt man fest, ob die
durch die Meßlänge entstehende Ausrundung der Momentenspitze zulässig ist. Gegebenenfalls ist für die Ermittlung des Momentes über der
Stütze eine andere Meßlänge zu wählen. Oft ist es jedoch sinnvoll, nur
die obere Randspannung anzugeben oder daraus ein Ersatzmoment zu
bestimmen, da bei einer monolithisch mit der Platte verbundenen Stütze
kein Widerstandsmoment mehr definiert werden kann. Umgekehrt kann
man auch für die aus versuchstechnischen Gründen gewählte Meßbasis
eine ideelle Lastverteilungsfläche berechnen, für die das am Modell er-

mittelte Moment und das an der Hauptausführung vorhandene ausgerundete Moment gleich sind [I.33].

Zeichnet man in der Oberfläche einer Platte die Hauptspannungstrajektorien, die den Hauptmomentenlinien entsprechen, so hat es in manchen Fällen den Anschein, als ob die Trajektorien schräg in einen lastfreien Rand einmünden; dies widerspricht aber den Forderungen der Festigkeitslehre, denn die Schubspannungen in der Plattenebene müssen am Rande Null sein. Unmittelbar am Rand läßt sich die Richtung der Hauptspannungen mit den meisten Meßverfahren nur sehr schwer bestimmen. Die Extrapolation der in Randnähe gewonnenen Werte führt zu dem genannten Widerspruch, der auch mit Hilfe der Kirchhoffschen Theorie nicht erklärt werden kann. Wegen der bei ihr getroffenen vereinfachenden Annahmen können nur zwei der vorhandenen drei Randbedingungen befriedigt werden. Deshalb werden die Randmomente mit den Querkräften zu Randdrillmomenten zusammengesetzt, die aber bei einer wirklichen Platte nicht vorhanden sind. Bei ihr tritt am Rand ein räumlicher Spannungszustand auf, der mit der verbesserten Plattentheorie von E. Reissner [I.46] erfaßt wird. Dieser Störungsbereich klingt aber in einer Entfernung vom Rand, die der Plattendicke entspricht, ab. Innerhalb dieses Bereiches ändern die Trajektorien ihre Richtung, wie Versuche von W. Teepe und K.-H. Hehn [I.47] an Plattenmodellen und F. Ebner [I.48] an Betonplatten zeigen, und verlaufen in der in Bild I.34 dargestellten Weise. Es ist deshalb zweckmäßig, bei Modellversuchen

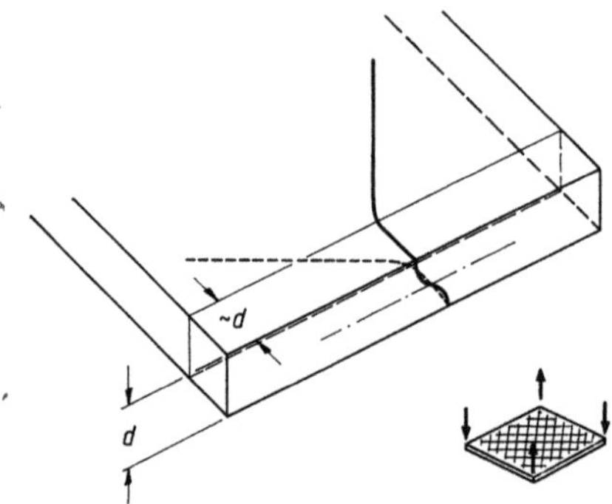

Bild I.34 Trajektorienverlauf am Rande einer Platte unter reiner Torsionsbelastung im Störbereich

die Hauptmomentenrichtung nur bis in Randnähe zu bestimmen und aus deren Abweichung von der Richtung des Randes den Anteil des Drillmomentes mit Hilfe der Beziehung

$$\operatorname{tg} 2\alpha = \frac{2\,m_{xy}}{m_x - m_y} \tag{I.95}$$

abzuschätzen [I.43]. Bei Stahlbetonplatten ist eine entsprechende Bewehrung vorzusehen.

Werden Auflagerkräfte bestimmt, so ist bei schiefen Platten zu beachten, daß der Plattenüberstand am Auflager die Verteilung der Kräfte auf die Lager im Bereich der stumpfen Ecke beeinflußt. Dies muß besonders dann berücksichtigt werden, wenn von der strengen geometrischen Ähnlichkeit abgewichen wird oder wenn vorhandene Meßergebnisse auf ein anderes nur näherungsweise ähnliches Bauwerk übertragen werden sollen. Der Abstand der ersten Auflager vom Plattenrand in Verlängerung der Auflagerlinie ist maßgebend für die Verteilung der Stützkräfte. Diese Auskragung wirkt sich vor allem auf die Kräfte in den beiden ersten Auflagern aus.

3.3 Schalen

Als Schalen bezeichnet man Flächentragwerke, deren Mittelebene einfach oder doppelt gekrümmt ist; hinsichtlich der Belastungsform werden keine Einschränkungen gemacht, so daß sowohl Dehnungen als auch Krümmungsänderungen der Schalenmittelfläche auftreten.

Ist die Schalendicke h hinreichend klein gegenüber dem kleinsten Krümmungsradius a (etwa $h \leq a/50$), so handelt es sich um sog. dünne Schalen. Die senkrecht zur Mittelfläche wirkenden Normalspannungen sind dann vernachlässigbar klein, und es können, auch bei veränderlicher Schalendicke, die gleichen Schnittgrößen (Normalkräfte, Querkräfte, Biege- und Drillmomente) wie bei den Platten definiert werden. Es bieten sich daher grundsätzlich die gleichen modellstatischen Untersuchungsmethoden zur Ermittlung dieser Schnittgrößen an wie bei den Platten, sofern sie sich dort nicht auf den reinen Biegespannungszustand beschränken oder eine im unbelasteten Zustand ebene Mittelfläche voraussetzen. Als wichtigstes und in der Praxis fast ausschließlich angewendetes Verfahren hat sich die Messung der Oberflächendehnungen mit Hilfe von DMS und DMS-Rosetten erwiesen. Aus den Dehnungen können dann auf einfache Weise die im Meßpunkt auf den beiden Schalenoberflächen vorliegenden zweiachsigen Spannungszustände mit ihren i. a. unterschiedlichen Hauptspannungsrichtungen ermittelt werden. Nähere Einzelheiten über die Messung von Oberflächenspannungen mit Hilfe von DMS-Rosetten können, soweit sie auch auf Messungen an Schalen anwendbar sind, dem Abschn. I-3.2.2.4 entnommen werden.

Spannungsoptische Methoden sind bisher bei der Untersuchung dünner Schalen nur mit begrenztem Erfolg angewendet worden. Abgesehen von den allgemein anwendbaren Verfahren der räumlichen und Oberflächenspannungsoptik wurden in letzter Zeit auch solche speziell für Schalenmessungen entwickelt (s. Abschn. G-2.4.2), die aber wegen der komplizierten Auswertung noch keine praktische Bedeutung erlangt haben. Auch Anwendungen des Moiréverfahrens (s. Abschn. H) bei der Untersuchung von Schalen haben bislang noch keine Vorteile gegenüber den herkömmlichen Methoden erbracht.

Handelt es sich um sog. „dicke Schalen" ($h > a/50$), so muß bei der Herleitung der Schnittgrößen aus den Oberflächenspannungen geklärt werden, in welchem Maße der in der Regel nichtlineare Verlauf der Spannungen längs der Schalendicke von der linearen Verteilung abweicht, d. h., inwiefern etwa die für Platten gültigen Beziehungen (I.57) bis (I.61) mit hinreichender Genauigkeit angewendet werden können. Allgemeine Aussagen hierüber sind nicht möglich, da die im jeweiligen Einzelfall vorliegenden geometrischen Verhältnisse berücksichtigt werden müssen. Auf alle Fälle sind dann die für die Untersuchung allgemeiner dreidimensionaler Baukörper geeigneten Meßmethoden (s. Abschn. I-4) anzuwenden.

4 Massive Modellkörper mit dreiachsigen Spannungszuständen

Auch bei massiven Baukörpern ist es meist ausreichend, die modelltechnisch leicht zu messenden zweiachsigen Oberflächenspannungen zu kennen, um die Festigkeit und das Tragverhalten zu beurteilen. In der Regel entstehen nämlich die maximalen Spannungen in der Oberfläche, nicht im Innern des Körpers. Hiervon ausgenommen sind Körper mit gewölbten Oberflächen, die gegeneinander gepreßt werden und sich in einer endlich kleinen Druckfläche berühren. Es handelt sich hierbei um die sog. Hertzschen Probleme, die sich mit den von HERTZ aufgestellten Formeln berechnen lassen. Hier entsteht die maximale Beanspruchung nicht in der Berührungsfläche, sondern im Innern des Körpers in deren Nähe. Spannungszustände dieser Art werden vorwiegend auf dem Gebiet des Maschinenbaus untersucht.

Auch im Bauwesen ist in einigen besonderen Fällen der dreiachsige Spannungszustand (Größe und Richtung der drei Hauptspannungen) im Inneren des Baukörpers von Interesse. Dies kann einerseits mit der Art der Beanspruchung zusammenhängen; Beispiele hierfür sind die inneren Spannungen in massiven Betonbaukörpern auf Grund der beim Abbinden entstehenden Wärme sowie Krafteinleitungsprobleme, etwa im Verankerungsbereich von Vorspanngliedern oder im Verteilungsbereich großer Einzellasten auf massiven Fundamenten oder auf Rollbahnen. Andererseits kann die Struktur des Werkstoffes Anlaß für die Untersuchung innerer Spannungsverteilungen sein, etwa bei Verbundkörpern (Stahl/Beton) oder bei geschichteten anisotropen Materialien, z. B. glasfaserverstärkten Kunststoffen [I.49].

Die Untersuchung von inneren Spannungszuständen bringt erheblich größere meßtechnische Schwierigkeiten mit sich als die von Oberflächenspannungen. Die Rückführung auf die Messung zweidimensionaler Spannungen erfolgt bei den Verfahren der räumlichen Spannungsoptik (s. Abschn. G-2). Sie haben jedoch den entscheidenden Nachteil, daß das Modell zur Auswertung zerschnitten werden muß und daß mit einem Modell nur der „eingefrorene", also nur ein einziger Lastfall untersucht werden kann. Soll dagegen am unzerstörten Modell bei mehreren wechselnden Lastfällen gemessen werden, so besteht das Problem darin, an der betreffenden Stelle im Innern des Modells ein möglichst punktförmiges Meßelement zu installieren, das die Spannungen in drei bekannten Richtungen getrennt wiedergibt und einschließlich seiner Zuleitungen den Spannungszustand selbst nicht wesentlich verfälscht. Erfolgreiche Versuche in dieser Richtung konnten erst vor relativ kurzer Zeit mit DMS gemacht werden, die in den Werkstoff eingebettet wurden. Die Auswertung erfordert keine neuen theoretischen Überlegungen; um in einem Raumpunkt die drei Hauptspannungen mit ihren Richtungen zu ermitteln, müssen jeweils sechs Spannungskomponenten (drei Normalspannungen und drei unabhängige Schubspannungen) bestimmt werden. BAKER und DOVE [I.50] verwendeten zwei senkrecht zueinander orientierte 45°-Rosetten (x, y, xy und x, z, xz) und einen zusätzlichen Einzelstreifen (yz), wobei die überzählige x-Messung als Kontrolle diente. Sie konnten hinsichtlich des beanspruchten Platzes in einer Kugel mit einem Radius von 3 mm untergebracht werden.

Bei eingebetteten DMS müssen folgende Gesichtspunkte beachtet werden:

1. Die durch den Meßstrom erzeugte Wärme wird nicht wie bei Oberflächenmessungen zum großen Teil durch umgebende Luft aufgenommen, sondern ganz in den Modellwerkstoff abgeleitet. Die so verursachte Nullpunktsdrift kann dadurch ausgeschaltet werden, daß ein Kompensationsstreifen benutzt wird, der auf die gleiche Art in ein ausreichend großes Stück des gleichen Werkstoffes eingebettet ist [I.49; I.50]. Dabei muß der TK-Streifen in den gleichen zeitlichen Abständen und über die gleiche Zeitdauer in den Meßkreis eingeschaltet sein wie der aktive DMS. Ein gemeinsamer TK-Streifen für mehrere hintereinander abgefragte Meßstellen liefert daher keine richtigen Ergebnisse. BAZERGUI und MEYER [I.51] verwendeten deshalb eine gleiche Anzahl von TK-Streifen und aktiven DMS.

2. Im Gegensatz zu Oberflächen-DMS tritt bei eingebetteten DMS auch eine Beanspruchung senkrecht zur Gitterebene auf. Ihr Einfluß auf die zu ermittelnde Spannungskomponente muß in Vorversuchen geklärt werden und dürfte je nach dem verwendeten DMS-Typ unterschiedlich sein. Die durch Querdruck erzeugten Dehnungen sind erfahrungsgemäß um

etwa zwei Größenordnungen kleiner als die normalerweise in Gitterrichtung auftretenden [I.51].

3. Bei der Verwendung von handelsüblichen DMS müssen der DMS-Gitterträger, der Klebstoff und das Modell aus dem gleichen Material bestehen, damit an der Meßstelle eine weitgehende Homogenität des Modellkörpers gewahrt bleibt. Daher ist es naheliegend, Folien-DMS auf Kunststoffträgern in Aralditmodelle einzubetten. Araldit ist zudem transparent herstellbar, so daß die genaue Lage der DMS im Innern gut kontrolliert werden kann. Außerdem läßt Araldit eine einfache Herstellung eines Modells mit eingebetteten DMS zu, indem man die zweckmäßigerweise auf Aralditstücken vormontierten DMS-Gruppen vor dem Guß in die Form einbaut.

Die Genauigkeit seither durchgeführter Messungen erreicht nicht die der DMS-Oberflächenmessungen. Bei den Untersuchungen allgemeiner dreiachsiger Spannungszustände, über die in [I.50] berichtet wird, betrugen die durchschnittlichen Fehler gegenüber den theoretischen Werten in der Größe der Hauptspannungen 7%, in deren Richtung 1,7%.

Literatur

I.1 KUSKE, A.: Ein Verfahren zur quantitativen und qualitativen Ermittlung von Einflußfeldern. Bau und Bauindustrie 15 (1962) 780—784.

I.2 GOTTSCHALK, O.: Lösung statischer Aufgaben mittels Continostat. Beton und Eisen 26 (1927) 286—292.

I.3 GOTTSCHALK, O.: Mechanostatische Untersuchung schiefwinkliger Tragwerke. Beton und Eisen 28 (1929) 113—119.

I.4 GOTTSCHALK, O.: Lösung statischer Aufgaben mittels Modellgerätes. VDI-Z. 70 (1926) 261—265.

I.5 ENEY, W. J.: Model analysis of continuous girders. Civil Eng. 11 (1941) 521.

I.6 ENEY, W. J.: New deformeter apparatus. Eng. News-Rec. (1939) 221.

I.7 RIECKHOF, CHR.: Experimentelle Statik, 3. Aufl., Darmstadt: Selbstverlag E. Gerdenitsch.

I.8 BEGGS, E.: Der Gebrauch von Modellen bei der Lösung von statisch unbestimmten Systemen. Beton und Eisen 26 (1927) 300—306.

I.9 PREECE, B. W., DAVIES, J. D.: Models for structural concrete, London: CR Books 1964.

I.10 RUGE, A. C., SCHMIDT, E. O.: Mechanical structural analysis by the moment indicator. Proc. ASCE, Okt. 1958.

I.11 KLÖPPEL, K., LIE, K. H.: Nebeneinflüsse bei der Berechnung von Hängebrücken nach der Theorie 2. Ordnung/Modellversuche. Allgemeine Grundlagen und Anwendung. Forschungshefte Stahlbau, H. 5, Berlin 1942.

I.12 MAIER-LEIBNITZ, H.: Grundsätzliches über Modellmessungen der Formänderungen und Spannungen von verankerten Hängebrücken. Bautechnik 19 (1941) 508.

I.13 KLÖPPEL, H., WEBER, G.: Teilmodellversuche zur Beurteilung des aerodynamischen Verhaltens von Brücken. Stahlbau 32 (1963) 65ff. u. 113ff.

I.14 LEONHARDT, F.: Die Entwicklung aerodynamisch stabiler Hängebrücken. Bautechnik 45 (1968) 325 ff. u. 372 ff.

I.15 KOLLMEIER, H. R.: Hängebrücken mit einem oder zwei Kabeln und beliebig geneigten Hängern unter zur Brückenachse symmetrischer und antimetrischer statischer und dynamischer Beanspruchung bei Berücksichtigung des Erschlaffens einzelner Hänger. Dissertation T. H. Darmstadt 1968.

I.16 LEONHARDT, F., WINTERGERST, L.: Die Autobahnbrücke über den Rhein bei Köln-Rodenkirchen. Modellstatische Untersuchungen. Bautechnik 28 (1951) 242.

I.17 OTTO, F., TROSTEL, R., SCHLEYER, F.-K.: Zugbeanspruchte Konstruktionen. Gestalt, Struktur und Berechnung, Frankfurt a. M.: Ullstein 1962.

I.18 ROLAND, C.: Frei Otto — Spannweiten, Berlin: Ullstein 1965.

I.19 KLEIN, P. K.: Neue Wege zur Überwachung von automatischen Prozessen mit elektronischer Vielfachanzeige. Elektronik 8 (1959) 79—86.

I.20 HILTSCHER, R., FLORIN, G.: Die Spaltzugkraft in einseitig eingespannten, am gegenüberliegenden Rande belasteten rechteckigen Scheiben. Bautechnik 39 (1962) 325—331.

I.21 GIRKMANN, K.: Flächentragwerke, 6. Aufl., Berlin/Göttingen/Heidelberg: Springer 1963.

I.22 KUFNER, M.: Untersuchung des Problems der Auflagerbedingungen am Beispiel der frei aufliegenden quadratischen Platte mit mittiger Einzellast. Forsch. Ing.-Wes. 23 (1957) 29—32.

I.23 NADAI, A.: Elastische Platten, Berlin: Springer 1925.

I.24 SOUTTER, P.: Schiefe Straßenunterführung bei Koblenz. Schweiz. Bauztg. 68 (1950) 694—703.

I.25 LIGTENBERG, F. K.: The Moiré Method — A New Experimental Method for the Determination of Moments in Small Slab Models. Proc. S. E. S. A. Vol. XII (1955) 83—98.

I.26 SCHMIDT, E.: Modellversuche zur Bemessung von Baukonstruktionen. Schweiz. Bauztg. 67 (1949) 555—561.

I.27 KOEPCKE, W.: Ermittlung von Biegemomenten in Platten mittels eines spiegeloptischen Verfahrens. Beton- und Stahlbetonbau 50 (1955) 210—216.

I.28 HANSON, N. W., CARPENTER, J. E.: Structural Model Testing — A Profile Plotter. Journal of the PCA Research and Development Laboratories. Vol. 5 (1963) 2—7.

I.29 ANDRÄ, W., LEONHARDT, F.: Vereinfachtes Verfahren zur Messung von Momenteneinflußflächen bei Platten. Bauingenieur 33 (1958) 408—414.

I.30 WEIGLER, H., WEISE, H.: Modellstatisches Verfahren zur Aufnahme von Einflußflächen von Platten. Beton- und Stahlbetonbau 54 (1959) 123 bis 128.

I.31 ANDRÄ, W., LEONHARDT, F.: Einfluß des Lagerabstandes auf Biegemomente und Auflagerkräfte schiefwinkliger Einfeldplatten. Beton- und Stahlbetonbau 55 (1960) 151—162.

I.32 MEHMEL, A., WEISE, H.: Modellstatische Untersuchung einer Flachdecke des Magazingebäudes der Stadt- und Universitätsbibliothek Frankfurt a. M. Bauingenieur 40 (1965) 126—130.

I.33 WEISE, H.: Modellmessungen in den Stütz- und Aufpunktbereichen von Platten. Beton- und Stahlbetonbau 62 (1967) 42—46.

I.34 WEIDEMANN, K., KOEPCKE, W.: Das spiegeloptische Verfahren. Deutscher Ausschuß für Stahlbeton. H. 141, Berlin: Ernst & Sohn 1962.

I.35 HEHN, K.-H., SCHULZ, W.: Spannungsmessung mit elektrischen Dehnungsmeßstreifen. Bauingenieur 39 (1964) 480—485.

I.36 SCHLEICHER, C.: Die Anwendung von Spannungsmessungen durch Dehnungsüberlagerung bei Bauwerks- und Modelluntersuchungen. Straße 6 (1966) 80—86.

I.37 MOSER, A.: Entwicklung der Spannungsmeßtechnik mit neuen Meßgeräten. Schweiz. Bauztg. 83 (1965) 872—874.

I.38 SCHLEICHER, C.: Zuschrift zum Beitrag Hehn und Schulz. Spannungsmessung mit elektrischen Dehnungsmeßstreifen. Neue Meßanordnung für die Modellstatik. Bauingenieur 39 (1964) 480—485; 40 (1965) 179.

I.39 SJÖSTRÖM, S.: An Equiangular Rosette-type Extensometer. Experimental Mechanics. Vol. 1 (1961) 129—133.

I.40 MÜLLER, R. K.: Verfahren und Vorrichtung zur Ermittlung der Höhenschichtlinien von Einflußflächen für Auflagerreaktionen und Schnittkräfte beliebig geformter und gelagerter Platten auf modellstatischem Wege. Deutsches Patentamt. Auslegeschrift 1072406 M 38994 IX/42 k vom 17. 9. 1958.

I.41 HOSSDORF, H.: Eine programmgesteuerte, vollautomatische Modellmeß- und Datenauswertungsanlage. Schweiz. Bauztg. 83 (1965) 663—665.

I.42 RÜSCH, H., HERGENRÖDER, A.: Einflußfelder der Momente schiefwinkliger Platten. Selbstverlag des Materialprüfungsamtes für das Bauwesen der T. H. München 1961.

I.43 HEHN, K.-H.: Modellstatische Untersuchung dünner Platten unter besonderer Berücksichtigung ihrer Rand- und Stützbedingungen. Dissertation T. H. Karlsruhe 1962.

I.44 RITTER, K.: Beitrag zur spannungsoptischen Untersuchung des räumlichen Spannungszustandes im Stützenbereich von Flachdecken. Dissertation T. H. Karlsruhe 1961.

I.45 WEISE, H.: Ein modellstatischer Beitrag zur Untersuchung punktförmig gestützter schiefwinkliger Platten unter besonderer Berücksichtigung der elastischen Auflagernachgiebigkeit. Dissertation T. H. Darmstadt 1963, D 17.

I.46 REISSNER, E.: The Effect of Transverse Shear Deformation on the Bending of Elastic Plates. Journal of applied Mechanics 12 (1945) A 69—A 7.

I.47 TEEPE, W., HEHN, K.-H.: Die Anwendung des spannungsoptischen Reflexionsverfahrens bei der modellstatischen Untersuchung von Platten. Internationales spannungsoptisches Symposium. Berlin: Akademie-Verlag 1962.

I.48 EBNER, F.: Über den Einfluß der Abweichung der Bewehrungsrichtung von der Richtung der Hauptspannungen auf das Tragverhalten von Stahlbetonplatten. Dissertation T. H. Karlsruhe 1963.

I.49 HÜTTER, U.: Vermessung räumlicher Spannungszustände durch eingebettete Dehnmeßstreifen in Glas/Harz-Konstruktionen. Kunststoffe 53 (1963) 831 bis 838.

I.50 BAKER, W. E., DOVE, R. C.: Construction and Evaluation of a Three-dimensional Strain Rosette. Experimental Mechanics. Vol. 3 (1963) 201—206.

I.51 BAZERGUI, A., MEYER, M. L.: Embedded Foil Strain Gauges for the Determination of Internal Stresses. VDI-Ber. Düsseldorf: VDI-Verlag 1966, Nr. 102, 137—141.

K Durchführung und Auswertung von Modellversuchen

1 Durchführung von Modellversuchen

In den vorhergehenden Abschnitten wurden die sich bei einem Modellversuch stellenden theoretischen und technischen Fragen nach Möglichkeit systematisch geordnet und einzeln behandelt, ohne daß jedoch auf den Gesamtverlauf einer Versuchsdurchführung eingegangen wurde. Dies soll im folgenden geschehen, insbesondere unter den Gesichtspunkten der Praxis und mit ergänzenden Hinweisen für die Auswertung und Kontrolle von Messungen. In einem gesonderten Abschnitt wird danach auf die bei Modellversuchen auftretenden Fehler eingegangen, soweit dies nicht schon im Zusammenhang mit den seither besprochenen Einzelfragen erfolgt ist.

1.1 Meßverfahren und Zahl der Meßstellen

Will man in einem Modell die Verteilung der Beanspruchung ermitteln, so hat man gemäß Abschn. F-1.1 im allgemeinen die Dehnungsverteilung zu messen. Ausnahmen bilden z. B. Untersuchungen an Scheibenmodellen oder die Ermittlung räumlicher Spannungszustände mit Hilfe der Spannungsoptik und das Moiréverfahren, wobei letzteres noch keine große praktische Bedeutung erlangt hat und nur zur Lösung spezieller Aufgaben in Sonderfällen angewendet wird. Die für diese Meßverfahren gültige Auswertung ist bei ihrer allgemeinen Beschreibung erwähnt, sie wird hier nicht weiter berücksichtigt. Zur Messung der Dehnungsverteilung lassen sich im Prinzip alle Dehnungsmeßgeräte anwenden, deren Meßlänge klein genug ist, daß in ihrem Bereich der Spannungsgradient näherungsweise als konstant angesehen werden kann (s. Abschn. F-4.1). Jedoch werden die heute an ein leistungsfähiges Meßverfahren zu stellenden Anforderungen nur von den elektrischen DMS erfüllt. Wegen der in Abschn. F-4.4.2.6 genannten Eigenschaften ist die DMS-Technik in der Modellstatik zum Standardverfahren geworden, das als wesentliche Voraussetzung für deren Weiterentwicklung und Erfolge betrachtet werden muß.

Sicher wird man in einzelnen Fällen auch andere Geräte benutzen, wenn dies durch die Umstände gerechtfertigt oder von der Sache her notwendig ist. So wird man z. B. an großen Modellen aus Mikrobeton mit dem Setzdehnungsmesser arbeiten, wenn große Meßlängen zulässig sind und über längere Zeiten gemessen werden muß. Wohl kein anderes Gerät ist in der Langzeitstabilität dem Setzdehnungsmesser überlegen (s. Abschn. F-4.2.3). Sollen ausschließlich Momente in Platten ermittelt werden, so kann durchaus die Verwendung eines Krümmungsmeßgerätes besonders wirtschaftlich sein, da mit einem einzigen Gerät immer wieder ohne zusätzliche Kosten an sehr vielen Punkten an einer unbegrenzten Zahl von Modellen gemessen werden kann (s. S. 403). Allerdings wird dieser Vorteil mit einem gewissen größeren Zeitbedarf für die einzelne Untersuchung bezahlt. Steht eine automatische Meßanlage für DMS zur Verfügung, deren Meßwerte mit einer digitalen Rechenanlage ausgewertet werden, so wird man versuchen, diese Anlage zur Lösung möglichst aller vorkommenden Probleme einzusetzen, also auch zur Ermittlung von Momenteneinflußflächen von Platten, weil man nur dann die hohen Investitionen für eine solche Anlage optimal ausnutzen kann. Wegen der Schnelligkeit der elektronischen Datenverarbeitung wird man mit keinem anderen Verfahren die Versuchsergebnisse in vergleichsweise so kurzer Zeit vorliegen haben; selbst gegenüber dem Standardverfahren der Spannungsoptik bei Scheibenuntersuchungen ergeben sich einige wichtige Vorteile bei der Verwendung von DMS in Verbindung mit einer schnellen automatischen Meßanlage und elektronischer Auswertung der Meßdaten (s. Abschn. I-3.1). Für Verschiebungs- und Auflagerkraftmessung wird man Verfahren wählen, die sich zusammen mit den übrigen zur Verfügung stehenden Geräten am vorteilhaftesten verwenden lassen. Auflagerkräfte wird man gegebenenfalls mit Federkörpern und DMS bestimmen, um auch hier die Vorteile der automatischen Messung und der elektronischen Datenverarbeitung auszunutzen.

Dehnungen lassen sich immer nur punktweise bestimmen. Es muß deshalb an sehr vielen Stellen gemessen werden, damit man die Verteilung der Beanspruchung feststellen kann. Die Messung an nur einer Stelle eines Modells ist wenig sinnvoll, da dann kaum eine Aussage über die Richtigkeit und die Zuverlässigkeit der Messung möglich ist. Auch erscheint hierfür der gesamte Aufwand für die Herstellung des Modells und seiner Belastung im allgemeinen zu groß. Eher sollte man eine Meßstelle mehr als eine zu wenig anbringen, sie kann unter Umständen unschätzbare Dienste leisten bei der unbedingt erforderlichen Kontrolle der Meßergebnisse oder weitere wichtige Informationen liefern über den Verlauf einer Spannungsverteilung in einem Querschnitt. Jedoch muß man auch hier das richtige Maß finden, denn da an jedem Meßpunkt im allgemeinen Fall die Dehnung in drei Richtungen gemessen wird, steigt die

Zahl der Meßstellen jeweils um drei weitere; bei Schalen und Platten mit Biegung und Längskraft, wo an jedem Punkt auf der Ober- und Unterseite gemessen wird, steigt die Meßstellenzahl pro Punkt sogar um 6; man kommt so sehr schnell zu einer großen Zahl von Meßstellen. Bei umfangreichen Untersuchungen an Modellen sind deshalb automatische Meßanlagen in Verbindung mit digitalen Datenverarbeitungsanlagen unentbehrlich (s. Abschn. F-4.4.2.6). Der Zeitaufwand für Messen und Auswerten für 3 oder 6 zusätzliche Meßstellen ist dann klein im Vergleich zu den Kosten für die Herstellung des Modells und seiner Auflager- und Belastungsvorrichtung. Stellt sich nach Beendigung der Messungen heraus, daß eine weitere Meßstelle installiert werden muß, so ist das nachträgliche Anbringen, Verdrahten und Messen mit unverhältnismäßig viel mehr Arbeits- und Zeitaufwand verbunden. Zu Beginn einer modellstatischen Untersuchung sollte man daher Ort und Zahl der Meßpunkte sorgfältig überlegen und gegebenenfalls mit dem Auftraggeber und dem Prüfingenieur abstimmen. Auch an die Notwendigkeit, die Meßergebnisse später kontrollieren zu müssen, ist zu denken.

1.2 Ziele des Modellversuchs

Zu Beginn einer Modelluntersuchung muß das Ziel, das erreicht werden soll, klar und eindeutig festgelegt werden. Dabei ist es wichtig, auch den Zweck, dem die Untersuchung dient, genau zu kennen. Geht es nur um statische Sicherheit bei der Gestaltung eines Bauteiles, so genügen oft wenige Meßpunkte, die zeigen, daß an den erfahrungsgemäß maximal beanspruchten Stellen bei ungünstigster Laststellung die zulässigen Beanspruchungen des Werkstoffes nicht überschritten werden. Der Spannungsverlauf im übrigen Bauwerk für andere Lastfälle interessiert dann meist nicht. Stehen mehr wirtschaftliche Gesichtspunkte im Vordergrund, d. h., soll bei ausreichender Sicherheit mit einem Minimum an Materialaufwand gebaut werden, ist die Kenntnis des gesamten Spannungsverlaufs für alle Lastfälle notwendig, um zu einer optimalen Bemessung aller Teile unter weitgehender Ausnutzung des Werkstoffes zu gelangen. Ganz andere Anforderungen werden dagegen an einen Modellversuch gestellt, wenn er dazu dient, neue analytische Lösungen herzuleiten oder eine neue theoretische Lösung zu bestätigen. Von diesen Gesichtspunkten her wird man auch entscheiden, ob und an welchen Stellen man das Modell gegenüber der Hauptausführung vereinfachen kann. Schon jetzt sollte man überlegen, wie sich unvermeidbare Abweichungen von der vollkommenen geometrischen Ähnlichkeit eventuell auf die Ergebnisse auswirken und ob sie nicht zu groß werden. Unter Umständen ist es besser, zwei Modelle zu untersuchen: Zunächst verschafft man sich an einem

Gesamtmodell einen grundsätzlichen Überblick über den Kräfteverlauf. An einem zweiten größeren Modell des besonders interessierenden Teiles mit befriedigender geometrischer Ähnlichkeit wird dann unter Berücksichtigung des vorher festgestellten Kräfteverlaufs die Spannungsverteilung ermittelt (s. Abschn. B-4.2.2).

1.3 Unterlagen für den Modellversuch und den Prüfingenieur

Ist man sich über die Art und Größe des Modells, die zulässigen Vereinfachungen und die Anzahl und Lage der Meßpunkte im klaren, so werden eine Modellzeichnung und ein Meßstellenplan angefertigt. Gleichzeitig werden die zu berücksichtigenden Lastfälle zusammengestellt. Diese Unterlagen sind der Ausgangspunkt für die gesamte Modelluntersuchung. Sie werden zweckmäßigerweise allen an den Ergebnissen des Modellversuchs interessierten Stellen zur Bestätigung vorgelegt. Dient die Untersuchung zur Bemessung eines Bauwerks, so sollte unbedingt bereits zu diesem Zeitpunkt festliegen, wer die Prüfung der statischen Berechnung und der Konstruktionspläne vornimmt, damit die Zustimmung des Prüfingenieurs zu dem Versuchsprogramm eingeholt werden kann. Er ist später laufend über den Stand der Arbeiten zu informieren; ihm oder seinem Beauftragten ist jederzeit Gelegenheit zu geben, sich von der technisch einwandfreien Durchführung des Modellversuchs zu überzeugen. Nach Möglichkeit sollte deshalb der Prüfer eigene Erfahrungen mit baustatischen Modellversuchen besitzen, um beurteilen zu können, was man billigerweise von einem Modellversuch erwarten kann. Dadurch werden Forderungen vermieden, die zu einem wirtschaftlich nicht mehr vertretbaren Aufwand führen; zugleich erleichtert es wesentlich die Zusammenarbeit und die Verständigung der Beteiligten untereinander. Auch sollte rechtzeitig vereinbart werden, wie die Zuverlässigkeit der Ergebnisse überprüft wird, damit dies bei der Aufstellung des Meßstellenplans berücksichtigt werden kann.

1.4 Realmodell oder elastisches Modell

Die Entscheidung, ob die Messungen an einem Realmodell aus dem gleichen Werkstoff wie die Hauptausführung oder an einem elastischen Modell durchzuführen sind, ist durch die Aufgabenstellung gegeben. Der wesentlich größere Aufwand für Modell und Belastung bei einem Realmodell lohnt sich nur, wenn tatsächlich die Feststellung der Traglast und des Bruchverhaltens von ausschlaggebender Bedeutung für die Konstruktion des geplanten Bauwerkes ist. Bei einem Bauwerk aus Stahlbeton kann eventuell auch die Spannungsumlagerung bei dem Übergang

von Zustand I in II von Interesse sein, was ebenfalls nur an einem Realmodell feststellbar ist. Bei Realmodellen muß man zunächst mit Belastungen, die noch keine bleibenden Veränderungen am Modell hervorrufen, denjenigen der in Frage kommenden Lastfälle ermitteln, bei dem
an den höchstbeanspruchten Stellen die größten Spannungen auftreten.
Für diesen Lastfall muß der Bruchversuch ausgeführt werden, da die
zum Versagen führende Traglast den niedrigsten Wert hat; es sei denn,
das Bruchverhalten soll aus besonderen Gründen für einen anderen Lastfall untersucht werden. Dies kann z. B. der Fall sein, wenn bei speziellen
Belastungen die Gefahr des Knickens oder Beulens besteht.

Da einzelne Messungen während eines Bruchversuchs nicht wieder-
holbar sind, ist eine Aussage über ihre Streuung nicht ohne weiteres
möglich. Man muß deshalb die Vertrauensgrenzen (s. Abschn. K-2.4)
mit Hilfe vorhergehender wiederholbarer Messungen vor dem eigentlichen
Bruchversuch abschätzen. Hier ist es besonders wichtig, durch mehrere
in einem Meßquerschnitt liegende Meßpunkte eine gegenseitige Kontrolle
der Messungen untereinander vornehmen zu können. Gerade bei den kurz
vor dem Bruch auftretenden großen Dehnungen können Störungen durch
Abplatzen der DMS oder ähnliches entstehen. Da wegen Fließ- und
Kriecherscheinungen kurz vor dem Bruch zügig belastet werden muß,
ist hier das Registrieren der Meßwerte mit einem Mehrkanalschreiber
unerläßlich, so daß wenigstens die Werte einiger Meßpunkte exakt in
ihrer zeitlichen Zuordnung erfaßt werden können. Gleichzeitig sollte
dabei auch die ebenfalls elektrisch gemessene Belastung aufgezeichnet
werden, um für die registrierten Meßstellen ein Kraft-Dehnungs-Schau-
bild zeichnen zu können. Erschwerend bei Bruchversuchen ist die Tatsache, daß im nichtlinearen Bereich einzelne Lastfälle nicht mehr super-
poniert werden können. Es muß vielmehr für einen Lastfall die gesamte
Belastung, die u. U. örtlich sehr unterschiedlich sein kann, in ihrer exak-
ten relativen Verteilung gesteigert werden. Weitere Einzelheiten, insbesondere über Modelle aus Mikrobeton, sind dem Abschn. D zu entnehmen.

Messungen an elastischen Modellen aus Kunststoffen sind dagegen
wesentlich einfacher, da man alle Lastfälle und damit auch alle Messungen
beliebig oft wiederholen kann (s. Abschn. C-1). Auch läßt sich die Größe
der Belastung nach meßtechnischen Gesichtspunkten wählen, wenn
Dehnungsübertreibung von der Aufgabenstellung her zulässig ist (s.
Abschn. B-5.2). Da wegen der kleineren Modelle und der leichteren Belastungsvorrichtungen der Modellversuch im elastischen Bereich wesentlich wirtschaftlicher ist, wird die Mehrzahl der Untersuchungen auf diese
Weise ausgeführt. Die Herstellung elastischer Modelle aus Kunststoffen
und die Vorrichtungen zu ihrer Auflagerung und Belastung sind deshalb
besonders eingehend in den Abschn. C und E erläutert.

1.5 Planung des Versuchsablaufes

Mit der Anfertigung einer Modellzeichnung, des Meßstellenplanes und der Liste der Lastfälle ist die Planung eines Modellversuchs noch nicht abgeschlossen. Man wird jetzt zweckmäßigerweise den gesamten Ablauf des Versuchs durchdenken und die einzelnen Arbeiten in einem Zeitplan koordinieren. Baustatische Untersuchungen für auszuführende Bauwerke sind in der Regel termingebunden, so daß es unumgänglich ist, durch entsprechende Planung möglichst zeitsparend bei der gesamten Versuchsdurchführung zu verfahren. Aushärtezeiten für gegossene oder geklebte Modellteile legt man zweckmäßig über die Wochenenden, oder man fertigt während dieser Zeiten andere Teile des Modells oder der Belastungsvorrichtung an. Die Meßprotokolle sollten vor Beginn der Arbeiten entworfen werden. Dadurch ist man u. a. gezwungen, sich das Ziel der Messungen klar vor Augen zu halten, und gewinnt Überblick über manche vielleicht sonst übersehene Einzelheiten des Versuchsablaufs. Für sich ständig in der gleichen Art wiederholende Messungen lohnt sich die Vorbereitung gedruckter Protokolle, wie z. B. für die Ermittlung des E-Moduls von Modellwerkstoffen. Hier wird in Tabellenform alles für die Messung und ihre Auswertung Wichtige eingetragen. Vorzusehen ist vor allem die Eintragung des genauen Zeitpunkts der Messung (Datum, Uhrzeit) und, falls dies für die Messung von Bedeutung ist, von Umgebungstemperatur, Luftdruck und -feuchtigkeit. Auch die Einteilung des Meßpersonals gehört zu einer wirklich vollständigen Versuchsplanung.

1.6 Vorbereitung der Messungen und Anreißen der Meßpunkte

Während der Modellherstellung sollten bereits alle benötigten Meßgeräte zusammengestellt und auf ihre Funktionsbereitschaft hin überprüft werden. Besorgt man dies erst, wenn das Modell fertig aufgebaut zur Messung bereitsteht, dann wird bei einer eventuell notwendigen Reparatur wertvolle Zeit verloren. Das Anreißen der Meßpunkte ist die nächste wichtige Arbeit, die mit allergrößter Sorgfalt vorgenommen werden muß, um ein genaues Anbringen der DMS-Rosetten in bezug auf Ort und Richtung zu ermöglichen. Hat der Dehnungsverlauf einen großen Gradienten, so ergeben ungenau geklebte DMS eine Anzeige, die im Hinblick auf das gewünschte Ergebnis einen systematischen Fehler enthält, der durch noch so sorgfältiges Messen nicht erkannt werden kann. Ein in falscher Richtung geklebter DMS liefert einen Meßwert, der erst mit Hilfe der Gl. (K.24) auf die gewünschte Richtung umgerechnet werden muß, sofern die Richtungsabweichung bekannt ist. Zum Anreißen der Meßstellen sowie auch beim Zusammenbauen der Modelle leistet eine exakt ebene Platte in Verbindung mit sog. Höhenreißern und großen Anschlagwinkeln gute Dienste. Bei kleinen Modellen genügt hierfür eine Abricht- und Anreißplatte aus Marmor, wogegen große Modelle als Vollplangeräte bezeichnete Stahlplatten erfordern, die auf einem schweren Unterbau verzugsfrei gelagert sind. Ihre Oberfläche ist völlig plan bearbeitet und dient als Bezugsebene. Ist sie waagerecht ausgerichtet, so können auch Präzisionswasserwaagen das Anreißen und Ausrichten der Modellteile erleichtern. Abricht- und Anreißplatten sind nicht billig; aber ohne sie ist ein vor allem schnelles Arbeiten mit der in der Modelltechnik notwendigen Genauigkeit kaum möglich. Man muß sich dabei vor Augen halten, welche grundlegende Rolle die geometrische Ähnlichkeit in der Modellstatik spielt, um zu erkennen, welche Bedeutung gerade diesem Punkt zukommt. Trotz aller Sorgfalt wird es Abweichungen vom Sollmaß geben, besonders bei der Dicke von Schalen und Platten, wenn diese aus handelsüblichen Kunststoffplatten hergestellt sind. Es ist deshalb notwendig, möglichst in jedem Meßpunkt die wirkliche Dicke zu messen und in das Versuchsprotokoll einzutragen, damit sie später bei der Berechnung der Schnittkräfte berücksichtigt werden kann. Bei Kastenträgern oder ähnlichen Teilen muß dies vor dem Zusammenbau der Teile geschehen, ebenso wie das Anbringen und Verdrahten der DMS im Innern.

1.7 Anbringen von DMS

Das Kleben und Verdrahten von DMS erfordert nach der Modellherstellung die meiste Arbeit und Sorgfalt. Es geschieht an Hand des Meßstellenplanes. Beim Verdrahten wird das sog. Punktnummernverzeichnis aufgestellt. Darin wird festgehalten, welche Anschlüsse zu welchem Meßpunkt gehören (x-, y- und 45°-Richtung bei Rosetten auf der Oberoder Unterseite des Modells) und welcher Nummer des Meßstellenumschalters der jeweilige Anschluß zugeordnet wird. Dies ist besonders wichtig bei automatischen Meßanlagen, wenn mit einem Digitalrechner ausgewertet wird. Die Meßanlage registriert den Meßwert in Verbindung mit der Anschlußnummer des Umschalters. Der Digitalrechner benötigt aber als zusätzliche Information, welche Anschlußnummer zur jeweiligen x-, y- und 45°-Richtung der Rosette an einem Meßpunkt gehört, welchen k-Faktor die entsprechenden DMS haben und wie groß die Dicke des Modells an dem Meßpunkt ist. Dies alles wird im Punktnummernverzeichnis festgehalten, an Hand dessen der Steuerlochstreifen oder die entsprechenden Lochkarten für den Rechner geschrieben werden. Zum Verdrahten gehört auch das Befestigen der Anschlußstecker an Hand des Punktnummernverzeichnisses. Es sind meist Mehrfachstecker, mit denen z. B.

jeweils 10 Anschlüsse an den Meßstellenumschalter angeschlossen werden. Abschließend sollte man vor dem Aufbau des Modells sämtliche Meßstellen überprüfen. Hierzu hat sich ein kleines Gerät bewährt, in das jeweils ein Mehrfachstecker eingesteckt werden kann. Mit einem Umschalter läßt sich eine Meßstelle nach der anderen anschließen (s. Bild K.1); ein

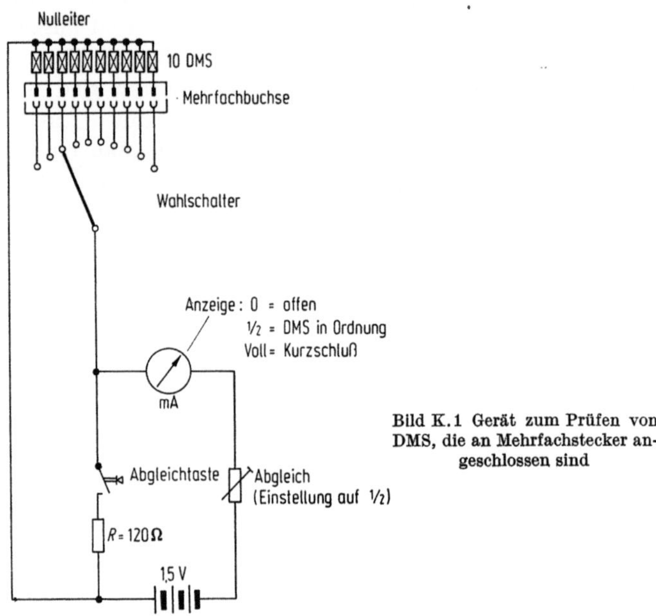

Bild K.1 Gerät zum Prüfen von DMS, die an Mehrfachstecker angeschlossen sind

einfaches Drehspulgerät zeigt, ob der Anschluß einwandfrei arbeitet und der DMS den richtigen Widerstand hat. Sind die Zuleitungen unterbrochen, schlägt es nicht aus; ist jedoch ein Kurzschluß vorhanden, so ist auch dies am vollen Zeigerausschlag sofort zu erkennen. Die Kontrolle der richtigen Steckerbelegung erfolgt durch vorübergehendes Kurzschließen des gerade gefragten Anschlusses am Modell mit einem Schraubenzieher oder einer Pinzette. Nur hierdurch ist die einwandfreie Zuordnung von Meßanschluß und Steckerkontaktstift nachgewiesen. Eine Verwechslung ist leider nicht immer sofort an unsinnigen Resultaten der Auswertung der betroffenen Meßpunkte zu erkennen und verursacht später bei der Fehlersuche unnötiges Kopfzerbrechen und Zeitverschwendung.

1.8 Aufbau des Modells

Arbeiten alle Meßanschlüsse einwandfrei, so erfolgt der Aufbau des Modells auf die Auflager und das Anbringen der Belastungsvorrichtung. Um die Kraftschlüssigkeit zwischen Modell und Auflager bei allen Lastfällen kontrollieren zu können, wird mit Vorteil eine Signalanlage benutzt; zwischen am Modell angebrachten untereinander isolierten Stahlplättchen und den Auflagern fließt ein Strom zu je einem Lämpchen, das verlischt, wenn das Modell vom Auflager abhebt. Dies muß dann durch entsprechende Vorspannung der Lager verhindert werden. Sind Modell und Belastung symmetrisch, so kontrolliert man diese Symmetrie durch Messung der Verschiebungen, um gegebenenfalls durch Änderungen am Versuchsaufbau noch eine Verbesserung zu erreichen. Sind Meßgeräte abzulesen, so sollte es selbstverständlich sein, daß man für eine sehr gute und blendfreie Beleuchtung der Skalen Sorge trägt. Findet das Messen über längere Zeit statt, so verhindert ein bequemer Sitzplatz vorzeitiges Ermüden beim Ablesen und Schreiben, was sonst leicht zu Irrtümern beim Beobachten und Notieren der Meßwerte führt. Wann immer es möglich ist, sollte man einer digitalen Anzeige den Vorzug geben, da hier ohne Anstrengung beim Ablesen eine Auflösung erzielt wird, die bei analoger Anzeige nur durch Schätzen von 1/10 Skalenteilen gegeben ist. Schon allein die dadurch zu vermeidenden Fehler rechtfertigen die zusätzliche Anschaffung eines Digitalvoltmeters, das sich an den Ausgang der meisten elektrischen Meßgeräte anschließen läßt.

1.9 Vorläufige Kontrolle der Meßwerte

Liegen die Messungen für einen Lastfall vor, so bleibt der Versuchsaufbau so lange unverändert, bis eine erste Kontrolle der Meßwerte zeigt, daß keine groben Irrtümer oder Fehlmessungen vorliegen. Wird mit periodischer Be- und Entlastung gearbeitet, so gibt bereits die für jede Meßstelle ausgeführte Differenz- und Mittelbildung einen guten Anhaltspunkt für die Zuverlässigkeit der Ergebnisse. Werden diese Rechnungen von Hand ausgeführt, so erkennt man sofort, ob irgendwo große Abweichungen der Einzelwerte von ihrem Mittelwert auftreten, was auf schlecht geklebte DMS oder unsichere Lötverbindungen, wakkelnde Steckkontakte oder schadhafte Umschaltrelais hindeutet. Die größten Abweichungen einzelner Dehnungen von ihrem Mittel sollten 3% nicht übersteigen, wenn die Meßwerte größer als $\varepsilon = 100 \cdot 10^{-6}$ sind. Elegant und bei vielen Meßstellen zeitsparend ist eine Berechnung der Mittelwerte mit einem digitalen Rechenautomaten, der dann auch jeweils die Standardabweichung oder den Variationskoeffizienten für jeden Mittelwert berechnen kann (s. Abschn. K-2.4). Der letztere sollte für den obengenannten Fall nicht größer als 1% sein. Zeigen sehr viele Meßwerte größere Abweichungen, so deutet dies auf unzuverlässige, veränderliche Lagerung des Modells oder auf Reibung (Klemmen) der Belastungsvorrichtung hin.

1.10 Auswertung der Meßergebnisse

Im allgemeinen liefert die Ablesung nicht unmittelbar den gesuchten Meßwert, sondern nur eine proportionale Anzahl von Skalenteilen, die durch Multiplikation mit einer Geräte- oder Eichkonstanten den eigentlichen Wert der gesuchten Größe ergibt. Bei DMS z. B. muß die am Gerät abgelesene Dehnung mit Hilfe des k-Faktors der verwendeten DMS nach Gl. (F.37) erst in die wirkliche Dehnung umgerechnet werden. Manchmal sind dabei je nach eingeschaltetem Meßbereich noch weitere Gerätekonstanten zu berücksichtigen. Aus den drei mit einer Rosette erhaltenen Dehnungen sind anschließend die Hauptspannungen und ihre Richtung zu bestimmen. Hinzu kommt noch die Umrechnung auf die Hauptausführung mit dem für den Lastfall gültigen Spannungsmaßstab. Sind nur wenige Meßstellen vorhanden, so lassen sich alle diese Rechnungen in einer vorbereiteten Tabelle mit einer Tischrechenmaschine zügig durchführen. Ist der Rechengang im Kopf der Tabelle sorgfältig bis ins einzelne aufbereitet, so können die eigentlichen Rechnungen dann von angelernten Hilfskräften vorgenommen werden. Teilweise wird die rechnerische Lösung der Rosettengleichung auch durch die Verwendung von Nomogrammen umgangen [K.1].

Ein für die Auswertung von 45°-Rosetten oft benutztes Diagramm beruht auf der Konstruktion des Mohrschen Kreises [F.11]. Es besteht aus drei parallelen Linien, die gleichen Abstand haben und mit Skalen für die Dehnung ε versehen sind (Bild K.2). ε_1 wird an der oberen Linie abgetragen, ε_2 auf der Mittellinie und ε_3 auf der unteren Linie. Eine Gerade,

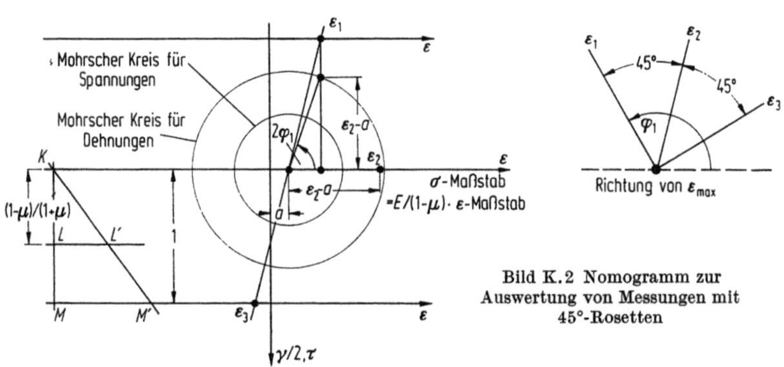

Bild K.2 Nomogramm zur Auswertung von Messungen mit 45°-Rosetten

die den Punkt ε_1 mit dem Punkt ε_3 verbindet, schneidet die mittlere Linie im Mittelpunkt des Mohrschen Kreises. Der Punkt auf dem Kreis, der die Dehnung ε_1 darstellt, liegt auf einer Senkrechten zur oberen Linie durch den Punkt ε_1. Auf ihr trägt man, von der mittleren Linie ausgehend, den Wert $\varepsilon_2 - a$ ab, und zwar nach oben, wenn er positiv ist, nach unten, wenn er negativ ist. Da man nun einen Punkt des Kreises kennt, kann der Mohrsche Verzerrungskreis gezeichnet werden. Die Hauptdehnung erhält man als Schnittpunkte des Kreises mit der mittleren Skala. Um auch die Hauptspannungen zu bekommen, zeichnet man auf der Mittellinie eine zweite Skala im Maßstab $E/(1 - \mu)$ mal dem Maßstab der ε-Skala. Um den Radius des Spannungskreises zu konstruieren, wird der Abstand zwischen der mittleren und unteren Linie gleich 1 gesetzt. Zwischen ihnen wird eine Parallele in der Entfernung $(1 - \mu)/(1 + \mu)$ gezeichnet. Man errichtet eine Senkrechte zur Mittellinie, die diese in dem beliebigen Punkt K schneidet und die alle drei Linien kreuzt. Auf der unteren Linie trägt man den Radius des Mohrschen Verzerrungskreises ab (Strecke $M M'$) und zieht durch den Endpunkt dieser Strecke eine schräge Linie durch den Punkt K. Die von der schrägen Linie auf der mittleren Parallele abgeschnittene Strecke ist der Radius des Mohrschen Kreises für die Spannungen (Strecke $L L'$). Man zeichnet ihn konzentrisch zum Verzerrungskreis und kann nun auch die Spannungen direkt ablesen.

Es gibt verschiedene Regeln, um den Zusammenhang zwischen Schnittrichtung und zugehörigen Spannungen am Mohrschen Kreis eindeutig festzulegen. Sie sind alle mehr oder weniger kompliziert und schwer zu behalten. Am einfachsten kann man sich die Zusammenhänge klar machen mit Hilfe der Polkonstruktion (s. Bild K.3a). Sie ist in der experimentellen Spannungsanalyse sehr nützlich, da jede Frage nach der Richtung der Spannungen (insbesondere der τ-Spannungen) und dem Drehsinn der Winkel sofort eindeutig beantwortet werden kann [K.2]. Kennt man die Hauptspannungen σ_1, σ_2 und ihre Richtung und möchte die Spannungen in den Richtungen x und y eines Koordinatensystems bestimmen, so zeichnet man zunächst den Mohrschen Kreis in gewohnter Weise. Durch den Punkt σ_1 auf der Abszisse zieht man jetzt parallel zur Richtung von σ_1 eine Gerade; ebenso wird parallel zur Richtung von σ_2 durch den Punkt σ_2 eine Linie gezogen. Beide Geraden schneiden sich rechtwinklig in einem Punkt auf dem Kreis. Er wird Pol genannt und hat folgende Eigenschaft (s. Bild K.3b): Zeichnet man durch den Pol eine Gerade in beliebiger Richtung bis zu ihrem Schnittpunkt mit dem Mohrschen Kreis, so gibt dieser Punkt die Größe der Spannung an, die in der gezeichneten Richtung wirkt. Um die Koordinatenspannungen σ_x, σ_y und τ_{xy} zu finden, zieht man deshalb durch den Pol je eine Parallele zur x- und y-Achse. Sie schneiden den Kreis in zwei Punkten, deren Abstände von der Ordinatenachse die Spannungen σ_x und σ_y ergeben (s. Bild K.3c). Die Schubspannungen τ_{xy} und τ_{yx} sind die Entfernungen der Schnittpunkte von der Abszisse. Da Schubspannungen physikalisch gesehen kein Vorzeichen haben, ist oft nicht ohne weiteres zu erkennen, in welcher

Richtung sie am Körperelement angreifen. Deshalb ist es zweckmäßig, folgende Vorzeichenregel zu definieren: Eine positive Schubspannung dreht am Körperelement im Uhrzeigersinn; negatives τ im Gegenzeigersinn (s. Bild K.4). Diese Regel steht im Widerspruch zu der in der Elasti-

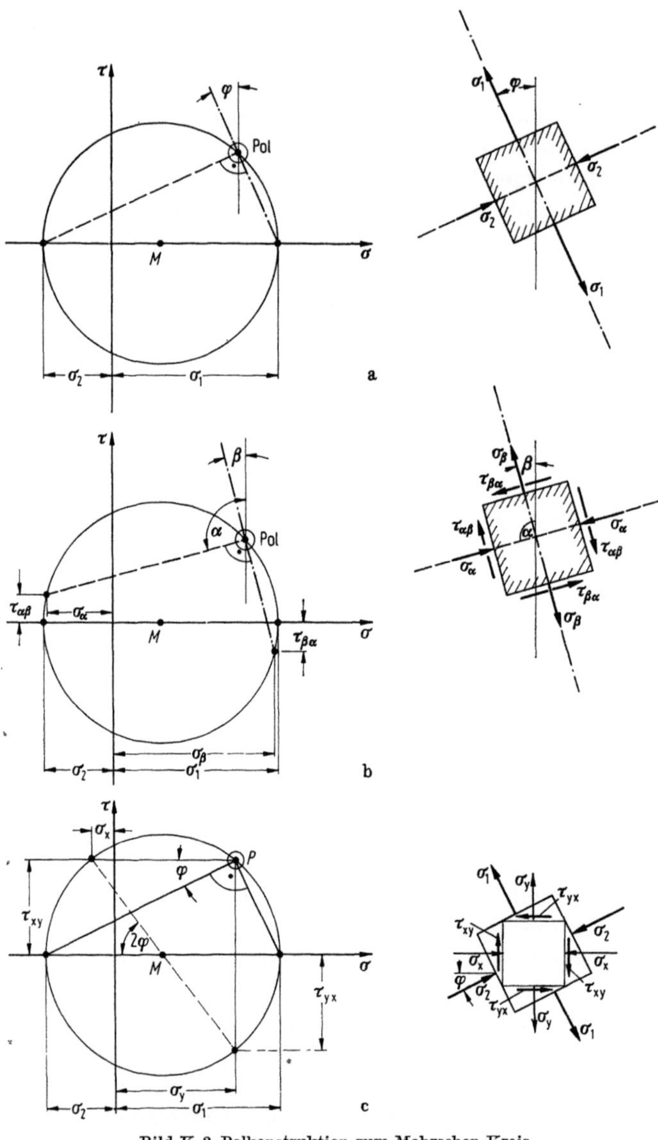

Bild K.3 Polkonstruktion zum Mohrschen Kreis
a) Konstruktion des Pols   b) Eigenschaften des Pols
c) Übergang von Haupt- zu Koordinatenspannungen

zitätstheorie benutzten Definition; sie hat aber den Vorzug, daß sie unabhängig vom System der Bezugskoordinaten ist.

Man muß sich jedoch bewußt sein, daß eine zeichnerische Lösung immer mit einem Verlust an Genauigkeit verbunden ist. Da in einem modellstatischen Laboratorium das Berechnen der Hauptspannungen aus Rosettenmessungen an sehr vielen Meßpunkten zu einer immer wiederkehrenden Routinearbeit gehört, lohnt sich hierfür die Benutzung eines Digitalrechners und die Aufstellung eines speziellen Programms (s. Abschn. F-4.4.2.6). Dies ist die schnellste und genaueste Auswertungsmöglichkeit für Modellmessungen, die zugleich frei von Rechenfehlern ist.

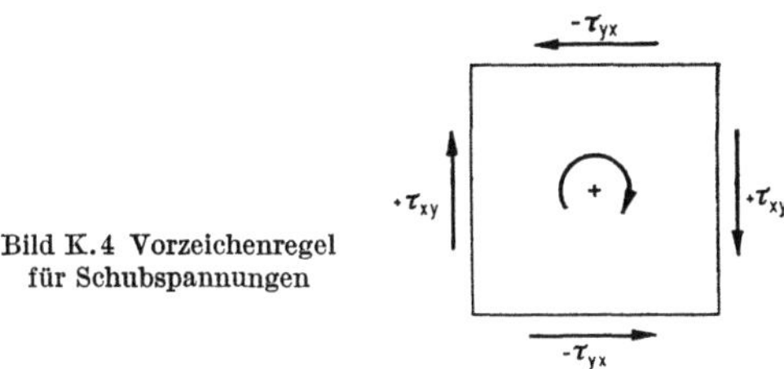

Bild K.4 Vorzeichenregel
für Schubspannungen

Durch die Abweichung der Modelldicke vom Sollmaß werden die Spannungen und damit die Dehnungen im Modell örtlich verändert. Die Schnittkräfte werden hiervon wesentlich weniger beeinflußt. Deshalb berechnet man vor der Übertragung auf die Hauptausführung am Modell die Schnittkräfte durch Integration der Spannungen über die tatsächlich vorhandene Dicke. Dabei kann man im allgemeinen einen über den Querschnitt linearen Spannungsverlauf voraussetzen. Die Modellschnittkräfte werden auf die Hauptausführung übertragen und dienen dort zur Bemessung oder zur Spannungsberechnung.

1.11 Bestimmung der Werkstoffbeiwerte

Zum Umrechnen der Dehnungen in Spannungen werden der E-Modul und die Querdehnzahl benötigt. Sie müssen für jeden Modellversuch an einem Stück des verwendeten Modellwerkstoffes erneut gemessen werden. Der E-Modul von Kunststoffen ändert sich mit ihrem Alter, so daß er bei länger andauernden Messungen immer wieder zu überprüfen ist. Hierzu ist notwendig, daß die Probe in unmittelbarer Nähe des Modells gelagert und allen eventuell am Modell vorgenommenen Wärmebehandlungen in der gleichen Weise unterworfen wird. Es ist darauf zu achten, daß DMS bei Messungen auf Kunststoffen eine versteifende Wirkung haben (s. S. 214). Man erhält deshalb aus der mit einem DMS an einem Probestab gemessenen Dehnung nicht den wahren E-Modul des Werkstoffes, sondern einen Umrechnungsfaktor zwischen Dehnungen und Spannungen, der nur für den vorliegenden Fall gilt. Es ist deshalb erforderlich, daß hierzu die gleichen DMS oder DMS-Rosetten benutzt werden, wie sie auch auf das Modell geklebt wurden. Für den Probestab wird eine ähnliche Dicke, wie sie vorwiegend am Modell vorkommt, gewählt. Seine Breite sollte so groß sein, daß sie keinen Einfluß mehr auf den scheinbaren E-Modul hat. Bei einem Schalenmodell mit Randträgern wird man einen Probestab mit der Dicke der Schalenfläche und einen weiteren mit den ungefähren Abmessungen der Randträger benutzen. Auch in der Beanspruchungsart (Biegung oder Normalkraft) sollten die Probestäbe mit den Modellteilen übereinstimmen.

Für die Übertragung der am Modell ermittelten Spannungen auf die Hauptausführung benötigt man jedoch den wahren E-Modul des Modellwerkstoffes. Hierzu muß man die Dehnungen am Probestab mit einem Verfahren messen, dessen Rückwirkungen auf das Meßobjekt vernachlässigbar sind. Die Messungen können mit mechanischen oder induktiven Extensometern mit entsprechender Genauigkeit (s. Abschn. F-4.4.1) vorgenommen werden. Will man auch hierfür DMS benutzen, so sollte der Probebalken die gleiche Breite wie diese besitzen, weil man dann die Versteifung rechnerisch berücksichtigen kann (s. S. 214).

1.12 Kontrolle der Meßergebnisse

Ein nach den Regeln der strengen Ähnlichkeitsmechanik richtig hergestelltes und belastetes Modell „macht keine Fehler"; als ein physikalisch reales Gebilde erfaßt es alle Einflüsse richtig und vollständig. Lediglich bei der Messung seines physikalischen Verhaltens können Fehler und Irrtümer entstehen, die sich trotz aller Sorgfalt und Erfahrung bei der Ausführung der Messungen nicht grundsätzlich ausschalten lassen. Es ist deshalb unbedingt erforderlich, die Meßergebnisse zu kontrollieren. Eine erste Gewähr, daß die Meßwerte frei von groben Fehlern sind, ergibt die obengenannte vorläufige Kontrolle der Meßdaten, die noch vor der eigentlichen Auswertung vorgenommen wird. Ähnliches leistet eine zeichnerische Darstellung der fertig ausgewerteten Ergebnisse. Die entlang eines Schnittes maßstäblich aufgetragenen Spannungen oder Schnittkräfte und ihre Gradienten müssen als physikalische Größen stetig verlaufen. Diese Forderung läßt stark fehlerbehaftete Einzelmessungen als sog. Ausreißer sofort erkennen; hierzu ist notwendig, daß eine genügende Zahl von Meßpunkten entlang des Schnittes vorhanden ist. Auch der Vergleich von Meßwerten an Symmetrie- oder Antimetriepunkten gibt ein gewisses Kriterium für die Zuverlässigkeit der Messungen. Jedoch

ist es in beiden Fällen nicht möglich, Fehler zu erkennen, die alle Meßwerte gleichmäßig verfälschen, wie z. B. ein falsch eingestellter Meßbereich oder eine falsche Eichung des Meßverstärkers. Deshalb wird man,
wenn es irgend angängig ist, zumindest die Größenordnung der gemessenen Werte durch eine Vergleichsrechnung feststellen. Dies kann eine einfache Überschlagsrechnung sein. Oder man verwendet die bekannte
Lösung eines ähnlichen Problems, die sich näherungsweise auf die vorliegende Aufgabe umrechnen läßt. In vielen Fällen erkennt man auch an
Hand der qualitativ betrachteten Versuchsergebnisse das Tragverhalten
des untersuchten Bauwerkes und kann nun ein leicht zu berechnendes
System wählen, das dieses Tragverhalten näherungsweise wiedergibt.

Die beste Aussage über die Zuverlässigkeit der Messungen erhält man
durch eine Gleichgewichtskontrolle. Die über einen Querschnitt gemessenen Spannungen werden integriert und mit den am abgeschnittenen Teil
angreifenden äußeren Lasten einschließlich der hier wirkenden Auflagerkräfte ins Gleichgewicht gesetzt. Dies ist oft sehr aufwendig, denn es
sind meist zusätzliche Messungen von Auflagerkräften und von Spannungen in vielen Punkten nötig, damit der Verlauf der inneren Kräfte vollständig und genügend genau ermittelt werden kann. Da nicht das Verhalten des Modells, sondern nur die Richtigkeit der Messungen kontrolliert werden soll, braucht immer nur eine der im allgemeinen Fall sechs
möglichen Bedingungen benutzt zu werden. Wie in Abschn. G-1.7.7 dargestellt, ist es nicht zweckmäßig, die Momentensumme zur Gleichgewichtskontrolle zu verwenden, da hier die erzielte Übereinstimmung
zwischen äußerem und innerem Moment von der Wahl des Drehpunktes
abhängt. Auch sollte man die Schnitte zur Kontrolle der Kräftesumme
so legen, daß sie die zur Lastabtragung in der Haupttragrichtung
notwendigen Normalspannungen enthalten. Die in der Nebentragrich-
tung wirkenden Spannungen sind meist sehr viel kleiner und deshalb
zu einer Kontrolle der Meßergebnisse ungeeignet, da hier die unvermeidlichen Streuungen der Meßwerte durchschlagen können. Dies ist sicher
dann der Fall, wenn das Meßergebnis aus der Differenz zweier fast gleich
großer Meßwerte entsteht. Der absolute Fehler der Differenz kann im
ungünstigsten Fall doppelt so groß sein wie der Fehler der beiden Einzelwerte. Da die Differenz jedoch sehr klein ist im Vergleich zu den Einzelwerten, wird ihr relativer Fehler sehr groß. Diese in der Natur der Differenzbildung liegende Tatsache bedeutet jedoch nicht, daß die Messungen
als solche unzuverlässig sind. Man sollte daher stets im Auge behalten,
daß Differenzen aus Meßwerten zu einer Gleichgewichtskontrolle ungeeignet sind. Entsteht aber das gesuchte Meßergebnis selbst aus Differenzen, so sind die Einzelmessungen mit besonderer Sorgfalt auszuführen,
um die Fehler von vornherein möglichst klein zu halten. Außerdem ist es
möglich, die durch die Einzelmessungen gegebenen Kurven zunächst

durch eine Ausgleichsrechnung [K.3] zu glätten, um bei der anschließenden Differenzbildung ein verbessertes Ergebnis zu erhalten.

Sind sämtliche Auflagerkräfte gemessen worden, ist es ein Leichtes, ihre Komponenten mit denen der Belastung zu vergleichen. Einflußflächen kann man für eine Gleichflächenlast auswerten und mit dem gemessenen Zustandswert vergleichen. Bei Dehnungs- und Krümmungsmessungen ergibt sich eine gewisse Kontrollmöglichkeit aus der Messung der Dehnungen bzw. der Krümmungen in vier Richtungen an einem Punkt, denn die Summe der Dehnungen in zwei rechtwinklig zueinander verlaufenden Richtungen ist unabhängig von der Wahl der Richtung

$$\varepsilon_\varphi + \varepsilon_{\varphi+90} = \varepsilon_\psi + \varepsilon_{\psi+90} = \text{const.} \qquad (\text{K.1})$$

Es versteht sich von selbst, daß bei dieser Kontrolle Fehler, die eine bei allen Messungen gleiche Verzerrung der Werte verursachen, nicht bemerkt werden. Die Wahrscheinlichkeit, daß sich zufällig spezielle Fehler der vier Messungen bei Anwendung von Gl. (K.1) gegenseitig aufheben, ist allerdings gering. Ist keine der vorgenannten Kontrollmöglichkeiten anwendbar, dann kann man nur durch eine neue Messung mit einem anderen Gerät und möglichst noch mit einem anderen Meßverfahren die Richtigkeit und Genauigkeit einer Messung überprüfen.

1.13 Versuchsbericht

In der Regel wird ein Modellversuch mit einem Versuchsbericht abgeschlossen. Er enthält die gestellte Aufgabe und eine kurze Beschreibung des gewählten Lösungsweges und des Modells mit seinen Randbedingungen. Insbesondere die zugelassenen Vereinfachungen und Abweichungen gegenüber der Hauptausführung sollten beschrieben und begründet werden. Nach einer geeigneten Darstellung der Meßergebnisse in tabellarischer und teils graphischer Form ist eine kritische Betrachtung ihrer Zuverlässigkeit zu empfehlen. Die durchgeführten Kontrollen und Näherungsberechnungen müssen so ausführlich mitgeteilt werden, daß sie überprüft werden können. Mit ihrer Hilfe sollten Angaben über die erzielte Genauigkeit gemacht werden. Es versteht sich von selbst, daß Modellzeichnung und Meßstellenplan beigefügt werden. Bei graphischen Darstellungen von Meßergebnissen soll auf jedem Blatt eine einfache Skizze erkennen lassen, um welchen Meßschnitt und welche Laststellung es sich handelt. Ziffernmäßige Verschlüsselungen von Meßquerschnitt, Meßpunkt und Laststellung sind zwar für die Auswertung mit digitalen Rechenautomaten notwendig; sie sind für den Aufsteller des Berichts und alle unmittelbar Beteiligten klar und sprechend. Für den Auftraggeber jedoch und alle, die sich an Hand der graphischen Darstellungen über die wesentlichsten Ergebnisse informieren wollen, sind die Zahlenschlüssel umständlich und verwirrend.

Gute Photos des Modells und der Belastungsvorrichtung dienen zur Dokumentation und zur Erläuterung des Versuchsaufbaus. Auf ihnen sollte nur das für den Bericht Wesentliche möglichst formatfüllend zu sehen sein. So ist es oft von Vorteil, das Modell vor Anbringen der Meßgeräte oder Geber, z. B. der DMS, und der Verdrahtung zu photographieren oder unwesentliche Teile der Versuchsvorrichtung zu entfernen. Als optisch ruhiger Hintergrund eignen sich Kartontafeln oder große Tücher aus dünnem Filz. Sehr schwer sind Modelle aus Plexiglas zu photographieren, da sie sich kaum vom Hintergrund abheben. Durch Anstrahlen aus geeigneter Richtung kann man erreichen, daß Licht in das Plexiglas eindringt und die Ecken und Kanten zum Leuchten bringt, so daß das Modell jetzt gut sichtbar wird. Unverzerrte Aufnahmen erhält man meist nur mit Plattenkameras, die eine verstellbare Objektivstandarte und ein ebensolches Rückenteil besitzen.

1.14 Beispiel für die modellstatische Untersuchung eines ungewöhnlichen Bauwerkes

Im folgenden wird ein Modellversuch kurz geschildert, der am Institut für Modellstatik der Universität Stuttgart für die Konstruktion eines außerordentlich großen Schalendaches ausgeführt wurde [K.8] und der als Beispiel für viele andere ähnliche Untersuchungen dienen soll. Zwei hyperbolische Paraboloidschalen bilden das Dach eines Hallenbades, das an der Sechslingspforte in Hamburg errichtet wurde. Beide Schalen berühren sich längs eines Randträgers und sind an den drei Tiefpunkten der Schalenfläche in Stützen eingespannt. Bild K.5 zeigt das Modell des Bauwerkes ohne Belastungsvorrichtung und DMS. Die Randträger sind teilweise hohl und verjüngen sich von den Stützen zu den Hochpunkten hin. Die Grundrißprojektion der Dachfläche ist symmetrisch zu der Berührlinie der beiden Schalen; jede von ihnen ist in der Projektion eine Drachenfigur.

Da die Spannungsverteilung in einem derartigen Bauwerk nicht ohne weiteres rechnerisch zu erfassen ist, entschloß sich das mit der Konstruktion beauftragte Ingenieurbüro, in einem Modellversuch die zur Bemessung erforderlichen Spannungen und Schnittgrößen ermitteln zu lassen. Zunächst wurden Überlegungen angestellt, hierfür ein Modell aus Mikrobeton zu verwenden. Vorversuche ergaben aber, daß wegen der Vorspannbewehrung der Schalenfläche für diese eine Dicke von mindestens 1 cm erforderlich gewesen wäre. Die deswegen sehr großen Abmessungen des gesamten Mikrobetonmodells hätten aus Platzmangel nur die Nachbildung einer Hälfte des symmetrischen Bauwerkes gestattet. Es wäre dann nicht möglich gewesen, das für die Beurteilung des Tragverhaltens so wichtige Zusammenwirken der beiden HP-Schalen am Modell einwandfrei zu erfassen. Nicht zuletzt auch wegen der sehr viel höheren Kosten, die ein Modell aus Mikrobeton verursacht hätte, wurden die beabsichtigten Untersuchungen an einem Modell aus Kunststoff vorgenommen.

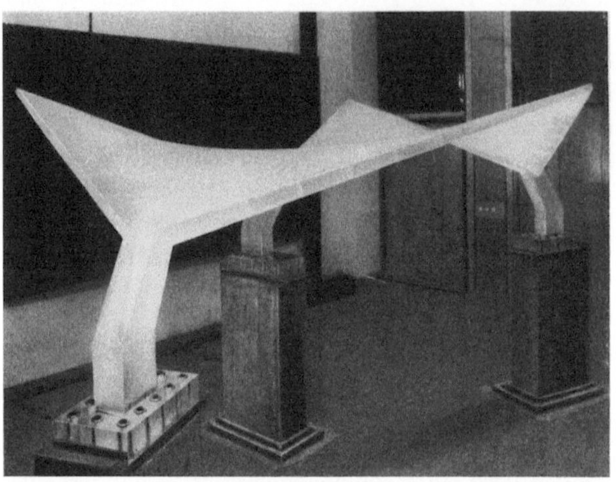

Bild K.5 Modell einer hyperbolischen Paraboloidschale ohne Belastungsvorrichtung und DMS

Dieses erlaubt zwar nur die Feststellung der Spannungen und Schnittkräfte unter der Voraussetzung eines streng linear elastischen Verhaltens des Bauwerkes, was mit der Wirklichkeit nicht übereinstimmt. Jedoch ist dies bei allen Berechnungen mit Hilfe der Baustatik oder Schalentheorie genauso der Fall; diesen gegenüber ermöglicht aber ein Kunststoffmodell, die Randbedingungen und vor allem das Zusammenwirken von Schale und Randträger ohne vereinfachende Annahmen der Wirklichkeit entsprechend zu erfassen. Die Beanspruchung des Bauwerks erfolgt durch eine Gleichlast (Eigengewicht 260 kp/m² und Schnee 75 kp/m²) und durch Stützenverschiebung bzw. Stützenverdrehung wegen der Nachgiebigkeit des Baugrundes. Entsprechend wurden die am Modell zu untersuchenden Lastfälle festgelegt. Die Windlast wurde vereinfacht durch Einzelkräfte an den Hochpunkten ersetzt, da hier das Bauwerk vor allem durch Sog am stärksten beansprucht wird, wie Messungen an einem kleinen Modell im Windkanal ergaben.

Um den Einfluß der unvermeidlichen Dickentoleranzen in einem vertretbaren Maß zu halten, durfte für das Modell die Schalendicke nicht kleiner als 3 mm sein. Eine größere Dicke hätte zu Abmessungen geführt, die aus wirtschaftlichen und räumlichen Gründen nicht mehr vertretbar gewesen wären. Für das Bauwerk war eine Schalendicke von 8 cm vorgesehen. Der Längenmaßstab ergab sich damit zu $l_V = 3/80 = {} = 1:26{,}67$. Bei Schalen sind im allgemeinen Biege- und Normalspannungen überlagert, so daß sämtliche Teile geometrisch ähnlich im gleichen Maßstab hergestellt werden müssen (s. Abschn. I-3.3). Damit ergibt sich die größte Ausdehnung des Modells, das ist der Abstand der Tiefpunkte der Doppelschale, zu 4 m. Da nur das elastische Verhalten des Bauwerks untersucht werden sollte, wurde das Modell aus Plexiglas angefertigt, das im Handel in Tafeln und Blöcken in geeigneten Abmessungen erhältlich ist. Die beiden Teilschalen bestanden aus je vier Streifen von 3 mm Dicke, die in warmem Zustand auf einer Holzform gebogen und anschließend beidseitig durch X-Nähte verklebt wurden. Größere Schwierigkeiten verursachten die Randträger, die aus verwundenen Hohlkästen mit dreieckigem Querschnitt bestanden. Sie mußten aus kleinen Teilstücken auf der Holzform an die fertigen Schalen angepaßt und zusammengesetzt werden, um die vorgegebenen Abmessungen genau einzuhalten.

Eigengewicht und Schneelast konnten im Modellversuch nur durch viele kleine Einzellasten aufgebracht werden. Die Schale und die Randträger wurden in einzelne Abschnitte aufgeteilt und in den Schwerpunkten dieser Abschnitte Löcher von 2 mm $\varnothing$ gebohrt, die zur Aufhängung entsprechender Gewichte dienten. Da man zunächst angenommen hatte, daß sich die Schale sehr stark verformt und hierdurch der Spannungsverlauf beeinflußt würde, wurde mit Dehnungsgleichheit zwischen Bauwerk und Modell gearbeitet. Aus dem Kräftemaßstab $P_V = E_V \cdot l_V^2 = {} = 1:7111$ ergab sich so eine Gesamtbelastung des Modells infolge Eigengewicht von ca. 500 kp. Die einzelnen Gewichte waren über Gummiringe angehängt, damit Belastung und Entlastung nicht schlagartig, sondern kontinuierlich stattfanden. Das hierfür erforderliche Heben und Senken der Bleigewichte erfolgte durch pneumatische Hebebühnen (s. Bild K.6). Für die Lastfälle Stützenverschiebung und -verdrehung wurden die Stützen auf Kugeln gelagert, die zur Verschiebung in prismatischen Bahnen geführt und zur Verdrehung in kegeligen Bohrungen zentriert waren. Die Bewegung der Stützen geschah durch Gewichte über Seile und Hebel an den Fundamenten der Stützen. Anschläge an den Lagerelementen begrenzten die Verschiebung und Verdrehung auf vorher festgelegte Werte. Damit sich die Stützen nicht abheben konnten, wurden sie mit Gewichten und Federn belastet. Die zur Verschiebung und Verdrehung erforderlichen Kräfte und Momente wurden nicht gemessen, da die Reibung nicht ausgeschaltet werden konnte. Es wurde lediglich eine der beiden Schalen mit Meßstellen versehen, da die andere symmetrisch angeordnet ist; jedoch mußten alle Randträger der einen Schale mit Meßstreifen besetzt werden mangels weiterer Symmetrieachsen. Die

Meßstellen auf der Schale wurden an Hand eines Vorversuchs mit einigen
Rosetten in Randträgernähe festgelegt. Da hier Schnittkräfte zu be-
stimmen waren, mußten DMS-Rosetten auf Ober- und Unterseite sorg-
fältig einander genau gegenüber angebracht werden (insgesamt 317
Rosetten und 26 Einzel-DMS). Anzahl und Lage der Meßpunkte für die
Durchbiegungsmessungen wurden so gewählt, daß längs der Randträger

Bild K.6 Modell der HP-Schale mit Eigengewichtsbelastung

Bild K.7 Ansicht des fertigen Schalendaches im Rohbau

die Biegelinien gezeichnet werden konnten. Um den Kriecheinfluß auszuschalten, wurde bei periodischer Be- und Entlastung gemessen (s.
Abschn. C-3.2.2.1). Die Ermittlung der Dehnungen erfolgte mit DMS
und einer automatischen Meßanlage, deren Meßergebnisse mit einem
Elektronenrechner ausgewertet und auf die Hauptausführung umgerechnet wurden, wie dies in Abschn. F-4.4.2.6 beschrieben ist. Bild K.7
zeigt das Bauwerk nach Fertigstellung des Rohbaus. Es läßt bereits
etwas vom architektonischen Reiz dieses ungewöhnlichen Bauwerkes
ahnen, zu dessen Verwirklichung die Modellstatik einen sehr wichtigen
Beitrag leisten konnte.

2 Fehler bei Modellversuchen

2.1 Einführung

In der Modellstatik werden Aussagen über das Verhalten eines Bauwerkes durch Messungen gewonnen. Grundsätzlich ist jede Messung mit
Fehlern behaftet, d. h., der Meßwert weicht um gewisse Beträge vom
wahren Wert der gesuchten physikalischen Größe ab. Diese Abweichungen oder Fehler des Meßwertes haben verschiedene Ursachen und Größe.
Damit die dadurch gegebene Unsicherheit des Meßwertes möglichst klein
gehalten werden kann, muß man sich über die möglichen Fehlerquellen
Klarheit verschaffen. Zugleich muß die Größe des auftretenden Gesamtfehlers abgeschätzt werden, da ein Meßergebnis nur dann vollständig ist,
wenn es auch eine Angabe über die Größe der in ihm enthaltenen Fehler
einschließt, d. h., es sollen Grenzen genannt werden, innerhalb derer der
wahre Wert der gesuchten Größe mit einer gewissen Wahrscheinlichkeit
liegt. Diese nennt man nach DIN 1319 ,,Grundbegriffe der Meßtechnik‘‘
Vertrauensgrenzen des Meßwertes. Bevor die bei Modellversuchen möglichen Fehler im einzelnen betrachtet und Angaben über ihre Größe gemacht werden, seien zum besseren Verständnis einige Grundtatsachen
aus der Fehlertheorie erläutert.

2.2 Fehlerarten

Ein Fehler ist positiv, wenn ein Meßergebnis zu groß ist oder ein
Meßgerät zu große Werte anzeigt. Man kann ihn als absoluten oder,
indem man ihn auf die Meßgröße bezieht, als relativen Fehler angeben.
Hat ein Meßgerät einen konstanten Fehler, dann ist die Größe des relativen Fehlers abhängig von der Größe des gerade gemessenen Wertes.
Es ist deshalb zweckmäßig und gibt ein leichter verständliches Bild der

Zuverlässigkeit des Gerätes, wenn man den Fehler auf den Meßbereichsendwert bezieht. Dies geschieht z. B. bei der Angabe der Genauigkeitsklassen elektrischer Meßgeräte. Bei der Ermittlung der Dehnungsverteilung in einem Modell ist man oft gezwungen, mit mehreren Meßbereichen zu arbeiten, um auch kleinere Dehnungen genauer zu erfassen. Es ist dann sinnvoll, die Angaben der Unsicherheit auf den größten vorkommenden Wert zu beziehen. Bei der gleichen Aufgabe ermittelte kleinere Meßwerte interessieren meist nur im Vergleich mit dem größten Wert und werden oft sogar auf diesen bezogen. Es ist also durchaus berechtigt, die Unsicherheit kleiner Meßwerte auf den Maximalwert zu beziehen.

Man unterscheidet folgende Arten von Fehlern:

> grobe Fehler,
> beherrschbare oder systematische Fehler,
> zufällige oder statistische Fehler.

Die groben Fehler entstehen durch Irrtümer beim Ablesen, durch einen falsch eingestellten Meßbereich, Vergessen eines Faktors bei der Auswertung usw. Sie sind meist leicht erkennbar z. B. durch die im Abschn. K-1.9 genannte vorläufige Kontrolle oder bei einer zeichnerischen Darstellung der Meßwerte. Solche grob falschen Werte werden aus dem Meßprotokoll gestrichen und gegebenenfalls durch neue Ablesungen ersetzt. Sie werden — wie man sagt — als „Ausreißer" verworfen.

Die beherrschbaren Fehler werden durch Unvollkommenheiten der Meßgeräte oder Meßverfahren hervorgerufen. Sie haben gleichbleibende Größe und Vorzeichen, treten regelmäßig auf und beeinflussen das Meßergebnis einseitig. Sie können grundsätzlich bestimmt und rechnerisch bei der Auswertung als Korrektion benutzt werden. So ist z. B. die nichtlineare Anzeige eines Kraftmeßgerätes ein systematischer Fehler, der mit Hilfe einer zugehörigen Eichkurve berücksichtigt werden muß. Unterbleibt diese Berichtigung des Meßwertes, so wird das Meßergebnis als unrichtig bezeichnet. Die beherrschbaren Fehler können zwar grundsätzlich bestimmt werden, doch ist dies meist sehr umständlich, denn sie können durch noch so häufige Wiederholung einer Messung nicht erkannt und ausgeschaltet werden. Sie sind nur feststellbar, wenn die gleiche Messung mit anderen Geräten oder Verfahren wiederholt wird. Die systematischen Fehler der hierfür benutzten Geräte müssen bekannt und ihre Meßunsicherheiten sollten sehr klein sein, damit die Unsicherheit dieses als Eichung bezeichneten Vorganges möglichst klein bleibt.

Es gibt aber auch nicht erfaßte, weil auf einfache Weise nicht bestimmbare systematische Fehler. Sie können in vielen Fällen abgeschätzt werden; sie sind dann unbestimmt und haben deshalb ein wechselndes Vorzeichen und werden mit den zufälligen Fehlern berücksichtigt. Bei modellstatischen Untersuchungen können die systematischen Fehler durch eingehende Kenntnis der Meßgeräte und der Modelltechnik weitgehend beseitigt oder erkannt und berücksichtigt werden. Hierüber wird im Abschn. K-2.3 noch ausführlicher gesprochen.

Die dritte Art von Fehlern entsteht durch Einflüsse, deren Vorhandensein vom Zufall abhängt. Wird eine Meßreihe ausgeführt, d. h., wird eine Messung vom selben Beobachter mit demselben Gerät unter den gleichen Bedingungen am selben Meßobjekt mehrmals wiederholt, so weichen die erhaltenen Werte jedesmal etwas voneinander ab; man sagt, die Ergebnisse streuen. Die Ursache der Streuung kann z. B. eine zufällige Änderung der Reibung im Meßgerät sein, ein zufällig sich änderndes Spiel einer Hebelübersetzung, zufällige kurzzeitige Änderungen der Umweltbedingungen, vor allem der Temperatur. Hinzu kommen noch zufällige Schwankungen der persönlichen Auffassung durch den Beobachter, z. B. beim Schätzen von Zehnteln während des Ablesens einer analogen Anzeige. Die verschiedenen Ursachen der Streuung können meist nicht getrennt werden. Sie entsteht als Summe sehr vieler gleich wahrscheinlicher positiver und negativer Elementarfehler, die keinem erkennbaren Gesetz folgen. Zufällige Fehler lassen sich nur durch Wiederholen der Messungen erkennen und mit den Mitteln der mathematischen Statistik eingrenzen, wie in Abschn. K-2.4 gezeigt wird.

2.3 Systematische Fehler

Werden die in den Ähnlichkeitsgesetzen enthaltenen Bedingungen von dem Modell nicht oder nur teilweise erfüllt, so bedingt das der Hauptausführung gegenüber unähnliche Verhalten des Modells systematische Fehler in den Versuchsergebnissen. Teilweise lassen sie sich durch geschickte Auswahl des Modellwerkstoffes und Sorgfalt bei der Modellherstellung vermeiden oder doch so klein halten, daß ihr Einfluß vernachlässigbar bleibt. Müssen größere Fehler aus technischen Gründen hingenommen werden, so sollte man versuchen, ihre Größe festzustellen oder wenigstens abzuschätzen, damit sie bei der Beurteilung der Meßergebnisse berücksichtigt werden können. Prinzipielle Fehler wurden im Abschn. B im Zusammenhang mit der erweiterten und angenäherten Ähnlichkeit behandelt. Es sind dies im wesentlichen der Einfluß ungleicher Querdehnzahlen von Modell und Hauptausführung, Fehler infolge Dehnungsübertreibung und die Maßstabsfehler durch Vernachlässigung von Einflüssen mit untergeordneter Bedeutung bei der Herleitung der Modellgesetze. Daneben wurde in den Abschn. C und D auch darauf eingegangen, was man in der Praxis bei Werkstoffauswahl und Modellherstellung beachten muß, damit man ein von systematischen Fehlern möglichst freies Untersuchungsergebnis erhält. Hier sind es vor allem

Ungenauigkeiten in den Abmessungen der Modelle, Verwendung von Werkstoffen für elastische Modelle, die nicht den Forderungen nach Homogenität, Isotropie und linearem elastischem Verhalten entsprechen, wie z. B. Kriechen und Temperaturabhängigkeit des E-Moduls bei Kunststoffen. Da bei Realmodellen die vielen von dem Modellwerkstoff zu erfüllenden Bedingungen nur schwer einzuhalten sind, muß man hier systematische Fehler in Kauf nehmen, deren Größe nicht immer bekannt ist und die nur aus der Erfahrung heraus abgeschätzt werden können.

Eine nicht richtige Ausbildung der Auflager des Modells kann den Spannungsverlauf beeinflussen und erzeugt so systematische Fehler, besonders wenn Linienlager zur Vermeidung des sonst sehr großen Aufwandes in Einzellager aufgelöst werden (s. Abschn. E-2) oder wenn die Steifigkeit der Auflager nicht maßstäblich zur Hauptausführung ist (s. Abschn. E-1). Ein Verfahren, mit dem der letztgenannte Fehler vermieden werden kann, ist in Abschn. I-3.2.3 mitgeteilt. Eine nicht maßstäbliche Nachgiebigkeit der Lager stört vor allem die Verteilung der Lagerreaktionen, während die Momentenverteilung von Platten weniger beeinflußt wird.

Die Belastung der Modelle kann immer dann als frei von systematischen Fehlern angesehen werden, wenn sie durch Anhängen von Gewichten erzeugt wird. Amtlich geeichte Gewichte sind mit einem systematischen Fehler von weniger als 0,2‰ ihres Nennwertes verfügbar, der bei Modellversuchen praktisch zu vernachlässigen ist. Auch selbst hergestellte Gewichte lassen sich mit Hilfe einer entsprechend genauen, amtlich geeichten Waage mit geringer Mühe innerhalb solch kleiner Fehlergrenzen abgleichen. Werden dagegen zur Belastung großer Realmodelle hydraulische Vorrichtungen benutzt, so muß man mit größeren systematischen Fehlern rechnen. Sind die hierfür vom Hersteller angegebenen Fehlergrenzen zu groß, so sollte man jeden einzelnen der verwendeten hydraulischen Zylinder mit einem amtlich geeichten Kraftmeßgerät überprüfen und ihre Anzeige mit den so festgestellten systematischen Fehlern korrigieren. Unabhängig hiervon entstehen zusätzliche systematische Fehler, wenn am Modell eine Linien- oder Flächenlast in viele kleine Einzellasten aufgelöst wird. Der hierbei entstehende Spannungszustand weicht je nach dem vorliegenden Fall mehr oder weniger von dem ab, der durch die ersetzte Flächenlast erzeugt würde. Besonders bei Schalenmodellen ist dieser Fehler nicht immer leicht abzuschätzen (s. Abschn. E-2).

Meßgeräte haben systematische Fehler, die durch unvermeidbare Ungleichmäßigkeiten bei der Fertigung von Exemplar zu Exemplar verschieden groß sind. Nun wäre es gewöhnlich viel zu aufwendig, den Fehler jedes einzelnen Gerätes durch Vergleich mit einem Normal feststellen. Auch kann sich der Fehler durch Alterung verändern. Man begnügt sich deshalb damit, Fehlergrenzen anzugeben, innerhalb derer die äußersten Abweichungen nach oben oder unten von der Sollanzeige liegen, wenn bestimmte äußere Bedingungen (z. B. Umgebungstemperatur) eingehalten werden. Bei elektrischen Meßgeräten werden die Fehlergrenzen auf den Meßbereichsendwert bezogen in Prozent angegeben. Anzeigegeräte, wie z. B. Drehspulgalvanometer, teilt man in Genauigkeitsklassen ein. So hat ein Gerät der Klasse 0,2 Fehlergrenzen von $\pm\,0,2\%$ vom Endwert. Dies bedeutet z. B. bei einem Spannungsmesser mit einem Meßbereich von 100 V, daß der wahre Wert der gemessenen Spannung in einem Bereich von $\pm\,0,2$ V um den abgelesenen Wert liegt. Ist die Ablesung gerade 10 V, so kann der wahre Wert der anliegenden Spannung zwischen 9,8 V und 10,2 V liegen. Der relative Fehler bei dieser Messung ist demnach $\pm\,2\%$. Es wäre deshalb besser, für diese Messung einen anderen Meßbereich zu wählen. Hat dasselbe Gerät z. B. einen zweiten Meßbereich von 15 V, so ist die absolute Meßunsicherheit jetzt $\pm\,0,03$ V. Die Ablesung sei wieder 10 V; jetzt liegt der wahre Wert der anliegenden Spannung zwischen 9,97 V und 10,03 V. Der relative Fehler dieser Messung ist also nur $\pm\,0,3\%$; sie hat eine wesentlich geringere Unsicherheit, d. h., sie ist zuverlässiger. Aus dieser Betrachtung wird deutlich, daß es bei elektrischen Meßgeräten immer zweckmäßig ist, den Meßbereich so zu wählen, daß die Anzeige im letzten Drittel des Bereiches erfolgt, um die Güte des Gerätes auch ausnutzen zu können. Die Fehlergrenzen sind Schätzwerte für nicht erfaßte systematische Fehler und sind wie diese bei der Angabe eines Meßergebnisses zu der Meßunsicherheit hinzuzuschlagen (s. Abschn. K-2.4). Wird dadurch die Unsicherheit des Ergebnisses zu groß, so muß durch eine Vergleichsmessung der wirkliche systematische Fehler ermittelt werden, damit das Ergebnis damit korrigiert werden kann. Bei DMS z. B. ist es im allgemeinen nicht möglich, die systematischen Fehler jedes einzelnen Streifens festzustellen; es können für die k-Faktoren nur mit Hilfe statistischer Verfahren geschätzte Fehlergrenzen angegeben werden.

Wo immer es möglich ist, wurde in den vorangegangenen Abschnitten auf systematische Fehler von Meßgeräten und Meßverfahren eingegangen, wie z. B. auf den durch die endliche Meßlänge von Dehnungsmeßgeräten bedingten Fehler bei nichtlinearem Dehnungsverlauf oder bei inhomogenen Werkstoffen im Abschn. F-4.1 oder auf den bei Messungen mit DMS auf Kunststoffen vorhandenen Versteifungseffekt auf S. 214.

2.4 Zufällige Fehler

Die durch zufällige Fehler entstehenden Unterschiede einer Meßreihe, die bei gleich sorgfältigen Messungen am selben Meßgerät bei konstanten Umweltsbedingungen erhalten werden, sollen so ausgeglichen werden,

daß ein möglichst fehlerfreies Ergebnis entsteht, für dessen Unsicherheit
Grenzen angegeben werden können. Die Ausgleichsrechnung lehrt nun,
daß der wahrscheinlichste Wert einer Meßreihe derjenige ist, für den die
Summe der Quadrate der den Meßwerten anhaftenden zufälligen Fehler
ein Minimum besitzt. Dies ist die von GAUSS 1801 eingeführte Methode
der kleinsten Quadrate. Eine einfache mathematische Betrachtung zeigt,
daß das arithmetische Mittel aus den Einzelwerten einer Meßreihe dieses
Ausgleichsprinzip der kleinsten Fehlerquadrate erfüllt. Daß der Mittelwert ein Bestwert ist, kann man sich anschaulich vereinfacht so vorstellen: Das Vorzeichen der Fehler ist zufallsbestimmt; bei einer großen Zahl
von Beobachtungen besteht die Möglichkeit, daß sich Fehler verschiedenen Vorzeichens bei der Addition gegenseitig aufheben. Bei einer großen Anzahl von Messungen ist also eine gewisse Wahrscheinlichkeit vorhanden, daß das arithmetische Mittel weniger vom wahren Wert der
gesuchten Größe abweicht als irgendein zufällig herausgegriffener Meßwert.

Aus dem seither Gesagten ist zu erkennen, daß die Zuverlässigkeit
einer Messung nur bei mehrmaligem Wiederholen erkannt werden kann.
Ist nur eine einzige Messung vorhanden, kann keine Aussage darüber gemacht werden, ob nicht zufällig ein grober Meßfehler vorliegt oder der
gemessene Wert sehr stark vom wahren Wert abweicht. Es versteht sich
von selbst, daß aus einer Messung auch keinerlei Aussage über den Streubereich der Messungen möglich ist. Durch ein Schlagwort ausgedrückt
heißt dies:

Eine Messung ist keine Messung.

Hat man von einer Meßreihe aus einer großen Anzahl n von Einzelmessungen x_i den Mittelwert $\overline{x}$ berechnet

$$\overline{x} = \frac{1}{n} \sum_{i=1}^{n} x_i \qquad (\text{K.}2)$$

und ordnet die Meßwerte ihrer Größe nach, so wird man feststellen,
daß die Meßwerte um so dichter liegen, je geringer ihr Abstand vom
Mittelwert $\overline{x}$ ist. Um dies graphisch darzustellen, werden sog. Klassen
gebildet, indem man die Abszisse links und rechts vom Mittelwert in
kleine, gleich große Abschnitte Δx unterteilt. Die auf die Gesamtzahl n
der Messungen bezogene Anzahl n_j der Einzelwerte, die in eine Klasse
fällt, stellt die Klassenhäufigkeit $h_j = n_j/n$ dar. Sie wird als Häufigkeitsdichte $h_j/\Delta x$ in der Mitte der jeweiligen Klasse aufgetragen (s.
Bild K.8). Führt man eine immer größere Zahl von unabhängigen Einzelmessungen aus, so erhält man für $n \to \infty$ als Verteilung der Häufig-
keiten die Gaußsche Glockenkurve (s. Bild K.9). Sie wird auch Normalverteilung genannt, denn sie tritt bei allen physikalischen Messungen auf,

wenn die Streuung der Meßwerte nur durch zufällige Fehler bedingt ist. Ihre Gleichung lautet

$$f(x) = \frac{1}{\sigma \sqrt{2\pi}}\, e^{-\frac{1}{2}\left(\frac{x-\mu}{\sigma}\right)^2}. \qquad (\text{K}.3)$$

$f(x)$ ist die Dichte der Häufigkeit, mit der die Werte in einer Meßreihe auftreten. Die Größe μ kennzeichnet die Lage der Verteilung und ist der wahre Wert der Meßgröße

$$\mu = \lim_{n\to\infty} \frac{1}{n} \sum_{i=1}^{n} x_i. \qquad (\text{K}.4)$$

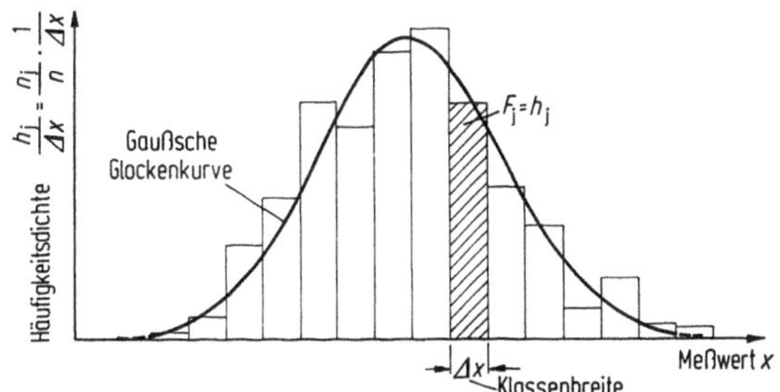

Bild K.8 Graphische Darstellung einer Häufigkeitsverteilung

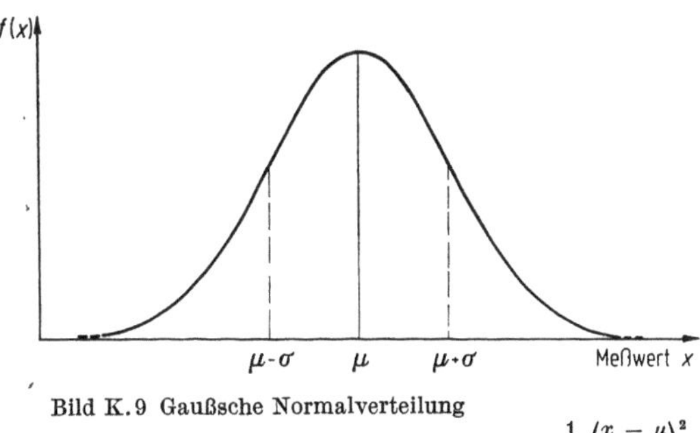

Bild K.9 Gaußsche Normalverteilung

$$f(x) = \frac{1}{\sigma \sqrt{2\pi}}\, e^{-\frac{1}{2}\left(\frac{x-\mu}{\sigma}\right)^2}$$

Er entspricht einem aus einer unendlich großen Anzahl von Messungen bestimmten Mittelwert. Die Größe σ ist ein Maß für die Breitenausdehnung der Verteilung und beschreibt deshalb die Güte einer Messung. Die Glockenkurve ist symmetrisch zum Wert μ und hat für $\mu \pm \sigma$ Wendepunkte. Die Fläche unter der Kurve hat die Größe 1, denn die Summe der Klassenhäufigkeiten h_j, mit denen die Häufigkeitsverteilung gezeichnet wurde, ist ebenfalls gleich 1.

Mit zwei verschiedenen Meßgeräten werde dieselbe Größe mit dem (unbekannten) wahren Wert μ gemessen. Gerät A liefert eine breite Verteilung der Meßwerte mit einem großen σ, während die mit Gerät B ausgeführte Meßreihe ein kleines σ und demzufolge eine schmale Verteilung besitzt (s. Bild K.10). Gerät B ist zuverlässiger, denn hier ist die Wahrscheinlichkeit geringer, bei einer Einzelmessung einen stark vom wahren Wert abweichenden Meßwert zu erhalten.

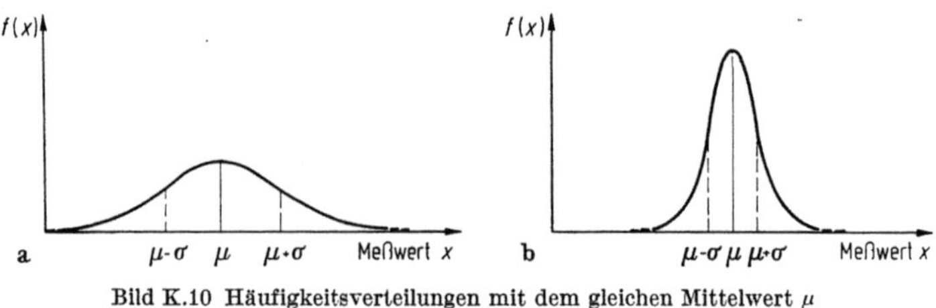

Bild K.10 Häufigkeitsverteilungen mit dem gleichen Mittelwert μ
a) breite (großes σ)   b) schmale (kleines σ)

Man kann auf Grund einer aus einer sehr großen Anzahl von Einzelmessungen bekannten Häufigkeitsverteilung mit den Werten μ und σ nicht voraussagen, wie viel ein neuer einzelner Meßwert vom wahren Wert abweichen wird, sondern nur, wie groß die Wahrscheinlichkeit ist, daß er in einem bestimmten Intervall um den wahren Wert liegt. Diese Intervalle werden zweckmäßig als Vielfache der Größe σ angegeben. Die Anzahl der in ihnen liegenden Meßwerte erhält man durch Integration der Gl. (K.3). Sie ist in Tab. K.1 für gebräuchliche Intervalle angegeben. In einem Bereich $\mu \pm 2 \cdot \sigma$ liegen 95,4% aller möglichen Meßwerte. Man sagt, die statistische Sicherheit oder Aussagewahrscheinlichkeit, mit der ein neuer Meßwert im Bereich $\mu \pm 2 \cdot \sigma$ liegt, beträgt $P = 95,4\%$. Das heißt, daß von 1000 zusätzlichen Meßwerten 954 in diesen Bereich fallen würden.

Nun kann man aber die Parameter μ und σ, die die Verteilung einer Meßreihe kennzeichnen, nur aus einer unendlich großen Anzahl von Messungen bestimmen, was praktisch jedoch nicht möglich ist. Inner-

Tabelle K.1 *Anzahl der Meßwerte in gebräuchlichen Intervallen der Normalverteilung (statistische Sicherheit)*

Intervall	Anzahl der Meßwerte in %
$1 \cdot \sigma$	68,3
$2 \cdot \sigma$	95,4
$3 \cdot \sigma$	99,7
$1,96 \cdot \sigma$	95,0
$2,58 \cdot \sigma$	99,0

halb einer Meßreihe kann immer nur eine beschränkte Anzahl von Messungen ausgeführt werden. Der Mittelwert $\bar{x}$ einer Meßreihe ist aber — wie eingangs ausgeführt — ein wahrscheinlicher Wert für den wahren Wert der gesuchten Größe; er ist also auch ein Näherungs- oder Schätzwert für den Parameter μ, in den er nach Gl. (K.4) für $n \to \infty$ übergeht. Nun läßt sich mit den Methoden der Statistik zeigen [K.4], daß die sog. Standardabweichung

$$s = \sqrt{\frac{\Sigma (x_i - \bar{x})^2}{n - 1}} \qquad (K.5)$$

ein Schätzwert für den Parameter σ ist. Letzteres gilt jedoch nur mit genügender Sicherheit, wenn die Anzahl der Messungen größer als $n = 100$ ist. Dies ist aber in der Modellstatik wie auch in vielen anderen Bereichen der Technik nicht der Fall. Man benutzt deshalb an Stelle der Gaußschen Normalverteilung die sog. Studentsche t-Verteilung, um die Intervalle anzugeben, in denen die Meßwerte zu erwarten sind. Die Form der t-Verteilung ist vom Umfang n der ihr zugrunde liegenden Meßreihe abhängig und damit auch die Größe der Intervalle. Für $n \to \infty$ geht sie in die Normalverteilung über. Sie dient vorwiegend zur Beurteilung von Meßreihen mit kleinem Umfang. Der Bereich, in dem mit der gewählten statistischen Sicherheit P die Meßwerte zu erwarten sind, beträgt jetzt

$$\bar{x} \pm t \cdot s; \qquad (K.6)$$

er ist von der Anzahl n der ausgeführten Messungen abhängig. Die Werte für t sind für gebräuchliche statistische Sicherheiten der Tab. K.2 zu entnehmen. Die hier ersichtlichen großen Werte für t bei $n = 2$ zeigen, daß bei nur zwei Meßwerten keine statistische Aussage möglich ist, es sei denn, s oder σ sind aus früheren Beobachtungen bekannt. In diesem Fall kann Tab. K.1 benutzt werden.

Tabelle K.2. *Werte für t und $t/\sqrt{n}$ bei verschiedener statistischer Sicherheit P*

n	$P = 68,3\%$		$P = 95\%$		$P = 99\%$	
	t	$t/\sqrt{n}$	t	$t/\sqrt{n}$	t	$t/\sqrt{n}$
2	1,8	1,3	12,7	9,0	64	45
3	1,32	0,76	4,3	2,5	9,9	5,7
4	1,20	0,60	3,2	1,6	5,8	2,9
5	1,15	0,51	2,8	1,24	4,6	2,1
6	1,11	0,45	2,6	1,05	4,0	1,6
8	1,08	0,38	2,4	0,84	3,5	1,24
10	1,06	0,34	2,3	0,72	3,2	1,03

Für die Auswertung der Messungen bei Modellversuchen interessiert jedoch weniger der Bereich, innerhalb dessen eine einzelne Messung zu erwarten ist, als vielmehr, wie weit der Mittelwert $\bar{x}$ einer Meßreihe vom wahren Wert entfernt liegt. Man kann nun nachweisen [K.5], daß mit einer gewählten Wahrscheinlichkeit von P % der wahre Wert einer Meßgröße in einem Bereich von $\pm\, t \cdot s\,\sqrt{n}$ um das arithmetische Mittel der Meßreihe liegt. Dies sind die sog. Vertrauensgrenzen des Mittelwertes, die auf Grund der Größe s durch die Güte der Messung bestimmt werden. Die Größe von $t/\sqrt{n}$ ist für die bei Modellmessungen übliche Anzahl von Einzelwerten für die üblicherweise gewählten statistischen Sicherheiten P in Tab. K.2 angegeben. Das Ergebnis y einer Messung bekommt damit jetzt die Form

$$y = \bar{x} - F \pm \left(\frac{t}{\sqrt{n}}\, s + f\right). \tag{K.7}$$

F ist der bekannte systematische Fehler der Messung, während f die geschätzten nicht erfaßbaren systematischen Fehler darstellt, zu denen eventuell auch die Fehlergrenzen des Meßgerätes gehören. Die Vertrauensgrenzen des Mittelwertes sind um so enger, je kleiner P gewählt wird und je größer n ist, wie Tab. K.2 zeigt. Die Anzahl n reduziert bei gleichem P die Vertrauensgrenzen mit dem Faktor $1/\sqrt{n}$. Die Standardabweichung s ist als Schätzwert für σ nicht von n abhängig, denn sie verkörpert lediglich die Güte des Meßverfahrens, die durch eine große Anzahl von Messungen nicht verbessert werden kann. Aber die Werte für t ändern sich im Bereich von $n = 5$ bis $n = 10$ auch etwa mit $1/\sqrt{n}$, so daß insgesamt bei einer solchen Anzahl von Messungen die Vertrauensgrenzen mit etwa $1/n$ kleiner werden. Es lohnt sich deshalb nicht, die Anzahl n der Messungen zu hoch zu wählen, etwa höher als 10, da dann die erzielte Verkleinerung der Vertrauensgrenzen in keinem Vergleich mehr zum Aufwand steht. Es ist besser, durch sorgfältiges Messen und durch Wahl eines zuverlässigen Meßverfahrens die Standardabweichung s zu verringern. Bei Modellmessungen sollte man jedoch, wenn immer es möglich ist, jeden Meßvorgang etwa 4- bis 5mal wiederholen, da man dann für die Versuchsergebnisse die Meßunsicherheit mit ausreichender Zuverlässigkeit erhält.

2.5 Die Größe der Fehler bei Modellversuchen

Die bei sorgfältiger Versuchsdurchführung zu erzielenden Meßunsicherheiten liegen in günstigen Fällen im Mittel bei $\pm 3\%$, meist jedoch bei $\pm 5\%$, bezogen auf den größten gemessenen Wert. Zum Beispiel beobachtete H. WEISE [I.45] bei Untersuchungen an schiefen Platten

Abweichungen der Auflagerkräfte von der Gleichgewichtsbedingung von maximal 4%, wenn die Platten starr an zwei Seiten auf neun Einzelstützen gelagert waren. Bei elastischer Lagerung auf drei Stützen betrug der größte Fehler jedoch nur $\pm 1\%$. Bei allen Auflagerkraftmessungen war die Standardabweichung nicht größer als $\pm 2\%$, bezogen auf den jeweiligen Meßwert. Ein Teil der gemessenen Momente in Plattenmitte infolge Gleichlast konnte mit den von H. RÜSCH und A. HERGENRÖDER [I.42] mitgeteilten verglichen werden. Die Abweichung aller gegenübergestellten Hauptmomente voneinander betrug im Mittel 3,7%; die Winkel der Hauptrichtungen unterschieden sich höchstens um $1°$. Dies ist eine sehr gute Übereinstimmung, wenn man sich vergegenwärtigt, daß die verglichenen Messungen zu verschiedenen Zeiten von Laboratorien ausgeführt wurden, die voneinander vollständig unabhängig sind und unterschiedliche Meßverfahren und Modellwerkstoffe benutzen.

Bei der Untersuchung des Modells einer schiefen und gekrümmten Platte am Institut für Modellstatik in Stuttgart wurde ein ähnlicher grundsätzlicher Vergleich angestellt. Zunächst wurden drei Einflußflächen für die Schnittmomente eines Punktes der Platte mit einer DMS-Rosette und der in Bild I.21 und I.22 gezeigten Schaltung ermittelt, wobei als dritte Größe m_{45} bestimmt wurde. Anschließend wurden die Momente an derselben Stelle mit einem Krümmungsmeßgerät, wie es in Bild I.17 gezeigt ist, gemessen. Diesesmal konnte m_{xy} direkt aufgezeichnet werden. Eine Integration der jeweils drei Einflußflächen und deren Umrechnung auf Hauptmomente führte zu folgendem Ergebnis:

	DMS-Rosette	Krümmungsmesser
m_1	$+13,5$ mt/m	$+13,0$ mt/m
m_2	$+\ 2,2$ mt/m	$+\ 1,3$ mt/m
α	$8,8°$	$7,5°$

Die Übereinstimmung der mit verschieden arbeitenden Gebern, anders aufgebauten Umschaltkästen und jeweils anderen Meßverstärkern gewonnenen Resultate ist außerordentlich befriedigend, wobei man berücksichtigen muß, daß in den hier mitgeteilten Werten noch zusätzliche Fehler durch die Integration der Einflußflächen enthalten sind.

Zu den vorstehend betrachteten Meßunsicherheiten, die teilweise auch durch die nicht erfaßten systematischen Fehler der benutzten Meßgeräte bedingt sind, kommen noch die nicht erfaßten systematischen Fehler des Modells hinzu. Über ihre Größe können nur sehr schwer allgemeingültige Angaben gemacht werden. Sie hängen zu sehr vom Einzelfall ab. Vergleiche zwischen Messungen am Modell und der Hauptausführung sind selten möglich und in der Literatur kaum zu finden. In den meisten

Fällen werden Untersuchungen an elastischen Modellen mit den Ergebnissen elastizitätstheoretischer Berechnungen verglichen. In günstigen Fällen, in denen physikalisches und mathematisches Modell weitgehend übereinstimmten, sind die Abweichungen der Ergebnisse voneinander geringer als 3%, bezogen auf den Größtwert. Im allgemeinen kann man annehmen, daß die nicht erfaßbaren systematischen Fehler des Modells an den für die Untersuchung maßgebenden Stellen kleiner als 10% sind; bei Realmodellen können sie je nach Maßstab jedoch auch bis zu 20% erreichen. Dies sind bei Untersuchungen für technische Zwecke immer noch annehmbare Abweichungen. Es ist offensichtlich besser, einen technischen Sachverhalt mit sehr großer Wahrscheinlichkeit auf 20% genau zu kennen und damit ein fundiertes Urteil abgeben zu können, als eine Berechnung mit großer Genauigkeit zugrunde zu legen, bei der man nicht weiß, mit welcher Zuverlässigkeit die getroffenen Annahmen mit der Wirklichkeit übereinstimmen.

2.6 Fehlerfortpflanzung

Besteht das Ergebnis einer Untersuchung aus mehreren Meßwerten x_i, die durch eine Funktion

$$y = f(x_1, x_2, x_3, \ldots) \tag{K.8}$$

verknüpft sind, so wirken sich ihre Fehler Δx_i auch auf das Meßergebnis y aus und erzeugen einen Fehler Δy. Er kann mit den Gesetzen der Fehlerfortpflanzung berechnet werden.

Die Meßwerte seien mit den nach Betrag und Vorzeichen bekannten systematischen Fehlern Δx_1, Δx_2, Δx_3 ... usw. behaftet. Da im allgemeinen angenommen werden kann, daß die $\Delta x_i \ll x_i$ sind, kann man sie näherungsweise als Differentiale betrachten und erhält für die Änderung der Funktion f infolge der Fehler

$$\Delta y = \frac{\partial f}{\partial x_1} \Delta x_1 + \frac{\partial f}{\partial x_2} \Delta x_2 + \frac{\partial f}{\partial x_3} \Delta x_3 + \cdots + \frac{\partial f}{\partial x_i} \Delta x_i. \tag{K.9}$$

Δy ist der ebenfalls nach Betrag und Vorzeichen bekannte Fehler des Ergebnisses infolge systematischer Fehler und kann entsprechend berücksichtigt werden. Für einige wichtige Fälle sind die Gleichungen für den Ergebnisfehler im Anhang, Abschn. K-3.7, angegeben.

Sind die tatsächlichen Fehler unbekannt, und man kennt nur die Größtwerte G_i der Fehler der Meßwerte, so erhält man die Fehlergrenzen des Ergebnisses y aus dem linearen Fehlerfortpflanzungsgesetz

$$\Delta y = \pm \left[\left| \frac{\partial f}{\partial x_1} G_1 \right| + \left| \frac{\partial f}{\partial x_2} G_2 \right| + \left| \frac{\partial f}{\partial x_3} G_3 \right| + \cdots \right]. \tag{K.10}$$

An Stelle der Δx_i in Gl. (K.9) sind jetzt die G_i getreten. Da diese sowohl positiv als auch negativ sein können und ihr Vorzeichen unbekannt ist, muß man mit ihren Beträgen rechnen, wodurch Gl. (K.10) entsteht. Sie ergibt den rechnerischen Größtfehler oder die sog. sicheren Grenzen des Ergebnisses. Er hat jedoch wenig Bedeutung für die Praxis, da es unwahrscheinlich ist, daß die Fehler Δx_i sämtlicher Meßwerte stets mit ihren positiven oder negativen Größtwerten auftreten. Man möchte statt dessen den größten zu erwartenden Fehler des Meßergebnisses wissen. Er ist um so kleiner, je mehr Meßwerte in ein rechnerisches Ergebnis eingehen, da dann eine gewisse Wahrscheinlichkeit besteht, daß sich die Fehler gegenseitig teilweise aufheben. Man verwendet deshalb zur Berechnung des wahrscheinlichen Fehlers eines Rechenergebnisses das quadratische Fehlerfortpflanzungsgesetz

$$\Delta y = \pm \sqrt{\left(\frac{\partial f}{\partial x_1} G_1\right)^2 + \left(\frac{\partial f}{\partial x_2} G_2\right)^2 + \left(\frac{\partial f}{\partial x_3} G_3\right)^2 + \cdots} \qquad \text{(K.11)}$$

Treten an Stelle der Meßwerte x_i die Mittelwerte $\bar{x}_i$ von Meßreihen mit gleicher Anzahl von n Einzelwerten voneinander unabhängiger Meßgrößen, so setzt man in Gl. (K.11) die Standardabweichungen s_i anstatt der G_i ein und erhält als Δy die Standardabweichung s_y des Rechenergebnisses. Dies gilt allerdings nur dann streng, wenn von jeder Meßreihe der Parameter σ_i der ihr zugrunde liegenden Verteilung bekannt ist. Genauere Angaben über die statistische Sicherheit der berechneten Größe Δy bei Verwendung der G_i oder der s_i in Gl. (K.11) können [K.7] entnommen werden.

2.6.1 Beispiel zur Fehlerfortpflanzung

Der E-Modul eines Werkstoffes soll in der in Bild F.46 gezeigten Weise an einem Probestreifen bestimmt werden. Am durch reine Biegung beanspruchten Mittelteil des Streifens wird die Randdehnung oben und unten mit je einem DMS in Halbbrückenschaltung (s. Tab. F.1) gemessen. Vorher wird der angeschlossene Meßverstärker auf Null abgeglichen und so eingestellt, daß im gewählten Meßbereich eine Dehnung von $1\,000 \cdot 10^{-6}$ einen Vollausschlag von 100 Skalenteilen (Skt) erzeugt. Der E-Modul wird aus den Abmessungen des Probestreifens und der bei einer bestimmten Belastung $2\,P$ abgelesenen Dehnung ε^* berechnet. Letztere wird erst nach Gl. (F.37) in die wahre Dehnung

$$\varepsilon = \frac{k_G}{k \cdot N}\, \varepsilon^*$$

umgewandelt. Damit ergibt sich für den E-Modul

$$E = P \cdot a \, \frac{6}{b \cdot d^2} \, \frac{k \cdot N}{k_G \cdot \varepsilon^*}. \qquad \text{(K.12)}$$

Bedeutung und Zahlenwert der einzelnen Größen gehen aus der folgenden Aufstellung hervor. Dabei sind auch die größten möglichen Fehler G_i angegeben. Sie sind teils den technischen Daten der DMS und des Meßverstärkers entnommen, teils sind sie aus Erfahrung bekannt oder geschätzt.

$P = 0{,}4\,\text{kp}$	Gewichtsstücke Handelsklasse A	$G_1 =$		$\pm 0{,}04\%$
$a = 5{,}0\,\text{cm}$	Hebelarm	$G_2 = \pm 0{,}02\,\text{cm}$	$\triangleq$	$\pm 0{,}4\ \%$
$b = 3{,}0\,\text{cm}$	Breite des Streifens	$G_3 = \pm 0{,}005\,\text{cm}$	$\triangleq$	$\pm 0{,}17\%$
$d = 0{,}5\,\text{cm}$	Dicke des Streifens	$G_4 = \pm 0{,}001\,\text{cm}$		
		$2 \cdot G_4 = \pm 0{,}002\,\text{cm}$	$\triangleq$	$\pm 0{,}4\ \%$
$k = 2.12$	k-Faktor des DMS	$G_5 =$		$\pm 1{,}0\ \%$
$k_G = 2$	Eichfaktor des Meßverstärkers, Fehler der Eicheinrichtung	$G_6 =$		$\pm 0{,}2\ \%$
$N = 2$	Anzahl der aktiven DMS			

$\varepsilon^* = 941 \cdot 10^{-6}$ Der Fehler von ε^* berechnet sich aus:

Fehler der Ablesung 94,1 Skt $\pm 0{,}1$ Skt

Fehler des Anzeigegeräts 0,5% vom Endwert $\triangleq \pm 0{,}5$ Skt

Linearitätsfehler des Verstärkers $\pm 0{,}2\%$ vom Endwert $\triangleq \pm 0{,}2$ Skt

Gesamtfehler $G_7 = \pm 0{,}8$ Skt $\triangleq \pm 0{,}9\ \%$

Summe der Beträge der Größtfehler $= \pm 3{,}11\%$

Nach Gl. (K.12) ergibt sich aus vorstehenden Werten ein E-Modul von 36047 kp/cm², dessen größtmöglicher Fehler nach Gl. (K.10) $\pm 3{,}11\%$ beträgt. Der wahrscheinliche Fehler ergibt sich aus Gl. (K.11)

$$\frac{\varDelta E}{E} = \pm \sqrt{0{,}04^2 + 0{,}4^2 + 0{,}17^2 + (2 \cdot 0{,}2)^2 + 1{,}0^2 + 0{,}2^2 + 0{,}9^2}$$

$$= \pm 1{,}46\%.$$

Der aus dem Biegeversuch festgestellte E-Modul des untersuchten Werkstoffes von 36047 kp/cm² hat also einen wahrscheinlichen Fehler von $\pm$ 1,46%. Mit etwa 95% Wahrscheinlichkeit liegt der E-Modul innerhalb dieser Grenzen. In den verbleibenden 5% aller Fälle ist der Fehler jedoch nicht größer als $\pm$3,1%. Will man die Unsicherheit des Ergebnisses verringern, so zeigt die Betrachtung des nach Gl. (K.11) berechneten wahrscheinlichen Fehlers, daß die größten Anteile am gesamten Fehler von den Fehlergrenzen des k-Faktors der DMS und von der Anzeige des Meßverstärkers stammen. Die Fehlergrenzen des k-Faktors könnten nur durch außerordentlich sorgfältige Fertigung und Überprüfung einer sehr großen Anzahl von DMS aus einem Fertigungslos herabgesetzt werden. Die Fehlergrenzen von ε^* lassen sich durch Verwendung eines Anzeigegerätes etwa mit der Genauigkeitsklasse 0,1 verringern. Wenig sinnvoll z. B. ist es, zur Belastung Präzisionsgewichte mit engeren Fehlergrenzen zu verwenden, da hierdurch bei sonst gleichen Bedingungen die Unsicherheit des Ergebnisses kaum verbessert wird. Das Beispiel zeigt, daß eine vor Beginn einer Untersuchung durchgeführte Fehlerrechnung wertvolle Hinweise geben kann, wo es unter Umständen zweckmäßig ist, durch erhöhten Aufwand die Zuverlässigkeit von Meßergebnissen zu steigern. Da es hier darum ging, die Einwirkung der Fehlerfortpflanzung auf ein Untersuchungsergebnis im Prinzip zu zeigen, blieb der Einfluß von Dicke und Steifigkeit der DMS unberücksichtigt, da sonst die Betrachtungen zu umfangreich würden.

3 Anhang: Zusammenstellung der wichtigsten Formeln für den ein- und zweiachsigen Spannungszustand

3.1 Einachsiger Spannungszustand und seine Verzerrungen

Die Spannung σ_x erzeugt die Dehnungen (s. Bild K.11)

$$\varepsilon_x = \frac{\Delta l}{l} \qquad \text{und} \qquad \varepsilon_y = -\mu\,\varepsilon_x \qquad (K.13)$$

mit $0 \leq \mu \leq 0{,}5$.

Es bedeuten

$\mu = 0$ keine Querdehnung
$\mu \cong 0{,}16$ bis $0{,}22$ Beton
$\mu = 0{,}33$ Metalle
$\mu = 0{,}36$ bis $0{,}40$ Kunststoffe, Gummi
$\mu = 0{,}5$ inkompressibler Stoff (z. B. Wasser)

In einem Schnitt unter dem Winkel φ herrschen die Spannungen

$$\sigma_\varphi = \sigma_x \cos^2 \varphi$$

$$\tau_\varphi = \frac{\sigma_x}{2} \sin 2\varphi \tag{K.14}$$

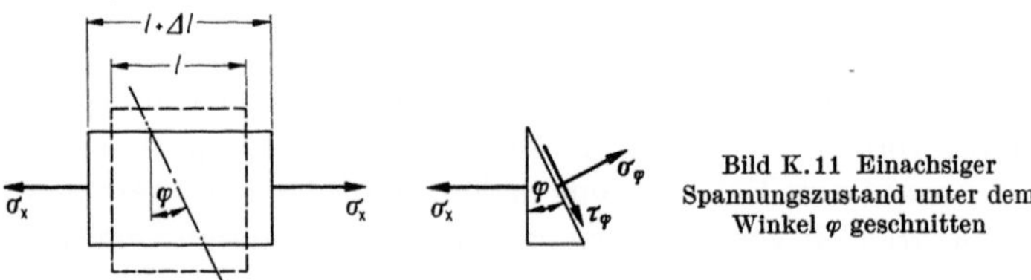

Bild K.11 Einachsiger Spannungszustand unter dem Winkel φ geschnitten

und die Verzerrungen (s. Abschn. K-3.3)

$$\varepsilon_\varphi = \frac{\varepsilon_x}{2} \left[1 - \mu + (1 + \mu) \cos 2\varphi\right]$$

$$\gamma_\varphi = \varepsilon_x (1 + \mu) \sin 2\varphi.$$

Zwischen Spannungen und Verzerrungen bestehen die Beziehungen

$$\sigma_\varphi = E \cdot \varepsilon_\varphi \cdot \frac{1}{1 - \mu \operatorname{tg}^2 \varphi} \; ; \qquad \tau_\varphi = G \cdot \gamma_\varphi \tag{K.16}$$

mit

$$G = \frac{E}{2(1 + \mu)}. \tag{K.17}$$

3.2 Zweiachsiger Spannungszustand

3.2.1 Spannungen in einem Schnitt unter dem Winkel φ

Sie lassen sich ermitteln aus (s. Bild K.12)

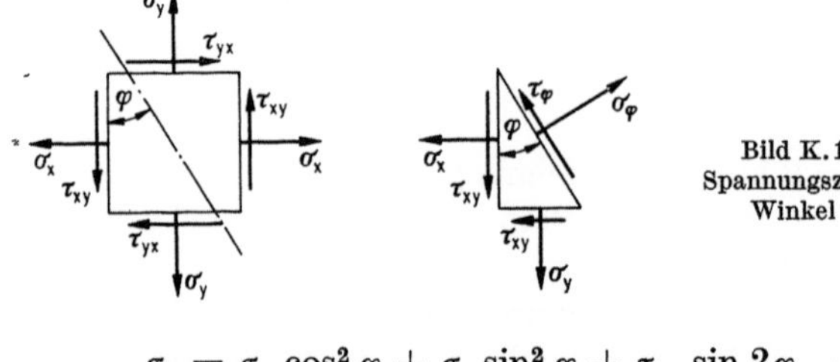

Bild K.12 Zweiachsiger Spannungszustand unter dem Winkel φ geschnitten

$$\sigma_\varphi = \sigma_x \cos^2 \varphi + \sigma_y \sin^2 \varphi + \tau_{xy} \sin 2\varphi$$

bzw. aus
$$\sigma_\varphi = \frac{\sigma_x + \sigma_y}{2} + \frac{\sigma_x - \sigma_y}{2} \cos 2\varphi + \tau_{xy} \sin 2\varphi \qquad \text{(K.18)}$$

$$\tau_\varphi = \frac{\sigma_x - \sigma_y}{2} \sin 2\varphi - \tau_{xy} \cos 2\varphi .$$

3.2.2 Hauptspannungen

Die größte und kleinste Spannung treten unter dem Winkel φ^* auf. Sie werden als Hauptspannungen σ_1 und σ_2 bezeichnet, und zwar so, daß immer $\sigma_1 \geq \sigma_2$ ist. Der Winkel φ^* ergibt sich aus

$$\text{tg } 2\varphi^* = \frac{2\tau_{xy}}{\sigma_x - \sigma_y} . \qquad \text{(K.19)}$$

In dieser Schnittebene sind die Schubspannungen $\tau_{\varphi*} = 0$.

Zwischen den Koordinatenspannungen σ_x, σ_y und τ_{xy} und den Hauptspannungen σ_1 und σ_2 besteht folgender Zusammenhang:

$$\sigma_{1,2} = \frac{\sigma_x + \sigma_y}{2} \pm \frac{1}{2} \sqrt{(\sigma_x - \sigma_y)^2 + 4\tau_{xy}^2} \qquad \text{(K.20)}$$

$$\sigma_{x,y} = \frac{\sigma_1 + \sigma_2}{2} \pm \frac{\sigma_1 - \sigma_2}{2} \cos 2\varphi^*$$

$$\text{(K.21)}$$

$$\tau_{xy} = \frac{\sigma_1 - \sigma_2}{2} \sin 2\varphi^* .$$

3.2.3 Mohrscher Kreis

Die Beziehungen (K.20) und (K.21) lassen sich im Mohrschen Kreis (s. Bild K.13) graphisch darstellen. An ihm kann man unmittelbar nachstehende Schlußfolgerungen ablesen:

1. $\sigma_x + \sigma_y = \sigma_1 + \sigma_2 = \sigma_\varphi + \sigma_{\varphi+90°}.$ \qquad (K.22)

2. Die Hauptschubspannung, die unter 45° zu den Hauptspannungen auftritt, ist

$$\tau_{\max} = \frac{\sigma_1 - \sigma_2}{2} . \qquad \text{(K.23)}$$

3. Für $\sigma_1 = -\sigma_2 = |\tau_{\max}|$ herrscht ein reiner Schubspannungszustand. Der Kreis liegt im Koordinatenursprung.

4. Ist $\sigma_1 = \sigma_2$, dann liegt ein schubfreier oder isotroper Punkt vor; der Kreis wird zu einem Punkt und alle Richtungen sind Hauptspan-

nungsrichtungen. Es herrscht ein ebener hydrostatischer Spannungszustand.

Richtung der Spannungen und Drehsinn der Winkel ergeben sich eindeutig mit Hilfe der Polkonstruktion, die in Abschn. K-1.10 beschrieben ist.

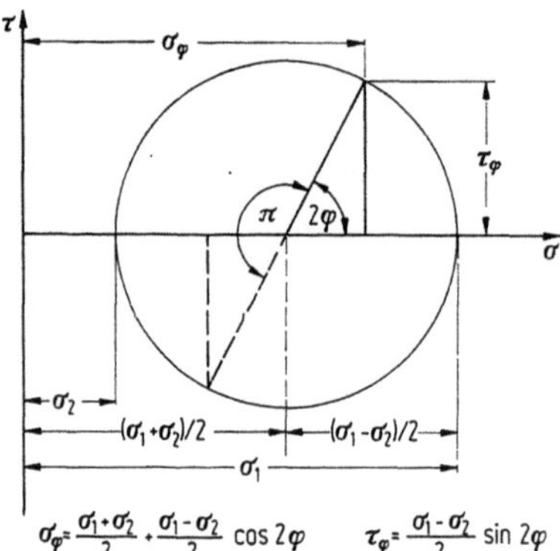

Bild K.13
Mohrscher Spannungskreis

3.2.4 Hauptspannungstrajektorien

Hauptspannungstrajektorien sind Kurven, deren Tangenten jeweils mit den Richtungen der Hauptspannungen zusammenfallen. Da die Hauptspannungen senkrecht aufeinanderstehen, sind die Trajektorien zwei orthogonale Kurvenscharen, und zwar gehört die eine Schar zur jeweils größeren Hauptspannung. Dies erleichtert das Zeichnen der Trajektorien ungemein [K.6]; wenn man einmal an einem Punkt erkannt hat, daß eine Trajektorie z. B. zur kleineren Hauptspannung gehört, so gibt sie längs ihres gesamten Verlaufes immer die Richtung der kleineren Hauptspannung an. Da ein kräftefreier Rand immer eine Trajektorie ist, steht die andere Schar von Trajektorien stets senkrecht auf diesem.

3.3 Zweiachsiger Verzerrungszustand

Aus den ε_x, ε_y und γ_{xy} ergeben sich die Verzerrungen für eine Richtung φ unter der Voraussetzung, daß $\varepsilon_z = 0$ ist:

$$\varepsilon_\varphi = \varepsilon_x \cos^2 \varphi + \varepsilon_y \sin^2 \varphi + \frac{1}{2}\gamma_{xy}\sin 2\varphi \qquad \text{bzw.}$$

$$\varepsilon_\varphi = \frac{\varepsilon_x + \varepsilon_y}{2} + \frac{\varepsilon_x - \varepsilon_y}{2}\cos 2\varphi + \frac{1}{2}\gamma_{xy}\sin 2\varphi \qquad (\text{K}.24)$$

$$\gamma_{\varphi,\varphi+90°} = (\varepsilon_x - \varepsilon_y)\sin 2\varphi - \gamma_{xy}\cos 2\varphi.$$

Die Hauptdehnungen sind

$$\varepsilon_{1,2} = \frac{\varepsilon_x + \varepsilon_y}{2} \pm \frac{1}{2} \sqrt{(\varepsilon_x - \varepsilon_y)^2 + \gamma_{xy}^2}$$

$$\operatorname{tg} 2\varphi^* = \frac{\gamma_{xy}}{\varepsilon_x - \varepsilon_y}. \tag{K.25}$$

Die auf die Koordinaten bezogenen Verzerrungen ergeben sich aus den Hauptdehnungen zu

$$\varepsilon_{x,y} = \frac{\varepsilon_1 + \varepsilon_2}{2} \pm \frac{\varepsilon_1 - \varepsilon_2}{2} \cos 2\varphi^*$$

$$\gamma_{xy} = (\varepsilon_x - \varepsilon_y) \sin 2\varphi^*. \tag{K.26}$$

3.4 Zusammenhang zwischen Spannungen und Verzerrungen

Der zweiachsige Spannungszustand ist mit einem dreiachsigen Verzerrungszustand verknüpft:

$$\varepsilon_x = \frac{1}{E}(\sigma_x - \mu \sigma_y) + \alpha \vartheta$$

$$\varepsilon_y = \frac{1}{E}(\sigma_y - \mu \sigma_x) + \alpha \vartheta \tag{K.27}$$

$$\varepsilon_z = -\frac{\mu}{E}(\sigma_x + \sigma_y) + \alpha \vartheta$$

$$\gamma_{xy} = \frac{\tau_{xy}}{G} \qquad \text{mit} \qquad G = \frac{E}{2(1 + \mu)}$$

Aus den Verzerrungen erhält man die Spannungen an Hand folgender Beziehungen:

$$\sigma_x = \frac{E}{1 - \mu^2}(\varepsilon_x + \mu \varepsilon_y)$$

$$\sigma_y = \frac{E}{1 - \mu^2}(\varepsilon_y + \mu \varepsilon_x) \tag{K.28}$$

$$\sigma_z = 0$$

$$\tau_{xy} = G \cdot \gamma_{xy}.$$

3.5 Einachsiger Spannungszustand mit behinderter Querdehnung

Wird in einem einachsigen Spannungszustand $\sigma_x = E \cdot \varepsilon_x$ die Querdehnung $\bar{\varepsilon}_y = -\mu \cdot \varepsilon_x$ verhindert, dann entsteht ein zweiachsiger Spannungszustand mit $\sigma_y = \mu \cdot \sigma_x$. Diese Spannung kann nicht direkt gemessen werden, da die resultierende Dehnung in y-Richtung Null ist. Die Spannung σ_y erzeugt aber ihrerseits wieder über die Querdehnung ein $\bar{\varepsilon}_x = -\mu \cdot \bar{\varepsilon}_y = -\mu^2 \varepsilon_x$. Die resultierende Dehnung in x-Richtung ist also $\varepsilon_{xres} = \varepsilon_x + \bar{\varepsilon}_x = (1 - \mu^2)\varepsilon_x$. Sie kann gemessen werden, und man erhält die Spannung

$$\sigma_x = \frac{E}{1 - \mu^2}\,(\varepsilon_{xres} + \mu\,\varepsilon_{yres}) = \frac{E}{1 - \mu^2}\,(1 - \mu^2)\varepsilon_x = \varepsilon_x \cdot E. \qquad \text{(K.29)}$$

Man muß also im zweiachsigen Spannungszustand, auch wenn $\varepsilon_y = 0$ ist, immer mit Gl. (K.28) rechnen. Der geschilderte Fall tritt z. B. auf bei der Messung von Einspannmomenten von Platten.

3.6 Auswertung von Rosettenmessungen

Die Gl. (K.28) lassen sich zur Berechnung der Hauptspannungen σ_1 und σ_2 aus den Hauptdehnungen ε_1 und ε_2 nach Einführen von

$$A = \frac{\varepsilon_1 + \varepsilon_2}{2} \qquad \text{und} \qquad B = \frac{\varepsilon_1 - \varepsilon_2}{2} \qquad \text{(K.30)}$$

in folgender Form anschreiben

$$\sigma_1 = E\left(\frac{A}{1 - \mu} + \frac{B}{1 + \mu}\right)$$

$$\sigma_2 = E\left(\frac{A}{1 - \mu} - \frac{B}{1 + \mu}\right). \qquad \text{(K.31)}$$

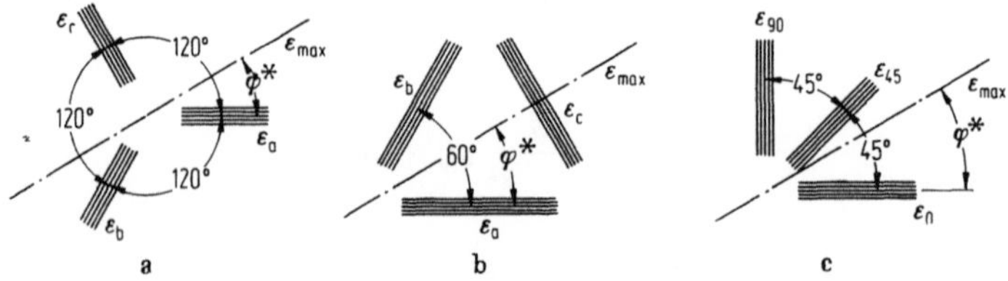

Bild K.14 Ausführungen von DMS-Rosetten
a) und b) gleichwinklige oder Deltarosette   c) rechtwinklige oder 45°-Rosette

Für die gleichwinklige oder Deltarosette (60°-Rosette) erhält man mit den Bezeichnungen von Bild K.14a und b aus den gemessenen Dehnungen ε_a, ε_b und ε_c für die Hilfsgrößen A und B:

$$A = \frac{1}{3}\,(\varepsilon_a + \varepsilon_b + \varepsilon_c)$$

$$B = \frac{\sqrt{2}}{3}\,\sqrt{(\varepsilon_a - \varepsilon_b)^2 + (\varepsilon_a - \varepsilon_c)^2 + (\varepsilon_b - \varepsilon_c)^2} \qquad \text{(K.32)}$$

$$\operatorname{tg} 2\varphi^* = \frac{\sqrt{3}\,(\varepsilon_b - \varepsilon_c)}{2\,\varepsilon_a - \varepsilon_b - \varepsilon_c}.$$

Für die rechtwinklige oder 45°-Rosette erhält man mit den Bezeichnungen von Bild K.11c aus den gemessenen Dehnungen ε_0, ε_{45} und ε_{90} für die Hilfsgrößen A und B:

$$A = \frac{\varepsilon_0 + \varepsilon_{90}}{2}$$

$$B = \frac{\sqrt{2}}{2}\,\sqrt{(\varepsilon_0 - \varepsilon_{45})^2 + (\varepsilon_0 - \varepsilon_{90})^2} \qquad \text{(K.33)}$$

$$\operatorname{tg} 2\varphi^* = \frac{2\,\varepsilon_{45} - \varepsilon_0 - \varepsilon_{90}}{\varepsilon_0 - \varepsilon_{90}}.$$

Die Hauptdehnungen ergeben sich zu

$$\varepsilon_1 = A + B$$
$$\varepsilon_2 = A - B. \qquad \text{(K.34)}$$

Die Hauptspannungen findet man direkt aus den Gl. (K.31).

3.7 Fehlerfortpflanzung bei einfachen Funktionen

Die systematischen Fehler Δy nach Gl. (K.9) eines Meßergebnisses y, das sich aus mehreren Meßwerten x_i mit den bekannten systematischen Fehlern Δx_i zusammensetzt, lassen sich für einige einfache Fälle folgendermaßen berechnen:

$$y = a x_1 + b x_2 + c x_3 + \cdots$$
$$\Delta y = a \Delta x_1 + b \Delta x_2 + c \Delta x_3 + \cdots \qquad \text{(K.35)}$$

(Addition der absoluten Fehler)

$$y = x_1^a \cdot x_2^b \cdot x_3^c \ldots$$

$$\frac{\Delta y}{y} = a\,\frac{\Delta x_1}{x_1} + b\,\frac{\Delta x_2}{x_2} + c\,\frac{\Delta x_2}{x_3} + \cdots \qquad (\text{K}.36)$$

(Addition der mit den Exponenten multiplizierten relativen Fehler)

$$y = \frac{x_1}{x_2}$$

$$\frac{\Delta y}{y} = \frac{\Delta x_1}{x_1} - \frac{\Delta x_2}{x_2} \qquad (\text{K}.37)$$

(Subtraktion der relativen Fehler)

Literatur

K.1 SCHLEICHER, C.: Modellstatik, Meßverfahren und Meßdurchführung, Berlin: VEB Verlag für Bauwesen 1961.

K.2 KAPPUS, R.: Polkonstruktion zum Mohrschen Kreis. Stahlbau 22 (1953) 138—140.

K.3 ZURMÜHL, R.: Praktische Mathematik für Ingenieure und Physiker, Berlin/Göttingen/Heidelberg: Springer 1957.

K.4 LINDER, A.: Statistische Methoden für Naturwissenschaftler, Mediziner und Ingenieure, Basel/Stuttgart: Birkhäuser 1960.

K.5 HULTSCH, E.: Ausgleichsrechnung mit Anwendung in der Physik unter besonderer Berücksichtigung der Meßtechnik. Leipzig: Geest & Portig 1966.

K.6 WYSS, TH.: Die Kraftfelder in festen elastischen Körpern und ihre praktischen Anwendungen, Berlin: Springer 1926.

K.7 VDE/VDI-Richtlinie 2620: Fehlerfortpflanzung bei Messungen, Düsseldorf: VDI-Verlag, erscheint demnächst.

K.8 MÜLLER, R. K., KAYSER, R.: Das Hyparschalendach des Hallenbades Hamburg Sechslingspforte, Teil II: Modelluntersuchung. Beton- und Stahlbetonbau 65 (1970) 245—249.

Sachverzeichnis

Abbindezeit, Gips 97, 142
—, Zementstein 98
Abgleich, kapazitiver 234
Abgleicheinheit 236
Ableiteinheiten 12
Ableitgrößen 12, 14
Ablesegenauigkeit 183, 240ff.
Affinität der σ-ε-Linie 52, 148
Ähnlichkeit, affine 91
—, angenäherte 22, 41
—, erweiterte 19ff., 71
—, Rißbild 129
—, strenge geometrische 31
—, — bei Realmodellen 127
—, — oder vollkommene 18, 22f., 25f.,
  31, 65
Ähnlichkeitsmaßstäbe, Bezeichnung 13
Ähnlichkeitsmechanik 16
Ähnlichkeitsprinzip 11, 15, 17
Aktives Gitter 338
Aluminium 32f., 35, 42, 70, 84, 99, 429
Analog-Digital-Wandler 234, 240
Analogietechnik 4.
Analytische Statik 2ff.
Anbohrverfahren 315
Anpassung elektrischer Geräte 244f.
Ansatzgleichung 14f., 17f.
Anschaulichkeit 4
Anzahl, Meßstellen 440f.
—, Meßwerte 238
Anzeigebereich 183
Anzeigegerät 222
—, analoges 240
—, digitales 240
Araldit B 33, 111ff., 301
Araldit E 111ff.
Artgewicht 85
—, Maßstab 82
Auflager 158ff.
—, Abheben 160
—, Kunststoffmodelle 100
Auflagerkraft 252
—, Einflußlinien 427f.
—, indirekte Ermittlung 253

Auflagerkraft, Kompensation 254
Auflagerkraftmeßgeräte 208, 252
Auflösungsvermögen 241, 244
Aufnehmer 181
—, Rückwirkung 182
Aufpunkt 422
Aufspannvorrichtung 195
Ausgleichspolynom 352
Aushärten 115
Ausreißer 452, 460
Ausschlagmethode 221
Auswertung, Erstarrungsverfahren 301
—, graphische 351
—, Ligtenbergsches Verfahren 349
—, Meßwerte 239, 295, 448ff.
—, Moirédehnungsmessung 359
—, Momente 313
—, Oberflächenspannungsoptik 320, 323
—, Rosettenmessungen 478
— spezieller Schnitte 305
Ausziehversuche 148
Autokollimationsdehnungsmesser 205
Autokollimationsfernrohr 402

Balken, Durchbiegung 20, 23
—, eingespannter 189
—, Kenngrößen 50f.
— mit Längskraft 50
—, Modellgesetze 50ff.
Baukastensystem 163
Beanspruchung, räumliche 128
Beanspruchungsmessung 180
Bearbeitung von Kunststoffen 115ff.
Belastung durch Gewichte 163
—, Größe 54, 94
—, periodische 163
Belastungsrahmen 162
Belastungsvorrichtung 158
—, hydraulische 99, 163
Beltramische Gleichungen 73
Bemessungsmomente 399
Berührprobleme 35, 58
Beschneidelänge bei DMS 210
Beton 32f., 42, 70, 84

Betondeckung 131
Bettischer Satz 373
Beulfläche 355 f.
Beulverhalten 91
Bewehrung 87, 156, 351
Bewehrungsdrähte, Profilierung 146
—, Verzinken 146
Bewehrungsgrad 87, 130
Bewehrungskörbe 156
Bezugsgitter 338, 345
—, Drehung und Dehnung 363 ff.
Bezugsspannung 296, 298
Biegedehnung, Messung 226
Biegelehre, technische 21
Biegespannungen 23
—, Fehler 43
—, Trennung von Normalspannungen 418
Biegetragfähigkeit 132
Biegeversuch 268
Biegezugfestigkeit 97
— bei Kieselgur-Gips 144
— bei Gips-Blähschiefer 145
Bimsbeton, E-Modul 138
Bimsstein 137
Bindemittel, Mikrobeton 135
Blähschiefer 139, 144
Bronze 99
Bruchlast 6, 148
Bruchmoment 150 ff.
Bruchverhalten 6 f.
Bruchversuche 91, 129

Cauchysches Modellgesetz 82
Computerstatik 5, 7

Dämme 137
Datenspeicher 242
Dauerfestigkeitsuntersuchungen an Modellen 216
Dauerschwingverhalten von DMS 216
Definitionsgrößen 12 f.
Dehnbarkeit 94
—, DMS 219
Dehnmeßstreifen (DMS) 153 f., 206 ff.
—, anschweißbare 219
—, Aufbau 208
—, Beschneidelänge 210
—, Dehnfähigkeit 219
— auf dünnen Drähten 262
—, Eigenschaften 211
—, eingebettete 435
—, E-Modul 215

Dehnmeßstreifen (DMS), Empfindlichkeit 207, 266, 396
—, Kenndaten 211
— ketten 212
—, Kleben 211
—, Kriechen 210
—, Meßfähigkeit 219
—, nichtkompensierte 219
— im plastischen Bereich 216
—, Prüfgerät 446
— rosetten 212, 415
—, selbstkompensierte 217 f., 228
—, Steifigkeit 214 f.
—, Streifendicke 214
Dehnung, Addition 224
—, Bezugsgitter 363
—, Definition 190
—, ebene 358
—, Eulersche 359, 362
—, große 88, 336, 362
—, Lagrangesche 359, 362
—, maximale 216
—, natürliche 332
—, plastische 362
—, scheinbare 217, 228
—, Subtraktion 224
—, zulässige 35
Dehnungsbehinderung bei Scheiben 40
Dehnungsgleichheit (Verformungsähnlichkeit) 31, 44, 82, 84
Dehnungslinienverfahren 245 ff.
Dehnungsmaßstab 31
Dehnungsmessung an Platten 412 ff.
Dehnungsmeßgeräte, Eichung 264
—, elektrische 206
—, mechanische 195 ff., 421
—, optische 205
—, pneumatische 205
Dehnungsnormale 266
Dehnungsoptische Konstante 309, 323
Dehnungsspitze 194
Dehnungsübertreibung 33 ff., 49, 52, 54, 57 f., 83
— in der Spannungsoptik 280, 397
Dehnungs-Widerstands-Effekt 206 ff.
— zur Kraftmessung 261
Diatomeenerde 143
Dickenänderung, Messung 285, 340 ff.
Dickentoleranzen 99
Differentialmeßverfahren 194
Differentiation, graphische 350, 36)
Differenzkraftgeber 259
Differenzmessung 338, 345, 357

Dimensionen 15
Dimensionsanalyse 17
Dimensionslose Größe 27
Direkte Methode 371
Dispersion der Doppelbrechung 330
Doppelbelichtung 353, 357
Doppelbrechung 273, 343
—, Dispersion 330
Drahtkraftgeber mit DMS 258f.
Drahtkraftmessung, Eigenfrequenz 260
Drähte für Seiltragwerke 53
Drehmoment, Messung 227
Dreileiterschaltung 218
Drillmoment, Vorzeichen 398f.
—, Momentenmeßgerät 407ff.
— mit DMS-Rosetten 417
Druck- und Zugfestigkeit, Beton 136
—, Gips 141, 143
Durchbiegung, Messung 357, 402
Durchlaufträger 377
Dynamische Untersuchungen bei
    Realmodellen 137

Eichung 230
—, amtliche 263
—, mit Gewichten 267
—, Kraftmeßgeräte 267
—, Ligtenbergsches Verfahren 349
—, Meßgeräte 263ff.
—, Meßkette 266
—, Meßunsicherheit 460
—, Momentenmeßgerät 406
—, Probestreifen 431
—, Verschiebungsmeßgeräte 263
Eichvorrichtung 232
Eigenfrequenz, Drahtkraftmessung 260
Eigengewicht, Dehnungen 85
— dünner Betonteile 169
—, Ersatzlast 83
—, Kunststoffmodelle 100
— massiver Bauwerke 95, 170
—, Maßstäbe 84
—, Modellgesetze 81
—, Scheiben 40
—, Spannungen 95
—, Zusatzlast 82
Eigengewichtsspannungen, Kipp-
    methode 171
—, schrittweises Abschneiden 171
—, Werkstoffe 145
Eigenspannungszustand 95
Einflußflächen von Auflagerkräften
    427

Einflußflächen, Auswertung 422
—, automatisches Abtasten 425
—, Biegemomente und Auflagerkräfte
    422
—, elektronische Auswertung 426
—, Kontrolle 454
—, Platten 355
Einflußlinien 254, 358
—, beschränkte 387
—, Durchlaufträger 377
—, Kräfte 372ff.
—, Verformungen 375ff.
Einfriertemperatur 103
Einspannmoment 161
Einzellast 164
Elastisches Nachgeben 100ff.
Elastische Modelle 6, 26, 31, 94ff., 111,
    442
Elastische Nachwirkung 102
Elastizitätsgesetz, lineares 19, 26ff.
—, nichtlineares 87f.
Elastizitätsgrenze 91
Elastizitätstheorie 5
—, Modellgesetze 26ff.
Elementmethoden 6
Elektronische Rechenautomaten 5, 237,
    244, 351f., 362
Elektrostatische Potentialfelder 4
Elimination des Kriechens 103ff.
E-Modul, Abhängigkeit von der Be-
    lastungszeit 112
—, Bestimmung 268f.
—, — aus Krümmung 407
—, Beton 128
—, Bewehrung 128
—, Bimsbeton 138
—, DMS 215
—, Fehler bei Bestimmung 471
—, Gießharze 115
—, Gips/Diatomeenerde 143
—, Metalle 99
Empfindlichkeit, DMS 207, 266, 396
—, Meßgeräte 183
—, Spannungsoptik 396
Endmaße 264
Energieansatz 17
Entlastungszeit 113
Ersatz-Einzellast 164
Ersatzlast für Eigengewicht 83
Erstarrungsverfahren 34, 36, 43, 173,
    300ff.
—, Platten 312
—, Schalen 317

Erwärmung, gleichmäßige 62, 66
Erweichungstemperatur, Plexiglas 117
Eulersche Dehnung 359, 362
Extensometer 196 ff.
—, induktive 206

Fachwerk 49, 371
Federzahl C 47 f., 57, 59, 160
Fehler, angenäherte Ähnlichkeit 36
—, Biegespannungen 43
—, Differenz 298, 453
—, E-Modul 471 f.
—, Erstarrungsverfahren 309
—, Flächenlast 164 ff., 169
—, Fortpflanzung 470 ff.
—, Größe 468 ff.
— infolge Kriechens 113
—, Lateralextensometer 299
—, Ligtenbergsches Verfahren 348
—, Meßgeräte 183
—, Modellversuche 459 ff.
—, Moiréverfahren 347
— infolge $\mu_v \neq 1$ 39, 41 ff., 81
—, Schubspannungsdifferenzverfahren 284
—, spannungsoptische Untersuchungen 43
—, systematische 460 ff.
—, —, nicht erfaßbare 460
—, Verfahren von Gottschalk 379
—, Verfahren von Rieckhoff 380
—, Wheatstonesche Brückenschaltung 223 ff.
—, zufällige 463 ff.
Fehlerfortpflanzungsgesetz 418, 470
—, Beispiel 471
— bei einfachen Funktionen 479
Fehlergrenzen, Meßgeräte 462 f.
Feinstkornbestandteile 135, 149
Feuchtigkeit, Gips 142
—, Mikrobeton 149
Feuchtigkeitsschutz, DMS 154, 217
Flächentragwerke, Modellgesetze 54 ff.
—, Stabilitätsverhalten 90 f.
—, Untersuchung 395 ff.
Flammspritzverfahren 211, 219
Fließen 102, 330
Fließgrenze 145
Formänderung, große 87 f.
Formelzusammenstellung 473 ff.
—, einachsiger Spannungszustand 473
—, Rosettenmessungen 478
—, zweiachsiger Spannungszustand 474

Formelzusammenstellung, zweiachsiger Verzerrungszustand 476
Freigitterdehnmeßstreifen 211, 219
Fullerparabel 134

Gangunterschied 273 ff.
Gaußsche Glockenkurve 464 f.
Geber 181
—, induktive 186 ff., 206
Gebrauchszustand, Dehnung 31
Gedankenmodell 3
Gelenkmechanismus 372 f.
Genauigkeit 48
—, Auflagerkräfte 255
—, Erstarrungsverfahren 309
—, Hochtemperatur-DMS 220
—, Kompensatoren 230
—, Meßkette 241
—, Meßverfahren 431
—, Registriergeräte 242
—, Reißlacke 245
—, Saitendehnungsmesser 203
—, Schattenverfahren 356
—, Spannungsoptik 298
—, technische 113
—, Verfahren von Beggs 381
—, Verfahren von Rieckhoff 380
—, Vermessung von Hängebrückenmodellen 388
Geometrische Gleichungen 27
Gewichtsübertreibungsmaßstab 83
Gießen von Kunststoffen 119 ff.
Gießharze, E-Modul 115
—, Verarbeitung 119 ff.
Gips 32 f., 42, 70, 84, 96 ff., 140 ff., 429
—, Abbindezeit 97, 142
—, Bearbeitbarkeit 98
— hoher Dichte 145
—, Feuchtigkeit 142
—, Herstellung 141
—, Rütteln 142
Glas 33, 95, 429
Glasfaserverstärktes Polyester 101
Glaszustand 103
Gleichflächenlast 85, 106, 164 ff.
Gleichgewichtsbedingung 27, 34, 281, 297
—, Momentensumme 297
—, räumlicher Spannungszustand 308
Gleichgewichtskontrolle 235, 297, 453
Gleichrichter, phasenempfindlicher 232 f.
Gleichspannungsverstärker 234 f.
Glötzl-Ventilgeber 205

Grundeinheiten 12
Grundgrößen 12f.

Haftgrundvorbereitung 119
Haftspannung 132
Halbbrückenschaltung 224f.
Halbleiterdehnmeßstreifen 208
Hängebrücken 385ff.
—, Maßstäbe 53ff.
—, Messung der Kräfte 203, 255
Härter 121
Häufigkeitsdichte 464
Hauptausführung, idealisierte 25, 39
—, Übertragung auf die 451
Hauptmomente 399
Hauptmomentenrichtung 351
Hauptspannung, sekundäre 302
Hauptspannungsdifferenz 278
Hauptspannungsrichtung, Zuordnung 287
Hauptspannungssumme 285
Hauptspannungstrajektorien 251, 296f., 420, 432, 476
Heizflüssigkeit 175
Hochtemperaturdehnmeßstreifen 219
Hookesches Ähnlichkeitsgesetz 30, 87
Hookesches Gesetz 28, 37f., 60, 62, 477
Hookesche Kenngröße 88
HP-Schale 455ff.
Hysterese, DMS 210f.

Indirekte Modellmeßverfahren 9, 36, 106, 371ff.
— von Beggs 380ff.
— von Gottschalk 378f.
— von Rieckhoff 379f.
Induktivgeber 186, 206, 262, 405
Innenwiderstand 222
Instationäre Wärmeströmung 63, 67ff.
—, quasistatische 64
Integraleffekt 24
Interferenzlinien 340f.
Interferenzoptische Konstante 342
Isochromaten 278
— ordnung 286
Isoklinen 279
— winkel 287
Isolationswiderstand, DMS 154, 216, 219
Isopachen 285, 340ff., 344
Isotroper Punkt 475

j-Kreis-Verfahren 318

Kenngröße 15f., 20, 22f.
—, Balken 50f.
—, gerissener Querschnitt 87
—, Hookesche 30
k-Faktor, DMS 207, 219, 232, 268
Kippmethode, Eigengewichtsspannung 171
Kirchhoffsche Plattentheorie 54, 75, 397f.
Kleben, Aluminiumteile 99
—, DMS 211
—, DMS auf Beton 153
—, Radiergummitest 211
Knicklast 89f.
Komperatorstab 200
Kompensationsdehnmeßstreifen 224
Kompensationsmethode 221
Kompensatoren 229
Konstantan 208
Konstante Gestaltänderungsarbeit 304, 330
Kontrolle der Messungen 452ff.
—, Einflußflächen 454
—, Spannungsoptik 297
Korngröße 133ff.
—, Leichtbeton 137f.
—, Meßlänge 192f.
Korrekturfaktoren 149ff.
Kräftemaßstab 31, 44ff.
Kraftmeßdose 227, 267
Kraftmeßgeräte 180, 252ff.
—, Eichung 267
—, elektrische 227
Kreisscheibe 291
Kriechen, Beton 135
—, Bimsbeton 138
—, DMS 210, 213
—, Kunststoffe 100ff., 293, 330
—, Realmodelle 148f.
Kriechmaß von Kunststoffen 112
Krümmungsmessung 265, 403ff.
—, Ausrundungsfehler 409
Krümmungsradius bei Berührproblemen 58f.
Kunststoffe 32f., 35, 42f., 70, 84, 100ff.
—, Bearbeitung 115ff.
—, Erstarrungsverfahren 300f.
Kunststoffmörtel 140

Lager, elastisches 57, 59, 160f., 427f.
Lagerkörper 159, 161, 252f.
Lagrangesche Dehnung 359, 362
Längenmaßstab 31f., 44ff., 48

486 Sachverzeichnis

Langzeitmessung 230
—, Saitendehnungsmesser 203
—, Setzdehnungsmesser 440
Laserlicht 311
Lastaufstandsfläche 426
Lastfälle 94, 441 f.
Lastraster für Gleichlasten, Platten 164 f.
—, Schalen 167
Lateralextensometer 284 f., 288
—, Ansetzen 289
—, Meßspitzen 290
Lateralkonstante 285, 291
Leistungsanpassung 244 f.
Lekutherm 111 f.
Ligtenbergsches Verfahren 345 ff.
Linien gleicher Krümmung 353
— konstanter Momente 354
— konstanter Querkraft 354
Liniendichte, Moirégitter 345, 348, 357, 363, 367
Linienlager 160
Lissajousche Schwingungsfiguren 202
Lochstreifenstanzer 242
Lösungsmittel zur Reinigung 118

Magnetbandgerät 244
Massenbetonbauwerke 434 ff.
—, Eigengewicht 95, 170
Massenkraft 170 ff.
Maßeinheiten 12
Maßgrößen 15 f.
Maßgrößenbeziehung 12
Maßstäbe 13
—, Artgewicht 82
—, Dichte 170, 172
—, Eigengewicht 83 f.
—, Einflußflächen 424
—, Einflußlinien 375
—, freie 44 ff.
—, Kräfte 31, 44 ff.
—, Länge 31 f., 44 ff., 48
Maßstabsfehler 23, 52
Maßstabsgleichungen 14
—, Dehnungsübertreibung 34
—, Sonderfälle 44 ff.
—, thermoelastische 68 f.
Maßstabskorrekturen 149 ff.
Maßstabswahl 33
Maxwellscher Satz 373
Maxwell-Wertheimsches Gesetz 275
Mehrstoffmodellgesetz 85 f., 127
Membranspannungen 167, 400, 433

Messing 99, 347
Meßanlage, automatische 113, 236 ff., 440 f.
Meßdraht von DMS 208 ff.
Meßfähigkeit, DMS 219
Meßgeräte 178 ff.
—, Ablesen 447
—, Auflagerkraft 208, 252 ff., 427 f.
—, Eigenschaften 183 ff.
—, elektrische 181
—, elektrische Anpassung 244 f.
—, Fehlergrenzen 462 f.
—, Genauigkeit 183
—, mechanische 181, 184 ff.
—, optische 185
Meßkette, Eichung 266
—, elektrische 182, 241
Meßlänge, DMS 212 f.
—, Feststellung 265
—, Wahl 191 ff.
Meßleitung, Dreileiterschaltung 218
—, Einfluß der 203
—, Hochtemperatur-DMS 220
—, Kapazität 231
Meßspannung 220 ff.
Meßstellen, Anreißen 444
—, Anzahl 235, 440 ff.
— plan 442
— umschalter 236
Meßuhr 184
—, Elimination der Rückstellkraft 388
Messungen, Anzahl der Wiederholungen 110, 468
—, berührungslose 188
—, Biegedehnung 226
—, Dickenänderung 340 ff.
—, DMS auf Kunststoffen 214 ff.
—, Drehmomente 227
—, Druckspannungen 205
—, Kontrolle 297
—, Normaldehnungen 226
—, heiße Oberflächen 357
—, Seilkräfte 255 ff., 394
—, —, mechanische Auslenkung 257
—, —, Ringkraftgeber 256
—, Spannungen 401, 411 ff.
—, spannungsoptische, Platten 421
—, Torsionsdehnung 227
—, Wärmespannungen 228
Meßverfahren 371 ff.
—, Genauigkeit 431
—, Wahl 439 f.
Meßverstärker 229 ff.

Meßverstärker, Linearität 234f., 266
Meßwerte, Auswertung 239, 295, 448ff.
—, Kontrolle 447, 452ff.
Metallische Werkstoffe 98f.
— bei Platten 99, 429
Metallklebverbindungen 119
Methode der kleinsten Quadrate 464
Michellsche Bedingung 40f., 75f.
Mikrobeton 133ff.
—, Bindemittel 135
—, Modellherstellung 154
Mikrokator 184, 197, 288
Mischungsverhältnis, Gießharze 121
—, Mikrobeton 136
Mischvorgang, Gießharze 121f.
—, Mikrobeton 155
Mittelwert 110, 464ff.
—, Vertrauensgrenzen 468
Modell, Aufbau 446
—, Belastung 163ff.
—, bewehrtes 96, 127ff.
—, — aus Gips 140
—, elastisches 6, 26, 31, 94ff., 111, 442
— aus Gelatine 172
—, physikalisches 3
—, Temperaturdifferenz 175
Modellbewehrung 145ff., 156
Modellgesezte 11ff., 127ff.
—, Balken 50f.
—, Berührprobleme 58
—, Bewehrung 128f.
—, Bruchversuche 91
—, Eigengewicht 81ff.
—, elastische Lager 57, 59
—, Elastizitätstheorie 26ff.
—, gerissener Querschnitt 87
—, Hängebrücken 52ff.
—, Herleitung 14ff.
—, Mehrstoff- 85
—, nichtlineare Elastizität 87f.
—, plastischer Bereich 91
—, Platten 47, 54ff.
—, Rißabstand 129f.
—, Rißbreite 130
—, Schalen 57
—, Scheiben 54
—, Seiltragwerke 52f.
—, Sonderfälle 44ff.
—, Stabilitätsprobleme 88
—, Stabwerke 49
—, Stützensenkungen 59
—, Verbund 131
—, Wärmespannungen 60ff., 68ff.

Modellgröße 33, 48, 125, 430
Modellherstellung 22, 115ff.
—, Ligtenbergsches Verfahren 347
—, Mikrobeton, Mörtel 154ff.
—, Mischvorgang 155
—, Randeffekt 280
Modellmaterial 11, 25, 35, 48, 95ff., 133ff., 376
—, Auswahl 94
—, Erstarrungsverfahren 301
—, Kriechen 100ff., 293, 330
—, Spannungsoptik 279f.
Modellmörtel 135ff.
Modellstatik, Definition 2ff.
Modelltisch 158f.
Modellversuch, Durchführung 283, 300, 429ff., 439ff.
—, Planung 33, 444
Modellzeichnung 442
Mohrscher Kreis 449f., 475f.
Moirégitter, eingebettete 368
—, Herstellung 367ff.
Moirémuster 336ff.
—, 2. Ordnung 352, 361, 365
—, Vervielfachung 362
Moiréverfahren 336ff.
—, Dehnungsmessung 358
—, Durchbiegungsmessung 355
—, Liniendichte 345, 348, 357, 363, 367
—, Neigungsmessung 345
Momente, Auswertung 313
Momentenanzeigegerät 383f.
Momentenmaßstab 44ff.
— bei Platten 79
Momentenmeßgerät 405ff.
—, Eichversuch 406
Momentennullpunkt 379f.
Momentensumme 297
Momentenverformungsgeber 382
Monolithische Verbindung 111, 115, 118
Mörtelmodelle 126
—, Herstellung 154
Multiskop 394
μ-Einfluß, Momente 55f.
—, nichtelastische Vorgänge 91
—, Platten 41
—, räumlicher Spannungszustand 43f.
—, Schalen 57f.
—, Scheiben 39f.
—, Wärmespannungen 71ff.
μ-Einflußfunktion 38, 41
μ-freie Lagerung 41, 55

Nagelprobe 281
Näherungsgleichung 22
Naviersche Randbedingungen 41
Nebeneinflüsse 22, 34, 43, 89
Neigungsmessungen 345ff., 401f.
Nietverbindung 24
Nomogramm, Rosettenmessung 448
Normaldehnung, Messung 226
Nullabgleich 221
Nullmethode 107, 221
Nullpunktsdrift 109f.
— bei DMS 216
Nusseltsche Kenngröße 65f., 77

Oberflächenspannungsoptik 318ff.
—, Auswertung 320
—, Schalen 317, 433
—, Wärmespannungen 324
Orientierungsdoppelbrechung 332

Periodische Be- und Entlastung 106f., 109f.
—, Anzahl der Messungen 238
—, Verhalten der Kunststoffe 111ff.
Phosphor-Bronze-Draht 148
Photoelastische Streifenschicht 326ff.
Photographische Überlagerung 340
—, Doppelbelichtung 346, 353, 357
Photoplastischer Effekt 330ff.
Photoplastizität 329ff.
Photos 455
Planung 33, 444
Plastischer Bereich 6f., 19, 91
—, k-Faktor 208
—, DMS 216
—, Oberflächenspannungsoptik 318
—, Spannungsoptik 329ff.
Plastische Verformung 19, 102
Platten, Dehnungsmessungen 411ff.
—, Dicke 33, 48, 430
—, Eigengewicht 169
—, Einflußflächen 355, 372, 422ff.
—, elastische Lagerung 57, 160, 428
—, Gießen 121
—, Gleichflächenlast 166ff.
—, indirekte Methode 355, 372
—, Lastraster 166f.
—, Modellgesetze 47f., 54ff.
—, Momentenmaßstab 47, 79
—, μ-Einfluß 39, 41, 43, 55ff.
—, Neigung 345ff., 402
—, quadratische 43
—, Randbedingungen 78

Platten, schiefe 9, 55
—, Schnittmomente 55, 398
—, spannungsoptische Untersuchung 341ff.
—, stationäre Wärmeströmung 75
—, Untersuchungsmethoden 397ff.
—, Volleinspannung 160f.
—, Werkstoffe 99, 429f.
Plattengleichung 398
Plattensteifigkeit 398
Plattenüberstand 433
Plexiglas 33, 111, 116f., 121, 342, 347
Poissonsche Bedingung 25, 30, 33, 36ff., 101
Poissonsche Zahl (s. Querdehnzahl)
Polarisationsfilter 276f.
Polkonstruktion, Mohrscher Kreis 449
Polystyrol 332
Potentiometergeber 185f.
Prinzip von Müller-Breslau 372
Probebalken, Streifen 109, 268f., 407, 415, 430f.
Profilierung, Bewehrungsdrähte 146
Projektionsverfahren 357
Prüfingenieur 441f.
Prüfkörper 156
Punktnummernverzeichnis 239, 445

Querdehnung, behinderte 40, 61, 179, 478
Querdehnzahl μ 29ff.
—, Bestimmung 268, 407
—, Erstarrungsverfahren 309f.
—, Gips 97
—, Gips mit Diatomeenerde 143
—, Leichtbeton 137
—, mineralische Werkstoffe 95
—, Momentenmeßgerät 407
—, Platten 41, 55ff.
—, Realmodelle 133
—, Reißlack 246
—, Scheiben 37ff.
—, Wärmespannungen 71
—, Widerstandsdraht 207
Querempfindlichkeit, DMS 216
Querkräfte, Ermittlung bei Platten 429

Radiergummitest 211
Rahmen 45, 49f., 371ff.
Randbedingungen 5, 95
—, elastischer Modelle 162
—, Platten 78
Randeffekt 280

Randspannungen 273, 282
Randträger 53
Randzoneneffekt 134
—, Gips 429
Räumliche Beanspruchung 128
Realmodell 7, 90, 125 ff., 442
—, Aufwand 7, 126
—, DMS 153
—, Kompensation der Wärmedehnung
    218
—, Maßstäbe 127 ff.
—, Werkstoffe 133
Reflexionspolariskop 319
Reflexionsverfahren 315
Registriergerät, analoges 241 ff.
—, digitales 242 f.
Registrierung 240 ff., 443
Reißempfindlichkeit 246, 248 f.
Reißlack 245 ff.
Relaxation 101
Ringkraftgeber 256 f.
Risse, Sichtbarmachung 251
Rißabstand 129 f.
Rißbild, Ähnlichkeit 129 f.
—, Reißlack 247
—, Zustand II 96
Rißbreite 130 f.
Rohr, Einzellasten 58
—, Ringlast 57
—, Spannungsmessung 411 ff.
Rosettenmessung 181, 235
—, Auswertung 239, 448, 478
Rosetten, DMS 212
Rütteln, Beton 155
—, Gips 142

Saitendehnungsmesser 201 ff.
—, Verstellkraft 204
Schablonenkorb 120
Schalen 433 f.
—, Beispiel einer Untersuchung 455
— dicke 48
—, dünne 117
—, Eigengewicht 169
—, Gleichlasten 166
—, Lastraster 167
—, Modellgesetze 47 f., 57 f.
—, Moiréverfahren 348
—, spannungsoptische Untersuchungen
    317
—, Spannungszustand 57
Schalung 156
Schattenverfahren 344, 355

Scheiben 395 ff.
—, Dehnungsbehinderung 40
—, Erweiterung der Ähnlichkeit 54
—, mehrfach zusammenhängende 40
—, μ-Einfluß 41
—, Potentialfelder 4
—, Wärmespannungen 74
Scheibenspannungszustand,
    hydrostatischer 396
—, η-freier 39 f.
—, thermoelastischer 40
—, —, η-frei 75 f.
Schiefe Durchstrahlung 295, 306, 323,
    326
Schleifenoszillograph 230, 243, 245
Schlierenvorrichtung 366
Schnittgeschwindigkeit 116
Schnittkräfte, Auslösen 373
Schubbruchlast 152
Schubbruchmoment 152
Schubspannung, Vorzeichen 450 f.
Schubspannungsdifferenzverfahren,
    ebene Spannungsoptik 281 ff.
—, räumliche Spannungsoptik 308 f.
Schubspannungseinfluß 21, 23, 52
Schubspannungszustand 475
Schubtragfähigkeit 132
Schweißen, Aluminium 99
Schweißverbindung 24
Schwergewichtsstaumauer 172
Schwerkraft, Belastung 169 ff.
—, Modellgesetze 81 ff.
Schwinden 135, 138
—, bei Realmodellen 148 f.
Schwingende Saite, Eigenfrequenz 201
Seilbeiwert 53
Seilkräfte, Messung 255 ff., 394
Seilnetze 255, 389 ff.
—, Abnahme der Form 395
—, Entwurfsmodell 391
—, Maßstäbe 52 f.
—, Meßmodell 391 ff.
—, Messungen 394
—, Minimalfläche 391
—, Tragverhalten 389 f.
—, Vorspannung 390, 394
Seiltragwerk 52 f., 385 ff.
Sekundäre Hauptspannung 302
Selbstkalibrierung 292 f.
Setzdehnungsmesser 153, 198 ff., 440
—, Elimination der Wärmedehnungen
    200
Sieblinie, Blähschieferbeton 138

Sieblinie, Mikrobeton 134
Skineffekt 262
Sonderfälle, Maßstabsgleichungen 44 ff.
Spannung, Messung 179, 401, 415
σ–ε-Linien, affine 7, 52, 128
—, Kunststoffe 111
—, Messung 242
Spannungsmaßstab 31, 44 ff., 128, 137
Spannungsoptik 107, 273 ff.
—, Apparatur 276
—, Dehnungsübertreibung 31
—, Empfindlichkeit 396
—, Fehler bei ungleichen Querdehn-
    zahlen 43
—, Grundlagen 275
—, Hauptgleichung 275
—, Modellmaterial 279 f.
—, Oberflächen — 318 ff.
—, räumliche 299 ff.
—, Standardmethode 284
—, Wärmespannungen 176
Spannungsoptische Konstante 275, 280,
    291
Spannungsoptische Messungen, Platten
    421 f.
—, Schalen 317, 433
—, Scheiben 395 f.
Spannungsspitzen 24, 194
Spannungstheorie 1. Ordnung 34, 38, 52,
    54, 94, 111
— 2. Ordnung 52, 88, 94
Spannungszustand, dreiachsiger 26,
    37 f., 43 f., 47, 58, 60, 75, 95, 299
—, —, Gleichgewichtsbedingung 308
—, —, massive Baukörper 434 ff.
—, E-abhängig 40
—, einachsiger 37
—, elastoplastischer 329
—, hydrostatischer 325, 476
—, isotroper 247
—, μ-freier 38, 40
—, Schalen 57
—, verformungsfreier 61
—, zweiachsiger 37, 74, 180, 246, 474
—, —, Störungen 294
Speisespannung, Brückenschaltung 213
Spezielle Schnitte 305 ff.
Spiegeloptisches Verfahren 409 f.
Spring-Balance 104 ff.
Stabilität, Modellgesetze 88 ff.
—, Randbedingungen 95
—, Untersuchungen 35, 48
Stabilitätsverhalten 90 f., 355

Stabwerke 49 ff., 89
—, räumliche 89
—, Untersuchungsmethoden 371 ff.
—, Verzweigungslast 89
Stahl 32 f., 42, 70, 84, 99
Stahlbeton 126 ff.
—, Querschnitt 86
Stahldraht 148
Standardabweichung 467
Starre Lagerung 427 f.
Stationäre Wärmeströmung 64 ff., 69,
    71, 75
Statistische Sicherheit 466
Staumauern 137
Steifigkeit, DMS 214 f.
Stoffbeiwerte 12, 16 ff., 26, 33
—, Ermittlung 268 f.
Störspannung 234, 244
Strahlungsheizung 176
Streckenlast 164 f.
Streifendicke, DMS 214
Stresscoat-Verfahren 250
Streubereich 110
Streulichtverfahren 310
Streuung, Meßergebnisse 461, 465
Strombelastbarkeit 213
Stromwärme, DMS 101, 213
Studentsche t-Verteilung 467
Stufenabgleich, zentraler 237 f.
Stützen, elastische 57, 59
—, Senkungen 35, 59
—, Verschiebungen 174
Stützmomente 431
Superpositionsgesetz 94, 169, 376
Symmetrieachse 180, 307

Tardy-Kompensation 286 f.
Tastgerät 419
Temperatur, Einheitszustand 176
—, kritische 301
Temperaturabhängigkeit, Kunststoffe
    100, 294
Temperaturdehnung 109 f., 174
—, DMS 217, 228
Temperaturdifferenz am Modell 175
Temperaturfeld 176
Temperaturgang, DMS 217
— kurve 228
Temperaturgefälle 63
Temperaturleitzahl 63
Temperaturmaßstab 66
Temperaturmessung 175
Temperaturunterschiede 388

Thermo-elastisches Potential 72, 75
Thermoschock 63
Thermospannungen, DMS 234
Toleranzen 115, 117, 126, 429
Torsionsdehnung 227
Trägerfolie 209
Trägerfrequenzmeßverstärker 231 ff.
Traglastverfahren 7
Trennmittel 121
Tyndalleffekt 310

Übertragung auf Hauptausführung
  25, 39, 451
Übertragungsregel 13, 16 f., 22, 27
Umfangsprozentsatz 132
Unterschnitte 304
Urmodell 120

Verarbeitbarkeit 149
—, Bimsbeton 138
—, Mörtel 135
Verbindung, monolithische 115, 118
Verbundeigenschaften 131, 145 f.
Verbundfestigkeit 146 ff.
Verbundgüte 87, 132
Verbundkonstruktion 85 f., 96
Verbundquerschnitt 26
Verformung, Entstehung 179
—, große 111
—, plastische 91
Verformungsähnlichkeit 31, 44, 82 ff.
Verformungslehre 381
Verformungszustand, dreiachsiger 37,
  60, 75
—, ebener 61, 73
—, einachsiger 37
—, spannungsloser 61
—, zweiachsiger 37, 476
Vergleichsrechnung 453
Vergleichsspannung 304
Verschiebung, ebene 358
Verschiebungsmeßgeräte 184 ff.
—, Eichung 263 f.
Verstärkungseffekt 320
Versuchsbericht 454
Versuchsdurchführung 439 ff.
—, Platten 429
Verzweigungskurve 90
Verzweigungslast 89 f.
Vielstellenmeßtechnik 235 ff.
Viertelbrückenschaltung 219, 223 f.
Viertelwellenplatte 277
Vollbrückenschaltung 224 f.

Volleinspannung 160 f.
Vorheizen 213
Vorlast 114
Vorspannbewehrung 148
Vorverformung 36, 376, 378

Wärmeabgabe, Oberfläche 64
Wärmeaufnahme 173
Wärmeausdehnungskoeffizient 60
—, DMS 217
—, Kunststoffe 100
Wärmebeanspruchung 62
Wärmedehnung 60 ff.
—, Kompensation 200, 218
Wärmefestigkeit von DMS 219
Wärmeleitfähigkeit 63, 65, 77
Wärmemenge 61, 64
—, spezifische 63
Wärmespannung 60 ff., 95, 137, 173
—, Ersatzmethode 174
—, Messung 228
—, Oberflächenspannungsoptik 324
—, Scheiben 40
—, Spannungsoptik 176
Wärmeströmung, ebene 65
—, instationäre 63, 67 ff., 81
—, — quasistatische 64
—, stationäre 64 ff., 69, 71, 75
Wärmeübergangszahl 65, 77, 176
Wärmeverteilung, lineare 228
Warmverformen von Kunststoffen 117
Wegmessung 184 ff.
Werkstoff 25, 48
—, Kennwert 33, 268 f., 451 ff.
—, —, Streuung 156
—, mineralischer 95
—, Struktur 11
—, Wahl 94
Werkstoffgleichheit 19, 31 ff., 36, 67, 83,
  91, 100, 125 ff., 131, 133
Wheatstonesche Brückenschaltung 108,
  220 ff.
—, Eigenschaften 223 ff.
—, Fehler 223 f.
Wirtschaftlichkeit, Modellversuch 8, 22
Würfeldruckfestigkeit 97

x-y-Schreiber 242

Zeiteinfluß, elektrische Kompensation
  107 f.
Zeitunabhängige Dehnung 103 ff.
Zeitunabhängige Spannung 106 ff.

Zelluloid 330
Zementmörtel 139
Zementstein 98
Zentrifuge 171f.
Zirkular polarisiertes Licht 277
Zurückkriechen 103, 113
Zusammenhangprobleme 5

Zusatzlast, Eigengewicht 82ff.
Zustand I und II 96, 126
Zustand, plastischer 117
Zwängung, äußere 80
Zwängungsspannung 61, 174
Zweischichtverfahren 312f.
Zweikomponentenkleber 111